U0309640

本书的研究得到了国家公益性行业(农业)科研专项"珍稀水生动物繁育与物种保护技术研究"(编号201203086)的资助

雅鲁藏布江中游裂腹鱼类生物学与资源保护

谢从新 霍 斌 魏开建 马宝珊 覃剑晖 等 著

科学出版社

北 京

内 容 简 介

裂腹鱼类是青藏高原及其周边地区的特有鱼类,具有较高的科研价值和经济价值。本书根据作者多年的研究成果撰写而成,较为系统地介绍了雅鲁藏布江中游异齿裂腹鱼、尖裸鲤、拉萨裂腹鱼、巨须裂腹鱼、双须叶须鱼、拉萨裸裂尻鱼6种裂腹鱼类的胚胎和仔稚鱼早期发育特征、年龄特征与生长特性、摄食与种间食物关系、繁殖策略等生物学特性,捕捞对种群结构的影响,细胞、生化和分子群体遗传学等种质特征,外来鱼类入侵现状及其对土著鱼类的影响,人工繁殖和苗种规模化培育技术,分析了资源减少的原因,探讨了多种群捕捞管理和资源保护与合理利用措施。

本书可供水产院校渔业资源和水产养殖专业及其他本科院校生物学和动物学专业的师生,科研院所研究人员,其他从事水产和动物学研究、生产和管理的有关人员参考。

图书在版编目(CIP)数据

雅鲁藏布江中游裂腹鱼类生物学与资源保护/ 谢从新等著. —北京:科学出版社,2019.5
ISBN 978-7-03-060156-8

Ⅰ. ①雅… Ⅱ. ①谢… Ⅲ. ①雅鲁藏布江-中游-裂腹鱼属-水生生物学 ②雅鲁藏布江-中游-裂腹鱼属-鱼类资源-资源保护 Ⅳ. ①Q959.46 ②S922.5

中国版本图书馆 CIP 数据核字(2018)第 291005 号

责任编辑:罗 静 田明霞 / 责任校对:郑金红
责任印制:肖 兴 / 封面设计:无极书装

科 学 出 版 社 出版
北京东黄城根北街 16 号
邮政编码:100717
http://www.sciencep.com

中国科学院印刷厂 印刷
科学出版社发行 各地新华书店经销

*

2019 年 5 月第 一 版 开本:787×1092 1/16
2019 年 5 月第一次印刷 印张:26 插页:22
字数:615 000

定价:298.00 元
(如有印装质量问题,我社负责调换)

序

  雅鲁藏布江发源于喜马拉雅山西段的杰马央宗冰川，在墨脱县巴昔卡出国境后称布拉马普特拉河，在中国境内河长 2057km。雅鲁藏布江中游河段上自萨嘎县的里孜，下至米林县的派乡，长 1293km，水面落差 1526m，相应海拔 2800～4300m。中游河段沿藏南谷地自西向东流淌，两岸支流众多。干流宽谷与峡谷相间。宽谷段水面宽 100～200m，水流平缓，多岔流，构成特有的辫状水系。峡谷段河谷呈"V"形，两岸悬崖峭壁，谷底宽 50～100m，底质为砾石和岩石，水流湍急。由于河谷地貌变化较大，加之沿江尤其在一些支流多温泉出露，形成了高原独特的、多样的生境。

  特殊的栖息生境孕育了特殊的鱼类区系。雅鲁藏布江中游的土著鱼类有 13 种，主要是鲤科裂腹鱼亚科和鳅科高原鳅属的物种，两个类群各有 6 种。另外还有 1 种鮡科的黑斑原鮡。6 种裂腹鱼亚科鱼类和黑斑原鮡是中游江段的主要经济鱼类。除了土著鱼类外，中游干支流还生长有鲫、麦穗鱼、泥鳅等约 12 种外来鱼类，部分外来种已成功建群，对土著种的生存造成了威胁。

  在西藏地区，雅鲁藏布江中游干支流是人类活动频繁的区域，交通便利，城镇较多，农业发达。受水利工程建设引起的栖息生境改变和盲目"放生"引起的外来鱼种入侵等影响，加之近十余年来外地人员到雅鲁藏布江使用炸鱼、毒鱼等违法方式酷渔滥捕，经济鱼类资源急剧衰减，物种的生存已受到严重威胁。现在，异齿裂腹鱼、拉萨裂腹鱼、巨须裂腹鱼和尖裸鲤被《中国物种红色名录》列为濒危鱼类。其实，这些产于雅鲁藏布江的特有鱼类，早就应该被列入国家重点保护的野生动物名录。裂腹鱼类适应于高原地区严酷的自然环境，越冬期长、生长缓慢、性成熟晚、繁殖力低。它们对人类活动的干扰异常敏感，资源一旦遭受损害，种群恢复将极为困难。著名的青海湖裸鲤(当地称"湟鱼")，也是一种裂腹鱼类，在 20 世纪 50 年代，青海湖中 0.5kg 重以上的湟鱼在渔获物中占多数，十分普遍。60 年代初的那几年，青海、甘肃等省的机关、学校、部队在青海湖周边安营扎寨，大肆捕捞湟鱼以改善生活。捕捞量 1959 年为 13 000t，1960 年为 28 523t，1961 年为 25 605t，1962 年为 18 763t，捕捞强度较 1957 年的 1702t 和 1958 年的 1500t 增加了十几倍，使湟鱼种群遭到严重破坏。50 多年后的今天，虽然青海省采取了严格的保护措施，但青海湖中 0.5kg 重的湟鱼尚属罕见，资源远未恢复到 20 世纪 50 年代的种群结构。这种惨痛的教训不应当再次上演。鉴于此，对西藏特有鱼类资源的保护已迫在眉睫，需要开展深入的研究，切实了解其生物学特性，为资源保护提供科学依据。

  以往关于西藏鱼类生物学研究的报道、资料较为零星，且时间相隔太久，不能确切反映鱼类的生物学特性和资源现状。雅鲁藏布江中游已制定了水电梯级开发规划，规划的水电站几乎全为日调节电站，现已建成的藏木电站便是一个日调节电站。根据本书所提供的详细数据，我们知道中游江段几种裂腹鱼类产卵场较为分散，干支流都有；产卵场通常分布于近岸 0.3～1.5m 的浅水带，石质底质、流速较低、流态紊乱的地方；一般在 3～4 月产卵，有的种类 2 月即开始产卵，水温 10℃左右；亲鱼在越冬以后，从越冬场到就近的产卵场作短距离洄游；受精卵的发育期长，历时 10 天左右。编写《藏木电站环境影响报告书》的作者如果事先读到了这本书，他就应该意识到，在报告书中提出的为中游所有裂腹鱼类修建鱼道的建议不是一个保护资源的好主意。因为产卵场在坝下江段也存在，不一定非上去不可。再则，藏木电站下游和上游规划要修建若干梯级电站，那时，通过藏木鱼道的鱼从哪里来？往哪里去？是否要让这些濒危物种沿着一串梯级电站千里跋涉，长途旅行？另外，鱼道建议的提出者可能没有想到，日调节电站坝上、坝下水位变动非常频繁，如金沙江中游的观音岩电站，日调节产生的非恒定流，使坝下江段沿程水位发生较大波动，每小时最大水位变幅为 1.25～7.38m。裂腹鱼类在近岸 0.3～1.5m 的浅水带产卵，鱼卵孵化期长，水位经常大幅度波动，裂腹鱼类无法在浅水处产卵，即使产了卵，也难免在水位下降后暴露于空气中而干死。这就充分说明，在藏木电站修建的鱼道，不但不能起到增殖资源的作用，反而可能使一部分成熟亲鱼通过鱼道后无法产卵，或产出的卵不能正常发育，使本来就濒危的物种生存状况雪上加霜。这里应当郑重指出，不要认为水电站修建过鱼设施只有好处，没有坏处。不加区别地强行要求所有水电站必须修建鱼道等过鱼设施，是专横跋扈的官僚作风，不利于生态保护。南美洲的一些学者已经认识到，他们那里水电站修建的鱼道是江河鱼类的"生态陷阱"。与其花大笔资金修建不起增殖作用或起负面作用的过鱼设施，不如将这笔经费用来建立鱼类自然保护区和加强渔政管理，使鱼类资源得到有效保护。

华中农业大学渔业资源与环境团队的科研人员，对雅鲁藏布江中游鱼类的生物学开展了多年的调查研究，获得了丰富的第一手资料。他们已经撰写出版了有关黑斑原鮡生物学的专著，现在撰写的这本书是关于裂腹鱼类生物学的专著。该书较为系统地记述了雅鲁藏布江中游 6 种裂腹鱼类的生物学特性，包括早期生活史发育特征、年龄与生长、食物资源与摄食及繁殖生物学等，探讨了种群结构的时空动态及种间关系，分析了外来鱼类入侵现状、扩散途径及对土著鱼类的危害情形，测定了各个物种的种质特征和遗传多样性，最后还讨论了有关资源保护的问题，内容全面，数据翔实，有重大的科学价值。该研究团队在经费并不充裕、生活条件十分艰苦的环境下，克服重重困难，坚持多年的调查研究，采集样品，搜集数据，并经室内的观察分析，终形成这一本专著。我对他们为科学事业而奉献的精神，表示由衷的敬佩。希望该书的出版能促进对雅鲁藏布江土著鱼类的研究和保护，为那些想要保护生态但又不知如何去做的人提供一些有益的知识，并使其按科学规律进行保护。

中国科学院院士

2017 年 10 月 30 日

前　言

　　雅鲁藏布江不仅是世界上海拔最高、落差最大的河流，也是流域气候和河床形态变化最大的河流，在中国境内长 2057km。雅鲁藏布江中游指从里孜到派乡河段，河长 1293km，集水面积 163 951km²，海拔 2800~4500m。中游河段宽谷与峡谷相间，呈串珠状分布，两岸支流众多，形成了独特、多样的生态环境。自然环境的独特、多样，孕育出特有的鱼类。雅鲁藏布江中游生活着十余种(亚种)土著鱼类，由鲤科裂腹鱼亚科、鳅科高原鳅属和鲇形目鳅科三个类群组成，其中，尖裸鲤、拉萨裸裂尻鱼、双须叶须鱼、拉萨裂腹鱼、巨须裂腹鱼和异齿裂腹鱼 6 种裂腹鱼类和黑斑原鳅是当地重要的渔业对象。

　　雅鲁藏布江中游是西藏地区人类活动最为频繁的地区，人类活动不可避免地对雅鲁藏布江中游水生态环境和鱼类资源产生影响。酷渔滥捕导致鱼类资源量下降和个体小型化；水利工程建设造成原有河流水生态系统的改变，压缩适宜流水生活的裂腹鱼类的生活空间；雅鲁藏布江还生活着十余种外来鱼类，一些外来鱼类已成功建群，这些原因加剧了裂腹鱼等经济鱼类资源的下降。异齿裂腹鱼、拉萨裂腹鱼、巨须裂腹鱼和尖裸鲤已被《中国物种红色名录》列为濒危鱼类，其中尖裸鲤也是西藏自治区保护动物。高原裂腹鱼类寿命较长、生长缓慢、性成熟晚、繁殖力低，对过度开发和环境破坏等人为干扰敏感，资源一旦遭受破坏，恢复极为困难。因此，对西藏特有裂腹鱼类资源的保护已迫在眉睫。深入研究裂腹鱼类的生物学特性是资源养护的基础。

　　华中农业大学渔业资源与环境团队，自 2002 年开始对雅鲁藏布江中游的渔业资源进行调查，2008~2009 年对日喀则江段的渔业生态环境和主要经济鱼类的生物学进行了周年调查。此后，又进行了多次补充采样，以这些工作为基础，较为系统地研究了该江段的水生态环境和裂腹鱼类生物学特性；与此同时，在西藏自治区黑斑原鳅良种场开展了土著鱼类人工繁育技术研究，基本形成了土著鱼类的规模化人工繁殖和苗种培育技术体系。本书是在系统整理、总结这些研究资料的基础上撰写而成的。

　　参加相关研究工作的有覃剑晖副教授、马徐发副教授和李大鹏教授，博士研究生张惠娟、马宝珊、霍斌、周贤君、段友健，硕士研究生贺舟挺、柳景元、季强、刘海平、杨学峰、许静、邵俭、丁慧萍、杨鑫、刘洁雅等。鱼类生物学是传统基础学科，在建设环境友好型社会中具有重要作用。但鱼类生物学的研究周期长，野外工作的艰辛更是不言而喻。在有更多选择时，你们毅然选择了这个研究方向，淡泊名利，努力而勤奋地工作着，正是你们的加入和艰辛的工作，才使这项研究工作得以顺利完成。感谢你们选择鱼类生物学这个研究方向，感谢你们的辛勤劳动。

　　本书撰写分工：第一章由马宝珊撰写，第二章由霍斌和马宝珊撰写，第三章由谢从新撰写，第四章至第六章由谢从新、霍斌、马宝珊、马徐发、周贤君、段友健、杨鑫和刘洁雅共同撰写，第七章由霍斌撰写，第八章第一节和第二节由陈生熬和魏玉众撰写、

第三节由魏开建和郭向召撰写，第九章由丁慧萍撰写，第十章由覃剑晖和邵俭撰写，第十一章由谢从新和马徐发撰写。谢从新和马徐发负责汇总和审校书稿。

多年来，国内一些学者对西藏鱼类资源和生物学做了大量研究工作，这些研究成果给了我们诸多启示。西藏自治区农牧厅次真副厅长、农牧厅水产处蔡斌处长，自治区畜牧总站书记和站长普布次仁、水产科格桑达娃科长、水产科林少卿副科长、高级畜牧师边巴次仁，自治区黑斑原鲱良种场尼玛次仁，西藏农牧学院动物科学学院强巴央宗院长等给予了极大的支持，周小云副教授在百忙之中帮助审校书稿，在此一并致以衷心的感谢。

特别感谢中国科学院水生生物研究所曹文宣院士对我们的工作自始至终给予的热情关怀、鼓励和指导。曹先生多次提醒我们关注沿雅鲁藏布江密集分布的温泉对鱼类繁殖、生长的生态学作用。尽管我们对这个问题进行了专门调查，但由于多方面的原因，结果并不理想。期望有识之士今后能够关注这一问题。

感谢国家公益性行业(农业)科研专项"珍稀水生动物繁育与物种保护技术研究"(项目编号 201203086)对本书出版的资助。

近年来，随着雅鲁藏布江丰富水资源的开发利用提上议事日程，人们对雅鲁藏布江水生态环境和土著鱼类资源保护的关注程度日益上升。希望本书的出版能够对雅鲁藏布江渔业资源的保护和合理利用有所帮助。限于作者的学识水平，书中难免存在一些不足，诚望读者批评指正。

作　者

2017 年 9 月 20 日

目　录

图版

第一章 西藏裂腹鱼类研究简史

裂腹鱼亚科鱼类(Schizothoracinae fishes，以下称裂腹鱼类)，隶属于鲤形目(Cypriniformes)鲤科(Cyprinidae)，分布于亚洲高原地区。裂腹鱼类是鲤科鱼类中唯一适应青藏高原及周边地区环境条件的一个自然类群，它与鳅科条鳅亚科高原鳅属(Triplophysa)和鮡科(Sisoridae)鱼类一起构成了青藏高原鱼类区系的主体。

我国裂腹鱼类的种数占世界有效种数的80%以上。它们主要分布于青藏高原及其毗邻的河流、湖泊之中，生活环境的特点是海拔高、辐射强、水温低。这些鱼类的共同特征是具有臀鳞，即在肛门和臀鳍两侧各自排列着一列特化的鳞片(臀鳞)，由此形成了腹部中线上的一条裂缝，故称"裂腹"。裂腹鱼类为冷水性鱼类，其生长缓慢，性成熟晚，寿命较长。由于其特殊的地理分布和生活史对策，在鱼类系统发育、生物地理学等领域具有重要研究价值而受到众多学者的广泛关注。

第一节 形态学与分类学

一、形态学

裂腹鱼类一般是中型或小型鱼类。体长，略侧扁或近似圆筒形，腹部圆。口下位、亚下位或端位，口裂呈马蹄形、弧形或横裂状。下颌正常或有锐利角质边缘；唇发达或狭细，下唇单叶或2～3叶。须2对、1对或无须。体鳞大小及排列均不规则，呈退化状，或全身被覆细鳞，或胸腹部裸露而其他区域仍有细鳞，或全身裸露而仅有臀鳞及肩带部分有少数不规则的大型鳞片，甚至肩带部分鳞片亦消失或仅残留痕迹。侧线平直或在体前部略下弯。体被细鳞的种类，侧线鳞通常在100枚左右，并较其上、下方的鳞片大；身体裸露的种类，侧线鳞仅为皮褶，并在体后部退化，仅有侧线孔。臀鳞大小视属种和性别不同而有差异，一般较原始属种发达程度低于特化属种。下咽骨狭窄呈弧形，或宽阔略呈三角形；下咽齿通常为3行或2行，个别为4行或1行。齿的顶端尖而钩曲呈匙状或平截呈铲状。背鳍iii-7～9，其末根不分支鳍条之后侧缘除重唇鱼属(Diptychus)、叶须鱼属(Ptychobarbus)和裸重唇鱼属(Gymnodiptychus)的种类外，一般具有锯齿或锯齿痕迹(至少在幼鱼如此)。臀鳍iii-5，第1根不分支鳍条常埋在皮下。尾鳍叉形。鳔膜质，2室，后室较细长。腹膜通常为黑色(武云飞和吴翠珍，1992；陈毅峰和曹文宣，2000)。

二、分类学

有关西藏鱼类的早期文字记述，见于清代古籍《藏纪概》①，书中记载西藏"物产……细鳞鱼"，这可能是有关西藏裂腹鱼类最早的文字记载了。

---

① 李彩和撰，吴丰培校订，1978年中央民院图书馆誊印本，《中国民族史地丛刊》之二。

最早正式报道西藏裂腹鱼类的是 Günther (1868)，他记录了一新属新种 *Gymnocypris dobula*。Day (1958) 在《印度鱼类》中记述了 4 种裂腹鱼类，其中有 3 种分布于西藏。Herzenstein (1888) 在《普尔热瓦尔斯在中亚考察科学成就》中记载了裂腹鱼类 10 余种。Regan (1905a，1905b) 报道了西藏裂腹鱼类 5 个新种。Stewart (1911) 报道了 *Schizopygopsis stoliczkae*、*Gymnocypris waddellii* 和新种 *Gymnocypris hobsonii* 共 3 个种。Lloyd (1908) 记载了西藏裂腹鱼类 6 种，其中有 2 种为新种。Hora 和 Mukerji (1936) 对青藏高原及其毗邻地区的裂腹鱼类做了大量研究。

国内早期有关西藏裂腹鱼类的研究多以鱼类分类、区系、起源和演化为主。1950 年以前，伍献文、朱元鼎、方炳文、张春霖、张孝威等我国老一辈鱼类学家，克服了环境恶劣、交通不便、研究条件差等诸多困难，对青藏高原鱼类进行了研究 (西藏自治区水产局，1995)。朱元鼎教授在他的《中国鱼类索引》中参考了很多有关青藏高原裂腹鱼类的研究文献，并根据采自西藏的标本订立了高原鱼属 (*Herzensteinia*)。

裂腹鱼亚科共有 12 属约 120 种及亚种 (详见后文表 1-1)。我国有 11 属，即裂腹鱼属 (*Schizothorax*)、扁吻鱼属 (*Aspiorhynchus*)、重唇鱼属 (*Diptychus*)、叶须鱼属 (*Ptychobarbus*)、裸重唇鱼属 (*Gymnodiptychus*)、裸鲤属 (*Gymnocypris*)、尖裸鲤属 (*Oxygymnocypris*)、裸裂尻鱼属 (*Schizopygopsis*)、高原鱼属 (*Herzensteinia*)、黄河鱼属 (*Chuanchia*) 和扁咽齿鱼属 (*Platypharodon*)，约 97 种及亚种，其中以裂腹鱼属的种类最多，占半数以上，扁吻鱼属、重唇鱼属、尖裸鲤属、高原鱼属、黄河鱼属和扁咽齿鱼属 6 属为单型属，每属仅有 1 种 (陈毅峰和曹文宣，2000)。

裂腹鱼属和高原鱼属的划分存在争议。《青藏高原鱼类》(武云飞和吴翠珍，1992) 中将裂腹鱼属分为弓鱼属 (*Racoma*) 和裂腹鱼属 (*Schizothorax*)，弓鱼属中又划分出两个亚属弓鱼亚属 (*Racoma*) 和裂尻鱼亚属 (*Schizopyge*)；《中国动物志·硬骨鱼纲·鲤形目 (下卷)》中仅有裂腹鱼属 (*Schizothorax*)，并根据下颌前缘是否具锐利角质分为裂腹鱼亚属 (*Schizothorax*) 和裂尻鱼亚属 (*Racoma*)。Chu (1935) 以小头高原鱼 (*Herzensteinia microcephalus*) 作为模式种建立了高原鱼属，将高原鱼属从裸裂尻鱼属中独立出来，故《中国动物志·硬骨鱼纲·鲤形目 (下卷)》中列出高原鱼属；而《青藏高原鱼类》中仍将高原鱼属放在裸裂尻鱼属中。

中华人民共和国成立以后，我国鱼类学家先后多次开展了对西藏高原鱼类的科学考察，从此揭开了中国鱼类学家自己研究西藏裂腹鱼类的新篇章。张春霖和王文滨 (1962) 依据中国科学院动物研究所赴藏考察 (1960~1961 年) 所获得的标本，报道了产自雅鲁藏布江、色林错、羊卓雍错等地的裂腹鱼类 7 种。张春霖等 (1964a，1964b，1964c) 介绍了西藏南部的鱼类，着重描述了裸鲤属 (*Gymnocypris*) 和裸裂尻鱼属 (*Schizopygopsis*)。岳佐和和黄宏金 (1964) 在《西藏南部鱼类资源》中总结了前人对西藏鱼类所做的研究，并根据实地考察报道了采自西藏南部的裂腹鱼类 20 种和 3 亚种。我国鱼类学家曹文宣院士等曾多次深入青藏高原腹地，对产自我国的裂腹鱼类进行了广泛深入的研究，先后记述了产自我国的裂腹鱼类 50 多个种和亚种，其中有近 20 种分布于西藏地区 (曹文宣和邓中粦，1962；曹文宣和伍献文，1962；曹文宣，1974；曹文宣等，1981)。任慕莲和孙力 (1982) 对西藏纳木错的裂腹鱼类进行了调查研究。武云飞和朱松泉 (1979)、武云飞和陈宜瑜(1980)、武云飞(1984，1985)也相继开展了对我国青藏高原鱼类的研究，在取得丰富的第一手资料的基础上，结合前人的工作，出版了《青藏高原鱼类》(武云飞和吴翠珍，1992)，该书详细记载了分布于西藏的裂腹鱼类 27 种及亚种。西藏自治区水产局(1995)编写了《西藏鱼类及其资源》，其中介绍了西藏地区分布的裂腹鱼类 38 种及亚种的分类特征与地理分布等。陈毅峰和曹文宣(2000)在《中国动物志·硬骨鱼纲·鲤形目(下卷)》裂腹鱼亚科鱼类一章中，全面论述了我国裂腹鱼类，厘清了很多同物异名，其中记述了分布于西藏的 30 种和亚种，将我国裂腹鱼类的研究水平提高到了一个新的高度。

第二节　系统发育与生物地理学

一、裂腹鱼类的起源与演化

裂腹鱼类作为一个单源群，虽尚未发现其与鲃亚科鱼类在一些重要骨骼性状上有明显的区别(陈湘粦等，1984)，但裂腹鱼类在外形上具有其他所有鲤科鱼类所没有的臀鳞，故将其置于一个单独的亚科。Hora(1937)指出裂腹鱼亚科源于鲃亚科。曹文宣等(1981)通过对裂腹鱼类的起源和演化及其与青藏高原隆起关系的研究，以及武云飞和陈宜瑜(1980)对藏北新近纪中新世或早上新世大头近裂腹鱼(*Plesioschizothorax macrocephalus*)的研究，也证实了裂腹鱼类的祖先是近似鲃亚科原始属的种类。

曹文宣等(1981)论证了裂腹鱼类中体鳞趋于退化、下咽齿行数趋于减少及触须趋于退化等，是与高原隆起的自然条件改变相关的性状变化，是整个亚科的演化方向。并依此将裂腹鱼类划分成适应高原环境的三个特化等级：包含裂腹鱼属和扁吻鱼属的原始等级；包含重唇鱼属、叶须鱼属和裸重唇鱼属的特化等级，以及裸鲤属、尖裸鲤属、裸裂尻鱼属、高原鱼属、黄河鱼属和扁咽齿鱼属在内的高度特化等级。每一个等级分别代表了青藏高原在隆起过程中的一个特定历史阶段。裂腹鱼类的原始属种逐渐被排挤到青藏高原的边缘，特化等级和高度特化等级的属种则在很大程度上只限于在高原的中心区域分布，形成了现代这种裂腹鱼类由高原边缘向高原腹地特化的分布格局。

裂腹鱼类三个特化等级的演化被认为是其性状的纵向变化。每一个等级虽然都包含有若干个属，但其中总有一个或两个处于演化系统主干上的属。裂腹鱼类的演化过程，以不同特化等级的主干属的循序出现为代表，经历了从原始的裂腹鱼属到特化的重唇鱼属，继而到高度特化的裸鲤属和裸裂尻鱼属的过程(图1-1)。在同一等级内属的分化可以认为是其性状的横向变化——主要是因食性不同而相应产生的消化器官的变化，也是一个由原始到特化的过程。原始等级主干属为裂腹鱼属、裂鲤属(*Schizocypris*)(仅在国外分布)和扁吻鱼属，其是适应于专食藻类或主食鱼类的旁枝属(曹文宣等，1981)。特化等级的主干属重唇鱼属从类似于裂腹鱼属的祖先演变而来，现存的旁枝属叶须鱼属和裸重唇鱼属，为偏重于摄食无脊椎动物甚至吞食小鱼的杂食性鱼类。裸重唇鱼属以身体裸露为特征而区别于叶须鱼属(曹文宣等，1981；陈毅峰和曹文宣，2000)。高度特化等级有两个主干属，即裸鲤属和裸裂尻鱼属，这两个属虽然都从类似于重唇鱼属的祖先演变而来，但由于所处水文条件和食物环境不同，前者适应湖泊静水环境，为纯粹的杂食性鱼类，后者适应江河流水环境，是主食着生藻类的杂食性鱼类。这两个主干属又分别分化出一个或几个旁枝属。从裸鲤属中分化出主食鱼类并适应江河流水环境的尖裸鲤属。从裸裂尻鱼属中分化出专食着生藻类的扁咽齿鱼属和高原鱼属，二者下咽齿、口裂形状、肩鳞和侧线鳞的特化程度显著不同。从裸裂尻鱼属中还分化出另一个旁枝属——黄河鱼属，其下颌虽具发达角质，但锐锋朝上倾斜，适于咬捕，是对主食动物性食物适应的结果(曹文宣等，1981)。

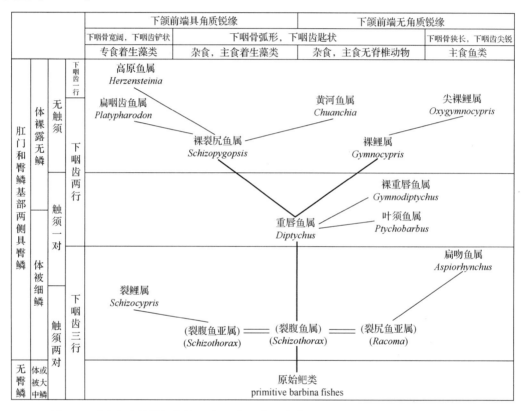

图 1-1　裂腹鱼类的性状变化和演化系统(曹文宣等，1981；陈毅峰和曹文宣，2000)

Fig.1-1　Character variation and evolutionary system of Schizothoracinae fishes
(Cao et al.，1981；Chen and Cao，2000)

二、裂腹鱼类的系统发育

《青藏高原鱼类》中对裂腹鱼类外部形态和骨骼系统 25 项征状及裂腹鱼类 11 属的不同征状状态分布进行了差异分析，结果表明，本亚科各属具有大量的祖征和离征，并以此构建系统发育树(图 1-2)，得出的三个类群及其属间的系统发育关系与曹文宣等(1981)描述的演化系统基本一致。

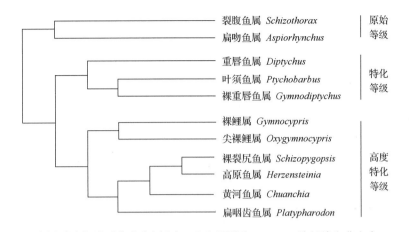

图 1-2　中国裂腹鱼类系统发育树(武云飞和吴翠珍，1992；陈毅峰和曹文宣，2000)

Fig.1-2　Cladogram of Schizothoracinae fishes in China(Wu and Wu，1992；Chen and Cao，2000)

Chen Z M 和 Chen Y F(2001)以裂腹鱼属为外类群，利用外部形态和骨骼系统 41 项征状重建特化等级 3 属的系统关系，得出如下结论：①特化等级 3 属 9 种及亚种形成一个单系群；②叶须鱼属的 5 种及亚种并不是一个单系群；③裸重唇鱼属的 3 种形成一个单系群；④叶须鱼属和裸重唇鱼属的关系较近，而重唇鱼属是它们的姐妹群。其结果与武云飞和吴翠珍(1992)的研究结果基本一致。He 等(2004)用线粒体 *Cyt b* 基因构建了特化等级裂腹鱼类 3 属 9 种及亚种的系统发育关系，结果表明：①特化等级裂腹鱼类并不是一个单系群，叶须鱼属的 5 种及亚种构成了一个单系群，而裸重唇鱼属的 3 种也不是一个单系群；②全裸裸重唇鱼(*Gymnodiptychus integrigymnatus*)和高度特化等级裂腹鱼类为姐妹群；③厚唇裸重唇鱼(*Gymnodiptychus pachycheilus*)和新疆裸重唇鱼(*Gymnodiptychus dybowskii*)有较近的亲缘关系，它们与斑重唇鱼(*Diptychus maculates*)为姐妹群。何德奎和陈毅峰(2007)用线粒体 *Cyt b* 基因分析了青藏高原及其邻近地区 23 种及亚种 36 个群体高度特化等级裂腹鱼类的系统发育关系，结果发现：①高度特化等级裂腹鱼类不是单系群，裸鲤属和裸裂尻鱼属也不是单系群；②全裸裸重唇鱼可能是特化类群向高度特化类群演化的过渡类型。

在裂腹鱼类系统发育的研究上，传统形态学方法和现代分子生物学方法一直存在差异和争议，亟待今后能将两者结合起来，并筛选出更多反映鱼类系统发育的特征来解决这一矛盾。

三、裂腹鱼类的分布

(一)裂腹鱼类在世界的分布

裂腹鱼类的分布范围大体在西北以天山山脉、东北以祁连山脉、东以横断山脉、南以喜马拉雅山脉、西南以兴都库什山脉为界的亚洲高原地区。在我国的各主要水系如雅鲁藏布江、伊洛瓦底江、怒江、澜沧江、元江、珠江、长江、黄河、森格藏布(狮泉河)及其附属水体，新疆、西藏、青海和甘肃等地的内陆水体与湖泊中均有分布(陈毅峰和曹文宣，2000)。

裂腹鱼类适应高原地区水体的生活环境，一般栖息于江河的上游，很少下降到海拔较低的中下游；个别在下游有分布的种类，也多局限在其支流的上游生活。多数身体裸露无鳞的种类，常见于高原上宽谷河道的缓流或静水水体中；而多数体被细鳞的种类，则通常在峡谷河道的急流中生活，它们都能够顺利度过每年 3～5 个月的水体冰冻期(陈毅峰和曹文宣，2000)。

(二)裂腹鱼类在西藏的分布

西藏是裂腹鱼类分布较为集中的地区。现知西藏地区有裂腹鱼类 7 属：裂腹鱼属、重唇鱼属、叶须鱼属、裸鲤属、尖裸鲤属、裸裂尻鱼属和高原鱼属，约有 41 种及亚种，其中以裂腹鱼属的种类最多，有 14 种(表 1-1)。其中西藏特有的裂腹鱼类有 22 种及亚种，占西藏裂腹鱼类总数的 53.66%。

表 1-1 西藏与其他地区的裂腹鱼类种数及亚种数

Table 1-1 Species and subspecies numbers of Schizothoracinae fishes in Tibet and other regions

属 Genus	西藏 Tibet	新疆 Xinjiang	中国 China	全世界 World
1. 裂腹鱼属 Schizothorax	14	8	50	70
2. 裂鲤属 Schizocypris	0	0	0	3
3. 扁吻鱼属 Aspiorhynchus	0	1	1	1
4. 重唇鱼属 Diptychus	1	1	1	1
5. 叶须鱼属 Ptychobarbus	3	0	5	5
6. 裸重唇鱼属 Gymnodiptychus	0	1	3	3
7. 裸鲤属 Gymnocypris	11	0	18	18
8. 尖裸鲤属 Oxygymnocypris	1	0	1	1
9. 裸裂尻鱼属 Schizopygopsis	10	1	15	15
10. 高原鱼属 Herzensteinia	1	0	1	1
11. 黄河鱼属 Chuanchia	0	0	1	1
12. 扁咽齿鱼属 Platypharodon	0	0	1	1
总计 Total	41	12	97	120

裂腹鱼属 14 种及亚种，异齿裂腹鱼[*Schizothorax* (*Schizothorax*) *o'connori*]、横口裂腹鱼[*Schizothorax* (*Schizothorax*) *plagiostomus*]、拉萨裂腹鱼[*Schizothorax* (*Rocoma*) *waltoni*]、巨须裂腹鱼 [*Schizothorax* (*Rocoma*) *macropogon*]和全唇裂腹鱼 [*Schizothorax* (*Rocoma*) *integrilabiatus*]分布于 3000～4500m 的雅鲁藏布江江段、森格藏布(狮泉河)和班公错等水体，其他种类主要分布于金沙江、澜沧江、怒江、伊洛瓦底江和雅鲁藏布江下游海拔相对较低的河段(3000m 以下)。全唇裂腹鱼分布于河、湖两种水体[森格藏布(狮泉河)和班公错]，其他都为河流型鱼类(西藏自治区水产局，1995；陈毅峰和曹文宣，2000)。

重唇鱼属为单型属，西藏仅见于班公错的羌臣摩河，西藏外分布于塔里木河和伊犁河的上游。叶须鱼属 3 种，主要分布于金沙江、澜沧江、怒江上游、雅鲁藏布江中游和森格藏布(狮泉河)(西藏自治区水产局，1995)。

裸鲤属 11 种及亚种，分布于西藏内流湖区及与雅鲁藏布江中上游和森格藏布(狮泉河)毗邻的内流湖泊中，海拔 4000m 以上。尖裸鲤属是单型属，为西藏特有种，主要分布于雅鲁藏布江中游，海拔 3000～4500m。裸裂尻鱼属 10 种及亚种，软刺裸裂尻鱼

(*Schizopygopsis malacanthus malacanthus*)分布于金沙江，前腹裸裂尻鱼(*Schizopygopsis anteroventris*)分布于澜沧江上游，温泉裸裂尻鱼(*Schizopygopsis thermalis*)分布于怒江上游源头区，软刺裸裂尻鱼(*Schizopygopsis malacanthus*)和拉萨裸裂尻鱼(*Schizopygopsis younghusbandi*)为多型种。高原鱼属是单型属，在西藏仅见于色林错入湖支流扎加藏布，西藏外见于青海省长江源头区的内外流水体(西藏自治区水产局，1995)。

(三)裂腹鱼类在雅鲁藏布江的分布

文献报道雅鲁藏布江常见土著鱼类9种，其中，全唇裂腹鱼、弧唇裂腹鱼[*Schizothorax (Rocoma) curvilabiatus*]和墨脱裂腹鱼[*Schizothorax (Schizothorax) molesworthi*]分布于下游；主要分布于中游的有拉萨裂腹鱼、异齿裂腹鱼、巨须裂腹鱼、双须叶须鱼(*Ptychobarbus dipogon*)、尖裸鲤(*Oxygymnocypris stewartii*)、拉萨裸裂尻鱼等6种。此外，还有学者报道，在中游江段发现高原裸鲤(*Gymnocypris waddellii*)、兰格湖裸鲤(*Gymnocypris chui*)(杨汉运等，2010)、重口裂腹鱼[*Schizothorax (Rocoma) davidi*](张春光和邢林，1996)，在尼洋河发现裸腹叶须鱼(*Ptychobarbus kaznakovi*)和纳木错裸鲤(*Gymnocypris namensis*)(沈红保和郭丽，2008)，在拉萨河还发现异齿裂腹鱼和拉萨裂腹鱼的自然杂交种(陈锋和陈毅峰，2010)。

第三节 生 物 学

裂腹鱼类的生物学研究，早期主要见于四川西部甘孜藏族自治州和阿坝藏族羌族自治州。曹文宣和邓中粦(1962)对该地区的鱼类资源进行考察后，整理出裂腹鱼类17种及亚种，并研究了该地区9种裂腹鱼类的年龄与生长、食性和繁殖生物学等，获取了宝贵的基础资料(曹文宣和伍献文，1962)。此后学者们开始广泛关注裂腹鱼类这一特殊类群，并开展了大量的生物学研究工作。其中研究较为系统的当属青海湖裸鲤(*Gymnocypris przewalskii przewalskii*)，包括栖息环境、基础生物学、生理学、遗传学和种群资源评估等各个方面都有较为详细的报道(青海省生物研究所，1975；陈大庆等，2011)。进入21世纪后，国内一些科研单位和高等院校的科技工作者深入西藏，开展裂腹鱼类的生物学相关研究，并取得了一些成果。

一、年龄与生长

(一)年龄鉴定材料

不同鱼类种群的生长型式存在差异，其钙化组织上的年轮特征和清晰度也不相同，因此针对特定种群开展年龄研究时首先要选择合适的钙化组织作为年龄鉴定材料(Polat et al.，2001)。裂腹鱼类常用的年龄鉴定材料主要有臀鳞、耳石、背鳍条、脊椎骨和鳃盖骨等。

裂腹鱼类寿命长，生长较为缓慢，体鳞细小或无鳞片，并不适合用作年龄鉴定，但其所特有的臀鳞则曾被广泛地用于年龄鉴定(杨军山等，2002；万法江，2004)。臀鳞在繁殖中的特殊作用(曹文宣等，1981)，使其边缘出现磨损和重吸收，从而降低了年龄鉴定的准确性，使用臀鳞鉴定高龄裂腹鱼类的年龄会产生一定的偏差。目前普遍认为采用耳石鉴定裂腹鱼类年龄的效果优于脊椎骨、背鳍条和鳃盖骨等骨质材料的鉴定效果；这些骨质材料的鉴定效果在不同裂腹鱼类中表现不同，但都只适宜用来鉴定低龄鱼的年龄（贺舟挺，2005；郝汉舟，2005；柳景元，2005；陈毅峰等，2002a；杨军山等，2002；朱秀芳和陈毅峰，2009；Chen et al.，2009）。

陈毅峰等（2002b）采用边缘增长率分析了色林错裸鲤臀鳞、背鳍条和耳石年轮的形成时间，并采用边缘型比例分析其轮纹的周年变化，确定三种材料都是每年形成一轮。Qiu和 Chen（2009）、Li 等（2009）及 Jia 和 Chen（2009）采用边缘增长率分别对拉萨裂腹鱼、双须叶须鱼和尖裸鲤耳石上的年轮形成时间进行了确认。Ding 等（2015）通过对色林错裸鲤人工繁殖仔鱼和野生仔鱼的耳石轮纹的观察，确定了第一个日轮形成时间，并确认了其轮纹的口周期性，即一天形成一个日轮。

（二）生长特性

裂腹鱼类生长特征的研究见表 1-2。从表 1-2 中可以看出，西藏大部分裂腹鱼类的生长系数（k）都在 0.1 左右，表明其为慢速生长鱼类；表观生长指数（∅）为 4.06～4.92；裂腹鱼类雌鱼所达到的渐近体长都比雄鱼大。裂腹鱼类为冷水性鱼类，其生长缓慢，性成熟晚，寿命较长，拐点年龄大多在 10 龄以上；von Bertalanffy 生长方程能较好地描述裂腹鱼类的生长情况。以上结果表明，裂腹鱼类的生活史对策多数属于 k-选择类型，而 k-选择者对过度开发和环境破坏等人为干扰相当敏感，资源一旦遭受破坏，其恢复较为困难。

二、食性分析

（一）食物组成

目前有关西藏裂腹鱼类摄食生态学研究的资料较为稀少，已有的研究资料主要侧重于食物组成的定性描述，对其食性的定量研究报道较少。

按食物组成情况，可将西藏裂腹鱼类大致分为三类：①主食着生藻类，主要为裂腹鱼属的裂腹鱼亚属和裸裂尻鱼属；②主食底栖无脊椎动物，主要为裂腹鱼属的裂尻鱼亚属、叶须鱼属和裸鲤属；③主食鱼类，主要为尖裸鲤属（武云飞和吴翠珍，1992）。此外，重唇鱼属兼食着生藻类和底栖无脊椎动物，而高原鱼属则特化为专食着生藻类（曹文宣等，1981）。万江法（2004）对高原裸裂尻鱼（*Schizopygopsis stoliczkai*）河湖两个亚种[高原裸裂尻鱼（*Schizopygopsis stoliczkai stoliczkai*）和班公湖裸裂尻鱼（*Schizopygopsis stoliczkai bangongensis*）]的食性进行了比较分析，结果表明，前者主要以浮游植物和有机碎屑为食，而后者主要以水生昆虫和有机碎屑为食，并且前者摄食强度大于后者。

（二）摄食器官与摄食方式

武云飞和吴翠珍（1992）简要介绍了裂腹鱼类的摄食器官的形态特征和摄食方式。季强（2008）初步研究了雅鲁藏布江中游 6 种裂腹鱼类的摄食器官的形态特征、食物组成，并探讨了其摄食消化器官形态结构与食性的适应关系。

表 1-2 文献中西藏裂腹鱼类生长参数的比较

Table 1-2 Comparison of growth characters of Schizothoracinae fishes in Tibet

种类 Species	采样点 Location	年龄材料 Age materials	样本数 (n)	体长 SL (mm)	年龄 Age (龄)	性别 Sex	生长参数 Growth parameters				文献 Literature
							L_∞ (mm)	k	t_0	$\emptyset$	
异齿裂腹鱼 S. (S.) o'connori	拉萨河	耳石	125	169~483	3~17	总体	554.0	0.0943	-0.8749	4.4615	贺舟珽, 2005
	雅鲁藏布江	耳石	176	53~492	2~24	雌鱼	492.4	0.1133	-0.5432	4.4389	Yao et al., 2009
			219	53~422	2~18	雄鱼	449.0	0.1260	-0.4746	4.4049	
	拉萨河	耳石	170	150~288	2~11	总体	466.0	0.1201	-2.5231	4.4163	郝汉舟, 2005
拉萨裂腹鱼 S. (R.) waltoni	雅鲁藏布江	耳石	42	202~580	4~28	雌鱼	691.1	0.056	-2.466	4.4273	Qiu and Chen, 2009
			59	210~457	5~18	雄鱼	689.8	0.051	-3.275	4.3850	
巨须裂腹鱼 S. (R.) macropogon	雅鲁藏布江	背鳍条	126	—	2~16	雌鱼	656.8	0.053	-3.305	4.3591	朱秀芳和陈毅峰, 2009
			111	—	2~16	雄鱼	496.2	0.074	-4.017	4.2605	
双须叶须鱼 P. dipogon	拉萨河	耳石	203	70~490	1~44	雌鱼	598.7	0.0898	-0.7261	4.5076	Li and Chen, 2009
			141	70~593	1~23	雄鱼	494.2	0.1197	-0.7296	4.4659	
色林错裸鲤 G. selincuoensis	色林错		138	34~430	1~29	雌鱼	485.3	0.0710	0.5679	4.2233	陈毅峰等, 2002c
			121	34~405	1~26	雄鱼	484.2	0.0684	0.6028	4.2051	
错鄂裸鲤 G. cuoensis	错鄂湖	耳石	62	182~460	7~29	总体	639.7	0.0291	-4.675	4.0759	杨军山等, 2002
		臀鳞	62	182~460	7~24	总体	571.1	0.035	-4.674	4.0575	
尖裸鲤 O. stewartii	雅鲁藏布江	耳石	182	117~546	1~20	雌鱼	877.5	0.1069	0.5728	4.9153	Jia and Chen, 2011
			92	104~441	3~9	雄鱼	599.4	0.1686	0.6171	4.7823	
拉萨裸裂尻鱼 S. younghusbandi	拉萨河	耳石	97	125~366	2~9	雌鱼	531.5	0.1305	-0.3556	4.5666	柳景元, 2005
			88	114~332	2~9	雄鱼	603.8	0.1100	-0.5424	4.6032	
	雅鲁藏布江	耳石	267	84~387	3~18	雌鱼	471.4	0.0789	0.2	4.2439	Chen et al., 2009
			172	66~311	3~16	雄鱼	442.7	0.0738	-1.4	4.1603	
高原裸裂尻鱼 S. stoliczkai stoliczkai	森格藏布(狮泉河)	臀鳞	94	150~400	4~15	总体	446.3	0.1642	3.421	4.5146	万法江, 2004

注 notes: 表中 L_∞ 为渐近体长; t_0 为鱼类体长为 0 时对应的年龄 L_∞ represents the asymptotic standard length, t_0 represents the age at length zero

三、繁殖策略

(一)性腺发育

何德奎等(2001a,2001b)采用组织切片法,对纳木错裸鲤和色林错裸鲤的性腺发育进行观察,系统地描述了各期精巢和卵巢的结构特征及其变化,着重论述了卵巢中卵细胞的卵黄核破碎与分解的特点、卵膜的结构、核仁排出物在卵黄形成过程中的作用,以及卵粒重吸收的过程。根据各期卵巢中卵母细胞的组成情况,认为纳木错裸鲤和色林错裸鲤已达性成熟的个体并不是每年都参与繁殖活动,而是具有繁殖间隔现象,这是对高原极端、多变气候环境的一种生态适应。

(二)繁殖特性

西藏的裂腹鱼类通常在4~10龄达性成熟,雄鱼通常比雌鱼早成熟。繁殖季节开始于2月,并延续到8月,多数种类集群产卵于3~5月;海拔不同而造成的气候和环境差异,使得处于不同栖息地的裂腹鱼类表现出不同的产卵旺季(何德奎等,2001a,2001b;杨汉运等,2011)。不同月份不同体长组的繁殖群体雌雄比有所不同,一般而言雌鱼要多于雄鱼(武云飞和吴翠珍,1992),但有些种类雄鱼多于雌鱼(杨汉运等,2011)。大部分裂腹鱼类的性成熟个体,雌鱼的臀鳍鳍条较雄鱼为长,其中以裸鲤属和裸裂尻鱼属的雌雄异型现象最为明显。例如,高原裸鲤雌鱼臀鳍呈椭圆形,末端尖形,边缘光滑无缺刻;雄鱼臀鳍短宽而呈圆形,边缘有较深的缺刻,最后2枚分支鳍条具有明显的角质倒钩。繁殖季节部分种类成熟雄鱼的背部、尾柄和各个鳍条分布珠星,一般以背鳍和臀鳍最为发达(曹文宣和伍献文,1962;杨汉运等,2011)。

西藏裂腹鱼类属间个体差异较大,其繁殖力也各有不同(陈毅峰等,2001;万法江,2004;李秀启等,2008;杨汉运等,2011)。绝对繁殖力为1000~31 000粒,相对繁殖力为6~60粒/g。一般来讲,裂腹鱼类的繁殖力随体长、体重的增加而相应增大,个体繁殖力与体长的相关性比体重更显著(万法江,2004;杨汉运等,2011)。西藏裂腹鱼类的产卵类型主要有两种:①一次性产卵类型,如高原裸裂尻鱼(万法江,2004);②分批同步产卵类型,第二批成熟卵粒的数量大大少于第一批,如色林错裸鲤和纳木错裸鲤(何德奎等,2001a,2001b)。

裂腹鱼类通常在急流河川内产卵,产卵场的河道底质多为砂和砾石,可使其受精卵保持在适宜的环境内进行胚胎发育。裂腹鱼类的臀鳞具有保护泄殖孔的作用,是保证其在流水环境中繁殖的适应性结构(曹文宣等,1981)。

(三)早期发育

裂腹鱼类的卵为沉性卵,刚产出时具轻微黏性,卵径较大,一般为2.5~3.0mm。裂腹鱼类的早期发育在各组织器官的形成时序上有略微的种属差异。由于裂腹鱼类生活在水温较低的水体中,其胚胎发育历时较长(曹文宣和邓中粦,1962)。张良松(2011)对人工繁殖的异齿裂腹鱼早期发育进行观察,描述了从受精卵到卵黄囊期仔鱼发育时期的时序和形态特征。

第四节　遗　传　学

物种遗传多样性是长期生存适应和发展进化的产物。一个物种遗传多样性越高或遗传变异越丰富，对环境变化的适应能力就越强。对裂腹鱼类遗传多样性的研究可以揭示该亚科的进化历史，为其物种多样性保护和资源的可持续利用提供科学依据。

一、染色体

(一)核型特征

已有的研究表明，裂腹鱼类的染色体数分化明显(表 1-3)，最少的是佩枯湖裸鲤($2n=66$)，最多的是双须叶须鱼($2n>400$)，双须叶须鱼也是染色体数目最多的现生鱼类之一。其他的染色体数为 86～112，推测西藏裂腹鱼类的染色体多为四倍体。染色体数 98 左右的四倍体类型鱼类几乎都具有 3 对明显大的中部着丝点染色体。可以认为这些大的中部着丝点染色体是裂腹鱼类核型的共同特征，具有一定的标志意义(余祥勇等，1990)，这为裂腹鱼类具有共同起源和相近关系提供了细胞遗传学上的证据。

表 1-3　文献中西藏裂腹鱼类核型的比较

Table 1-3　The karyotype comparison of Schizothoracinae fishes in Tibet

种类 Species	采样地点 Location	样本数 n	$2n$	核型公式 Karyotype	文献 Literature
1. 异齿裂腹鱼 S.(S.)o'connori	西藏	1	106	24m+26sm+30st+25t	武云飞等，1999
	拉萨河曲水		92	30m+26sm+20st+16t	余先觉等，1989
	拉萨河曲水	3	92	30m+26sm+20st+16t	余祥勇等，1990
2. 巨须裂腹鱼 S.(R.)macropogon	西藏	1	102	20m+28sm+22st+16t	武云飞等，1999
	西藏		90～98		余先觉等，1989
3. 拉萨裂腹鱼 S.(R.)waltoni	拉萨河	3	92	26m+28sm+22st+16t	余先觉等，1989
	拉萨河	3	92	26m+28sm+22st+16t	余祥勇等，1990
	西藏	1	112	26m+24sm+28st+34t	武云飞等，1999
4. 双须叶须鱼 P. dipogon	雅鲁藏布江	10	421～432		武云飞等，1999
5. 佩枯湖裸鲤 G. dobula	西藏	4	66	32m+10sm+4st+20t	Wu et al.，1996
6. 高原裸鲤 G. waddellii	西藏	1	94	24m+14sm+22st+34t	武云飞等，1999
7. 尖裸鲤 O. stewartii	拉萨河曲水	4	92	26m+30sm+22st+14t	余祥勇等，1990
			92	26m+30sm+22st+14t	余先觉等，1989
8. 拉萨裸裂尻鱼 S. younghusbandi	西藏	1	86	24m+12sm+12st+18t	武云飞等，1999
	拉萨河	5	90	26m+28sm +20st+16t	余祥勇等，1990
	西藏	5	94	22m+8sm+46st+18t	武云飞等，1999
	西藏		90	26m+30sm+20st+16t	余先觉等，1989
	西藏	1	90	40m+16sm+12st+22t	Wu et al.，1996
9. 拉萨裸裂尻鱼喜山亚种 S. y. himalayensis	西藏	1	88	40m+16sm+12st+20t	Wu et al.，1996

不同学者对同一种裂腹鱼类的染色体数、染色体分组和染色体臂数等的研究结果均存在不同程度的差异。这些差异可能显示出不同群体、不同个体间的染色体差异(武云飞等，1999)。也有学者指出，用不同方法进行处理，其染色体的形态也会出现差异，即使采用同一种方法处理同一批组织，染色体形状和大小也有一定差异(闫学春等，2007)。

(二)核型演化

裂腹鱼类的核型演化主要表现为多倍演化，同时伴随有罗伯逊易位、着丝点断裂和融合等非整倍性演化(余祥勇等，1990)。裂腹鱼亚科的核型进化方式以多倍体化为主，且大多为四倍体，这与鲃亚科(Barbinae)核型进化的特点相似。鲃系鱼类的核型进化也以多倍体化为主要特点，涉及四倍体、六倍体、八倍体等多倍体类型的形成(余祥勇等，1990)。鲃系鱼类中鲃亚科较原始，它既有二倍体类型，也有四倍体类型。裂腹鱼亚科目前只发现有多倍体类型，这似乎更能说明裂腹鱼亚科多倍体鱼类起源于鲃亚科的原始类群(昝瑞光等，1984，1985；余祥勇等，1990)。

二、同工酶

同工酶作为一种生化指标，可应用于裂腹鱼类物种亲缘关系的比较、组织胚胎发育学和组织特异性等研究。Chen 等(2001)采用同工酶电泳技术研究了藏北高原色林错裸鲤、错鄂裸鲤和纳木错裸鲤的遗传结构，结果显示，色林错裸鲤与错鄂裸鲤之间亲缘关系较近，这 3 种裸鲤酶谱[乳酸脱氢酶(LDH)、苹果酸脱氢酶(MDH)和酯酶(EST)]均表现出种间和种内的明显差异，但无性别差异。

第五节 资 源 利 用

一、捕捞业及资源评估

考古工作者在雅鲁藏布江支流拉萨河流域和雅鲁藏布江与其支流尼洋河交汇处多处遗址发现了鱼骨和捕鱼的网坠，说明在距今3500～4000 年时，在西藏腹地雅鲁藏布江流域广阔范围内的藏族先民曾从事渔猎生产活动，存在食鱼习俗(中国社会科学院考古研究所和西藏自治区文物局，1999；次旺罗布，2010)。但总体上讲，1959 年以前由于受佛教信仰影响，西藏捕捞业基本处于停滞状态。

1959 年以后，西藏渔业生产开始起步，1960 年 3 月 9 日西藏军区生产部成立了羊卓雍错渔业捕捞队，拉开了西藏渔业资源开发利用的帷幕。1964 年在西藏南部地区已有 200余户专业和季节性藏族渔业互助组(张春光和贺大为，1997)。党的十一届三中全会以后，随着改革开放政策的贯彻落实和内地渔民进藏生产，并带来了一些比较先进的捕鱼技术和工具，全区渔业产量大幅度提高，由 20 世纪 60 年代的 255t 上升到 1995 年的 1291t(蔡斌，1997)。

二、资源现状

近年来我国鱼类学家先后开展了关于西藏鱼类资源利用等方面的工作。1992~1994年，陕西省动物研究所、中国科学院动物研究所和西藏自治区水产局的专家学者对全区主要江河湖泊进行了较为全面的调查，根据以往多年对捕捞量、资源变化情况、水体生产力等综合因素进行的资源评估，西藏湖泊鱼类蕴藏量为 1 368 691.7t，江河为4060.95t(蔡斌，1997；张春光和贺大为，1997)。

早期的渔业产量是较为可观的，但 2000 年以后对雅鲁藏布江及其支流的渔业资源调查表明，近 10 年的捕捞，特别是毒鱼、电捕鱼等导致许多土著鱼类种群数量急剧下降，甚至灭绝。洛桑等(2011)发现，拉萨河 2005~2010 年鱼类物种丰富度明显下降，以俊巴村捕鱼队为例，相同河段、相同季节，2005 年采集到 11 种鱼类，而 2010 年只采集到 7 种鱼类。2005~2009 年林芝地区裂腹鱼类捕捞量明显下降，年渔业产量分别为 58t、53t、46t、42t 和 38t，裂腹鱼类资源衰退严重(张良松等，2011)。

三、资源衰退原因

裂腹鱼类资源丰富，是产区主要的经济鱼类。据资料介绍，在人类活动相对较少的雅鲁藏布江中游和金沙江上游，裂腹鱼类占据了渔获物总重量的 90%左右(杨汉运等，2010；胡睿，2012)。但近年来我国西藏裂腹鱼类资源状况受人为影响严重，其资源量呈现不断衰退之势。裂腹鱼类资源的衰退主要由以下三方面的原因造成。①过度捕捞：裂腹鱼类味道鲜美，是重要的冷水性经济鱼类，人们盲目追求野生鱼，使其销售价格日益上涨，为追求经济利益，渔民对其进行酷渔滥捕，直接导致裂腹鱼类资源的下降。②外来物种入侵：入侵种在西藏逐渐形成自然种群，和土著鱼类产生生态位和食物等竞争，造成目前裂腹鱼类种群数量锐减(陈锋和陈毅峰，2010)。③水电开发：水电梯级开发对河流生态系统干扰巨大，流速减缓、淤泥沉降等生境变化使得原有的栖息环境越来越不适于裂腹鱼类的生存(沈红保和郭丽，2008)。由于高原地区水温很低，大部分裂腹鱼类生长缓慢、性成熟晚、繁殖力低、寿命较长，拐点年龄大多在 10 龄以上，其生活史对策为典型的 k-选择类型，而 k-对策者对过度开发和环境破坏等人为干扰相当敏感，资源一旦遭受破坏，其恢复较为困难，如果种群数量低到一定限度，就可能灭绝(Adams，1980)。

西藏裂腹鱼类的资源量已经急剧下降，并引起了国内外学者的关注。《中国物种红色名录》(汪松和解焱，2009)对裂腹鱼类的濒危等级进行了评估，其中野外绝灭 1 种，极危 3 种，濒危 15 种，易危 7 种，其中分布于西藏的裂腹鱼类濒危种有澜沧裂腹鱼(*Schizothorax lantsangensis*)、异齿裂腹鱼、拉萨裂腹鱼、巨须裂腹鱼和尖裸鲤等 5 种，易危种有全唇裂腹鱼、裸腹叶须鱼和高原裸鲤等 3 种。《西藏鱼类及其资源》(西藏自治区水产局，1995)中将横口裂腹鱼、墨脱裂腹鱼、锥吻叶须鱼(*Ptychobarbus conirostris*)、软刺裸鲤(*Gymnocypris dobula*)、尖裸鲤和小头高原鱼(*Herzensteinia microcephalus*)列为西藏的保护鱼类。此外，软刺裸鲤和拉孜裸鲤(*Gymnocypris scleracanthus*)被 IUCN(2018)列为易危，短须裂腹鱼(*Schizothorax wangchiachii*)、巨须裂腹鱼和尖裸鲤被列为近危。

四、保护措施

一些学者(张春光和邢林，1996；蔡斌，1997；陈锋和陈毅峰，2010)对西藏鱼类资源的保护与合理利用提出了非常宝贵的建议，归纳如下。

(1)健全地方性渔业法规及加强渔业管理机构建设。在现有渔业保护措施的基础上，应进一步加强西藏地方渔业立法工作，使其适应当地渔业发展。加强渔业管理机构建设和渔政管理工作，西藏水域辽阔，一些水域交通不便，渔业生产已有了较大发展，需要配备相应的渔业管理机构及高效装备，对西藏鱼类资源的开发利用和保护在宏观上加强调控和管理。

(2)对裂腹鱼类濒危、易危种的栖息地进行系统的科学调查及其相关生物学生态学研究，并以此为依据建立自然保护区，对其进行专门保护。

(3)在新建水利工程时，应考虑分布于水体中的裂腹鱼类的生活习性，不能阻断产卵洄游路线，不能破坏产卵场和幼鱼索饵场。

(4)发展鱼类养殖业。裂腹鱼类的驯养繁育较容易，在合理利用野生鱼类资源的同时，大力发展鱼类养殖业，满足市场对水产品的需求。

(5)控制外来鱼类，一方面要严格禁止外来鱼类的再次引入，另一方面采取有效措施遏制和消灭外来鱼类种群。

(6)保护渔业水域环境。随着西藏经济发展和人口增加，工业废水和生活污水排入天然水域后必将对鱼类生活、生存环境造成影响，建议有关环保和渔政管理部门加强对渔业水质的监测工作，对任意排放污水的单位进行依法查处，并努力加强当地人及游客的环保意识。

西藏高原特殊的地理环境，孕育了特殊的鱼类区系，裂腹鱼类是最具有代表性的类群之一，对维持高原水域生态系统的稳定发挥着不可替代的作用。近年来，由于受栖息地破坏、繁育环境改变、水体污染、外来物种入侵等人为因素的影响，雅鲁藏布江的裂腹鱼类资源量锐减，有些种类已接近濒危状态，鱼类资源的保护已迫在眉睫。以往关于西藏鱼类的研究主要集中在鱼类区系和生物地理学方面，而鱼类生物学和遗传多样性，一则缺少系统深入的研究，二则有些研究时间相隔太长，已不能够反映资源现状。加强西藏裂腹鱼类生物学和遗传多样性的研究，对于揭示其生物多样性现状、科学制定其物种保护策略等具有重要的意义。

主要参考文献

蔡斌. 1997. 西藏鱼类资源及其合理利用. 中国渔业经济研究, (4): 38-40.

曹文宣. 1974. 珠穆朗玛峰地区的鱼类//中国科学院西藏科学考察队. 珠穆朗玛峰地区科学考察报告(1966—1968 生物与高山生理). 北京: 科学出版社.

曹文宣, 陈宜瑜, 武云飞, 等. 1981. 裂腹鱼类的起源和演化及其与青藏高原隆起的关系//中国科学院青藏高原综合科学考察队. 青藏高原隆起的时代、幅度和形式问题. 北京: 科学出版社: 118-130.

曹文宣, 邓中粦. 1962. 四川西部及其邻近地区的裂腹鱼类. 水生生物学集刊, (2): 27-53.

曹文宣, 伍献文. 1962. 四川西部甘孜阿坝地区鱼类生物学及渔业问题. 水生生物学刊集, (2): 79-110.

陈大庆, 熊飞, 史建全, 等. 2011. 青海湖裸鲤研究与保护. 北京: 科学出版社.

陈锋, 陈毅峰. 2010. 拉萨河鱼类调查及保护. 水生生物学报, 34 (2): 278-285.

陈湘粦, 乐佩琦, 林人端. 1984. 鲤科的科下类群及其宗系发生关系. 动物分类学报, 9 (4): 424-440.

陈毅峰, 曹文宣. 2000. 裂腹鱼亚科鱼类//乐佩琦. 中国动物志·硬骨鱼纲·鲤形目 (下卷). 北京: 科学出版社: 273-388.

陈毅峰, 何德奎, 蔡斌. 2001. 色林错裸鲤的繁殖对策. 野生动物生态与管理学术讨论会论文摘要集.

陈毅峰, 何德奎, 曹文宣, 等. 2002c. 色林错裸鲤的生长. 动物学报, 48 (5): 667-676.

陈毅峰, 何德奎, 陈宜瑜. 2002b. 色林错裸鲤的年龄鉴定. 动物学报, 48 (4): 527-533.

陈毅峰, 何德奎, 段中华. 2002a. 色林错裸鲤的年轮特征. 动物学报, 48 (3): 384-392.

次旺罗布. 2010. 传说中的圣地渔村——关于曲水县俊巴渔村渔业民俗民间传说的调查. 西藏大学学报, 25 (专刊): 142-144.

郝汉舟. 2005. 拉萨裂腹鱼的年龄和生长研究. 武汉: 华中农业大学硕士学位论文.

何德奎, 陈毅峰, 蔡斌. 2001a. 纳木错裸鲤性腺发育的组织学研究. 水生生物学报, 25 (1): 1-13.

何德奎, 陈毅峰, 陈自明, 等. 2001b. 色林错裸鲤性腺发育的组织学研究. 水产学报, 25 (2): 97-103.

何德奎, 陈毅峰. 2007. 高度特化等级裂腹鱼类分子系统发育与生物地理学. 科学通报, 52 (3): 303-312.

贺舟挺. 2005. 西藏拉萨河异齿裂腹鱼年龄与生长的研究. 武汉: 华中农业大学硕士学位论文.

胡睿. 2012. 金沙江上游鱼类资源现状与保护. 武汉: 中国科学院大学硕士学位论文.

季强. 2008. 六种裂腹鱼类摄食消化器官形态学与食性的研究. 武汉: 华中农业大学硕士学位论文.

李秀启, 陈毅峰, 何德奎. 2008. 西藏拉萨河双须叶须鱼的繁殖策略. 中国鱼类学会 2008 学术研讨会论文摘要汇编.

柳景元. 2005. 拉萨裸裂尻鱼的年龄与生长. 武汉: 华中农业大学硕士学位论文.

洛桑, 旦增, 布多. 2011. 拉萨河鱼类资源现状与利用对策. 西藏大学学报, 26 (2): 7-10.

青海省生物研究所. 1975. 青海湖地区的鱼类区系和青海湖裸鲤的生物学. 北京: 科学出版社.

任慕莲, 孙力. 1982. 西藏纳木错的鱼类资源调查和开发利用问题. 淡水渔业, (5): 1-10.

任慕莲, 武云飞. 1982. 西藏纳木错的鱼类. 动物学报, 28 (1): 80-86.

沈红保, 郭丽. 2008. 西藏尼洋河鱼类组成调查与分析. 河北渔业, (5): 51-54.

万法江. 2004. 狮泉河水生生物资源调查和高原裸裂尻鱼的生物学研究. 武汉: 华中农业大学硕士学位论文.

汪松, 解焱. 2009. 中国物种红色名录 (第二卷) 脊椎动物 (上册). 北京: 高等教育出版社.

武云飞. 1984. 中国裂腹鱼亚科鱼类的系统分类研究. 高原生物学集刊, 3: 119-140.

武云飞. 1985. 南迦巴瓦峰地区鱼类区系的初步分析. 高原生物学集刊, 4: 61-70.

武云飞, 陈宜瑜. 1980. 西藏北部新第三纪的鲤科鱼类化石. 古脊椎动物与古人类, 18 (1): 15-20.

武云飞, 康斌, 门强, 等. 1999. 西藏鱼类染色体多样性研究. 动物学研究, 20 (4): 258-264.

武云飞, 潭齐佳. 1991. 青藏高原鱼类区系特征及其形成的地史原因分析. 动物学报, 37 (2): 135-152.

武云飞, 吴翠珍. 1992. 青藏高原鱼类. 成都: 四川科学技术出版社.

武云飞, 朱松泉. 1979. 西藏阿里鱼类分类、区系研究及资源概况//青海省生物研究所. 西藏阿里地区动植物考察报告. 北京: 科学出版社.

西藏自治区水产局. 1995. 西藏鱼类及其资源. 北京: 中国农业出版社.

闫学春, 史建全, 孙效文, 等. 2007. 青海湖裸鲤的核型研究. 东北农业大学学报, 38 (5): 645-648.

杨汉运, 黄道明, 池仕运, 等. 2011. 羊卓雍错高原裸鲤 (*Gymnocypris waddellii* Regan) 繁殖生物学研究. 湖泊科学, 23 (2): 277-280.

杨汉运, 黄道明, 谢山, 等. 2010. 雅鲁藏布江中游渔业资源现状研究. 水生态学杂志, 3 (6): 120-126.

杨军山, 陈毅峰, 何德奎, 等. 2002. 错鄂裸鲤年轮与生长特性的探讨. 水生生物学报, 26 (4): 378-387.

殷名称. 1995. 鱼类生态学. 北京: 中国农业出版社.

余先觉, 李渝成, 李康, 等. 1989. 中国淡水鱼类染色体. 北京: 科学出版社.

余祥勇, 李渝成, 周暾. 1990. 中国鲤科鱼类染色体组型研究——8 种裂腹鱼亚科鱼类核型研究. 武汉大学学报, 66 (2): 97-104.

岳佐和, 黄宏金. 1964. 西藏南部鱼类资源. 北京: 科学出版社.

昝瑞光, 刘万国, 宋峥. 1985. 裂腹鱼亚科中的四倍体-六倍体相互关系. 遗传学报, 12 (2): 137-142.

昝瑞光, 宋峥, 刘万国. 1984. 七种鲃亚科鱼类的染色体组型研究, 兼论鱼类多倍体的判定问题. 动物学研究, 5(S1): 82-90.

张春光, 贺大为. 1997. 西藏的渔业资源. 生物学通报, 32(6): 9-10.

张春光, 邢林. 1996. 西藏地区的鱼类及渔业区划. 自然资源学报, 11(2): 157-163.

张春霖, 王文滨. 1962. 西藏鱼类初篇. 动物学报, 14(4): 529-536.

张春霖, 岳佐和, 黄宏金. 1964a. 西藏南部的裸鲤属(Gymnocypris)鱼类. 动物学报, 16(1): 139-150.

张春霖, 岳佐和, 黄宏金. 1964b. 西藏南部鱼类. 动物学报, 16(2): 272-282.

张春霖, 岳佐和, 黄宏金. 1964c. 西藏南部的裸裂尻鱼属(Schizopygopsis)鱼类. 动物学报, 16(4): 661-673.

张良松. 2011. 异齿裂腹鱼胚胎发育与仔鱼早期发育的研究. 大连海洋大学学报, 26(3): 238-242.

张良松, 嘎路, 何永平. 2011. 西藏林芝地区渔业发展的几点思考. 中国水产, (4): 31-32.

中国社会科学院考古研究所, 西藏自治区文物局. 1999. 拉萨曲贡. 北京: 中国大百科全书出版社.

朱秀芳, 陈毅峰. 2009. 巨须裂腹鱼年龄与生长的初步研究. 动物学杂志, 44(3): 76-82.

Adams P B. 1980. Life history patterns in marine fishes and their consequences for fisheries management. Fishery Bullentin, 78: 1-12.

Chen F, Chen Y F, He D K. 2009. Age and growth of Schizopygopsis younghusbandi younghusbandi in the Yarlung Zangbo River in Tibet, China. Environmental Biology of Fishes, 86: 155-162.

Chen Y F, He D K, Chen Y Y. 2001. Electrophoretic analysis of isozymes and discussion about species differentiation in three species of Genus Gymnocypris. Zoological Research, 22(1): 9-19.

Chen, Z M, Chen Y F. 2001. Phylogeny of the specialized schizothoracine fishes(Teleostei: Cypriniformes: Cyprinidae). Zoological Studies, 40: 147-157.

Chu Y T. 1935. Comparative studies on the scales and on the pharyngeal and their teeth in Chinese Cyprinids, with particular reference to taxonomy and evolution. Biol Bull St John's Univ, 2: 1-255.

Day F. 1958. The Fishes of India. Vol. 1 and 2. London: Willian Dawson.

Ding C Z, Chen Y F, He D K, et al. 2015.Validation of daily increment formation in otoliths for Gymnocypris selincuoensis in the Tibetan Plateau, China. Ecology and Evolution, 5(16): 3243-3249.

Froese R, Pauly D. 2016. FishBase. World Wide Web electronic publication. http://www. fishbase. org[2016-8-1].

Günther A. 1868. Catalogue of the fishes in the British Museum. London. Wheldon & Wesley, 7: 1-512.

He D K, Chen Y F, Chen Y Y, et al. 2004. Molecular phylogeny of the specialized schizothoracine fishes(Teleostei: Cyprinidae), with their implications for the uplift of the Qinghai-Tibetan Plateau. Chinese Science Bulletin, 49: 39-48.

Herzenstein S M. 1888. Fische. In: Wissenschaftliche Resultate dervon N.M Przewalski nach Central-Asien unternommenen Reisen. Zoologischer Theil, Band III, Abth 2, 1-VI+1-91, 1-8.

Hora S L, Mukerji D D. 1936. Notes on fishes in the Indian Museum. XXVII–on two collections of fish from Maungmagan, Tavoy District, Lower Burma. Rec Indian Mus, 38: 15-39.

Hora S L. 1937. On a small collection of fish from the upper Chindwin Drainage. Rec Indian Mus, 39(4): 331-338.

IUCN. The IUCN red list of threatened species. http://www.iucnredlist.org/[2018-8-3].

Jia Y T, Chen Y F. 2009. Otolith microstructure of Oxygymnocypris stewartii(Cypriniformes, Cyprinidae, Schizothoracinae) in the Lhasa River in Tibet, China. Environmental Biology of Fishes, 86: 45-52.

Jia Y T, Chen Y F. 2011. Age structure and growth characteristics of the endemic fish Oxygymnocypris stewartii(Cypriniformes: Cyprinidae: Schizothoracinae) in the Yarlung Tsangpo River, Tibet. Zoological Studies, 50: 69-75.

Li X Q, Chen Y F. 2009. Age structure, growth and mortality estimates of an endemic Ptychobarbus dipogon(Regan, 1905) (Cyprinidae: Schizothoracinae) in the Lhasa River, Tibet. Environmental Biology of Fishes, 86: 97-105.

Li X Q, Chen Y F, He D K, et al. 2009. Otolith characteristics and age determination of an endemic Ptychobarbus dipogon(Regan, 1905) (Cyprinidae: Schizothoracinae) in the Yarlung Tsangpo River, Tibet. Environmental Biology of Fishes, 86: 53-61.

Lloyd R E. 1908. Report on the fish collected in Tibet by Captain F H Stewart, I M S. Rec Indian Mus, 2: 341-344.

Polat N, Bostanci D, Yilmaz S. 2001. Comparable age determination in different bony structures of *Pleuronectes flesus luscus* Pallas, 1811 inhabiting the Black Sea. Turkish Journal of Zoology, 25: 441-446.

Qiu H, Chen Y F. 2009. Age and growth of *Schizothorax waltoni* in the Yarlung Tsangpo River in Tibet, China. Ichthyological Research, 56: 260-265.

Regan C T. 1905a. Descriptions of five new cyprinid fishes from Lhasa, Tibet, collected by Captain H J Walton. The Annals and Magazine of Natural History, 7(15): 185-188.

Regan C T. 1905b. XXXIV.-Descriptions of two new cyprinid fishes from Tibet. The Annals and Magazine of Natural History, 15(87): 300-301.

Stewart F H. 1911. Notes on Cyprinidae from Tibet and the Chumbivalley, with a description of a new species of *Gymnocypris*. Rec Ind Mus, 6: 73-92.

Tang Y T, Feng C G, Wanghe K Y, et al. 2016. Taxonomic status of a population of *Gymoncypris waddelli* Regan, 1905 (Cypriniformes: Schizothoracinae) distributed in Pengqu River, Tibet, China. Zootaxa, 4126(1): 123-137.

Wu C Z, Wu Y F, Lei Y L, et al. 1996. Studies on the karyotypes of four species of fishes from the Mount Qomolangma Region in China//Li D S. Proceeding of the international Symposium on Aquaculture. Qingdao: Qingdao Ocean University Press: 95-103.

Yao J L, Chen Y F, Chen F, et al. 2009. Age and growth of an endemic Tibetan fish, *Schizothorax o'connori*, in the Yarlung Tsangpo River. Journal of Freshwater Ecology, 24: 343-345.

第二章　材料与方法

调查研究中遵循的一些基本程序、方法和要求，是顺利完成科学研究的重要前提。在渔业资源的研究中，采用的方法以及对一些术语的定义不尽相同，不同的研究方法可能导致研究结果的差异，明确研究方法和术语有助于对研究结果进行分析比较。本章统一介绍了研究样本的采集时间和地点、所采用的基本方法、文中的术语及其定义，以便于读者阅读理解、比较分析。

第一节　样　本　采　集

一、采集时间和地点

2002～2014 年，对雅鲁藏布江干流，主要支流年楚河、拉萨河、尼洋河，以及其附属水体的水生态环境和鱼类资源进行了调查。2002～2003 年主要调查拉萨河拉孜、唐加、直孔、旁多江段的水生态环境和鱼类资源；2004～2007 年主要调查干流日喀则、曲水、山南(乃东)、林芝、波密江段及支流年楚河和尼洋河的水生态环境与鱼类资源。

2008～2009 年在拉孜—日喀则—尼木江段及其支流香曲和年楚河逐月采集异齿裂腹鱼、拉萨裂腹鱼、尖裸鲤、拉萨裸裂尻鱼、巨须裂腹鱼和双须叶须鱼等 6 种裂腹鱼类的生物学样本(图版Ⅱ-1)。2008 年 10 月、12 月和 2009 年 3 月、8 月，分别在距离谢通门县约 5km 和 15km 处设置两个采样点(夏季由于涨水，增加了两个采样点，分别距离谢通门县 28km 和 38km)，采集浮游生物、周丛生物和底栖动物的定性及定量样品。每个点采集两个平行样(图版Ⅱ-2)。2012～2013 年进行了补充采样。

二、采集方法

(一)环境参数采集

为了解样本采集地水生生物的生活环境，对调查地点的经纬度、海拔、流速、水温、pH、透明度等环境参数进行了测定。用手持 GPS 仪测量经纬度、海拔；用 LS45A 旋杯式流速仪测定流速；用水银温度计测量水温；用 pH 计测定水体 pH；透明度用塞氏盘进行测量。

(二)水生生物样本采集

1. 浮游生物的采集

定性样品　藻类和小型浮游动物(原生动物和轮虫)用 25#浮游生物网采集，并用鲁哥氏液固定保存；浮游甲壳动物(枝角类、桡足类)的定性样品用 13#浮游生物网采集，并用 4%甲醛溶液固定保存。

定量样品　藻类和小型浮游动物用 1L 有机玻璃采水器取水样，用鲁哥氏液固定，沉淀 48h，浓缩为 50mL 保存待检。浮游甲壳动物用 5L 采水器取水样 50L，用 25#浮游生物网过滤后，再用 4%甲醛溶液固定待检。

2. 着生藻类的采集

定性样品 主要是刮取或剥离水中浸没物，如石块、木桩、树枝、水草或硬质底泥等表层藻膜、丝状藻和黏稠状生长物，用鲁哥氏液固定后保存待检。

定量样品 以玻璃板为人工基质。将玻璃板放置在水面下 10~15cm，放置时间 9~14d。用刀片和刷子将玻璃板上的周丛生物转入敞口容器中，蒸馏水冲洗后用鲁哥氏液固定，带回室内沉淀 48h 后，浓缩为 50mL 保存待检(国家环保局《水生生物监测手册》编委会，1993)。

3. 底栖动物的采集

定性样品 采集时尽量考虑不同的底质条件。石砾底质时，翻动石块，用 60 目的筛绢网捞取水中样品，并捕捉较大型的底栖动物；泥沙底质时，挖取泥沙样，用 60 目的分样筛筛洗后，装入塑料袋中，室内分拣后用 4%甲醛溶液固定保存待检。

定量样品 由于采样点底质为卵石和砾石，采用人工基质采样器采集。采样时各采样点底部放置两个采样器，放置时间一般为 14d(刘保元，1983)。然后从采样器中捡出卵石及筛绢网上的全部底栖动物，用 4%甲醛溶液固定保存待检。

(三)鱼类生物学样本采集

鱼类生物学样本主要使用刺网和地笼采集，每次采样时，将随机选择的单船或多船的全部渔获物作为渔获物分析样本，每月样本数不少于 30 尾。为验证耳石上的第一年轮，也用撒网、地笼和电捕等方法获得少量当年幼鱼样本，这些样本并不用于渔获物和种群动态分析。

采集的鱼类样本及时按下面步骤处理。

鉴定 参照《中国动物志·硬骨鱼纲·鲤形目(下卷)》(陈毅峰和曹文宣，2000)、《西藏鱼类及其资源》(西藏自治区水产局，1995)和《中国条鳅志》(朱松泉，1989)对样本进行鉴定。

常规生物学测量 测量全长(total length，TL)、体长(standard length，SL)、体重(body weight，BW)、肠长(gut length，GL)、内脏重(visceral weight，W_V)、性腺重(gonad weight，W_G)、肝脏重(liver weight，W_L)和脂肪重(fat weight，W_F)。长度精确到 1mm，重量精确到 0.1g。

性腺材料 解剖后观测和记录性腺发育状况。根据性腺的体积、色泽、性细胞发育程度，鱼类性腺发育分为 Ⅰ~Ⅵ期(谢从新，2009)。

用于计数繁殖力的性腺样本用 8%~10%中性福尔马林溶液保存；性腺发育组织学样本在 Bouin 氏液中固定 48h 后转移到 70%乙醇溶液中带回实验室。取部分保存的性腺样本，梯度乙醇脱水，梯度二甲苯透明，石蜡包埋，切片厚度为 6~8μm，经 H-E 染色，在 Nikon Eclipse 80i 显微镜下观察和拍照。卵母细胞的分期主要参照 Wallace 和 Selman(1981)、Tyler 等(1990)、Blazer(2002)、Smith 和 Walker(2004)的分期法通过组织切片，以性腺内卵子(或精子)形成过程中的细胞学特征为依据，将性腺发育和成熟过程划分为 6 期，用罗马数学Ⅰ～Ⅵ表示(谢从新，2009)。

食性材料 解剖后观测和记录消化道饱满度，消化道饱满度的判别按照 0～5 期划分标准(谢从新，2009)，取前肠内含物用 8%～10%中性福尔马林溶液保存，用于食物成分分析。解剖观察了部分样本鱼的摄食和消化器官的形态学特征。

年龄材料 取左右耳石、鳃盖骨和第 6、7 枚脊椎骨用于年龄材料的比较分析。耳石用清水清洗，自然晾干后放入 0.5mL 离心管中保存，脊椎骨和鳃盖骨放入自封袋中冰冻保存，带回室内按照不同材料的处理要求进一步处理。

(四)遗传学样本采集

1. 染色体和同工酶样本采集

2014 年 7 月，收集 6 种裂腹鱼类染色体研究样本各 5 尾，同工酶研究样本各 10 尾，在西藏自治区黑斑原鮡良种场分别进行染色体和同工酶研究。由于研究结果与文献报道存在差异，于 2016 年 1 月，收集拉萨裂腹鱼 3 尾，其他 5 种裂腹鱼类样本各 30 尾，运至华中农业大学水产学院，对染色体和同工酶进行验证研究。

2. 分子群体遗传学样本采集

2012～2014 年，在雅鲁藏布江中游干流的日喀则(SG)、曲水(QX)、山南(SN)、米林(ML)、派镇(PZ)、尼洋河的林芝(NC)、拉萨河的扎雪(ZX)和帕隆藏布江的波密(BM)等处，采集分子群体遗传学分析样本。其中，在 SG 采集到异齿裂腹鱼、拉萨裂腹鱼、巨须裂腹鱼、拉萨裸裂尻鱼、尖裸鲤和双须叶须鱼 6 种裂腹鱼类样本。在 QX、ZX、SN 和 ML 采集到拉萨裸裂尻鱼和异齿裂腹鱼各 4 个群体的样本。在 NC 采集到拉萨裸裂尻鱼 1 个群体的样本。在 PZ 和 BM 采集到异齿裂腹鱼 2 个群体的样本。每个采样点采集裂腹鱼类鳍条样本 30～50 个，保存于 95%乙醇中，带回实验室后置于-20℃冰箱中保存备用。

利用 SG 采集的样本进行异齿裂腹鱼、拉萨裂腹鱼、巨须裂腹鱼、拉萨裸裂尻鱼和尖裸鲤 5 种裂腹鱼类的微卫星标记分离和特征分析，测定并分析尖裸鲤和双须叶须鱼 2 种裂腹鱼类的线粒体全基因组序列。同时，基于 6 个拉萨裸裂尻鱼群体样本及 7 个异齿裂腹鱼群体样本，采用线粒体 DNA(mtDNA) *Cyt b* 和 D-loop 序列、微卫星(SSR，又称简单重复序列)标记对 2 种裂腹鱼类的群体遗传多样性、遗传结构及种群历史动态进行分析。

第二节 研 究 方 法

一、水生生物

(一)定性分析

将采集到的水生生物定性样品在显微镜下进行种类鉴定和分析。种类鉴定参照《中国淡水藻类》(胡鸿钧等，1980)、《中国西藏硅藻》(朱蕙忠和陈嘉佑，2000)、《西藏藻类》(中国科学院青藏高原综合科学考察队，1992)、《西藏水生无脊椎动物》(中国科学院青藏高原综合科学考察队，1983)、《微型生物监测新技术》(沈韫芬等，1990)、《中国淡水轮虫志》(王家楫等，1961)、《中国动物志·节肢动物门·甲壳纲·淡水枝角类》(蒋燮治和堵南山，1979)、《中国动物志·节肢动物门·甲壳纲·淡水桡足类》(中国科学院动物研究所，1979)和《水生生物学》(赵文，2005)。藻类、原生动物、轮虫和枝角类鉴定到属，桡足类鉴定到目，底栖动物中水生昆虫一般鉴定到科，其他尽量鉴定到种。鱼类的鉴定、命名和分类主要依据《中国动物志·硬骨鱼纲·鲤形目(下卷)》(陈毅峰和曹文宣，2000)、《中国动物志·硬骨鱼纲·鲇形目》(褚新洛等，1999)、《中国条鳅志》(朱松泉，1989)和《西藏鱼类及其资源》(西藏自治区水产局，1995)。

(二)定量分析

1. 浮游生物

密度 采用显微镜计数法进行定量分析(章宗涉和黄祥飞，1991)。充分摇匀浓缩的50mL水样，用微量移液枪快速吸取0.1mL水样注入容量为0.1mL的计数框，盖上盖玻片，在显微镜(Olympus CX21)高倍镜(400倍)下对藻类和原生动物进行计数，藻类计数的视野数可根据藻类多少酌情增减，原生动物全片计数；轮虫采用1mL计数框在中倍镜(100倍)下全部计数。一般计数两片，取其平均值。若该平均值与两次计数结果的差值不大于该均值的±15%，则该均值为最终计数结果，否则增加计数次数。浮游甲壳动物用1mL计数框将全部过滤水样在低倍镜(40倍)下进行分类计数，然后分别计算出每升水中的个数。

每升水样中浮游植物数量的计算公式如下：

$$N = \frac{C_s}{F_s F_n} \times \frac{V}{v} \times P_n$$

式中，N为每升水中浮游植物的数量，即密度(ind/L)；C_s为计数框面积(mm^2)；F_s为单个视野的面积(mm^2)；F_n为计数的视野数；V为1L水样浓缩后的体积(mL)；v为计数框容积(mL)；P_n为计数F_n个视野后得到的浮游植物个体数。

每升水样中浮游动物的密度计算公式为

$$N = \frac{V_s}{V V_a} \times n$$

式中，N为1L水中浮游动物个体数，即密度(ind/L)；V_s为沉淀体积(mL)；V_a为计数体积(mL)；V为采样体积(L)；n为计数所获得的个体数。

生物量 藻类、原生动物和轮虫的生物量采用体积换算法(章宗涉和黄祥飞，1991)。将食物成分用Canon IXUS 870 IS相机或用Leica Application Suite version 15软件在显微镜/解剖镜(Leica EZ4D)下拍照，在计算机中根据不同种类的体形，按最近似的几何形状测量其体积，形状特殊的种类分解为几个部分测量，然后结果相加。由于密度接近于1，故可以直接由体积换算成生物量。生物量为各种水生生物的数量乘以各自的平均体积。浮游甲壳动物的生物量使用体长-体重回归公式进行换算(章宗涉和黄祥飞，1991)。

2. 周丛生物

密度 藻类和原生动物的计数，快速吸取充分摇匀的定量样品 0.1mL 放入 0.1mL 计数框内，在显微镜下观察计数。一般计数 100~500 个视野，使得所计值在 300 以上，数量特别少时全片计数，每个样品计数 2 次，取其平均值。每平方厘米基质上藻类和原生动物数量的计算公式如下：

$$N = (A \times V_S \times n) / (A_C \times V_a \times S)$$

式中，N 为每升水样中藻类和原生动物的数量(ind/L)；A 为计数框面积(mm^2)；A_C 为计数面积(mm^2)；V_S 为样品浓缩后的体积(mL)；V_a 为计数框的容积(mL)；n 为计数所获得的藻类和原生动物的个数(ind)；S 为刮取基质的总面积(cm^2)。

轮虫、枝角类、桡足类的计数，吸取充分摇匀的定量样品 1mL 放入 1mL 计数框内，在显微镜下进行观察计数。每个样品计数 8 片，取其平均值。每平方厘米基质上轮虫、枝角类、桡足类等数量的计算公式如下：

$$N = (V_S \times n) / (V_a \times S)$$

式中，N 为每升水样中轮虫、枝角类、桡足类等的数量(ind/L)；V_S 为样品浓缩后的体积(mL)；V_a 为计数框的体积(mL)；n 为计数所获得的轮虫、枝角类和桡足类等的个数(ind)；S 为刮取基质的总面积(cm^2)。

生物量 生物量计算方法同浮游生物。

3. 底栖动物

密度 个体较大的昆虫或软体动物肉眼计数，其他皆在解剖镜(Motic SMZ-168)或显微镜下计数，然后计算出每平方米的个体数量。

生物量 底栖动物由于个体比较大，直接用分析天平称重(精确至 0.0001g)。

(三)物种多样性

水生生物物种多样性分析采用的指数及计算公式如下。

多样性指数采用 Shannon-Wiener 指数(Shannon，1948)：

$$H' = -\sum P_i(\ln P_i)$$

式中，P_i 为物种 i 的个数百分比。

均匀度指数采用 Pielou's evenness 指数(Pielou，1966)：

$$J = H' / \ln S$$

式中，S 为群落中的物种数目。

二、早期发育

(一)发育期与形态特征

1. 受精卵和仔稚鱼来源

实验于 2010 年 3~7 月在西藏自治区黑斑原鮡良种场进行。自然成熟亲鱼,人工注射催产药物获得受精卵。受精卵和出膜后仔鱼在室内水泥池微流水孵化和培育。仔鱼开口阶段投喂鸡蛋黄,后期投喂仔鱼专用微囊饲料。胚胎发育和仔稚鱼培育期间用气泵补充氧气。孵化用水为经过滤、沉淀除去泥沙、杂质、悬浮物的天然拉萨河水。实验期间,每天早、中、晚记录水温、溶氧、碱度和 pH。

2. 形态特征观察

在体视显微镜下对发育过程进行连续观察,记录各发育期的主要形态和行为特征。为便于观察,用胰蛋白酶对部分受精卵进行去膜处理,同时用数码相机(Nikon Coolpix4500)拍照,以便校对。

3. 发育期划分标准

因达到各发育期的时间存在个体差异,将 50%个体出现新的特征作为发育期的划分标准。每个发育阶段分别用95%乙醇和4%多聚甲醛固定部分样品作进一步观察和测量。用解剖镜(Leica EZ4D)及 LAS EZ 软件测量卵径、卵黄直径,仔稚鱼全长、体长、肛后长等指标。

4. 有效积温

胚胎发育的总积温为各个阶段的积温之和。有效积温采用下列公式进行计算:

$$K=NT$$

式中,K 为有效积温;N 为某一发育阶段所经历的时间;T 为发育阶段平均水温。

(二)饲料对早期发育的影响

1. 实验材料

1)实验鱼

实验对象为尖裸鲤、异齿裂腹鱼和拉萨裂腹鱼仔鱼,选取活动正常、体质健壮、能够正常摄食饲料的仔鱼作为实验用鱼。

2)实验饵料

实验饵料有仔鱼专用微囊饲料、鳗鱼仔鱼料和卤虫无节幼体。

仔鱼专用微囊饲料(自配):主要营养成分为粗蛋白质≥52%,粗脂肪≥10%,粗纤维≤5%,粗灰分≤12.5%,微量元素≥3.5%,钙≤3%,总磷≥1.5%,赖氨酸≥3.5%,水分≤9%。

鳗鱼仔鱼料:购自市场,主要成分为进口鱼粉、α-淀粉、酶解蛋白粉、酵母粉、维生素 A、维生素 D、维生素 E、硫酸铜、硫酸亚铁、硫酸锌和硫酸镁等。

卤虫无节幼体:为西藏本地产卤虫卵孵化而来,主要营养成分为蛋白质、脂肪酸[富含二十碳五烯酸(EPA)和少量二十二碳六烯酸(DHA)]、胆甾醇和多种氨基酸。

3）实验条件

实验容器为 40L 的圆形塑料盆，装水 3/4，实验用水为经过滤、沉淀、曝气的拉萨河水；实验期间，维持水体溶氧＞5mg/L，pH 为 8.0～8.6，水温 5.0～10.4℃，与雅鲁藏布江水基本一致，保证每种仔鱼的饲养水体溶氧、pH 和水温的变化基本一致。

2. 实验方法

实验共分为 3 组：A 组投喂仔鱼专用微囊饲料，B 组投喂鳗鱼仔鱼料，C 组投喂经营养强化的卤虫无节幼体；每组均设 3 个平行。每盆中放养仔鱼 100 尾，每日定时足量投喂 3～5 次，投喂前清除残饵。每天换水 1/2 左右，3d 全换水一次。实验期间用小型气泵充气。

实验开始和结束时，每组随机选取 10～20 尾，进行全长测量。实验期间每天记录水温、溶氧、pH 及死亡仔鱼数量。

三、鱼类生物学

（一）年龄

1. 年龄鉴定材料处理

1）耳石形态观察

按照耳石在鱼体中的方向确定耳石的方向（前、后、背、腹、近极面和远极面）（Reñones et al.，2007，图 2-1）。测量耳石长度（OL：前后轴的最长距离）、耳石宽度（OB：背腹轴的最宽距离）、耳石厚度（OT：近极面和远极面的最大距离）和耳石重量（OW）（Reñones et al.，2007），研究耳石规格和生长。在解剖镜（Leica EZ4D）下对耳石进行拍照（Leica Application Suite version 15），并用 Image-Pro Plus 软件测量耳石长度和宽度；采用电显游标卡尺测量耳石厚度（精确至 0.01mm）；将耳石在 60℃下烘干 24h 后用电子天平称重（精确至 0.1mg）。耳石规格与鱼体体长/年龄的关系通过回归分析进行研究。

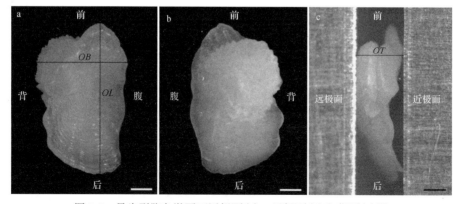

图 2-1　异齿裂腹鱼微耳石近极面（a）、远极面（b）和背面（c）图

Fig. 2-1　Proximal（a）, distal（b）and dorsal（c）face of lapillus in S.（S.）o'connori

图中所示耳石[反射光，来自一尾体长为 343mm（13 龄）的异齿裂腹鱼 the lapillus under the dissecting microscope with reflected light, from a 13-years-old S.（S.）o'connori（343mm SL）]。OL.耳石长度，表示前后轴 otolith length, shows anterior- posterior axes；OB.耳石宽度，表示背腹轴 otolith breadth, shows dorsal-ventral axes；OT.耳石厚度，表示近极面和远极面之间的距离 otolith thickness, the distance between distal plane and proximal plane。比例尺 Scale bars= 500μm

2)年龄材料处理

耳石　正式处理前，分别选取各种裂腹鱼的少量微耳石，从不同角度进行预打磨，比较耳石轮纹的完整性、清晰度和年龄鉴定效果，确定打磨角度，然后按照选好的角度，用指甲油包埋，固定在载玻片上，用水磨砂纸($600^{\#}$～$2000^{\#}$)打磨，抛光纸抛光，并随时在显微镜(Olympus CX21)下观察。当打磨至耳石中心时，用丙酮将指甲油溶解，将耳石翻面，用同样的方法包埋、打磨和抛光直到耳石核区清晰为止(He et al.，2008)。

脊椎骨　将脊椎骨放入开水中煮沸 10～15min，剔除附着的肌肉和结缔组织，然后放入 1%双氧水中漂白 24h。观察时将脊椎骨从中间剪开，调整好脊椎骨摆放角度，用二甲苯透明，同时在解剖镜(Motic SMZ-168)下用入射光观察。

鳃盖骨　将鳃盖骨放入开水中煮沸 1min，剔除附着的肌肉和结缔组织，然后放入 1%双氧水中漂白 24h，最后在解剖镜下用透射光观察。

2. 年轮确认

1)耳石首轮确认

在繁殖期前后，采集裂腹鱼幼鱼，首先计数耳石日轮数，确认其年龄接近 1 龄，然后测量该幼鱼耳石半径及 1 龄以上裂腹鱼的假设首轮轮径，通过比较两组轮径数据确认首轮位置(Sequeira et al.，2009)。

2)年轮形成周期确认

采用边缘增长率(MIR)分析研究耳石的年轮形成周期(Haas and Recksiek，1995)。利用显微成像系统(显微镜 Olympus BX51；图像分析软件 Ratoc System Engineering，Tokyo)测量耳石轮径并拍照。通过以下公式计算并分析 1～8 龄鱼耳石边缘增长率及月变化：

$$MIR=(R–R_n)/(R_n–R_{n-1})$$

式中，MIR 为耳石边缘增长率；R 为耳石半径；R_n 为耳石中心到最后一个年轮的距离；R_{n-1} 为耳石中心到倒数第二个年轮的距离。

采用边缘型分析(ETA)研究鳃盖骨和脊椎骨的年轮形成周期。将裂腹鱼类的鳃盖骨和脊椎骨边缘分为亮带和暗带类型(或者宽带和窄带类型)，通过宽带和窄带组成比例的月变化研究鳃盖骨和脊椎骨年轮形成周期。在解剖镜(Leica EZ4D)下，用 Leica Application Suite version 15 软件对鳃盖骨和脊椎骨进行拍照并分析。

3. 年龄鉴定

在不知道样本个体大小、性别和采集日期的情况下，同一观察者对年龄材料进行二次鉴定，如果两次鉴定结果相同，则采用这一年龄鉴定结果；如果有差异，则进行第 3 次鉴定，若第 3 次鉴定结果与前两次鉴定结果都不同，则舍弃这一样本，否则，采用第 3 次年龄鉴定结果。不同次年龄鉴定的时间间隔不少于 4 周。

年龄组划分采用 1 月 1 日为年龄递增日期(Massutí et al.，2000)。

对不同年龄材料年轮的清晰度按照 5 个等级进行评分：1 表示非常好，2 表示好，3 表示一般，4 表示很差，5 表示难以辨认(Paul and Horn，2009)。

采用年龄偏差图(Campana et al., 1995)和平均百分比误差(*IAPE*)评估年龄鉴定材料的精确性。

年龄偏差图 对不同年龄材料鉴定结果进行比较,以耳石的年龄鉴定结果为依据划分龄组,使用脊椎骨和鳃盖骨分别鉴定同一龄组内样本的年龄,并计算同一龄组鉴定年龄的均值和标准差,利用均值和标准差作不同年龄材料鉴定结果的偏差图,检验偏差图与1:1标准直线(两种年龄鉴定材料鉴定结果完全相同)的差异性,从而评估年龄材料的相对准确性;对同一材料的两次鉴定结果进行比较,以首次的年龄鉴定结果为依据划分龄组,间隔一定时间后,同一鉴定者对首次鉴定的同一龄组内样本进行二次年龄鉴定,并计算同一龄组内样本二次年龄鉴定结果的均值和标准差,利用均值和标准差作两次年龄鉴定结果的偏差图,检验偏差图与1:1标准直线(两种年龄鉴定材料鉴定结果完全相同)的差异性,从而评估年龄材料的精确性(Howland et al., 2004)。

平均百分比误差 计算公式如下:

$$IAPE = \frac{1}{N}\sum_{j=1}^{N}\left(\frac{1}{R}\sum_{i=1}^{R}\frac{|X_{ij}-X_j|}{X_j}\right)\times 100\%$$

式中,*IAPE*为平均百分比误差;*N*为鉴定年龄的鱼尾数;*R*为每尾鱼进行年龄鉴定的次数;X_{ij}为第*j*尾鱼进行的第*i*次年龄鉴定结果;X_j为第*j*尾鱼的平均年龄。

由于耳石的年轮比较清晰,分别将脊椎骨和鳃盖骨与耳石通过计算*IAPE*进行比较,此时X_j为第*j*尾鱼的耳石年龄。

(二)生长

1. 生长参数及计算方法

用于分析生长的指标如下。

生长指标为$C_{nt}=CvL_n$,即各年生长比速与那一年开始生长时体长的乘积。

丰满度为$K=W/L^3\times 100\,000$。

脂肪系数为$F=W_F/(W-W_V)\times 100$。

生长比速为$Cv=(\lg L_n-\lg L_{n-1})/0.4343(t_n-t_{n-1})$。

上述各式中,*L*为体长,单位为mm;*W*为体重,单位为g;W_F为脂肪重,单位为g;W_V为内脏重,单位为g;*t*为年龄;*n*为时间。

2. 体长与体重的关系

采用幂函数关系式描述鱼类体长与体重的关系:

$$W = aL^b$$

式中,*W*为体重,单位为g;*L*为体长,单位为mm;*a*为常数;*b*为异速生长指数。

采用协方差分析(ANCOVA)对不同性别鱼类的体长体重关系进行显著性分析(Cazorla and Sidorkewicj, 2008)。采用*t*检验对异速生长指数(*b*)和3进行比较,判断是否为匀速生长。

3. 生长方程

采用 von Bertalanffy 生长方程对生长特性进行描述，公式如下：

$$L_t = L_\infty[1 - e^{-k(t-t_0)}]$$

$$W_t = W_\infty[1 - e^{-k(t-t_0)}]^b$$

式中，L_t 表示 t 龄时的体长，单位为 mm；L_∞ 表示渐近体长，单位为 mm；W_t 表示 t 龄时的体重，单位为 g；W_∞ 表示渐进体重，单位为 g；b 表示异速生长指数；t_0 表示理论上体长和体重等于零时的年龄；k 表示生长曲线的平均曲率。

表观生长指数 $Ø = \lg k + 2\lg L_\infty$，用于比较分析亲缘关系相近的不同鱼类或不同种群的生长情况(Munro and Pauly，1983)。

4. 生长速度和加速度方程

对生长方程进行一阶求导和二阶求导，获得生长速度和加速度方程，公式如下：

$$dl/dt = L_\infty k e^{-k(t-t_0)}$$

$$dW/dt = bW_\infty k e^{-k(t-t_0)}[1-e^{-k(t-t_0)}]^{b-1}$$

$$d^2l/dt^2 = -L_\infty k^2 e^{-k(t-t_0)}$$

$$d^2W/dt^2 = bW_\infty k^2 e^{-k(t-t_0)}[1-e^{-k(t-t_0)}]^{b-2}[be^{-k(t-t_0)}-1]$$

式中，dl/dt 为体长生长速度；dW/dt 为体重生长速度；d^2l/dt^2 为体长生长加速度；d^2W/dt^2 为体重生长加速度；L_∞ 为渐近体长，单位为 mm；t_0 为理论上体长为零时的年龄；W_∞ 为渐近体重，单位为 g；b 为异速生长指数；k 为生长曲线平均曲率。

(三)食性分析

1. 食物定性和定量分析

将肠含物倒入锥形瓶中，用蒸馏水定容，然后用计数框在显微镜(Olympus CX21)下观察。藻类和原生动物采用 0.1mL 计数框在高倍镜(400 倍)下进行鉴定和计数，轮虫、枝角类、桡足类等采用 1.0mL 计数框在中倍镜(200 倍)下进行鉴定和计数。食物成分的鉴定、计数和重量测定方法，参见本章水生生物定性和定量分析方法。

2. 评价指标及计算方法

采用下列指数分析鱼类的食物组成及其在鱼类营养上的贡献率。

(1)空肠率：$F = (N_C/N_T) \times 100\%$。

(2)出现率：$O_i\% = O_i/(N_T - N_C) \times 100$。

(3)个数百分比：$N_i\% = \dfrac{N_i}{\sum_1^n N_i} \times 100$。

(4)重量百分比：$W_i\% = \dfrac{W_i}{\sum_1^n W_i} \times 100$。

(5) 相对重要指数：$IRI_i = (W_i\% + N_i\%) \times O_i\%$（Pinkas et al.，1971）。

(6) 相对重要指数百分比：$IPI_i\% = \dfrac{IPI_i}{\sum_1^n IPI_i} \times 100$（Cortés，1997）。

上述各式中，N_C 为消化道不含有食物的鱼的数量；N_T 为解剖鱼的总数量；O_i 为含饵料 i 的鱼的数量；N_i、W_i 和 IRI_i 分别为饵料 i 的数量、重量和相对重要指数。

(7) 食物重叠指数：

(a) 采用 Schoener 食物重叠指数研究几种裂腹鱼类不同季节、不同体长组、不同性别的食物组成差别，其公式为

$$C_{xy1} = 1 - 0.5\sum |P_{xi} - P_{yi}|$$

式中，C_{xy} 为食物重叠指数；P_{xi}、P_{yi} 分别为共有饵料 i 在 x、y 组鱼类消化道内含物中所占比例（$W\%$）。

(b) 采用 Morisita 食物重叠指数研究外来鱼类与土著鱼类食物组成的相似性，其公式为

$$C_{xy2} = \dfrac{2\sum_1^n P_{xi} \times P_{yi}}{\sum_1^n P_{xi}^2 + \sum_1^n P_{yi}^2}$$

式中，C_{xy} 为食物重叠指数；n 为饵料种数；P_{xi}、P_{yi} 分别为共有饵料 i 在鱼 x、y 的肠含物中所占的比例（$W\%$）。

C_{xy} 的值为 $0 \sim 1$。0 表示饵料完全不重叠，1 表示饵料全部重叠。当重叠指数大于 0.6 时，表示达到显著重叠水平（Schoener，1970；Wallace，1981；张堂林，2005）。

(8) 食物选择性：

$$I = (r_i - p_i) / (r_i + p_i)$$

式中，r_i 为食物 i 在肠含物中所占的比例（$N_f\%$）；p_i 为食物 i 在环境中的相对丰度（$N_p\%$）。

I 值为 $-1.0 \sim 1.0$，负值表示对某种食物回避或无法获得，负值越大表示回避程度越强，I 值接近于零时表示随机选食，正值表示对某种食物选食，正值越大表示选食程度越强（Ivlev，1961）。

(9) 营养级计算公式为

$$TL = 1 + \sum_{n=1}^s (K_n \times I_n) \quad \text{（Pauly et al.，2000）}$$

式中，TL 为营养级；K_n 为饵料营养级；I_n 为饵料在食物中所占比例；s 为饵料种数。

采用 Shannon-Wiener 指数（Shannon，1948）和均匀性指数（Pielou，1966）分析食物多样性，计算方法参见本节物种多样性分析。

3. 摄食策略

采用改进的 Costello（1990）图示法，即 Amundsen 等（1996）图示法（图 2-2），描述

鱼类的摄食策略。该图示法以出现率和特定饵料丰度(prey-specific abundance)为坐标共同构成二维图。特定饵料丰度是指某种饵料在有该种饵料出现的捕食者的食物中所占的比例。

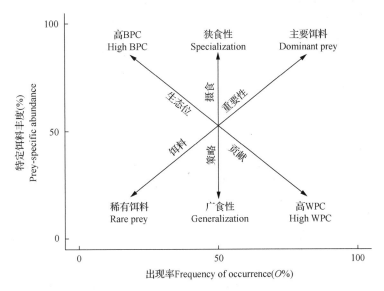

图 2-2　Amundsen 图示法(Amundsen et al.，1996)

Fig.2-2　The Amundsen graphical method(Amundsen et al.，1996)

4. 摄食消化器官形态与食性的适应性

用于分析的摄食和消化器官形态指标总计 12 个，其中定量指标 8 个，定性指标 4 个。各个指标的具体测量方法如下。

体长(standard length)：吻前端至尾鳍基部的水平直线长度。

头长(head length)：吻前端至鳃盖骨后缘的水平直线长度。

吻长(snout length)：吻前端至眼眶前缘的水平直线长度。

口裂面积(area of mouth)：鱼类口裂张开时的形状近似椭圆形，因此可以测量口裂宽和口裂高，利用椭圆面积计算公式获取各个鱼口裂的面积数据。

肠长(gut length)：鱼类食道和肛门之间的消化道长度。

鳃耙长度(length of gill raker)：第一鳃弓左侧外鳃耙和右侧外鳃耙最大长度均值。

鳃耙间距(space of gill raker)：第一鳃弓左侧外鳃耙和右侧外鳃耙最大间距均值。

鳃耙数(number of gill raker)：第一鳃弓左侧外鳃耙数和右侧外鳃耙数均值。

口位(orientation of mouth)：1，下位口；2，端位口。

下颌前缘(lip of lower jaw)：1，下颌前缘无角质；2，下颌前缘具有不锋利角质；3，下颌前缘具有锋利角质。

下咽齿形态(shape of pharyngeal tooth)：1，斜截状且咀嚼面宽；2，尖状且咀嚼面较窄；3，钩状且咀嚼面窄。

须(barbel)：1，无须；2，有须。

根据饵料生物对 6 种裂腹鱼类食性的贡献率，将其饵料重新分为以下六大种类：藻类、鱼类、水生昆虫、有机碎屑、高等水生植物及其他饵料，依据这六大种类饵料生物的重量百分比数据，采用典型相关分析(CCA)研究 6 种裂腹鱼类摄食和消化器官形态指标与其食物组成的适应性。

肠道内壁黏膜褶在解剖镜下采用 Leica Application Suite version 15 软件拍照，其他摄食消化器官采用数码相机(Canon IXUS 870 IS)拍照。

5. 性别、季节和体长组对裂腹鱼类食物组成的影响

采用相似性检验(ANOSIM)分析裂腹鱼类的食物组成是否具有性别差异，如果无性别差异，则将雌雄数据合并后进行数据分析，反之则雌雄数据分开分析。综合利用 Schoener(1970)重叠指数、相似性检验和饵料组成直方图研究季节对 6 种裂腹鱼类食物组成的影响。此外，以 50mm 为组距将每种裂腹鱼类划分为若干体长组，依据裂腹鱼类摄食上述六大饵料的重量百分比数据，采用非度量多维尺度法(NMDS)、多元离散度指数(MVDISP)和饵料组成直方图分析裂腹鱼类不同体长组之间食物组成的差异性。

(四)繁殖

1. 性成熟大小

最小成熟个体：渔获物中性腺处于III期或IV期的最小个体称为最小成熟个体。

50%性成熟年龄和体长：采用 $L_{50\%}$ 的方法确定群体的 50%个体达到性成熟时的体长和年龄(Chen and Paloheimo，1994)。将样本分性别，按年龄或体长组，统计成熟个体占该年龄或体长组的比例，然后，对性成熟个体比例占体长和年龄数据进行逻辑斯谛回归，50%性成熟年龄和 50%性成熟体长的计算公式如下：

$$P = [1 + e^{-k(A - A_{50})}]^{-1}$$

$$P = [1 + e^{-k(SL_{mid} - SL_{50})}]^{-1}$$

式中，P 为各年龄或体长组的性成熟比例；A 为年龄；A_{50} 和 SL_{50} 分别为性成熟年龄和平均体长；SL_{mid} 为体长区段的中间值；k 为斜率。

2. 性腺发育

依据成熟个体的下列指标及性腺发育程度(目测和组织学特征判定的分期)的周年变化，描述鱼类性腺发育周期。

1)成熟系数

成熟系数(gonadosomatic index，GSI)用于描述繁殖周期，计算公式为

$$GSI = W_G / W_V \times 100\%$$

式中，W_G 为性腺重，单位为 g；W_V 为除内脏体重，单位为 g。

2) 卵径频数分布

选择Ⅳ期卵巢的卵子，用 10%中性福尔马林固定后带回实验室测量卵径。先在解剖镜(Leica EZ4D)下对卵粒进行拍照(Leica Application Suite version 15)，然后用 Image-Pro Plus 软件测量卵径。每尾鱼测量 100～150 粒卵。

根据性腺分期、野外调查的亲鱼性腺发育情况，综合判断鱼类的繁殖季节。根据卵巢组织学特征和卵径频数分布周年变化判断产卵类型。

3. 繁殖力

按体长组抽取一定数量的Ⅳ期雌鱼，称取卵巢重(精确到 0.1g)，分别从卵巢的前、中、后部随机取部分卵巢称取 1～5g，以 10%福尔马林固定。计数所有开始沉积卵黄的卵粒(Ⅲ、Ⅳ时相卵母细胞)，获得每克卵巢所含卵粒数，并以此计算绝对怀卵量和相对怀卵量。采用回归分析法分别检验体长、体重、年龄和卵巢重与绝对怀卵量的关系。

绝对怀卵量(卵粒数/尾)=1g 卵巢组织的卵粒数×卵巢重

相对怀卵量(卵粒数/g 去内脏体重)=绝对怀卵量/去内脏体重

四、种群动态

(一)死亡系数的估算

1. 总死亡率

采用 Chapman-Robson 法估算总死亡率 Z(Smith et al.，2012)，公式如下：

$$Z = \ln \frac{1 + \bar{T} - t_c - \dfrac{1}{N}}{\bar{T} - t_c} - \frac{(N-1)(N-2)}{N[N(\bar{T} - t_c) + 1][N + N(\bar{T} - t_c) - 1]}$$

式中，t_c 为起捕年龄；$\bar{T}$ 为不小于 t_c 时的样本平均年龄；N 为不小于 t_c 时的样本数量。

2. 自然死亡率

雌鱼和雄鱼的自然死亡率(M)分别使用以下两个经验方程式来计算：

$$M = 4.118 k^{0.73} L_\infty^{-0.33} \ (\text{Then et al.，2015})$$

$$M = -\ln(0.01)/t_{\max} \ (\text{Hoenig，1983})$$

式中，L_∞ 为渐近体长，单位为 cm；k 为生长系数；$t_{\max}$ 为最大年龄，计算公式为 $t_{\max} = t_0 + 2.996/k$，其中 k 为生长系数，t_0 为体长为 0 时的年龄(Taylor，1958)。

3. 捕捞死亡率

当前的捕捞死亡率(F_{cur})等于总死亡率(Z)减去自然死亡率(M)：$F_{cur} = Z - M$。假设估算的捕捞死亡率和自然死亡率在不同龄组间保持恒定。

(二)生活史类型的判断

以典型的 k-选择者达氏鳇(*Huso dauricus*)和典型的 r-选择者尖头塘鳢(*Eleotris oxycephala*)为参照物,研究裂腹鱼类的生活史类型(刘军,2005)。选取 7 个生态参数:渐近体长(L_∞/cm)、渐近体重(W_∞/kg)、生长系数(k)、自然死亡率(M)、初次性成熟年龄(t_m)、最大年龄(t_λ)和种群繁殖力(PF)。由于雌鱼体长比雄鱼大,本研究以雌鱼数据作为代表。达氏鳇和尖头塘鳢的参数来源于叶富良和陈刚(1998)。种群繁殖力的计算公式如下:

$$PF = \sqrt[pj]{r \times x}$$

式中,p 为繁殖周期;j 为初次性成熟年龄;r 为一次产出的卵粒数,一般采用绝对繁殖力;x 为一生产卵次数,计算公式如下:

$$x = \frac{t_\lambda - j}{p} + 1$$

式中,t_λ 为最大年龄,即渔获物中的最大年龄。

将参数进行对数化处理,再运用极值标准化公式,将数据压缩到[0,1]区间内,最后通过夹角余弦法求得两两物种之间的相似系数 λ,λ 值越大表示相似程度越高(徐克学,1999)。

极值标准化公式如下:

$$x_{ij} = \frac{y_{ij} - \min\{y_{kj}\}}{\max\{y_{kj}\} - \min\{y_{kj}\}} \left(\begin{array}{l} i = 1, 2, \cdots, t \\ j = 1, 2, \cdots, n \end{array} \right)$$

式中,$\max\{y_{kj}\}$ 为第 j 个参数 $y_{1j}, y_{2j}, \cdots, y_{tj}$ 的最大值;$\min\{y_{kj}\}$ 表示相应的最小值。

夹角余弦公式如下:

$$\lambda_{ij} = \frac{\sum_{k=1}^{n} x_{ik} x_{jk}}{\sqrt{\left(\sum_{k=1}^{n} x_{ik}^2 \right) \left(\sum_{k=1}^{n} x_{jk}^2 \right)}}$$

式中,λ_{ij} 为物种 i 与物种 j 的生活史类型相似程度,以代码 1、2 和 3 分别表示达氏鳇、尖头塘鳢和所研究的裂腹鱼类;x_{ik} 为物种 i 的第 k 个生态参数;x_{jk} 为物种 j 的第 k 个生态参数(刘军,2005)。

(三)种群动态评析

1. 单位补充量模型

采用单位补充量模型分别评估 6 种裂腹鱼类单种群和多种群的资源状况及其对不同渔业养护措施的响应(Goodyear,1993;Quinn and Deriso,1999)。我们对传统的单位补充量模型进行修改，即将时间递增单位修改为月，以便于评估禁渔期对繁殖潜力比(SPR)和单位补充量渔获量(YPR)的影响。具体的计算公式如下。

1) 繁殖潜力比(SPR)

$$SPR = \frac{SSBR_F}{SSBR_{F=0}}$$

$$SSBR = \frac{SSB}{R} = \sum_{t=t_r}^{t_{\max}} \exp[(-FS_tA_t - M)(t - t_c)]\exp[-M(t_c - t_r)]aL_t^b G_t$$

式中，SSB 为总亲鱼量，单位为 g；$SSBR_F$ 为捕捞死亡率(F)不为零时单位补充量亲鱼生物量，单位为 g；$SSBR_{F=0}$ 为捕捞死亡率(F)为零时单位补充量亲鱼量，单位为 g；R 为补充量，假设为 1；F 为捕捞死亡率；M 为自然死亡率；a 和 b 分别为体长与体重关系式参数，引自第四章；L_t 为 t 龄时的平均体长，其计算公式见第四章 von Bertalanffy 方程；A_t 为 t 龄时是否处于禁渔期，如果处于，则其数值为 0，反之为 1；$t_{\max}$ 为最大年龄，单位为月份；t_r 为补充年龄，单位为月份；t 为年龄，单位为月份；t_c 为起捕年龄，单位为月份；G_t 为 t 龄时的成熟鱼类比例，其计算公式见第六章；S_t 为 t 龄时网具的选择系数，由于缺乏网具选择系数方面的数据，本章假设网具对裂腹鱼类选择类型为"刀刃型"选择，即达到起捕年龄 t_c，选择系数值为 1，小于起捕年龄 t_c，选择系数值为 0。

2) 单位补充量渔获量(YPR)

$$YPR = \frac{Y}{R} = \sum_{t=t_r}^{t_{\max}} \frac{FS_tA_t}{FS_tA_t + M}\exp[(-F_sS_tA_t - M)(t - t_c)]\exp[-M(t_c - t_r)][1 - \exp(-FS_tA_t - M)]aL_t^b$$

式中，Y 为同一世代的总渔获量；R 为补充量，假设为 1；F 为捕捞死亡率；M 为自然死亡率；a 和 b 为体长与体重关系式参数，引自第四章；L_t 为 t 龄时的平均体长，其计算公式见第四章 von Bertalanffy 方程；A_t 为 t 龄时是否处于禁渔期，如果处于，则其数值为 0，反之为 1；$t_{\max}$ 为最大年龄，单位为月份；t_r 为补充年龄，单位为月份；t 为年龄，单位为月份；t_c 为起捕年龄，单位为月份；S_t 为 t 龄时网具的选择系数，由于缺乏网具选择系数方面的数据，本章假设网具对裂腹鱼类选择类型为"刀刃型"选择，即达到起捕年龄 t_c，选择系数值为 1，小于起捕年龄 t_c，选择系数值为 0。

对于多种群单位补充量模型，我们假设 6 种裂腹鱼类群落的补充量恒定，然而，裂腹鱼类群落中每种裂腹鱼的补充量具有种间差异性，因此，在估算群落的单位补充量亲鱼生物量($SSBR$)和单位补充量渔获量(YPR)时，通过引入权重因子来表示补充量的种间差异(Quinn and Deriso，1999)。具体计算公式如下：

$$SSBR_T = \frac{\sum_{i=1}^{n} SSB_i \times w_i}{R_T}$$

$$YPR_T = \frac{\sum_{i=1}^{n} Y_i \times w_i}{R_T}$$

式中，SSB_i 为裂腹鱼类 i 的亲鱼量，单位为 g；$SSBR_T$ 为裂腹鱼类群落的单位补充量亲鱼生物量，单位为 g；YPR_T 为裂腹鱼类群落单位补充量渔获量，单位为 g；R_T 为裂腹鱼类群落的补充量，假设为 1；w_i 为裂腹鱼类 i 的权重因子，其为裂腹鱼类 i 占群落总体个数的百分比；Y_i 为裂腹鱼 i 的单位补充量渔获量。

对于已开发的鱼类种群，准确地估算其自然死亡率是极其困难的，因此，我们采用 2 个经验公式分别获取 6 种裂腹鱼类的自然死亡率区间，并评估了单位补充量模型对自然死亡率的敏感性。此外，我们还模拟了 14 个不同的渔业养护措施以评估起捕年龄和禁渔期对裂腹鱼类的保护效果（表 2-1）。

表 2-1 裂腹鱼类渔业养护措施

Table 2-1 Conversation policies of six Schizothoracinae fishes in the Yarlung Zangbo River

养护措施 Conversation policy	起捕年龄 t_c	禁渔期 Seasonal closure
当前措施	5 龄、6 龄或 7 龄	无
政策 1	1 龄	无
政策 2	3 龄	无
政策 3	5 龄	无
政策 4	7 龄	无
政策 5	9 龄	无
政策 6	11 龄	无
政策 7	13 龄	无
政策 8	15 龄	无
政策 9	17 龄	无
政策 10	1 龄	3 月
政策 11	1 龄	2～3 月
政策 12	1 龄	2～4 月
政策 13	1 龄	2～5 月
政策 14	1 龄	2～6 月

注 Note：在当前养护措施中，5 龄为雌性拉萨裂腹鱼、尖裸鲤、拉萨裸裂尻鱼和双须叶须鱼种群的起捕年龄 The age at capture is five years old for female *S.(R.) waltoni*, *O. stewartii*, *S. younghusbandi* and *P. dipogon*；6 龄为雄性异齿裂腹鱼和巨须裂腹鱼种群的起捕年龄 The age at capture is six years old for male *S.(S.) o'connori* and *S.(R.) macropogon*，7 龄为雌性异齿裂腹鱼、雄性拉萨裂腹鱼和雌性巨须裂腹鱼的起捕年龄 The age at capture is seven years old for female *S.(S.) o'connori*, male *S.(R.) waltoni* and female *S.(R.) macropogon*

2. 参考点

利用 $F_{25\%}$ 和 $F_{40\%}$ 两个参考点评价种群开发程度。$F_{25\%}$ 和 $F_{40\%}$ 是最大单位补充量亲鱼生物量的 25% 和 40% 所对应的捕捞死亡系数。$F_{25\%}$ 是下限参考点，如果捕捞死亡系数低于该值，说明种群被过度开发，自然繁殖被严重破坏，补充量不能维持种群的平衡稳定 (Griffiths，1997；Kirchner，2001；Sun et al.，2002)。$F_{40\%}$是目标参考点，是合理开发种 群资源的捕捞标准，如果捕捞死亡系数处于该值左右，表明在保持种群稳定的前提下可 以提供高产量(Sun et al.，2005)。

以上所有实验，若无特殊说明，数据均采用平均数±标准差表示，统计显著性设为 $\alpha = 0.05$。统计分析采用 SPSS 16.0(IBM，Armonk，NY，USA)、R(R core team，Vienna， Austria)、Lab Origin pro 8.5(Originlab，Northampton，MA，USA)等统计软件，图像分 析采用 Photoshop CS5 Extended(Adobe，San Jose，CA，USA)和 Imagine Pro Plus 6.0(Media Cybermetics，Rockville，MD，USA)等软件。

五、遗传多样性

(一)染色体

实验前 1d 将实验用鱼移至室内水箱中，每尾鱼按体重注射相应剂量的植物血球凝集 素(PHA)(200mg/g)，12h 后注射秋水仙碱(1μg/g)，3～4h 后将鱼解剖，取肾脏研碎，加 少许生理盐水，移入离心管中，用吸管反复吹打至细胞分散。静置，去掉组织块，离心 洗涤后，再用 0.5% KCl 溶液低渗处理，然后用卡诺氏固定液(甲醇：冰醋酸为 3：1) 固 定 3 次，空气干燥法制片，Giemsa 染色，在显微镜下照相、计数。

取分散良好、染色体无重叠的完整中期分裂相 10 个，测量染色体绝对长度及长臂与 短臂长度，再计算出每一条染色体的平均相对长度和臂比，确定每一条染色体的着丝粒 位置。

染色体核型分析：根据臂比(长臂/短臂)将染色体分为 m 组(1～1.7)、sm 组(1.7～ 3.0)、st 组(3.0～7.0)和 t 组(7.0 以上)，由此获得染色体核型公式和 NF 值。

(二)同工酶

1. 样品处理

实验用鱼均于 2015 年 11 月采自西藏雅鲁藏布江，除拉萨裂腹鱼和拉萨裸裂尻鱼尾 数分别为 12 尾和 14 尾外，其他 4 种鱼为 30 尾。随后活体解剖，分别取心肌、背部白肌、 肝脏、肾脏和晶状体 5 种组织。认真剔除黏附组织后，用生理盐水在 0℃下去除血迹， 将各组织编号放入离心管内，于–70℃保存备用。

取各组织 0.5g 于研钵内，并按 1：2($m:V$)的比例加 20%的蔗糖在冰浴条件下进行 匀浆并分装于离心管内。将各组织的匀浆液于 4℃、12 000r/min 条件下离心 40min，取 其上清液按 1：1($V:V$)的比例加入氯仿，再次离心 30min，取其上清液，并分装于离心 管内(每个离心管取样量 50μL)，于–20℃短时间保存。临用前加入 7μL 的溴酚蓝作指示 剂进行电泳。

2. 电泳
采用不连续聚丙烯酰胺凝胶电泳法对各组织进行电泳。电泳参数和电泳缓冲系统为：

分离胶浓度为 7.5%，pH8.9；浓缩胶浓度为 3%，pH6.7；电极液为 pH8.3，Tris-Gly 缓冲液。加样量为 10μL，采用 10mA 电流预电泳，待其指示剂过浓缩胶，电流调为 20mA，电泳时间为 6h。电泳的整个过程在 10℃条件下进行。

3. 染色方法

电泳结束后，取出凝胶，放在染色液中在 37℃条件下进行染色，显带清晰后立刻用蒸馏水冲洗，然后拍照保存。染色液的配制为：1%辅酶 I（NAD）溶液 3mL、6%乳酸钠溶液 2mL、1%氯化硝基四氮唑蓝（NBT）溶液 4.8mL 和 1%吩嗪甲酯硫酸盐（PMS）溶液 0.4mL。

4. 分析方法

乳酸脱氢酶（LDH）同工酶的组织特异性以区带数目、染色强度和相对迁移特性为指标进行分析比较。

(三) 分子群体遗传学

1. 微卫星（SSR）分子标记的分离及特征

本研究采用酚-氯仿-异戊醇法（Sambrook and Russell，2002）分别提取各种裂腹鱼类的基因组 DNA。参考磁珠富集法（FIASCO）（Zane et al.，2002）构建（AC）$_{10}$-SSR 及（AGAT）$_n$-SSR 富集文库。具体方法如下：首先用 Mse I（Fermentas，Vilnius，Lithuania）对基因组 DNA 进行酶切，然后用 T$_4$ DNA 连接酶将酶切产物连接上 Mse I 接头，最后对酶切-连接产物进行 10 倍稀释，并用 Mse I -N（5′-GATGAGTCCTGAGTAAN-3′）作为引物进行预扩增。将预扩增产物与生物素标记的 SSR 重复序列探针进行杂交，并通过链霉亲和素包被的磁珠（Promega，Madison，USA）对 SSR 重复片段进行富集。用 Mse I -N（5′-GATGAGTCCTGAGTAAN-3′）作为引物，再次对 SSR 重复片段进行扩增，并与 pMD18-T 载体连接，转化到大肠杆菌 DH5α 感受态细胞。通过载体引物 PCR 扩增法对阳性克隆进行检测、筛选，并进行序列测定。

根据测序结果，去掉载体序列和引物序列后，用 SSR Hunter（Li and Wan，2005）查找 SSR 重复序列，用 Primer Premier 5.0（Premier Biosoft，Palo Alto，CA，USA）设计多对 SSR 引物进行 PCR 扩增和多态性检测。以 10 个样本的混合 DNA 为模板，进行温度梯度 PCR 扩增，对引物退火温度进行优化。经琼脂糖凝胶电泳检测，筛选出与预计目的片段大小相符且杂带较少的引物进行后续实验。以一个裂腹鱼类群体（30 个以上个体）DNA 为模板，对分离出的 SSR 引物进行 PCR 扩增，采用 8%非变性聚丙烯酰胺凝胶电泳（PAGE）对筛选出的引物进行多态性检测，并用 Quantity One 软件（BIO-RAD）进行 SSR 基因型分型分析，辅以人工校正。采用 ATETRA 1.2 软件（van Puyvelde et al.，2010）计算每个微卫星位点的等位基因数（N_A）、期望杂合度（H_E）和 Shannon-Wiener 多样性指数（H'）等多态性参数。

2. 线粒体全基因组测序

在 GenBank 中下载青海湖裸鲤的线粒体全基因组序列（GenBank 登录号：

AB239595），并以该序列为模板，用 Primer Premier 5.0 软件设计引物。根据设计的引物进行 PCR 扩增，采用 1.5% 的琼脂糖凝胶电泳对 PCR 扩增产物进行检测，凝胶成像系统拍照，将获得的单一目的片段纯化后进行序列测定。

测序后获得的序列用 DNASTAR 软件包进行校对、排列和拼接，然后用 Clustal X 1.81（Thompson et al.，1997）进行序列比对。线粒体基因组的碱基组成、密码子的使用等基本信息由 MEGA 5.0（Tamura et al.，2011）等软件计算完成。裂腹鱼类的基因定位参考青海湖裸鲤的线粒体全基因组注释结果进行，以第一个 $tRNA^{Phe}$ 基因起点作为线粒体基因组的第一个碱基，对组装好的序列进行链转换及调零。通过 Geneious 4.8.3（Biomatters Ltd.，http://www.geneious.com/）软件比对及 BLAST 在线比对，确定蛋白质编码基因、tRNA 基因、rRNA 基因、D-loop 区的位置。最后，采用 Geneious 4.8.3 生成线粒体基因组结构图。

3. 种质遗传多样性评价

根据已发表的线粒体 DNA（mtDNA）细胞色素 b（Cyt b）基因引物（L14724：5′-GACTTGAAAAACCACCGTTG-3′/H15915：5′-CTCCGATCTCCGGATTACAAGAC-3′，退火温度为 55℃）（He and Chen，2007），对拉萨裸裂尻鱼 6 个群体和异齿裂腹鱼 7 个群体样本的 Cyt b 序列进行 PCR 扩增。基于拉萨裸裂尻鱼和异齿裂腹鱼的线粒体基因组序列（GenBank 登录号分别为 KC351895 和 KC513575），自行设计拉萨裸裂尻鱼 D-loop 区序列引物（15848-F：5′-CTTCGCATTTCACTTTCT-3′/790-R：5′-AACTTGTTGGCTGATACG-3′，退火温度为 51℃）以及异齿裂腹鱼 D-loop 区序列引物（DL-F：5′-ACTCTCACCACTGGCTCC-3′/DL-R：5′-GACTCATCTTAGCATCTTCAG-3′，退火温度为 55℃），对拉萨裸裂尻鱼和异齿裂腹鱼各个群体样本的 D-loop 区序列进行 PCR 扩增。用 1.5% 琼脂糖凝胶电泳检测 PCR 扩增产物，凝胶成像系统拍照，将获得的单一目的片段纯化后送公司进行序列测定。Cyt b 基因采用双向测序，D-loop 区序列采用正向测序。

测序后获得的 Cyt b 和 D-loop 序列用 DNASTAR 软件包进行校对、排列和拼接，然后用 Clustal X 1.81（Thompson et al.，1997）进行序列比对。采用 DNASP 5.0（Librado and Rozas，2009）计算突变位点数（S）、单倍型数（h）、单倍型多样性指数（Hd）、核苷酸多样性指数（π）、平均核苷酸差异（K）等遗传多态性参数。

用 MEGA 5.0 软件统计 Cyt b 和 D-loop 序列碱基组成、转换和颠换，基于 Kimura 2-papamter（Kimura，1980）模型计算群体内及群体间遗传距离，采用邻接法（NJ 法）（Saitou and Nei，1987）和最大似然法（ML 法）分别构建 mtDNA Cyt b 和 D-loop 序列单倍型分子系统发育树，采用自展法（Felsenstein，1985）进行 1000 次重复分析检验 NJ 系统发育树和 ML 系统发育树的置信度。其中，拉萨裸裂尻鱼 mtDNA 序列单倍型 NJ 系统发育树分别以宝兴裸裂尻鱼（Schizopygopsis malacanthus baoxingensis）Cyt b（GenBank 登录号 DQ533798）及 D-loop 区（GenBank 登录号 FJ422893）序列作为外类群，异齿裂腹鱼 mtDNA 序列单倍型 NJ 系统发育树和 ML 系统发育树以拉萨裂腹鱼（GenBank 登录号 JX202592）、巨须裂腹鱼（GenBank 登录号 KC020113）和拉萨裸裂尻鱼（GenBank 登录号 KC351895）的 Cyt b 及 D-loop 序列作为外类群。

用 NETWORK 4.6(Bandelt et al., 1999)构建 $Cyt\ b$ 和 D-loop 序列单倍型中介网络图，对单倍型进行对应关系分析。采用 ARLEQUIN 3.11(Excoffier et al., 2005)进行分子变异分析(AMOVA)(Excoffier et al., 1992)，计算群体间和群体内的遗传变异百分比及遗传分化指数(Φ_{ST})，并检测群体间 Φ_{ST} 的显著性(重复次数为 1000)，P 值经 Bonferroni 校正(Rice, 1989)。用 ARLEQUIN 3.11 进行中性检验和歧点分布分析(Rogers and Harpending, 1992)，以检验拉萨裸裂尻鱼和异齿裂腹鱼群体是否符合中性变异；进行 Tajima's D(Tajima, 1989)和 Fu's Fs(Fu, 1997)分析，评估拉萨裸裂尻鱼和异齿裂腹鱼种群历史动态。同时，对拉萨裸裂尻鱼的种群扩张时间(t)进行估算($t=\tau/2u$)，其中 τ 值是扩张参数，u 值是所有单倍型的变异率，u 值可以通过公式 $u=2\mu k$ 计算获得，μ 值为核苷酸变异率，k 值是所分析核苷酸片段的长度。本章分别以 2%(Brown et al., 1979)和 3.6%(Donaldson and Wilson, 1999)作为 $Cyt\ b$ 和 D-loop 序列的核苷酸变异率。最终的种群扩张时间还要乘以拉萨裸裂尻鱼的世代时间(性成熟年龄，约为 7 年)。

同时，根据已分离的裂腹鱼类微卫星位点，筛选 12 个多态性和通用性好的微卫星位点(表 2-2)，对异齿裂腹鱼 7 个群体进行了遗传多样性和遗传结构分析。其中，8 个微卫

表 2-2　12 个微卫星位点信息：登录号、引物序列、重复单元、退火温度及荧光标记

Table 2-2　Information of 12 microsatellite loci: accession number, primer sequence, repeat motif, annealing temperature and fluorescent labelling

位点 Locus	登录号 Accession no.	引物序列 Primer sequence (5′-3′)	重复单元 Repeat motif	T_a	荧光基团 Fluorescent labelling
JLL 01	KC880056	F: TCATTTACACAGTAGGGAGC R: CAGTTAGAGGTGACGGAAG	$(AC)_4 \cdots (TCCTC)_4$	54	TAMRA
JLL 21	KC880076	F: GACAGACAGAAAGACCAGAGA R: GGTAAACTATCCCAAAATCAT	$(AGAT)_{12}$	56	FAM
LLK27	KC907359	F: ATCATTCAAAGGTCACTCGT R: TCCACAGAGATGCCAAAG	$(TAGA)_8$	58	FAM
LLK28	KC907360	F: GAACGAGAAAGTTAAAGGTC R: AGGAGTGGTCAGTGCTTC	$(ATAG)_{21}$	55	HEX
Scho01	KC247930	F: TAATGATAATGCCGTGTCGTA R: GAAACAGAAAACAGCCCAGAT	$(TG)_{12}$	57	HEX
Scho23	KC902766	F: CACACAATCAGTAGGTCAGG R: ACTAGCAGTTATCTTCTCAGC	$(AGAC)_6 \cdots (TG)_6$	60	FAM
Scho24	KC902767	F: ATTTTTCCTCTGCCCATTGA R: TTGTGAACCGTTACACCCCT	$(CTAT)_{17}(GTCT)_8 \cdots (GTCT)_9$	56	FAM
Scho26	KC902769	F: GCAAAGCACAAAGGATCT R: CTGAACCATTACACCCCTA	$(TCTG)_4 \cdots (TCTA)_7$	58	HEX
Scho27	KC902770	F: CGTCTATTGTCTGCTCATCA R: ATCTGCTTACGCCCCAT	$(ATAG)_{14}$	56	TAMRA
Scho32	KC902775	F: TGAGCAAAACCACTAACACA R: GACGGCACACATTTCTGA	$(AGAT)_5 \cdots (AGAT)_5$	56	TAMRA
Scho40	KC902783	F: TAGAGGAGGATGGGTGAGAA R: CCAACACTGCGAACGATAG	$(TCTA)_9$	54	TAMRA
Scho42	KC902785	F: ATAAGAGGAAAACAATGCC R: AGACCAATGTGTAACAGTAATG	$(GATA)_{17}$	56	HEX

注 Note：T_a，退火温度(℃) annealing temperature(℃)

星位点分离于异齿裂腹鱼，2 个位点分离于拉萨裸裂尻鱼，2 个位点分离于尖裸鲤。异齿裂腹鱼是天然四倍体鱼类（尚未确定是同源四倍体还是异源四倍体），而通常用于二倍体物种遗传多样性分析的指标（如杂合度等）无法用于多倍体物种遗传多样性的研究。因此，本研究首先对微卫星的扩增结果进行基因型分型分析，然后将微卫星分型结果按照表型数据（即有带记为"1"，无带记为"0"，构建"0、1"二元矩阵）进行后续群体遗传学分析。采用 GenAlEx 6.5（Peakall and Smouse，2012）计算总的条带数目和每个群体的特有条带数目，并进行 Nei's 无偏遗传距离计算和主坐标（PCoA）分析。采用 POPGENE（Yeh et al.，2000）和 GenAlEx 6.5 计算 Nei's 基因多样性指数（H）、Shannon's 信息指数（I）和多态位点百分率（PPL）。用 ARLEQUIN 3.11 进行分子变异分析（AMOVA），计算群体间和群体内的遗传变异百分比及遗传分化指数（F_{ST}）。采用 STRUCTURE 2.3.4（Pritchard et al.，2000）基于贝叶斯法分析群体的遗传组成，假定 $K=1\sim7$，运行参数为 100 000 次重复的马尔可夫链蒙特卡罗（MCMC）方法，最初的 10 000 次作为老化样本予以舍弃，为保证结果的可靠性，每个 K 值重复运行 10 次。基于 ΔK 算法（Evanno et al.，2005），用 STRUCTURE HARVEST（Earl，2012）对运行结果进行整合分析，获得最佳的种群遗传组成参数。

主要参考文献

陈毅峰, 曹文宣. 2000. 裂腹鱼亚科鱼类//乐佩奇. 中国动物志·硬骨鱼纲·鲤形目（下卷）. 北京: 科学出版社: 273-388.

褚新洛, 郑葆珊, 戴定远. 1999. 中国动物志·硬骨鱼纲·鲇形目. 北京: 科学出版社.

国家环保局《水生生物监测手册》编委会. 1993. 水生生物监测手册. 南京: 东南大学出版社.

胡鸿钧, 李尧英, 魏印心, 等. 1980. 中国淡水藻类. 上海: 上海科学技术出版社.

季强. 2008. 六种裂腹鱼类摄食消化器官形态学与食性的研究. 武汉: 华中农业大学硕士学位论文.

蒋燮治, 堵南山. 1979. 中国动物志·节肢动物门·甲壳纲·淡水枝角类. 北京: 科学出版社.

刘保元. 1983. 人工基质采样器的设计和应用. 环境科学, 4(2): 67-70.

刘军. 2005. 青海湖裸鲤生活史类型的研究. 四川动物, 24(4): 455-458.

沈韫芬, 章宗涉, 龚循矩, 等. 1990. 微型生物监测新技术. 北京: 中国建筑工业出版社.

王家楫. 1961. 中国淡水轮虫志. 北京: 科学出版社.

西藏自治区水产局. 1995. 西藏鱼类及其资源. 北京: 中国农业出版社.

谢从新. 2009. 鱼类学. 北京: 中国农业出版社.

徐克学. 1999. 生物数学. 北京: 科学出版社.

叶富良, 陈刚. 1998. 19 种淡水鱼类的生活史类型研究. 湛江海洋大学学报, 18(3): 11-17.

张堂林. 2005. 扁担塘鱼类生活史策略、营养特征及群落结构研究. 武汉: 中国科学院水生生物研究所博士学位论文.

章宗涉, 黄祥飞. 1991. 淡水浮游生物研究方法. 北京: 科学出版社.

赵文. 2005. 水生生物学. 北京: 中国农业出版社.

中国科学院动物研究所. 1979. 中国动物志·节肢动物门·甲壳纲·淡水桡足类. 北京: 科学出版社.

中国科学院青藏高原综合科学考察队. 1983. 西藏水生无脊椎动物. 北京: 科学出版社.

中国科学院青藏高原综合科学考察队. 1992. 西藏藻类. 北京: 科学出版社.

朱蕙忠, 陈嘉佑. 2000. 中国西藏硅藻. 北京: 科学出版社.

朱松泉. 1989. 中国条鳅志. 南京: 江苏科学技术出版社.

Amundsen P A, Gabler H M, Staldvik F J. 1996. A new approach to graphical analysis of feeding strategy from stomach contents data-modification of the Costello (1990) method. Journal of Fish Biology, 48: 607-614.

Bandelt H J, Forster P, Rohl A. 1999. Median-joining networks for inferring intraspecific phylogenies. Molecular Biology and Evolution, 16(1): 37-48.

Blazer V S. 2002. Histopathological assessment of gonadal tissue in wild fishes. Fish Physiology and Biochemistry, 26: 85-101.

Brown W M, George M, Wilson A C. 1979. Rapid evolution of animal mitochondrial DNA. Proceedings of the Natural Academy Sciences USA, 76(4): 1967-1971.

Campana S E, Annand C M, McMillan J I. 1995. Graphical and statistical methods for determining the consistency of age determinations. Transactions of the American Fisheries Society, 123:131-138.

Cazorla A L, Sidorkewicj N. 2008. Age and growth of the largemouth perch *Percichthys colhuapiensis* in the Negro River, Argentine Patagonia. Fisheries Rresearch, 92: 169-179.

Chen Y, Paloheimo J E. 1994. Estimating fish length and age at 50% maturity using a logistic type model. Aquatic Sciences, 56: 206-219.

Cortés E. 1997. A critical review of methods of studying fish feeding based on analysis of stomach contents: application to elasmobranch fishes. Canadian Journal of Fisheries and Aquatic Sciences, 54: 726-738.

Costello M J. 1990. Predator feeding strategy and prey importance: a new graphical analysis. Journal of Fish Biology, 36: 261-263.

Donaldson K A, Wilson R R. 1999. Amphi-panamic geminates of snook (Percoidei: Centropomidae) provide a calibration of the divergence rates in the mitochondrial DNA control region of fishes. Molecular Phylogenetics and Evolution, 13(1): 208-213.

Earl D A. 2012. Structure harvester: a website and program for visualizing structure output and implementing the Evanno method. Conservation Genetics Resources, 4(2): 359-361.

Evanno G, Regnaut S, Goudet J. 2005. Detecting the number of clusters of individuals using the software stucture: a simulation study. Journal of Molecular Evolution, 14(8): 2611-2620.

Excoffier L, Laval G, Schneider S. 2005. Arlequin ver. 3.0: an integrated software package for population genetics data analysis. Evolutionary Bioinformatics Online, 1: 47-50.

Excoffier L, Smouse P E, Quattro J M. 1992. Analysis of molecular variance inferred from metric distances among DNA haplotypes: application to human mitochondrial DNA restriction data. Genetics, 131(2): 479-491.

Felsenstein J. 1985. Confidence limits on phylogenies: an approach using the bootstrap. Evolution, 39(4): 783-791.

Fu Y X. 1997. Statistical tests of neutrality of mutations against population growth, hitch hiking and background selection. Genetics, 147(2): 915-925.

Goodyear C P. 1993. Spawning stock biomass per recruit in fisheries management: foundation and current use. Can Spec Pub Fish Aquat Sci, 120: 67-81.

Griffiths M H. 1997.The application of per-recruit models to *Argyrosomus inodorus*, an important South African sciaenid fish. Fisheries Research, 30: 103-115.

Guo S S, Zhang G R, Guo X Z, et al. 2013. Isolation and characterization of twenty-four polymorphic microsatellite loci in *Oxygymnocypris stewarti*. Conservation Genetics Resources, 5(4): 1023-1025.

Guo X Z, Zhang G R, Wei K J, et al. 2013a.Isolation and characterization of twenty-one polymorphic microsatellite loci from *Schizothorax o'connori* and cross-species amplification. Journal of Genetics, 92: e60-e64.

Guo X Z, Zhang G R, Wei K J, et al. 2013b.Development of twenty-one polymorphic microsatellite loci from *Schizothorax o'connori* and their conservation application. Biochemical Systematics and Ecology, 51: 259-263.

Haas R E, Recksiek C W. 1995. Age verification of winter flounder in Narragansett Bay. Transactions of the American Fisheries Society, 124: 103-111.

He D K, Chen Y F. 2007. Molecular phylogeny and biogeography of the highly specialized grade Schizothoracinae fishes (Teleostei: Cyprinidae) inferred from cytochrome b sequences. Chinese Science Bulletin, 52(6): 777-788.

He W P, Li Z J, Liu J S, et al. 2008. Validation of a method of estimating age, modelling growth, and describing the age composition of *Coilia mystus* from the Yangtze Estuary, China. ICES Journal of Marine Sciences, 65: 1655-1661.

Hoenig J M.1983. Empirical use of longevity data to estimate mortality rates. Fishery Bullentin, 82: 898-903.

Howland K L, Gendron M, Tonn W M, et al. 2004. Age determination of a long-lived coregonid from the Canadian North: comparison of otoliths, fin rays and scales in inconnu (*Stenodus leucichthys*). Annales Zoologici Fennici, 41: 205-214.

Ivlev V A.1961. Experimental Ecology of the Feeding Fishes. Connecticut: Yale University Press.

Khan M A, Khan S. 2009. Comparison of age estimates from scale, opercular bone, otolith, vertebrae and dorsal fin ray in *Labeo rohita* (Hamilton), *Catla catla* (Hamilton) and *Channa marulius* (Hamilton). Fisheries Research,100: 255-259.

Kimura M. 1980. A simple method for estimating evolutionary rate of base substitutions through comparative studies of nucleotide sequences. Journal of Molecular Evolution, 16(2): 111-120.

Kirchner C H. 2001. Fisheries regulations based on yield-per-recruit analysis for the linefish silver kob *Argyrosomus inodorus* in Namibian waters. Fisheries Research, 52: 155-167.

Li Q, Wan J M. 2005. SSR Hunter: development of a local searching software for SSR sites. Hereditas, 27(5): 808-810.

Librado P, Rozas J. 2009. DnaSP v5: a software for comprehensive analysis of DNA polymorphism data. Bioinformatics, 25(11): 1451-1452.

Massutí E, Morales-Nin B, Moranta J. 2000. Age and growth of blue-mouth, *Helicolenus dactylopterus* (Osteichthyes: Scorpaenidae), in the western Mediterranean. Fisheries Research,46: 165-176.

Munro J D, Pauly D. 1983. A simple method for comparing the growth of fishes and invertebrates. Fishbyte,1(1): 5-6.

Paul L J, Horn P L. 2009. Age and growth of sea perch (*Helicolenus percoides*) from two adjacent areas off the east coast of South Island, New Zealand. Fisheries Research, 95: 169-180.

Pauly D, Froese R, Sa-a P S, et al. 2000. TrophLab Manual. Manila: ICLARM.

Peakall R, Smouse P E. 2012. GenAlEx 6.5: genetic analysis in Excel. Population genetic software for teaching and research–an update. Bioinformatics, 28(19): 2537-2539.

Pielou E C J. 1966. The measurement of diversity in different types of biological collections. Journal of Theoretical Biology, 13: 131-144.

Pinkas L, Oliphant M S, Iverson I L K. 1971. Food habits of albacore, bluefin tuna, and bonito in California waters. Fishery Bullentin, 152: 1-105.

Pritchard J K, Stephens M, Donnelly P. 2000. Inference of population structure using multilocus genotype data. Genetics, 155(2): 945-959.

Quinn T J, Deriso R B. 1999. Quantitative fish dynamics. New York: Oxford University Press: 1-542.

Reñones O, Piñeiro C, Mas X, et al. 2007. Age and growth of the dusky grouper *Epinephelus marginatus* (Lowe 1834) in an exploited population of the western Mediterranean Sea. Journal of Fish Biology, 71: 346-362.

Rice W R. 1989. Analyzing tables of statistical tests. Evolution, 43(1): 223-225.

Rogers A R, Harpending H. 1992. Population growth makes waves in the distribution of pairwise genetic differences. Molecular Biology and Evolution, 9(3): 552-569.

Saitou N, Nei M. 1987. The neighbor-joining method: a new method for reconstructing phylogenetic trees. Molecular Biology and Evolution, 4(4): 406-425.

Sambrook J, Russell D W. 2002. Molecular Cloning: a Laboratory Manual. 3rd. New York: Cold Spring Harbor Laboratory Press.

Schoener T W. 1970. Non-synchronous spatial overlap of lizards in patchy habitats. Ecology of Freshwater Fish, 51: 408-418.

Sequeira V, Neves A, Vieira A R, et al. 2009. Age and growth of bluemouth, *Helicolenus dactylopterus*, from the Portuguese Continental Slope. ICES Journal of Marine Sciences, 66: 524-531.

Shannon C E. 1948. A mathematical theory of communication. Bell System Technical Journal, 27: 379-423.

Smith B B, Walker K F. 2004. Spawning dynamics of common carp in the River Murray, South Australia, shown by macroscopic and histological staging of gonads. Journal of Fish Biology, 64: 336-354.

Smith M W, Then A Y, Wor C, et al. 2012. Recommendations for catch-curve analysis. N Am J Fish Manag, 32: 956-967.

Sun C L, Ehrhardt N M, Porch C E, et al. 2002.Analysis of yield and spawning stock biomass per recruit for the South Atlantic albacore (*Thunnus alalunga*). Fisheries Research, 56: 193-204.

Sun C L, Wang S P, Porch C E, et al. 2005. Sex-specific yield per recruit and spawning stock biomass per recruit for the swordfish, *Xiphias gladius*, in the waters around Taiwan. Fisheries Research, 71: 61-69.

Tajima F. 1989. Statistical method for testing the neutral mutation hypothesis by DNA polymorphism. Genetics, 123(3): 585-595.

Tamura K, Peterson D, Peterson N, et al. 2011. Mega 5: molecular evolutionary genetics analysis using maximum likelihood, evolutionary distance, and maximum parsimony methods. Molecular Biology and Evolution, 28(10): 2731-2739.

Taylor C C. 1958. Cod growth and temperature. J Cons Int Explor Mer, 23: 366-370.

Then A Y, Hoenig J M, Hall N G, et al. 2015. Evaluating the predictive performance of empirical estimators of natural mortality rate using information on over 200 fish species. ICES J Mar Sci, 72: 82-92.

Thompson J D, Gibson T J, Plewniak F, et al. 1997. The CLUSTAL-X windows interface: flexible strategies for multiple sequence alignment aided by quality analysis tools. Nucleic Acids Research, 25: 4876-4882.

Tyler C R, Sumpter J P, Witthames P R. 1990. The dynamics of oocyte growth during vitellogenesis in the rainbow trout (*Oncorhynchus mykiss*). Biology of Reproduction, 43: 202-209.

van Puyvelde K, van Geert A, Triest L. 2010. ATETRA, a new software program to analyse tetraploid microsatellite data: comparison with TETRA and TETRASAT. Molecular Ecology Resources, 10(2): 331-334.

Wallace R A, Selman K. 1981. Cellular and dynamic aspects of oocyte growth in teleosts. American Zoologist, 21: 325-343.

Wallace R K. 1981. An assessment of diet-overlap indexes. Transactions of the American Fisheries Society, 110: 72-76.

Yeh F C, Yang R, Boyle T J, et al. 2000. Popgene 1.32: Population genetic analysis. Edmonton, Alberta, Canada: Molecular Biology and Biotechnology Centre, University of Alberta.

Zane L, Bargelloni L, Patarnello T. 2002. Strategies for microsatel-lite isolation: a review. Molecular Ecology, 11: 1-6.

Zar J H. 1999. Biostatistical Analysis. 4th ed. New Jersey: Prentice Hall.

Zheng H, Zhang G R, Guo S S, et al. 2013. Isolation and characterization of fifteen polymorphic tetranucleotide microsatellite loci in *Schizopygopsis younghusbandi* Regan. Conservation Genetics Resources, 5(4): 1147-1149.

第三章　早期发育特点及其对环境的适应

鱼类早期发育是鱼类生命周期中的重要阶段，也是鱼类对外界环境最为敏感的时期。早期发育阶段的成活率不仅直接关系到鱼类补充群体的大小，是引起种群数量和年龄结构变动的主要原因，而且与资源开发利用尺度及鱼类资源保护政策的制定密切相关（Chambers and Trippel，1997）。鉴于此，我们对雅鲁藏布江中游尖裸鲤、异齿裂腹鱼、拉萨裸裂尻鱼和拉萨裂腹鱼等 4 种裂腹鱼类的早期发育进行了研究，期望能为裂腹鱼类资源养护和苗种培育提供科学依据。

第一节　胚　胎　发　育

一、发育分期与特征

4 种裂腹鱼类的胚胎发育过程可分为受精卵、胚盘形成、卵裂、囊胚、原肠、神经胚、器官分化和孵化出膜 8 个阶段，每个阶段根据胚胎形态特征的变化又可划分为若干时期。因达到各发育期的时间存在个体差异，将 50%个体出现新的特征作为发育时期的划分标准。

受精卵阶段：4 种裂腹鱼类的成熟卵均呈圆形，卵质均匀，不含油球，吸水膨胀后卵膜无黏性。4 种裂腹鱼类受精卵的主要特征详见下文表 3-1～表 3-4。

胚盘形成阶段：受精卵的动物极和植物极开始分化，卵黄向植物极集中，原生质向动物极集中并隆起形成颜色较深的胚盘，胚盘呈圆形，位于动物极中央，原生质流清晰，具有明显的放射纹。

卵裂阶段：本阶段从胚盘开始分裂为 2 细胞，经过一再分裂至细胞界限模糊，形成多细胞胚体，细胞团呈小丘状。

囊胚阶段：本阶段包括桑葚胚期、囊胚早期、囊胚中期和囊胚晚期。主要形态特征变化为细胞层高度从约为卵黄的 1/3 下降到 1/6～1/5，胚层变薄，开始下包。

原肠阶段：本阶段经历原肠早期、中期和晚期，从胚层沿卵黄四周下包，形成胚环、胚盾，发育至胚盘下包达卵黄囊的 2/3～3/4，形成胚体雏形。

神经胚阶段：此阶段包括神经胚期和胚孔封闭期。胚层下包至胚孔消失；胚盾中线内陷形成神经沟，继而形成神经管，头部开始膨大隆起为脑泡原基。尖裸鲤胚体中部出现 4～5 对肌节，其余 3 种裂腹鱼类胚胎发育至胚孔封闭期后出现肌节。

器官分化阶段：此阶段为器官开始分化形成阶段，包括眼囊出现期、耳囊出现期、耳石形成期、尾芽形成期、眼晶体形成期、肌肉效应期、心脏原基期、嗅囊出现期、心脏搏动期、血液循环期、尾部鳍褶形成期、胸鳍原基出现期等时期。

孵化出膜阶段：胚体尾部先击破卵膜孵出，初孵仔鱼静卧水底，靠尾部摆动或原地转圈。

4 种裂腹鱼类胚胎在不同水温下，各发育期经历的时间及主要的形态和行为特征分述详见表 3-1～表 3-4，图版Ⅲ-1～图版Ⅲ-4。

表 3-1　尖裸鲤胚胎发育过程(水温 9.5～11.8℃)

Table 3-1　Embryonic development of *O. stewartii*(water temperature 9.5～11.8℃)

发育期 Developmental phase	受精后时间 TAF (h.min)	水温 WT(℃)	主要特征 Principal character	图版 Plate
受精卵 Fertilized egg	0	11.8	成熟卵圆球形，黄色，无黏性；卵径 2.57 ± 0.07mm，吸水膨胀后卵径 3.22 ± 0.07mm	Ⅲ-1-01
胚盘形成阶段 Blastodisc stage				
卵裂阶段 Cleavage stage	3.51	11.5	原生质向动物极流动，形成颜色较深的胚盘，原生质放射纹清晰；卵黄向植物极流动	Ⅲ-1-02
2 细胞期 2-cell stage	5.15	11.5	胚盘分裂形成两个均等的分裂球	Ⅲ-1-03
4 细胞期 4-cell stage	8.44	11.2	第二次分裂，形成 2×2 排列的 4 个细胞	Ⅲ-1-04
8 细胞期 8-cell stage	9.42	11.2	第三次分裂，形成 2×4 排列的 8 个细胞	Ⅲ-1-05
16 细胞期 16-cell stage	11.4	11.2	第四次分裂，形成 4×4 排列的 16 个细胞	Ⅲ-1-06
32 细胞期 32-cell stage	12.14	11.2	第五次分裂，形成 4×8 排列的 32 个细胞	Ⅲ-1-07
64 细胞期 64-cell stage	14.15	11.0	第六次分裂，形成 64 个细胞，胚胎侧偏 45°	Ⅲ-1-08
多细胞期 Muticellular stage	15.39	11.0	细胞越来越小，细胞界限模糊，形成多细胞胚体	Ⅲ-1-09
囊胚阶段 Blastodisc stage				
桑葚胚期 Morula stage	17.4	11.0	细胞层增厚隆起，高度约为卵黄囊的 1/3，形似桑葚。胚胎 90°侧位	Ⅲ-1-10
囊胚早期 Early blastula stage	22.7	11.1	细胞层高度下降，呈小丘状，为卵黄囊的 1/5～1/4	Ⅲ-1-11
囊胚中期 Mid blastula stage	32.24	11.0	胚体高度为卵黄囊的 1/6～1/5，胚层向下扩展，变薄，胚胎回归正位	Ⅲ-1-12
囊胚晚期 Late blastula stage	47.10	11.0	胚层变薄，开始向卵黄囊下包，与卵黄连接面平滑；胚胎正位，原生质放射纹消失	Ⅲ-1-13
原肠阶段 Gastrula stage				
原肠早期 Early gastrula stage	53.30	11.0	胚层沿卵黄四周扩展，内卷不明显，胚层下包达卵黄囊的 1/3	Ⅲ-1-14
原肠中期 Mid gastrula stage	64.4	10.8	胚层下包达卵黄囊的 1/2，形成明显的胚环，背唇处形成胚盾；胚胎逐渐侧偏	Ⅲ-1-15
原肠晚期 Late gastrula stage	72.39	10.5	胚盘下包达卵黄囊的 2/3～3/4，卵黄呈倒梨形，形成胚体雏形	Ⅲ-1-16
神经胚阶段 Neurula stage				
神经胚期 Neurula stage	77.50	10.5	胚层下包，仅见卵黄栓，胚盾中线内陷形成神经沟，胚体隆起明显并伸过动物极，神经管逐渐形成	Ⅲ-1-17
肌节出现期 Appearance of myomere stage	83.55	10.5	胚体中部出现肌节 2～3 对，胚体雏形明显	Ⅲ-1-18
胚孔封闭期 Closure of blastopore stage	90.50	10.3	胚孔消失；胚体环绕卵黄 1/2 周；胚体中部肌节 4～5 对；头部膨大隆起为脑泡原基	Ⅲ-1-19

续表

发育期 Developmental phase	受精后时间 TAF(h.min)	水温 WT(℃)	主要特征 Principal character	图版 Plate
器官分化阶段 Organ formation stage				
眼囊出现期 Appearance of optic vesicle stage	100.40	10.0	胚体头部前方两侧出现椭圆形眼囊，肌节从背部向尾部方向增加至 10～11 对	III-1-20
耳囊出现期 Appearance of ear vesicle stage	121.32	9.8	胚体前 1/4 处两侧出现一对卵圆形耳囊；脊索可见；脑室分化为前、中、后三部分；肌节 18～19 对，胚胎正位	III-1-21
耳石出现期 Appearance of otolith stage	134.10	10.0	耳囊内出现两对耳石；肌节 24～25 对	III-1-22
尾芽出现期 Appearance of tail bud	141.30	10.0	尾芽出现，肌节 26～27 对；近尾部卵黄出现凹陷	III-1-23
眼晶体形成期 Formation of eye lens stage	145.57	10.0	眼囊中出现圆形、透明的眼晶体；极少数个体开始扭动，肌节 29～30 对	III-1-24
肌肉效应期 Muscular effect stage	150.35	10.0	胚体开始抽动，频率 4～5 次/min；肌节 30～31 对	III-1-25
心脏原基期 Heart rudiment stage	166.55	9.8	可见半透明围心腔和短管状心脏原基；胚体扭动频率 1～10 次/min，肌节＞40 对；尾部卵黄呈细长状	III-1-26
嗅囊出现期 Olfactory capsule stage	171.3	9.5	出现椭圆囊状嗅囊，心脏清晰；胚体扭动频率 9～11 次/min，肌节＞40 对	III-1-27
心脏搏动期 Heart pulsation stage	175.23	9.5	心脏有节律地跳动，心率 55～59/min；胚体环绕卵黄一周，胚体扭动频率 10～14 次/min，肌节＞43 对	III-1-28
血液循环期 Blood circulation stage	182.10	10.0	心室心房分化，心脏、躯干和尾部出现血液循环；心率 58～65/min；胚体翻转 12～4 次/min；肌节＞50 对	III-1-29
尾鳍出现期 Caudal fin fold stage	196.56	10.8	尾部出现尾鳍褶；血液循环明显，头部可见血液循环；胚体扭动频率 4～10 次/min，心率 72～74/min，肌节＞50 对	III-1-30
胸鳍原基出现期 Appearance of pectoral fin rudiment stage	237.36	10.8	耳囊后下方出现月牙状胸鳍原基；肛凹明显；尾鳍褶延伸到卵膜；肌节＞50 对；心率 80～85/min，胚体扭动 20～23 次/min	III-1-31
出膜阶段 Hatching stage	265.00	10.2	胚体尾部先击破卵膜而出，静息水底，尾部摆动或原地转圈；心率 77～80/min；肌节＞55 对	III-1-32

注 Notes：TAF.受精后时间 Time after fertilization，WT. 水温 Water temperature

表 3-2　异齿裂腹鱼胚胎发育过程（水温 12.1～13.8℃）

Table 3-2　Embryonic development of *S.*(*S.*) *o'connori*(water temperature 12.1～13.8℃)

发育期 Developmental phase	受精后时间 TAF(h.min)	水温 WT(℃)	主要特征 Principal character	图版 Plate
受精卵 Fertilized egg	0	12.8	成熟卵圆球形，黄色，无黏性；卵径 2.40 ± 0.12mm；吸水膨胀后卵径 3.67 ± 0.10mm	III-2-01
胚盘形成阶段 Blastodisc stage				
卵裂阶段 Cleavage stage	2.24	12.8	原生质向动物极流动，形成颜色较深的胚盘，原生质放射纹清晰；卵黄向植物极流动	III-2-02
2 细胞期 2-cell stage	4.34	12.8	胚盘分裂形成两个均等的分裂球	III-2-03

续表

发育期 Developmental phase	受精后时间 TAF(h.min)	水温 WT(℃)	主要特征 Principal character	图版 Plate
4 细胞期 4-cell stage	5.38	13.0	第二次分裂，形成 2×2 排列的 4 个细胞	III-2-04
8 细胞期 8-cell stage	6.44	13.0	第三次分裂，形成 2×4 排列的 8 个细胞	III-2-05
16 细胞期 16-cell stage	7.41	13.0	第四次分裂，形成 4×4 排列的 16 个细胞	III-2-06
32 细胞期 32-cell stage	8.49	13.1	第五次分裂，形成 4×8 排列的 32 个细胞	III-2-07
64 细胞期 64-cell stage	9.58	13.1	第六次分裂，形成 64 个细胞，胚胎侧偏 45°	III-2-08
多细胞期 Multicellular stage	11.56	13.1	细胞越来越小，细胞界限模糊，形成多细胞胚体	III-2-09
囊胚阶段 Blastodisc stage				
桑葚胚期 Morula stage	14.59	13.2	细胞层增厚隆起，形似桑葚，高度为卵黄囊的 1/3；胚胎呈 90°侧位	III-2-10
囊胚早期 Early blastula stage	21.26	12.8	细胞层高度下降，呈小丘状，为卵黄囊的 1/5～1/4，相位侧偏 45°	III-2-11
囊胚中期 Mid blastula stage	24.59	12.8	胚体高度为卵黄囊的 1/6～1/5，胚层向下扩展，变薄，胚胎回归正位	III-2-12
囊胚晚期 Late blastula stage	34.39	13.0	胚层变薄，开始向卵黄囊下包，与卵黄连接面平滑；胚胎正位，原生质放射纹消失	III-2-13
原肠阶段 Gastrula stage				
原肠早期 Early gastrula stage	38.39	13.0	胚层沿卵黄四周扩展，胚层下包达卵黄囊的 1/3。胚胎再次逐渐侧偏	III-2-14
原肠中期 Mid gastrula stage	45.51	12.6	胚层下包达卵黄囊的 1/2，形成明显的胚环，背唇处形成胚盾；胚胎逐渐侧偏	III-2-15
原肠晚期 Late gastrula stage	48.09	12.6	胚盘下包达卵黄的 2/3～3/4，卵黄略呈倒梨形，形成胚体雏形	III-2-16
神经胚阶段 Neurula stage				
神经胚期 Neurula stage	50.34	12.6	胚层下包，仅见卵黄栓，胚盾中线内陷形成神经沟，胚体隆起明显并伸过动物极，神经管逐渐形成	III-2-17
胚孔封闭期 Closure of blastopore stage	56.51	12.5	胚孔完全封闭；胚体雏形明显，无扭曲，肌节尚未出现	III-2-18
器官分化阶段 Organ formation stage				
肌节出现期 Appearance of myomere stage	62.24	12.5	胚体中部出现肌节 2～3 对，胚体雏形明显，环绕卵黄 1/2 周	III-2-19
眼囊出现期 Appearance of optic vesicle stage	70.24	12.3	胚体头部膨大隆起明显，前方两侧出现椭圆形眼囊；肌节从背部向尾部方向增加到 9～10 对	III-2-20
耳囊出现期 Appearance of ear vesicle stage	83.05	12.5	胚体前 1/4 处两侧出现一对卵圆形耳囊；脊索可见，脑室分化为前、中、后三部分；肌节 20～21 对；胚胎正位	III-2-21
尾泡出现期 Appearance of Kupffer's vesicle stage	86.50	12.5	尾部出现尾泡；耳囊明显；肌节 23～24 对	III-2-22
尾芽形成期 Formation of tail bud stage	94.14	12.2	尾芽出现，肌节 26～27 对；近尾部卵黄出现凹陷	III-2-23
眼晶体形成期 Formation of eye lens stage	97.27	12.0	眼囊中出现圆形透明晶体	III-2-24

续表

发育期 Developmental phase	受精后时间 TAF (h.min)	水温 WT(℃)	主要特征 Principal character	图版 Plate
肌肉效应期 Muscular effect stage	97.27	12.0	胚体开始抽动，频率 2～4/min；肌节 28～30 对	III-2-25
心脏原基期 Heart rudiment stage	103.39	12.5	可见透明的围心腔、短管状心脏原基；胚体扭动频率 5～7/min；肌节>30 对	III-2-26
心脏搏动期 Heart pulsation stage	116.44	12.2	心脏有节律地跳动，心率 41～44/min；胚体环绕卵黄一周，胚体扭动频率 9～11 次/min；肌节>38 对	III-2-27
耳石出现期 Appearance of otolith stage	122.29	12.2	耳囊内出现两个小黑点为耳石；心率 54～57/min；胚体扭动频率 10～14 次/min；肌节>40 对	III-2-28
血液循环期 Blood circulation stage	134.05	12.8	心脏、躯干、尾部出现血液循环；心室心房分化，心率 60～64/min；胚体旋转频率 12～14 次/min；肌节>43 对	III-2-29
嗅囊出现期 Olfactory capsule stage	142.44	13.0	头部最前方出现嗅囊；胚体扭动频率 11～15 次/min；心率 60～63/min；头部血液流动；肌节>40 对	III-2-30
尾鳍褶形成期 Caudal fin fold stage	151.07	13.0	尾鳍褶出现；胚体扭动频率 10～13 次/min，心率 57～60/min，肌节>45 对；肛凹出现	III-2-31
胸鳍原基出现期 Appearance of pectoral fin rudiment stage	166.36	12.8	出现月牙状胸鳍原基；心率 62～65/min；消化道形成，肛凹明显；肌节>50 对，胚体扭动 14～17 次/min	III-2-32
出膜阶段 Hatching stage	190.00	13.8	胚体尾部击破卵膜孵出；心率 72～74/min；肌节>50 对；出膜鱼苗静卧水底或靠尾部摆动原地转圈	III-2-33

注 Notes：TAF.受精后时间 Time after fertilization, WT. 水温 Water temperature

表 3-3　拉萨裸裂尻鱼胚胎发育过程(水温 9.5～11.1℃)

Table 3-3　Embryonic development of *S. younghusbandi*(water temperature 9.5～11.1℃)

发育期 Developmental phase	距受精时间 TAF (h.min)	水温 WT(℃)	主要特征 Principal character	图版 Plate
受精卵 Fertilized egg	0.0	11.0	成熟卵圆球形，金黄色，无黏性；卵径 2.50 ± 0.08mm；吸水膨胀后卵径 3.54 ± 0.07mm	III-3-01
胚盘形成阶段 Blastodisc stage				
胚盘期 Blastoderm	2.18	11.0	原生质向动物极流动，形成颜色较深的胚盘，原生质放射纹清晰；卵黄向植物极流动	III-3-02
卵裂阶段 Cleavage stage				
2 细胞期 2-cell stage	4.19	11.1	胚盘分裂形成两个均等的分裂球	III-3-03
4 细胞期 4-cell stage	5.22	11.0	第二次分裂，形成 2×2 排列的 4 个细胞	III-3-04
8 细胞期 8-cell stage	7.17	11.0	第三次分裂，形成 2×4 排列的 8 个细胞	III-3-05
16 细胞期 16-cell stage	8.32	11.0	第四次分裂，形成 4×4 排列的 16 个细胞	III-3-06
32 细胞期 32-cell stage	9.48	11.0	第五次分裂，形成 4×8 排列的 32 个细胞	III-3-07
64 细胞期 64-cell stage	12.06	11.0	第六次分裂，形成 64 个细胞，胚胎侧偏 45°	III-3-08
多细胞期 Multicellular stage	13.28	11.0	细胞越来越小，细胞界限模糊，形成多细胞胚体	III-3-09
囊胚阶段 Blastodisc stage				
桑葚胚期 Morula stage	14.23	11.0	细胞层增厚隆起，高度约为卵黄囊的 1/3，形似桑葚。胚胎呈 90°侧位	III-3-10

发育期 Developmental phase	距受精时间 TAF（h.min）	水温 WT（℃）	主要特征 Principal character	图版 Plate
囊胚早期 Early blastula stage	21.29	10.8	细胞层高度下降，呈小丘状，为卵黄囊的 1/5～1/4，相位侧偏 45°	III-3-11
囊胚中期 Mid blastula stage	31.36	11.0	胚体高度为卵黄囊的 1/6～1/5，胚层向下扩展，变薄，胚胎回归正位	III-3-12
囊胚晚期 Late blastula stage	41.29	10.8	胚层变薄，下包，与卵黄连接面平滑；胚胎正位，原生质放射纹消失	III-3-13
原肠阶段 Gastrula stage				
原肠早期 Early gastrula stage	48.51	10.5	胚层沿卵黄四周扩展，胚层下包达卵黄囊的 1/3	III-3-14
原肠中期 Mid gastrula stage	58.05	10.5	胚层下包达卵黄囊的 1/2，形成明显的胚环，背唇处形成胚盾；胚胎侧偏	III-3-15
原肠晚期 Late gastrula stage	64.53	10.5	胚盘下包达卵黄囊的 2/3～3/4，卵黄囊下端收缢呈倒梨形，形成胚体雏形	III-3-16
神经胚阶段 Neurula stage				
神经胚期 Neurula stage	71.03	10.3	胚层下包，仅见卵黄栓，胚盾中线内陷形成神经沟，胚体隆起明显并伸过动物极，神经管逐渐形成	III-3-17
胚孔封闭期 Closure of blastopore stage	78.28	10.3	胚孔完全封闭；胚层将卵黄完全包裹，胚孔渐渐消失；胚体雏形明显，无扭曲，环绕卵黄 1/2 周；肌节尚未出现	III-3-18
器官分化阶段 Organ formation stage				
肌节出现期 Appearance of myomere stage	81.38	10.0	胚孔完全封闭，胚体中部出现肌节 2～4 对	III-3-19
眼囊出现期 Appearance of optic vesicle stage	93.34	9.8	胚体头部膨大隆起，前方两侧出现椭圆形眼囊；肌节向尾部方向增加至 11～12 对	III-3-20
耳囊出现期 Appearance of ear vesicle stage	113.53	10.0	胚体绕卵黄 2/3 周，前 1/4 处两侧出现一对卵圆形耳囊；脊索可见；脑室分化为前、中、后三部分；肌节 18～19 对	III-3-21
耳石出现期 Appearance of otolith stage	122.08	10.0	耳囊内隐约出现两个小黑点为耳石；肌节 24～26 对	III-3-22
尾芽形成期 Formation of tail bud stage	126.18	10.0	尾芽出现，未观察到尾泡；肌节 29～31 对；近尾部卵黄出现凹陷	III-3-23 III-3-24
眼晶体形成期 Formation of eye lens stage	126.18	10.0	眼囊中出现圆形透明晶体	
肌肉效应期 Muscular effect stage	129.30	10.0	胚体开始抽动，频率 5～8 次/min；肌节 33～34 对	III-3-25
心脏原基期 Heart rudiment stage	146.35	9.5	眼囊上前方现椭圆囊状嗅囊；形成围心腔，可见短管状心脏原基；胚体扭动无规律；肌节＞40 对；尾部卵黄细长状	III-3-26 III-3-27
嗅囊出现期 Olfactory capsule stage	146.35	9.5	眼囊上前方出现椭圆状嗅囊	
心脏搏动期 Heart pulsation stage	154.02	10.0	心脏可见淡黄色液体流动，心率 46～50/min；胚体环绕卵黄一周，胚体扭动频率 14～16 次/min，肌节＞45 对	III-3-28
血液循环期 Blood circulation stage	177.03	10.0	心室心房分化，心脏、躯干、尾部出现血液循环；心率 78～82/min；胚体翻转 13～15 次/min；肌节＞50 对	III-3-29
尾鳍褶形成期 Caudal fin fold stage	191.38	10.8	尾鳍褶出现；头部可见血液循环，出现粗大静脉；心率 70～74/min；胚体翻转，扭动频率 10～14 次/min，肌节＞55 对	III-3-30

续表

发育期 Developmental phase	距受精时间 TAF(h.min)	水温 WT(℃)	主要特征 Principal character	图版 Plate
胸鳍原基出现期 Appearance of pectoral fin rudiment stage	234.18	10.2	耳囊后下方出现月牙状胸鳍原基,血细胞形成,心率74～78/min;肛凹明显;卵膜变薄,胚体淡黄色半透明,尾鳍褶延伸到卵膜处;肌节>55 对,胚体扭动频率 12～14 次/min	III-3-31
眼囊黑色素出现期 Appearance of eye melanin stage	264.38	10.0	眼囊出现较稀疏黑色素,均匀地布满眼囊;心率 72～75/min,胚体扭动剧烈,频率15～17 次/min,尾鳍褶宽大	III-3-32
出膜阶段 Hatching stage	295.00	10.8	胚体尾部先击破卵膜而出;心率 80～89/min;肌节>55 对;出膜的鱼苗静卧水底,靠尾部摆动或原地转圈	III-3-33

注 Notes:TAF.受精后时间 Time after fertilization, WT. 水温 Water temperature

表 3-4 拉萨裂腹鱼胚胎发育过程(水温 10.0～12.0℃)

Table 3-4 Embryonic development of S.(R.) waltoni(water temperature 10.0～12.0℃)

发育期 Developmental phase	受精后时间 TAF(h.min)	水温 WT(℃)	主要特征 Principal character	图版 Plate
受精卵 Fertilized egg	0	10.8	成熟卵圆球形,棕色,卵径 2.95 ± 0.08mm;吸水膨胀后卵径 4.03 ± 0.06mm,极性不明显	III-4-01
胚盘形成阶段 Blastodisc stage				
胚盘期 Blastoderm stage	4.44	10.8	原生质向动物极流动,形成颜色较深的胚盘,原生质放射纹清晰;卵黄向植物极流动	III-4-02
卵裂阶段 Cleavage stage				
2 细胞期 2-cell stage	5.51	10.8	胚盘分裂形成两个均等的分裂球	III-4-03
4 细胞期 4-cell stage	7.00	10.8	第二次分裂,形成 2×2 排列的 4 个细胞	III-4-04
8 细胞期 8-cell stage	9.08	10.8	第三次分裂,形成 2×4 排列的 8 个细胞	III-4-05
16 细胞期 16-cell stage	11.17	11.0	第四次分裂,形成 4×4 排列的 16 个细胞	III-4-06
32 细胞期 32-cell stage	13.18	11.0	第五次分裂,形成 4×8 排列的 32 个细胞	III-4-07
64 细胞期 64-cell stage	14.44	11.0	第六次分裂,形成 64 个细胞,胚胎侧偏 45°	III-4-08
多细胞期 Multicellular stage	15.36	11.0	细胞越来越小,细胞界限模糊,形成多细胞胚体	III-4-09
囊胚阶段 Blastodisc stage				
桑葚胚期 Morula stage	18.27	10.8	细胞层增厚隆起,形似桑葚,高度约为卵黄囊的 1/3。胚胎 90°侧位	III-4-10
囊胚早期 Early blastula stage	26.08	10.2	细胞层高度下降,呈小丘状,为卵黄囊的 1/5～1/4,胚胎 45°侧偏	III-4-11
囊胚中期 Mid blastula stage	30.14	10.2	胚体高度为卵黄囊的 1/6～1/5,胚层向下扩展,变薄,胚胎侧位	III-4-12
囊胚晚期 Late blastula stage	35.07	10.2	胚层变薄,向卵黄囊下包,与卵黄连接面平滑;胚胎正位,原生质放射纹消失	III-4-13
原肠阶段 Gastrula stage				
原肠早期 Early gastrula stage	53.23	10.0	胚层沿卵黄四周扩展,内卷不明显,胚层下包达卵黄囊的 1/3;胚胎正位	III-4-14

续表

发育期 Developmental phase	受精后时间 TAF (h.min)	水温 WT (℃)	主要特征 Principal character	图版 Plate
原肠中期 Mid gastrula stage	63.11	10.5	胚层下包达卵黄囊的 1/2, 形成明显的胚环, 背唇处形成胚盾; 胚胎正位	III-4-15
原肠晚期 Late gastrula stage	69.44	10.5	胚盘下包达卵黄囊的 2/3～3/4, 卵黄囊下端收缢呈倒梨形, 形成胚体雏形	III-4-16
神经胚阶段 Neurula stage				
神经胚期 Neurula stage	74.04	11.0	胚层下包, 仅见卵黄栓, 胚盾中线内陷形成神经沟, 胚体隆起明显伸过动物极, 神经管逐渐形成	III-4-17
胚孔封闭期 Closure of blastopore stage	83.44	10.8	胚层将卵黄栓完全包裹, 胚孔消失; 胚体延长, 环绕卵黄 1/2 周, 无扭曲	III-4-18
器官分化阶段 Organ formation stage				
肌节出现期 Appearance of myomere stage	90.54	11.0	胚体中部出现肌节 2～3 对	III-4-19
眼囊出现期 Appearance of optic vesicle stage	100.40	11.0	胚体头部膨大隆起, 头部前方两侧出现椭圆形眼囊; 肌节向尾部方向增加至 8～9 对; 胚体环绕卵黄 1/2 周	III-4-20
耳囊出现期 Appearance of ear vesicle stage	118.4	11.2	胚体前 1/4 处两侧出现一对卵圆形耳囊; 脊索可见; 脑室分化为前、中、后三部分; 肌节 19～20 对	III-4-21
尾泡出现期 Appearance of Kupffer's vesicle stage	121.55	11.2	尾泡出现; 肌节 19～20 对	III-4-22
尾芽形成期 Formation of tail bud stage	125.19	11.5	尾端明显突出, 游离于卵黄, 尾芽出现; 近尾部卵黄出现凹陷; 肌节 23～24 对	III-4-23
眼晶体形成期 Formation of eye lens stage	130.20	11.5	眼囊中出现圆形、透明的眼晶体; 极少数个体开始扭动, 肌节 27～28 对	III-4-24
肌肉效应期 Muscular effect stage	134.16	12.0	胚体扭动, 冷光源下频率 5～8 次/min, 热光源下频率 10～15 次/min; 卵黄囊前部圆形, 后部狭长状; 肌节 30～31 对	III-4-25
心脏原基期 Heart rudiment stage	151.14	11.0	可见半透明的围心腔, 呈短管状心脏原基; 胚体扭动频率 8～12 次/min, 肌节 34～35 对; 尾部卵黄呈细长状	III-4-26
心脏搏动期 Heart pulsation stage	158.14	11.0	心脏进一步发育, 并开始有节律地跳动, 心率 38～44/min; 胚体增长, 几乎环绕卵黄一周, 肌节 >40 对	III-4-27
嗅囊出现期 Olfactory capsule stage	166.04	11.1	眼囊上前方出现椭圆囊状嗅囊; 心脏清晰, 心率 38～44/min; 胚体扭动频率 8～11/min, 肌节 >45 对	III-4-28
耳石形成期 Appearance of otolith stage	170.46	11.0	耳囊内隐约出现两个小黑点为耳石; 肌节 >45 对	III-4-29
尾鳍褶形成期 Caudal fin fold stage	182.06	11.2	出现宽大尾鳍褶; 胚体翻转, 频率 10～13 次/min, 心率 45～50/min, 肌节 >50 对; 胚体增长, 可环绕卵黄一周	III-4-30
血液循环期 Blood circulation stage	190.14	11.0	心室心房分化, 心脏、躯干、尾部出现血液循环, 血液半透明, 无血细胞; 心率 48～56/min; 胚体翻转, 频率 12～14 次/min; 肌节 >50 对	III-4-31

发育期 Developmental phase	受精后时间 TAF(h.min)	水温 WT(℃)	主要特征 Principal character	图版 Plate
胸鳍原基出现期 Appearance of pectoral fin rudiment stage	239.54	11.5	出现月牙状胸鳍原基；心脏中出现血细胞，心率 48～52/min；消化道形成，肛凹明显；肌节＞50 对，胚体扭动 9～15 次/min	III-4-32
出膜阶段 Hatching stage	264.00	10.5	胚体尾部先击破卵膜而出，静卧水底，尾部摆动 或原地转圈；心率 70～74/min；肌节＞50 对	III-4-33

注 Notes：TAF. 受精后时间 Time after fertilization, WT. 水温 Water temperature

（一）尖裸鲤

尖裸鲤胚胎发育在孵化水温 9.5～11.8℃条件下，历时 265h。各期的发育所需时间、形态和行为特征变化见表 3-1 和图版III-1。

（二）异齿裂腹鱼

异齿裂腹鱼胚胎发育在孵化水温 12.1～13.8℃条件下，历时 190h，各期所经历的时间及其形态和行为特征变化见表 3-2 和图版III-2。

（三）拉萨裸裂尻鱼

拉萨裸裂尻鱼胚胎发育在孵化水温 9.5～11.1℃条件下，历时 295h，各期的形态和行为特征变化见表 3-3 和图版III-3。

（四）拉萨裂腹鱼

拉萨裂腹鱼胚胎发育在孵化水温 10.0～12.0℃条件下，历时 264h，各期的形态和行为特征变化见表 3-4 和图版III-4。

二、有效积温

鱼类孵化过程的总有效积温为各个阶段的有效积温之和，各个阶段有效积温的计算公式为 $K = N \cdot T$，式中，K 为有效积温，N 为发育所经历时间，T 为该阶段平均水温。

通过多批次观察记录，获得 4 种裂腹鱼类胚胎发育的有效积温，尖裸鲤为 2737.52～2982.63h·℃，异齿裂腹鱼为 2399.08～2488.21h·℃，拉萨裸裂尻鱼为 3031.01～3101.84h·℃，拉萨裂腹鱼为 2894.51～2906.97h·℃。表 3-5 是其中一次的观察结果，反映了不同发育阶段经历的时间和有效积温。

三、种间差异

4 种裂腹鱼类胚胎发育时序化形态特征差异见表 3-6。从表 3-6 可以看出，4 种裂腹鱼类胚胎发育阶段与卵生淡水鱼类基本相同，但在神经胚阶段和器官分化阶段，某些特征的出现次序以及同一发育阶段所经历的时间存在种间差异。

表 3-5　4 种裂腹鱼类胚胎发育各阶段的有效积温

Table 3-5　Effective accumulated temperature of different embryonic development stages among four Schizothoracinae fishes

发育期 Developmental phase	受精卵 Fertilized egg	胚盘形成 Blastodisc	卵裂 Cleavage	囊胚 Blastula	原肠 Gastrula	神经胚 Neurula	器官分化 Organ formation	合计 Total
尖裸鲤 *O. stewartii*								
经历时间 Over time(h)	3.85	1.40	11.82	36.43	23.58	23.55	164.33	264.96
平均水温 AWT(℃)	11.8	11.5	11.2	11.0	10.8	10.4	10.0	
有效积温 EAT(h·℃)	45.43	16.10	132.38	400.73	254.66	244.92	1643.30	2737.52
各阶段有效积温所占比例 Percentage of EAT(%)	1.66	0.59	4.84	14.64	9.30	8.95	60.03	100
异齿裂腹鱼 *S.(S.) o'connori*								
经历时间 Over time(h)	2.40	2.17	10.42	23.67	11.92	11.83	127.60	190.01
平均水温 AWT(℃)	12.8	12.8	13.0	13.0	12.7	12.6	12.5	
有效积温 EAT(h·℃)	30.17	27.78	135.56	306.53	151.74	148.47	1598.83	2399.08
各阶段有效积温所占比例 Percentage of EAT(%)	1.26	1.16	5.65	12.78	6.32	6.19	66.64	
拉萨裸裂尻鱼 *S. younghusbandi*								
经历时间 Over time(h)	2.30	2.00	10.08	34.47	22.20	10.58	213.37	295.00
平均水温 AWT(℃)	11.0	11.0	11.0	10.9	10.5	10.3	10.1	
有效积温 EAT(h·℃)	25.30	22.00	110.88	375.72	233.10	108.97	2155.04	3031.01
各阶段有效积温所占比例 Percentage of EAT(%)	0.83	0.73	3.66	12.40	7.69	3.60	71.09	100
拉萨裂腹鱼 *S.(R.) waltoni*								
经历时间 Over time(h)	4.73	1.12	12.60	34.93	20.68	16.83	173.10	263.99
平均水温 AWT(℃)	10.8	10.8	10.91	10.4	10.3	10.9	11.2	
有效积温 EAT(h·℃)	51.08	12.10	137.47	361.53	213.62	183.45	1935.26	2894.51
各阶段有效积温所占比例 Percentage of EAT(%)	1.76	0.42	4.75	12.49	7.38	6.34	66.86	100

注 Notes：EAT. 有效积温 Effective accumulated temperature，AWT.平均水温 Average water temperature

表 3-6　4 种裂腹鱼类胚胎发育特点比较

Table 3-6　Comparison of the embryonic developmental character among four Schizothoracinae fishes

发育特征 Developmental character	尖裸鲤 *O. stewartii*	拉萨裸裂尻鱼 *S. younghusbandi*	拉萨裂腹鱼 *S.(R.) waltoni*	异齿裂腹鱼 *S.(S.) o'connori*
卵的颜色 Color of egg	黄色	金黄色	棕色	黄色
卵径 Egg diameter(mm)	2.57±0.07	2.50±0.08	2.95±0.08	2.40±0.12
吸水后卵径 Egg diameter after water absorption(mm)	3.22±0.07	3.54±0.07	4.03±0.06	3.67±0.10
卵黄径 Yolk diameter(mm)	2.33±0.04	2.58±0.06	2.72±0.05	2.28±0.10

续表

发育特征 Developmental character	尖裸鲤 O. stewartii	拉萨裸裂尻鱼 S. younghusbandi	拉萨裂腹鱼 S.(R.) waltoni	异齿裂腹鱼 S.(S.) o'connori
卵周隙 Perivitelline space（mm）	0.46±0.03	0.50±0.03	0.66±0.03	0.69±0.00
吸水后卵径/卵径 Ratio between egg diameter and egg diameter after water absorption	1.25	1.43	1.37	1.53
尾泡 Kupffer's vesicle	无	无	有	有
肌节出现时间 Time of appearance of myomere	胚孔封闭前	胚孔封闭后	胚孔封闭后	胚孔封闭后
耳石出现时间 Time of appearance of otolith	耳囊出现后、尾芽形成	耳囊出现后、尾芽形成	心脏搏动后	心脏搏动后
眼囊色素出现时间 Time of appearance of eye pigment	孵出后3d	孵出前30h	孵出后1d	孵出后1d
胸鳍原基形成时间 Time of appearance of pectoral fin	孵出前28h	孵出前61h	孵出前24h	孵出前24h
出膜方式 Hatching type	尾部破膜孵出	尾部破膜孵出	尾部破膜孵出	尾部破膜孵出
出膜时发育阶段 Developmental stage when hatching	胸鳍原基形成	眼囊黑色素形成	胸鳍原基形成	胸鳍原基形成
初孵仔鱼全长 Newly hatched larvae total length（mm）	10.27±0.15	10.86±0.33	10.67±0.17	9.84±0.28
卵黄消失时全长 Total length when yolk disappeared（mm）	15.22±0.27	15.58±0.44	15.04±0.26	14.15±0.23
胚胎发育经历时间 Total time of embryo-development（h）	265	295	264	190
胚胎发育水温 Water temperature of embryo-development（℃）	9.8～11.8	9.5～11.1	10.0～12.0	12.1～13.8

（一）卵的特征

4种裂腹鱼类成熟卵均呈圆形，卵质均匀，不含油球，吸水膨胀后卵膜无黏性，但卵的颜色、卵径、卵黄径和吸水膨胀率等特征存在差异（表3-6）。鱼卵大小对鱼类的早期发育和存活具有重要的生态学意义。大卵的卵黄可能会降低初孵仔鱼的活动能力，但可延长内源性营养，推迟转向外源性营养的时间，从而有利于仔鱼建立初次摄食，提高成活率（殷名称，1991）。卵的大小和仔鱼大小关系密切。4种裂腹鱼平均卵径的大小依次为拉萨裂腹鱼2.72mm，拉萨裸裂尻鱼2.58mm，尖裸鲤2.33mm，异齿裂腹鱼2.28mm。初孵仔鱼的大小顺序为拉萨裸裂尻鱼＞拉萨裂腹鱼＞尖裸鲤＞异齿裂腹鱼，除拉萨裸裂尻鱼的顺序有所变化外，其他3种裂腹鱼卵的大小基本与仔鱼大小呈正相关关系。此外，胚胎发育经历时间和仔鱼开口摄食的时间与卵的大小无显著相关关系（表3-6），说明它们除受卵的大小影响外，发育温度也是重要的影响因素之一。一般在较低的温度条件下，胚体孵化期长、代谢率低，对大卵有利；相反在较高的温度条件下，孵化期短、代谢率高，对小卵有利（殷名称，1991）。

(二)胚体相位变化

4 种裂腹鱼类的受精卵卵裂过程中，前期分裂球大小均匀、排列整齐；从 64 细胞期开始到囊胚形成，分裂球大小不一，排列不整齐，卵黄体运动明显。胚胎发育过程中，尖裸鲤受精卵为正位(动物极向上、植物极向下)，卵裂过程因细胞分裂而中心偏移，32 细胞期开始逐渐侧位，到囊胚中晚期，胚层开始下包，逐渐恢复正位；原肠中期由于胚层内卷、下包速度不一致及卵黄直径变化引起重心变化，胚胎再次从正位变成侧位，原肠作用结束，胚孔封闭后，胚胎恢复正位。拉萨裸裂尻鱼、拉萨裂腹鱼和异齿裂腹鱼等 3 种裂腹鱼类的受精卵相位变化相似，相位侧偏时间早于尖裸鲤，从 8 细胞期开始逐渐侧位，32 细胞期侧偏 45°，桑葚胚期侧偏 90°，到囊胚中晚期，胚层开始下包，逐渐恢复正位，均为正位—侧位—正位的过程。类似现象亦见于南方鲇(*Silurus meridionalis*)(谢小军，1986)、大鳍鳠(*Mystus macropterus*)(张耀光等，1991)和福建纹胸鮡(*Glyptothorax fukiensis*)(王志坚等，2000)，这些鱼类的胚胎发育过程中胚胎相位均发生正位—侧位—正位—侧位—正位的变化过程，只是不同种类相位变化的时期不同。不同种类胚胎相位的变化特征可以作为胚胎发育阶段划分的辅助标准。

(三)肌节出现期

尖裸鲤胚胎发育过程中，胚孔封闭之前胚体中部前端出现肌节 2~3 对，而异齿裂腹鱼、拉萨裸裂尻鱼、拉萨裂腹鱼在胚孔封闭之后 3~7h 出现肌节。后文表 3-12 所列出的 5 属 11 种裂腹鱼类中，唯尖裸鲤属的尖裸鲤肌节出现在孔封闭之前，裸裂尻鱼属、扁吻鱼属、裸鲤属和裂腹鱼属鱼类的肌节均出现在孔封闭之后。肌节出现较早表明胚胎较早获得运动能力。尖裸鲤与异齿裂腹鱼、拉萨裸裂尻鱼、拉萨裂腹鱼生活在同一水域，繁殖季节和繁殖场所基本一致，肌节出现时期上的差异与鱼类对栖息环境的适应无关，而是不同鱼类的遗传特性所致，可作为鉴定尖裸鲤胚胎的标志。

(四)Kupffer 囊

Kupffer 囊(尾泡)仅出现在硬骨鱼类胚胎发育中，是硬骨鱼类特有的胚胎发育特征，其结构为囊状，内壁由单层立方上皮构成，游离面有纤毛(Kimmel et al.，1995)。有学者认为尾泡在尾部发育过程中起着一定的作用(Melby et al.，1996)。王瑞霞(1982)和庹云(2006)分别报道了青鱼和岩原鲤的胚胎发育过程中，Kupffer 囊在胚孔封闭、肌节出现前出现，嗅板出现后消失。拉萨裂腹鱼和异齿裂腹鱼的胚胎发育过程中，Kupffer 囊在耳囊形成后出现，尾芽形成之后消失。而尖裸鲤、拉萨裸裂尻鱼胚胎发育过程中未观察到 Kupffer 囊。

(五)眼囊黑色素出现时间

拉萨裸裂尻鱼胚胎出膜前 30h 左右，眼囊黑色素就已经出现，尖裸鲤的眼囊黑色素在孵化后 3d 出现，异齿裂腹鱼和拉萨裂腹鱼的眼囊黑色素在孵化后 1d 出现，拉萨裸裂尻鱼的眼囊黑色素出现时间不仅早于尖裸鲤、拉萨裂腹鱼、异齿裂腹鱼(表 3-6)，而且早于其他裂腹鱼类(详见表 3-12)。Hall 等(2004)报道,大西洋鳕(*Gadus morhua*)的眼囊黑色素出现时间是对其所处环境的适应,在视觉系统功能完善之前,眼囊黑色素的出现对其摄食外源性营养具有重要意义。

第二节　仔稚鱼的发育

一、发育分期与特征

Balon(1975)依据不同的典型特征提出了鱼类早期发育过程的划分层次,即将鱼类个体发育划分为时期(period)、阶段(phase)、期(step)、瞬态(stage)。目前,应用较广泛的是将鱼类早期发育阶段划分为胚胎(embryo)、仔鱼(larva)和稚鱼(juvenile)3 个时期(殷名称,1991;Chambers and Trippel,1997)。卵生硬骨鱼类从卵受精开始到仔鱼从卵膜孵出为胚胎期(embryo stage),仔鱼从卵膜中孵出便进入仔鱼期(larva stage),仔鱼期根据其营养特点不同,又可以细分为早期仔鱼(early-stage larva)和后期仔鱼(late-stage larva),早期仔鱼又称卵黄囊期仔鱼(yolk-sac larva)。当仔鱼发育到体透明等特征消失,各鳍鳍条初步形成,特别是鳞片开始形成时,即标志着仔鱼期结束,进入稚鱼期(殷名称,1991)。从受精卵到稚鱼期结束称为鱼类早期生活史阶段(early life history of fish,ELHF)。

初孵仔鱼　半透明,淡黄色,仔鱼多侧卧水底,靠尾部摆动维持短暂正卧,给予刺激可向前游动(表 3-7~表 3-10)。

表 3-7　尖裸鲤仔稚鱼发育过程

Table 3-7　Larval development of *O. stewartii*

发育期 Developmental phase	日龄 Daily age(d)	水温 WT(℃)	主要特征 Principal character	图版 Plate
初孵仔鱼 Newly hatched larvae	0	10.2	半透明,全长 10.27±0.15mm;胸鳍月牙状;仔鱼多侧卧水底,给予刺激可向前游动	
鳃弓原基出现 Appearance of gill branchial arch	2	12.0	出现鳃弓原基,仔鱼活动能力较差,静卧池底;心率 85~88 次/min	III-5-01
眼黑色素出现 Appearance of eye black pigment	3	12.8	眼黑色素稀疏,均匀地布满眼囊;心率 84~89 次/min	III-5-02
鳃丝出现 Appearance of gill filament	5	12.2	鳃弓上出现鳃丝突起;眼囊充满黑色素;口凹出现,口不能张合;卵黄囊细长状	III-5-03
口裂出现 Appearance of mouth	6	12.8	头部和背部出现零星芒状黑色素;口裂清晰,下颌可张合,分支血管明显增多;出现腹鳍褶;尾椎微上翘,心率 75~79 次/min	III-5-04
鼻凹出现 Appearance of nostril	7	12.9	鼻凹出现;鳃盖后端游离可张合;腹部出现星芒状黑色素,仔鱼上下游动;投喂蛋黄开口,进入混合营养期	III-5-05
尾鳍鳍条出现 Appearance of candal fin ray	11	11.9	仔鱼多在水泥池的角落集群;鳃丝增长、增多,血液流动清晰;尾鳍鳍条 3~4 枚;腹鳍褶延伸到整个卵黄下方;心率 82~86 次/min	III-5-06
鳔室出现 Appearance of air bladder	12	11.8	第一鳔室出现,仔鱼可长时间在水层中停留;胸鳍鳍条 4~5 枚;尾鳍鳍条 5~6 枚,;消化道出现盘曲;心率 86~90 次/min	III-5-07

续表

发育期 Developmental phase	日龄 Daily age（d）	水温 WT（℃）	主要特征 Principal character	图版 Plate
背鳍分化 Differentiation of dorsal fin	14	12.8	背鳍褶分化，无鳍条；尾鳍鳍条 11～12 枚；卵黄囊细丝状；心率 87～93 次/min	III-5-08
卵黄消失 Disappearance of yolk	20	13.0	仔鱼逐渐分散；卵黄完全吸收完毕；肠道清晰，含有食物团；腹鳍褶宽大；尾鳍鳍条 16～18 枚；鳃弓鳃丝清晰	III-5-09
臀鳍分化 Differentiation of anal fin	27	12.8	胸鳍透明，后缘呈锯齿状；背鳍小，鳍条 3～4 枚；臀鳍开始分化，无鳍条；尾鳍鳍条 21～22 枚	III-5-10
腹鳍出现 Appearance of ventral fin	30	13.0	仔苗吻部较尖；胸鳍鳍条 16～18 枚；背鳍鳍条 7 枚，腹鳍出现；臀鳍鳍条 3～4 枚；尾鳍呈叉形，鳍条 21～22 枚；肠道含有食物	III-5-11
臀鳞出现 Appearance of anal scale	80	16.8	泄殖孔附近臀鳞出现，鱼苗侧线清晰，体色和体形接近成鱼；背鳍条 10 枚；臀鳍鳍条 7～8 枚；尾鳍叉形	III-5-12

表 3-8 异齿裂腹鱼仔稚鱼发育过程

Table 3-8 Larval development of S. (S.) o'connori

发育期 Developmental phase	日龄 Daily age（d）	水温 WT（℃）	主要特征 Principal character	图版 Plate
初孵仔鱼 Newly hatched larvae	0	13.8	半透明，全长 9.84±0.28mm，眼囊稀疏，均匀地布满黑色素；仔鱼侧卧水底，靠尾部摆动正卧或原地转圈	
眼黑色素出现 Appearance of eye black pigment	1	13.8	黑色素稀疏、均匀地布满眼囊；心率 72～74 次/min，尾椎微上翘；肌节>50 对；仔鱼静卧水底，尾部不停地摆动	III-6-01
鳃弓原基出现 Appearance of gill branchial arch	2	13.0	鳃部鳃弓原基出现，心率 74～76 次/min；出现腹部鳍褶	III-6-01
鳃丝出现 Appearance of gill filament	4	13.2	鳃弓上出现突起，鳃丝逐渐形成；仔鱼侧卧水底，偶尔向前冲游；口凹出现；心率 79～81 次/min；卵黄呈细长状	III-6-03
口裂出现 Appearance of mouth cleft	5	13.0	口裂出现，可上下合动；仔鱼可向上冲游；鳃丝增多；腹鳍褶增大；尾椎微上翘；卵黄呈细长状；心率 81～84 次/min	III-6-04
尾鳍鳍条出现 Appearance of candal fin ray	7	14.2	耳囊半规管结构出现；鳃丝增长、增多；胸鳍呈扇形；腹鳍褶增大；尾鳍鳍条 2～3 枚；心率 95～98 次/min	III-6-05
背鳍分化 Differentiation of dorsal fin	8	13.8	背鳍褶分化出背鳍，无鳍条；鳃丝长而密集；胸鳍鳍条 3～4 枚；尾鳍鳍条 11～12 枚；卵黄细丝状；心率 95～97 次/min	III-6-06
鳔室出现 Appearance of air bladder	9	14.2	仔鱼集群；第一鳔室出现；鼻凹清晰；尾鳍鳍条 3～4 枚；卵黄囊细长状	III-6-07
臀鳍分化 Differentiation of anal fin	18	14.2	臀鳍分化，无鳍条；消化道内可见食物团；卵黄几近消失；仔鱼分散地活动在水体中上层	III-6-08
卵黄消失 Disappearance of yolk	22	14.7	卵黄囊消失；鳔细长状；肠道内含食物团；胸鳍鳍条 15～16 枚；背鳍鳍条 7～8 枚；腹鳍出现；尾鳍鳍条 18～19 枚	III-6-09 III-6-10
第二鳔室出现 Appearance of second air bladder	25	13.5	第二鳔室出现；鱼体背面观灰黑色，腹部银白色；背鳍鳍条 9～10 枚；腹鳍近三角形；臀鳍鳍条 5～6 枚	III-6-11
侧线完全形成 Formation of lateral line	65	17.0	侧线清晰，体修长，体色和体形接近成鱼；胸鳍鳍条 17～19 枚；背鳍鳍条 11 枚；臀鳍鳍条 8 枚；尾鳍叉形	III-6-12

表 3-9　拉萨裸裂尻鱼仔稚鱼发育过程
Table 3-9　Larval development of *S. younghusbandi*

发育期 Developmental phase	日龄 Daily age (d)	水温 WT (℃)	主要特征 Principal character	图版 Plate
初孵仔鱼 Newly hatched larvae	0	10.8	半透明，全长 10.86±0.33mm；胸鳍呈小半圆状；仔鱼多侧卧水底，遇刺激可向前游动	
鳃弓原基出现 Appearance of gill brachial arch	1	10.8	4 对鳃弓原基出现；心率 80～89 次/min；肌节＞55 对；仔鱼静卧池底，靠尾部间歇地摆动冲游	III-7-01
鳃盖形成 Appearance of opercular bone	2	12.9	鳃盖形成，较小，透明状，尚不能张合；眼黑色素增多，均匀地充满眼囊；卵黄分支血管增多	III-7-02
鳃丝出现 Appearance of gill filament	3	12.2	鳃弓上出现突起，鳃丝逐渐形成；口凹出现，但未形成口裂；尾椎微上翘；卵黄减小呈细长状	III-7-03
口裂出现 Appearance of mouth cleft	4	12.8	口裂清晰，下颌微微上下合动；胸鳍小，无鳍条；腹部出现鳍褶；心率 82～85 次/min	III-7-04
鼻凹出现 Appearance of nostril	5	12.3	鼻凹出现；口张合速率较快；心率 75～80 次/min；偶尔向上冲游或上下游动；开口摄食蛋黄，鱼苗进入混合营养期	III-7-05
尾鳍鳍条出现 Appearance of candal fin ray	9	12.1	尾鳍鳍条 3～4 枚；体黑色素增多；鳃丝增长、增多；胸鳍扇形；腹鳍褶延伸到整个卵黄下方，背鳍褶分化，卵黄细长状	III-7-06
鳔室出现 Appearance of air bladder	10	12.0	第一鳔室出现，仔鱼可长时间停留在水层；胸鳍鳍条 3～4 枚；尾鳍鳍条 5～6 枚；心率 86～90/min	III-7-07
背鳍分化 Differentiation of dorsal fin	15	13.2	分散活动在水体中上层，鱼体整体观呈土黄色；背鳍分化；尾鳍鳍条 14～15 枚；消化道出现盘曲；卵黄囊细丝状	III-7-08
卵黄消失 Disappearance of yolk	18	12.8	卵黄完全吸收完毕，鳔一室，细长状，肠道清晰，含有明显的食物团；背鳍小，无鳍条；腹鳍褶宽大；尾鳍鳍条 19～21 枚	III-7-09
臀鳍分化 Differentiation of anal fin	25	13.2	分散地活动在水体中上层；鳔室增大明显；背鳍鳍条 3～4 枚；臀鳍分化，无鳍条；尾鳍鳍条 21～22 枚	III-7-10
腹鳍出现 Appearance of ventral fin	28	13.2	腹鳍出现；胸鳍鳍条 16～18 枚；背鳍鳍条 6～7 枚；臀鳍鳍条 2～3 枚；尾鳍叉形，鳍条 21～22 枚，肠道含有食物团	III-7-11
第二鳔室出现 Appearance of second air bladder	35	14.1	第二鳔室出现；腹鳍增大近扇形；背鳍鳍条 8 枚；尾鳍叉形，鳍条 21～23 枚；臀鳍鳍条 6 枚	III-7-12
臀鳞出现 Appearance of anal scale	77	17.0	鱼体侧扁，侧线清晰，体色和体形接近成鱼；泄殖孔附近臀鳞出现	III-7-13

表 3-10　拉萨裂腹鱼仔稚鱼发育过程

Table 3-10　Larval development of *S.* (*R.*) *waltoni*

发育期 Developmental phase	日龄 Daily age(d)	水温 WT(℃)	主要特征 Principal character	图版 Plate
初孵仔鱼 Newly hatched larvae	0	10.5	半透明，全长 10.67±0.17mm，眼囊稀疏，均匀地布满黑色素；侧卧水底，靠尾部摆动正卧或原地转圈	
眼黑色素出现 Appearance of eye black pigment	1	11.5	眼黑色素稀疏，均匀分布；心率 70~74 次/min；胸鳍小，半圆状；消化道明显，肛凹清晰；仔鱼静卧水底，尾部不停摆动；卵黄前部圆形，尾部狭长	III-8-01
鳃弓原基出现 Appearance of gill branchial arch	2	12.5	4 对鳃弓原基出现；胸鳍较小，背鳍褶逐渐增大；心率 68~74 次/min	III-8-02
鼻凹出现 Appearance of nostril	4	12.8	鼻凹出现；口凹出现，不能张合；心率 84~87 次/min；胸鳍增大、无鳍条，腹鳍褶出现，背鳍褶增大，尾鳍褶宽大，尾椎微上翘	III-8-03
口裂、鳃丝出现 Appearance of mouth cleft and gill filament	5	13.0	口裂清晰，下颌微微上下合动，鳃盖微张合，鳃弓上出现突起，鳃丝逐渐形成；心率 82~86 次/min；卵黄细长状	III-8-04
背鳍分化 Differentiation of dorsal fin	8	13.5	背褶分化出背鳍，无鳍条；鳃丝增长、增多；卵黄细丝状，摄食投喂的卵黄，进入混合营养期，可间歇性向上冲游	III-8-05
尾鳍鳍条出现 Appearance of candal fin ray	9	13.4	鱼苗聚集程度降低；头部、背部、腹部、尾部黑色素逐渐密集，鳃盖出现黑色素，鳃丝增长、增多，血液流动清晰；胸鳍增大呈扇形且可以摆动；尾鳍出现鳍条 2~3 枚；腹鳍褶增大，延伸到整个卵黄下方；卵黄继续减小，整体呈粗细均匀的细长状	III-8-06
鳔室出现 Appearance of air bladder	11	13.2	第一鳔室出现，部分仔鱼在水体中上层活动；胸鳍鳍条 4~5 枚；尾鳍鳍条 6~7 枚；消化道出现盘曲，其前端变大、增粗	III-8-07
臀鳍分化 Differentiation of anal fin	16	13.2	腹褶分化出臀鳍，无鳍条；仔鱼分散活动在水体中上层；鳃丝长而密，胸鳍鳍条 7~8 枚；背鳍鳍条 4~5 枚；尾鳍鳍条 16~17 枚；消化道清晰，可以观察到食物团；卵黄细丝状	III-8-08
腹鳍出现 Appearance of ventral fin	18	14.0	出现月牙状腹鳍；胸鳍鳍条 6~7 枚；背鳍位置较靠后，鳍条 6~7 枚，尾鳍渐呈叉形，鳍条 18~19 枚	III-8-09
卵黄消失 Disappearance of yolk	23	13.8	卵黄完全吸收完毕；鳔细长状，部分个体第二鳔室出现；背鳍鳍条 8 枚；腹鳍小，无鳍条；臀鳍鳍条 2~3 枚；尾鳍叉形，鳍条 20~22 枚，肠道清晰，含有食物团	III-8-10
第二鳔室 Appearance of second air bladder	25	14.2	第二鳔室清晰；鱼体背观呈土黄色；肠道含有食物团；胸鳍鳍条 16~17 枚；背鳍鳍条 8~9 枚；臀鳍鳍条 5 枚；尾鳍宽大，叉形，鳍条 20~21 枚	III-8-11
侧线完全形成 Formation of lateral line	69	17.8	体色逐渐变浅，侧线清晰，体色和体形接近成鱼；背鳍鳍条 10 枚；臀鳍鳍条 8 枚；尾鳍叉形；消化道含有明显的食物团	III-8-12

卵黄囊期仔鱼　根据营养来源可分为两个阶段，卵黄提供营养阶段，为内源性营养期；从开始向外界摄食，直至卵黄消耗殆尽，为混合营养期。卵黄囊期为各器官形态和功能快速发育阶段。卵黄囊期结束时间有所差异，尖裸鲤为 20 日龄，全长 15.22±0.27mm，异齿裂腹鱼为 22 日龄，全长 14.15±0.23mm，拉萨裸裂尻鱼为 18 日龄，全长 15.58±0.44mm，拉萨裂腹鱼为 18 日龄，全长 15.04±0.26mm。

后期仔鱼 自卵黄囊期结束到腹鳍出现。此阶段仔鱼器官发育得到进一步加强，肠道出现盘曲，各鳍鳍条数接近成鱼，第二鳔室出现。4 种裂腹鱼类后期仔鱼结束时间，尖裸鲤为 20 日龄，全长 17.73±0.21mm，异齿裂腹鱼为 25 日龄，全长 16.57±0.20mm，拉萨裸裂尻鱼为 30 日龄，全长 18.59±0.31mm，拉萨裂腹鱼为 25 日龄，全长 15.20±0.23mm。

稚鱼 自腹鳍鳍条出现至臀鳞出现，侧线清晰，体色和体形接近成鱼。稚鱼期结束时间，尖裸鲤为 80 日龄，全长 20.98±0.53mm，异齿裂腹鱼为 65 日龄，全长 17.65±0.45mm，拉萨裸裂尻鱼为 77 日龄，全长 26.34±0.69mm，拉萨裂腹鱼为 69 日龄，全长 20.92±0.44mm。

4 种裂腹鱼类仔稚鱼发育过程中的形态和行为特征变化见表 3-7～表 3-10 和图版 III-5～图版 III-8。

根据表 3-7～表 3-10 归纳出 4 种裂腹鱼类仔稚鱼发育的一些重要形态学和行为学特征，见表 3-11。

表 3-11 4 种裂腹鱼仔鱼发育特点比较

Table 3-11 Comparison of the larval developmental character among four Schizothoracinae fishes

发育特征 Developmental character	尖裸鲤 O. stewartii	拉萨裸裂尻鱼 S. younghusbandi	拉萨裂腹鱼 S. (R.) waltoni	异齿裂腹鱼 S. (S.) o'connori
初孵仔鱼全长 (mm) Newly hatched larvae total length	10.27±0.15	10.86±0.33	10.67±0.17	9.84±0.28
肛前长/肛后长 Ratio between length before anus and after anus	3.35	3.11	2.63	2.98
初孵仔鱼肌节数 Number of myomere of newly hatched larvae	>55	>55	>50	>50
开始摄食日龄 (d) Age in days when start to feed	7	5	6	7
开始摄食时全长 (mm) Total length when start to feed	12.99±0.19	13.00±0.43	12.08±0.30	11.19±0.13
鳔室出现日龄 (d) Age in days when air bladder appeared	12	10	11	9
鳔室出现时全长 (mm) Total length when air bladder appeared	14.37±0.25	13.76±0.18	12.80±0.33	12.10±0.33
背鳍分化日龄 (d) Age in days when dorsal fin differentiated	14	15	8	8
背鳍分化时全长 (mm) Total length when dorsal fin differentiated	14.46±0.22	15.16±0.46	12.64±0.27	11.31±0.17
卵黄耗尽日龄 (d) Age in days when yolk exhausted	20	18	23	22
卵黄耗尽时全长 (mm) Total length when yolk exhausted	15.22±0.27	15.58±0.44	15.04±0.26	14.15±0.23
腹鳍出现日龄 (d) Age in days when ventral fin appeared	30	28	18	22
腹鳍出现位置 Appeared position of ventral fin	背鳍起点前腹部	背鳍正下方腹部	背鳍起点前腹部	背鳍起点前腹部
腹鳍出现时全长 (mm) Total length when ventral fin appeared	17.73±0.21	17.67±0.68	15.27±0.32	14.15±0.23
发育水温 (℃) Developmental water temperature	11.6～16.8	10.8～17.0	11.5～17.8	13.0～17.5

二、仔稚鱼的生长特点

(一)营养期及生长特点

根据营养特点,仔鱼的发育可以分为内源性营养期、混合营养期(mixed feeding stage)和外源性营养期 3 个阶段。

内源性营养期　内源性营养期自仔鱼出膜至开口摄食,此阶段的仔鱼完全依赖卵黄提供营养,完成一系列与摄食消化相关的器官功能的发育,仔鱼的行为从静卧池底,靠尾部摆动正卧或向前冲游,逐步发展到能够在水层中自由游动,使其具备从内源卵黄营养转入外源摄食营养的能力。内源性营养供应是鱼类早期生活史中最重要的营养方式,它决定和改变着以后的整个生活史(Balon, 1986)。不同鱼类仔鱼开口摄食的时间不同,拉萨裸裂尻鱼仔鱼为 5 日龄,拉萨裂腹鱼为 6 日龄,尖裸鲤和异齿裂腹鱼为 7 日龄(表3-11)。在此期间,尽管日生长率随着水温的波动而波动(详见图 3-3),但仔鱼的全长随着日龄,按照一定的速率增长(图 3-1)。

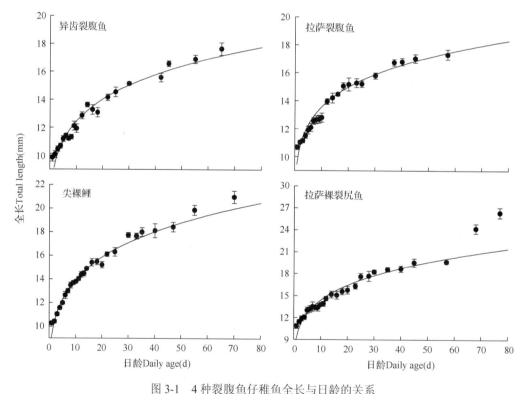

图 3-1　4 种裂腹鱼仔稚鱼全长与日龄的关系

Fig. 3-1　Relationships between total length and daily age of four Schizothoracinae fishes larvae and juvenile

混合营养期　混合营养期自仔鱼开口摄食至卵黄消耗殆尽。此阶段仔鱼依靠卵黄和从外界摄食获取营养,构成一个内源和外源营养共存的混合营养期。在此期,随着仔鱼运动、摄食和消化等器官功能的逐步发育完善,仔鱼运动能力增强,开始建立摄食模式。前期营养主要来源于卵黄,随着时间推移,卵黄大量消耗,营养逐渐转向以外源性营养为主。此期由于卵黄提供的营养逐渐减少，而仔鱼的活动逐渐增强，仔鱼如不能迅速建立摄食模式，或者食物缺乏，则表现为生长速度变缓，甚至出现负增长(图 3-1)。混合营养期的长短通常取决于仔鱼摄食能力和适宜饵料生物的丰度。多数源自浮性卵的海洋仔鱼混合营养期仅数小时到 3d(Yin and Blaxter，1987)，而 4 种裂腹鱼类仔鱼的混合营养期长达 18~23d。显然，4 种裂腹鱼类仔鱼的混合营养期较一般硬骨鱼类的混合营养期长，可能与其生活环境饵料生物贫乏有关。尽管仔鱼建立了初次摄食，但由于环境中饵料生物贫乏，完全依赖外源性食物，并不能满足其生长和生活的营养需求，因此，4 种裂腹鱼类具有大的卵黄、延长混合营养期是对低温环境中仔鱼发育较慢、生活环境中食物贫乏的一种适应。此外，在饵料供应充足的情况下，4 种仔鱼混合营养期的全长生长出现较大波动(图 3-1)，这与仔鱼的摄食能力，对饵料生物的喜好性，饵料生物的可得性、营养性和消化性、密度等诸多因素有关，这些因素都会影响仔鱼的摄食和生长(殷名称，1995a)。抵达初次摄食期(first feeding stage)的仔鱼，如果不能建立外源摄食，便进入饥饿期(starvation stage)。饥饿不仅对仔鱼本身，还会对鱼类以后的发育造成巨大不良影响，若达到仔鱼耐受饥饿时间的临界点，即"不可逆点"(the point of no return，PNR)，即使仔鱼还能生存较长一段时间，但也已虚弱得不可能再恢复摄食能力(Blaxter and Hmpel，1963)。在人工培育苗种的过程中，适时提供适宜的饵料是提高成活率的重要措施之一。

外源性营养期　仔鱼卵黄消耗殆尽后，完全依靠摄食从外界获取营养，便进入外源性营养期。此期，仔鱼摄食能力进一步增强，能较好地摄食外源性营养，食物充足时，消化道饱满，食物团明显，生长速度取决于环境中饵料生物的可得性。在食物充足的情况下，再次进入快速稳定生长阶段。

Farris(1959)将海洋鱼类卵黄囊期仔鱼全长生长划分为 3 个时期：初孵时的快速生长期、卵黄囊消失前后的慢速生长期，以及在不能建立外源摄食后的负生长期。4 种裂腹鱼类卵黄囊期仔鱼的生长基本符合这一规律。

4 种裂腹鱼类仔稚鱼全长生长随着日龄的增长而增加，全长与日龄的关系如下：

尖裸鲤 $TL=9.14D^{0.184}$ ($R^2=0.972$)

异齿裂腹鱼 $TL=9.74D^{0.144}$ ($R^2=0.947$)

拉萨裸裂尻鱼 $TL=9.27D^{0.191}$ ($R^2=0.921$)

拉萨裂腹鱼 $TL=8.40D^{0.171}$ ($R^2=0.956$)

(二)全长生长的异速性

异速生长是指生物体某一特征的相对生长速率不同于第二种特征的相对生长速率。在鱼类早期发育过程中各器官的生长普遍表现出异速生长现象(Osse et al.，1997；Choo and Liew，2006)，即在早期发育中，有些器官具备比鱼体整体更快的生长速度，直至器官发育完全或发育至某一阶段后，其生长明显减慢或对比整体表现为等速生长(Snik et al.，1997；Herbing，2001)。在鱼类早期生活阶段，捕食和饥饿是影响其死亡率的主要因素，初孵仔鱼的各种器官需要尽快完成分化和发育，使其在短时间内具备躲避敌害和摄食的能力(Hoda and Tsukahara，1971)。

4 种裂腹鱼类胚胎出膜前首先进行分化发育的是位于头部的中枢神经、感觉器官、摄食和消化器官及心血管循环器官和组织,其次是与运动相关的肌肉和主要运动器官尾鳍;出膜后仔鱼上述器官形态构造进一步发育以实现器官功能,如眼黑色素的出现、心脏的搏动和血液循环,此外主要是运动器官鳍的分化和发育。尖裸鲤、异齿裂腹鱼、拉萨裸裂尻鱼和拉萨裂腹鱼在出膜前以头部和躯干部的发育为主,初孵仔鱼的肛前长与肛后长比值分别为 3.35、2.98、3.11 和 2.63,出膜后随着日龄的增长,肛后长增长速度明显快于肛前长增长速度,分别在 55d、42d、35d 和 37d 肛后长增长速度与肛前长增长速度近似相同,此时肛前长与肛后长比值接近 1.6~1.7(图 3-2)。器官的分化和发育需要占据一定空间,不同发育期的这种异速生长特征确保最重要的器官优先发育(Rodriguez and Gisbert,2002)。

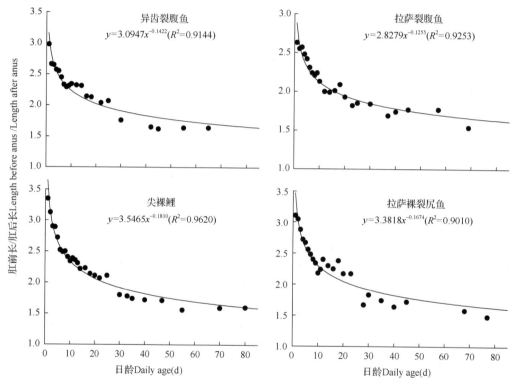

图 3-2　4 种裂腹鱼类仔稚鱼肛前长/肛后长与日龄的关系

Fig. 3-2　Relationships between the ratio of total length before anus and after anus and daily age of four Schizothoracinae fishes larvae and juvenile

(三)全长生长与水温的关系

4 种裂腹鱼类仔鱼的开口期为 6~8 日龄,此前为内源性营养阶段,完全依赖卵黄供应营养,由于有稳定的营养源,水温成为生长的主要影响因素,日生长率基本随着水温的升降而波动。6~8 日龄后进入混合营养期,仔鱼除依赖卵黄提供营养外,还试图通过摄食从外界获取营养,此期是仔鱼由内源性营养转为外源性营养的过渡期。在此期间,由于摄食器官尚未发育完全,以及受饵料的可得性、适口性影响,仔鱼能否摄食成功成为影响其生长的主要因素，此时，只要在适宜水温范围内，水温便成为次要影响因素，从图 3-3 可以看出，在此期间仔鱼生长率波动较大，且与水温的波动无明显关系。18～23 日龄后，仔鱼卵黄消耗殆尽，仔鱼摄食和消化器官基本发育完善，具备摄食功能，水温成为生长的主要影响因素，仔鱼的生长率随水温的升降而波动。混合营养期是仔鱼摄食和消化器官逐步发育完善的时期，在鱼苗生产中，提供适合的饵料是提高其成活率的主要措施之一。

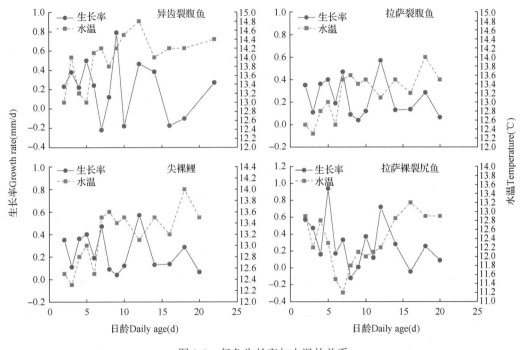

图 3-3　仔鱼生长率与水温的关系

Fig. 3-3　Relationships between growth rate and water temperature of larvae

第三节　早期发育对环境的适应

雅鲁藏布江流域海拔高，气温低，落差大，水流湍急，年平均水温 6～11℃（刘天仇，1999）。河床底质以砾石、块石为主，水体营养物质贫乏，可被仔稚鱼摄食的饵料生物种类少（武云飞和吴翠珍，1992），4 种裂腹鱼类早期发育过程具备一系列与之相适应的特征。

一、卵的特征对环境的适应

根据鱼卵的比重以及卵膜黏性强弱等，可将鱼卵分为浮性卵（pelagic egg）、黏性卵（adhesive egg）、沉性卵（demersal egg）和漂流性卵（drifting egg）4 种类型（谢从新，2009）。浮性卵含油球，可降低比重，其比重小于水，卵孵出后即漂在水面发育，如乌鳢（*Channa argus*）和斑鳢（*Channa maculate*）等。黏性卵的比重大于水，卵膜具黏性，通常在静水中产卵，产出的卵黏附在水生植物或其他物体上发育。产黏性卵的鱼类中，有些鱼类的卵径和卵周隙较小，卵膜较厚，如泥鳅（*Misgurnus anguillicaudatus*）成熟卵的卵径为0.8mm 左右，吸水膨胀后卵径约为 1.2mm；有些鱼类的卵较大，如中华鲟的卵径为 3.2～3.5mm，卵径和卵黄囊均较大，卵周隙小，卵产出后黏性卵膜黏附水体中的微小颗粒，增加卵粒重量，利于其沉入水底砾石缝隙中发育。沉性卵的比重大于水，卵周隙较小，产出后沉于石砾缝中孵化，如大麻哈鱼。漂流性卵产出后即吸水膨胀，出现较大的卵周隙，比重亦大于水，但可借助江河水流的翻滚，悬浮在水层中随水漂流，在静止的水体中则沉于水底。产漂流性卵的"四大家鱼"（青鱼、草鱼、鲢、鳙）卵巢中成熟卵的直径为 1.5～1.7mm，卵产出吸水膨胀后直径达 4.5～5.5mm，为卵巢中成熟卵直径的 2～3 倍，出现较大的卵周隙，扩大了卵的体积，使其密度减小，比重稍大于水，静水中下沉至水底，而在流水中借助水流的托举悬浮于水层中发育（殷名称，1995b）。较大的卵周隙可以更好地抗击外界环境的冲击，提高受精卵的成活率（Lake，1967；Matsuura，1972）。

4 种裂腹鱼类的卵膜无黏性；成熟卵平均卵径为 2.40～2.95mm，卵黄径为 2.28～2.72mm（表 3-6）。卵径和卵黄囊较大，意味着营养物质丰富，有利于仔鱼应对贫乏的食物资源、减轻摄食压力、建立初次摄食、生长和提高成活率；吸水膨胀后其卵周隙大于鲤（*Cyprinus carpio*）、鲫（*Carassius auratus*）等的黏性卵，而小于"四大家鱼"等的漂流性卵，这样卵粒在较快速的水流中将被托起、冲散，随水漂流，在被带入下游沿岸水流较缓水域后便沉入河床砾（卵）石缝隙中孵化，有利于隐藏，防止敌害侵袭。这些特征反映了 4 种裂腹鱼类在雅鲁藏布江激流、食物贫乏的生态环境中繁育的适应性进化。

4 种裂腹鱼类成熟卵的平均卵径均大于扁吻鱼（1.87±0.04mm）、青海湖裸鲤（1.9～2.3mm）、塔里木裂腹鱼（1.7～1.8mm）等裂腹鱼亚科鱼类的卵径。成熟卵的大小对于鱼类早期发育有重要的生态学意义。卵黄丰富意味着有较多营养物质供给器官分化和胚胎发育。Hansen 和 Falk-Petersen（2001）研究表明，卵的大小直接影响卵裂速度、胚胎正常发育及初孵仔鱼的大小。

二、胚胎发育对环境的适应

（一）对贫营养环境的适应

4 种裂腹鱼胚胎发育历时长，胚胎发育过程中器官发育相对较快，孵出时功能相对较完善：尖裸鲤胚孔封闭前肌节已出现；拉萨裸裂尻鱼眼黑色素在出膜前已出现；心脏、血液循环均出现较早，且卵黄表面有粗大的居维氏管和丰富的卵黄静脉；尾部鳍褶、胸鳍原基均在出膜前形成；初孵仔鱼较大，保证了较大的成活率，使初孵仔鱼能更好地适应高原贫营养型水体。4 种裂腹鱼类早期发育的特性反映了其与高原环境的适应性进化。

(二)对低水温环境的适应

绝大多数鱼类卵的发育是在不稳定的体外环境中完成的，环境因子能够极大地影响受精卵的发育速率和成活率(殷名称，1995a)。水温、溶氧、盐度、pH 和光照等外界条件都会对早期发育产生重要影响，其中水温对胚胎发育的影响最为直接，可以影响发育历时、孵化率、初孵仔鱼畸形率、初孵仔鱼的体长和卵黄囊大小、色素沉着等(Bermudes and Ritar，1999；Klimogianni et al.，2004；Martell et al.，2005；袁伦强等，2005)。在其他因素正常的情况下，温度可以成为胚胎发育的控制因素(刘筠，1993)。不同鱼类胚胎发育的适宜水温范围，通常不会超越在自然水体中产卵季节的水温变幅。如果超出适温范围，将使孵化率降低，初孵仔鱼畸形率显著升高。例如，广东鲂(*Megalobrama hoffmanni*)受精卵发育水温 20℃时，历时 71h，孵化率仅 10%；28℃时，历时 25.5h，孵化率 83%；31℃，历时 19.5h，孵化率 45%，但孵出后不久即死亡(叶星等，1998)。鱼类需要达到一定温度后才开始发育和生长，这个温度在生态学中称为发育阈温度或生态学零度，发育阈温度是它们在正常情况下自然繁育时的水温下限。雅鲁藏布江中的 4 种裂腹鱼类胚胎发育适宜的水温为 10～15℃，孵化水温长时间高于 16℃，容易造成胚胎畸形，甚至大量死亡，水温过低不仅引起胚胎发育迟缓，延长胚胎发育时间，还容易使胚胎感染水霉病。在适温范围，适当提高孵化水温，可以有效缩短受精卵孵化时间，降低劳动强度。

仅仅温度达到阈值还不足以使胚胎完成发育和生长，因为还需要一定的时间，即需要一定的总热量，称为有效积温。4 种裂腹鱼类胚胎发育不同阶段所需要的总热量不同，器官分化阶段的有效积温占胚胎发育总有效积温的 60.02%～71.09%。而同一发育阶段不同鱼类对热量的需求亦不同，如器官分化阶段，尖裸鲤的有效积温为 1643.3h·℃，拉萨裸裂尻鱼为 2155h·℃，分别占总有效积温的 60.02%和 71.09%，表明胚胎发育对热量的需求不仅存在种间差异，还存在阶段性差异。

表 3-12 列出了其他裂腹鱼类的胚胎发育温度和时间，扁吻鱼(*Aspiorhynchus laticeps*)为 103h(水温 19～22℃)、青海湖裸鲤为 132h(水温 18～21℃)、塔里木裂腹鱼[*Schizothorax (Racoma) biddulphi*]为 101h.55min(水温 14～19℃)、四川裂腹鱼[*Schizothorax (Rocoma) kozlovi*]为 130h(水温 11.0～21.0℃)、小裂腹鱼(*Schizothorax parvus*)为 186.5h(水温 10.7～15.8℃)、祁连山裸鲤(*Gymnocypris chilianensis*)为 192h(水温 12.0℃)(王万良等，2014)、伊犁裂腹鱼(*Schizothorax pseudaksaiensis*)为 222h(水温 19～21℃)(蔡林钢等，2011)。表明在适宜的温度范围内，胚胎发育所需时间与水温呈负相关关系。

温度变化影响仔鱼的孵出。仔鱼孵出一方面依靠孵化腺分泌孵化酶，另一方面依靠自身活动性加强。温度通过影响仔鱼孵化酶的分泌及其活性而控制仔鱼的孵出。例如，金鱼在 10℃的低水温中卵发育 360h 也不能孵出，但若借助外力剥去卵膜，仔鱼可以继续发育，说明低温抑制了孵化酶的分泌和活力，也降低了仔胚的活动能力，从而使仔鱼不能正常孵出(庞诗宜，1961)。在低温环境下，仔鱼的这种延缓孵出，有助于适应不良环境。

表 3-12 裂腹鱼类早期发育特点比较

Table 3-12 Comparison of the embryonic developmental characters among Schizothoracinae fishes

发育特征 Developmental character	尖裸鲤 O. stewartii	拉萨裸裂尻鱼 S. younghusbandi	扁吻鱼 A. laticeps	青海湖裸鲤 G. przewalskii	松潘裸鲤 G. potanini	拉萨裂腹鱼 S. (R.) waltoni	异齿裂腹鱼 S. (S.) o'connori	齐口裂腹鱼 S. (S.) prenanti	塔里木裂腹鱼 S. (R.) biddulphi	小裂腹鱼 S. parvus	四川裂腹鱼 S. (R.) kozlovi
卵和胚胎阶段 Egg and embryo stage											
卵色 Egg color	黄色	金黄色	淡灰色	淡黄或黄色	金黄色	棕色	黄色	金黄或淡黄色	淡黄色	淡黄色	淡黄色
卵径 (mm) Egg diameter	2.57±0.07	2.50±0.08	1.87±0.04	1.9~2.3	2.7~2.9	2.95±0.08	2.40±0.12	2.9~3.0	1.7~1.8	平均1.9	2.0~2.85
吸水后卵径 (mm) Egg diameter after water absorption	3.22±0.07	3.54±0.07	3.37±0.03	3.9~4.1	最大4.0	4.03±0.06	3.67±0.10	最大4.2	2.7~2.8	平均3.0	3.5~3.7
肌节出现时间 Time of myonere appearance	胚孔封闭前	胚孔封闭后	胚孔封闭后	胚孔封闭后	胚孔封闭后	胚孔封闭后	胚孔封闭后	胚孔封闭后	胚孔封闭后	胚孔封闭后	胚孔封闭后
色素出现时间 Time of pigment appearance	孵化前 3d	孵化前 20h	孵化后 2d	孵化期	孵化后 1d	出膜后 1d	孵化后 1d	孵化后 1d	孵化后 1d	孵化后	孵化后 2d
胸鳍原基形成时间 Time of pectoral fin formation	孵化前 28h	孵化前 61h	孵化后	—	孵化后 3d	出膜前 24h	孵化前 24h	孵化后 2d	孵化后	孵化后	孵化后 12h
出膜方式 Hatching type	尾部破膜	尾部破膜	尾部破膜	尾部破膜	尾或头部破膜	尾部破膜	尾部破膜	尾或头部破膜	—	尾部破膜	尾部破膜
出膜时发育阶段 Developmental stage when hatching	胸鳍原基形成	眼黑色素形成	血液循环期	心脏搏动期	血液循环期	胸鳍原基形成	胸鳍原基形成	血液循环期	耳石出现	心脏搏动期	心脏搏动期
胚胎发育历时 (h.min) Total time of embryo-development	265	295	103	132	150	264	190	134	101.55	186.5	130

续表

发育特征 Developmental character	尖裸鲤 O. stewartii	拉萨裸裂尻鱼 S. younghusbandi	扁吻鱼 A. laticeps	青海湖裸鲤 G. przewalskii	松潘裸鲤 G. potamini	拉萨裂腹鱼 S. (R.) waltoni	异齿裂腹鱼 S. (S.) o'connori	齐口裂腹鱼 S. (S.) prenanti	塔里木裂腹鱼 S. (R.) biddulphi	小裂腹鱼 S. parvus	四川裂腹鱼 S. (R.) kozlovi
发育水温(℃) Developmental water temperature	9.8~11.8	9.5~11.1	19~22	18~21	9.7~23.4	10.0~12.0	12.1~13.8	10.2~23.4	14~19	10.7~15.8	11.0~21.0
仔稚鱼阶段 Laval and juvenile stage											
初孵仔鱼全长(mm) Newly hatched laval total length	10.27±0.15	10.86±0.33	7.5	9.05		10.67±0.17	9.84±0.28		7.0~8.0		7.8~8.5
初孵仔鱼肌节数 Number of mynoere of newly hatched larvae	>55	>55	34~35+ 17~18	44		>50	>50		41~44		41~43
仔鱼开始摄食时间 First feeding time of larvae	出膜后 7d	出膜后 5d	出膜后 6d	出膜后 9d		出膜后 6d	出膜后 7d		出膜后 6d		出膜后 9d
仔鱼开始摄食时全长(mm) Total length when larvae started to feed	12.99±0.19	13.00±0.43	11.60	12.40		12.08±0.30	11.19±0.13		15.00		平均 12.00
卵黄耗尽时间(d) Time when yolk exhausted	出膜后 20	出膜后 18	出膜后 6	出膜后 12		出膜后 23	出膜后 22		出膜后 6		出膜后 18
卵黄耗尽时仔鱼全长(mm) Larval total length when yolk exhausted	15.22±0.27	15.58±0.44	11.6	13.5		15.04±0.26	14.15±0.23		15.0		平均 13.8
腹鳍出现时间(d) Time of appearance of vental fin	出膜后 30	出膜后 28	出膜后 26	—		出膜后 18	出膜后 22		—		出膜后 30

续表

发育特征 Developmental character	尖裸鲤 O. stewartii	拉萨裸裂尻鱼 S. younghusbandi	扁吻鱼 A. laticeps	青海湖裸鲤 G. przewalskii	松潘裸鲤 G. potamini	拉萨裂腹鱼 S. (R.) waltoni	异齿裂腹鱼 S. (S.) o'connori	齐口裂腹鱼 S. (S.) prenanti	塔里木裂腹鱼 S. (R.) biddulphi	小裂腹鱼 S. parvus	四川裂腹鱼 S. (R.) kozlovi
腹鳍出现时全长 (mm) Total length when ventral fin appeared	17.73±0.21	17.67±0.68	21.0	—		15.27±0.32	14.15±0.23		—		平均15.7
发育水温 (℃) Developmental water temperature	11.6~16.8	10.8~17.0	19~22	18~21		11.5~17.8	13.0~17.5		14~19		16~28
数据来源 Data source	本实验	本实验	任波等(2007)	史建全等(2000)	吴青等(2001)	本实验	本实验	吴青等(2004)	张人铭等(2007)	冷云等(2006)	陈永祥和罗泉笙(1997a, 1997b)

三、仔稚鱼对环境的适应

初孵仔鱼的平均全长分别为：尖裸鲤 10.27mm、异齿裂腹鱼 9.84mm、拉萨裸裂尻鱼 10.86mm、拉萨裂腹鱼 10.67mm，其他裂腹鱼类初孵仔鱼全长分别为：扁吻鱼 7.5mm、青海湖裸鲤 9.05mm、塔里木裂腹鱼 7.0～8.0mm、四川裂腹鱼 7.8～8.5mm，均小于这 4 种裂腹鱼类初孵仔鱼的全长。初孵仔鱼较大利于仔鱼在严峻的环境下更好地建立初次摄食、逃避敌害，保证仔鱼有更大的成活率（Knutsen and Tilseth，1985）。

在仔鱼的摄食与消化系统功能完善和建立有效外源性营养之前，卵黄是仔鱼新陈代谢的能量来源，对其逃避敌害、建立外源摄食有重要意义（Chambers et al.，1989；Ojanguren et al.，1996）。4 种裂腹鱼类卵黄丰富，卵黄完全消耗殆尽的时间分别为：尖裸鲤和拉萨裂腹鱼仔鱼 23 日龄，拉萨裸裂尻鱼仔鱼 18 日龄，异齿裂腹鱼 22 日龄。4 种裂腹鱼类卵黄囊仔鱼期较长，即使在外界食物短缺的情况下，卵黄也能为仔鱼提供能量，保证仔鱼的生命活动。雅鲁藏布江地处高原，流域内生境贫瘠，源水主要为雪山融水，地表径流所带入的营养物少，与那些生活在青藏高原周边河源区的裂腹鱼类的生境相比，雅鲁藏布江裂腹鱼类自然繁育季节水温更低，为 10～12℃，河流输入性的营养更少，饵料生物更为贫乏。据 2009 年调查结果，4 种裂腹鱼类在谢通门江段的肥育场周丛生物数量极少（详见表 5-6）。雅鲁藏布江的 4 种裂腹鱼类具有比其他裂腹鱼类较大的卵黄囊，仔稚鱼在江边浅水滩分散觅食，是对雅鲁藏布江水温低、饵料生物更为贫乏的一种适应。

第四节　早期发育阶段分类检索

鱼类早期资源调查是评估鱼类补充量（recruitment），进而为研究鱼类种群动态提供依据的一个重要手段。鱼类早期资源调查过程中迅速准确鉴定种类是调查的基础。依据鱼类早期发育形态特征编制分类检索表是快速、准确地鉴定鱼卵和仔稚鱼的一个重要途径。为此，根据尖裸鲤、拉萨裸裂尻鱼、拉萨裂腹鱼和异齿裂腹鱼早期发育的生物学特点，现将其胚胎发育阶段及仔鱼发育阶段编制检索表，为以后开展更深入的鱼类早期资源调查提供参考。

受精卵的检索表

1（4）卵为黄色

2（3）成熟卵卵径/吸水膨胀后卵径为 0.80······················尖裸鲤 *O. stewartii*

3（2）成熟卵卵径/吸水膨胀后卵径为 0.65··················异齿裂腹鱼 *S.(S.) o'connori*

4（1）卵不为黄色

5（6）卵为金黄色，成熟卵卵径 2.50mm··················拉萨裸裂尻鱼 *S. younghusbandi*

6（5）卵为棕色，成熟卵卵径 2.95mm··················拉萨裂腹鱼 *S.(R.) waltoni*

胚胎发育期的检索表

1（4）耳石出现较晚，在心脏搏动期之后

2(3)卵粒颜色多为棕色，卵径较大(2.95±0.08mm)⋯⋯⋯拉萨裂腹鱼 *S.(R.) waltoni*

3(2)卵粒颜色不呈棕色，卵径较小(2.40±0.12mm)⋯⋯⋯异齿裂腹鱼 *S.(S.) o'connori*

4(1)耳石出现在耳囊期之后，尾芽形成之前

5(6)肌节出现在胚孔封闭之后，出膜前眼黑色素出现⋯⋯⋯⋯⋯⋯⋯⋯⋯拉萨裸裂尻鱼 *S. younghusbandi*

6(5)肌节出现在胚孔封闭之前，出膜前眼黑色素未出现⋯⋯⋯⋯尖裸鲤 *O. stewartii*

仔稚鱼发育阶段的检索表

1(4)鳔室出现之前背鳍开始分化

2(3)腹鳍原基形成时卵黄尚未吸收完毕⋯⋯⋯⋯⋯⋯⋯⋯⋯拉萨裂腹鱼 *S.(R.) waltoni*

3(2)腹鳍原基形成时卵黄吸收完毕⋯⋯⋯⋯⋯⋯异齿裂腹鱼 *S.(S.) o'connori*

4(1)鳔室出现之后背鳍开始分化

5(6)腹鳍位于背鳍正下方腹部⋯⋯⋯⋯⋯拉萨裸裂尻鱼 *S. younghusbandi*

6(5)腹鳍位于背鳍起点之前下方腹部⋯⋯⋯⋯⋯⋯尖裸鲤 *O. stewartii*

本 章 小 结

尖裸鲤、异齿裂腹鱼、拉萨裸裂尻鱼和拉萨裂腹鱼的成熟卵均呈圆形，卵质均匀，不含油球，无黏性；成熟卵颜色分别为黄色、黄色、金黄色和棕色；成熟卵卵径分别为 2.57±0.07mm、2.40±0.12mm、2.50±0.08mm 和 2.95±0.08mm；吸水膨胀后卵径分别为 3.22±0.07mm、3.67±0.10mm、3.54±0.07mm 和 4.03±0.06mm。

4 种裂腹鱼类的胚胎发育过程可分为受精卵、胚盘形成、卵裂、囊胚、原肠胚、神经胚、器官分化和孵化出膜 8 个阶段，每个阶段根据胚胎形态特征的变化划分若干时期。

尖裸鲤、异齿裂腹鱼、拉萨裸裂尻鱼和拉萨裂腹鱼在不同孵化水温下，胚胎发育历时分别为 265h(9.5~11.8℃)、190h(12.1~13.8℃)、295h(9.5~11.1℃)和 264h(10.0~12.0℃)，胚胎发育的有效积温分别为 2737.52~2982.63h·℃、2399.08~2488.21h·℃、3031.01~3101.84h·℃ 和 2894.51~2906.97h·℃。

初孵仔鱼的平均全长分别为，尖裸鲤 10.27mm，异齿裂腹鱼 9.84mm，拉萨裸裂尻鱼 10.86mm，拉萨裂腹鱼 10.67mm。

仔鱼开口摄食的时间尖裸鲤和异齿裂腹鱼为 7 日龄，拉萨裸裂尻鱼为 5 日龄，拉萨裂腹鱼为 6 日龄；仔鱼的混合营养期长达 18~23d。提供适宜的饵料是提高人工培育苗种成活率的重要措施之一。

4 种裂腹鱼类仔稚鱼全长随着日龄的增长而增加，全长与日龄的关系如下：尖裸鲤 $TL=9.14D^{0.184}$，异齿裂腹鱼 $TL=9.74D^{0.144}$，拉萨裸裂尻鱼 $TL=9.27D^{0.191}$，拉萨裂腹鱼 $TL=8.40D^{0.171}$。

早期发育的生物学特征反映了裂腹鱼类与高原环境的适应性进化。早期发育过程中的种间形态学差异可作为早期种类鉴别的依据。

主要参考文献

蔡林钢, 牛建功, 张北平, 等. 2011. 伊犁裂腹鱼胚胎及早期仔鱼发育的观察. 淡水渔业, 41(5): 74-79.

陈永祥, 罗泉笙. 1997a. 乌江上游四川裂腹鱼的胚胎发育. 四川动物, 16(4): 163-167.

陈永祥, 罗泉笙. 1997b. 乌江上游四川裂腹鱼幼鱼发育的观察. 贵州大学学报, 14(2): 106-109.

冷云, 徐伟毅, 刘跃天, 等. 2006. 小裂腹鱼胚胎发育的观察. 水利渔业, 26(1): 32-33.

李芳. 2009. 西藏尼洋河流域水生生物研究及水电工程对其影响的预测评价. 西安: 西北大学硕士学位论文.

刘筠. 1993. 中国养殖鱼类繁殖生理学. 北京: 农业出版社.

刘天仇. 1999. 雅鲁藏布江水文特征. 地理学报, 54(增刊): 157-164.

庞诗宜. 1961. 环境温度对金鱼胚胎发育的影响. 实验生物学报, 7: 271-278.

任波, 任慕莲, 郭焱, 等. 2007. 扁吻鱼胚胎及仔鱼发育的形态学观察. 大连水产学院学报, 22(6): 397-402.

史建全, 祁洪芳, 杨建新, 等. 2000. 青海湖裸鲤人工繁殖及鱼苗培养技术的研究. 淡水渔业, 30(2): 3-6.

庹云. 2006. 岩原鲤胚胎、胚后发育与早期器官分化的研究. 重庆: 西南大学硕士学位论文.

王瑞霞. 1982. 青鱼的原始器官原基的形成和消化系统呼吸系统的发生. 水产学报, 6(1): 77-83.

王万良, 李勤慎, 刘哲, 等. 2014. 祁连山裸鲤胚胎及仔鱼发育的观察. 甘肃农业大学学报, 49(3): 28-31.

王志坚, 张耀光, 李军林, 等. 2002. 福建纹胸鮡的胚胎发育. 上海水产大学学报, 9(3): 194-199.

吴青, 王强, 蔡礼明, 等. 2001. 松潘裸鲤的胚胎发育和胚后仔鱼发育. 西南农业大学学报, 23(3): 276-279.

吴青, 王强, 蔡礼明, 等. 2004. 齐口裂腹鱼的胚胎发育和仔鱼的发育. 大连水产学院学报, 19(3): 218-221.

武云飞, 吴翠珍. 1992. 青藏高原鱼类. 成都: 四川科学技术出版社.

谢从新. 2009. 鱼类学. 北京: 中国农业出版社.

谢小军. 1986. 南方大口鲇的胚胎发育. 西南师范大学学报(自然科学版), (3): 72-78.

叶星, 潘德博, 许淑英, 等. 1998. 水温和盐度对广东鲂胚胎发育的影响. 水产学报, (4): 321-327.

殷名称. 1991. 鱼类早期生活史研究与其进展. 水产学报, 15(4): 348-358.

殷名称. 1995a. 鱼类仔鱼期的摄食和生长. 水产学报, 19(2): 335-342.

殷名称. 1995b. 鱼类生态学. 北京: 中国农业出版社.

袁伦强, 谢小军, 曹振东, 等. 2005. 温度对瓦氏黄颡鱼胚胎发育的影响. 动物学报, 51(4): 753-757.

张人铭, 马燕武, 吐尔逊, 等. 2007. 塔里木裂腹鱼胚胎和仔鱼发育的初步观察. 水利渔业, 27(2): 27-28.

张耀光, 王德寿, 罗泉笙. 1991. 大鳍鳠的胚胎发育. 西南师范大学学报(自然科学版), 16(2): 350-355.

Balon E K. 1975. Terminology of intervals in fish development. Journal of the Fisheries Research Board of Canada, 32: 1663-1670.

Balon E K. 1986. Types of feeding in the ontogeny of fishes and the life history model. Environmental Biology of Fishes, 16(1): 11-24.

Bermudes M, Ritar A J. 1999. Effects of temperature on the embryonic development of the striped trumpeter (*Latris lineate* Bloch and Schneider, 1801). Aquaculture, 176: 245-255.

Blaxter J H S, Hmpel G. 1963. The influence of egg size on herring larvae (*Clupea harengus* L.). ICES Journal of Marine Science, 28: 211-240.

Chambers R C, Leggett W J, Brown J A. 1989. Egg size, female effects, and the correlations between early life history traits of capelin, *Mallotus villosus*: an appraisal at the individual level. Fishery Bulletin, 87(3): 515-523.

Chambers R C, Trippel E A. 1997. Early Life History and Recruitment in Fish Populations. London: Chapman & Hall: 78-81.

Choo C K, Liew H C. 2006. Morphological development and allometric growth patterns in the juvenile seahorse *Hippocampus kuda* Bleeker. Journal of Fish Biology, 69(2): 426-445.

Farris D A. 1959. Changes in the early growth rate of four larval marine fishes. Limnology and Oceanography, 4: 29-36.

Hall T E, Smith P, Johnston I A. 2004. Stages of embryonic development in the Atlantic cod *Gadus morhua*. Journal of Morphology, 259: 255-270.

Hansen T K, Falk-Petersen I B. 2001. The influence of rearing temperature on early development and growth of spotted wolffish *Anarhichas minor* (Olafsen). Aquaculture Research, 32: 369-378.

Herbing I H. 2001. Development of feeding structures in larval fish with different life histories: winter flounder and Atlantic cod. Journal of Fish Biology, 59: 767-782.

Hoda S M, Tsukahara H. 1971. Studies on the development and relative growth in the carp, *Cyprinus carpio*. Journal of the Faculty of Agriculture of Kyushu University, 16: 387-510.

Kimmel C B, Ballard W W, Kimmel S R, et al. 1995. Stages of embryonic development of the zebrafish. Developmental Dynamics, 203: 253-310.

Klimogianni A, Koumoundouros G, Kaspiris P, et al. 2004. Effect of temperature on the egg and yolk–sac larval development of common pandora, *Pagellus erythrinus*. Marine Biology, 145: 1015-1022.

Knutsen G M, Tilseth S. 1985. Growth, development, and feeding success of Atlantic cod larvae *Gadus morhua* related to egg size. Transactions of the American Fisheries Society, 114: 507-511.

Lake J S. 1967. Rearing experiments with five species of Australian freshwater fishes. II. Morphogenesis and ontogeny. Australian Journal of Marine and Freshwater Research, 18: 155-176.

Martell D J, Kieffer, J D, Trippel E A. 2005. Effects of temperature during early life history on embryonic and larval development and growth in haddock. Journal of Fish Biology, 66: 1558-1575.

Matsuura Y. 1972. Egg development of scaled sardine *Harengula pensacolae* Goode & Bean (Pisces Clupeidae). Boletim do Instituto Oceanografico, 21: 129-135.

Melby A E, Warga R M, Kimmel C B. 1996. Specification of cell fates at the dorsal margin of the zebrafish gastrula. Development, 122: 2225-2237.

Ojanguren A F, Reyes-Gavilán F G, Braña F. 1996. Effect of egg size on offspring development and fitness in brown trout, *Salmo trutta* L. Aquaculture, 147: 9-20.

Osse J W M, van den Boogaart J G M, van Snik G M J. 1997. Priorities during early growth of fish larvae. Aquaculture, 155 (1-4): 249-258.

Rodriguez A, Gisbert E. 2002. Eye development and the role of vision during Siberian sturgeon early ontogeny. Journal of Applied Ichthyology, 18: 280-285.

Snik G M J, Boogaart J G M, Osse J W M. 1997. Larval growth patterns in *Cyprinus carpio* and *Clarias gariepinus* with attention to the finfold. Journal of Fish Biology, 50 (6): 1339-1352.

Yin M C, Blaxter J H S. 1987. Temperature, salinity tolerance, and buoyancy during early development and starvation of Clyde and North Sea herring, cod and flounder larvae. Journal of Experimental Marine Biology and Ecology, 107: 279-290.

第四章　种群的年龄结构与生长特性

准确的年龄和生长数据是研究鱼类生物学和分析、评价鱼类种群数量变动的前提。鱼类种群的年龄结构、初次性成熟年龄、生长率和死亡率等鱼类种群统计学参数与年龄直接相关，年龄的鉴定结果将直接影响鱼类种群资源评估和养护措施的准确性（Beamish and McFarlane，1983；Campana and Thorrold，2001）。雅鲁藏布江独特的水域生态环境必然导致栖息于此的鱼类在年龄结构和生长特性上表现出与其他地区鱼类不同的生物学特点。本章研究雅鲁藏布江中游 6 种裂腹鱼类年龄鉴定材料的年轮特征及出现规律、种群的年龄和生长特性，为高原鱼类资源的合理保护和有效利用提供科学依据。

第一节　年　　龄

鱼类的许多钙化组织均可用于年龄鉴定，但大量实践表明，不同钙化组织的年龄鉴定效果可能不一样。如果能够确定某种材料是该鱼的最佳年龄鉴定材料，自然可直接采集该材料鉴定年龄。对那些尚不能确定最佳年龄鉴定材料的鱼类，为了获得最好的年龄鉴定效果，对年龄材料进行比较，从中选择最合适的年龄鉴定材料是必要的（Polat et al.，2001）。为此选择了取材较为容易的脊椎骨（vertebra）、鳃盖骨（opercular bone）和认为年龄鉴定结果较为准确的耳石（otolith）这 3 种材料，通过比较它们的年轮清晰度和年龄鉴定的准确率，期望从中选择一种较为理想的年龄鉴定材料。

一、年龄鉴定材料

（一）耳石

与其他鱼类一样，雅鲁藏布江的 6 种裂腹鱼类均具有 3 对耳石，分别为矢耳石（sagitta）、星耳石（asteriscus）和微耳石（lapillus）（图版Ⅳ-1）。矢耳石薄而脆，容易断裂，一端细长呈针状；星耳石是 3 对耳石中最大的一对，呈星芒状，薄而透明，易碎，轮纹模糊；微耳石为不规则的椭圆球形，长轴生长快速，较薄，短轴生长缓慢，较厚，有簇状结晶，大小介于星耳石和矢耳石之间。

幼鱼微耳石具有一个卵圆形生长中心（中心核 nucleus），其内可见一个或多个原基（primordial）（图版Ⅳ-2）。生长中心外围深黑色的环带通常被认为是孵化标记轮（hatch check）（图版Ⅳ-2）。透射光下，生长中心外围具有明带（日生长增长带，translucent zone）和暗带（日生长阻断带，opaque zone）相间排列的环带，共同构成一个日轮（图版Ⅳ-3）。日轮宽度由孵化标记轮向耳石边缘逐渐变窄，如异齿裂腹鱼的日轮宽度由近孵化标记轮处的 6.57μm 逐渐变窄到耳石边缘 0.72μm；尖裸鲤则由近孵化标记轮处的 4.6μm 逐渐变窄到耳石边缘 0.5μm。

成鱼的微耳石磨片在透射光下可见围绕耳石生长中心呈环状排列的轮纹（图版IV-4），每个轮纹由位于内侧较宽的明带和位于外层较窄的暗带组成，分别对应鱼的快速生长期和慢速生长期，明带和暗带共同构成一个生长年带（年轮），代表鱼类在一年中生长。相邻两个生长年带的分界处即为年轮标志。6种鱼微耳石磨片上的年轮特征见图版IV-5。

（二）脊椎骨

脊椎骨为前后端双凹型，脊椎骨椎体凹面呈现出同心圆排列的环纹，即宽带和窄带相间排列的年轮。脊椎骨中心有一个小孔，小孔的周围往往透明，无轮纹或有模糊的纤细轮纹，较难确定起始轮。椎体凹面外缘与其他椎体连接处有较厚的结缔组织，难以清除，给确定边缘的年轮带来了困难。虽然椎体凹面中间部位的年轮比较清楚，但因难以确定起始轮和边缘轮，年轮计数时容易产生误差。与耳石年轮宽度变化规律相似，脊椎骨的年轮宽度随着年龄的增加而变窄（图版IV-1）。

（三）鳃盖骨

鳃盖骨为不规则的四边形，基部（关节突）较厚，向边缘逐渐变薄。在透射光下，鳃盖骨上亦呈现出宽带和窄带相间平行排列的弧形带（环）纹，内侧宽带和外侧窄带构成一个生长年带。低龄个体鳃盖骨较薄，轮纹排列稀疏，间隔大，轮纹较易分辨；高龄个体，由于鳃盖骨基部较厚，不清晰，通常容易将早期年轮标志遮盖（图版IV-1），造成对年龄的低估。

二、判别能力

判别能力（interpretability）即年龄鉴定材料的可利用性。不同年龄鉴定材料的清晰度存在差异，通过比较不同材料，从中找到最佳年龄鉴定材料是准确鉴定年龄的必要步骤。为此，需通过年龄鉴定材料上年轮的清晰度、两次年龄读数吻合率和不同材料年龄读数吻合率对比不同材料鉴定年龄的差异进行分析。

（一）年轮清晰度

对不同年龄材料的年轮清晰度按照5个等级进行评分：1表示非常好；2表示好；3表示一般；4表示很差；5表示难以辨认（Paul and Horn，2009），评价结果见表4-1。

异齿裂腹鱼微耳石年轮清晰度，被评为"非常好"和"好"的微耳石占83.8%，而脊椎骨和鳃盖骨分别为67.4%和49.5%；拉萨裂腹鱼微耳石年轮清晰度，被评为"非常好"和"好"的微耳石占总数的63%以上。其次是脊椎骨，被评为"非常好"和"好"的占总数的60%以上，鳃盖骨最差，被评为"非常好"和"好"的比例不足50%；双须叶须鱼微耳石年轮清晰度，被评为"好"和"非常好"比例达70%以上，高于脊椎骨；尖裸鲤微耳石年轮清晰度，被评为"非常好"和"好"的比例高于脊椎骨，而被评为"一般"和"很差"的比例较脊椎骨少。

表 4-1　三种年龄材料的清晰度评分

Table 4-1　Distribution of readability scores for three age materials

年龄材料 Age materials	清晰度评分比例 Proportion of readability scores（%）				
	1	2	3	4	5
异齿裂腹鱼 *S.(S.) o'connori*					
微耳石 Lapillus	5.0	78.8	13.3	1.4	1.5
脊椎骨 Vertebra	2.4	65.0	21.7	9.7	1.2
鳃盖骨 Opercular bone	1.2	48.3	28.5	19.6	2.4
拉萨裂腹鱼 *S.(R.) waltoni*					
微耳石 Lapillus	14.3	48.9	32.0	4.5	0.4
脊椎骨 Vertebra	10.5	49.6	33.1	6.4	0.4
鳃盖骨 Opercular bone	8.6	37.2	38.3	15.0	0.8
尖裸鲤 *O. stewartii*					
微耳石 Lapillus	17.0	38.9	38.9	4.1	1.1
脊椎骨 Vertebra	3.8	44.4	45.0	6.0	0.8
双须叶须鱼 *P. dipogon*					
微耳石 Lapillus	32.8	38.4	21.0	7.4	0.4
脊椎骨 Vertebra	11.4	49.8	24.9	13.5	0.4

对几种裂腹鱼类 3 种年龄鉴定材料的评判表明，年轮清晰度均以微耳石最好，脊椎骨次之，鳃盖骨最差。从年轮清晰度来看，微耳石更为适合鉴定裂腹鱼类的年龄。在 6 种鱼类的微耳石样本鉴定年龄的成功率达 98.6%～94.9%，证明了微耳石在年龄鉴定中的有效性。

（二）两次年龄鉴定的吻合性

两次鉴定吻合性是指两个观察者或同一观察者在至少间隔 20d 后，分别对同一份材料进行鉴定，两次鉴定结果的吻合程度。用平均百分比误差（index of average percentage error，*IAPE*）表示，*IAPE* 越小，吻合性越高。5 种鱼类两次年龄鉴定结果的吻合性见表 4-2。

表 4-2　三种年龄材料两次鉴定的平均百分比误差（%）

Table 4-2　The index of average percentage error between two readings for three age materials（%）

年龄材料 Age materials	异齿裂腹鱼 *S.(S.) o'connori*	拉萨裂腹鱼 *S.(R.) waltoni*	拉萨裸裂尻鱼 *S. younghusbandi*	尖裸鲤 *O. stewartii*	双须叶须鱼 *P. dipogon*	平均 Mean
微耳石 Lapillus	2.58	1.24	1.81	9.04	1.43	3.22
脊椎骨 Vertebra	5.13	5.01	6.54	15.80	4.28	7.56
鳃盖骨 Opercular bone	7.92	2.60				5.26

从表 4-2 可看出，3 种材料的 *IAPE* 均以微耳石最小，脊椎骨和鳃盖骨的 *IAPE* 值较大，表明微耳石的年龄鉴定结果具有较高的重复性。拉萨裂腹鱼和双须叶须鱼的 *IAPE*

值较小，而尖裸鲤微耳石和脊椎骨的 *IAPE* 值较大，分别为 9.04% 和 15.80%；异齿裂腹鱼鳃盖骨的 *IAPE* 值较大，拉萨裂腹鱼则是脊椎骨的 *IAPE* 值较大，显示了不同鱼类年龄鉴定材料清晰度的差异。

对不同年龄鉴定材料两次鉴定结果的进一步分析表明（图 4-1），随着鱼类年龄的增大，3 种材料两次年龄鉴定结果的误差逐渐增大，说明随着鱼类年龄的增长，3 种年龄鉴定材料的精确性变低。

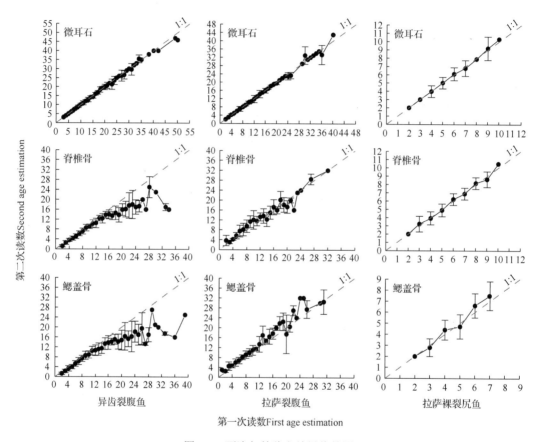

图 4-1　两次年龄鉴定结果偏差图

Fig. 4-1　Age bias plots for pairwise age comparisons between reads by two readers

1：1 虚线表示两次鉴定结果完全一致，dash dot lines indicate 1：1 equivalence

(三)不同材料年龄鉴定差异

统计分析了不同材料鉴定年龄的 *IAPE*、样本最大年龄和平均年龄（表 4-3）。

异齿裂腹鱼脊椎骨和微耳石年龄鉴定结果的 *IAPE* 为 9.3%，鳃盖骨和微耳石为 11.4%。拉萨裂腹鱼脊椎骨和微耳石年龄鉴定结果的 *IAPE* 为 25.3%，鳃盖骨和微耳石为 23.4%。

表 4-3　3 种年龄材料的平均年龄、最大年龄和平均百分比误差

Table 4-3　Average age, maximum age and *IAPE* from age estimations of three age materials

年龄材料 Age materials	异齿裂腹鱼 S. (S.) o'connori	拉萨裂腹鱼 S. (R.) waltoni	拉萨裸裂尻鱼 S. younghusbandi	尖裸鲤 O. stewartii	双须叶须鱼 P. dipogon
样本数 n	414	266	135	352	229
平均年龄 Average age					
微耳石 Lapillus	11.66 ± 7.86^a	12.70 ± 7.06^a	12.70 ± 7.06^a	7.63 ± 3.90^a	4.84 ± 1.71
脊椎骨 Vertebra	10.38 ± 6.41^b	11.53 ± 5.16^b	11.53 ± 5.16^b	6.38 ± 3.68^b	4.94 ± 1.83
鳃盖骨 Opercular bone	10.26 ± 6.74^b	10.83 ± 5.59^b	10.83 ± 5.59^b		
最大年龄 Maximum age					
微耳石 Lapillus	50	40	13	24	14
脊椎骨 Vertebra	34	32	9	20	13
鳃盖骨 Opercular bone	39	39	7		
IAPE (%)					
微耳石/脊椎骨 Lapillus/Vertebra	9.3	25.3	10.3		
微耳石/鳃盖骨 Lapillus/ Opercular bone	11.4	23.4	18.4		

注 Note: 上标相同表示不同年龄材料鉴定的结果在统计上不具有显著性差异, 上标不同则表示具有显著性差异 The same superscript represented that no significant differences were statistically observed among age estimations, but the different superscript represented that significant differences were statistically observed

　　异齿裂腹鱼、拉萨裂腹鱼和拉萨裸裂尻鱼微耳石平均年龄显著大于脊椎骨和鳃盖骨鉴定平均年龄 (t 检验, $P<0.05$), 而脊椎骨和鳃盖骨之间则无显著性差异 (t 检验, $P>0.05$)。尖裸鲤微耳石平均年龄显著大于脊椎骨平均年龄 (t 检验, $P<0.001$)。样本主要由低龄鱼组成的双须叶须鱼, 微耳石平均年龄与脊椎骨平均年龄无显著性差异 (t 检验, $P>0.05$)。

　　异齿裂腹鱼微耳石鉴定的最大年龄为 50 龄, 而脊椎骨和鳃盖骨鉴定的最大年龄分别相差 16 龄和 11 龄, 这种差异比想象的要大得多; 拉萨裂腹鱼微耳石鉴定的最大年龄为 40 龄, 较鳃盖骨鉴定的最大年龄大 1 龄, 但较脊椎骨鉴定的最大年龄大 8 龄; 尖裸鲤微耳石鉴定的最大年龄为 24 龄, 较脊椎骨鉴定的最大年龄大 4 龄; 拉萨裸裂尻鱼微耳石鉴定的最大年龄为 13 龄, 较脊椎骨和鳃盖骨鉴定的最大年龄分别大 4 龄和 6 龄; 双须叶须鱼微耳石和脊椎骨鉴定的最大年龄分别为 14 龄和 13 龄, 差异最小, 仅相差 1 龄。由此可见, 不同材料的年龄鉴定能力存在差异是一种普遍现象, 而差异大小与种类和鉴定对象的年龄结构密切相关。

　　图 4-2 较为直观地反映了上述差异在不同年龄段的变化。图中虚线为微耳石鉴定的年龄结果, 如脊椎骨和鳃盖骨鉴定的年龄与微耳石鉴定的年龄一致, 其坐标点与该虚线重合, 坐标点高于该虚线表明所鉴定的年龄高于微耳石鉴定的年龄, 低于该虚线表示低于微耳石鉴定的年龄。从图 4-2 可以看出, 低龄鱼由脊椎骨和鳃盖骨鉴定的年龄较接近该虚线; 高龄鱼脊椎骨和鳃盖骨鉴定的年龄, 除个别年龄高于该虚线外, 多数年龄都低于该虚线。且随着年龄的增大, 离散幅度随之增大。这就较好地解释了双须叶须鱼微耳石和脊椎骨的平均年龄无差异的原因。

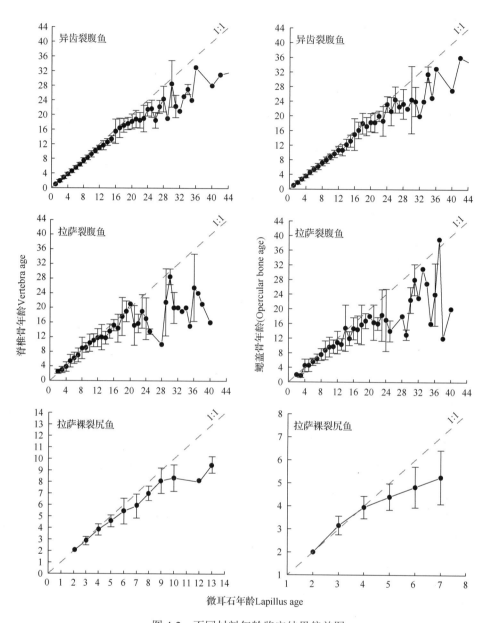

图 4-2　不同材料年龄鉴定结果偏差图

Fig. 4-2　Age bias plots for pairwise age comparisons among lapillus, vertebra and opercular bone

1∶1 虚线表示两次鉴定结果完全一致，dash dot lines indicate 1∶1 equivalence

　　年龄影响鉴定效果的一个典型例子见图版Ⅳ-4，异齿裂腹鱼体长 244mm 和体长 402mm 的个体，微耳石、脊椎骨和鳃盖骨鉴定的年龄是一致的，分别为 5 龄和 13 龄；体长 479mm 的个体，微耳石鉴定的年龄为 50 龄，脊椎骨和鳃盖骨鉴定的年龄分别为 34 龄和 39 龄。这些结果表明，3 种材料鉴定年龄的误差随着鱼类年龄的增大而增大，耳石鉴定的年龄在总体上要高于脊椎骨和鳃盖骨鉴定的年龄，具有较高的准确性。

　　理论上，鱼类的许多钙化组织都可以用来鉴定年龄，但并非每种钙化组织都可以获得最好的鉴定效果,寻找最佳年龄鉴定材料成为鱼类生物学研究工作的内容之一。鳞片、耳石、脊椎骨和鳃盖骨被广泛用来鉴定鱼类年龄(叶富良,1986;谢小军,1986;姜志强和秦克静,1996;陈昆慈等,1999;陈毅峰,2002a,2002b;陈军等,2003;Brown and Gruber,1988;Casselman,1990;Vilizzi and Walker,1999;Polat et al.,2001;Alves et al.,2002;Khan M A and Khan S,2009)。除了上述广泛使用的材料外,利用其他钙化组织,如支鳍骨(叶富良等,1994;张健东,2002)、复合神经棘(马骏,1991)、舌骨(杨明生,1997)和匙骨(Casselman,1990)也获得了好的年龄鉴定效果。由于遗传差异和生活环境不同,鱼类的生长呈现不同的特点,年龄材料上的年龄表达特征各异,因此不同钙化组织对鱼类年龄的鉴定能力具有种间差异性,需要对不同的钙化组织进行对比,从而选择最合适的年龄鉴定材料(Polat et al.,2001)。

　　采用耳石、脊椎骨和鳃盖骨分别鉴定6种裂腹鱼类年龄的结果表明,耳石在清晰度、精确性和准确性上都要高于脊椎骨和鳃盖骨,因此耳石是鉴定裂腹鱼类年龄的最佳材料。脊椎骨和鳃盖骨低估高龄鱼年龄的原因,一是与年龄鉴定材料的生长方式相关,耳石轮纹一旦形成便保持不变,即使在遭遇不良环境条件时也不会被吸收,成为生活史事件的永久记录形式(宋昭彬和曹文宣,2001),耳石以连续的和与外界环境相对独立的方式生长,鱼类进入高龄期时仍能保持较快的生长,从而使其能真实地记录下鱼类的周期性季节生长(Casselman,1990;Phelps et al.,2007;Gunn et al.,2008),虽然微耳石两侧面呈弧形外凸,并不利于年龄鉴定,但经双面打磨,形成薄的耳石磨片后即可获得好的鉴定效果。脊椎骨和鳃盖骨在高龄鱼中可能存在重吸收现象,造成年轮的缺失或重叠,从而导致低估年龄。二是与年龄鉴定材料的形态特征有关,脊椎骨为双凹型,椎体前后面均向内凹,呈漏斗状,中央有小孔,小孔周围组织结构模糊,直接影响对第一个年轮的识别。椎体凹面外缘被厚的结缔组织覆盖,如结缔组织去除不净或者过度腐蚀,都将造成图像模糊,从而干扰对边缘轮纹的判读,引起年龄鉴定误差。裂腹鱼类的鳃盖骨呈弧形,关节突处较厚,不利于打磨,增加了早期年轮识别的难度。

三、年轮确认

(一)首轮确认

　　准确地确认首轮是估算鱼类年龄的重要前提,错误地定义首轮将导致年龄鉴定的偏差。对于具有清晰耳石微结构的鱼类,日轮计数常被用于耳石首轮位置确认(Waldron 1994;Lehodey and Grandperrin 1996;Campana,2001)。

　　2009年1月4日采集7尾异齿裂腹鱼幼鱼,体长为33~44mm;2009年1月4日和2月23日分别采集5尾和1尾尖裸鲤幼鱼,体长为45~63mm。异齿裂腹鱼和尖裸鲤的日轮数分别为130~168(149±14)和178~202(195±9);异齿裂腹鱼当年幼鱼耳石的日轮宽度由核心区的6.57μm逐渐下降至耳石边缘的0.72μm;尖裸鲤则由4.6μm逐渐下降至0.5μm。尖裸鲤和异齿裂腹鱼年轮形成于3~5月,按照捕捞日期推算,上述幼鱼的日轮数应为240~300,而实际观测到的日轮数显著少于该数值。Jia和Chen(2009)及Li等(2009)曾报道,尖裸鲤和双须叶须鱼耳石样本首轮内的日轮数分别为121~184和137~154,可以认为，实际日轮数少于日龄和日轮宽度在低温的冬季变窄是一种普遍现象。

正常环境条件下，鱼类耳石每天形成一个日轮(向德超等，1997；解玉浩和李勃，1999；杨帆和彭文辉，2001；史方等，2006)，但外界环境因子会对鱼类耳石日轮形成产生影响。通常认为光周期(photoperiod)、温度和营养等是影响鱼类耳石日轮形成的环境因素。光周期通过调节血浆钙含量影响耳石生长。正常光周期下，耳石日轮一天形成一个，而缩短光周期后，日轮的沉积率会增加(李诚华和沙学坤，1993；Alhosssaini and Pitecher，1988；Taubert and Coble，1977)。低温可能导致鱼类耳石日轮沉积停止，水温低于 10℃时，部分鱼类耳石日轮沉积停止(Taubert and Coble，1977)，在水温低于 5℃时，钝吻黄盖鲽(*Pseudopleuronectes yokohamae*) 的耳石即使在扫描电镜下也未观察到日轮的形成(Maria，1998)。在持续不变的温度条件下，日轮的分界线不明显，而昼夜温度波动则促成此分界线的形成(Alhossaini and Pitecher，1988；Campana，1984a)，Campana 和Neilson(1985)认为温度波动导致亚日轮的形成。还有学者认为，水温等因素可能导致鱼类耳石日轮宽度的差异性(Marshall and Parker，1982；Neilson and Geen，1982；Campana，1984b)。短期饥饿会使得耳石日轮沉积率下降，即使恢复正常摄食，日轮沉积率也仍然无法恢复正常(Tzeng and Yu，1992)。

雅鲁藏布江水温自 10 月中旬至次年 3 月低于 5℃(图 4-3)。冬季低温和食物匮乏导致日轮沉积停止及日轮轮距非常狭窄，在光学显微镜下很难分辨(Campana et al.，1987)，这是观察到的日轮数少于理论日轮数的主要原因。

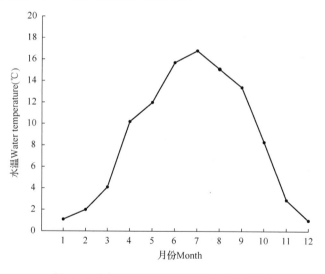

图 4-3　雅鲁藏布江日喀则江段月平均水温

Fig. 4-3　Monthly mean water temperature of Shigatse section of the Yarlung Zangbo River

此外，异齿裂腹鱼和尖裸鲤耳石半径均值分别为 215.24±13.98μm 和 669.97±71.29μm。上述幼鱼耳石磨片上均未观察到年轮。异齿裂腹鱼和尖裸鲤假设的首轮轮径均值分别为 226.44±24.57μm 和 676.04±64.61μm，上述幼鱼耳石平均半径略小于假设首轮的平均轮径，因此可以确认上述幼鱼为当年幼鱼，异齿裂腹鱼和尖裸鲤耳石上假设首轮为第一个年轮。

(二)年轮形成时期

钙化组织上的环纹由环纹排列紧密的窄带转变为环纹排列较为稀疏的宽带意味着鱼类开始新一年的生长，当新的生长年带开始出现时，耳石的边缘增长率最低。因此，可以利用耳石边缘增长率(*MIR*)以及脊椎骨和鳃盖骨边缘型(*ETA*)判断不同钙化组织的年轮形成时期。

6 种鱼类的耳石边缘增长率均呈现单峰单谷的周年变化型式(图 4-4)。即从 1 月或 2 月开始下降，在 4 月或 5 月达到最小值，此后逐渐上升，在 1 月或 2 月达到峰值。表明耳石每年形成一个年轮，年轮形成时间在 3～5 月。

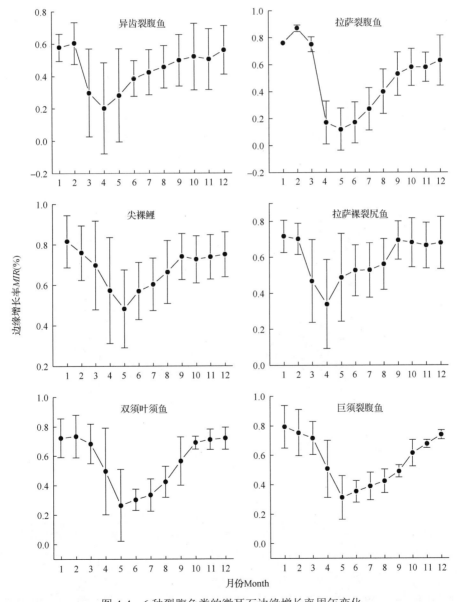

图 4-4　6 种裂腹鱼类的微耳石边缘增长率周年变化

Fig.4-4　Mean monthly *MIR* of lapillus for six Schizothoracinae fishes

　　异齿裂腹鱼脊椎骨和鳃盖骨边缘宽带比例，自 3 月开始逐月下降，6 月达到最低，7 月开始逐渐上升，11 月至次年 2 月保持较高值(图 4-5)。在尖裸鲤脊椎骨和拉萨裸裂尻鱼的脊椎骨和鳃盖骨上观察到同样的变化。脊椎骨和鳃盖骨边缘从窄带转变为宽带的时间出现在每年的 3～5 月。表明裂腹鱼类的脊椎骨和鳃盖骨的年轮，同耳石年轮一样，每年形成一次，形成时间为每年的 3～5 月。

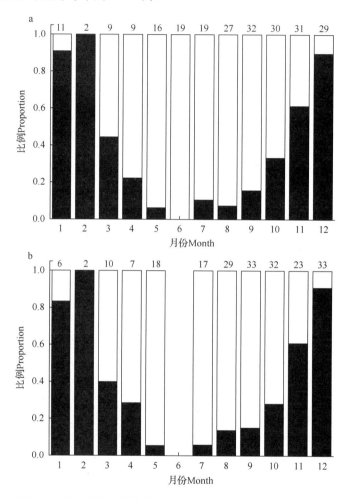

图 4-5　异齿裂腹鱼脊椎骨(a)和鳃盖骨(b)的边缘型周年变化

Fig. 4-5　The monthly proportion of vertebra (a) and opercularbone (b) with opaque and translucent margin zone for *S. (S.) o'connori*

■示宽边缘带 indicates opaque margin zone，□示窄边缘带 indicates translucent margin zone，
条柱上的数字为样本数，Numbers above bars indicate the number of samples

　　通过对耳石、鳃盖骨和脊椎骨这 3 种年龄材料的观测，发现它们的边缘增长率与边缘类型比例在一年中均呈现出单峰单谷型的周期性变化，表明 3 种钙化组织上的年轮形成规律基本一致，即每年形成一个年轮，形成时间集中于 3～5 月。

　　Beckman 和 Wilson (1995)通过对 36 科 94 种鱼类耳石研究总结分析，发现耳石明带和暗带的形成可能与水温和繁殖活动相关。一些学者认为温度、摄食策略及繁殖特性等因素可能影响年轮的形成(Beckman and Wilson 1995；Morales-Nin，2000；Tserpes and Tsimenides，2001；Grandcourt et al.，2006)。关于年轮形成机制，需要了解水温的季节性变化与食物生物丰度和鱼类生长、繁殖等生命活动的关联性。首先，雅鲁藏布江日喀则江段 2 月平均水温约为 2℃，随后 6 月平均水温逐渐上升到 15.7℃(图 4-3)。鱼类的生长随着水温的变化出现季节性的变化：初春，随着水温的上升，食物生物逐渐丰富，鱼类摄取的食物增加，生长速度增快，在钙化组织上形成较宽的环纹；冬季，随着水温下降，生长缓慢或停止生长时，在钙化组织上则形成较窄的环纹。头一年冬季形成的窄轮纹与次年春夏季形成的宽轮纹即为年轮标志。已有研究证明，尖裸鲤、拉萨裂腹鱼和双须叶须鱼耳石轮纹的季节性变化与水温相关(Jia and Chen，2009；Qiu and Chen，2009；Li et al.，2009)。其他鱼类中存在与上述相似的影响(Morales-Nin and Ralston 1990；Mann and Buxton 1997；Pajuelo et al.，2003；Bustos et al.，2009)。另外，雅鲁藏布江地处高寒地区，水温低，适宜鱼类生长和繁殖的时间短，当早春水温开始上升时，鱼类便开始繁殖，尽可能为幼鱼的生长肥育争取时间，在冬季水温下降前尽可能长到一定规格，达到一定肥满度，使幼鱼有足够的营养和能量，能够顺利度过漫长的冬季。何德奎等(2001)报道，生活在藏北羌塘高原色林错中的色林错裸鲤，其成熟个体具有繁殖间隔现象，显然不管成熟的鱼类是否参与繁殖活动，每年都会形成年轮。年轮形成时间正值水温上升期，是鱼类由慢速或停止生长转为快速生长时期。由于环境中鱼类食物丰歉及鱼类摄食、生长和繁殖等生命活动均与水温上升密切相关，可以认为水温是促成年轮形成的关键因素。

第二节　渔获物结构

一、体长分布

(一)异齿裂腹鱼

异齿裂腹鱼渔获物的体长分布见图 4-6。1126 尾样本的体长分布为 33～562mm，体长 300～480mm 的个体占总数的 59.06%。雌鱼 512 尾，体长为 177～562mm；雄鱼 428 尾，体长为 178～460mm；性别未辨个体 186 尾，体长为 33～309mm。雌雄间体长分布差异显著，小个体的雄鱼显著多于雌鱼(Kolmogorov-Smirnov 检验，$P<0.05$)。

(二)拉萨裂腹鱼

拉萨裂腹鱼渔获物的体长分布见图 4-7。1118 尾样本的体长为 41～642mm，体长 100～400mm 的个体占群体总数的 88%。雌鱼 448 尾，体长为 151～642mm；雄鱼 377 尾，体长为 176～499mm；性别未辨个体 293 尾，体长为 41～303mm。雌雄间体长分布差异显著，小个体的雄鱼显著多于雌鱼(Kolmogorov-Smirnov 检验，$P<0.05$)。

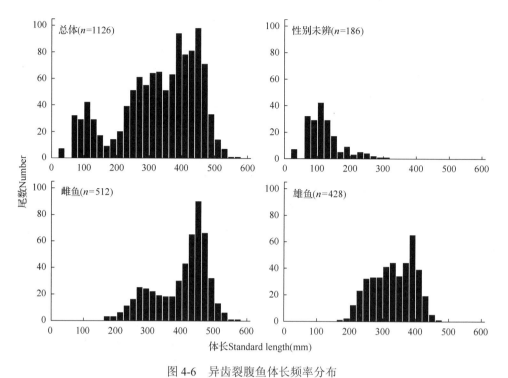

图 4-6　异齿裂腹鱼体长频率分布

Fig. 4-6　Distributions of the standard length frequency of *S.* (*S.*) *o'connori*

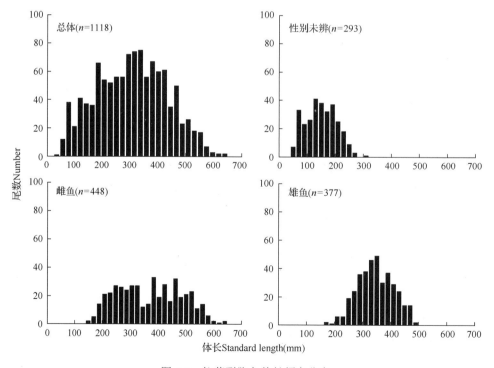

图 4-7　拉萨裂腹鱼体长频率分布

Fig.4-7　Distributions of the standard length frequency of *S.* (*R.*) *waltoni*

（三）尖裸鲤

尖裸鲤渔获物的体长分布见图 4-8。712 尾样本的体长为 116～587mm，体长 100～450mm 的个体占总体的 87.5%。雌鱼 373 尾，体长为 116～587mm；雄鱼 206 尾，体长为 167～455mm；133 尾性别未辨，体长为 45～260mm。雌雄体长分布存在显著性差异，小个体的雄鱼显著多于雌鱼（Kolmogorov-Smirnov 检验，$P<0.001$）。

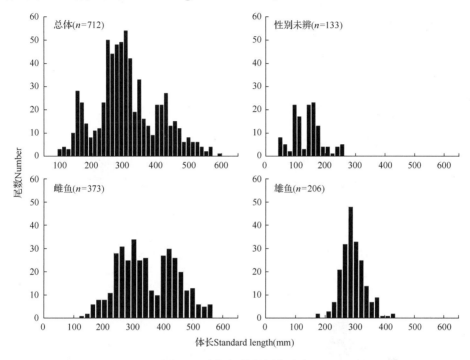

图 4-8　尖裸鲤体长频率分布

Fig. 4-8　Distributions of the standard length frequency of *O. stewartii*

（四）拉萨裸裂尻鱼

拉萨裸裂尻鱼渔获物的体长分布见图 4-9。688 尾样本的体长为 74～423mm，体长 150～350mm 的个体占 66.7%。雌性 442 尾，体长 74～423mm；雄性 164 尾，体长 78～337mm；性别未辨 82 尾，体长 26～251mm。雌雄体长分布存在显著性差异，小个体的雄鱼显著多于雌鱼（Kolmogorov-Smirnov 检验，$P<0.05$）。

（五）双须叶须鱼

双须叶须鱼渔获物的体长分布见图 4-10。956 尾样本的体长为 78～569mm，体长 200～380mm 的个体占 79.2%。雌鱼 455 尾，体长为 146～569mm；体长 220～380mm 的个体占 80.2%；雄鱼 303 尾，体长为 167～506mm，体长 240～360mm 的个体占雄鱼样本的 87.5%；性别未辨 198 尾，体长 78～297mm。雌雄体长分布存在显著性差异，小个体的雄鱼显著多于雌鱼（Kolmogorov-Smirnov 检验，$P<0.05$）。

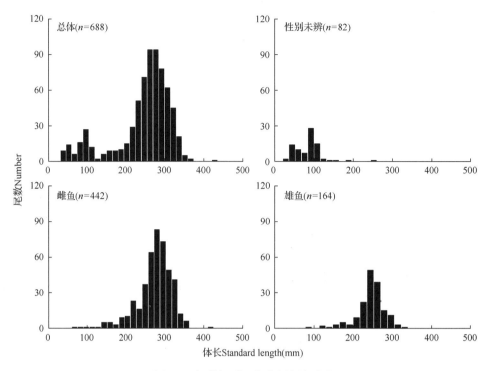

图 4-9　拉萨裸裂尻鱼体长频率分布

Fig. 4-9　Distributions of the standard length frequency of *S. younghusbandi*

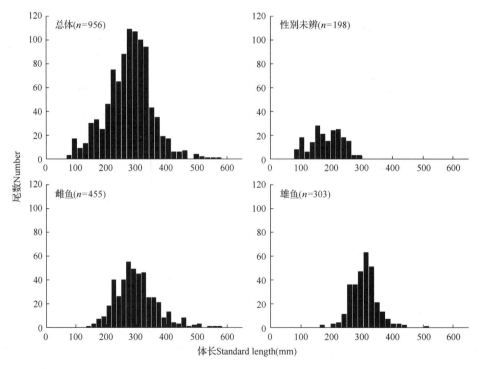

图 4-10　双须叶须鱼体长频率分布

Fig. 4-10　Distributions of the standard length frequency of *P. dipogon*

（六）巨须裂腹鱼

巨须裂腹鱼渔获物的体长分布如图 4-11 所示。群体体长为 78.0～474.0mm，均值为 292.6±82.3mm。其中优势体长组集中在 150.0～420.0mm，占群体总数的 91.7%。

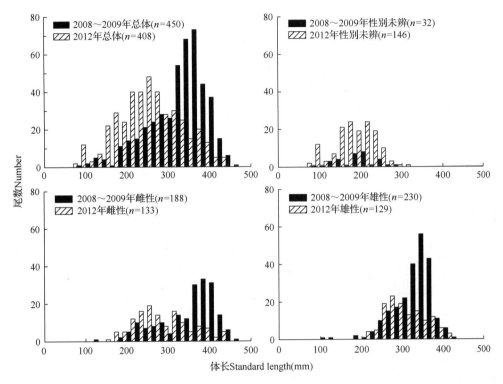

图 4-11　巨须裂腹鱼体长频数分布

Fig. 4-11　Distributions of the standard length frequency of *S.* (*R.*) *macropogon*

2008～2009 年渔获物 450 尾，体长为 98.0～474.0mm，体长 210～420mm 的个体占 87%。体长在 210mm 以下和 420mm 以上的样本分别占样本的 8%和 5%。2012 年渔获物 408 尾，体长为 78.0～438.0mm。其中体长组 150～390mm 的个体占 88%。体长在 150mm 以下和 390mm 以上的样本均占 12%。

2008～2009 年渔获物体长与 2012 年渔获物体长差异显著（Kolmogorov-Smirnov 检验，$P<0.05$），2008～2009 年样本平均体长显著大于 2012 年样本平均体长，与 2008～2009 年样本比较，2012 年渔获样本中优势体长组在整个样本中所占比重基本相同，但其体长分布范围偏小约 30mm。

渔获物的体长分布有助于了解现行的捕捞网具网目大小是否合理。6 种鱼类的渔获物中，雄的体长均显著小于雌鱼（Kolmogorov-Smirnov 检验，$P<0.05$），而 50%性成熟年龄和拐点年龄相应体长以下个体在渔获物中的比例均较大，表明现行的渔具渔法对种群的补充群体破坏严重。应对现行主要渔具刺网网目进行调整。在调整网目时，既要考虑不同鱼类个体大小的种间差异，又要考虑雄鱼个体偏小等因素，避免造成某些种群遭

受过大捕捞压力，过多雄鱼被捕捞，造成雌雄比例失调。

二、年龄结构

(一)异齿裂腹鱼

用于渔获物分析的有效样本 1089 尾。其中雌鱼 493 尾，雄鱼 416 尾，性别无法辨认的个体 180 尾，占总尾数的 16.53%。

渔获物的最小年龄为 2 龄，最大年龄为 50 龄，大于 28 龄的个体较少(图 4-12)，群体平均年龄 11.33 龄。雌鱼最大年龄为 50 龄(体长 480mm)，平均年龄 14.88 龄；雄鱼的最大年龄为 40 龄(体长 422mm)，平均年龄 10.88 龄。雌雄间年龄组成差异显著(Mann-Whitney U 检验，$P < 0.05$)。

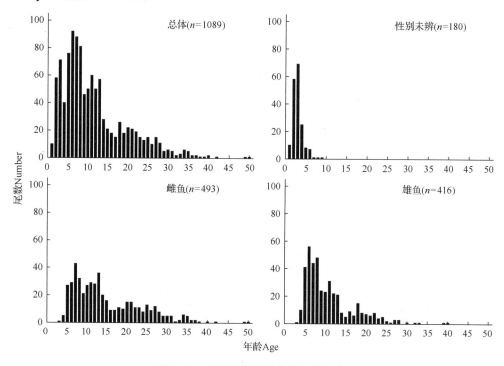

图 4-12　异齿裂腹鱼渔获物年龄组成

Fig. 4-12　Age composition of *S.(S.)o'connori*

(二)拉萨裂腹鱼

用于渔获物分析的有效样本 1061 尾。其中雌鱼 430 尾，雄鱼 363 尾，性别无法辨认的个体 268 尾，占总尾数的 25.26%。

渔获物的最小年龄 4 龄，最大年龄 40 龄。大于 20 龄的个体较少(图 4-13)，平均年龄 9.98 龄。雌鱼的年龄为 4～40 龄，平均年龄 17.78 龄；雄鱼的年龄为 4～37 龄，平均年龄 16.64 龄。性别未辨个体的年龄为 1～9 龄。雌雄间年龄组成差异显著(Mann-Whitney U 检验，$P < 0.05$)。

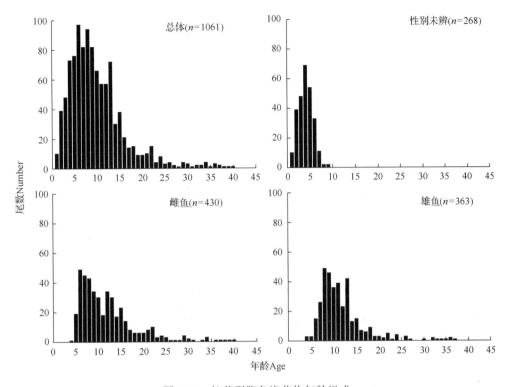

图 4-13　拉萨裂腹鱼渔获物年龄组成

Fig. 4-13　Age composition of *S.* (*R.*) *waltoni*

（三）尖裸鲤

　　用于渔获物分析的有效样本 702 尾。其中，雌鱼 369 尾，雄鱼 202 尾，性别无法辨认的个体 131 尾，占总尾数的 18.66%。

　　渔获物最小年龄为 1 龄，最大年龄为 25 龄，高于 16 龄的个体较少（图 4-14），平均年龄 6.45 龄。雌性的最大年龄为 25 龄（体长 502mm），平均年龄 9.26 龄；雄性的最大年龄为 17 龄（体长 455mm），平均年龄 6.08 龄。雌雄间年龄组成差异显著（Mann-Whitney U 检验，$P < 0.05$）。

（四）拉萨裸裂尻鱼

　　用于渔获物年龄分析的有效样本 684 尾（体长为 23～423mm）。其中雌鱼 433 尾，雄鱼 163 尾，性别无法辨认的个体 88 尾，占总尾数的 12.87%。

　　渔获物的最小年龄 1 龄，最大年龄 17 龄，大于 8 龄的个体较少（图 4-15），平均年龄 5.09 龄。雌鱼的年龄为 2～17 龄，平均年龄 5.53 龄；雄鱼的年龄为 2～12 龄，性别未辨个体的年龄为 1～5 龄，平均年龄 5.42 龄。雌雄间年龄组成差异显著（Mann-Whitney U 检验，$P < 0.05$）。

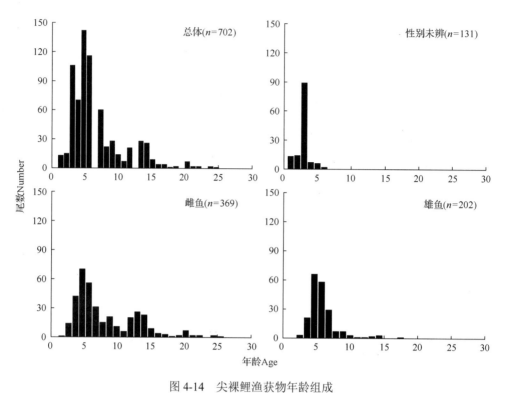

图 4-14　尖裸鲤渔获物年龄组成

Fig. 4-14　Age composition of *O. stewartii*

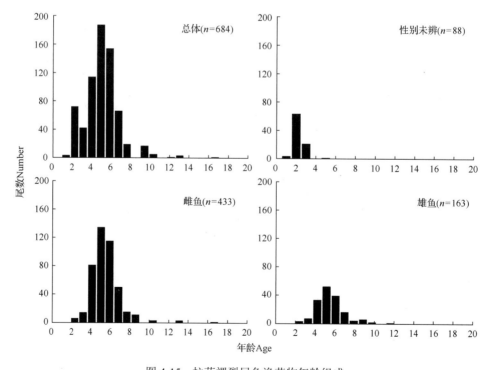

图 4-15　拉萨裸裂尻鱼渔获物年龄组成

Fig. 4-15　Age composition of *S. younghusbandi*

（五）双须叶须鱼

用于渔获物分析的有效样本 862 尾。其中，雌鱼 403 尾，雄鱼 266 尾，性别无法辨认的个体 193 尾，占总尾数的 22.39%。

渔获物的最小年龄 2 龄，最大年龄 24 龄，大于 10 龄的个体较少（图 4-16），平均年龄 5.21 龄。雌鱼的年龄为 3～24 龄，平均年龄 5.95 龄；雄鱼的年龄为 3～13 龄，性别未辨个体的年龄为 2～6 龄，平均年龄 5.80 龄。雌雄间年龄组成差异显著（Mann-Whitney U 检验，P＜0.05）。

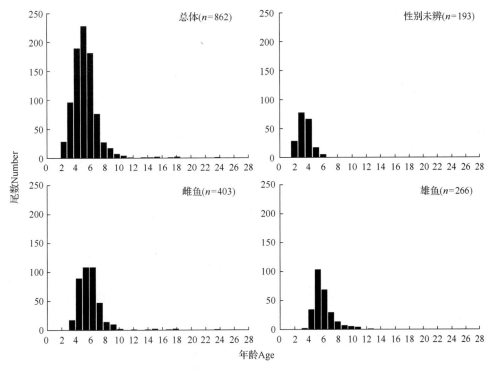

图 4-16　双须叶须鱼渔获物年龄组成

Fig. 4-16　Age composition of *P. dipogon*

（六）巨须裂腹鱼

2008～2009 年有效样本 447 尾。其中，雌鱼 188 尾，雄鱼 230 尾，性别无法辨认的个体 29 尾，占总尾数的 6.49%。渔获物的最小年龄 1 龄，最大年龄 24 龄，大于 8 龄的个体较少，平均年龄 8.33 龄，且有些高龄组未采集到样本（图 4-17）。雌鱼的年龄为 2～19 龄，平均年龄 9.74 龄，优势年龄组为 7～14 龄，占 66.49%，拐点年龄以下个体占 52.83%；雄鱼的年龄为 2～17 龄，平均年龄 7.54 龄，优势年龄组为 6～10 龄，占 82.61%，拐点年龄以下个体占 55.32%。性别未辨个体的年龄为 1～7 龄。

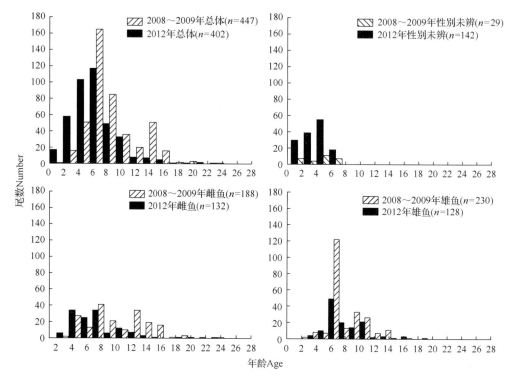

图 4-17　巨须裂腹鱼渔获物年龄组成图

Fig. 4-17　Age composition of *S.* (*R.*) *macropogon*

2012 年有效样本 402 尾。其中，雌鱼 132 尾，雄鱼 128 尾，性别无法辨认的个体 142 尾，占总尾数的 35.32%。渔获物的最小年龄 1 龄，最大年龄 24 龄，大于 8 龄的个体较少（图 4-17），平均年龄 6.55 龄。雌鱼的年龄为 2~24 龄，平均年龄 8.00 龄，优势年龄组为 5~7 龄，占 51.06%，拐点年龄以下个体占 74.47%；雄鱼的年龄为 2~19 龄，平均年龄 7.95 龄，优势年龄组为 6~8 龄，占 53.91%，拐点年龄以下个体占 49.22%。性别未辨个体的年龄为 1~7 龄。

2008~2009 年渔获物平均年龄（8.33 龄）大于 2012 年渔获物平均年龄（6.55 龄）。2008~2009 年雄性渔获物的平均年龄（7.54 龄）与 2012 年雄性渔获物的平均年龄（7.95 龄）无显著性差异（Mann-Whitney *U* 检验，*P*＞0.05）；2008~2009 年雌性渔获物的平均年龄（9.74 龄）则显著性大于 2012 年雌性渔获物的平均年龄（8.00 龄，Mann-Whitney *U* 检验，*P*＜0.001）。与 2008~2009 年渔获物比较，2012 年群体低龄化趋势显著。

渔获物结构在一定程度上反映了鱼类种群的结构。了解渔获物的结构，有助于分析人类对资源利用的现状及其合理性，为调整捕捞政策提供依据。

6 种鱼类渔获物年龄结构复杂（表 4-4）。异齿裂腹鱼最大年龄高达 50 龄，这可能是裂腹鱼类的最大年龄纪录。拉萨裂腹鱼最大年龄为 40 龄，年龄结构相对简单的拉萨裸裂尻鱼、巨须裂腹鱼也达十几龄。

表 4-4　渔获物优势年龄、50%性成熟和拐点年龄以下个体在渔获物中的比例

Table 4-4　The proportion of dominant age class individuals, less than 50% mature age individuals and less than inflection age individuals among six Schizothoracinae fishes catch

| 鱼类Fishes | 群体Group | 样本数 Samples(n) | 优势年龄Dominant age | | 50%性成熟年龄以下 less than 50% mature age individuals(%) | 拐点年龄以下less than t_i individuals(%) |
			范围Range	(%)		
异齿裂腹鱼 S.(S.)o'connori	雌鱼	493	5～13	55.17	32.05	66.83
	雄鱼	416	5～11	64.18	89.94	49.09
	总体	1089	2～13	70.12	69.95	55.10
拉萨裂腹鱼 S.(R.) waltoni	雌鱼	430	6～13	66.12	55.61	70.79
	雄鱼	363	7～13	71.90	26.45	59.78
	总体	1061	2～15	86.02	56.85	74.41
尖裸鲤 O. stewartii	雌鱼	369	4～14	86.99	58.27	72.36
	雄鱼	202	4～7	86.14	44.55	91.09
	总体	702	3～14	91.04	62.25	82.93
拉萨裸裂尻鱼 S. younghusbandi	雌鱼	433	4～7	87.76	92.38	58.28
	雄鱼	163	4～7	76.07	26.38	80.83
	总体	684	2～7	92.84	77.63	77.92
双须叶须鱼 P. dipogon	雌鱼	403	4～7	87.34	95.04	81.89
	雄鱼	266	4～7	87.97	77.82	88.72
	总体	862	3～7	89.33	88.52	95.36
巨须裂腹鱼 S.(R.) macropogon (2008～2009)	雌鱼	188	7～14	66.49	55.32	52.83
	雄鱼	230	6～10	82.61	36.52	55.32
	总体	477	4～14	85.53	48.55	60.43
巨须裂腹鱼 S.(R.) macropogon (2012)	雌鱼	132	5～7	51.06	74.47	74.47
	雄鱼	128	6～8	53.91	28.91	49.22
	总体	402	3～10	82.97	69.10	75.43

　　50%性成熟年龄及以下各龄个体在渔获物中的比例，除巨须裂腹鱼 2008～2009 年为 48.55%外，其他群体均超过 50%（56.85%～88.52%）。除异齿裂腹鱼雄鱼比例高于雌鱼外，其他鱼类均是雌鱼高于雄鱼，显然与雄鱼性成熟较早、个体较小有关。过多未达性成熟个体被捕捞，造成补充群体数量下降，对种群产生不利影响。渔获物中，拐点年龄以下个体所占比例均大于 50%，多数个体在其体重生长潜能达到最大前就被捕捞，显然不利于发挥鱼类生长潜能。

　　巨须裂腹鱼渔获物平均年龄由 2008～2009 年的 8.33 龄，下降到 2012 年的 6.55 龄，在不到 4 年的时间渔获物的平均年龄降低了约 2 龄。长此下去将对种群繁衍极为不利。

有效控制对补充群体的过度捕捞是资源保护的主要措施。

从上述分析可以看出，现行的捕捞政策不利于鱼类生长潜能的发挥，对补充群体产生了较大压力，若长期执行现行捕捞政策，将对种群的繁衍产生较为不利的影响。从年龄结构来看，6 种裂腹鱼类的生活史对策均属于 k-对策者(k-strategy)，k-对策者通常成活率较高，个体较大，寿命较长，种群遭受过度死亡后，恢复能力低，还有可能灭绝。为了保护雅鲁藏布江裂腹鱼类种质资源，应尽早对捕捞政策进行调整。

渔获物中，无法辨认性别的个体比例，最小达到 12.87%(拉萨裸裂尻鱼)，最大达到 25.26%(拉萨裂腹鱼)，无法辨认性别个体的最大年龄达到或接近其种群 50%个体达到性成熟的年龄(见第六章)。可以认为，这些无法辨认性别的个体应为未成熟个体。裂腹鱼类渔获物中，这种无法辨认性别个体比例之高和年龄跨度之大在其他鱼类少见。根据对尖裸鲤渔获物中可辨认和无法辨认性别群体中个体数较多的 3 龄和 4 龄鱼体长及体重的统计分析(表 4-5)，无法辨认性别个体的平均体长与体重均显著小于雄鱼和雌鱼的平均体长与体重。据此推测，无法辨认性别个体，或源于卵的质量较差孵出的弱苗，或在初次摄食时未能成功建立摄食模式等原因形成的所谓"僵苗"，鱼体消瘦，行动迟缓，摄食竞争力差，在食物匮乏环境中，通过摄食获得的营养，仅能勉强维持生命，无暇顾及繁衍后代。

表 4-5　尖裸鲤雄鱼、雌鱼和无法辨认性别群体中 3 龄与 4 龄平均体长及体重

Table 4-5　Mean standard length and body weight of age group 3 and 4 for female, male, and unsexed *O. stewartii*

年龄 Age	雄 Male		雌 Female		无法辨认 Undetermined	
	体长 *SL* (mm)	体重 *BW* (g)	体长 *SL* (mm)	体重 *BW* (g)	体长 *SL* (mm)	体重 *BW* (g)
3	251	201	221	550	144	45
4	275	295	284	609	198	114

第三节　生　长

鱼类的生长是其内在的遗传因素与其栖息的环境因素相互作用的结果，不同鱼类往往具有不同的生长特性和规律。为了适应严酷的高原水域环境，高原鱼类在生长上必然表现出与其他地区鱼类许多不同的特点。掌握这些特性对合理地利用和保护渔业资源具有重要意义。

一、生长速度

根据耳石鉴定的年龄结果，统计分析的各龄组平均体长见表 4-6～表 4-11。这些数据是分析渔获物结构和生长特性的依据。

表 4-6　异齿裂腹鱼不同年龄的样本量和平均体长

Table 4-6　Number of specimens and mean standard length at age of *S.* (*S.*) *o'connori*

年龄 Age	雄鱼 Male (mm)			雌鱼 Female (mm)			性别未辨 Undetermined (mm)		
	n	平均±S.D. Mean ± S.D.	范围 Range	*n*	平均±S.D. Mean ± S.D.	范围 Range	*n*	平均±S.D. Mean ± S.D.	范围 Range
1							10	47.0±15.4	33～75
2							58	86.2±15.5	61～132
3	1	178		1	179		69	116.2±16.0	90～155
4	10	218.8±17.4	195～250	5	196.8±23.1	177～233	25	159.3±20.8	126～196
5	41	244.3±22.8	184～308	27	243.0±26.0	190～287	8	217.0±27.6	186～264
6	56	272.4±30.1	223～363	29	274.4±30.7	203～339	7	227.7±18.4	193～248
7	44	292.4±31.0	216～354	43	304.2±32.8	258～398	1	261	
8	48	322.4±24.9	275～382	32	336.2±37.9	257～412	1	290	
9	24	340.6±29.8	302～400	21	366.6±35.0	293～426	1	309	
10	23	353.4±25.1	299～409	27	396.0±37.7	316～471			
11	31	360.4±30.5	293～417	29	417.2±28.2	347～468			
12	22	375.4±29.1	335～448	28	425.6±34.2	342～469			
13	21	380.3±29.5	309～423	36	442.2±31.2	333～484			
14	8	394.6±15.7	365～415	20	438.6±33.4	361～488			
15	5	391.8±16.3	366～409	16	430.3±31.1	364～491			
16	9	399.3±30.7	356～460	9	446.8±36.9	393～496			
17	6	399.5±9.7	386～411	9	461.0±22.9	419～486			
18	15	401.7±18.8	360～432	11	465.5±25.2	431～498			
19	8	411.0±28.1	375～455	10	451.6±26.2	419～496			
20	7	405.0±21.9	373～437	15	464.1±34.1	392～513			
21	6	405.8±10.8	389～415	15	453.0±30.9	402～508			
22	8	406.0±24.7	374～437	11	471.3±22.7	440～500			
23	4	409.5±15.2	390～425	11	456.0±15.9	431～478			
24	5	399.4±15.9	387～427	8	463.5±27.1	430～512			
25	2	386.5±13.4	377～396	13	454.9±21.7	422～505			
26	1	398		9	454.3±30.5	397～493			
27	3	411.3 ± 31.6	384～446	12	474.2±35.0	437～536			
28	3	399.3 ± 13.6	384～410	8	477.5±34.4	450～553			
29				5	449.4±18.8	427～477			
30	1	444		5	467.2±32.3	441～523			
31				5	460.0±35.4	425～509			
32	1	454		1	464				
33	1	431		2	463.5±13.4	454～473			

续表

年龄 Age	雄鱼 Male (mm)			雌鱼 Female (mm)			性别未辨 Undetermined (mm)		
	n	平均±S.D. Mean ± S.D.	范围 Range	n	平均± S.D. Mean ± S.D.	范围 Range	n	平均± S.D. Mean ± S.D.	范围 Range
34				6	463.7±19.0	443～485			
35				5	466.6±24.2	437～495			
36				2	476.5±36.1	451～502			
37				2	447.5±30.4	426～469			
38				1	457				
39	1	402							
40	1	422		1	448				
42				1	457				
49				1	479				
50				1	480				

表 4-7　拉萨裂腹鱼不同年龄的样本量和平均体长

Table 4-7　Number of specimens and mean standard length at age of *S.(R.) waltoni*

年龄 Age	雌鱼 Female (mm)			雄鱼 Male (mm)			性别未辨 Undetermined (mm)		
	n	平均±S.D. Mean±S.D.	范围 Range	n	平均± S.D. Mean±S.D.	范围 Range	n	平均±S.D. Mean±S.D.	范围 Range
1							10	53.4±7.7	41～61
2							39	76.6±8.1	64～106
3							48	119.6±19.6	81～180
4	1	151		3	186.0±15.6	176～204	69	148.6±21.9	98～199
5	19	200.1±24.4	157～267	3	205.7±13.9	194～221	54	182.2±21.4	137～245
6	49	228.5±36.2	172～360	15	243.2±24.7	208～300	33	208.6±23.2	155～241
7	45	261.0±30.2	180～333	26	275.9±33.9	223～374	11	238.5±18.0	204～277
8	43	300.3±35.5	245～431	49	295.9±27.9	250～378	2	231.0±33.9	207～255
9	34	337.7±48.6	249～474	46	319.1±28.4	250～392	2	286.5±23.3	270～303
10	30	361.2±33.1	295～437	36	339.3±30.2	277～399			
11	18	411.8±43.4	324～509	39	358.2±34.3	281～433			
12	34	412.6±40.6	300～511	23	373.0±27.4	326～422			
13	30	432.1±38.4	374～518	42	377.2±37.7	297～449			
14	17	457.0±31.4	390～533	13	398.8±33.8	333～463			
15	23	482.9±47.3	482～570	15	411.0±28.1	362～453			
16	14	501.6±49.0	442～609	7	393.1±59.0	337～499			
17	8	479.8±41.8	425～552	6	418.7±38.0	369～472			
18	6	517.0±30.1	465～549	9	427.2±28.9	381～473			
19	6	503.5±54.1	403～563	3	442.7±29.7	411～470			

续表

年龄 Age	雌鱼 Female (mm)			雄鱼 Male (mm)			性别未辨 Undetermined (mm)		
	n	平均±S.D. Mean±S.D.	范围 Range	n	平均±S.D. Mean±S.D.	范围 Range	n	平均±S.D. Mean±S.D.	范围 Range
20	6	514.3±32.2	477～563	3	436.0±51.6	378～477			
21	8	536.0±28.2	495～583	2	441.0±46.7	408～474			
22	10	505.1±62.5	378～590	5	447.0±37.6	403～499			
23	3	512.7±47.2	459～548	1		468			
24	4	519.8±54.2	455～566	4	448.8±23.7	429～478			
25	3	520.3±44.6	474～563						
26	1	522		3	419.7±34.8	388～457			
27	1	560		1	439				
28	1	487							
29	4	514.3±45.9	459～571						
30	2	504.5±29.0	484～525	1	430				
31	1	490							
32				2	420.0±21.2	405～435			
33	1	642		1	470				
34	3	566.0±42.4	541～615	1	476				
35				1	383				
36	1	504		2	456.5±20.5	442～471			
37	1	636		1	458				
38	1	595							
39	1	584							
40	1	553							

表 4-8　尖裸鲤不同年龄组的样本量和平均体长

Table 4-8　Number of specimens and mean standard length at age of *O. stewartii*

年龄 Age	雌性 Female (mm)			雄性 Male (mm)			性别未辨 Undetermined (mm)		
	n	平均±S.D. Mean±S.D.	范围 Range	n	平均±S.D. Mean±S.D.	范围 Range	n	平均±S.D. Mean±S.D.	范围 Range
1							13	45～87	56.4±11.0
2	1	116	116.0				14	87～124	103.8±8.7
3	14	151～199	171.6±14.6	3	167～211	183.7±23.9	89	88～205	142.9±30.3
4	42	184～273	234.6±23.1	21	208～273	244.4±16.0	7	151～233	194.7±31.6
5	70	210～327	273.4±25.4	66	239～312	275.2±16.7	6	237～258	250.8±8.4
6	55	253～409	318.9±29.8	58	249～363	296.9±23.1	2	246～260	253.0±9.9
7	33	280～440	344.1±34.3	29	263～365	313.2±25.2			
8	14	245～483	372.7±59.5	7	323～393	353.9±24.8			
9	21	351～520	425.8±36.0	7	324～382	351.1±21.1			

续表

年龄 Age	雌性 Female（mm）			雄性 Male（mm）			性别未辨 Undetermined（mm）		
	n	平均±S.D. Mean±S.D.	范围 Range	n	平均±S.D. Mean±S.D.	范围 Range	n	平均±S.D. Mean±S.D.	范围 Range
10	11	388～556	449.6±46.7	3	343～369	352.3±14.5			
11	6	405～488	429.0±30.3	1	374	374.0			
12	20	378～521	436.4±41.7	1	350	350.0			
13	26	349～528	432.4±38.1	2	365～372	368.5±4.9			
14	23	396～524	444.3±34.2	3	406～425	417.7±10.2			
15	9	410～555	467.2±42.8						
16	4	426～508	470.0±34.8						
17	3	493～562	517.0±39.0	1	455	455.0			
18	2	485～518	501.5±23.3						
19	2	444～507	475.5±44.5						
20	6	504～587	541.8±30.4						
21	2	539～559	549.0±14.1						
22	2	537～562	549.5±17.7						
24	2	496～536	516.0±28.3						
25	1	502	502.0						

表 4-9　拉萨裸裂尻鱼不同年龄组的样本量和平均体长

Table 4-9　Number of specimens and mean standard length at age of *S. younghusbandi*

年龄 Age	雄性 Male（mm）			雌性 Female（mm）			性别未辨 Undetermined（mm）		
	n	平均± S.D. Mean ± S.D.	范围 Range	n	平均± S.D. Mean ± S.D.	范围 Range	n	平均± S.D. Mean ± S.D.	范围 Range
1							3	28.6±2.2	26～31
2	3	103.3±22.0	78～117	6	106.3±26.4	74～147	63	76.5±26.0	34～152
3	7	162.0±12.4	137～176	14	174.0±26.6	142～236	21	104.1±23.5	80～188
4	33	224.2±25.3	161～266	81	244.2±32.7	146～306			
5	52	249.8±19.3	204～300	134	272.8±29.7	188～350	1	251	251
6	39	259.1±24.2	228～337	115	292.8±23.4	223～349			
7	16	258.3±16.2	230～295	50	303.8±23.1	201～344			
8	4	288.5±27.1	262～317	15	314.3±20.2	287～339			
9	6	285.3±20.6	263～313	11	330.1±36.3	295～423			
10	2	280.5±30.4	259～302	3	332.0±30.2	300～360			
12	1	264	264						
13				3	342.7±30.2	308～363			
17				1	358	358			

表 4-10 双须叶须鱼不同年龄组的样本量和平均体长

Table 4-10 Number of specimens and mean standard length at age of *P. dipogon*

年龄 Age	雄鱼 Male (mm)			雌鱼 Female (mm)			性别未辨 Undetermined (mm)		
	n	平均±S.D. Mean±S.D.	范围 Range	n	平均±S.D. Mean±S.D.	范围 Range	n	平均±S.D. Mean±S.D.	范围 Range
2							28	98.7±10.0	78-120
3	2	172.0±7.1	167~177	17	176.9±17.1	146~206	77	160.9±23.2	114~221
4	34	247.5±20.8	197~287	89	237.8±25.3	187~312	66	216.1±22.4	172~272
5	103	289.0±20.3	243~325	108	270.5±27.2	198~336	17	243.5±19.7	206~275
6	68	314.0±21.4	258~349	108	308.8±23.4	261~378	5	273.6±15.1	256~292
7	29	329.9±16.8	295~369	47	351.0±17.0	314~382			
8	13	352.2±14.4	327~376	14	391.4±16.2	357~417			
9	7	363.3±11.1	344~380	10	407.0±11.5	382~419			
10	5	385.6±31.1	358~439	2	433.0±36.1	408~459			
11	4	392.5±5.6	385~405						
12				1	457				
13	1	405							
14				1	452				
15				2	446.0±15.6	435~457			
17				1	465				
18				2	508.5±64.4	463~554			
24				1	510				

表 4-11 巨须裂腹鱼不同年龄组的样本量和平均体长

Table 4-11 Number of specimens and mean standard length at age of *S.* (*R.*) *macropogon*

年龄 Age	雄鱼 Male (mm)			雌鱼 Female (mm)			性别未辨 Undetermined (mm)		
	n	平均±S.D. Mean±S.D.	范围 Range	n	平均±S.D. Mean±S.D.	范围 Range	n	平均±S.D. Mean±S.D.	范围 Range
2008~2009 年									
1							1	137	137
2	2	117.5±6.4	113~122				6	132.3±26.8	98~162
3	2	190.5±9.2	184~197	2	172.0±46.7	139~205	4	179.5±20.1	151~198
4	6	237.7±20.7	221~271	13	215.6±17.9	185~258	6	196.8±12.4	180~210
5	7	257.4±28.9	209~293	14	252.8±15.8	229~275	5	219.8±58.0	124~267
6	67	317.5±35.1	252~373	13	321.8±46.2	253~387	6	221.7±20.2	193~246
7	55	323.3±32.4	266~370	23	331.6±38.2	279~395	1	285	285
8	13	357.4±22.8	322~388	18	336.7±31.6	243~378			
9	33	350.0±20.9	324~389	21	368.3±19.0	298~392			
10	22	359.4±11.8	333~385	6	403.2±12.4	388~423			
11	4	377.3±19.9	356~404	4	396.8±17.0	372~408			

续表

年龄 Age	雄鱼 Male (mm)			雌鱼 Female (mm)			性别未辨 Undetermined (mm)		
	n	平均±S.D. Mean±S.D.	范围 Range	n	平均±S.D. Mean±S.D.	范围 Range	n	平均±S.D. Mean±S.D.	范围 Range
2008～2009 年									
12	7	357.4±8.6	351～376	13	387.8±20.1	342～421			
13	10	388.2±15.1	370～408	21	386.6±15.3	360～410			
14	1	404	404	19	409.0±12.9	391～445			
15				11	421.4±7.0	410～433			
16				5	436.2±11.1	430～456			
17	1	421	421	1	450	450			
19				3	445.7±6.4	441～453			
24				1	474	474			
2012 年									
1							15	88.3±9.2	78～116
2							13	136.0±13.9	117～161
3				6	172.3±14.3	146～186	39	165.4±14.5	137～211
4	4	209.3±8.8	204～219	12	208.6±17.0	179～239	30	197.3±19.3	154～239
5	10	245.9±16.9	221～265	22	235.0±20.7	196～266	27	223.2±18.8	199～269
6	23	261.3±15.6	234～295	25	252.3±29.9	215～341	14	241.9±18.3	220～280
7	26	287.7±29.9	248～357	25	290.2±32.7	171～335	4	261.5±31.6	240～308
8	20	300.4±28.3	266～366	9	299.0±32.0	236～339			
9	14	334.0±32.0	275～385	6	323.7±27.5	283～354			
10	13	339.5±32.2	287～390	12	368.2±18.1	328～384			
11	8	351.1±19.7	324～377						
12	2	373.5±2.1	372～375	6	374.8±32.8	332～422			
13	1	364	364	1	385	385			
14	2	405.5±14.8	395～416	3	401.3±29.7	368～425			
15	1	388	388	1	400	400			
16	3	401.7±4.2	397～405	0	436.2±11.1	430～456			
17				0	450	450			
18				1	438	438			
19	1	392	392	0	445.7±6.4	441～453			
21				1	425	425			
22				1	438	438			
24				1	460	460			

二、耳石规格与体长/年龄的关系

异齿裂腹鱼和拉萨裂腹鱼的耳石规格(长度、宽度、厚度和重量)与鱼体体长/年龄之间的关系分别见图 4-18 和图 4-19。可以看出，两种鱼耳石长度、宽度、厚度和重量均随体长的增长而增大，但在不同阶段增长率不同。

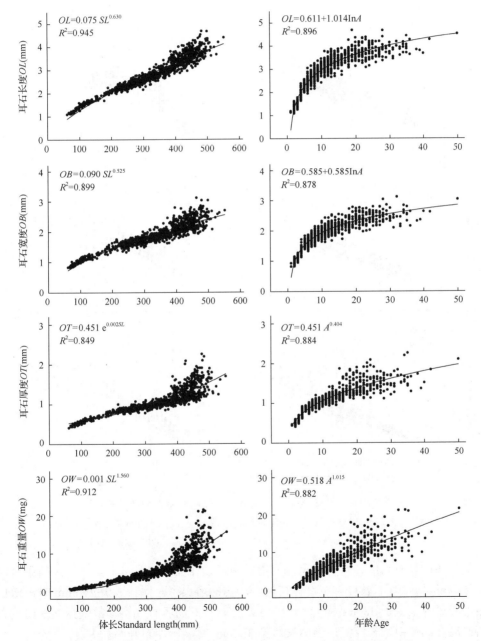

图 4-18　异齿裂腹鱼耳石规格与鱼体体长/年龄之间的关系($n = 874$)

Fig. 4-18　Relationships between otolith dimensions and fish length/age of *S. (S.) o'connori* ($n = 874$)

OL. otolith length; *OB*. otolith breadth; *OT*. otolith thickness; *OW*. otolith weight

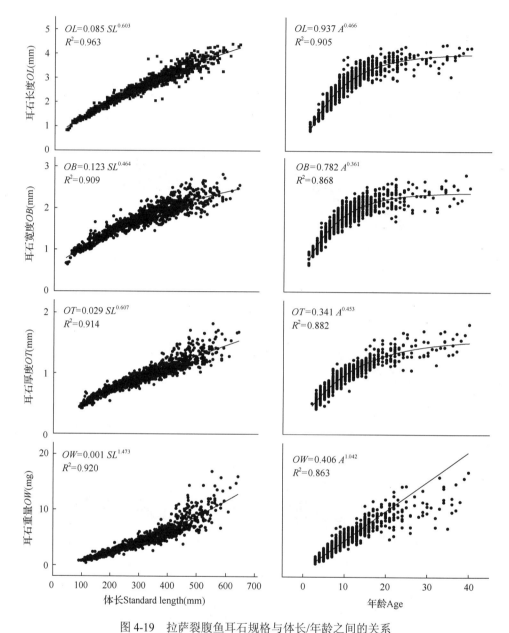

图 4-19　拉萨裂腹鱼耳石规格与体长/年龄之间的关系

Fig. 4-19　Relationships between otolith dimensions and fish length/age of *S.（R.）waltoni*

OL. otolith length; *OB*. otolith breadth; *OT*. otolith thickness; *OW*. otolith weight

两种鱼的耳石长度、宽度和重量的增长率随着体长增加有所下降，异齿裂腹鱼体长小于 250mm 时，耳石长度和宽度保持比较均匀的增长率，体长大于 250mm 时，增长率开始下降。体长大于 380mm 或者大于 15 龄后，耳石的各种规格参数变异性都比较大。耳石厚度在幼鱼中增长较慢，当体长达到 380mm 时，增加率开始加大。

拉萨裂腹鱼随着年龄的增长，耳石长度、宽度和厚度的增长率有所下降，而耳石重量的增长率变化不大。小于 10 龄时，耳石长度、宽度、厚度和重量的增长均保持比较均匀的速率。当体长大于 450mm 或者年龄大于 20 龄以后，耳石的各规格参数的变异都比较大。拉萨裸裂尻鱼耳石长度与鱼体体长呈线性关系 ($R^2=0.918$)，而耳石重量与鱼体体长呈幂函数关系 ($R^2=0.909$)。但耳石重量与鱼体体长的关系在体长超过 200mm 时出现了偏差。拉萨裸裂尻鱼耳石重量和年龄呈非线性关系，8 龄后耳石增重减缓。

异齿裂腹鱼除了耳石厚度以外，其他 3 个耳石指标与体长的相关性高于年龄，耳石长度与体长的相关性最高 ($R^2=0.945$)；拉萨裂腹鱼耳石各规格参数与体长的相关性均高于年龄，耳石长度与体长的相关性最高 ($R^2=0.963$)。耳石长度、宽度与对数化后的年龄呈线性关系，而耳石厚度、重量与年龄呈幂函数关系。

耳石沉积与鱼体生长受同样的代谢过程控制，两者是否存在高度相关性一直存在争议 (Gauldie，1988)。通过不同的轴来测量耳石的大小，可以发现，虽然耳石一直在增长，但是其生长是不等速的 (Fowler，1990)。异齿裂腹鱼，最初耳石在三个方向 (前后轴、背腹轴、近极面和远极面的距离) 都是等速生长的，但是在体长 250mm 之后，耳石长度和宽度的增长变慢，接着在大约 380mm 之后，耳石厚度增长开始加快。对于高龄鱼或者生长缓慢的鱼类而言，耳石向远极面不断地沉积导致耳石与鱼体体长出现不等速生长 (Boehlert，1985；Reñones et al.，2007)。这种生长模式将会降低体长退算的准确性 (Campana，1990)。

Pino 等 (2004) 认为耳石重量与年龄有较高的相关性，但在是否可以利用这种相关性鉴定年龄上存在争议。有学者认为耳石重量可以用来间接地鉴定鱼类的年龄，或作为验证钙化组织上观测年龄的准确性的辅助手段 (Araya et al.，2001；Pino et al.，2004；柳景元，2006)，但由于高龄鱼的耳石重量出现较大变异，利用耳石重量估算年龄可能会低估高龄鱼的年龄 (Tuset et al.，2004；Gunn et al.，2008)。Gunn 等 (2008) 指出大于 10 龄后，耳石重量便不适合用来鉴定蓝鳍金枪鱼 (*Thunnus thynnus*) 的年龄。异齿裂腹鱼体长大于 380mm 或者大于 15 龄，拉萨裂腹鱼体长大于 450mm 或者大于 20 龄后，耳石重量出现较大的变异，相关性降低，不适合用于高龄鱼的年龄鉴定。

三、体长-体重关系

将 6 种鱼类分雌鱼、雄鱼和种群总体拟合体长 (SL) 与体重 (BW) 的关系 (图 4-20)，关系式 ($BW = a \times SL^b$) 如下。

异齿裂腹鱼
雌性：$BW = 8.897 \times 10^{-6} SL^{3.080}$ ($R^2 = 0.979$，$n = 512$)
雄性：$BW = 8.327 \times 10^{-6} SL^{3.090}$ ($R^2 = 0.969$，$n = 428$)
总体：$BW = 2.034 \times 10^{-5} SL^{2.940}$ ($R^2 = 0.994$，$n = 1126$)

拉萨裂腹鱼
雌性：$BW = 1.365 \times 10^{-5} SL^{2.984}$ ($R^2 = 0.990$，$n = 448$)
雄性：$BW = 1.238 \times 10^{-5} SL^{2.999}$ ($R^2 = 0.995$，$n = 377$)

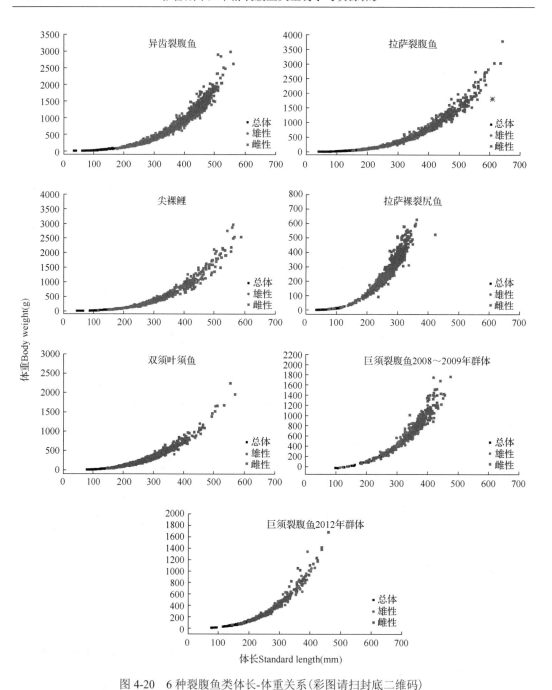

图 4-20　6 种裂腹鱼类体长-体重关系(彩图请扫封底二维码)

Fig. 4-20　Standard length-weight relationships of six Schizothoracinae fishes

总体：$BW = 1.313 \times 10^{-5}SL^{2.991}$ ($R^2 = 0.978$，$n = 1118$)

尖裸鲤

雌性：$BW = 6.108 \times 10^{-6}SL^{3.126}$ ($R^2 = 0.955$，$n = 373$)

雄性：$BW = 9.872 \times 10^{-6}SL^{3.052}$ ($R^2 = 0.957$，$n = 206$)

总体：$BW = 6.932 \times 10^{-6} SL^{3.107}$（$R^2 = 0.971$，$n = 712$）

拉萨裸裂尻鱼

雌性：$BW = 2.052 \times 10^{-5} SL^{2.923}$（$R^2 = 0.955$，$n = 442$）

雄性：$BW = 1.187 \times 10^{-5} SL^{3.023}$（$R^2 = 0.963$，$n = 164$）

总体：$BW = 1.122 \times 10^{-5} SL^{3.030}$（$R^2 = 0.992$，$n = 694$）

双须叶须鱼

雌性：$BW = 2.494 \times 10^{-5} SL^{2.877}$（$R^2 = 0.974$，$n = 455$）

雄性：$BW = 2.790 \times 10^{-5} SL^{2.856}$（$R^2 = 0.936$，$n = 303$）

总体：$BW = 2.387 \times 10^{-5} SL^{2.884}$（$R^2 = 0.974$，$n = 956$）

巨须裂腹鱼

2008～2009 年群体：

雌性：$BW = 3.505 \times 10^{-5} SL^{2.873}$（$R^2 = 0.904$，$n = 230$）

雄性：$BW = 2.476 \times 10^{-5} SL^{2.937}$（$R^2 = 0.916$，$n = 188$）

总体：$BW = 1.963 \times 10^{-5} SL^{2.974}$（$R^2 = 0.934$，$n = 450$）

2012 年群体：

雌性：$BW = 1.856 \times 10^{-5} SL^{2.971}$（$R^2 = 0.939$，$n = 129$）

雄性：$BW = 8.768 \times 10^{-6} SL^{3.104}$（$R^2 = 0.979$，$n = 133$）

总体：$BW = 1.089 \times 10^{-5} SL^{3.064}$（$R^2 = 0.976$，$n = 408$）

除了那些体形特殊的鱼类，鱼类体长与体重关系式中的 b 值通常为 2.5～4.0（殷名称，1995）。如果鱼的体长、体高和体宽为等速生长，水的相对密度不变，则体长与体重关系式中的 b 等于或接近 3。但即使是同一种鱼，生活环境不同，发育阶段不同，b 值也可能不一样（谢从新，2009）。例如，b 值与 3 之间不存在显著性差异，则认为属等速生长，反之，则认为属异速生长。异齿裂腹鱼、拉萨裸裂尻鱼、尖裸鲤、双须叶须鱼和巨须裂腹鱼等 5 种鱼类的雌鱼、雄鱼和总体关系式中的 b 值与 3 之间存在显著性差异（t 检验，$P < 0.05$），说明这些群体为异速生长鱼类。而拉萨裂腹鱼雌性群体、雄性群体及总体的 b 值与 3 之间均无显著性差异（t 检验，$P > 0.05$），说明拉萨裂腹鱼为等速生长。生活在同一水域的同一种鱼类，其体长与体重关系式中的 b 值，会因样本不同而有差异，因此，体长与体重关系只适合同一水域样本所覆盖的那个范围的情况。

异齿裂腹鱼、拉萨裂腹鱼、拉萨裸裂尻鱼、双须叶须鱼和巨须裂腹鱼等 5 种鱼类，雌鱼和雄鱼的体长与体重关系均无显著性差异（ANCOVA，$P > 0.05$），故每种鱼的雌鱼和雄鱼的体长与体重关系可用种群总体关系式表达。尖裸鲤雌鱼和雄鱼的体长与体重关系存在显著性差异（ANCOVA，$F = 14.764$，$P < 0.001$），在描述体长与体重关系时，需分别用各自的关系式。

四、生长方程

根据各龄组体长数据（表 4-6～表 4-11），采用 von Bertalanffy 生长方程描述体长（图 4-21）和体重生长特性（图 4-22）。相同年龄的幼鱼（性别未辨）与雌鱼和雄鱼的平均实测体长间无显著性差异(独立样本 t 检验，所有 $P>0.05$)，故将其数据分布加入雌性和雄性数据中，通过体长生长方程及体长与体重关系式，可以获得体重生长方程。6 种鱼类雌鱼和雄鱼的体长与体重生长方程分别如下。

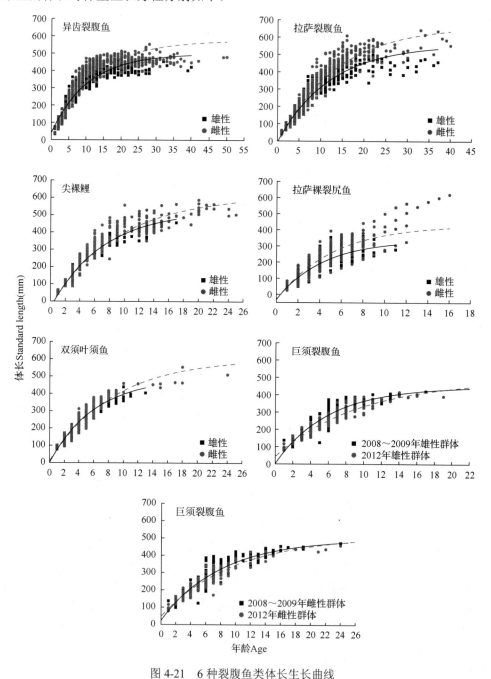

图 4-21　6 种裂腹鱼类体长生长曲线

Fig. 4-21　Standard length growth curve of six Schizothoracinae fishes

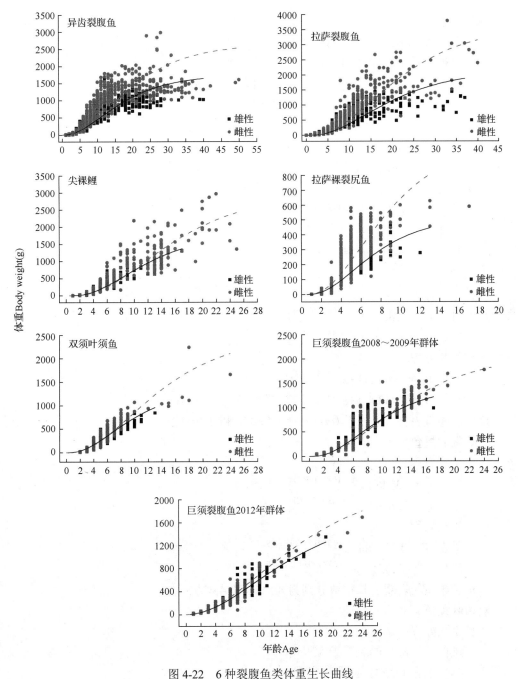

图 4-22 6 种裂腹鱼类体重生长曲线

Fig. 4-22 Body weight growth curve of six Schizothoracinae fishes

异齿裂腹鱼

体长生长方程：

雌性群体 $L_t = 576.9 [1-e^{-0.081(t+0.946)}]$

雄性群体 $L_t = 499.7 [1-e^{-0.095(t+0.896)}]$

体重生长方程：

    雌性群体 $W_t = 2666.2\,[1-e^{-0.081\,(t+0.946)}]^{2.940}$

    雄性群体 $W_t = 1748.1\,[1-e^{-0.095\,(t+0.896)}]^{2.940}$

雌鱼和雄鱼的表观生长指数$(\varnothing)$分别为 4.4307 和 4.3751。

拉萨裂腹鱼

体长生长方程：

    雌性 $L_t = 668.1[1-e^{-0.076\,(t-0.481)}]$

    雄性 $L_t = 560.4[1-e^{-0.083\,(t-0.161)}]$

体重生长方程：

    雌性 $W_t = 3668.3[1-e^{-0.076\,(t-0.481)}]^{2.984}$

    雄性 $W_t = 2165.0[1-e^{-0.083\,(t-0.161)}]^{2.999}$

雌性和雄性的表观生长指数$(\varnothing)$分别为 4.5305 和 4.4161。

尖裸鲤

体长生长方程：

    雌性 $L_t = 618.2[1-e^{-0.106\,(t-0.315)}]$

    雄性 $L_t = 526.8[1-e^{-0.141\,(t-0.491)}]$

体重生长方程：

    雌性 $W_t = 3065.9[1-e^{-0.106\,(t-0.315)}]^{3.126}$

    雄性 $W_t = 1868.4[1-e^{-0.141\,(t-0.491)}]^{3.052}$

雌性和雄性表观生长指数$(\varnothing)$分别为 4.6076 和 4.5925。

拉萨裸裂尻鱼

体长生长方程：

    雌性 $L_t = 433.9[1-e^{-0.194\,(t-0.397)}]$

    雄性 $L_t = 338.4[1-e^{-0.233\,(t-0.403)}]$

体重生长方程：

    雌性 $W_t = 1050.2[1-e^{-0.194\,(t-0.397)}]^{2.923}$

    雄性 $W_t = 525.9[1-e^{-0.233\,(t-0.403)}]^{3.023}$

雌鱼和雄鱼的表观生长指数分别为 4.5616 和 4.4260。

双须叶须鱼

体长生长方程：

    雌性 $L_t = 606.9[1-e^{-0.114\,(t+0.163)}]$

    雄性 $L_t = 493.6[1-e^{-0.162\,(t-0.019)}]$

体重生长方程：

    雌性 $W_t = 2538.4[1-e^{-0.114\,(t+0.163)}]^{2.877}$

    雄性 $W_t = 1391.1[1-e^{-0.162\,(t-0.018)}]^{2.856}$

雌性和雄性的表观生长指数$(\varnothing)$分别为 4.6231 和 4.6010。

巨须裂腹鱼

体长生长方程(2008～2009 年)：

雌性：$L_t = 500.0[1-e^{-0.123(t+0.392)}]$

雄性：$L_t = 449.5[1-e^{-0.166(t+0.020)}]$

体重生长方程（2008～2009 年）：

雌性：$W_t = 2092.2[1-e^{-0.123(t+0.392)}]^{3.104}$

雄性：$W_t = 1469.1[1-e^{-0.166(t+0.020)}]^{3.072}$

体长生长方程（2012 年）：

雌性：$L_t = 517.3[1-e^{-0.100(t+0.956)}]$

雄性：$L_t = 490.4[1-e^{-0.105(t+0.866)}]$

体重生长方程（2012 年）：

雌性：$W_t = 2312.1[1-e^{-0.100(t+0.956)}]^{2.937}$

雄性：$W_t = 1837.2[1-e^{-0.105(t+0.866)}]^{2.867}$

2008～2009 年雌性和雄性表观生长指数（Ø）分别为 4.4878 和 4.5256；2012 年雌性和雄性表观生长指数（Ø）分别为 4.4275 和 4.4023。

6 种鱼类的体长和体重的生长曲线的变化趋势基本相似（详见图 4-23～图 4-29）。体长生长曲线为一条抛物线，开始上升快，随着年龄增加，上升速度减缓，逐渐趋向 L_∞；体重生长曲线是一条不对称的 S 形曲线，具有拐点，经生长拐点后生长转变为缓慢。

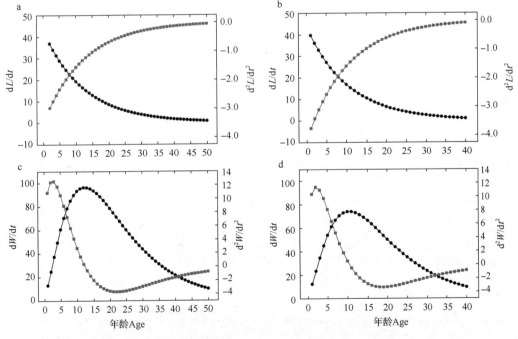

图 4-23　异齿裂腹鱼雌鱼（a，c）和雄鱼（b，d）体长与体重生长速度和加速度（彩图请扫封底二维码）

Fig.4-23　Growth rate and growth acceleration of the standard length and weight of female（a, c）and male（b, d）for *S.(S.) o'connori*

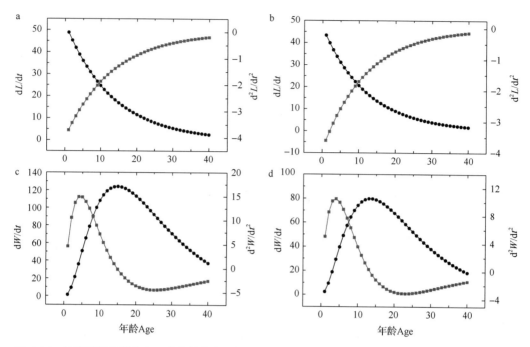

图 4-24 拉萨裂腹鱼雌鱼(a，c)和雄鱼(b，d)体长与体重生长速度和加速度(彩图请扫封底二维码)

Fig. 4-24 Growth rate and growth acceleration of the standard length and
weight of female (a, c) and male (b, d) for *S. (R.) waltoni*

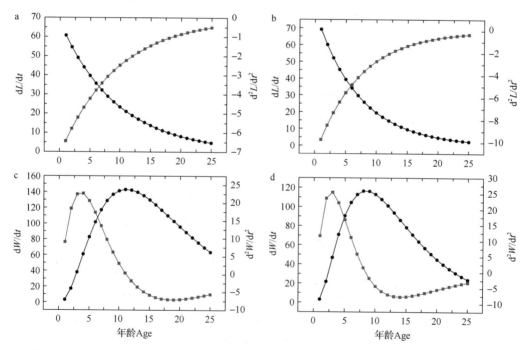

图 4-25 尖裸鲤雌鱼(a，c)和雄鱼(b，d)体长与体重生长速度和加速度(彩图请扫封底二维码)

Fig. 4-25 Growth rate and growth acceleration of the standard length and
weight of female (a, c) and male (b, d) for *O. stewartii*

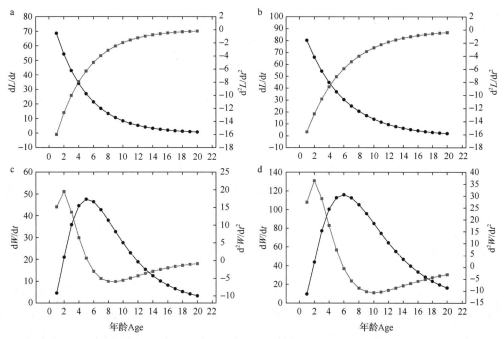

图 4-26 拉萨裸裂尻鱼雄鱼(a, c)和雌鱼(b, d)体长与体重生长速度和加速度(彩图请扫封底二维码)
Fig. 4-26 Growth rate and growth acceleration of the standard length and weight of male(a, c)and female(b, d)for *S. younghusbandi*

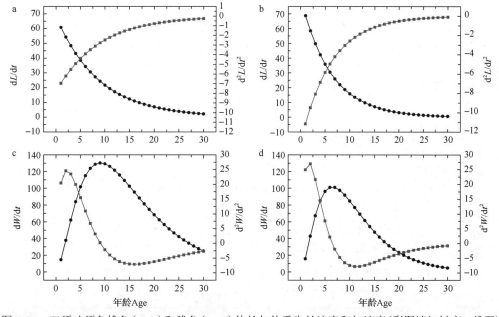

图 4-27 双须叶须鱼雄鱼(a, c)和雌鱼(b, d)体长与体重生长速度和加速度(彩图请扫封底二维码)
Fig. 4-27 Growth rate and growth acceleration of the standard length and weight of male(a, c)and female(b, d)for *P. dipogon*

使用 von Bertalanffy 生长方程预测鱼类的生长过程时,渔获物样本的代表性对拟合质量至关重要,渔获物中低龄鱼类和高龄鱼类的数量直接影响生长参数 t_0 和 L_∞ 估算值的准确性(Cailliet and Goldman，2004)。当渔获物中低龄鱼类的数量极其稀少时，将导致估算的生长参数 t_0 与 0 之间产生较大偏差(Jia and Chen，2011)，适当增加渔获物中低龄鱼的样本量，能够增加生长参数 t_0 的准确性(Paul and Horn，2009)；而样本中高龄鱼数量稀少或低估高龄鱼年龄时，由于过高评估高龄鱼生长速度，容易高估 L_∞。当增加渔获物中低龄鱼的样本量，并采用鉴定效果较好的耳石作为年龄鉴定材料时，可以解决高估高龄鱼生长速度的问题，使生长参数 L_∞ 更为接近实际。

鱼类的生长通常受到性别、成熟水平、食物资源、个体行为及环境条件等因素的影响(Beamish and McFarlane，1983)。6 种裂腹鱼的表观生长指数($\varnothing$)在 4.375～4.6231，与栖息于低海拔地区的其他鲤科鱼类相比(高志鹏，2008；张小谷等，2008；丁红霞等，2009；覃亮，2009)，它们的生长速率相对较低，与高原低温和食物匮乏等环境条件有关，低温能够降低变温动物的新陈代谢速率，从而降低其生长速率(Yamahira and Conover，2002；Angilletta et al.，2004)。除巨须裂腹鱼外的其他 5 种裂腹鱼，雌鱼表观生长指数大于雄鱼表观生长指数，表现出生长的性别差异。

评估鱼类种群对高死亡率的潜在敏感性时，生长系数(k)是一个重要的参考指标(Musick，1999)。估算的雅鲁藏布江 6 种裂腹鱼类的生长系数(k)处于 0.1/a 附近，表明它们的生长缓慢(Li et al.，2009)。生长缓慢和寿命长的鱼类对环境的变化较为敏感，若其种群资源因不合理的开发利用而崩溃，则其种群资源的更新周期和恢复速度比预期的要慢(Musick，1999)，对其种群应特别注意避免过度利用。

五、生长速度和加速度

将雌鱼和雄鱼的体长、体重生长方程分别通过一阶求导和二阶求导，获得体长、体重生长的速度和加速度方程。

异齿裂腹鱼

雌鱼：

$$\mathrm{d}L/\mathrm{d}t = 46.73\mathrm{e}^{-0.081\,(t+0.946)}$$

$$\mathrm{d}^2L/\mathrm{d}t^2 = -3.79\mathrm{e}^{-0.081\,(t+0.946)}$$

$$\mathrm{d}W/\mathrm{d}t = 634.93\mathrm{e}^{-0.081\,(t+0.946)}[1-\mathrm{e}^{-0.081\,(t+0.946)}]^{1.94}$$

$$\mathrm{d}^2W/\mathrm{d}t^2 = 51.43\mathrm{e}^{-0.081\,(t+0.946)}[1-\mathrm{e}^{-0.081\,(t+0.946)}]^{0.94}[2.94\mathrm{e}^{-0.081\,(t+0.946)}-1]$$

雄鱼：

$$\mathrm{d}L/\mathrm{d}t = 47.47\mathrm{e}^{-0.095\,(t+0.896)}$$

$$\mathrm{d}^2L/\mathrm{d}t^2 = -4.51\mathrm{e}^{-0.095\,(t+0.896)}$$

$$\mathrm{d}W/\mathrm{d}t = 488.24\mathrm{e}^{-0.095\,(t+0.896)}[1-\mathrm{e}^{-0.095\,(t+0.896)}]^{0.94}$$

$$\mathrm{d}^2W/\mathrm{d}t^2 = 46.38\mathrm{e}^{-0.095\,(t+0.896)}[1-\mathrm{e}^{-0.095\,(t+0.896)}]^{0.94}[2.94\mathrm{e}^{-0.081\,(t+0.946)}-1]$$

雌鱼的拐点年龄(t_i)为 12.4 龄，对应体长和体重分别为 380.6mm 和 785.40g；雄鱼的拐点年龄(t_i)为 10.5 龄，拐点处对应体长和体重分别为 329.7mm 和 514.95g(图 4-23)。

拉萨裂腹鱼

雌鱼：

$$\mathrm{d}L/\mathrm{d}t = 50.78\mathrm{e}^{-0.076\,(t-0.481)}$$

$\mathrm{d}^2L/\mathrm{d}t^2 = -3.86\mathrm{e}^{-0.076(t-0.481)}$

$\mathrm{d}W/\mathrm{d}t = 831.91\mathrm{e}^{-0.076(t-0.481)}[1-\mathrm{e}^{-0.076(t-0.481)}]^{1.984}$

$\mathrm{d}^2W/\mathrm{d}t^2 = 63.23\mathrm{e}^{-0.076(t-0.481)}[1-\mathrm{e}^{-0.076(t-0.481)}]^{0.984}[2.984\mathrm{e}^{-0.076(t-0.481)}-1]$

雄鱼：

$\mathrm{d}L/\mathrm{d}t = 46.51\mathrm{e}^{-0.083(t-0.161)}$

$\mathrm{d}^2L/\mathrm{d}t^2 = -3.86\mathrm{e}^{-0.083(t-0.161)}$

$\mathrm{d}W/\mathrm{d}t = 538.91\mathrm{e}^{-0.083(t-0.161)}[1-\mathrm{e}^{-0.083(t-0.161)}]^{1.999}$

$\mathrm{d}^2W/\mathrm{d}t^2 = 44.73\mathrm{e}^{-0.083(t-0.161)}[1-\mathrm{e}^{-0.083(t-0.161)}]^{0.999}[2.999\mathrm{e}^{-0.083(t-0.161)}-1]$

拉萨裂腹鱼雌鱼的拐点年龄(t_i)为 14.9 龄，拐点处对应的体长和体重分别为 428.4mm 和 973.9g；拉萨裂腹鱼雄鱼的拐点年龄(t_i)为 13.4 龄，拐点处对应的体长和体重分别为 390.7mm 和 734.1g（图 4-24）。

尖裸鲤

雌性：

$\mathrm{d}L/\mathrm{d}t = 65.53\mathrm{e}^{-0.106(t-0.315)}$

$\mathrm{d}^2L/\mathrm{d}t^2 = -6.95\mathrm{e}^{-0.106(t-0.315)}$

$\mathrm{d}W/\mathrm{d}t = 1015.90\mathrm{e}^{-0.106(t-0.315)}[1-\mathrm{e}^{-0.106(t-0.315)}]^{2.126}$

$\mathrm{d}^2W/\mathrm{d}t^2 = 107.69\mathrm{e}^{-0.106(t-0.315)}[1-\mathrm{e}^{-0.106(t-0.315)}]^{1.126}[3.126\mathrm{e}^{-0.106(t-0.315)}-1]$

雄性：

$\mathrm{d}L/\mathrm{d}t = 74.28\mathrm{e}^{-0.141(t-0.491)}$

$\mathrm{d}^2L/\mathrm{d}t^2 = -10.47\mathrm{e}^{-0.141(t-0.491)}$

$\mathrm{d}W/\mathrm{d}t = 804.03\mathrm{e}^{-0.141(t-0.491)}[1-\mathrm{e}^{-0.141(t-0.491)}]^{2.052}$

$\mathrm{d}^2W/\mathrm{d}t^2 = 113.37\mathrm{e}^{-0.141(t-0.491)}[1-\mathrm{e}^{-0.141(t-0.491)}]^{1.052}[3.052\mathrm{e}^{-0.141(t-0.491)}-1]$

雌鱼的拐点年龄(t_i)为 11.1 龄，对应的体长和体重分别为 421.1mm 和 915.2g；雄鱼的拐点年龄(t_i)为 8.4 龄，对应的体长和体重分别为 354.1mm 和 553.9g（图 4-25）。

拉萨裸裂尻鱼

雌鱼：

$\mathrm{d}L/\mathrm{d}t = 84.18\mathrm{e}^{-0.194(t-0.397)}$

$\mathrm{d}^2L/\mathrm{d}t^2 = -16.33\mathrm{e}^{-0.194(t-0.397)}$

$\mathrm{d}W/\mathrm{d}t = 594.94\mathrm{e}^{-0.194(t-0.397)}[1-\mathrm{e}^{-0.194(t-0.397)}]^{1.92}$

$\mathrm{d}^2W/\mathrm{d}t^2 = 115.42\mathrm{e}^{-0.194(t-0.397)}[1-\mathrm{e}^{-0.194(t-0.397)}]^{0.92}[2.92\mathrm{e}^{-0.194(t-0.397)}-1]$

雄鱼：

$\mathrm{d}L/\mathrm{d}t = 78.85\mathrm{e}^{-0.233(t-0.403)}$

$\mathrm{d}^2L/\mathrm{d}t^2 = -18.37\mathrm{e}^{-0.233(t-0.403)}$

$\mathrm{d}W/\mathrm{d}t = 371.37\mathrm{e}^{-0.233(t-0.403)}[1-\mathrm{e}^{-0.233(t-0.403)}]^{2.02}$

$\mathrm{d}^2W/\mathrm{d}t^2 = 86.53\mathrm{e}^{-0.233(t-0.403)}[1-\mathrm{e}^{-0.233(t-0.403)}]^{1.02}[3.02\mathrm{e}^{-0.233(t-0.403)}-1]$

雌鱼的拐点年龄为 5.9 龄，对应的体长为 285.5mm；雄鱼的拐点年龄为 5.1 龄，对应的体长为 226.5mm（图 4-26）。渔获物中有 44.1%的拉萨裸裂尻鱼体长低于拐点年龄所对应的体长。

双须叶须鱼

雌性：

$dL/dt = 69.4e^{-0.114(t+0.163)}$

$d^2L/dt^2 = -7.9e^{-0.114(t+0.163)}$

$dW/dt = 835.3e^{-0.114(t+0.163)}[1-e^{-0.114(t+0.163)}]^{1.88}$

$d^2W/dt^2 = 95.5e^{-0.114(t+0.163)}[1-e^{-0.114(t+0.163)}]^{0.88}[2.88e^{-0.114(t+0.163)}-1]$

雄性：

$dL/dt = 80.6e^{-0.162(t+0.018)}$

$d^2L/dt^2 = -13.1e^{-0.162(t+0.018)}$

$dW/dt = 645.1e^{-0.162(t+0.018)}[1-e^{-0.162(t+0.018)}]^{1.88}$

$d^2W/dt^2 = 104.8e^{-0.162(t+0.018)}[1-e^{-0.162(t+0.018)}]^{0.88}[2.86e^{-0.162(t+0.018)}-1]$

双须叶须鱼雌鱼的拐点年龄为9.1龄，对应的体长和体重分别为396.0mm和743.6g；雄鱼的拐点年龄为6.5龄，对应的体长和体重分别为322.5mm和406.3g(图4-27)。

巨须裂腹鱼

雌鱼(2008~2009年)：

$dL/dt = 61.5e^{-0.123(t+0.392)}$

$d^2L/dt^2 = -7.56e^{-0.123(t+0.392)}$

$dW/dt = 798.79e^{-0.123(t+0.392)}[1-e^{-0.123(t+0.392)}]^{2.104}$

$d^2W/dt^2 = 98.25e^{-0.123(t+0.392)}[1-e^{-0.123(t+0.392)}]^{1.104}[3.104e^{-0.123(t+0.392)}-1]$

雄鱼(2008~2009年)：

$dL/dt = 74.62e^{-0.166(t+0.020)}$

$d^2L/dt^2 = -12.39e^{-0.166(t+0.020)}$

$dW/dt = 749.17e^{-0.166(t+0.020)}[1-e^{-0.166(t+0.020)}]^{2.072}$

$d^2W/dt^2 = 124.36e^{-0.166(t+0.020)}[1-e^{-0.166(t+0.020)}]^{1.072}[3.072e^{-0.166(t+0.020)}-1]$

雌鱼(2012年)：

$dL/dt = 51.73e^{-0.100(t+0.956)}$

$d^2L/dt^2 = -5.17e^{-0.100(t+0.956)}$

$dW/dt = 679.06e^{-0.100(t+0.956)}[1-e^{-0.100(t+0.956)}]^{1.937}$

$d^2W/dt^2 = 67.91e^{-0.100(t+0.956)}[1-e^{-0.100(t+0.956)}]^{0.937}[2.937e^{-0.100(t+0.956)}-1]$

雄鱼(2012年)：

$dL/dt = 51.49e^{-0.105(t+0.866)}$

$d^2L/dt^2 = -5.41e^{-0.105(t+0.866)}$

$dW/dt = 553.06e^{-0.105(t+0.866)}[1-e^{-0.105(t+0.866)}]^{1.867}$

$d^2W/dt^2 = 58.06e^{-0.105(t+0.866)}[1-e^{-0.105(t+0.866)}]^{0.867}[2.867e^{-0.105(t+0.866)}-1]$

2008~2009年群体雌鱼的拐点年龄(t_i)为8.5龄，对应的体长和体重分别为332.5mm和589.8g；雄鱼的拐点年龄(t_i)为6.6龄，对应的体长和体重分别为299.7mm和423.0g。2012年群体雌鱼的拐点年龄(t_i)为10.0龄，对应的体长和体重分别为344.3mm和699.7g；雄鱼的拐点年龄(t_i)为9.6龄，对应的体长和体重分别为327.0mm和574.8g(图4-28，图4-29)。

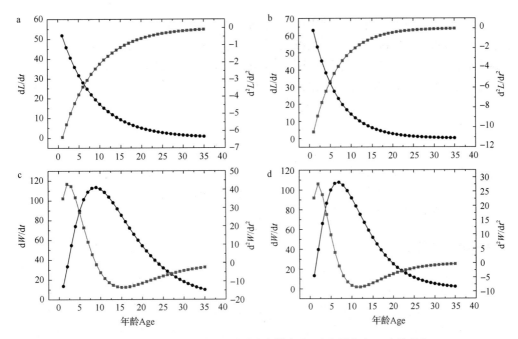

图 4-28　2008～2009 年巨须裂腹鱼雄鱼(a, c)和雌鱼(b, d)体长与
体重生长速度和加速度(彩图请扫封底二维码)

Fig. 4-28　Growth rate and growth acceleration of the standard length and weight of male(a, c)and
female(b,d)for *S.* (*R.*) *macropogon* collected from 2008～2009

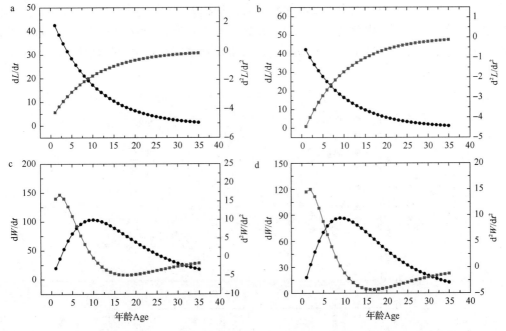

图 4-29　2012 年巨须裂腹鱼雄鱼(a, c)和雌鱼(b, d)体长与体重生长速度和加速度(彩图请扫封底二维码)

Fig. 4-29　Growth rate and growth acceleration of the standard length and weight of male(a, c)and
female(b,d)for *S.* (*R.*) *macropogon* collected in 2012

体长生长速度曲线随着时间的增长，dL/dt 不断递减。体重生长速度曲线和加速度曲线显示，当 $t<t_i$，dW/dt 上升，d^2W/dt^2 下降，但曲线位于正值区域，表明 t_i 前是体重生长递增阶段，但其递增速度逐渐下降；当 $t=t_i$ 时，dW/dt 达最大值，$d^2W/dt^2=0$；当 $t>t_i$ 时，dW/dt 和 d^2W/dt^2 均下降，d^2W/dt^2 曲线位于负值区域，表明体重生长进入缓慢期；d^2W/dt^2 降至最低点后又逐渐上升，表明随着体重生长速度进一步下降，其递减速度亦渐趋缓慢，个体开始进入衰老期。

6 种鱼类的渔获物中，低于其拐点年龄的个体占渔获物总数的 60% 以上，过多拐点年龄以下个体被捕捞，不仅造成这部分鱼类生长潜能的损失，还降低了其补充群体的数量，最终可能导致其种群数量的衰减。有必要限制捕捞量，提高捕捞规格，防止生长型和补充型过度捕捞现象的出现。

六、丰满度和含脂量

(一) 丰满度

按 5 龄为区段分组，统计分析异齿裂腹鱼和拉萨裂腹鱼丰满度的变化(图 4-30，图 4-31)。异齿裂腹鱼幼鱼(性别未辨群体)、雌鱼和雄鱼的平均丰满度分别为 1.6025、1.4429 和 1.4083；拉萨裂腹鱼三者的平均丰满度分别为 1.3774、1.2435 和 1.2418，均为幼鱼＞雌鱼＞雄鱼。

两种裂腹鱼类幼鱼的丰满度自 3 月或 4 月开始缓慢上升，6 月以较大幅度上升至 10 月或 11 月达到全年最高峰，然后逐渐下降至 2 月或 3 月达到全年最低值(图 4-30)。这种周年变化趋势与环境中食物丰度及其摄食行为密切相关。3 月后水温回升，直至 10 月水温适宜鱼类活动，环境中食物相对充足，幼鱼进行大量摄食，为越冬积蓄营养物质和能量，进入冬季，食物丰度下降，水温回落，鱼类摄食量减少，主要消耗体内积蓄的营养和能量维持生命活动。

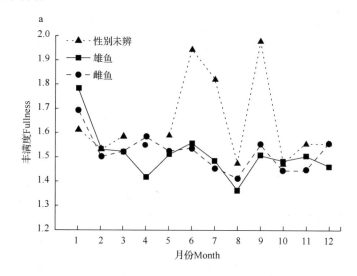

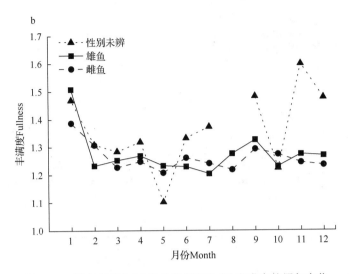

图 4-30 异齿裂腹鱼(a)和拉萨裂腹鱼(b)丰满度的周年变化

Fig. 4-30 Monthly Fullness of *S.(S.) o'connori* (a) and *S.(R.) waltoni* (b)

　　两种裂腹鱼类雌鱼的丰满度 1 月最高，之后急剧下降，3～8 月基本维持在全年较低水平，9 月有所回升，10～12 月又下降。雄鱼不同月份的丰满度呈现出与雌鱼大致相似的趋势，但雄鱼全年丰满度低于雌鱼(图 4-30)。1 月正处于繁殖期前能量的储备阶段，性腺发育引起丰满度升高；2 月底 3 月初开始进入繁殖阶段，丰满度下降。7 月因为水温高，食物丰富，鱼类进行大量的摄食，丰满度开始上升。雄鱼丰满度低于雌鱼，可能是由于雄鱼的繁殖投入小于雌鱼。

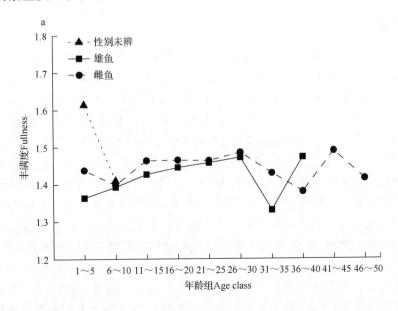

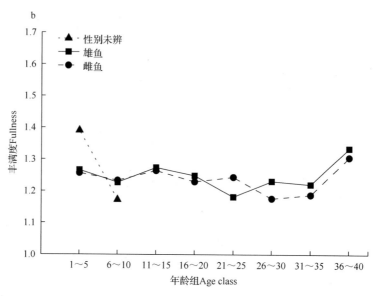

图 4-31　异齿裂腹鱼(a)和拉萨裂腹鱼(b)不同年龄组丰满度的变化

Fig. 4-31　Fullness of age class for *S. (S.) o'connori* (a) and *S. (R.) waltoni* (b)

从图 4-31 可以看出，异齿裂腹鱼雌鱼 1~5 龄组的丰满度高于 6~10 龄组，11~15 龄组至 26~30 龄组的平均丰满度则随着年龄增长小幅上升，31~35 龄组明显下降；雄鱼自 1~5 龄组直至 26~30 龄组保持小幅上升。拉萨裂腹鱼雌鱼和雄鱼 1~5 龄组丰满度较高，6~10 龄组直至 31~35 龄组，各龄组平均丰满度在较小范围内波动。两种鱼类雄鱼和雌鱼的平均丰满度，在各龄组互有高低，无明显差异。31~35 龄组呈现下降的趋势，可能与该年龄组已经进入衰老阶段有关。

(二)含脂量

分析了异齿裂腹鱼和拉萨裂腹鱼不同年龄和雌雄间肠系膜上的脂肪含量的周年变化。异齿裂腹鱼不同年龄的含脂量存在显著性差异(ANOVA，$P=0.044$)；雌鱼和雄鱼间的含脂量差异不显著(t 检验，$P>0.05$)，含脂量随季节有显著变化(ANOVA，$P<0.05$)(图 4-32)。拉萨裂腹鱼不同年龄间的含脂量差异不显著(ANOVA，$P=0.870$)；雌鱼和雄鱼间具有显著性差异(t 检验，$P<0.05$)，含脂量随季节有显著变化(ANOVA，$P<0.05$)(图 4-32)。

含脂量的季节变化通常与鱼的摄食、繁殖和越冬有着密切关系。将异齿裂腹鱼的脂肪系数和成熟系数的年变化(详见图 6-11)作一对照，可以发现脂肪系数和成熟系数的周年变化趋势正好相反。异齿裂腹鱼产卵期为 3~6 月，越冬期末的 2 月，体内营养大量用于性腺最后成熟发育，脂肪系数下降，成熟系数上升特别显著；3~6 月通过摄食吸收的营养部分用于繁殖活动，部分积蓄在体内，脂肪系数在初期缓慢上升，6 月大幅上升；7~8 月进入洪水期，摄食活动下降和性腺发育，脂肪系数迅速下降；洪水期后的 9 月，随着摄食条件改善，摄食活动恢复，脂肪系数开始较大幅度回升。拉萨裂腹鱼含脂量的周年变化规律大体如此(图 4-32)，不同的是拉萨裂腹鱼雌鱼的含脂量除个别月份外，几乎全年低于雄鱼的含脂量，可能与雌鱼性腺发育和繁殖活动需要更多能量有关。

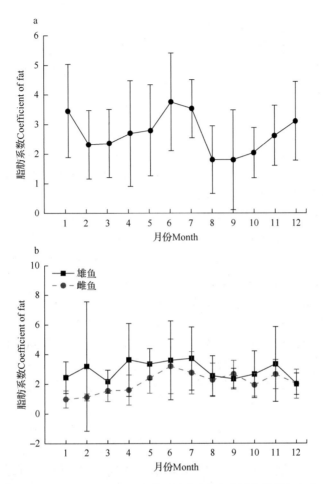

图 4-32 异齿裂腹鱼(a)和拉萨裂腹鱼(b)脂肪系数的周年变化

Fig. 4-32 Monthly coefficient of fat for *S. (S.) o'connori* (a) and *S. (R.) waltoni* (b)

本 章 小 结

(1)微耳石磨片、脊椎骨和鳃盖骨 3 种年龄鉴定材料中,微耳石磨片年轮清晰度达到"非常好"和"好"的比例高于鳃盖骨和脊椎骨;同一材料两次鉴定的平均百分比误差(*IAPE*),微耳石磨片(3.22%)＜鳃盖骨(5.26%)＜脊椎骨(7.56%)。3 种材料鉴定低龄鱼年龄无显著差异,但在鉴定高龄鱼时存在显著性差异;群体平均年龄和最大年龄存在显著差异,均以微耳石磨片最高,表明微耳石磨片鉴定年龄的精确性和准确性最高,是鉴定裂腹鱼类年龄的首选材料。鳃盖骨基部(关节突)增厚,脊椎骨中心孔和边缘覆盖的结缔组织造成年轮清晰度下降是低估高龄鱼年龄的主要原因。

(2)微耳石边缘增长率(*MIR*)在一年中的变化均呈现单峰单谷型,脊椎骨和鳃盖骨边缘的宽窄带比例亦呈现类似变化,表明 3 种钙化组织每年形成一个年轮,形成时间为的 3～6 月。

　　(3)雅鲁藏布江裂腹鱼类渔获物年龄结构复杂，异齿裂腹鱼渔获物最大年龄达到 50 龄，年龄结构最为简单的也达十几龄。渔获物中低于 50%性成熟年龄和低于体重生长拐点年龄的个体均达到 50%以上；巨须裂腹鱼渔获物平均年龄由 2008~2009 年到 2012 年的 4 年间降低约 2 龄，显示现行捕捞政策严重破坏种群补充量，不利于鱼类生长潜力的发挥，长期捕捞对种群延绵极为不利。

　　(4)异齿裂腹鱼、拉萨裂腹鱼和拉萨裸裂尻鱼等 3 种鱼耳石长度、宽度、厚度和重量均随体长的增长而增大，与体长/年龄存在一定的相关性，但随着体长/年龄的增长，增长率下降，个体间变异随之变大，相关性降低，不适合用于高龄鱼的年龄鉴定。

　　(5)异齿裂腹鱼和拉萨裂腹鱼丰满度的周年变化趋势基本一致，不同群体的丰满度大小为幼鱼＞雌鱼＞雄鱼。两种鱼类的丰满度在不同性别、不同月份和不同年龄组间均存在显著性差异。周年变化的原因与鱼类摄食、生殖和越冬等生命活动密切相关。

　　(6)异齿裂腹鱼和拉萨裂腹鱼不同年龄的脂肪系数差异不显著，异齿裂腹鱼不同性别间的脂肪系数差异不显著，拉萨裂腹鱼不同性别间的脂肪系数差异显著；两种鱼的脂肪含量均随季节发生变化，变化趋势与成熟系数变化相反。

　　(7)异齿裂腹鱼、拉萨裸裂尻鱼、尖裸鲤、双须叶须鱼和巨须裂腹鱼等 5 种鱼类的雌鱼、雄鱼和总体关系式中的 b 值与 3 存在显著性差异；拉萨裂腹鱼雌鱼、雄鱼和总体的 b 值与 3 均无显著性差异。异齿裂腹鱼、拉萨裂腹鱼、拉萨裸裂尻鱼、双须叶须鱼和巨须裂腹鱼等 5 种鱼类，雌鱼和雄鱼的体长与体重关系均无显著性差异，尖裸鲤雌鱼和雄鱼的体长与体重关系存在显著性差异。

　　(8)6 种鱼类的雌鱼和雄鱼的表观生长指数($\varnothing$)位于 4.375~4.6231，生长系数(k)处于 0.1/a 附近。体长和体重的生长速度和加速度的变化趋势基本相似：体长生长曲线抛物线形，体长生长速度曲线随着时间的增大，dL/dt 不断递减。体重生长曲线为 S 形，拐点年龄(t_i)前为体重生长递增阶段，但其递增速度逐渐下降；拐点年龄(t_i)后，dW/dt 和 d^2W/dt^2 均下降，表明体重生长进入缓慢期；达到一定年龄后进入衰老期。这些特性表明裂腹鱼类是一类生长缓慢和寿命较长的鱼类。

主要参考文献

陈军, 郑文彪, 伍育源, 等. 2003. 鳜鱼和大眼鳜鱼年龄生长和繁殖力的比较研究. 华南师范大学学报(自然科学版), (1): 110-114.

陈昆慈, 邬国民, 李恒颂. 1999. 珠江斑鳠年龄和生长的研究. 中国水产科学, 6: 62-65.

陈毅峰, 何德奎, 陈宜瑜. 2002b. 色林错裸鲤的年龄鉴定. 动物学报, 48(4): 527-533.

陈毅峰, 何德奎, 段中华. 2002a. 色林错裸鲤的年轮特征. 动物学报, 48(3): 384-392.

丁红霞, 唐文乔, 李思发. 2009. 长江老江河国家级四大家鱼原种场鲢的生长特征. 动物学杂志, 44(2): 21-27.

高志鹏. 2008. 鲇鱼山水库翘嘴鲌生长特性与种群管理研究. 武汉: 华中农业大学硕士学位论文.

何德奎, 陈毅峰, 陈自明, 等. 2001. 色林错裸鲤性腺发育的组织学研究. 水产学报, 25(2): 97-102.

姜志强, 秦克静. 1996. 达里湖鲫的年龄与生长. 水产学报, 20(3): 216-222.

李诚华, 沙学坤. 1993. 黄海黑鲷仔鱼耳石的日轮以及光照对其形成的影响. 海洋与湖沼, 24(5): 511-515.

柳景元. 2006. 厚颌鲂的个体生物学和种群生态研究. 武汉: 华中农业大学博士学位论文.

马骏. 1991. 洪湖黄颡鱼生物学研究//中国科学院水生生物研究所洪湖课题研究组. 洪湖水体生物生产力综合开发及湖泊生态环境优化研究. 北京: 海洋出版社: 153-161.

覃亮. 2009. 徐家河水库翘嘴鲌年龄与生长和繁殖生物学研究. 武汉: 华中农业大学硕士学位论文.

史方, 孙军, 林小涛, 等. 2006. 唐鱼仔鱼耳石的形态发育及日轮. 动物学杂志, 41(4): 10-16.

宋昭彬, 曹文宣. 2001. 鱼类耳石微结构特征的研究与应用. 水生生物学报, 25(6): 613-618.

向德超, 何竹, 朱杰, 等. 1997. 鲫鱼耳石日轮研究. 西南农业大学学报, 19(5): 451-454.

解玉浩, 李勃. 1999. 饥饿和光照对鲻仔鱼耳石沉积和日轮形成的影响. 大连水产学报, 14(3): 1-6.

谢从新. 2009. 鱼类学. 北京: 中国农业出版社.

谢小军. 1986. 南方大口鲇的胚胎发育. 西南师范大学学报(自然科学版), (3): 72-78.

杨帆, 彭文辉. 2001. 南方鲇仔幼鱼耳石日轮的研究. 西南农业大学学报, 23(4): 340-342.

杨明生. 1997. 黄鳝舌骨及生长的研究. 动物学杂志, 32(1): 12-14.

叶富良. 1986. 新丰江水库大眼鳜的生物学及其最大持续渔获量的研究//中国鱼类学会. 鱼类学论文集(第五辑). 北京: 科学出版社: 137-150.

叶富良, 张健东, 朱龙苏. 1994. 乌塘鳢的年龄研究. 湛江水产学院学报, 14(2): 14-16.

殷名称. 1995. 鱼类生态学. 北京: 中国农业出版社.

张健东. 2002. 中华乌塘鳢的生长、生长模型和生活史类型. 生态学报, 22(6): 841-846.

张小谷, 阮正军, 熊邦喜. 2008. 鄱阳湖蒙古鲌年龄与生长特性. 海洋湖沼通报, 3: 137-142.

Alhossaini M , Pitecher T J. 1988. The relation between daily ring, body length and environmental factors in plaice, *Pleuronectesp latessa*, juvenile otoliths. Journal of Fish Biology, 33(3): 409-418.

Alves A, Barros P D, Pinho M R. 2002. Age and growth studies of bigeye tuna *Thunnus obesus* from Madeira using vertebrae. Fisheries Research, 54: 389-393.

Angilletta M J, Steury T D, Sears M W. 2004. Temperature, growth rate, and body size in ectotherms: fitting pieces of a life-history puzzle. Integrative and Comparative Biology, 44: 498-509.

Araya M, Cubillos L A, Guzmán M, et al. 2001. Evidence of a relationship between age and otolith weight in the Chilean jack mackerel, *Trachurus symmetricus murphyi*(Nichols). Fisheries Research, 51: 17-26.

Beamish R J, McFarlane G A. 1983. The forgotten requirement for age validation in fisheries biology. Transactions of the American Fisheries Society, 112: 735-743.

Beckman D W, Wilson C A. 1995. Seasonal timing of opaque zone formation in fish otoliths. *In*: Secor D H, Dean J M, Campana S E. Recent Developments in Fish Otolith Research. Columbia: University of South Carolina Press: 27-43.

Boehlert G W. 1985. Using objective criteria and multiple regression models for age determination in fishes. Fishery Bulletin, 83: 103-117.

Brown C A, Gruber S H. 1988. Age assessment of the lemon shark, *Negaprion brevirostris*, using tetracycline validated vertebral centra. Copeia, 1988: 747-753.

Bustos R, Luque Á, Pajuelo J G. 2009. Age estimation and growth pattern of the island grouper, *Mycteroperca fusca*(Serranidae) in an island population on the northwest coast of Africa. Scientia Marina, 73: 319-328.

Cailliet G M, Goldman K J. 2004. Age determination and validation in Chondrichthyan fishes. *In*: Carrier J, Musick J A, Heithaus M. The Biology of Sharks and Their Relatives. New York: CRC Press: 399-447.

Campana S E. 1984a. Interactive effects of age and environ men tal modifiers on the production of daily growth increments in otoliths of plainfin midshipman *Porichthys notatus*. Fishery Bullentin U S, 82: 165-177.

Campana S E. 1984b. Lunar cycles of otolith growth in the juvenile starry flounder *Platichthys stellatus*. Marine Biology, 80: 239-246.

Campana S E. 1990. How reliable are growth back-calculations based on otoliths? Canadian Journal of Fisheries and Aquatic Sciences, 47: 2219-2227.

Campana S E. 2001. Accuracy, precision and quality control in age determination, including a review of the use and abuse of age validation methods. Journal of Fish Biology, 59: 197-242.

Campana S E, Gagne J A, M unro J. 1987. Otolith microstructure of larval herring, *Clupea harengus*: image or reality. Canadian Journal of Fisheries and Aquatic Sciences, 44:1922-1929.

Campana S E, Neilson J D. 1985. Microstructure of fish otoliths. Canadian Journal of Fisheries and Aquatic Sciences, 42: 1014-1032.

Campana S E, Thorrold S R. 2001. Otoliths, increments, and elements: keys to a comprehensive understanding of fish populations? Canadian Journal of Fisheries and Aquatic Sciences, 58: 30-38.

Casselman J M. 1990. Growth and relative size of calcified structures of fish. Transactions of the American Fisheries Society, 119: 673-688.

Fowler A. 1990. Validation of annual growth increments in the otoliths of a small, tropical coral reef fish. Marine Ecology Progress Series, 64: 25-38.

Gauldie R. 1988. Function, form and time-keeping properties of fish otoliths. Comparative Biochemistry and Physiology Part A: Physiology, 91: 395-402.

Grandcourt E M, Abdessalaam T Z A, Francis F. 2006. Age, growth, mortality and reproduction of the blackspot snapper, *Lutjanus fulviflamma* (Forsskål, 1775), in the southern Arabian Gulf. Fisheries Research, 78: 203-210.

Gunn J S, Clear N P, Carter T I, et al. 2008. Age and growth in southern bluefin tuna, *Thunnus maccoyii* (Castelnau): direct estimation from otoliths, scales and vertebrae. Fisheries Research, 92: 207-220.

Jia Y T, Chen Y F. 2009. Otolith microstructure of *Oxygymnocypris stewartii* (Cypriniformes, Cyprinidae, Schizothoracinae) in the Lhasa River in Tibet, China. Environmental Biology of Fishes, 86: 45-52.

Jia Y T, Chen Y F. 2011. Age structure and growth characteristics of the endemic fish *Oxygymnocypris stewartii* (Cypriniformes: Cyprinidae: Schizothoracinae) in the Yarlung Tsangpo River, Tibet. Zoological Studies, 50: 69-75.

Khan M A, Khan S. 2009. Comparison of age estimates from scale, opercular bone, otolith, vertebrae and dorsal fin ray in *Labeo rohita* (Hamilton), *Catla catla* (Hamilton) and *Channa marulius* (Hamilton). Fisheries Research, 100(3): 255-259.

Lehodey P, Grandperrin R. 1996. Age and growth of the alfonsino *Beryx splendens* over the seamounts off New Caledonia. Marine Biology, 125: 249-258.

Li X Q, Chen Y F, He D K, et al. 2009. Otolith characteristics and age determination of an endemic *Ptychobarbus dipogon* (Regan, 1905) (Cyprinidae: Schizothoracinae) in the Yarlung Tsangpo River, Tibet. Environmental Biology of Fishes, 86: 53-61.

Mann B, Buxton C. 1997. Age and growth of *Diplodus sarguscapensis* and *D. cervinus hottentotus* (Sparidae) on the Tsitsikamma coast, South Africa. Cybium, 21: 135-147.

Maria C C. 1998. Increment formation in otoliths of slow-g rowing winter flounder (*Pleuronectes americanus*) larvae in cold water. Canadian Journal of Fisheries and Aquatic Sciences, 55:162-169.

Marshall S L, Parker S S. 1982. Pattern identification in the microstructure of sockeye salmon (*Oncorhynchus nerka*) otoliths. Canadian Journal of Fisheries and Aquatic Sciences, 39: 542-547.

Morales-Nin B, Ralston S. 1990. Age and growth of *Lutjanus kasmira* (Forskål) in Hawaiian waters. Journal of Fish Biology, 36: 191-203.

Morales-Nin B. 2000. Review of the growth regulation processes of otolith daily increment formation. Fisheries Research, 46: 53-67.

Musick J A. 1999. Ecology and conservation of long-lived marine animals. American Fisheries Society Symposium, 23: 1-10.

Neilson J D, Geen G H. 1982. Otoliths of chinook salmon (*Oncorhynchus tshawytscha*): daily growth increments and factors influencing their production. Canadian Journal of Fisheries and Aquatic Sciences, 39: 1340-1347.

Pajuelo J G, Lorenzo J M, Domínguez-Seoane R. 2003. Age estimation and growth of the zebra seabream *Diplodus cervinus cervinus* (Lowe, 1838) on the Canary Islands shelf (central-East Atlantic). Fisheries Research, 62: 97-103.

Paul L J, Horn P L. 2009. Age and growth of sea perch (*Helicolenus percoides*) from two adjacent areas off the east coast of South Island, New Zealand. Fisheries Research, 95: 169-180.

Phelps Q E, Edwards K R, Willis D W. 2007. Precision of five structures for estimating age of common carp. North American Journal of Fsheries Mmanagement, 27: 103-105.

Pino C A, Cubillos L A, Araya M, et al. 2004. Otolith weight as an estimator of age in the Patagonian grenadier, *Macruronus magellanicus*, in central-south Chile. Fisheries Research, 66: 145-156.

Polat N, Bostanci D, Yilmaz S. 2001. Comparable age determination in different bony structures of *Pleuronectes flesus luscus* Pallas, 1811 inhabiting the Black Sea. Turkish Journal of Zoology, 25: 441-446.

Qiu H, Chen Y F. 2009. Age and growth of *Schizothorax waltoni* in the Yarlung Tsangpo River in Tibet, China. Ichthyological Research, 56: 260-265.

Reñones O, Piñeiro C, Mas X, et al. 2007. Age and growth of the dusky grouper *Epinephelus marginatus* (Lowe 1834) in an exploited population of the western Mediterranean Sea. Journal of Fish Biology, 71: 346-362.

Taubert B D, Coble D W. 1977. Daily rings in otoliths of three species of *Lepomis* and *Tilapia mossambica*. Journal of the Fisheries Research Board of Canada, 34(3): 332-340.

Tserpes G, Tsimenides N. 2001. Age, growth and mortality of *Serranus cabrilla* (Linnaeus, 1758) on the Cretan shelf. Fisheries Research, 51: 27-34.

Tuset V M, González J A, Lozano I J, et al. 2004. Age and growth of the blacktail comber, *Serranus atricauda* (Serranidae), off the Canary Islands (central-eastern Atlantic). Bulletin of Marine Science, 74: 53-68.

Tzeng W N, Yu S Y. 1992. Effects of starvation on the formation of daily growth increments in the otoliths of milk fish *Chanos chanos* (F.) larvae. Journal of Fish Biology, 40: 39-48.

Vilizzi L, Walker K F. 1999. Age and growth of the common carp, *Cyprinus carpio*, in the River Muray, Australia: Validation, consistency of age interpretation, and growth models. Environmental Biology of Fishes, 54: 77-106.

Waldron M E. 1994. Validation of annuli of the South African anchovy, *Engraulis capensis*, using daily otolith growth increments. ICES Journal of Marine Sciences, 51: 233-234.

Yamahira K, Conover D O. 2002. Intra-vs. interspecific latitudinal variation in growth: adaptation to temperature or seasonality? Ecology, 83: 1252-1262.

第五章　食物组成与摄食器官和食物基础的关系

摄食是鱼类生命特征的重要组成部分,鱼类通过摄食获得能量以维持自身的生存、生长和繁殖,同时还能够对鱼类群体的行动规律、食物关系、食物环境以至种群的数量变动产生影响(邓景耀和赵传细,1991)。鱼类的食物在很大程度上取决于水环境中可获得的食物基础(Zander,1996),同时与鱼类在长期进化过程中形成的一系列适应各自食性和摄食方式的形态学特征密切相关(殷名称,1995),而季节、鱼体大小和性别等都是影响鱼类摄食强度和食物组成的潜在因素。这些因素与鱼类自身的个体发育有关,既反映鱼类的生理状态,又反映水体不同季节的温度变化和食物丰度(Hovde et al.,2002;Barbini et al.,2010)。本章研究了雅鲁藏布江中游裂腹鱼类的摄食强度和食物组成,摄食和消化器官在形态上的适应性,分析了种间食物竞争及缓解机制,以期为资源保护和人工养殖提供参考资料。

第一节　食　物　基　础

一、浮游生物

(一)种类组成

共检出浮游植物6门74属(表5-1)。其中硅藻门32属,占总属数的43.2%;绿藻门22属,占29.7%;蓝藻门14属,占18.9%;金藻门1属,黄藻门3属,裸藻门2属。不同季节的种类组成有所不同,春季检出45属,其中优势属为等片藻属和桥弯藻属;夏季检出42属,优势属为针杆藻属、桥弯藻属和菱形藻属;秋季检出43属,优势属为等片藻属、脆杆藻属、舟形藻属和桥弯藻属、异极藻属;冬季检出49属,优势属为针杆藻属和桥弯藻属。

表 5-1　雅鲁藏布江谢通门江段不同季节浮游植物的种类组成

Table 5-1　Composition of phytoplankton from Xaitongmoin section of the Yarlung Zangbo River according to seasons

类别 Category	春 Spring	夏 Summer	秋 Autumn	冬 Winter
硅藻门 Bacillariophyta				
直链藻属 *Melosira*	+	+	+	+
小环藻属 *Cyclotella*	+	+		+
冠盘藻属 *Stephanodiscus*			+	
等片藻属 *Diatoma*	+++	++	+++	++
蛾眉藻属 *Ceratoneis*	+	++	+	++

类别 Category	春 Spring	夏 Summer	秋 Autumn	冬 Winter
星杆藻属 *Asterionella*	+		+	+
脆杆藻属 *Fragilaria*	++	++	+++	++
针杆藻属 *Synedra*	++	+++	++	+++
短缝藻属 *Eunotia*	+	+	+	+
肋缝藻属 *Frustulia*		+		
布纹藻属 *Gyrosigma*	+	++	+	+
美壁藻属 *Caloneis*	+	++	+	+
长篦藻属 *Neidium*		+		
双壁藻属 *Diploneis*	+			
辐节藻属 *Stauroneis*	+	+		
异菱藻属 *Anomoeoneis*			+	
舟形藻属 *Navicula*	++	++	+++	++
羽纹藻属 *Pinnularia*	+	+	++	+
双眉藻属 *Amphora*	++	++	+	+
桥弯藻属 *Cymbella*	+++	+++	+++	+++
双楔藻属 *Didymosphenia*	+	+	+	
异极藻属 *Gomphonema*	++	++	+++	++
两形壳缝藻属 *Amphiraphia*		+	+	
卵形藻属 *Cocconeis*	+	+	+	+
真卵形藻属 *Eucocconeis*	++	+		
曲壳藻属 *Achnanthes*	+	+	+	+
棒杆藻属 *Rhopalodia*		++	+	+
菱板藻属 *Hantzschia*		+		+
菱形藻属 *Nitzschia*	++	+++	++	++
波缘藻属 *Cymatopleura*	++	++	+	+
长羽藻属 *Stenopterobia*	+			
双菱藻属 *Surirella*	+	+	+	+
绿藻门 Chlorophyta				
衣藻属 *Chlamydomonas*			+	
四鞭藻属 *Carteria*	+			
聚盘藻属 *Gonium*				+
实球藻属 *Pandorina*				++
空球藻属 *Eudorina*	+			
小球藻属 *Chlorella*	+	+		+
纤维藻属 *Ankistrodesmus*			+	
卵囊藻属 *Oocystis*		+		
集星藻属 *Actinastrum*	+			
盘星藻属 *Pediastrum*		+	+	

续表

类别 Category	春 Spring	夏 Summer	秋 Autumn	冬 Winter
栅藻属 *Scenedesmus*	+			+
丝藻属 *Ulothrix*	++	+	++	++
尾丝藻属 *Uronema*		+		+
双胞藻属 *Geminella*	+			+
微胞藻属 *Microspora*	+			+
毛枝藻属 *Stigeoclonium*	+			
鞘藻属 *Oedogonium*			+	+
双星藻属 *Zygnema*	+		+	+
转板藻属 *Mougeotia*	+	+	+	++
水绵属 *Spirogyra*	+	+	+	+
新月藻属 *Closterium*	+	+	+	+
鼓藻属 *Cosmarium*	+	+	+	
蓝藻门 Cyanophyta				
微囊藻属 *Microcystis*			+	+
隐球藻属 *Aphanocapsa*				+
隐杆藻属 *Aphanothece*				+
立方藻属 *Eucapsis*	+			
平裂藻属 *Merismopedia*		+	+	+
蓝纤维藻属 *Dactylococcopsis*				+
管孢藻属 *Chamaesiphon*			+	
尖头藻属 *Raphidiopsis*		+		
念珠藻属 *Nostoc*		+		
螺旋藻属 *Spirulina*				+
颤藻属 *Oscillatoria*	+	+	+	+
席藻属 *Phormidium*	++	++	++	+
鞘丝藻属 *Lyngbya*			+	+
束藻属 *Symploca*				+
金藻门 Chrysophyta				
水树藻属 *Hydrurus*	++	+		+
黄藻门 Xanthophyta				
黄丝藻属 *Tribonema*	++		+	
周泡藻属 *Vacuolaria*	+			
束刺藻属 *Merotrichia*			+	+
裸藻门 Euglenophyta				
裸藻属 *Euglena*			+	+
鳞孔藻属 *Lepocinclis*				+

注 Notes: "+++"表示很多 indicate many, "++"表示较多 indicate some, "+"表示出现 indicate occurred

共检出浮游动物 3 门 45 属(表 5-2)。其中原生动物门肉足虫类 5 属，纤毛虫类 17 属；轮虫动物门蛭态目 2 属，单巢目 17 属；节肢动物门枝角类 4 属，桡足类 1 目。不同季节的种类组成有所不同，春季检出 21 属；夏季检出 12 属，其中出现频率较高的是砂壳虫和钟虫；秋季检出 15 属，出现频率较高的是须足轮虫和巨头轮虫；冬季检出 14 属。

表 5-2　雅鲁藏布江谢通门江段不同季节浮游动物的种类组成

Table 5-2　Composition of zooplankton from Xaitongmoin section of the Yarlung Zangbo River according to seasons

类别 Category	春 Spring	夏 Summer	秋 Autumn	冬 Winter
肉足虫纲 Sarcodina				
变形虫属 *Amoeba*	+		+	
砂壳虫属 *Difflugia*	+	++	+	+
匣壳虫属 *Centropyxis*		+		
鳞壳虫属 *Euglypha*	+		+	
曲颈虫属 *Cyphoderia*	+			
纤毛虫 Ciliated protozoa				
裸口虫属 *Holophrya*				+
尾毛虫属 *Urotricha*			+	
斜口虫属 *Enchelys*	+			+
瓶口虫属 *Lagynophrya*	+			
篮口虫属 *Nassula*	+			
四膜虫属 *Tetrahymena*		+		
瞬目虫属 *Glaucoma*				+
双膜虫属 *Dichilum*			+	
前口虫属 *Frontonia*		+		
囊膜虫属 *Espejoia*	+			
嗜腐虫属 *Sathrophilus*		+		
膜袋虫属 *Cyclidium*				+
钟虫属 *Vorticella*	+	++		+
聚缩虫属 *Zoothamnium*		+		
累枝虫属 *Epistylis*				+
盖虫属 *Opercularia*	+			
尖毛虫属 *Oxytricha*		+		
轮虫动物门 Rotifera				
蛭态目 Bdelloidea				
旋轮虫属 *Philodina*	+		+	+
轮虫属 *Rotaria*	+	+		+
单巢目 Monogononta				

类别 Category	春 Spring	夏 Summer	秋 Autumn	冬 Winter
晶囊轮虫属 *Asplanchna*			+	+
囊足轮虫属 *Asplanchnopus*			+	+
鬼轮虫属 *Trichotria*			+	
臂尾轮虫属 *Brachionus*	+		+	
须足轮虫属 *Euchlanis*			++	
棘管轮虫属 *Mytilina*		+		
叶轮虫属 *Notholca*	+			
鞍甲轮虫属 *Lepadella*	+		+	
单趾轮虫属 *Monostyla*		+		
前翼轮虫属 *Proales*	+			
侧盘轮虫属 *Pleurotrocha*				+
柱头轮虫属 *Eosphora*	+			
巨头轮虫属 *Cephalodella*			++	
彩胃轮虫属 *Chromogaster*	+			
无柄轮虫属 *Ascomorpha*	+	+		
皱甲轮虫属 *Ploesoma*			+	
泡轮虫属 *Pompholyx*	+			
节肢动物门 Arthropoda				
枝角类 Cladocera				
溞属 *Daphnia*				+
象鼻溞属 *Bosmina*	+			
尖额溞属 *Alona*			+	
盘肠溞属 *Chydorus*				+
桡足类 Copepods				
无节幼体 Copepodid	+	+		
剑水蚤目 Cyclopoida		+	+	

注 Notes："+++"表示很多 indicate many，"++"表示较多 indicate some，"+"表示出现 indicate occurred

（二）生物量

不同季节浮游植物的密度和生物量见表 5-3。总体上秋季浮游植物的密度和生物量明显高于其他季节。硅藻门的密度和生物量在一年四季中都占绝对优势，其中以秋季最高，分别占总量的 93.10% 和 84.45%；其次为蓝藻门和绿藻门，蓝藻门的密度高于绿藻门(除了夏季)，但生物量却远低于绿藻门；春季金藻门中的水树藻也占有一定比例，密度和生物量分别占总量的 2.94% 和 0.16%。

表 5-3　雅鲁藏布江谢通门江段不同季节浮游植物的密度和生物量
Table 5-3　Density and biomass of phytoplankton from Xaitongmoin section of the Yarlung Zangbo River according to seasons

类别 Category	密度 Density（cells/L）				生物量 Biomass（$\times 10^{-4}$mg/L）			
	春 Spring	夏 Summer	秋 Autumn	冬 Winter	春 Spring	夏 Summer	秋 Autumn	冬 Winter
硅藻门 Bacillariophyta	296 250	182 500	722 187.5	176 562.5	11 009.5	8 051.8	28 728.6	8 595.7
绿藻门 Chlorophyta	12 500	13 812.5	7 875	17 062.5	5 660.6	4 750.4	5 276.7	13 201.8
蓝藻门 Cyanophyta	21 666.7	12 500	45 625	22 500	6.8	3.9	12.4	7.1
金藻门 Chrysophyta	10 000				27.1			
黄藻门 Xanthophyta			62.5				1.7	
合计 Total	340 416.7	208 812.5	775 750.0	216 125.0	16 704.0	12 806.1	34 019.4	21 804.6

不同季节浮游动物的密度和生物量见表 5-4。总体上秋季浮游动物的密度和生物量明显高于其他季节。冬季未采集到轮虫，而在其他 3 个季节中轮虫的密度虽不及原生动物，但生物量却占优势。枝角类和桡足类的密度和生物量在一年四季中都非常少。由于浮游动物所采集的定量样品中物种多样性较低，没有对其进行不同季节的比较。

表 5-4　雅鲁藏布江谢通门江段不同季节浮游动物的密度和生物量
Table 5-4　Density and biomass of zooplankton from Xaitongmoin section of the Yarlung Zangbo River according to seasons

类别 Category	密度 Density（ind/200L）				生物量 Biomass（$\times 10^{-4}$mg/200L）			
	春 Spring	夏 Summer	秋 Autumn	冬 Winter	春 Spring	夏 Summer	秋 Autumn	冬 Winter
肉足虫纲 Sarcodina		25 000	12 500	12 500		9 693.2	4 846.6	4 846.6
纤毛虫 Ciliated protozoa	66 666.7	37 500	50 000	12 500	9 420	5 298.8	7 065	1 766.3
单巢目 Monogononta	16 666.7	12 500	50 000		13 306.0	9 979.5	98 473.9	
枝角类 Cladocera			1	4			32.6	199.2
桡足类 Copepods	1	1	2	6	71.5	30	143.0	304.4
合计 Total	83 334.4	75 001.0	112 503.0	25 010.0	22 797.5	25 001.5	110 561.1	7 116.5

（三）多样性和均匀性

对雅鲁藏布江不同季节浮游植物物种多样性和均匀性进行了比较（图 5-1）。Shannon-Wiener 多样性指数（H'）和 Pielou 均匀性指数（J）均以春季最高，其次为冬季，夏秋两季较低。

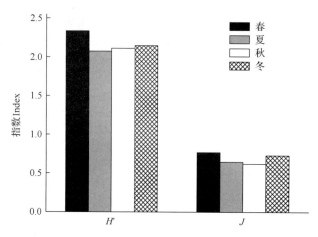

图 5-1　雅鲁藏布江谢通门江段不同季节浮游植物 Shannon-Wiener 指数
(H') 和 Pielou's evenness 指数 (J) 的比较

Fig. 5-1　Comparisons of Shannon-Wiener index (H') and Pielou's evenness index (J) of
phytoplankton from Xaitongmoin section of the Yarlung Zangbo River according to seasons

二、周丛生物

(一)种类组成

共检出周丛生物 10 门 96 属，另外 8 个为其他分类单元(表 5-5)。其中藻类以硅藻门最多，33 属，绿藻门 20 属，蓝藻门 10 属，金藻门 1 属，黄藻门 1 属，裸藻门 2 属；原生动物门 22 属，轮虫动物门 7 属；此外，还有软体动物门的壳顶幼虫，节肢动物门的桡足类无节幼体和昆虫幼虫。

表 5-5　雅鲁藏布江谢通门江段不同季节周丛生物的种类组成

Table 5-5　Composition of periphyton from Xaitongmoin section of
the Yarlung Zangbo River according to seasons

类别 Category	春 Spring	夏 Summer	秋 Autumn	冬 Winter
硅藻门 Bacillariophyta				
直链藻属 *Melosira*		+	+	+
小环藻属 *Cyclotella*	+	+	++	++
四环藻属 *Tetracyclus*	+	+	+	
平板藻属 *Tebellaria*		++		
等片藻属 *Diatoma*	+++	+++	+++	+++
蛾眉藻属 *Ceratoneis*	+	+	+	+++
脆杆藻属 *Fragilaria*	++	++	+++	++
针杆藻属 *Synedra*	++	++	++	++
星杆藻属 *Asterionella*	+			

续表

类别 Category	春 Spring	夏 Summer	秋 Autumn	冬 Winter
短缝藻属 *Eunotia*	+	+	+	+
布纹藻属 *Gyrosigma*		+		
美壁藻属 *Caloneis*	++	+	+	++
长篦藻属 *Neidium*	+			
双壁藻属 *Diploneis*	+	+	+	+
辐节藻属 *Stauroneis*	+	++	+	
异菱藻属 *Anomoeoneis*	+	+		
舟形藻属 *Navicula*	+++	+++	++	+++
羽纹藻属 *Pinnularia*	++	++	++	+
双眉藻属 *Amphora*	+		++	+
桥弯藻属 *Cymbella*	+++	+++	+++	+++
双楔藻属 *Didymosphenia*		+	+	+
异极藻属 *Gomphonema*	+++	++	+++	++
两形壳缝藻属 *Amphiraphia*		+	+	+
弯楔藻属 *Rhoicosphenia*	+		+	+
卵形藻属 *Cocconeis*	+	+	+	+
真卵形藻属 *Eucocconeis*	++			++
曲壳藻属 *Achnanthes*	++	++	++	+
棒杆藻属 *Rhopalodia*	+		++	+
菱板藻属 *Hantzschia*	+	+		+
菱形藻属 *Nitzschia*	+	++	+	+
波缘藻属 *Cymatopleura*	+	+	+	+
双菱藻属 *Surirella*	+	+	+	+
马鞍藻属 *Campylodiscus*				+
绿藻门 Chlorophyta				
衣藻属 *Chlamydomonas*	+	+	++	
绿球藻属 *Chlorococcum*			++	
弓形藻属 *Schroederia*	++	++		
小球藻属 *Chlorella*			+	
纤维藻属 *Ankistrodesmus*				+
卵囊藻属 *Oocystis*			+	+
盘星藻属 *Pediastrum*				+
栅藻属 *Scenedesmus*				+

类别 Category	春 Spring	夏 Summer	秋 Autumn	冬 Winter
丝藻属 *Ulothrix*				++
尾丝藻属 *Uronema*	+		++	+
微胞藻属 *Microspora*				+
竹枝藻属 *Draparnaldia*				+
鞘藻属 *Oedogonium*		+		
根枝藻属 *Rhizoclonium*	+			
双星藻属 *Zygnema*			+	
转板藻属 *Mougeotia*			+	
水绵属 *Spirogyra*			++	+
棒形鼓藻属 *Gonatozygon*			+	
新月藻属 *Closterium*			+	+
鼓藻属 *Cosmarium*		+	+	+
蓝藻门 Cyanophyta				
粘杆藻属 *Gloeothece*				+
色球藻属 *Chroococcus*			+	
平裂藻属 *Merismopedia*			++	
蓝纤维藻属 *Dactylococcopsis*	+		+	+
念珠藻属 *Nostoc*	+			
鱼腥藻属 *Anabeana*				+
螺旋藻属 *Spirulina*	+			
颤藻属 *Oscillatoria*	++	++	++	++
席藻属 *Phormidium*	++	+	+	+
鞘丝藻属 *Lyngbya*	++			
其他藻类 Other algae				
水树藻属 *Hydrurus*	+			+
黄丝藻属 *Tribonema*			+	
囊裸藻属 *Trachelomonas*		+		
裸藻属 *Euglena*	+		+	
小型无脊椎动物 Small invertebrates				
表壳虫属 *Arcella*	+	+	+	+
砂壳虫属 *Difflugia*	+	+		++
圆壳虫属 *Cyclopyxis*				+
鳞壳虫属 *Euglypha*	+	+	+	+
三足虫属 *Trinema*				+

类别 Category	春 Spring	夏 Summer	秋 Autumn	冬 Winter
刺胞虫属 *Acanthocystis*	+			
裸口虫属 *Holophrya*				+
前管虫属 *Prorodon*	+			
斜板虫属 *Plagiocampa*			+	
板壳虫属 *Coleps*	+			
瓶口虫属 *Lagynophrya*	+			
肾形虫属 *Colpoda*			+	
小胸虫属 *Microthorax*		+		
斜管虫属 *Chilodonella*	+			+
四膜虫属 *Tetrahymena*		+	+	
瞬目虫属 *Glaucoma*			+	
草履虫属 *Paramecium*			+	
前口虫属 *Frontonia*	+		+	+
钟虫属 *Vorticella*		+	+	
累枝虫属 *Epistylis*	+			+
爽口虫属 *Climacostomum*			+	
尖毛虫属 *Oxytricha*	+			
轮虫卵 Rotifer eggs	+	+	+	+
旋轮虫属 *Philodina*			+	
猪吻轮虫属 *Dicranophorus*	+			
臂尾轮虫属 *Brachionus*			+	
须足轮虫属 *Euchlanis*	+			
龟纹轮虫属 *Anuraeopsis*				+
合甲轮虫属 *Diplois*	+		+	
无柄轮虫属 *Ascomorpha*	+		+	
未知轮虫 Unidentified rotifers	+			
壳顶幼虫 Lamellibranch umbo-veliger larvae				+
无节幼体 Copepodid	+			
其他 Remains				
花粉 Pollens	+	+		

注 Notes：　"+++"表示很多 indicate many，"++"表示较多 indicate some，"+"表示出现 indicate occurred

不同季节的种类组成有所不同，春季检出 55 属，其中优势属为等片藻属、舟形藻属、桥弯藻属和异极藻属；夏季检出 40 属，优势属为等片藻属、舟形藻属和桥弯藻属；秋季检出 58 属，优势属为等片藻属、脆杆藻属、桥弯藻属和异极藻属；冬季检出 55 属，优势属为等片藻属、蛾眉藻属、舟形藻属和桥弯藻属。可见一年中出现频率最高的是等片藻和桥弯藻。

(二)生物量

不同季节周丛生物的密度和生物量见表 5-6(为了避免重复计算,将大型无脊椎动物归入底栖动物,其生物量全年保持在周丛生物的 38% 左右)。总体上春季周丛生物的密度和生物量明显高于其他季节,而夏季则显著低于其他季节。硅藻门的密度和生物量在一年四季中都占绝对优势,其中以冬季最高,分别占总量的 95.62% 和 98.62%;其次为蓝藻门和绿藻门,蓝藻门的密度高于绿藻门(除了秋季),但生物量却远低于绿藻门。此外,在周丛生物的样本中还发现有一定量的有机碎屑、大量的泥沙。

表 5-6　雅鲁藏布江谢通门江段不同季节周丛生物的平均密度和生物量

Table 5-6　Mean density and biomass of periphyton from Xaitongmoin section of the Yarlung Zangbo River according to seasons

类别 Category	密度 Density (cells/cm^2)				生物量 Biomass (×10^{-4}mg/cm^2)			
	春 Spring	夏 Summer	秋 Autumn	冬 Winter	春 Spring	夏 Summer	秋 Autumn	冬 Winter
硅藻门 Bacillariophyta	1 287 715.4	780.0	407 456.1	521 140.0	27 205.8	26.9	6 610.9	7 334.5
绿藻门 Chlorophyta	13 985.0	11.1	44 073.1	1 694.6	1 191.7	1.0	2 372.3	92.3
蓝藻门 Cyanophyta	174 302.5	244.4	2 885.6	22 161.4	54.1	0.1	0.9	6.9
其他藻类 Other algae	2 129.6		44.4	1.9	6.4		0.4	< 0.1
小型无脊椎动物 Small invertebrates	291.1	1.4	18.9	6.7	77.2	0.3	11.8	3.5
其他 Remains	76.9	0.1	< 0.1		6.3	0.1	< 0.1	
合计 Total	1 478 500.5	1 037.0	454 478.1	545 004.6	28 541.5	28.4	8 996.3	7 437.2

(三)多样性和均匀性

图 5-2 对雅鲁藏布江不同季节周丛生物物种多样性和均匀性进行了比较。Shannon-Wiener 多样性指数(H')和 Pielou 均匀性指数(J)均以夏季最高,其次为秋季和春季,冬季最低。

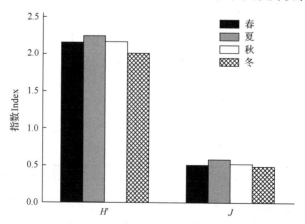

图 5-2　雅鲁藏布江谢通门江段不同季节周丛生物 Shannon-Wiener 指数(H')和 Pielou's evenness 指数(J)的比较

Fig. 5-2　Comparisons of Shannon-Wiener index (H') and Pielou's evenness index (J) of periphyton from Xaitongmoin section of the Yarlung Zangbo River according to seasons

三、底栖动物

(一)种类组成

共检出底栖动物 5 门 28 属或科(3 个为其他分类单元，表 5-7)。其中有线虫动物门的线虫，缓步动物门的水熊虫，环节动物门的水蛭，软体动物门的萝卜螺和圆扁螺，节肢动物门甲壳纲的钩虾和蛛形纲的水蜘蛛，昆虫纲的种类最多，有 21 属或科。可见，雅鲁藏布江底栖动物以水生昆虫为主，尤其是夏季。不同季节的种类组成有所不同，春季检出 16 属(包含其他分类单元，下同)，夏季检出 13 属，秋季检出 17 属，冬季检出 10 属。

表 5-7　雅鲁藏布江谢通门江段不同季节底栖动物的种类组成

Table 5-7　Composition of zoobenthos from Xaitongmoin section of
the Yarlung Zangbo River according to seasons

类别 Category	春 Spring	夏 Summer	秋 Autumn	冬 Winter
线虫动物门 Nematomorpha	+	+	+	+
缓步动物门 Tardigrada				
水熊虫 Water bear	+		+	+
环节动物门 Annelida				
蛭纲 Hirudinea		+	+	
软体动物门 Mollusca				
腹足纲 Gastropoda				
萝卜螺属 *Radix*	+	+	+	+
圆扁螺属 *Hippeutis*		+		
节肢动物门 Arthropoda				
甲壳纲 Crustacea				
钩虾属 *Gammarus*		+		
昆虫纲 Insecta				
石蝇科 Perlidae			+	
箭蜓科幼虫 Gomphidae	+		+	
蜻科幼虫 Libellulidae	+			
石蛾科幼虫 Phryganeidae				+
短石蛾属幼虫 *Brachycentrus*	+		+	
侧枝纹石蛾属幼虫 *Ceratopsyche*			+	
短脉纹石蛾属幼虫 *cheumatopsyche*	+		+	+
纹石蛾科一属幼虫 *Macrostemum*				+
四节蜉属幼虫 *Baetis*	+		+	
锯形蜉属幼虫 *Serratella*		+		

类别 Category	春 Spring	夏 Summer	秋 Autumn	冬 Winter
小蜉属幼虫 *Ephemerella*		+		
直突摇蚊属幼虫 *Orthocladius*	+	+	+	+
环足摇蚊属 *Cricotopus*	+			
摇蚊属幼虫 *Chironomus*	+			+
裸须摇蚊属幼虫 *Propsilocerus*	+	+	+	+
摇蚊科一属幼虫 *Radotanypus*	+			
褐跗隐摇蚊幼虫 *Cryptochironomus fuscimahus*	+			
摇蚊科蛹 Chironomidae pupae	+	+	+	
摇蚊科 Chironomidae		+	+	
蚋属幼虫 *Simulium*	+		+	
潜蝽科 Naucoridae			+	+
田鳖科 Belostomatidae		+		
划蝽科 Corixidae			+	
蛛形纲 Arachnida				
水蜘蛛 *Araneae*		+		

(二) 生物量

底栖动物各类群，除水生昆虫以外的其他类群虽然在各个季节均有出现，但仅在夏季形成一定的密度和生物量，水生昆虫则在各个季节均形成一定的密度和生物量。水生昆虫的密度夏季最高，生物量则是春季最高(表 5-8)。

表 5-8　雅鲁藏布江谢通门江段不同季节底栖动物的密度和生物量

Table 5-8　Density and biomass of zoobenthos from Xaitongmoin section of the Yarlung Zangbo River according to seasons

类别 Category	密度 Density (ind/m^2)				生物量 Biomass (g/m^2)			
	春 Spring	夏 Summer	秋 Autumn	冬 Winter	春 Spring	夏 Summer	秋 Autumn	冬 Winter
蛭纲 Hirudinea		78.6				0.3696		
腹足纲 Gastropoda		353.9				5.5044		
甲壳纲 Crustacea		39.3				0.0472		
昆虫纲 Insecta	6120.4	1179.5	7706.2	3182.1	12.7900	4.4547	9.0293	4.1676
蛛形纲 Arachnida		118.0				0.0786		
合计 Total	6120.4	1769.3	7706.2	3182.1	12.7900	10.4545	9.0293	4.1676

(三) 多样性和均匀性

图 5-3 对雅鲁藏布江不同季节底栖动物物种多样性和均匀性进行了比较。Shannon-Wiener 多样性指数(H')和 Pielou 均匀性指数(J)均以夏季最高，其次为春季，秋季和冬季较低。

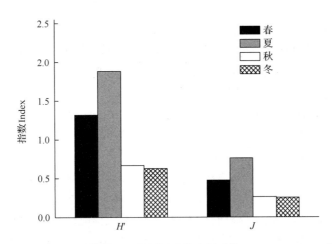

图 5-3　雅鲁藏布江谢通门江段不同季节底栖动物 Shannon-Wiener 指数
（H'）和 Pielou's evenness 指数（J）的比较

Fig. 5-3　Comparisons of Shannon-Wiener index（H'）and Pielou's evenness index（J）
of zoobenthos from Xaitongmoin section of the Yarlung Zangbo River according to seasons

　　雅鲁藏布江谢通门江段地处西藏高寒干旱高原区，海拔在 4000m 左右，干旱少雨，植被稀疏，除洪水季节因雪山融水裹挟泥沙造成河水浑浊外，其他季节河流水质清瘦。因此，该江段的水生生物也表现出相应的特征。

　　浮游植物全年都以硅藻占绝对优势，硅藻的属数占藻类总属数的 43.2%。优势种类也多为寡污和弱中污种类，如桥弯藻、等片藻和针杆藻等。浮游动物全年以原生动物和轮虫为主，枝角类和桡足类非常少。浮游植物和浮游动物的密度与生物量都以秋季最高。

　　雅鲁藏布江宽谷江段水较浅，底质又以卵石和砾石为主，为着生藻类提供了适宜的生态环境条件，故该江段周丛生物的种类数量、密度和生物量相对较高。周丛生物的组成较为复杂，包括浮游生物和底栖动物中出现的绝大部分种类。周丛生物中也以硅藻占优势，优势属与浮游植物类似，为桥弯藻、等片藻和舟形藻。除了夏季，其他季节该江段周丛生物的密度和生物量分别在 45×10^4ind/cm^2 和 0.6mg/cm^2 以上。夏季由于降雨和雪山融水的补给，水位上涨，透明度降低，导致藻类的光合作用受阻，从而引起整个周丛生物群落密度和生物量的降低。底栖动物以水生昆虫为主，这与赵伟华和刘学勤（2010）在雄村河段的调查结果相似。底栖动物的物种多样性以夏季最高，但密度和生物量却分别以秋季和春季最高。

第二节　食 性 组 成

一、摄食率

　　卡方检验表明，6 种裂腹鱼类空肠率无显著性性别差异（χ^2 检验，所有 $P > 0.05$），因此将 6 种裂腹鱼类雌鱼和雄鱼的空肠率数据合并后对其进行进一步分析。

　　异齿裂腹鱼用于摄食强度分析的样本总共 378 尾，其中 197 尾雌鱼体长为 211～562mm，152 尾雄鱼体长为 195～460mm，还有 29 尾性别未辨个体体长为 90～290mm。

378 尾样本中, 有 170 尾出现空肠, 占 45.0%。

拉萨裂腹鱼用于摄食强度分析的样本总共 836 尾, 其中 389 尾雌鱼体长为 157～636mm, 285 尾雄鱼体长在 176～499mm, 还有 162 尾性别未辨个体, 体长为 98～303mm。836 尾样本中, 空肠个体有 200 尾, 占总样本的 23.9%。

尖裸鲤用于摄食强度分析的样本总计 462 尾, 其中 298 尾雌鱼体长为 157～587mm, 149 尾雄鱼体长为 167～594mm, 还有 15 尾性别未辨个体, 体长为 179～260mm。462 尾样本中, 117 尾为空肠, 占总体的 25.3%。

拉萨裸裂尻鱼摄食强度分析的样本总共 463 尾, 其中 336 尾雌鱼体长为 122～423mm, 127 尾雄鱼体长为 161～337mm。463 尾样本中, 87 尾出现空肠, 占 18.8%。

双须叶须鱼用于摄食强度分析的样本总共有 744 尾, 雌性样本 380 尾, 体长为 146～554mm; 雄性样本 241 尾, 体长为 167～506mm; 性别未辨样本 123 尾, 体长为 110～292mm。744 尾样本中, 空肠样本 174 尾, 占总样本数的 23.4%。

巨须裂腹鱼用于摄食强度分析的样本总共有 336 尾, 雌性样本 150 尾, 体长为 139～474mm; 雄性样本 169 尾, 体长为 113～421mm; 性别未辨样本 17 尾, 体长为 98～285mm。336 尾样本中, 空肠样本 65 尾, 占总样本数的 19.3%。

6 种裂腹鱼类不同月份空肠率的变化情况见图 5-4。总体上 6 种裂腹鱼类空肠率随月份变化差异显著 (χ^2 检验, 所有 $P < 0.05$), 最高值通常出现于夏季 (36.9%～90%), 最低值通常出现于秋季或春季 (0%)。

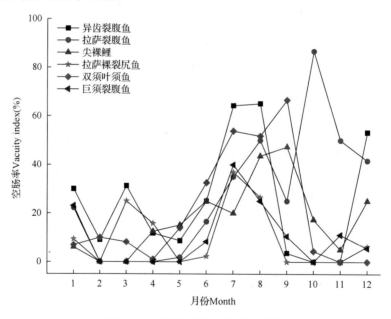

图 5-4　6 种裂腹鱼类空肠率月变化

Fig. 5-4　Monthly variation of vacuity index of six Schizothoracinae fishes

一些学者认为, 鱼类在产卵前和产卵期, 其发育成熟的性腺会占据绝大部分的体腔空间, 从而压缩鱼类消化道的空间, 最终导致其摄食强度下降 (Olaso et al., 2000)。此外,鱼类摄食强度的季节变化通常与水温的季节变化呈正相关关系，即水温的上升或下降能够引起鱼类新陈代谢速率的上升或下降，进而导致鱼类摄食强度的升高或降低(薛莹，2005；Macpherson and Duarte，1991)。雅鲁藏布江中游6种裂腹鱼类的摄食强度存在显著的季节变化，秋季最大，冬季和春季次之，夏季最小，这与裂腹鱼类自身的生理特点和雅鲁藏布江独特的环境因素相关。雅鲁藏布江中上游江段植被覆盖较少，岸边多是细沙与砾石，每年夏季雅鲁藏布江流域进入雨季，大量降水裹挟着泥沙进入江中，江水浑浊，透明度很低(8月透明度100mm)。对于植食性裂腹鱼类来说，透明度的降低使得到达卵石、砾石等基质上的光线减弱，导致藻类的光合作用受阻，从而引起整个周丛生物群落的密度和生物量降低(Asaeda and Son，2000)。这一结论与野外调查的结果一致，即夏季所采集周丛生物的密度和生物量远低于其他季节(见本章第一节)；而对于肉食性裂腹鱼类来说，随着水体透明度的下降，其捕食成功率可能下降。此外，夏季雅鲁藏布江的水温达到全年的最高值(图4-3)，这使得裂腹鱼类的消化率显著高于其他季节时的消化率。因此，推测夏季摄食率较低，可能是由觅食空间受到压缩和食物消化率较高引起的；秋季雅鲁藏布江裂腹鱼类摄食强度增高则可能与其能量储存和性腺发育有关，雅鲁藏布江裂腹鱼类通常以Ⅳ期性腺越冬，翌年2~5月产卵，其秋季增加摄食能够为脂肪的储备和性腺的发育提供能量，从而为越冬和翌年的繁殖活动储备能量；冬季和春季雅鲁藏布江裂腹鱼类摄食强度较低则可能与其产卵活动和水温较低相关。

二、食物组成

(一)异齿裂腹鱼

食物分析样本136尾，共检出藻类6门68属，其中硅藻门29属，绿藻门22属，蓝藻门14属，金藻门、黄藻门和裸藻门各1属；原生动物门8属，轮虫动物门10属，枝角类3属，桡足类2目，昆虫纲2科，还有蜘蛛纲的水蜘蛛和软体动物门的壳顶幼虫；此外，在异齿裂腹鱼消化道中还发现少量的水生植物腐烂碎屑和有机碎屑及大量的泥沙，这些成分可能是在鱼类摄取食物时带入的(表5-9)。

表 5-9　异齿裂腹鱼的食物组成(n=136)
Table 5-9　Diet composition of *S.* (*S.*) *o'connori*(n=136)

食物类别 Food item	O%	N%	W%	IRI	IRI%
硅藻门 Bacillariophyta					
直链藻属 *Melosira*	25.74	+	0.01	0.41	+
小环藻属 *Cyclotella*	59.56	+	+	0.21	+
等片藻属 *Diatoma*	100	52.34	35.41	8775.62	47.87
蛾眉藻属 *Ceratoneis*	76.47	0.01	0.01	1.77	0.01
脆杆藻属 *Fragilaria*	100	2.60	1.49	408.87	2.23
针杆藻属 *Synedra*	100	3.34	1.68	501.49	2.74
布纹藻属 *Gyrosigma*	25.74	+	0.04	1.07	0.01

续表

食物类别 Food item	O%	N%	W%	IRI	IRI%
美壁藻属 Caloneis	79.41	0.04	0.09	10.55	0.06
长篦藻属 Neidium	30.15	+	+	0.15	+
双壁藻属 Diploneis	50.74	0.01	0.02	1.58	0.01
辐节藻属 Stauroneis	6.62	+	+	+	+
舟形藻属 Navicula	99.26	2.61	5.77	831.92	4.54
羽纹藻属 Pinnularia	21.32	0.01	0.08	1.93	0.01
双眉藻属 Amphora	94.12	0.25	0.57	77.39	0.42
桥弯藻属 Cymbella	100	9.10	16.84	2594.18	14.15
双楔藻属 Didymosphenia	8.82	+	0.01	0.10	+
异极藻属 Gomphonema	100	6.45	4.84	1128.61	6.16
两形壳缝藻属 Amphiraphia	2.21	+	+	+	+
弯楔藻属 Rhoicosphenia	8.09	+	+	+	+
卵形藻属 Cocconeis	75.74	+	+	0.52	+
真卵形藻属 Eucocconeis	97.06	0.35	0.15	48.37	0.26
曲壳藻属 Achnanthes	100	12.29	2.04	1433.03	7.82
窗纹藻属 Epithemia	3.68	+	+	+	+
棒杆藻属 Rhopalodia	1.47	+	+	+	+
菱板藻属 Hantzschia	30.15	0.02	0.09	3.21	0.02
菱形藻属 Nitzschia	96.32	0.90	7.09	769.29	4.20
波缘藻属 Cymatopleura	58.82	0.02	0.99	59.42	0.32
双菱藻属 Surirella	97.06	0.17	0.53	68.51	0.37
马鞍藻属 Campylodiscus	2.21	+	+	+	+
绿藻门 Chlorophyta					
实球藻属 Pandorina	2.21	+	+	+	+
绿球藻属 Chlorococcum	5.15	+	+	+	+
小椿藻属 Characium	2.94	+	+	+	+
小球藻属 Chlorella	31.62	+	+	0.07	+
纤维藻属 Ankistrodesmus	6.62	+	+	+	+
胶网藻属 Dictyosphaerium	0.74	+	+	+	+
盘星藻属 Pediastrum	2.94	+	+	+	+
栅藻属 Scenedesmus	25.00	+	+	0.07	+
十字藻属 Crucigenia	6.62	+	+	0.01	+
丝藻属 Ulothrix	94.12	0.09	0.58	63.68	0.35
尾丝藻属 Uronema	2.21	+	+	+	+
微胞藻属 Microspora	10.29	+	0.03	0.35	+
鞘藻属 Oedogonium	13.24	+	0.01	0.15	+

续表

食物类别 Food item	O%	N%	W%	IRI	IRI%
刚毛藻属 *Cladophora*	7.35	+	+	0.02	+
双星藻属 *Zygnema*	8.09	+	0.06	0.45	+
转板藻属 *Mougeotia*	5.15	+	0.09	0.47	+
水绵属 *Spirogyra*	74.26	0.03	1.50	113.56	0.62
棒形鼓藻属 *Gonatozygon*	0.74	+	+	+	+
梭形鼓藻属 *Netrium*	0.74	+	+	+	+
新月藻属 *Closterium*	11.76	+	+	0.04	+
柱形鼓藻属 *Penium*	2.94	+	+	+	+
鼓藻属 *Cosmarium*	43.38	+	0.01	0.48	+
蓝藻门 Cyanophyta					
色球藻科某属 Chroococcaceae	4.41	+	+	0.02	+
隐球藻属 *Aphanocapsa*	0.74	+	+	+	+
粘杆藻属 *Gloeothece*	2.21	+	+	+	+
色球藻属 *Chroococcus*	3.68	+	+	+	+
腔球藻属 *Coelosphaerium*	11.03	0.16	+	1.76	0.01
平裂藻属 *Merismopedia*	45.59	2.01	0.01	92.08	0.50
聚球藻属 *Synechococcus*	0.74	+	+	+	+
蓝纤维藻属 *Dactylococcopsis*	2.94	+	+	+	+
眉藻属 *Calothrix*	5.88	0.01	+	0.04	+
尖头藻属 *Raphidiopsis*	0.74	+	+	+	+
柱孢藻属 *Cylindrospermum*	0.74	+	+	+	+
鱼腥藻属 *Anabeana*	2.21	+	+	+	+
颤藻属 *Oscillatoria*	32.35	1.13	0.03	37.49	0.20
席藻属 *Phormidium*	5.15	0.01	+	0.03	+
其他藻类 Other algae					
水树藻属 *Hydrurus*	9.56	5.95	1.16	67.93	0.37
黄丝藻属 *Tribonema*	1.47	+	+	+	+
囊裸藻属 *Trachelomonas*	2.94	+	+	+	+
未知藻 Unidentified algae	22.06	0.08	0.05	2.82	0.02
小型无脊椎动物 Small invertebrates					
原生动物门 Protozoa					
表壳虫属 *Arcella*	7.35	+	+	+	+
梨壳虫属 *Nebela*	1.47	+	+	+	+
砂壳虫属 *Difflugia*	72.79	+	0.02	1.23	0.01
匣壳虫属 *Centropyxis*	5.88	+	+	+	+
圆壳虫属 *Cyclopyxis*	0.74	+	+	+	+

续表

食物类别 Food item	O%	N%	W%	IRI	IRI%
鳞壳虫属 *Euglypha*	0.74	+	+	+	+
太阳虫属 *Actinophrys*	0.74	+	+	+	+
钟虫属 *Vorticella*	16.91	+	+	0.01	+
未知原生动物 Unidentified protozoans	14.71	+	+	+	+
轮虫动物门 Rotifera					
轮虫卵 Rotifer eggs	52.21	+	0.01	0.74	+
未辨蛭态目 Unidentified Bdelloidea	15.44	+	0.01	0.12	+
旋轮虫属 *Philodina*	1.47	+	+	+	+
臂尾轮虫属 *Brachionus*	0.74	+	+	+	+
须足轮虫属 *Euchlanis*	2.94	+	+	+	+
龟纹轮虫属 *Anuraeopsis*	1.47	+	+	+	+
叶轮虫属 *Notholca*	0.74	+	+	+	+
鞍甲轮虫属 *Lepadella*	0.74	+	+	+	+
腔轮虫属 *Lecane*	1.47	+	+	+	+
单趾轮虫属 *Monostyla*	3.68	+	+	+	+
无柄轮虫属 *Ascomorpha*	2.21	+	+	+	+
多肢轮虫属 *Polyarthra*	1.47	+	+	+	+
未知轮虫 Unidentified rotifers	0.74	+	+	+	+
软体动物门 Mollusca					
壳顶幼虫 Lamellibranch umbo-veliger larvae	3.68	+	+	0.02	+
节肢动物门 Arthropoda					
低额溞属 *Simocephalus*	1.47	+	+	+	+
尖额溞属 *Alona*	0.74	+	+	+	+
盘肠溞属 *Chydorus*	2.21	+	+	+	+
未知溞 Unidentified cladocerans	0.74	+	+	+	+
无节幼体 Copepodid	0.74	+	+	+	+
剑水蚤目 Cyclopoida	8.09	+	0.04	0.31	+
猛水蚤目 Harpacticoida	2.94	+	+	+	+
水蜘蛛 Araneae	9.56	+	+	0.01	+
大型无脊椎动物 Macroinvertebrates					
节肢动物门 Arthropoda					
纹石蛾幼虫 Hydropsychidae larvae	1.47	+	0.30	0.44	+
摇蚊卵 Chironomid eggs	31.62	+	+	0.14	+
摇蚊幼虫 Chironomid larvae	80.15	+	15.15	1214.12	6.62
摇蚊蛹 Chironomid pupae	2.94	+	1.61	4.74	0.03
摇蚊 Chironomid	10.29	+	0.89	9.13	0.05

食物类别 Food item	O%	N%	W%	IRI	IRI%
昆虫卵 Insect eggs	1.47	+	+	+	+
昆虫幼虫 Insect larvae	2.94	+	+	+	+
水生昆虫 Aquatic insects	1.47	+	0.24	0.36	+
未辨节肢动物 Unidentified arthropods	5.88	+	0.41	2.39	0.01
其他 Remains					
花粉 Pollens	9.56	+	+	0.02	+

注 Note：+表示该食物所占的百分比＜0.01%，indicates food item with a contribution＜0.01%

　　基于出现率（O%）数据，异齿裂腹鱼经常摄食藻类（100%），其次捕食水生昆虫（94.85%）和原生动物（93.38%）。藻类中，硅藻的出现率最高，达到100%，绿藻为94.12%；水生昆虫中，摇蚊幼虫出现率最高，为80.15%，其次为摇蚊卵（31.62%）；原生动物中，砂壳虫出现率最高（72.79%），其次为轮虫卵（52.21%）。

　　基于个数百分比（N%）数据，藻类是异齿裂腹鱼最主要的食物（100%），其中，硅藻丰度高达90.52%。

　　基于相对重要指数（IRI%）数据，藻类是异齿裂腹鱼最重要的食物（IRI%=93.27%），其中，硅藻是异齿裂腹鱼最重要的食物（91.19%）；其次是水生昆虫中的摇蚊幼虫（6.62%）。

　　基于重量百分比（W%）数据，藻类是异齿裂腹鱼最重要的食物（81.31%），其次为水生昆虫（18.19%）。藻类中，硅藻所占比重最高（77.77%），其次为绿藻（2.29%）；水生昆虫中，摇蚊幼虫所占比重最高（15.15%）。

　　根据以上分析结果，异齿裂腹鱼食物中，藻类的O%、N%、IRI%和W%在各类食物中均是最高的，水生昆虫次之，因此认为异齿裂腹鱼是以藻类为主要食物，并兼食水生昆虫的杂食性鱼类。

(二)拉萨裂腹鱼

　　食物分析样本149尾，共检出藻类4门42属，其中硅藻门27属，绿藻门11属，蓝藻门3属，金藻门1属；小型无脊椎动物3门4目7属，大型无脊椎动物5门5纲3科，鱼类2种，还有有机碎屑（表5-10）。此外，所有样本中均检出一定量的泥沙，部分样本中的泥沙相当多，甚至有0.5mm左右大小的小石粒出现，这些成分可能是在摄取食物时带入的。

表5-10　拉萨裂腹鱼的食物组成（n=149）

Table 5-10　Diet composition of *S.* (*R.*) *waltoni* (n=149)

食物类别 Food item	O%	N%	W%	IRI	IRI%
藻类 Algae					
硅藻门 Bacillariophyta					
舟形藻属 *Navicula*	97.99	13.91	0.06	1368.90	7.52

续表

食物类别 Food item	O%	N%	W%	IRI	IRI%
桥弯藻属 *Cymbella*	96.64	2.77	0.01	268.69	1.48
直链藻属 *Melosira*	24.83	0.03	+	0.68	+
针杆藻属 *Synedra*	83.89	2.54	+	213.61	1.17
异极藻属 *Gomphonema*	85.91	3.97	0.01	341.58	1.88
等片藻属 *Diatoma*	93.96	32.44	0.04	3051.51	16.77
双壁藻属 *Diploneis*	28.19	0.24	+	6.69	0.04
菱形藻属 *Nitzschia*	83.22	2.73	0.04	230.46	1.27
脆杆藻属 *Fragilaria*	87.25	6.68	0.01	583.75	3.21
美壁藻属 *Caloneis*	96.64	5.03	0.02	488.58	2.69
菱板藻属 *Hantzschia*	38.26	0.18	+	6.80	0.04
曲壳藻属 *Achnanthes*	87.25	18.25	0.01	1592.54	8.75
短缝藻属 *Eunotia*	1.34	+	+	+	+
布纹藻属 *Gyrosigma*	22.82	0.24	+	5.57	0.03
双菱藻属 *Surirella*	73.83	2.34	0.01	173.85	0.96
棒杆藻属 *Rhopalodia*	55.70	0.67	0.06	40.55	0.22
双眉藻属 *Amphora*	89.93	4.99	0.02	450.16	2.47
小环藻属 *Cyclotella*	45.64	0.96	+	44.03	0.24
卵形藻属 *Cocconeis*	26.17	0.18	+	4.80	0.03
窗纹藻属 *Epithemia*	53.02	0.54	+	28.75	0.16
弯楔藻属 *Rhoicosphenia*	39.60	0.28	+	10.95	0.06
羽纹藻属 *Pinnularia*	28.86	0.39	+	11.51	0.06
波缘藻属 *Cymatopleura*	16.11	0.14	0.01	2.44	0.01
蛾眉藻属 *Ceratoneis*	25.50	0.12	+	3.04	0.02
长篦藻属 *Neidium*	6.71	0.02	+	0.15	+
真卵形藻属 *Eucocconeis*	4.70	0.02	+	0.10	+
星杆藻属 *Asterionella*	0.67	+	+	+	+
绿藻门 Chlorophyta					
十字藻属 *Crucigenia*	22.15	0.12	+	2.67	0.01
盘星藻属 *Pediastrum*	0.67	+	+	+	+
栅藻属 *Scenedesmus*	1.34	+	+	+	+
鞘藻属 *Oedogonium*	1.34	0.01	+	0.01	+
鼓藻属 *Cosmarium*	2.01	+	+	+	+
新月藻属 *Closterium*	1.34	+	+	+	+

续表

食物类别 Food item	O%	N%	W%	IRI	IRI%
水绵属 Spirogyra	1.34	+	+	+	+
丝藻属 Ulothrix	38.93	+	+	0.03	+
微胞藻属 Microspora	20.13	+	+	0.01	+
转板藻属 Mougeotia	4.70	+	+	0.02	+
双星藻属 Zygnema	0.67	+	+	+	+
蓝藻门 Cyanophyta					
蓝纤维藻属 Dactylococcopsis	18.79	0.05	+	0.86	+
平裂藻属 Merismopedia	4.03	0.02	+	0.06	+
尖头藻属 Raphidiopsis	1.34	+	+	+	+
金藻门 Chrysophyta					
水树藻属 Hydrurus	0.67	+	+	+	+
其他藻类 Other algae					
未辨藻类 Unidentified algae	0.67	+	+	+	+
小型无脊椎动物 Small invertebrates					
原生动物门 Protozoa					
喇叭虫属 Stentor	9.40	0.07	+	0.66	+
砂壳虫属 Difflugia	24.16	0.03	+	0.72	+
曲颈虫属 Cyphoderia	0.67	+	+	+	+
圆壳虫属 Cyclopyxis	0.67	+	+	+	+
变形虫属 Amoeba	0.67	+	+	+	+
轮虫动物门 Rotifera					
轮虫卵 Rotifer eggs	7.38	+	+	0.02	+
臂尾轮虫属 Brachionus	5.37	+	+	+	+
节肢动物门 Arthropoda					
盘肠溞属 Chydorus	2.68	+	+	+	+
剑水蚤目 Cyclopoida	1.34	+	+	+	+
猛水蚤目 Harpacticoida	0.67	+	+	+	+
水蜘蛛 Araneae	14.09	+	+	+	+
未辨枝角类 Unidentified cladocera	3.36	+	+	+	+
大型无脊椎动物 Macroinvertebrates					
环节动物门 Annelida					
水蚯蚓 Water angleworm	20.13	+	0.02	0.48	+
线虫动物门 Nematomorpha					

续表

食物类别 Food item	*O*%	*N*%	*W*%	*IRI*	*IRI*%
线虫纲 Nematoda	12.08	+	+	+	+
缓步动物门 Tardigrada					
水熊虫 Water bear	3.36	+	+	+	+
软体动物门 Mollusca					
萝卜螺属 *Radix*	2.01	+	0.13	0.26	+
节肢动物门 Arthropoda					
纹石蛾幼虫 Hydropsychidae larvae	89.26	0.01	41.26	3683.49	20.24
摇蚊幼虫 Chironomid larvae	94.63	+	32.20	3047.62	16.75
摇蚊蛹 Chironomid pupae	4.03	+	0.01	0.04	+
龙虱科 Dytiscidae	0.67	+	+	+	+
未辨水生昆虫 Unidentified aquatic insects	97.99	0.03	25.68	2519.09	13.84
鱼类 Fish					
麦穗鱼 *Pseudorasbora parva*	2.01	+	0.06	0.13	+
小黄黝鱼 *Hypseleotris swinhonis*	2.68	+	0.03	0.08	+
未辨鱼类 Unidentified fish	3.36	+	0.01	0.02	+
其他 Remains					
有机碎屑 Organic detritus	34.90	+	0.28	9.94	0.05

注 Note: +表示该食物所占的百分比＜0.01%，indicates food item with a contribution＜0.01%

基于出现率(*O*%)数据，拉萨裂腹鱼经常摄食藻类(100%)和水生昆虫(99.33%)，其次捕食有机碎屑(34.90%)。藻类中，硅藻出现率最高(100%)，其次为绿藻(65.10%)；水生昆虫中，摇蚊幼虫出现率最高(94.63%)，其次为纹石蛾科幼虫(89.26%)。

基于个数百分比(*N*%)数据，藻类是拉萨裂腹鱼最主要的食物(99.85%)，其中硅藻的*N*%高达99.67%。

基于相对重要指数(*IRI*%)数据，水生昆虫是拉萨裂腹鱼最重要的食物(50.84%)，其次是藻类(49.08%)。水生昆虫中，拉萨裂腹鱼主要摄食纹石蛾幼虫(20.24%)，其次摄食摇蚊幼虫(16.75%)；藻类中，硅藻是拉萨裂腹鱼最重要的食物(49.07%)。

基于重量百分比(*W*%)数据，水生昆虫是拉萨裂腹鱼最重要的食物，其*W*%达99.15%，其中，纹石蛾幼虫的*W*%最高，达41.26%，其次为摇蚊幼虫，为32.20%。

根据以上分析结果，拉萨裂腹鱼食物中，虽然藻类的*O*%和*N*%最高，藻类和水生昆虫的*IRI*%较为接近，但水生昆虫的*W*%高达99.15%，因此认为，拉萨裂腹鱼是以大型底栖无脊椎动物为主要食物的温和肉食性鱼类。

(三)尖裸鲤

食物分析样本144尾，共检出鱼类3目4科13种，其中鳅科6种，鲤科5种，鲱科和塘鳢科各 1 种；昆虫类 8 目 17 科，其中双翅目和毛翅目各 5 科，鞘翅目 3 科，襀翅目 2 科，半翅目和广翅目各 1 科；甲壳纲 1 目 1 科 1 属。此外，在尖裸鲤肠道中还发现少量的毛发、水生植物碎屑及泥沙（表 5-11）。

表 5-11　尖裸鲤食物组成（*n*=144）

Table 5-11　Diet composition of *O. stewartii* (*n*=144)

食物类别 Food item	O%	N%	W%	IRI	IRI%
鱼纲 Pisces					
鳅科 Cobitidae					
细尾高原鳅 *Triplophysa stenura*	47.22	0.19	11.44	549.52	9.56
异尾高原鳅 *Triplophysa stewartii*	5.56	0.02	0.82	4.65	0.08
西藏高原鳅 *Triplophysa tibetana*	6.94	0.02	2.58	18.04	0.31
东方高原鳅 *Triplophysa orientalis*	2.08	0.01	0.39	0.83	0.01
泥鳅 *M. anguillicaudatus*	2.78	0.01	1.38	3.85	0.07
大鳞副泥鳅 *Paramisgurnus dabryanus*	2.78	0.01	0.74	2.07	0.04
未辨鳅科 Unidentified Cobitidae	11.81	0.07	1.37	17.02	0.30
鲤科 Cyprinidae					
麦穗鱼 *Pseudorasbora parva*	1.39	+	0.09	0.13	+
拉萨裸裂尻鱼 *S. younghusbandi*	15.28	0.05	59.02	902.50	15.70
异齿裂腹鱼 *S.* (*S.*) *o' connori*	0.69	+	2.23	1.55	0.03
拉萨裂腹鱼 *S.* (*R.*) *waltoni*	0.69	+	0.10	0.07	+
巨须裂腹鱼 *S.* (*R.*) *macropogon*	0.69	+	0.05	0.04	+
鮡科 Sisoridae					
黑斑原鮡 *Glyptosternum maculatum*	0.69	+	0.06	0.05	+
塘鳢科 Eleotridae					
小黄黝鱼 *Hypseleotris swinhonis*	7.64	0.04	0.52	4.30	0.07
未辨鱼类 Unidentified fish	18.75	0.06	4.09	77.81	1.35
大型无脊椎动物 Macroinvertebrates					
节肢动物门 Arthropoda					
管石蛾属 *Psychomyia*	3.47	0.49	0.17	2.30	0.04
原石蛾科 Rhyacophilidae	0.69	+	+	0.01	+
纹石蛾属 *Hydropsyche*	35.42	8.41	1.23	341.40	5.94
短石蛾科 Brachycentridae	1.39	0.01	+	0.01	+
溪蛉属 *Osmylus*	1.39	0.01	+	0.02	+
钩虾属 *Gammarus*	0.69	0.01	0.01	0.02	+
沼石蛾科 Limnephilidae	0.69	0.01	0.01	0.01	+
襀科 Perlidae	4.17	0.01	0.01	0.10	+
网襀科 Perlodidae	0.69	+	+	+	+

续表

食物类别 Food item	O%	N%	W%	IRI	IRI%
流虻科 Athericidae	0.69	0.01	+	0.01	+
舞虻科 Empididae	11.11	0.70	0.07	8.53	0.15
大蚊科 Tipulidae	6.25	0.37	0.06	2.69	0.05
毛蠓科 Psychodidae	0.69	+	+	+	+
摇蚊幼虫 Chironomidae larvae	38.19	76.53	12.66	3406.50	59.28
摇蚊蛹 Chironomidae pupae	31.25	12.18	0.52	397.10	6.91
龙虱科 Dytiscidae	4.17	0.02	+	0.12	+
泥甲科 Dryopidae	0.69	+	0.02	0.01	+
牙虫科 Hydrophilidae	0.69	+	+	+	+
划蝽科 Corixidae	7.64	0.07	0.02	0.65	0.01
未辨钩虾科 Unidentified Gammaridae	6.94	0.10	0.08	1.25	0.02
未辨毛翅目 Unidentified Trichoptera	5.56	0.48	0.05	2.94	0.05
未辨襀翅目 Unidentified Plecoptera	5.56	0.02	0.01	0.19	+
未辨双翅目 Unidentified Diptera	4.17	0.02	+	0.10	+
未辨蜻蜓目 Unidentified Odonata	0.69	+	0.01	0.01	+
未辨半翅目 Unidentified Hemiptera	1.39	0.01	+	0.01	+
未辨鞘翅目 Unidentified Coleoptera	6.25	0.03	0.01	0.27	+
未辨蜉蝣目 Unidentified Ephemeroptera	1.39	+	+	0.01	+
未辨节肢动物 Unidentified Arthropoda	0.69	+	+	+	+
其他 Remains					
水生植物 Hydrophyte	2.08	+	0.04	0.10	+
毛发 Feather	1.39	+	0.09	0.14	+

注 Note: +表示该食物所占的百分比＜0.01%, indicates food item with a contribution＜0.01%

基于出现率(O%)数据,尖裸鲤经常捕食鱼类(91.67%),其次捕食水生昆虫(52.08%)。鱼类中,细尾高原鳅出现率最高(47.22%),其次为拉萨裸裂尻鱼(15.28%);水生昆虫中,摇蚊幼虫出现率最高(38.19%),其次分别为纹石蛾科幼虫(35.42%)和摇蚊蛹(31.25%)。

基于个数百分比(N%)数据,水生昆虫是尖裸鲤最主要的食物(99.51%),其中摇蚊幼虫丰度最高(76.53%),其次为摇蚊蛹(12.18%)和纹石蛾科幼虫(8.41%)。

基于相对重要指数(IRI%)数据,水生昆虫是尖裸鲤最重要的食物(IRI%=72.46%),其次是鱼类(27.54%)。水生昆虫中,摇蚊幼虫是尖裸鲤最重要的食物(59.28%),其次为摇蚊蛹(6.91%)和纹石蛾科幼虫(5.94%);鱼类中,尖裸鲤主要摄食拉萨裸裂尻鱼(15.70%),其次摄食细尾高原鳅(9.56%)。

基于重量百分比(W%)数据,鱼类是尖裸鲤最重要的食物(84.89%),其次为水生昆虫(14.88%)。鱼类中,拉萨裸裂尻鱼的W%最高(59.02%),其次为细尾高原鳅(11.44%);水生昆虫中,摇蚊幼虫是最重要的食物,其W%达12.66%。

根据以上分析结果,尖裸鲤的食物中,鱼类的O%、N%、IRI%和W%在各类食物中均是最高的，水生昆虫次之，故认为，尖裸鲤是以鱼类为主要食物，并兼食水生昆虫的食鱼食性鱼类。

(四)拉萨裸裂尻鱼

食物分析样本 151 个，共检出藻类 5 门 50 属，其中蓝藻门 7 属，硅藻门 24 属，绿藻门 17 属，隐藻门和黄藻门各 1 属；小型无脊椎动物包括原生动物门 16 属，轮虫 13 属，枝角类 1 属，桡足类 1 目；大型无脊椎动物包括 3 科 1 属。此外，在拉萨裸裂尻鱼肠道中还发现有机碎屑、虫卵及大量的泥沙(表 5-12)。

表 5-12 拉萨裸裂尻鱼食物组成(n=151)
Table 5-12 Diet composition of *S. younghusbandi* (n=151)

食物类别 Food item	$O\%$	$N\%$	$W\%$	IRI	$IRI\%$
蓝藻门 Cyanophyta					
颤藻属 *Oscillatoria*	24.50	1.26	0.02	31.41	0.20
蓝纤维藻属 *Dactylococcopsis*	6.62	0.01	+	0.08	+
平裂藻属 *Merismopedia*	35.76	0.07	+	2.62	0.02
集胞藻属 *Synechocystis*	0.66	+	+	+	+
腔球藻属 *Coelosphaerium*	0.66	+	+	+	+
异球藻属 *Xenococcus*	0.66	+	+	+	+
厚皮藻属 *Pleurocapsa*	1.32	+	+	+	+
硅藻门 Bacillariophyta					
直链藻属 *Melosira*	9.27	0.01	0.02	0.33	+
针杆藻属 *Synedra*	93.38	2.28	0.72	280.50	1.75
脆杆藻属 *Fragilaria*	73.51	5.97	2.17	597.96	3.73
等片藻属 *Diatoma*	90.07	68.01	29.04	8740.82	54.51
布纹藻属 *Gyrosigma*	6.62	+	0.02	0.14	+
双壁藻属 *Diploneis*	2.65	+	+	0.01	+
美壁藻属 *Caloneis*	30.46	0.03	0.04	2.16	0.01
长篦藻属 *Neidium*	2.65	+	+	0.01	+
辐节藻属 *Stauroneis*	6.62	+	0.01	0.07	+
舟形藻属 *Navicula*	94.04	2.36	3.30	532.15	3.32
羽纹藻属 *Pinnularia*	2.65	+	0.01	0.02	+
双眉藻属 *Amphora*	50.99	0.09	0.13	10.92	0.07
桥弯藻属 *Cymbella*	98.01	6.54	7.64	1389.06	8.66
异极藻属 *Gomphonema*	88.74	7.24	3.43	947.48	5.91
双楔藻属 *Didymosphenia*	1.32	+	0.04	0.05	+
卵形藻属 *Cocconeis*	12.58	0.04	0.01	0.74	+
真卵形藻属 *Eucocconeis*	43.71	0.11	0.03	5.99	0.04

续表

食物类别 Food item	O%	N%	W%	IRI	IRI%
曲壳藻属 *Achnanthes*	79.47	3.88	0.41	340.71	2.12
菱板藻属 *Hantzschia*	4.64	+	0.01	0.08	+
菱形藻属 *Nitzschia*	77.48	0.77	3.84	357.65	2.23
波缘藻属 *Cymatopleura*	25.83	0.06	1.75	46.72	0.29
双菱藻属 *Surirella*	34.44	0.05	0.10	5.23	0.03
小环藻属 *Cyclotella*	13.25	0.01	+	0.22	+
蛾眉藻属 *Ceratoneis*	22.52	0.10	0.06	3.63	0.02
绿藻门 Chlorophyta					
衣藻属 *Chlamydomonas*	1.32	+	+	+	+
小球藻属 *Chlorella*	15.89	0.68	0.01	11.02	0.07
栅藻属 *Scenedesmus*	13.91	0.05	+	0.78	+
丝藻属 *Ulothrix*	37.75	0.07	0.27	12.51	0.08
空星藻属 *Coelastrum*	0.66	+	+	+	+
转板藻属 *Mougeotia*	8.61	0.02	1.10	9.63	0.06
水绵属 *Spirogyra*	23.84	0.04	1.41	34.47	0.21
双星藻属 *Zygnema*	17.88	0.05	1.65	30.36	0.19
鞘藻属 *Oedogonium*	13.25	0.02	0.08	1.27	0.01
新月藻属 *Closterium*	8.61	+	0.46	3.96	0.02
盘星藻属 *Pediastrum*	2.65	+	+	+	+
鼓藻属 *Cosmarium*	21.85	0.04	0.51	12.00	0.07
韦氏藻属 *Westella*	0.66	+	+	+	+
四集藻属 *Palmella*	0.66	+	+	+	+
小椿藻属 *Characium*	0.66	+	+	+	+
根枝藻属 *Rhizoclonium*	0.66	+	+	+	+
绿球藻属 *Chlorococcum*	0.66	+	+	+	+
隐藻门 Cryptophyta					
隐藻属 *Cryptomonas*	0.66	+	+	+	+
黄藻门 Xanthophyta					
黄丝藻属 *Tribonema*	1.99	+	+	0.01	+
小型无脊椎动物 Small invertebrates					
原生动物门 Protozoa					
匣壳虫属 *Centropyxis*	3.31	+	0.01	0.04	+
膜袋虫属 *Cyclidium*	0.66	+	+	+	+
小胸虫属 *Microthorax*	0.66	+	+	+	+
四膜虫属 *Tetrahymena*	3.31	+	0.02	0.08	+
钟虫属 *Vorticella*	1.99	+	0.01	0.02	+

续表

食物类别 Food item	O%	N%	W%	IRI	IRI%
刀口虫属 *Spathidium*	1.32	+	0.01	0.02	+
囊膜虫属 *Espejoia*	0.66	+	+	+	+
鳞壳虫属 *Euglypha*	3.97	+	0.03	0.11	+
瞬目虫属 *Glaucoma*	1.32	+	+	+	+
表壳虫属 *Arcella*	9.27	0.01	0.03	0.37	+
圆壳虫属 *Cyclopyxis*	0.66	+	0.01	+	+
藤胞虫 *Hedriocystis*	0.66	+	+	+	+
砂壳虫属 *Difflugia*	39.74	0.07	1.30	54.39	0.34
前口虫属 *Frontonia*	0.66	+	+	+	+
曲颈虫属 *Cyphoderia*	1.32	+	0.10	0.13	+
肾形虫属 *Colpoda*	0.66	+	+	+	+
轮虫动物门 Rotifera					
狭甲轮虫属 *Colurella*	1.99	+	+	+	+
臂尾轮虫属 *Brachionus*	5.96	+	+	+	+
单趾轮虫属 *Monostyla*	15.89	+	+	0.02	+
鞍甲轮虫属 *Lepadella*	2.65	+	+	+	+
腔轮虫属 *Lecane*	13.25	+	+	0.01	+
同尾轮虫属 *Diurella*	1.99	+	+	+	+
旋轮虫属 *Philodina*	1.32	+	+	+	+
须足轮虫属 *Euchlanis*	0.66	+	+	+	+
囊足轮虫属 *Asplanchnopus*	1.32	+	+	+	+
合甲轮虫属 *Diplois*	1.32	+	+	+	+
无柄轮虫属 *Ascomorpha*	0.66	+	+	+	+
枝胃轮虫属 *Enteroplea*	1.32	+	+	+	+
叶轮虫属 *Notholca*	1.32	+	+	+	+
未知轮虫 Unidentified rotifers	1.32	+	+	+	+
节肢动物门 Arthropoda					
盘肠溞属 *Chydorus*	4.64	+	+	0.01	+
剑水蚤目 *Cyclopoida*	2.65	+	+	+	+
大型无脊椎动物 Macroinvertebrate					
节肢动物门 Arthropoda					
钩虾属 *Gammarus*	0.66	+	+	+	+
纹石蛾幼虫 Hydropsychidae larvae	35.76	+	18.18	650.05	4.05
水蝇科 Ephydridae	0.66	+	0.03	0.02	+
摇蚊幼虫 Chironomidae larvae	92.72	+	20.22	1875.08	11.69
水生昆虫 Aquatic insect	24.50	+	1.77	43.40	0.27

续表

食物类别 Food item	O%	N%	W%	IRI	IRI%
其他 Remains					
卵 egg	50.33	+	+	0.04	+
有机碎屑 Organic detritus	35.76	+	+	+	+

注 Note: +表示该食物所占的百分比＜0.01%，indicates food item with a contribution＜0.01%

基于出现率（O%）数据，拉萨裸裂尻鱼经常捕食藻类（100%），其次捕食水生昆虫（95.36%）。藻类中，硅藻出现率最高（100%），其次为绿藻（76.16%）；水生昆虫中，摇蚊幼虫出现率最高（92.72%），其次为纹石蛾幼虫（35.76%）。

基于个数百分比（N%）数据，藻类是拉萨裸裂尻鱼最主要的食物（99.91%）。其中，硅藻丰度最高（97.59%），其次为绿藻（12.18%）。

基于相对重要指数（IRI%）数据，藻类是拉萨裸裂尻鱼最重要的食物（83.64%），其次是水生昆虫（16.02%）。藻类中，硅藻的 IRI%达到 82.70%；水生昆虫中，主要为摇蚊幼虫（11.69%），其次为纹石蛾幼虫（4.05%）。

基于重量百分比（W%）数据，藻类是拉萨裸裂尻鱼最重要的食物（58.28%），其次为水生昆虫（40.20%）。藻类中，硅藻所占比重最高（52.77%），其次为绿藻（5.49%）；水生昆虫中，摇蚊幼虫是最重要的食物（20.22%），其次为纹石蛾幼虫（18.18%）。

根据以上分析结果，拉萨裸裂尻鱼食物中，藻类的 O%、N%、IRI%和 W%在各类食物中均是最高的，水生昆虫次之，因此认为，拉萨裸裂尻鱼是以藻类为主要食物，并兼食水生昆虫的杂食性鱼类。

（五）双须叶须鱼

食物分析样本 95 个，共检测出藻类 5 门 54 属，其中硅藻门 32 属，绿藻门 12 属，蓝藻门 8 属，黄藻门和裸藻门各 1 属；原生动物门 3 属，轮虫 3 属，枝角类 1 属，桡足类 2 目，昆虫纲 8 目 5 科。此外，肠道中还检测出泥沙、有机碎屑和鱼类（表 5-13）。

表 5-13　双须叶须鱼的食物组成（n=95）
Table 5-13　Diet composition of *P. dipogon* （n=95）

食物类别 Food item	O%	N%	W%	IRI	IRI%
硅藻门 Bacillariophyta					
等片藻属 *Diatoma*	97.89	34.19	0.06	3353.44	18.07
针杆藻属 *Synedra*	94.74	8.18	0.01	775.81	4.18
脆杆藻属 *Fragilaria*	93.68	4.25	0.01	398.69	2.15
菱形藻属 *Nitzschia*	100	4.92	0.10	502.24	2.71
桥弯藻属 *Cymbella*	100	12.09	0.06	1214.84	6.55
异极藻属 *Gomphonema*	100	6.73	0.01	674.03	3.63
曲壳藻属 *Achnanthes*	97.89	18.38	0.01	1800.56	9.70
舟形藻属 *Navicula*	97.89	5.71	0.03	562.47	3.03

续表

食物类别 Food item	O%	N%	W%	IRI	IRI%
短缝藻属 Eunotia	22.11	0.12	+	2.63	0.01
直链藻属 Melosira	9.47	0.07	+	0.63	+
美壁藻属 Caloneis	64.21	0.30	+	19.43	0.10
卵形藻属 Cocconeis	20.00	0.05	+	1.06	0.01
羽纹藻属 Pinnularia	48.42	0.25	+	12.25	0.07
菱板藻属 Hantzschia	45.26	0.30	+	13.96	0.08
双菱藻属 Surirella	42.11	0.11	+	4.78	0.03
蛾眉藻属 Ceratoneis	25.26	0.13	+	3.32	0.02
小环藻属 Cyclotella	27.37	0.12	+	3.40	0.02
辐节藻属 Stauroneis	6.32	0.01	+	0.07	+
双眉藻属 Amphora	51.58	0.29	+	14.90	0.08
四环藻属 Tetracyclus	2.11	+	+	0.01	+
星杆藻属 Asterionella	11.58	0.09	+	1.04	0.01
肋缝藻属 Frustulia	8.42	0.02	+	0.19	+
波缘藻属 Cymatopleura	20.00	0.06	0.01	1.34	0.01
马鞍藻属 Campylodiscus	7.37	0.09	0.01	0.68	+
棒杆藻属 Rhopalodia	17.89	0.06	+	1.04	0.01
真卵形藻属 Eucocconeis	3.16	0.01	+	0.03	+
弯楔藻属 Rhoicosphenia	23.16	0.08	+	1.88	0.01
双壁藻属 Diploneis	2.11	+	+	0.01	+
窗纹藻属 Epithemia	7.37	0.02	+	0.13	+
布纹藻属 Gyrosigma	6.32	0.01	+	0.08	+
长篦藻属 Neidium	1.05	+	+	+	+
平板藻属 Tebellaria	1.05	+	+	+	+
绿藻门 Chlorophyta					
鼓藻属 Cosmarium	6.32	0.01	+	0.08	+
十字藻属 Crucigenia	36.84	0.23	+	8.54	0.05
丝藻属 Ulothrix	3.16	0.49	0.01	1.57	0.01
新月藻属 Closterium	7.37	0.01	0.01	0.15	+
鞘藻属 Oedogonium	6.32	0.10	+	0.64	+
盘星藻属 Pediastrum	1.05	+	+	+	+
栅藻属 Scenedesmus	2.11	0.01	+	0.01	+
水绵属 Spirogyra	2.11	0.07	0.01	0.16	+
四鞭藻属 Carteria	2.11	+	+	0.01	+
双星藻属 Zygnema	1.05	0.01	+	0.01	+
蹄形藻属 Kirchneriella	2.11	0.01	+	0.01	+

食物类别 Food item	O%	N%	W%	IRI	IRI%
空球藻属 *Eudorina*	3.16	0.02	+	0.06	+
蓝藻门 Cyanophyta					
颤藻属 *Oscillatoria*	9.47	1.26	+	11.98	0.06
平裂藻属 *Merismopedia*	15.79	0.40	+	6.35	0.03
柱孢藻属 *Cylindrospermum*	1.05	0.04	+	0.04	+
鱼腥藻属 *Anabeana*	4.21	0.15	+	0.64	+
聚球藻属 *Synechococcus*	13.68	0.32	+	4.33	0.02
泽丝藻属 *Limnothrix*	2.11	0.13	+	0.27	+
席藻属 *Phormidium*	2.11	0.03	+	0.06	+
色球藻属 *Chroococcus*	1.05	+	+	+	+
其他藻类 Other algae					
黄丝藻属 *Tribonema*	1.05	0.02	+	0.02	+
囊裸藻属 *Trachelomonas*	1.05	+	+	+	+
小型无脊椎动物 Small invertebrates					
原生动物门 Protozoa					
砂壳虫属 *Difflugia*	78.95	0.02	+	1.99	0.01
表壳虫属 *Arcella*	5.26	+	+	+	+
匣壳虫属 *Centropyxis*	3.16	+	+	+	+
轮虫动物门 Rotifera					
轮虫卵 Rotifer eggs	12.63	+	+	0.01	+
单趾轮虫属 *Monostyla*	2.11	+	+	+	+
臂尾轮虫属 *Brachionus*	1.05	+	+	+	+
龟甲轮虫属 *Keratella*	1.05	+	+	+	+
节肢动物门 Arthropoda					
盘肠溞属 *Chydorus*	3.16	+	+	+	+
剑水蚤目 Cyclopoida	1.05	+	+	+	+
猛水蚤目 Harpacticoida	1.05	+	+	+	+
水蜘蛛 Araneae	2.11	+	+	+	+
无节幼体 Copepodid	2.11	+	+	+	+
大型无脊椎动物 Macroinvertebrates					
节肢动物门 Arthropoda					
摇蚊幼虫 Chironomid larvae	97.89	0.01	78.29	7664.87	41.30
摇蚊蛹 Chironomid pupae	52.63	+	1.14	59.95	0.32
舞虻科 Empididae	7.37	+	0.40	2.94	0.02
纹石蛾幼虫 Hydropsychidae larvae	71.58	+	11.67	835.61	4.50
泥甲科 Dryopidae	9.47	+	0.35	3.28	0.02

食物类别 Food item	O%	N%	W%	IRI	IRI%
石蝇科 Perlidae	1.05	+	+	+	+
蜻蜓目 Odonata	5.26	+	0.03	0.18	+
广翅目 Megaloptera	1.05	+	+	+	+
蜉蝣目 Ephemeroptera	20.00	+	0.55	11.07	0.06
半翅目 Hemiptera	3.16	+	0.08	0.24	+
蚂蚁 Ant	2.11	+	0.10	0.20	+
未辨襀翅目 Unidentified Plecoptera	1.05	+	+	+	+
未辨双翅目 Unidentified Diptera	4.21	+	0.02	0.10	+
未辨水生昆虫 Unidentified aquatic insect	49.47	+	0.87	42.93	0.23
其他 Remains					
未辨鱼类 Unidentified fish	4.21	+	0.10	0.41	+
有机碎屑 Organic detritus	88.42	+	6.04	534.62	2.88

注 Note: +表示该食物所占的百分比＜0.01%，indicates food item with a contribution＜0.01%

基于出现率(O%)数据，双须叶须鱼经常捕食藻类和水生昆虫(100%)。藻类中，硅藻出现率最高(100%)，其次为绿藻(54.74%)；水生昆虫中，摇蚊幼虫出现率最高(97.89%)，其次为纹石蛾幼虫(71.58%)。

基于个数百分比(N%)数据，藻类是双须叶须鱼最主要的食物(99.96%)。其中，硅藻丰度最高(96.65%)，其次为蓝藻(2.32%)。

基于相对重要指数(IRI%)数据，藻类是双须叶须鱼最重要的食物(50.65%)，其次是水生昆虫(46.45%)。藻类中，硅藻是双须叶须鱼最重要的食物(50.46%)；水生昆虫中，双须叶须鱼主要摄食摇蚊幼虫(41.30%)，其次摄食纹石蛾幼虫(4.50%)。

基于重量百分比(W%)数据，水生昆虫是双须叶须鱼最重要的食物(93.39%)，其次为有机碎屑(6.04%)。水生昆虫中，摇蚊幼虫所占比重最高(78.29%)，其次为纹石蛾幼虫(11.67%)。

基于以上分析，虽然双须叶须鱼的食物中，藻类和水生昆虫的出现率均为100%，但水生昆虫的 W% 达到93.39%，食物中的藻类有可能是在双须叶须鱼摄食水生昆虫时带入的或为水生昆虫的食物。因此认为，双须叶须鱼是以水生昆虫为主要食物，并少量兼食有机碎屑的温和肉食性鱼类。

(六)巨须裂腹鱼

食物分析样本77个，共检测出藻类4门38属，其中硅藻门24属，绿藻门6属，蓝藻门7属，裸藻门1属；昆虫纲6目6科。此外，肠道中还检测出鱼类、高等水生植物、有机碎屑及泥沙(表5-14)。

表 5-14　巨须裂腹鱼的食物组成（n=77）

Table 5-14　Diet composition of *S.* (*R.*) *macropogon* (n=77)

食物类别 Food item	$F\%$	$N\%$	$W\%$	IRI	$IRI\%$
硅藻门 Bacillariophyta					
等片藻属 *Diatoma*	98.72	34.94	0.23	3471.37	22.72
针杆藻属 *Synedra*	100.00	11.40	0.05	1145.02	7.49
脆杆藻属 *Fragilaria*	51.28	0.79	+	40.98	0.27
菱形藻属 *Nitzschia*	85.90	6.10	0.46	563.33	3.69
桥弯藻属 *Cymbella*	100.00	15.80	0.28	1607.86	10.52
异极藻属 *Gomphonema*	100.00	7.17	0.05	722.29	4.73
曲壳藻属 *Achnanthes*	93.59	3.29	0.01	308.78	2.02
舟形藻属 *Navicula*	100.00	12.51	0.27	1277.42	8.36
短缝藻属 *Eunotia*	50.00	0.76	0.09	42.18	0.28
直链藻属 *Melosira*	24.36	0.05	+	1.28	0.01
美壁藻属 *Caloneis*	32.05	0.13	+	4.11	0.03
卵形藻属 *Cocconeis*	32.05	0.20	+	6.47	0.04
羽纹藻属 *Pinnularia*	60.26	0.37	0.02	23.81	0.16
菱板藻属 *Hantzschia*	34.62	0.08	+	3.02	0.02
双菱藻属 *Surirella*	84.62	2.22	0.07	193.39	1.27
蛾眉藻属 *Ceratoneis*	83.33	1.52	0.01	127.37	0.83
小环藻属 *Cyclotella*	58.97	0.35	+	20.46	0.13
辐节藻属 *Stauroneis*	8.97	0.02	+	0.17	+
波缘藻属 *Cymatopleura*	48.72	0.41	0.18	28.70	0.19
弯楔藻属 *Rhoicosphenia*	57.69	0.25	+	14.67	0.10
双壁藻属 *Diploneis*	21.79	0.13	+	2.90	0.02
窗纹藻属 *Epithemia*	8.97	0.02	+	0.16	+
布纹藻属 *Gyrosigma*	34.62	0.14	0.01	5.29	0.03
长篦藻属 *Neidium*	8.97	0.01	+	0.12	+
绿藻门 Chlorophyta					
鼓藻属 *Cosmarium*	29.49	0.10	0.02	3.48	0.02
十字藻属 *Crucigenia*	16.67	0.04	+	0.69	+
鞘藻属 *Oedogonium*	52.56	0.33	0.03	18.71	0.12
盘星藻属 *Pediastrum*	1.28	+	+	+	+
栅藻属 *Scenedesmus*	21.79	0.10	+	2.15	0.01
水绵属 *Spirogyra*	7.69	0.01	0.01	0.13	+
蓝藻门 Cyanophyta					
颤藻属 *Oscillatoria*	41.03	0.47	+	19.24	0.13

续表

食物类别 Food item	F%	N%	W%	IRI	IRI%
平裂藻属 *Merismopedia*	24.36	0.16	+	3.78	0.02
念珠藻属 *Nostoc*	8.97	0.01	+	0.12	+
鱼腥藻属 *Anabeana*	8.97	0.01	+	0.13	+
拟鱼腥藻属 *Synechococcus*	2.56	+	+	0.01	+
席藻属 *Phormidium*	11.54	0.03	+	0.31	+
色球藻属 *Chroococcus*	11.54	0.03	+	0.39	+
裸藻门 Euglenophyta					
囊裸藻属 *Trachelomonas*	12.99	0.04	+	0.57	+
小型无脊椎动物 Small invertebrates					
节肢动物门 Arthropoda					
无节幼体 Copepodid	2.60	+	+	0.01	+
大型无脊椎动物 Macroinvertebrates					
节肢动物门 Arthropoda					
摇蚊幼虫 Chironomid larvae	83.33	+	27.33	2277.71	14.91
摇蚊蛹 Chironomid pupae	25.64	+	1.47	37.65	0.25
纹石蛾幼虫 Hydropsychidae larvae	73.08	+	14.23	1039.90	6.81
泥甲科 Dryopidae	11.54	+	0.26	3.05	0.02
水龟甲科 Hydrophilidae	7.69	+	0.40	3.11	0.02
萤科 Lampyridae	1.28	+	+	0.01	+
叶甲科 Chrysomelidae	1.28	+	0.02	0.02	+
蜉蝣目 Ephemeroptera	15.38	+	0.28	4.25	0.03
蜻蜓目 Odonata	10.26	+	0.63	6.42	0.04
蚂蚁 Ant	7.69	+	0.12	0.96	0.01
未辨双翅目 Unidentified Diptera	5.13	+	3.48	17.82	0.12
未辨鞘翅目 Unidentified Coleoptera	20.51	+	3.48	71.48	0.47
其他 Remains					
未辨鱼类 Unidentified fish	14.10	+	6.27	88.46	0.58
水生植物 Macrophyte	26.92	+	11.83	318.63	2.09
有机碎屑 Organic detritus	61.54	+	28.39	1747.20	11.44

注 Note: +表示该食物所占的百分比<0.01%，indicates food item with a contribution<0.01%

基于出现率（O%）数据，巨须裂腹鱼经常捕食藻类（100%），其次为水生昆虫（97.40%），再次为有机碎屑（61.54%），最后为高等水生植物（26.92%）。藻类中，硅藻出现率最高（100%），其次为绿藻（64.94%）；水生昆虫中，摇蚊幼虫出现率最高（83.33%），其次为纹石蛾幼虫（73.08%）。

基于个数百分比（N%）数据，藻类是巨须裂腹鱼最主要的食物（99.99%），其中，硅藻丰度最高（98.65%）。

基于相对重要指数($IRI\%$)数据，藻类是巨须裂腹鱼最重要的食物(63.24%)，其次是水生昆虫(22.65%)，最后为有机碎屑(11.44%)。藻类中，硅藻是巨须裂腹鱼最重要的食物(62.91%)；水生昆虫中，巨须裂腹鱼主要摄食摇蚊幼虫(14.91%)，其次摄食纹石蛾幼虫(6.81%)。

基于重量百分比($W\%$)数据，水生昆虫是巨须裂腹鱼最重要的食物(51.59%)，其次为有机碎屑(28.39%)，最后为水生植物(11.83%)。水生昆虫中，摇蚊幼虫所占比重最高(27.33%)，其次为纹石蛾幼虫(14.23%)。

根据以上分析结果，巨须裂腹鱼食物中，虽然藻类的 $O\%$、$N\%$ 和 $IRI\%$ 最高，但水生昆虫的 $W\%$ 最高，达 51.59%，有机碎屑和水生植物也占有较大比重。因此认为，巨须裂腹鱼是以水生昆虫为主要食物，并兼食有机碎屑和水生植物的偏肉食性的杂食性鱼类。

综上所述，6 种裂腹鱼类的食性可划分为三类：①植食性鱼类，包括异齿裂腹鱼和拉萨裸裂尻鱼，主要摄食着生藻类，兼食水生昆虫幼虫；②凶猛肉食性鱼类，仅尖裸鲤一种，主要捕食鱼类，兼食水生昆虫幼虫；③温和肉食性鱼类，包括双须叶须鱼、拉萨裂腹鱼和巨须裂腹鱼，主要摄食水生昆虫幼虫，兼食有机碎屑和高等水生植物。这与武云飞和吴翠珍(1992)及季强(2008)对西藏裂腹鱼类食性的划分基本一致。

三、性别和体长对食物组成的影响

(一)性别对食物组成的影响

相似性分析(ANOSIM)表明，6 种裂腹鱼类的食物组成无显著的性别差异(表 5-15)，因此我们将裂腹鱼类雌性和雄性的食物组成数据进行合并，然后利用合并的数据开展后续的分析。

表 5-15　6 种裂腹鱼类食物组成性别差异相似性检验

Table 5-15　Analysis of similarity for sexual variation of food composition of six Schizothoracinae fishes

物种 Species	R 值	P 值
异齿裂腹鱼 S. (S.) o' connori	0.007	0.592
拉萨裂腹鱼 S. (R.) waltoni	0.015	0.328
尖裸鲤 O. stewartii	0.153	0.090
拉萨裸裂尻鱼 S. younghusbandi	0.086	0.153
双须叶须鱼 P. dipogon	0.056	0.206
巨须裂腹鱼 S. (R.) macropogon	0.042	0.339

(二)体长组对食物组成的影响

图 5-5 表示裂腹鱼类不同体长组食性样本非度量多维尺度排序图，由图 5-5 可以看出，代表拉萨裂腹鱼和双须叶须鱼的不同体长组的点在图的左侧呈聚集状态，而代表异齿裂腹鱼、尖裸鲤、拉萨裸裂尻鱼和巨须裂腹鱼不同体长组的点则在纵向或者横向方向

上呈离散状态，同时估算的裂腹鱼类的多元离散度指数分别为拉萨裂腹鱼 0.419、双须叶须鱼 0.766、异齿裂腹鱼 0.963、尖裸鲤 1.179、拉萨裸裂尻鱼 1.541 和巨须裂腹鱼 1.694。

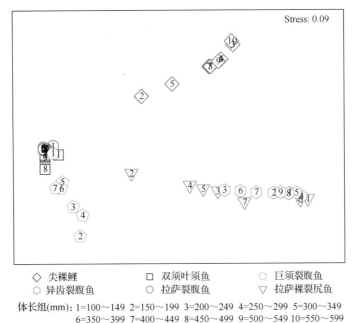

图 5-5　裂腹鱼类不同体长组食性样本非度量多维尺度排序图

Fig. 5-5　Non-metric multi-dimensional scaling ordination of the dietary samples for different size classes of Schizothoracinae fishes

结合图 5-6 可以看出，拉萨裂腹鱼和双须叶须鱼的食物组成随着个体的生长发育没有发生显著性的改变，拉萨裂腹鱼几乎只摄食摇蚊幼虫和纹石蛾幼虫等水生昆虫（$W\% > 89.00\%$），双须叶须鱼几乎只摄食水生昆虫（$W\% > 80.00\%$）；异齿裂腹鱼、尖裸鲤、拉萨裸裂尻鱼和巨须裂腹鱼则随着个体的生长发育其食物组成发生显著性的改变。

异齿裂腹鱼尽管始终是以硅藻和绿藻等藻类为主要食物（$W\% > 67.00\%$），但是随着摄食、消化器官的发育和完善，摇蚊幼虫等水生昆虫的 $W\%$ 则由 12.00% 缓慢上升到 32.00%。

尖裸鲤尽管始终以鱼类为主要食物（$W\% > 60.00\%$），但随着体长的增长，食物中鱼类的 $W\%$ 由 60.00% 上升到 100%，而摇蚊幼虫和纹石蛾幼虫等水生昆虫的 $W\%$ 则由 39.00% 下降到 0。此外，在鱼类食物中小型鳅科鱼类的 $W\%$ 由 75.00% 下降至 10.00% 左右，鲤科鱼类的 $W\%$ 则由 21.00% 上升至 87.00%。

拉萨裸裂尻鱼随着体长的增长，由几乎只摄食硅藻和绿藻等藻类（$W\% = 91.95\%$），逐渐转变为以硅藻和绿藻等藻类为主要食物（28.00%～84.00%），并兼食摇蚊幼虫和纹石蛾幼虫等水生昆虫（8.00%～71.00%）。

巨须裂腹鱼则随着个体的生长发育，由几乎只摄食摇蚊幼虫和纹石蛾幼虫等水生昆虫（$W\% = 93.18\%$），逐渐转变为以水生昆虫为主要食物（25.00%～66.00%），兼食有机碎屑（20.00%～72.00%）和水生植物（9.00%～27.00%）。

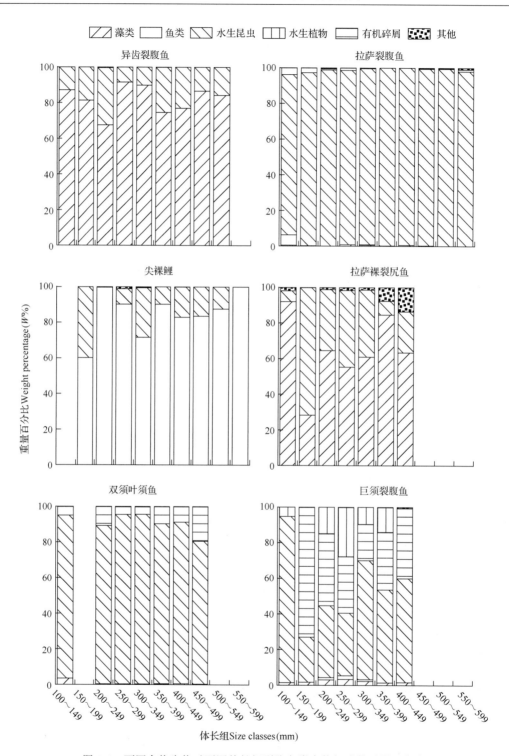

图 5-6　不同食物生物对不同体长组裂腹鱼类食物组成的重量贡献率

Fig. 5-6　Weight percentage contributions of different dietary categories to the
diets of different size classes of Schizothoracinae fishes

四、季节对食物组成的影响

总体上拉萨裂腹鱼（ANOSIM，$R=0.066$，$P=0.062$）和双须叶须鱼（ANOSIM，$R=0.082$，$P=0.059$）的食物组成无显著的季节差异；异齿裂腹鱼（ANOSIM，$R=0.241$，$P<0.01$）、尖裸鲤（ANOSIM，$R=0.404$，$P<0.001$）、拉萨裸裂尻鱼（ANOSIM，$R=0.375$，$P<0.001$）

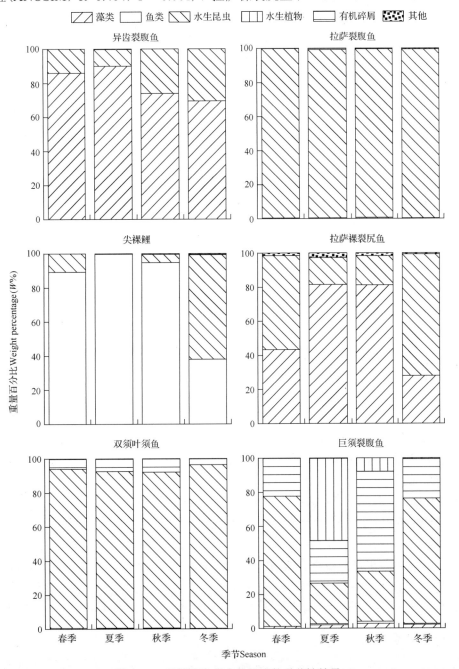

图 5-7　6 种裂腹鱼类食物组成的季节性差异

Fig. 5-7　Seasonal variation in food composition of six Schizothoracinae fishes

和巨须裂腹鱼(ANOSIM, $R=0.510$, $P<0.001$)的食物组成则具有显著的季节差异。几种裂腹鱼类食物组成的季节差异见图 5-7。

拉萨裂腹鱼和双须叶须鱼在一年四季中几乎只摄食摇蚊幼虫和纹石蛾幼虫等水生昆虫, 其 $W\%$ 超过 91.00%。

异齿裂腹鱼在春季和夏季主要摄食硅藻和绿藻等藻类($W\%$分别为 85.89% 和 89.94%), 兼食摇蚊幼虫等水生昆虫($W\%$分别为 14.06% 和 9.81%); 秋季和冬季尽管仍以硅藻和绿藻等藻类为主要食物, 摇蚊幼虫等水生昆虫为次要食物, 但藻类的 $W\%$ 显著下降到 74.00%, 水生昆虫的 $W\%$ 则显著增加到 26.00%。

尖裸鲤在春季主要摄食鱼类($W\%=89.27\%$), 并兼食摇蚊幼虫和纹石蛾幼虫等水生昆虫($W\%=10.72\%$), 夏季几乎只摄食鱼类($W\%=99.67\%$), 秋季主要摄食鱼类($W\%=94.65\%$), 并兼食摇蚊幼虫和纹石蛾幼虫等水生昆虫($W\%=4.89\%$), 而冬季则主要摄食摇蚊幼虫和纹石蛾幼虫等水生昆虫($W\%=61.29\%$), 并兼食鱼类($W\%=38.00\%$)。

拉萨裸裂尻鱼在春季和冬季主要摄食摇蚊幼虫和纹石蛾幼虫等水生昆虫($W\%>55.00\%$), 并兼食硅藻和绿藻等藻类($W\%<43.00\%$), 而在夏季和秋季则主要摄食硅藻和绿藻等藻类($W\%>81.00\%$), 并兼食摇蚊幼虫和纹石蛾幼虫等水生昆虫($W\%<17.00\%$)。

巨须裂腹鱼在春季和冬季主要摄食摇蚊幼虫和纹石蛾幼虫等水生昆虫($W\%>73.00\%$), 并兼食有机碎屑($W\%<23.00\%$), 夏季巨须裂腹鱼主要摄食水生植物($W\%=48.11\%$), 并兼食有机碎屑($W\%=25.01\%$)和水生昆虫($W\%=23.88\%$), 而秋季则主要摄食有机碎屑($W\%=58.61\%$), 并兼食水生昆虫($W\%=29.48\%$)和水生植物($W\%=7.77\%$)。

拉萨裂腹鱼和双须叶须鱼在不同季节, 几乎只摄食水生昆虫, 仅摄食少量其他食物, 表明它们的食物稳定性较高, 可塑性较低, 即在环境因素改变的情况下, 具有保持原有营养特性的能力; 其他 4 种裂腹鱼类的主要食物和次要食物随环境中食物生物的季节性变化而发生不同程度的变化, 其食物的可塑性较高, 稳定性较低, 即在环境因素的影响下, 具有改变自己营养特性的能力。鱼类一般两种能力兼而有之, 通常广食性鱼类食物的可塑性高, 稳定性较低; 狭食性和单食性鱼类的稳定性高, 可塑性低。鱼类食物的稳定性和可塑性通常与鱼类摄食器官的适应性有关, 与环境中食物基础的变化也存在一定的关联性。

鱼类食物组成的季节变化可能反映了可利用食物生物种类和丰度的季节性变化(Garicía-Berthou and Moreno-Amich, 2005; Lucena et al., 2000; Hovde et al., 2002; Oliveira et al., 2007; Reum and Essington, 2008), 而鱼类栖息地的季节性变化可能引起食物生物种类和丰度的季节性变化(Wootton, 1990)。例如, 食物组成的季节性变化显著的异齿裂腹鱼、拉萨裸裂尻鱼和巨须裂腹鱼, 春季均以水生昆虫为主要食物, 即使食鱼性的尖裸鲤, 春季食物中水生昆虫也占有较大比例, 与水体中水生昆虫的生物量春季最高(表5-8)有着密切关系, 即它们食物的季节性变化在一定程度上取决于环境中食物的可得性。

五、食物选择性

依据重量百分比($W\%$)计算 4 种裂腹鱼类各个季节对各类食物生物的选择指数(图5-8~图 5-11)。

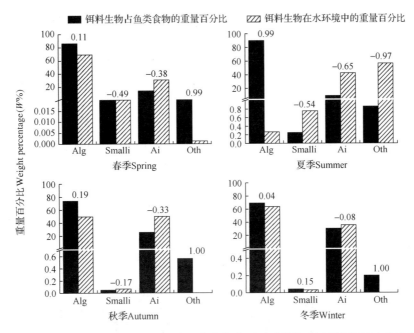

图 5-8　异齿裂腹鱼消化道中和水环境中食物生物在不同季节的重量百分比及食物选择指数

Fig. 5-8　Weight proportion of prey categories in *S. (S.) o'connori* gut contents and water environment according to seasons, and dietary preferences expressed as Ivlev's selectivity index are given above bars

Alg. 藻类 Algae；Smalli. 小型无脊椎动物 Small invertebrates；Ai. 水生昆虫 Aquatic insect；Oth. 其他 Other

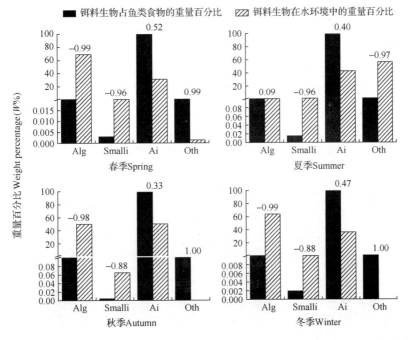

图 5-9　拉萨裂腹鱼消化道中和水环境中食物生物在不同季节的重量百分比及食物选择指数

Fig. 5-9　Weight proportion of prey categories in *S. (R.) waltoni* gut contents and water environment according to seasons, and dietary preferences expressed as Ivlev's selectivity index are given above bars

Alg. 藻类 Algae；Smalli. 小型无脊椎动物 Small invertebrates；Ai. 水生昆虫 Aquatic insect；Oth. 其他 Other

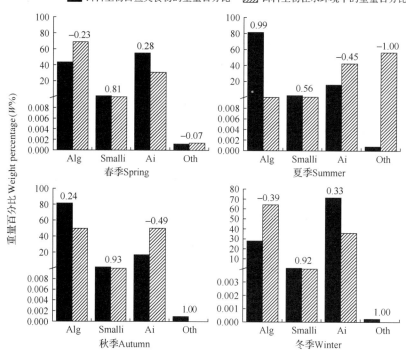

图 5-10　拉萨裸裂尻鱼消化道中和水环境中周丛生物在不同季节的重量百分比及食物选择指数

Fig. 5-10　Weight proportion of prey categories in *S. younghusbandi* gut contents and water environment according to seasons, and dietary preferences expressed as Ivlev's selectivity index are given above bars

Alg. 藻类 Algae；Smalli；小型无脊椎动物 Small invertebrates；Ai. 水生昆虫 Aquatic insect；Oth. 其他 Other

异齿裂腹鱼除了冬季外，其他季节均主动选择摄食硅藻等着生藻类(I：0.11～0.99)，被动选择摇蚊幼虫等水生昆虫(I：-0.65～-0.33)，冬季对着生藻类(I：0.04)和水生昆虫(I：-0.08)的摄食则趋向于随机选择，小型无脊椎动物等在其食物中的含量则稀少(图 5-8)。

拉萨裂腹鱼一年四季均主动选择摄食摇蚊幼虫和纹石蛾幼虫等水生昆虫(I：0.33～0.52)，藻类和小型无脊椎动物等其他种类在食物中的含量则稀少($W\%<1.30\%$，图 5-9)。

拉萨裸裂尻鱼春季和冬季均主动选择摄食摇蚊幼虫和纹石蛾幼虫等水生昆虫(I：0.28～0.33)，被动选择硅藻等着生藻类(I：-0.39～-0.23)，小型无脊椎动物等其他种类在其食物中的含量稀少($W\%<1.50\%$)；夏季和秋季均主动选择摄食硅藻等着生藻类(I：0.24～0.99)，被动选择摄食摇蚊幼虫和纹石蛾幼虫等水生昆虫(I：-0.49～-0.45)，小型无脊椎动物等其他种类在食物中极少($W\%<2.70\%$；图 5-10)。

双须叶须鱼与拉萨裂腹鱼相似，一年四季中均主动选择摄食摇蚊幼虫和纹石蛾幼虫等水生昆虫($W\%$：91.65%～96.10%；I：0.29～0.50)，藻类和小型无脊椎动物等其他种类在食物中的含量则稀少($W\%<8.40\%$；图 5-11)。

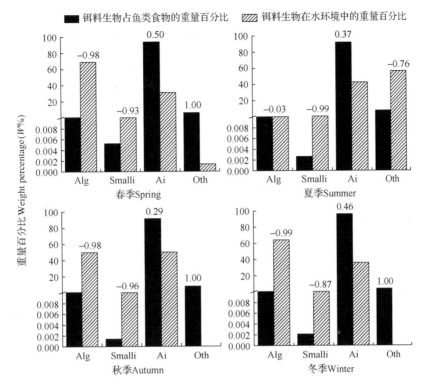

图 5-11　双须叶须鱼消化道中和水环境中周丛生物在不同季节的重量百分比以及食物选择指数

Fig. 5-11　Weight proportion of prey categories in *P. dipogon* gut contents and water environment according to seasons, and dietary preferences expressed as Ivlev's selectivity index are given above bars

Alg. 藻类 Algae；Smalli. 小型无脊椎动物 Small invertebrates；Ai. 水生昆虫 Aquatic insect；Oth. 其他 Other

　　鱼类对食物的选择能力是由鱼类对食物生物的一定要求和环境中这种食物生物的易于获得程度来决定的，这两种情况称为鱼类对食物的喜好性和食物易得性。喜好性是鱼类长期适应摄取某种食物生物形成的固有属性，它取决于鱼类本身的形态特征和代谢特点，也取决于食物生物的形态特征和生化特性。易得性是食物生物和鱼类关系的一种属性，是食物生物逃避被鱼类摄食的适应结果。鱼类和食物生物各自的形态特征、感觉能力、生态学适应特征是易得性的基础。最优摄食理论表明，捕食者总是倾向于摄食能够提供最大净能量的食物(Townsend and Winfield，1984)。水体中的某一种食物生物能否被鱼类选择，通常与食物生物的可得性、鱼类摄食和消化器官形态特性及捕食经验等相关(Wootton，1990)。雅鲁藏布江中游水流湍急，栖息于三维水体中的浮游生物的密度和生物量比较低，而栖息于二维基质表面的周丛生物的密度和生物量则较高(见本章第一节)。本研究结果表明，除尖裸鲤外，其他 5 种裂腹鱼类均主要选择摄食二维空间中的着生藻类和水生昆虫幼虫，摄食二维空间中密度较高的周丛生物所消耗的能量远低于摄食三维空间中密度较低的浮游生物(Asaeda and Son，2000)。尖裸鲤主要选择摄食栖息于三维空间中的鱼类，尽管摄食三维空间中的鱼类需要消耗较多的能量，但与周丛生物相比，三维空间中的鱼类能够提供更多的能量，最终使尖裸鲤能够获得最大净能量。此外，裂腹鱼类摄食和消化器官的形态特征也与其食性密切相关，这一部分内容将在下一节详细讨论。

第三节　摄食和消化器官与食性的适应性

一、摄食和消化器官形态

(一)异齿裂腹鱼

体呈棒状，吻钝圆(图版Ⅱ-1)。口下位，横裂或弓形，具有 2 对短须，下颌前缘具锐利角质(图版Ⅴ-1d)。口腔上壁有纵褶，表面均被密集乳突(图版Ⅴ-2d)。下咽骨宽阔，下咽齿 4 行，齿式为 1.2.3.4/4.3.2.1，咽齿顶端呈斜截状，略侧扁，咀嚼面宽而平整(图版Ⅴ-3d)。鳃耙排列较密，第 1 鳃弓外鳃耙 25～32，内鳃耙 34～46，最长外鳃耙长为 2.27±0.47mm，最宽鳃耙间距为 0.54±0.13mm(图版Ⅴ-4d)。食道较短，壁厚，纵行皱襞约 12 条。肠管盘曲极复杂，8～16 个肠襻(图版Ⅴ-5d)；肠长与体长之比为 3.86～8.74(5.78±1.25)。肠壁黏膜褶皱由前肠到后肠逐渐变细变低，肠壁肌肉层厚度也同样由前肠到后肠逐渐变薄。

(二)拉萨裂腹鱼

体呈棒状，吻突出，可伸缩(图版Ⅱ-1)。口下位，呈马蹄形，具有 2 对须，前须较短，后须较长，唇发达，下颌前缘不具有角质(图版Ⅴ-1c)。咽部被密集颗粒状乳突，口腔上壁有较高的纵褶(图版Ⅴ-2c)。下咽骨狭窄，呈弧形；齿式为 2.3.5/5.3.2，下咽齿顶端尖，咀嚼面较窄(图版Ⅴ-3c)。鳃耙较长，第 1 鳃弓上的外鳃耙数为 16～22，内鳃耙数 22～29，最长外鳃耙长为 5.11±1.35mm，最宽鳃耙间距为 0.98±0.32mm(图版Ⅴ-4c)。食道粗短，壁厚，食道黏膜突起形成约 9 条纵褶。肠管盘曲较复杂，4～7 个肠襻(图版Ⅴ-5c)；肠长与体长之比为 0.79～2.37(1.69±0.35)，肠壁黏膜褶皱由前肠到后肠逐渐变细变低，肠壁肌肉层厚度也同样由前肠到后肠逐渐变薄。

(三)尖裸鲤

体修长，头长锥形，吻部尖长(图版Ⅱ-1)。口端位，呈深弧形，无须，口裂大，后端止于鼻孔下方或稍后；口前端与眼下缘水平或稍低于眼下缘；上颌稍长于下颌，下颌前缘无锐利角质，上唇较发达，下唇细狭，不发达(图版Ⅴ-1a)。口咽腔较大，口腔背面有细小的纵褶，不具有乳突(图版Ⅴ-2a)。下咽骨狭细，弧形，齿 2 行，齿式为 3.4/4.3，咽齿顶端钩状，咀嚼面窄(图版Ⅴ-3a)。鳃耙稀少而短小，第 1 鳃弓外鳃耙 8～11，内鳃耙 9～13，最长外鳃耙长为 2.61±0.57mm，最宽鳃耙间距为 1.68±0.55mm(图版Ⅴ-4a)。食道粗短，壁厚，内壁黏膜向管腔突出形成 12 条纵褶。肠管盘曲简单，2 个肠襻(图版Ⅴ-5a)；肠长与体长之比为 0.55～1.12(0.85±0.16)，肠壁黏膜褶皱由前肠到后肠逐渐变细变低，肠壁肌肉层厚度也同样由前肠到后肠逐渐变薄。

（四）拉萨裸裂尻鱼

头锥形，吻钝圆（图版Ⅱ-1）。口下位，呈弧形，下颌具锐利角质，无须（图版Ⅴ-1f）。咽部被密集颗粒状乳突，口腔上壁具有纵褶和乳突（图版Ⅴ-2f）。下咽齿 2 行，齿式为 3.4/4.3；齿顶端尖，咀嚼面较窄（图版Ⅴ-3f）。鳃耙较短，排列稀疏，第 1 鳃弓外鳃耙数为 7～13，内鳃耙数为 10～26。鳃耙长为 2.20±0.35mm，鳃耙间距为 0.98±0.15mm（图版Ⅴ-4f）；食道短，内壁黏膜层向管腔突起形成约 10 个粗大纵褶。肠管盘曲复杂，6～10 个肠襻（图版Ⅴ-5f）；肠长与体长比为 1.67～4.40（3.08±0.66），肠壁黏膜褶皱由前肠到后肠逐渐变细变低，肠壁肌肉层厚度也同样由前肠到后肠逐渐变薄。

（五）双须叶须鱼

头锥形，吻突出，可伸缩（图版Ⅱ-1）。口下位，马蹄形，具有 1 对较长的须，下颌前缘无角质，唇发达（图版Ⅴ-1b）。口腔上壁具有纵褶，不具有乳突（图版Ⅴ-2b）。下咽齿 2 行，齿式为 3.4/4.3，咽齿细圆，顶端尖，咀嚼面较窄（图版Ⅴ-3b）。鳃耙较长，第 1 鳃弓外鳃耙10～18，内鳃耙14～24，最长外鳃耙长为4.09±0.92mm，最宽鳃耙间距0.84±0.36mm（图版Ⅴ-4b）。食道壁厚，内壁具约 12 个纵褶。肠管盘曲较复杂，4～6 个肠襻（图版Ⅴ-5b），肠长与体长比为 0.90～1.87（1.41±0.23），肠壁黏膜褶皱由前肠到后肠逐渐变细变低，肠壁肌肉层厚度也同样由前肠到后肠逐渐变薄。

（六）巨须裂腹鱼

吻端略扁平，头锥形（图版Ⅰ）。口下位，弧形，具有 2 对长须，下颌前缘有角质，但不锐利（图版Ⅴ-1e）。口腔上壁具有纵褶，不具有乳突（图版Ⅴ-2e）。下咽骨狭窄，呈弧形，下咽齿 3 行，齿式为 2.3.5/5.3.2，咽齿细圆，顶端尖，咀嚼面较窄（图版Ⅴ-3e）。鳃耙密而较长，第 1 鳃弓外鳃耙 14～24，内鳃耙 14～28，最长外鳃耙长为 4.35±0.71mm，最宽鳃耙间距0.88±0.20mm（图版Ⅴ-4e）。食道很短，后与膨大状的前肠相连，内壁具有约 11 条纵褶，较低小。肠管盘曲较复杂，4～8 个肠襻（图版Ⅴ-5e）；肠长和体长比为 1.82～3.33（2.60±0.38），肠壁黏膜褶皱由前肠到后肠逐渐变细变低，肠壁肌肉层厚度也同样由前肠到后肠逐渐变薄。

二、摄食和消化器官形态比较

表 5-16 总结了 6 种鱼类摄食与消化器官的主要形态特征和它们的主要食物。从表 5-16 可以得出以下几点结论。

（1）口裂面积/体长均值排序为尖裸鲤＞拉萨裂腹鱼＞双须叶须鱼＞巨须裂腹鱼＞拉萨裸裂尻鱼＞异齿裂腹鱼。多重比较表明，拉萨裸裂尻鱼和异齿裂腹鱼的口裂面积/体长均值无显著性差异，拉萨裂腹鱼、双须叶须鱼和巨须裂腹鱼的口裂面积/体长均值也无显著性差异，其他鱼类的口裂面积/体长均值存在显著性差异；口型除尖裸鲤是端位口外其

表5-16　6种裂腹鱼类摄食和消化器官的形态特征比较

Table 5-16　Morphological comparison of feeding and digesting organs for six Schizothoracinae fishes

形态特征 Morphological characteristics	异齿裂腹鱼 S. (S.) o'connori	拉萨裂腹鱼 S. (R.) waltoni	尖裸鲤 O. stewartii	拉萨裸裂尻鱼 S. younghusbandi	双须叶须鱼 P. dipogon	巨须裂腹鱼 S. (R.) macropogon
主要食物 Main food	主食着生藻类、兼食水生昆虫幼虫	主食水生昆虫幼虫	主食鱼类、兼食水生昆虫幼虫	主食着生藻类、兼食水生昆虫幼虫	主食水生昆虫幼虫	主食水生昆虫幼虫、兼食有机碎屑和高等水生植物
吻长/体长 Snout length/standard length	$0.062\pm0.005\ 8^{a}$	$0.091\pm0.006\ 6^{b}$	$0.069\pm0.003\ 8^{c}$	$0.059\pm0.005\ 3^{a}$	$0.074\pm0.008\ 1^{d}$	$0.068\pm0.004\ 8^{c}$
头长/体长 Head length/standard length	0.18 ± 0.012^{a}	0.23 ± 0.012^{b}	0.24 ± 0.024^{b}	$0.20\pm0.009\ 7^{c}$	0.20 ± 0.016^{c}	$0.19\pm0.012^{a,c}$
口裂面积/体长 Area of mouth/standard length	0.39 ± 0.10^{a}	0.68 ± 0.25^{b}	1.51 ± 0.56^{c}	0.44 ± 0.10^{a}	0.61 ± 0.19^{b}	0.58 ± 0.10^{b}
鳃耙间距/体长 Space of gill rakers/standard length	$0.001\ 4\pm0.000\ 28^{a}$	$0.002\ 3\pm0.000\ 46^{b}$	$0.004\ 7\pm0.000\ 98^{c}$	$0.003\ 6\pm0.000\ 60^{d}$	$0.002\ 5\pm0.000\ 44^{b}$	$0.002\ 5\pm0.000\ 45^{b}$
鳃耙长/体长 External gill raker length/standard length	$0.006\ 0\pm0.000\ 71^{a}$	$0.012\pm0.001\ 3^{b}$	$0.007\ 3\pm0.000\ 93^{c}$	$0.008\ 0\pm0.000\ 99^{c}$	$0.011\pm0.001\ 1^{b}$	$0.012\pm0.001\ 0^{b}$
肠长/体长 Gut length/standard length	5.78 ± 1.25^{a}	1.69 ± 0.35^{b}	0.85 ± 0.16^{c}	3.08 ± 0.66^{d}	1.41 ± 0.23^{b}	2.60 ± 0.38^{c}
下咽齿齿式 Pharyngeal teeth formula	1.2.3.4/4.3.2.1	2.3.5/5.3.2	3.4/4.3	3.4/4.3	3.4/4.3	2.3.5/5.3.2
下咽齿形态 Pharyngeal teeth morphology	顶端斜截状咀嚼面宽	顶端尖咀嚼面适中	顶端钩状咀嚼面窄	顶端尖咀嚼面适中	顶端尖咀嚼面适中	顶端尖咀嚼面适中
口位 Orientation of mouth	下位口	下位口	端位口	下位口	下位口	下位口
下颌前缘 Lip of lower jaw	具锐利角质	无角质，唇发达	具角质，但不锐利	具锐利角质	无角质，唇发达	具角质，但不锐利
须 Barbel	2对，极短	2对，较长	无须	无须	1对，较长	2对，长
肠盘曲数 Number of gut loops	8~16	4~7	2	6~10	4~6	4~8
第1鳃弓外鳃耙数 Number of external gill rakers of the first gill arch	25~32	16~22	8~11	7~13	10~18	14~24
第1鳃弓内鳃耙数 Number of internal gill rakers of the first gill arch	34~46	22~29	9~13	10~26	14~24	14~28

余均是下位口；下颌前缘角质程度不一，异齿裂腹鱼和拉萨裸裂尻鱼下颌前缘具锐利角质，尖裸鲤和巨须裂腹鱼下颌前缘具角质但不锐利，拉萨裂腹鱼和双须叶须鱼下颌前缘则不具有角质。

(2)吻长/体长均值排序为拉萨裂腹鱼＞双须叶须鱼＞尖裸鲤＞巨须裂腹鱼＞异齿裂腹鱼＞拉萨裸裂尻鱼。多重比较表明，异齿裂腹鱼和拉萨裸裂尻鱼吻长/体长均值无显著性差异，尖裸鲤和巨须裂腹鱼吻长/体长均值无显著性差异，而其他种类间则存在显著性差异。

(3)鳃耙间距/体长均值排序为尖裸鲤＞拉萨裸裂尻鱼＞双须叶须鱼=巨须裂腹鱼＞拉萨裂腹鱼＞异齿裂腹鱼。多重比较表明，拉萨裂腹鱼、双须叶须鱼和巨须裂腹鱼鳃耙间距/体长均值无显著性差异，而其他种类之间则存在显著性差异；6种鱼的鳃耙长/体长均值排序为：拉萨裂腹鱼=巨须裂腹鱼＞双须叶须鱼＞拉萨裸裂尻鱼＞尖裸鲤＞异齿裂腹鱼，多重比较表明，尖裸鲤和拉萨裸裂尻鱼鳃耙长/体长均值无显著性差异，拉萨裂腹鱼、巨须裂腹鱼和双须叶须鱼鳃耙长/体长均值无显著性差异，而其他种类之间则存在显著性差异。由此可见，异齿裂腹鱼鳃耙排列相对紧密而短小，尖裸鲤和拉萨裸裂尻鱼鳃耙排列稀疏而短小，拉萨裂腹鱼、双须叶须鱼和巨须裂腹鱼鳃耙则排列相对稀疏而长。

(4)异齿裂腹鱼的下咽齿顶端斜截状，尖裸鲤则呈钩状，而其他4种鱼类的下咽齿顶端均尖状。

(5)肠盘曲数排序为：异齿裂腹鱼＞拉萨裸裂尻鱼＞巨须裂腹鱼＞拉萨裂腹鱼＞双须叶须鱼＞尖裸鲤；6种鱼肠长/体长均值排序为：异齿裂腹鱼＞拉萨裸裂尻鱼＞巨须裂腹鱼＞拉萨裂腹鱼＞双须叶须鱼＞尖裸鲤，多重比较表明，6种鱼肠长/体长均值之间存在显著性差异(但拉萨裂腹鱼和双须叶须鱼之间无显著性差异)。

三、摄食和消化器官形态与食性的关系

对选取的12个摄食和消化器官形态指标进行相关性分析，结果表明，鳃耙数与肠长和鳃耙间距的相关性分别为0.68和0.80，因此，采用除鳃耙数以外的11个形态指标来进行典型相关分析。典型相关分析结果表明，6种裂腹鱼类摄食和消化器官形态与其食物组成之间具有显著的相关性(Permutation检验，$P<0.001$)。摄食和消化器官形态指标对各个食物变异度的解释比例分别为：鱼类95.55%、藻类87.52%、水生昆虫75.74%、有机碎屑42.20%、高等水生植物33.34%和其他30.19%。总体上，摄食和消化器官形态指标对食物组成数据变异度的解释比例为67.44%，其中，典型相关分析的前3个轴(Axis 1～3)对食物组成数据变异度的累计解释比例达66.10%，这说明典型相关分析的前3个轴已经包含足够的信息用于分析摄食和消化器官形态指标与其食性的相关性(表5-17)，因此，后续的分析只涉及前3个轴所包含的信息。

表 5-17　典型相关分析轴对每种食物生物变异度、食物组成数据总体
变异度及摄食和消化器官与食性关系变异度的解释比例

Table 5-17　Fraction of variance explained by CCA axes for each food item,
for the whole dietary data and for the diet-morphology relationship

	Axis 1	Axis 2	Axis 3	All Axes
藻类 Algae (%)	15.53	69.23	2.50	87.52
鱼类 Fish (%)	95.33	0.19	0.02	95.55
水生昆虫 Aquatic insect (%)	16.26	28.79	30.15	75.74
有机碎屑 Organic detritus (%)	3.57	26.59	7.88	42.20
高等水生植物 Macrophyte (%)	0.90	7.82	23.52	33.34
其他种类 Other (%)	4.39	16.02	0.02	30.19
对食性变异的解释度 Variance of dietary data (%)	36.03	19.89	10.18	67.44
对食性变异的累计解释度 Cumulated variance of dietary data (%)		55.92	66.10	
对食性-摄食消化器官关系变异的解释度 Variance of diet-morphology relationship (%)	53.42	29.49	15.09	
对食性-摄食消化器官关系变异的累计解释度 Cumulated variance of diet-morphology relationship (%)		82.91	98.00	
特征值 Canonical eigenvalue	0.89	0.49	0.25	
食性-摄食形态器官关系的决定系数 The determination coefficient of diet-morphology relationship (R^2)	0.98	0.93	0.73	

　　6 种裂腹鱼类摄食和消化器官形态指标与其食性的相关性参见图 5-12 和图 5-13。图 5-12 中，箭头代表形态指标轴，每种食物生物向形态指标轴做投影，投影点的顺序代表食物生物在此轴上的排序。箭头越长，夹角越小，其相关性越大。

　　与轴 1 (CCA1) 正相关性最强的形态指标是钩状下咽齿和端位口，其次为口裂面积和鳃耙间距，具有这些形态特征的裂腹鱼类主要摄食鱼类 (图 5-12)。与轴 2 (CCA2) 正相关性最强的形态指标是斜截状下咽齿和下颌锐利角质前缘，其次为肠长，具有这些形态特征的裂腹鱼类主要摄食着生藻类；负相关性较强的形态指标是长须、下颌不具角质和鳃耙长，其次为吻长，具有这些形态特征的裂腹鱼类主要摄食水生昆虫 (图 5-12)。与轴 3 (CCA3) 负相关性最强的形态指标是下颌角质前缘不锐利，具有这些形态特征的裂腹鱼类食物成分较为复杂，除了摄食着生藻类、有机碎屑外，还可摄食高等水生植物 (图 5-13)。其他形态指标与 3 个轴的相关性较弱。

　　根据 6 种裂腹鱼类及其食物生物在图 5-12 和图 5-13 上的相对位置，亦可将 6 种裂腹鱼类划分为 3 个营养类型，与依据食物重量百分比 (W%) 划分的营养类型十分吻合。表明在诸多与摄食消化相关的形态特征中，咽齿形态、口位和口裂大小、鳃耙间距、下颌角质形态、消化道特征在很大程度上决定了鱼类的食性。

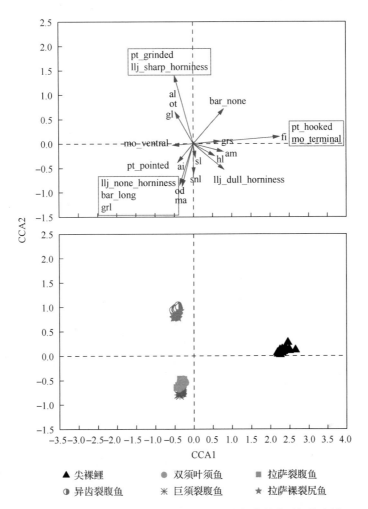

图 5-12　6 种裂腹鱼类摄食和消化器官形态与食性典型相关分析
轴 1 和轴 2 分析图（彩图请扫封底二维码）

Fig. 5-12　Graphical output of the axes 1 and 2 of canonical correspondence analysis（CCA）linking diet and morphology for six Schizothoracinae fishes

fi.鱼类 fish；al.藻类 algae；ai.水生昆虫 aquatic insect；od.有机碎屑 organic detritus；ma.高等水生植物 macrophyte；ot.其他 other；sl.体长 standard length；hl.头长 head length；snl.吻长 snout length；am.口裂面积 area of mouth；grs.鳃耙间距 space of gill raker；grl.鳃耙长 length of gill raker；gl.肠长 gut length；mo_terminal.端位口 terminal mouth；mo_ventral.下位口 ventral mouth；pt_hooked.钩状下咽齿 hooked pharyngeal teeth；pt_pointed.尖状下咽齿 pointed pharyngeal teeth；pt_grinded.斜截状下咽齿 grinded pharyngeal teeth；bar_none.无须 none barbel；bar_long.长须 long barbell；llj_none_horniness.下颌前缘无角质 none horniness for the lip of lower jaw；llj_dull_horniness.下颌前缘具角质但不锐利 dull horniness for the lip of lower jaw；llj_sharp_horniness.下颌前缘角质锐利 sharp horniness for the lip of lower jaw

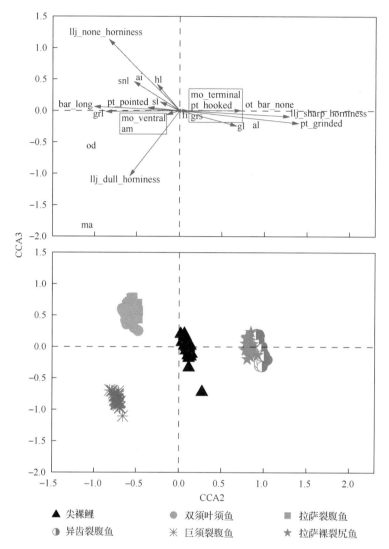

图 5-13　6 种裂腹鱼类摄食和消化器官形态与食性典型相关分析
轴 2 和轴 3 分析图(彩图请扫封底二维码)

Fig. 5-13　Graphical output of the axes 2 and 3 of canonical correspondence
analysis (CCA) linking diet and morphology for six Schizothoracinae fishes

fi.鱼类 fish；al.藻类 algae；ai. 水生昆虫 aquatic insect；od.有机碎屑 organic detritus；ma.高等水生植物 macrophyte；ot.其他 other；sl.体长 standard length；hl.头长 head length；snl.吻长 snout length；am.口裂面积 area of mouth；grs.鳃耙间距 space of gill raker；grl. 鳃耙长 length of gill raker；gl. 肠长 gut length；mo_terminal. 端位口 terminal mouth；mo_ventral. 下位口 ventral mouth；pt_hooked.钩状下咽齿 hooked pharyngeal teeth；pt_pointed.尖状下咽齿 pointed pharyngeal teeth；pt_grinded.斜截状下咽齿 grinded pharyngeal teeth；bar_none.无须 none barbel；bar_long.长须 long barbell；llj_none_horniness.下颌前缘无角质 none horniness for the lip of lower jaw；llj_dull_horniness.下颌前缘具角质但不锐利 dull horniness for the lip of lower jaw；llj_sharp_horniness.下颌前缘角质锐利 sharp horniness for the lip of lower jaw

　　功能和形态相适应是生物学的基本规律。鱼类在长期演化过程中形成了与其捕食方式和食物类型相适应的结构特征。有学者发现鱼类形态与其食性之间具有较强的相关性(Winemiller，1991；Hugueny and Pouilly，1999；Xie et al.，2001；Pouilly et al.，2003；

Ward-Campbell et al.，2005）。通常认为，鱼类的口位暗示了在捕食过程中食物与捕食者在水体中的相对位置(Piet，1998)；口裂的大小通常与其摄食食物个体大小正相关(Piet，1998；Piet et al.，1998；Hugueny and Pouilly，1999；Pouilly et al.，2003；de Mérona et al.，2008)。鱼类通常借助发达的须来定位食物生物，故在底层黑暗水体摄食的鱼类通常具有发达的须(Piet，1998)。较长的消化道可增加食物在消化道内的容留时间，植食性鱼类消化道通常较肉食性鱼类的要长(潘黔生等，1996；杨学芬等，2003；Hofer，1991；Xie et al.，2001；Ward-Campbell et al.，2005)。咽齿形态通常与其食性密切相关(Wootton，1990)。鱼类鳃耙的长度和数量与其摄食的食物大小密切相关，滤食水体中浮游生物的鱼类其鳃耙的长度和数量通常较大，而肉食性鱼类其鳃耙的长度和数量则相反(Pouilly et al.，2003)。但有学者发现这种相关性较弱甚至具有一定的矛盾性(Motta et al.，1995；Clifton and Motta，1998；Labropoulou and Markakis，1998)。

　　本研究结果表明，雅鲁藏布江中游 6 种裂腹鱼类的摄食和消化器官形态与其食物具有显著相关性，与鱼类摄食何种食物通常受其形态限制的假说一致(Wainwright and Richard，1995)。

　　尖裸鲤是 6 种鱼类中唯一以鱼类为主要食物的凶猛鱼类，其口端位，口裂大，适于捕食与其处于同一水层的鱼类；头部侧线管发达，适于感知和定位食物生物；体形修长，可以有效地降低水体的阻力，增大游泳速度；下咽齿呈钩状，有利于防止食物鱼类挣扎逃脱，这些形态特征适于其采用追捕方式捕食具有一定自游能力的鱼类(表 5-16)。因食物较大，故鳃耙退化，较短的消化道亦符合肉食性鱼类的特征。

　　其他 5 种鱼类，摄食和消化器官的共同特点是口下位，口裂小；与尖裸鲤相比，消化道相对较长，鳃耙较致密，这些特征构成它们以周丛生物和/或水生昆虫为主要食物的形态学基础。5 种鱼类摄食和消化器官特征除上述共同特征外，也存在不同之处：拉萨裂腹鱼和双须叶须鱼下颌无角质边缘，唇和须较发达，吻较长且可伸缩，肠较短，肠长/体长不超过 2，适于寻觅、掘食和消化水生无脊椎动物；异齿裂腹鱼和拉萨裸裂尻鱼下颌具有锐利的角质边缘；肠长/体长平均值分别为 5.78 和 3.08，适于铲(刮)食、消化着生藻类；巨须裂腹鱼虽然与拉萨裂腹鱼和双须叶须鱼一样以水生昆虫为主要食物，但其食物中还有较大比例的有机碎屑和高等水生植物，与之相适应的形态特征是其下颌前缘具有角质但不锐利，肠长/体长介于 2~3(表 5-16)。

　　从表 5-16 可以看出，尖裸鲤的下咽齿呈钩状，与其食鱼食性相适应，异齿裂腹鱼下咽齿呈斜截状，咀嚼面宽，适于研磨着生藻类。拉萨裂腹鱼、双须叶须鱼、巨须裂腹鱼下咽齿均为尖锥状，与其主要摄食水生昆虫相适应。唯主食藻类的拉萨裸裂尻鱼，其下咽齿也为尖锥状，并不适宜研磨藻类，下咽齿的形态似乎与其食性不相适应，但拉萨裸裂尻鱼在春季和冬季食物中摇蚊幼虫和纹石蛾幼虫等水生昆虫的重量百分比占 55.00%(图 5-6)，其实其摄食和消化器官形态与其食物也是相适应的。

　　一般来说，鱼类鳃耙的长度和数量与其摄食的食物大小密切相关，滤食水体中浮游生物的鱼类其鳃耙的长度和数量通常较大，而肉食性鱼类其鳃耙的长度和数量则相反(Pouilly et al.，2003)。6 种鱼类无论其食性如何，鳃耙密度的差异并不明显(表 5-16)，这种不一致性与它们的摄食方式和食物属性相关。微小的着生藻类与有机碎屑、泥沙等附着基质粘连在一起形成"食物团"，鱼类摄食周丛生物时，并非像鲢（*Hypophthalmichthys molitrix*）和鳙（*Aristichthys nobilis*）一样，通过鳃耙过滤微小的浮游生物颗粒，而是利用其下颌锋利角质连同其附着基质一并刮食。鳃耙在摄食过程中的过滤作用下降，因而退化。

本研究的 6 种鱼类，除尖裸鲤外的其他 5 种鱼类均以周丛生物或底栖动物为主要食物，摄食过程中不可避免地会带入泥沙，野外调查和室内分析过程中发现，植食性裂腹鱼类肠道中泥沙的含量要远远大于温和肉食性裂腹鱼类，泥沙含量增多有利于增强肠道蠕动过程中对藻类的研磨，提高对植食性食物的消化和吸收率，这反映出裂腹鱼类在长期的进化过程中形成了与独特的高原水域环境相适应的特殊结构。

第四节　食　物　关　系

一、摄食策略

采用改进的 Costello（1990）图示法（图 2-2）分析摄食策略。分析 6 种裂腹鱼类摄食策略的结果见图 5-14～图 5-19。从图中可以看出，硅藻为异齿裂腹鱼和拉萨裸裂尻鱼最主要的食物；水生昆虫为拉萨裂腹鱼、双须叶须鱼和巨须裂腹鱼最主要的食物；鱼类为尖裸鲤最主要的食物。此外，多数食物分布在图的右下角，表明 6 种裂腹鱼类种群内不同个体间的食物组成差异较小，食物重叠程度较高。

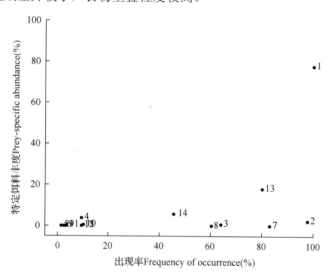

图 5-14　异齿裂腹鱼食物组成分布图

Fig. 5-14　Graphic representation of diet composition in *S.* (*S.*) *o'connori*

1.硅藻门 Bacillariophyta；2.绿藻门 Chlorophyta；3.蓝藻门 Cyanophyta；4.金藻门 Chrysophyta；
5.黄藻门 Xanthophyta；6.裸藻门 Euglenophyta；7.原生动物门 Protozoa；8.轮虫动物门 Rotifera；9.枝角类 Cladocera；
10.桡足类 Copepods；11.壳顶幼虫 Lamellibranch umbo-veliger larvae；12.水蜘蛛 Araneae；
13.摇蚊幼虫 Chironomid larvae；14.其他水生昆虫 Other aquatic insects；15.花粉 Pollen

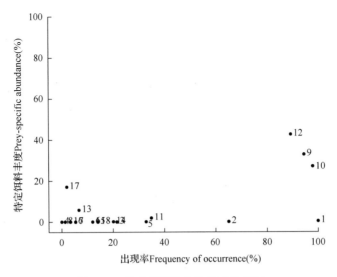

图 5-15　拉萨裂腹鱼食物组成分布图

Fig. 5-15　Graphic representation of diet composition in *S.（R.）waltoni*

1.硅藻门 Bacillariophyta；2.绿藻门 Chlorophyta；3.蓝藻门 Cyanophyta；4.金藻门 Chrysophyta；

5.原生动物门 Protozoa；6.轮虫动物门 Rotifera；7.枝角类 Cladocera；8.桡足类 Copepods；

9.摇蚊幼虫 Chironomid larvae；10.其他水生昆虫 Other aquatic insects；11.有机碎屑 Organic detritus；

12.纹石蛾幼虫 Hydropsychidae larvae；13.鱼类 Fish；14.水蚯蚓 Water angleworm；

15.线虫纲 Nematoda；16.水熊虫 Water bear；17.萝卜螺属 *Radix*；18.水蜘蛛 Araneae

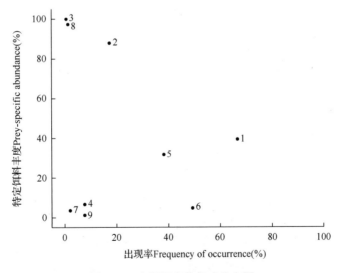

图 5-16　尖裸鲤食物组成分布图

Fig. 5-16　Graphic representation of diet composition in *O. stewartii*

1.鳅科鱼类 Cobitidae；2.鲤科鱼类 Cyprinidae；3.鮡科鱼类 Sisoridae；4.塘鳢科鱼类 Eleotridae；

5.摇蚊幼虫 Chironomid larvae；6.其他水生昆虫 Other aquatic insects；

7.水生植物 Hydrophyte；8.毛发 Feather；9.钩虾科 Gammaridae

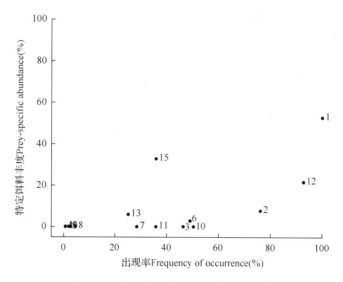

图 5-17　拉萨裸裂尻鱼食物组成分布图

Fig. 5-17　Graphic representation of diet composition in *S. younghusbandi*

1.硅藻门 Bacillariophyta；2.绿藻门 Chlorophyta；3.蓝藻门 Cyanophyta；4.隐藻门 Cryptophyta；

5.黄藻门 Xanthophyta；6.原生动物门 Protozoa；7.轮虫动物门 Rotifera；8.枝角类 Cladocera；

9.桡足类 Copepods；10.鱼卵 Fish egg；11.有机碎屑 Organic detritus；12.摇蚊幼虫 Chironomid larvae；

13.其他水生昆虫 Other aquatic insects；14.钩虾属 *Gammarus*；15.纹石蛾幼虫 Hydropsychidae larvae

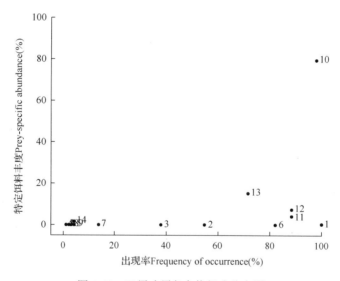

图 5-18　双须叶须鱼食物组成分布图

Fig. 5-18　Graphic representation of diet composition in *P. dipogon*

1.硅藻门 Bacillariophyta；2.绿藻门 Chlorophyta；3.蓝藻门 Cyanophyta；4.黄藻门 Xanthophyta；

5.裸藻门 Euglenophyta；6.原生动物门 Protozoa；7.轮虫动物门 Rotifera；8.枝角类 Cladocera；

9.桡足类 Copepods；10.摇蚊幼虫 Chironomid larvae；11.其他水生昆虫 Other aquatic insects；

12.有机碎屑 Organic detritus；13.纹石蛾幼虫 Hydropsychidae larvae；14.鱼类 Fish；15.水蜘蛛 Araneae

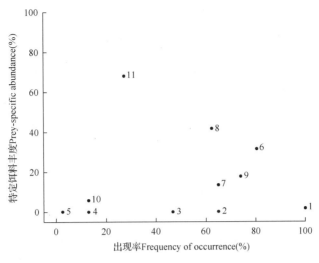

图 5-19　巨须裂腹鱼食物组成分布图

Fig. 5-19　Graphic representation of diet composition in *S.* (*R.*) *macropogon*

1.硅藻门 Bacillariophyta；2.绿藻门 Chlorophyta；3.蓝藻门 Cyanophyta；4.裸藻门 Euglenophyta；

5.桡足类 Copepods；6.摇蚊幼虫 Chironomid larvae；7.其他水生昆虫 Other aquatic insects；

8.有机碎屑 Organic detritus；9.纹石蛾幼虫 Hydropsychidae larvae；10.鱼类 Fishes；11.水生植物 Macrophyte

二、食物重叠状况

总体上，6 种裂腹鱼类食物组成具有显著的种间差异（ANOSIM，$R=0.876$，$P<0.001$）。各种鱼类食物重叠指数参见表 5-18。在种间的 15 个配对中，主要在以下鱼类之间存在较为严重的食物重叠：①异齿裂腹鱼和拉萨裸裂尻鱼之间食物重叠严重，食物重叠指数达 0.77，与其摄食硅藻等着生藻类有关，着生藻类占它们食物的重量百分比分别为 81.31%和 58.28%。此外，这两种裂腹鱼类还兼食摇蚊幼虫和纹石蛾幼虫等水生昆虫，水生昆虫占它们食物的重量百分比分别为 18.19%和 40.20%；②双须叶须鱼与拉萨裂腹鱼和巨须裂腹鱼的食物重叠指数分别达到 0.94 和 0.61，拉萨裂腹鱼和巨须裂腹鱼的重叠指数达 0.56，彼此间食物重叠严重，与其摄食摇蚊幼虫和纹石蛾幼虫等水生昆虫有关，水生昆虫占它们食物的重量百分比分别为 93.39%、99.15%和 51.59%。上述结果表明异齿裂腹鱼和拉萨裸裂尻鱼间，双须叶须鱼、拉萨裂腹鱼和巨须裂腹鱼间存在较强的食物竞争。不仅如此，种群内不同个体间的食物组成差异较小，食物重叠程度较高，种内食物竞争较强（表 5-19）。

表 5-18　裂腹鱼类不同种之间食物重叠指数

Table 5-18　The dietary overlap coefficient among six Schizothoracinae fishes

种名 Species	尖裸鲤 *O. stewartii*	双须叶须鱼 *P. dipogon*	拉萨裂腹鱼 *S.* (*R.*) *waltoni*	异齿裂腹鱼 *S.* (*S.*) *o'connori*	巨须裂腹鱼 *S.* (*R.*) *macropogon*
双须叶须鱼 *P. dipogon*	0.15				
拉萨裂腹鱼 *S.* (*R.*) *waltoni*	0.15	0.94			
异齿裂腹鱼 *S.* (*S.*) *o'connori*	0.15	0.19	0.19		
巨须裂腹鱼 *S.* (*R.*) *macropogon*	0.15	0.61	0.56	0.21	
拉萨裸裂尻鱼 *S. younghusbandi*	0.15	0.41	0.41	0.77	0.42

表 5-19　裂腹鱼类不同季节之间食物重叠指数

Table 5-19　The dietary overlap coefficient among seasons for six Schizothoracinae fishes

季节 Season	异齿裂腹鱼 S. (S.) o'connori	拉萨裂腹鱼 S. (R.) waltoni	尖裸鲤 O. stewartii	拉萨裸裂尻 S. younghusbandi	双须叶须鱼 P. dipogon	巨须裂腹鱼 S. (R.) macropogon
春季 vs 夏季 Spr. vs Sum.	0.96	0.99	0.90	0.61	0.98	0.47
春季 vs 秋季 Spr. vs Aut.	0.88	0.99	0.94	0.62	0.98	0.53
春季 vs 冬季 Spr. vs Win.	0.84	1.00	0.49	0.84	0.97	0.97
夏季 vs 秋季 Sum. vs Aut.	0.84	1.00	0.95	0.99	0.99	0.59
夏季 vs 冬季 Sum. vs Win.	0.79	0.99	0.38	0.45	0.96	0.50
秋季 vs 冬季 Aut. vs Win.	0.95	0.99	0.43	0.46	0.96	0.55

经典共存理论认为，在资源有限的环境中，生态位相似的物种之间会发生激烈的种间竞争，处于劣势的物种常常会面临被淘汰的风险，因此，生态位相似的物种为了实现共存，通常会发生生态位的分化(Svanbäck and Bolnick，2007)。在水域生态系统中，栖息于同一水体的鱼类通过营养、空间和时间生态位的分化来减少种间竞争，其中营养和空间生态位的分化最为重要(Ross，1986)。在资源有限的环境中鱼类需要通过对食物和空间资源利用的平衡来实现共存(Pratchett and Berumen，2008)。雅鲁藏布江中游水体食物资源较为匮乏，栖息于其中的 6 种裂腹鱼类主要通过营养生态位和空间生态位的分化来降低彼此间食物竞争的强度，实现共生共存。具体的生态位分化表现为以下两点。①营养生态位分化，这是减少鱼类食物竞争的重要形式。6 种裂腹鱼类可划分为 3 个营养类型，除了主要食物的不同外，还通过次要食物的差异，即通过食物多样性和营养位宽度，来减少彼此间的食物竞争，如巨须裂腹鱼除了摄食水生昆虫幼虫外，还兼食有机碎屑和高等水生植物，降低了与拉萨裂腹鱼和双须叶须鱼之间的食物竞争强度。②空间生态位分化，对于营养生态位相似的鱼类，其通过在不同生境中摄食来降低彼此的食物竞争强度。野外调查发现，底栖无脊椎动物食性裂腹鱼类中，巨须裂腹鱼喜在旋水环境中摄食，拉萨裂腹鱼喜于流水环境中摄食，双须叶须鱼喜于浅滩且水质较为清澈的环境中摄食；藻类食性裂腹鱼类中，异齿裂腹鱼喜于流水环境中摄食，拉萨裸裂尻鱼喜于静水环境中摄食。

随着鱼类的生长发育，其摄食消化器官日趋完善，捕食能力逐渐增强，这必然导致其摄食食物的种类和栖息空间的增大，从而减少鱼类种内的食物竞争强度(Ward et al.，2006)。本章研究结果表明，除拉萨裂腹鱼和双须叶须鱼外，其他 4 种裂腹鱼类均检测到随着个体的生长发育，其摄食食物的种类及大小发生了显著性的改变。拉萨裂腹鱼和双须叶须鱼没有检测到显著性的改变可能与用于食物组成分析样本的体长较大相关，后续研究中应包含体长较小的幼鱼。此外，野外调查发现，裂腹鱼类幼鱼喜栖息于河道的边缘水体中，此类水体通常具有水流速度缓慢或者静止、植被覆盖较好的特征，成鱼则喜栖息于河道的中心水体中。

本章仅研究了 6 种裂腹鱼类间的食物竞争，这 6 种鱼类与生活在同一水域的其他鱼类之间的食物竞争，如尖裸鲤与黑斑原鮡间，其他几种裂腹鱼类与高原鳅间的食物关系尚未涉及。在今后的工作中应加强这些方面的研究，进而查明鱼类群落在雅鲁藏布江这种食物生物贫乏的水生态系统中的共存机制。

三、营养生态位宽度和营养级

从表 5-20 可以看出，6 种裂腹鱼类食物 Shannon-Wiener 多样性指数(H')和 Pielou 均匀度指数(J)变化幅度较大，其中，拉萨裂腹鱼和双须叶须鱼的食物多样性指数和均匀度指数较小，尖裸鲤、异齿裂腹鱼和拉萨裸裂尻鱼次之，巨须裂腹鱼最大。此外，6 种裂腹鱼类营养级(TL)尖裸鲤最高，拉萨裂腹鱼、双须叶须鱼和巨须裂腹鱼次之，异齿裂腹鱼和拉萨裸裂尻鱼较小。

表 5-20　裂腹鱼类主要食物、Shannon-Wiener 多样性指数、Pielou 均匀度指数和营养级

Table 5-20　The main food, Shannon-Wiener diversity index, Pielou's evenness index and trophic level of six Schizothoracinae fishes

物种 Species	样本量 n	主要食物 Main food	多样性指数 H'	均匀度指数 J	营养级 TL
异齿裂腹鱼 S. (S.) o'connori	136	着生藻类	0.49	0.35	2.22
拉萨裂腹鱼 S. (R.) waltoni	149	水生昆虫幼虫	0.06	0.04	3.10
尖裸鲤 O. stewartii	144	鱼类	0.44	0.27	4.20
拉萨裸裂尻鱼 S. younghusbandi	151	着生藻类	0.74	0.46	2.46
双须叶须鱼 P. dipogon	95	水生昆虫幼虫	0.28	0.17	3.03
巨须裂腹鱼 S. (R.) macropogon	77	水生昆虫幼虫	1.05	0.59	2.62

巨须裂腹鱼食物多样性指数和均匀度指数最大，说明巨须裂腹鱼的营养生态位宽度较大，摄食的各个食物生物所占比重较为均匀，尖裸鲤、异齿裂腹鱼和拉萨裸裂尻鱼次之，拉萨裂腹鱼和双须叶须鱼较小。估算的营养级尖裸鲤最高，拉萨裂腹鱼、双须叶须鱼和巨须裂腹鱼次之，异齿裂腹鱼和拉萨裸裂尻鱼较小，这说明在雅鲁藏布江中游水生态系统中，尖裸鲤为高级消费者，拉萨裂腹鱼、双须叶须鱼和巨须裂腹鱼为次级消费者，异齿裂腹鱼和拉萨裸裂尻鱼为初级消费者(图 5-20)。

综上所述，栖息于雅鲁藏布江中游的 6 种裂腹鱼类主要通过营养生态位和空间生态位的分化来减少彼此间的食物竞争强度，实现在食物资源匮乏的雅鲁藏布江水体中共生共存。

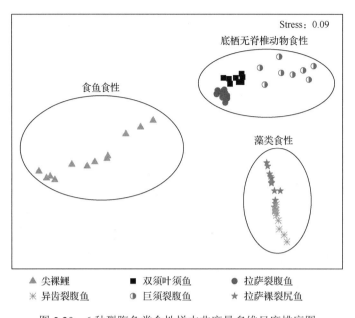

图 5-20　6 种裂腹鱼类食性样本非度量多维尺度排序图

Fig. 5-20　Non-metric multi-dimensional scaling ordination of the
dietary samples for six Schizothoracinae fishes

本 章 小 结

(1)雅鲁藏布江谢通门江段的水生生物，共检出浮游植物 6 门 74 属，浮游动物 3 门 45 属，周丛生物 10 门 96 属，底栖动物 5 门 28 属(科)。浮游植物密度和生物量秋季最高，分别为 775 750.0ind/L 和 34 019.4×10^{-4}mg/L，其中硅藻 32 属，占总属数的 43.2%，密度和生物量分别占总量的 93.10%和 84.45%；浮游动物主要为肉足虫、纤毛虫和单巢目种类，枝角类和桡足类极少，密度和生物量秋季最高，分布为 562.5ind/L 和 552.8×10^{-4}mg/L；周丛生物密度和生物量均以春季最高，分别为 1 478 500.5ind/cm^2 和 28 541.5×10^{-4}mg/cm^2，其中硅藻占绝对优势；底栖动物中水生昆虫占绝对优势，密度秋季最高(7706.2ind/m^2)，生物量春季最高(12.79g/m^2)。各类生物的种类组成、密度、生物量及 Shannon-Wiener 多样性指数(H')和均匀度指数(J)均呈现季节性差异。

(2)6 种鱼类全年平均空肠率在 18.8%～45.0%，摄食率均表现出明显的季节变化，夏季最高(36.9%～90%)，夏季洪水期食物生物密度和生物量下降，以及江水浑浊、透明度低是导致摄食率低的主要原因。

(3)根据食物重量百分比可将 6 种裂腹鱼类划归为三种食物类型：①植食性鱼类，异齿裂腹鱼和拉萨裸裂尻鱼，主要摄食着生藻类，兼食水生昆虫幼虫；②凶猛肉食性鱼类，仅尖裸鲤一种，主要捕食鱼类，兼食水生昆虫幼虫；③温和肉食性鱼类，包括双须叶须鱼、拉萨裂腹鱼和巨须裂腹鱼，主要摄食水生昆虫幼虫，兼食有机碎屑和高等水生植物。拉萨裂腹鱼和巨须裂腹鱼食物稳定性较高，全年几乎以水生昆虫为食；异齿裂腹鱼、拉萨裂腹鱼、拉萨裸裂尻鱼和双须叶须鱼食物可塑性较高，主要食物和次要食物随季节出现不同程度的变化。

（4）咽齿形态、口部形态（口位和口裂大小）、鳃耙间距、下颌角质形态等特征在很大程度上决定了鱼类的食性。摄食与消化器官的形态差异是导致它们食物差异的原因之一，这也是对雅鲁藏布江中可利用的食物生物较为贫乏这一特定食物环境的长期进化适应的结果。

（5）6种裂腹鱼类食物具有显著的种间差异，但同一食性的鱼类间存在较为严重的食物竞争。异齿裂腹鱼和拉萨裸裂尻鱼食物重叠指数达0.77；双须叶须鱼、拉萨裂腹鱼和巨须裂腹鱼彼此间食物重叠指数为0.56～0.94。营养位和空间生态位分化是种群间缓解食物竞争的主要途径。

（6）拉萨裂腹鱼食物多样性指数和均匀度指数最小，分别为0.06和0.04，巨须裂腹鱼食物多样性指数和均匀度指数最大，分别为1.05和0.59；尖裸鲤的营养级最高，为4.20，拉萨裂腹鱼和双须叶须鱼次之，分别为3.10和3.03，异齿裂腹鱼、拉萨裸裂尻鱼和巨须裂腹鱼较低（2.22～2.62）。

主要参考文献

邓景耀, 赵传纲. 1991. 海洋渔业生物学. 北京: 农业出版社.

季强. 2008. 六种裂腹鱼类摄食消化器官形态学与食性的研究. 武汉: 华中农业大学硕士学位论文.

潘黔生, 郭广全, 方之平, 等. 1996. 6种有胃真骨鱼消化系统比较解剖的研究. 华中农业大学学报, 15: 463-469.

武云飞, 吴翠珍. 1992. 青藏高原鱼类. 成都: 四川科学技术出版社.

西藏自治区水产局. 1995. 西藏鱼类及其资源. 北京: 中国农业出版社.

薛莹. 2005. 黄海中南部主要鱼种摄食生态和鱼类食物网研究. 青岛: 中国海洋大学博士学位论文.

杨学芬, 谢从新, 杨瑞斌. 2003. 梁子湖6种凶猛鱼摄食器官形态学的比较. 华中农业大学学报, 22: 257-259.

杨学峰. 2011. 拉萨裸裂尻鱼的食性及食物选择的研究. 武汉: 华中农业大学硕士学位论文.

殷名称. 1995. 鱼类生态学. 北京: 中国农业出版社.

赵伟华, 刘学勤. 2010. 西藏雅鲁藏布江雄村河段及其支流底栖动物初步研究. 长江流域资源与环境, 19(3): 281-286.

Alves A, Barros P D, Pinho M R. 2002. Age and growth studies of bigeye tuna *Thunnus obesus* from Madeira using vertebrae. Fisheries Research, 54: 389-393.

Amundse P A, Bøhn T, Popova O A, et al. 2003. Ontogenetic niche shifts and resource partitioning in a subarctic piscivore fish guild. Hydrobiologia, 497: 109-119.

Asaeda T, Son D H. 2000. Spatial structure and populations of a periphyton community: a model and verification. Ecological Modelling, 133: 195-207.

Barbini S A, Scenna L B, Figueroa D E, et al. 2010. Feeding habits of the Magellan skate: effects of sex, maturity stage, and body size on diet. Hydrobiologia, 641(1): 275-286.

Beamish F W H. Swimming capacity. 1978. *In*: Hoar W S, Randall D J. Fish Physiology. New York: Academic Press: 101-187.

Blaxter J H S. 1986. Development of sense organs and behavior of teleost larvae with special reference to feeding and predator avoidance. Transactions of the American Fisheries Society, 115: 98-114.

Bowen S H. 1996. Quantitative description of the diet. *In*: Murphy B R, Willis D W. Fisheries Techniques. 2nd edition. Bethesda: American Fisheries Society: 513-532.

Clifton K B, Motta P J. 1998. Feeding morphology, diet, and ecomorphological relationships among five *Caribbean labrids* (Teleostei, Labridae). Copeia, 4: 953-966.

Costello M J. 1990. Predator feeding strategy and prey important: a new graphical analysis. Journal of Fish Biology, 36: 261-263.

de Mérona B, Hugueny B, Tejerina-Garro F L, et al. 2008. Diet-morphology relationship in a fish assemblage from a medium-sized river of French Guiana: the effect of species taxonomic proximity. Aquatic Living Resources, 21: 171-184.

Garicía-Berthou E, Moreno-Amich R. 2005. Food of introduced pumpkinseed sunfish: ontogenetic diet shift and seasonal variation. Journal of Fish Biology, 57: 29-40.

Grabowska J, Grabowski M, Kostecka A. 2009. Diet and feeding habits of monkey goby (Neogobius fluviatilis) in a newly invaded area. Biological Invasions, 11: 2161-2170.

Graeb B D S, Galarowicz T, Wahl D H, et al. 2005. Foraging behavior, morphology, and life history variation determine the ontogeny of piscivory in two closely related predators. Canadian Journal of Fisheries and Aquatic Sciences, 62: 2010-2020.

Hofer R. 1991. Digestion. In: Winfield I J, Nelson J S. Cyprinid Fishes: Systematics, Biology and Exploitation. London: Chapman and Hall: 55-79.

Hovde S C, Albert O T, Nilssen E M. 2002. Spatial, seasonal and ontogenetic variation in diet of Northeast Arctic Greenland halibut (Reinhardtius hippoglossoides). ICES Journal of Marine Sciences, 59: 421-437.

Hugueny B, Pouilly M. 1999. Morphological correlates of diet in an assemblage of West African freshwater fishes. Journal of Fish Biology, 54: 1310-1325.

Jensen H, Bøhn T, Amundsen P, et al. 2004. Feeding ecology of piscivorous brown trout (Salmo trutta L.) in a subarctic watercourse. Annales Bbotanici Fennici, 41: 319-328.

Keast A, Webb D. 1966. Mouth and body form relative to feeding ecology in the fish fauna of a small lake, Lake Opinicon, Ontario. Journal of the Fisheries Research Board of Canada, 23: 1845-1874.

Labropoulou M, Markakis G. 1998. Morphological-dietary relationships within two assemblages of marine demersal fishes. Environmental Biology of Fishes, 51: 309-319.

Li K T, Wetterer J K, Hairston N G Jr. 1985. Fish size, visual resolution, and prey selectivity. Ecology, 66: 1729-1735.

Lucena F M, Vaske T, Ellis J R, et al. 2000. Seasonal variation in the diets of bluefish, Pomatomus saltatrix (Pomatomidae) and striped weakfish, Cynoscion guatucupa (Sciaenidae) in southern Brazil: implications of food partitioning. Environmental Biology of Fishes, 57: 423-434.

Macpherson E, Duarte C M. 1991. Bathymetric trends in demersal fish size: is there a general relationships? Marine Ecology-Progress Series, 71: 103-112.

Motta P J, Clifton K B, Hernandez P, et al. 1995. Ecomorphological correlates in ten species of subtropical seagrass fishes: diets and microhabitat utilization. Environmental Biology of Fishes, 44: 37-60.

Olaso I, Rauschert M, de Broyer C. 2000. Trophic ecology of the family Artedidraconidae (Pisces: Osteichthyes) and its impact on the eastern Weddell Sea benthic system. Marine Ecology-Progress Series, 194: 143-158.

Oliveira F, Erzini K, Gonçalves J. 2007. Feeding habits of the deep-snouted pipe fish Syngnathus typhle in a temperate coastal lagoon. Estuarine Coastal and Shelf Science, 72: 337-347.

Piet G J. 1998. Ecomorphology of a size-structured tropical freshwater fish community. Environmental Biology of Fishes, 51: 67-86.

Piet G J, Pfisterer A B, Rijnsdorp A D. 1998. On factors structuring the flatfish assemblage in the southern North Sea. Journal of Sea Research, 40: 143-152.

Pouilly M, Lino F, Bretenoux J G, et al. 2003. Dietary-morphological relationships in a fish assemblage of the Bolivian Amazonian floodplain. Journal of Fish Biology, 62: 1137-1158.

Pratchett M, Berumen M. 2008. Interspecific variation in distributions and diets of coral reef butterflyfishes (Teleostei: Chaetodontidae). Journal of Fish Biology, 73: 1730-1747.

Reum J C, Essington T E. 2008. Seasonal variation in guild structure of the Puget Sound demersal fish community. Estuaries and Coasts, 31: 790-801.

Ross S T. 1986. Resource partitioning in fish assemblages: a review of field studies. Copeia, 2: 352-388.

Svanbäck R, Bolnick D I. 2007.Intraspecific competition drives increased resource use diversity within a natural population. Proceedings of the Royal Society B-Biological Sciences, 274: 839-844.

Townsend C R, Winfield I J. 1984. The application of optimal foraging theory to feeding behavior in fish. *In*: Tytler P, Calow P. Fish Energetics New Perspectives. London: Groom Helm: 67-98.

Wainwright P C, Richard B A. 1995. Predicting patterns of prey use from morphology fishes. Environmental Biology of Fishes, 44: 97-113.

Ward A J, Webster M M, Hart P J. 2006. Intraspecific food competition in fishes. Fish and Fisheries, 7: 231-261.

Ward-Campbell B M S, Beamish F W H, Kongchaiya C. 2005. Morphological characteristics in relation to diet in five coexisting Thai fish species. Journal of Fish Biology, 67: 1266-1279.

Winemiller K O, Adite A. 1997. Convergent evolution of weakly electric fishes from floodplain habitats in Africa and South America. Environmental Biology of Fishes, 49: 175-186.

Winemiller K O. 1991. Ecomorphological diversification in lowland freshwater fish assemblages from five biotic regions. Ecological Monographs, 61, 343-365.

Wootton R J. 1990. Ecology of Teleost Fishes. London: Chapman and Hall.

Xie S, Cui Y, Li Z. 2001. Dietary-morphological relationships of fishes in Liangzi Lake, China. Journal of Fish Biology, 58: 1714-1729.

Zander C D. 1996. The distribution and feeding ecology of small-size epibenthic fish in the coastal Mediterranean Sea. *In*: Eleftheriou A, Ansell A C, Smith J. Biology and Ecology of Shallow Coastal Waters. Fredensborg: Olsen and Olsen: 369-376.

第六章　性腺发育特点与繁殖特性

繁殖(reproduction)是鱼类生命周期中的一个重要环节，包括亲鱼性腺发育、成熟、产卵或排精，到精卵结合孵出仔鱼等一系列过程。这个环节与其他环节相互联系，保证了种群的延续。在漫长的自然选择过程中，每种鱼类都形成了与其生存环境相适应的繁殖策略，保证物种及其后代对所生存的环境有最大的适应性。这种适应性与产卵群体的组成、产卵条件及鱼卵和幼鱼的发育条件密切相关。本章通过对雅鲁藏布江裂腹鱼类性腺发育特征和繁殖行为的研究，以期掌握栖息于高原水域环境中裂腹鱼类的繁殖策略，为其种质资源养护提供基础数据。

第一节　性　腺　发　育

根据观察，雅鲁藏布江裂腹鱼类的性腺解剖结构和微观结构特征相似，现以尖裸鲤、拉萨裂腹鱼和拉萨裸裂尻鱼性腺特征为依据，描述裂腹鱼类性腺的发育特征。

一、第二性征

具有类似的副性征，在非生殖季节，异齿裂腹鱼和拉萨裂腹鱼雄鱼成体在吻端分布珠星，而雌鱼成体则不具有珠星。拉萨裸裂尻鱼、尖裸鲤和巨须裂腹鱼雌雄个体的外部形态无明显差异。在繁殖季节，成熟雄鱼吻端、眼眶周围和各鳍鳍条分布珠星，以背鳍和臀鳍上珠星最为发达，触摸起来粗糙(图版Ⅵ-1)，而成熟雌鱼一般不具有珠星。

二、精巢发育特征

(一)解剖学特征

裂腹鱼类的精巢依据其体积、色泽和生殖细胞成熟与否等标准，一般分为 6 个时期，各期精巢外部形态特征如下。

Ⅰ期：肉眼不能分辨性别，性腺呈棉线状，紧贴于脊柱两侧的体腔膜上。成熟系数(*GSI*)，尖裸鲤为 0.02%～0.19%，拉萨裂腹鱼为 0.03%～0.07%，拉萨裸裂尻鱼为 0.01%～0.12%，Ⅰ期性腺仅在稚鱼阶段出现。

Ⅱ期：精巢细带状，其体积较小，大约仅占腹腔的 1/10，血管不显著。*GSI*，尖裸鲤为 0.02%～0.44%，拉萨裂腹鱼为 0.03%～0.47%，拉萨裸裂尻鱼为 0.05%～0.38%，初次发育至Ⅱ期精巢的鱼类全年均出现，而产后Ⅱ期精巢仅出现于 2～5 月。

Ⅲ期：精巢圆杆状，其体积变大，大约占腹腔体积的 1/5，表面多毛细血管，颜色呈现淡红色。*GSI*，尖裸鲤为 0.25%～3.51%，拉萨裂腹鱼为 0.17%～4.59%，拉萨裸裂尻鱼为 0.38%～4.05%，初次发育至Ⅲ期精巢的鱼类全年均出现，而产后Ⅲ期精巢仅出现于 4～8 月。

Ⅳ期：精巢体积急剧增大，占腹腔体积的一半以上，血管粗大，颜色呈现乳白色；轻压腹部便有精液流出。*GSI*，尖裸鲤为 1.83%～12.26%，拉萨裂腹鱼为 1.17%～7.26%，拉萨裸裂尻鱼为 2.00%～10.87%，Ⅳ期性腺全年均出现。

Ⅴ期：精巢体积占腹腔体积的一半以上，颜色呈现乳白色；轻轻提起鱼头腹部便有精液流出。*GSI*，拉萨裂腹鱼为 2.09%～6.67%，拉萨裸裂尻鱼为 5.71%～6.56%，Ⅴ期性腺仅在 3～5 月出现。

Ⅵ期：精巢松弛、萎缩，其体积显著减小，大量充血并呈现暗红色；重压腹部无精液流出。*GSI*，尖裸鲤为 0.50%～1.63%，拉萨裂腹鱼为 0.32%～2.85%，拉萨裸裂尻鱼为 0.90%～1.97%，Ⅵ期性腺仅在 3～5 月出现。

(二)组织学特征

裂腹鱼类的精巢一般划分为以下 6 个时期。

Ⅰ期：精小叶中充满了精原细胞，精原细胞被结缔组织包裹在一起，呈椭圆形(图版Ⅵ-2a)。

Ⅱ期：精小叶主要由精原细胞和精母细胞组成，偶尔可观察到少量的精细胞(图版Ⅵ-2b)。

Ⅲ期：精小叶主要由精母细胞和精细胞组成，大量的精细胞游离于精小管空腔内，在精小叶周边仍能观察到少量的精原细胞(图版Ⅵ-2c)。

Ⅳ期：大量精细胞和精子充斥于精小叶空腔内，精小叶中仍能观察到精母细胞(图版Ⅵ-2d)。

Ⅴ期：精小叶和输精管中充满了成熟的精子(图版Ⅵ-2e)。

Ⅵ期：精巢中主要由精原细胞组成，在精小叶中，观察到少量未排出的精子(图版Ⅵ-2f)。

三、卵巢发育特征

(一)解剖学特征

裂腹鱼类的卵巢依据其体积、色泽和生殖细胞成熟与否等标准，一般分为 6 个时期，其卵巢外部形态特征如下。

Ⅰ期：肉眼不能分辨性别，性腺呈棉线状，紧贴于脊柱两侧的体腔膜上。*GSI*，尖裸鲤为 0.02%～0.19%，拉萨裂腹鱼为 0.03%～0.07%，拉萨裸裂尻鱼为 0.01%～0.12%，Ⅰ期性腺仅在稚鱼阶段出现。

Ⅱ期：卵巢较小，其体积远小于腹腔的一半；卵巢半透明，在其中央常常观察到红色的血管，卵母细胞肉眼不能分辨。*GSI*，尖裸鲤为 0.11%～0.83%，拉萨裂腹鱼为 0.04%～0.91%，拉萨裸裂尻鱼为 0.14%～0.76%，初次发育至Ⅱ期卵巢的鱼类全年均出现，而产后Ⅱ期卵巢仅出现于 3～5 月。

Ⅲ期：卵巢变大，其体积几乎占据腹腔的一半，颜色呈现为浅黄色；卵母细胞较小且可被肉眼识别，开始沉积卵黄，大部分呈不透明状。*GSI*，尖裸鲤为 0.40%～4.97%，拉萨裂腹鱼为 0.54%～5.49%，拉萨裸裂尻鱼为 0.39%～4.65%，初次发育至Ⅲ期卵巢的鱼类全年均出现，而产后Ⅲ期精巢仅出现于 5～10 月。

Ⅳ期：卵巢体积显著膨胀，成为腹腔中最大的组织，呈现黄色；卵母细胞大量沉积卵黄，呈现橘黄色，卵巢膜薄而有弹性。GSI，尖裸鲤为 1.97%～18.69%，拉萨裂腹鱼为 1.85%～14.07%，拉萨裸裂尻鱼为 2.39%～20.41%，Ⅳ期性腺在 7 月至翌年 4 月出现。

Ⅴ期：卵细胞吸水膨胀，与卵泡膜分离，游离于卵巢腔中，卵巢呈现黄色，半透明状，轻轻提起鱼头卵子自动流出体外。GSI，尖裸鲤为 7.08%～16.97%，拉萨裸裂尻鱼为 8.43%～17.11%，Ⅴ期性腺仅在 3～4 月出现。

Ⅵ期：卵巢松弛、萎缩，其体积显著减小，颜色呈现暗红色；一些未产出的卵母细胞清晰可见，卵巢膜增厚。GSI，尖裸鲤为 0.60%～2.50%，拉萨裂腹鱼为 0.86%～2.90%，拉萨裸裂尻鱼为 0.44%～4.26%，Ⅵ期性腺仅在 3～5 月出现。

(二)组织学特征

裂腹鱼类的卵巢一般划分为 6 个时期，我们仅采集到并成功制备了 4 个时期的卵巢样本，其微观发育特征如下。

Ⅱ期：卵巢分叶，卵巢中以 2 时相的卵母细胞为主，其次为 1 时相的卵母细胞，并可观察到少许卵原细胞，不具有退化和重吸收的卵母细胞(图版Ⅵ-3a)。

Ⅲ期：早期，卵巢中以处于 3 时相早期的卵母细胞为主，并可观察到处于 1 时相和 2 时相的卵母细胞；晚期，卵巢中以处于 3 时相晚期的卵母细胞为主，并可观察到处于 1 时相、2 时相及 3 时相早期的卵母细胞(图版Ⅵ-3b，图版Ⅵ-3c；图版Ⅵ-4a，图版Ⅵ-4b)。

Ⅳ期：早期，卵巢中主要由处于 4 时相早期的卵母细胞组成，仍能观察到少量的处于 1 时相、2 时相和 3 时相的卵母细胞，因卵母细胞体积增大，滤泡层被拉伸而变薄；晚期，卵巢中主要由 4 时相晚期的卵母细胞组成，卵母细胞及其细胞核显著增大，仍能观察到少量的 1 时相和 2 时相的卵母细胞(图版Ⅵ-3d，图版Ⅵ-3e；图版Ⅵ-4c，图版Ⅵ-4d)。

Ⅵ期：观察到产后的空滤泡，少数未产出的成熟卵母细胞退化并被重吸收，卵母细胞处于 1 时相、2 时相和 3 时相早期阶段(图版Ⅵ-3f；图版Ⅵ-4e，图版Ⅵ-4f)。

(三)卵母细胞发育特征

裂腹鱼类的卵母细胞观察到以下 5 个时相：1 时相指染色质-核仁时相；2 时相指核仁周围时相；3 时相早期指卵黄泡时相；3 时相晚期指初级卵黄时相；4 时相早期指次级卵黄时相；4 时相晚期指三级卵黄时相；6 时相指重吸收时相。

1 时相：卵母细胞具有较大的核质比，细胞核中的染色质呈扩散状，细胞质强嗜碱性(图版Ⅵ-3a)。

2 时相：卵母细胞体积增大，嗜碱性的核仁分布于细胞核的周边，核质比减小，细胞质嗜碱性减弱(图版Ⅵ-3a)。

3 时相：早期，在卵母细胞膜内缘形成数层排列疏松、大小不一的卵黄泡；晚期，细胞质中充满卵黄泡，并在细胞核周边开始生成嗜酸性卵黄颗粒，在层粒细胞和细胞膜之间形成辐射带(图版Ⅵ-3b, 图版Ⅵ-3c; 图版Ⅵ-4a, 图版Ⅵ-4b)。

4 时相: 早期, 卵黄颗粒大约占据细胞质体积的 2/3, 辐射带变宽, 能清晰地观察到辐射纹, 滤泡膜因拉伸而变薄; 晚期, 卵母细胞和细胞核体积显著增大, 小的卵黄颗粒相互融合成大的卵黄颗粒, 卵黄颗粒占据细胞质体积的 3/4 以上(图版Ⅵ-3d, 图版Ⅵ-3e; 图版Ⅵ-4c, 图版Ⅵ-4d)。

6 时相: 细胞核和卵黄被分解, 滤泡细胞层解体, 滤泡细胞进入细胞质中吞噬分解或者退化的细胞核和卵黄等物质(图版Ⅵ-3f; 图版Ⅵ-4e, 图版Ⅵ-4f)。

在所观察的裂腹鱼类成熟个体的Ⅳ期和Ⅵ期卵巢中, 均观察到 1 时相、2 时相和 3 时相的卵母细胞。Ⅳ期的晚期卵巢, 除少量处于 1 时相和 2 时相的卵母细胞外, 其他均为大小均一的 4 时相晚期卵母细胞, 没有发现 3 时相卵母细胞。产后Ⅵ期卵巢中除可见大量空滤泡, 1 时相和 2 时相卵母细胞, 以及少量处于产后重吸收状态 4 时相和 5 时相的卵母细胞外, 还可以观察到较多 3 时相早期卵母细胞。雅鲁藏布江裂腹鱼类的繁殖期为 2~5 月, 不同种类的繁殖盛期在 2 个月左右, 产后卵巢中出现 3 时相卵母细胞时已超过当年繁殖期, 不可能在当年继续发育至产出。3 时相卵母细胞在产后Ⅵ期卵巢中的出现, 可能与卵巢产后在较短时间内迅速进入下一发育周期有关。这些 3 时相卵母细胞在当年发育至 4 时相, 以 4 时相越冬, 待来年春季继续发育成熟并产出。

雅鲁藏布江中裂腹鱼类成熟群体性腺发育的另一个特点是全年均存在Ⅲ期卵巢。繁殖期前和繁殖期间出现的Ⅲ期卵巢, 在食物极为贫乏的水域中, 能否在极短时间发育至Ⅳ期, 参与当年繁殖则是值得怀疑的, 但其有可能继续发育参与翌年的繁殖。繁殖期后出现的Ⅲ期卵巢, 自然不可能参与当年的繁殖, 但经过发育在翌年繁殖期参与繁殖是有可能的。何德奎等(2001a)认为纳木错裸鲤冬季性腺处于Ⅱ期或者Ⅲ期的个体不可能参与春季的产卵活动, 即性成熟个体并非每年都参与繁殖活动。

何德奎等(2001b)指出色林错裸鲤 3 时相向 4、5 时相卵母细胞过渡不仅需要较长的时间, 还需要大量营养物质的积累, 这对在生长季节短促、食物相对贫乏的高原湖泊中生活的鱼类来说是很困难的。雅鲁藏布江与高原湖泊环境相似, 在此生活的裂腹鱼类同样面临着生长季节短促、食物相对贫乏的环境, 完成种族延绵成为首要任务。鱼类需要尽可能利用短暂的生长期从外界摄取营养, 并将其转化为性产物, 以使种族延绵。几种裂腹鱼类产后 4~5 月的空肠率, 异齿裂腹鱼为 10%左右, 尖裸鲤、拉萨裸裂尻鱼、巨须裂腹鱼、拉萨裂腹鱼和双须叶须鱼的空肠率为 0~10%(图 5-4), 产后大量摄食似乎也证实了这种推测。

本章稍后关于性腺发育期和卵径频数周年变化的研究结果表明, Ⅴ期卵巢仅在 3~4 月出现; 卵径频数的周年变化呈现一个高峰, 最大卵径出现在 3~4 月。此外, 在野外调查中, 将几种裂腹鱼类成熟雌鱼提起时, 它们卵巢中的卵粒可全部流出, 仅残留少量卵粒; 而在人工繁殖中, 成熟较好的雌鱼, 在注入外源催产激素后, 卵巢中的卵粒不仅可以一次全部产出, 而且产出的卵粒晶莹饱满, 受精率可以达到 90%以上。说明雅鲁藏布江中的几种裂腹鱼类卵巢一年只成熟一次, 产卵时间主要集中在 3~4 月(巨须裂腹鱼在 2~4 月), 在此期间一次产完所有的成熟卵, 它们的繁殖习性与齐口裂腹鱼极为相似(方静等, 2007); 青海湖裸鲤、纳木错裸鲤、色林错裸鲤、宝兴裸裂尻鱼和塔里木裂腹鱼的卵巢亦为一年成熟一次，但有些种类的繁殖期可以延续几个月，断续多次产卵（胡安等，1975；何德奎等，2001a，2001b；周翠萍，2007；魏杰等，2011），与雅鲁藏布江中的裂腹鱼类繁殖期较短存在明显差异。雅鲁藏布江水温低，鱼类生长期短，饵料生物贫乏，鱼类提早繁殖可以尽可能延长仔稚鱼生长时间。

（四）卵径频数的周年变化

5 种裂腹鱼类不同月份卵径频数分布见图 6-1～图 6-5。总体上，5 种裂腹鱼类的卵径均值从 7 月或 8 月至次年 3 月或 4 月呈缓慢上升趋势，多重比较发现，裂腹鱼类 2～4 月的卵径均值显著大于 7 月或 8 月至次年 1 月的卵径均值（ANOVA，Tukey's post hoc，$P<0.05$）。在 7～12 月发育成熟的过程中，除个别月份的卵径频数呈现双峰外，在产卵前期和产卵期（1～4 月），卵径频数均为单峰。3～4 月卵径最大，卵径为 2.0～2.6mm（巨须裂腹鱼为 1.8～2.2mm），接近产出时的卵径（表 3-6），表明它们的卵巢在每年早春成熟一次。

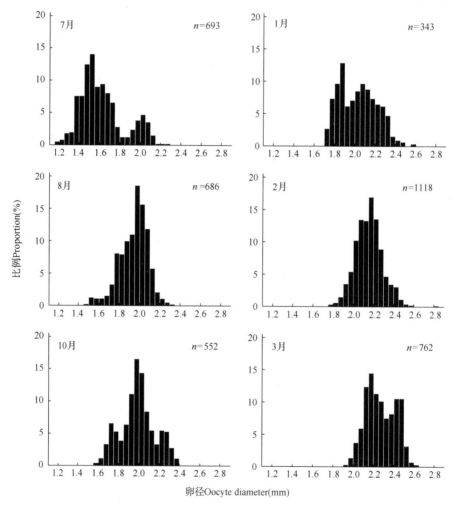

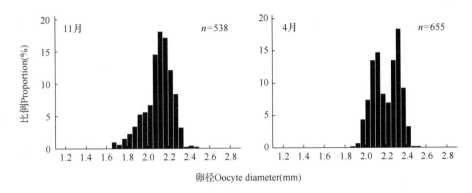

图 6-1 异齿裂腹鱼卵径频数分布月变化

Fig. 6-1　Monthly size-frequency of oocyte for *S.* (*S.*) *o'connori*
from July 2008 to April 2009 except September and December

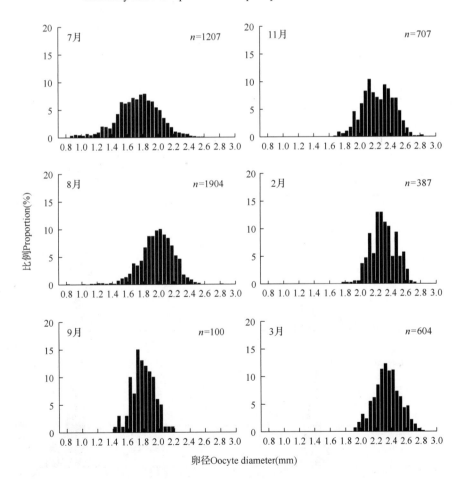

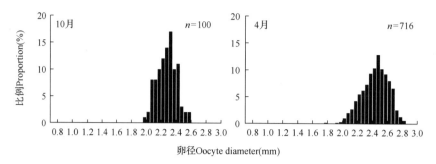

图 6-2　拉萨裂腹鱼卵径频数分布月变化

Fig. 6-2　Monthly size-frequency of oocytes for *S.* (*R.*) *waltoni*

from July 2008 to April 2009 except December and January

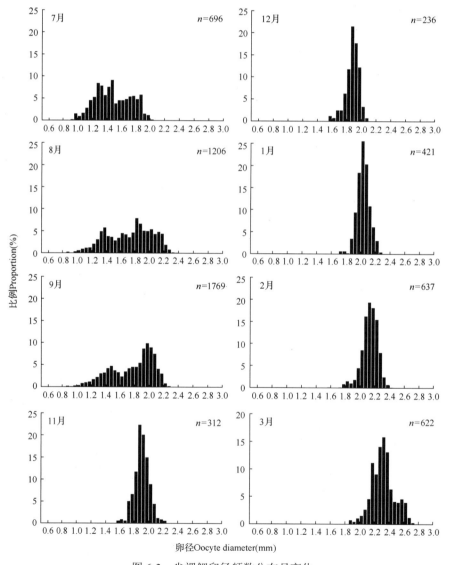

图 6-3　尖裸鲤卵径频数分布月变化

Fig. 6-3　Monthly size-frequency of oocyte for *O. stewartii* from July 2008 to March 2009 except October

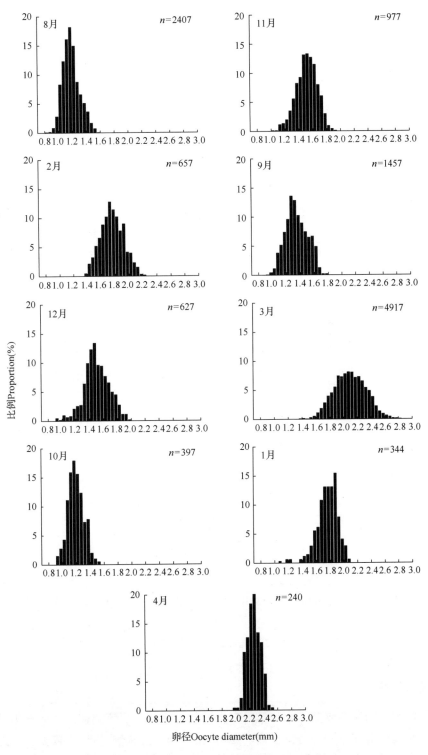

图 6-4　拉萨裸裂尻鱼卵径频数分布月变化

Fig. 6-4　Monthly size-frequency of oocyte for *S. younghusbandi* from August 2008 to April 2009

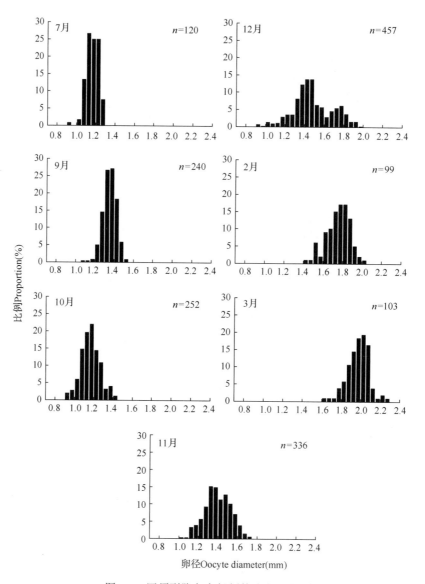

图 6-5　巨须裂腹鱼卵径频数分布月变化

Fig. 6-5　Monthly size-frequency of oocyte for *S*. (*R*.) *macropogon* from July 2008 to March 2009

第二节　繁 殖 群 体

一、性成熟年龄

不同鱼类的初次性成熟大小和年龄有很大的差异。了解鱼类初次性成熟年龄，可以为进一步研究种群数量变动提供参数，还可为合理制定捕捞规格提供依据。为此，检查了渔获物中的最小性成熟个体的年龄和体长，同时将各年龄组和体长组成熟个体比例对年龄数据和体长数据分别进行逻辑斯谛回归，获得 50% 个体初次性成熟的体长和年龄。

(一)异齿裂腹鱼

渔获物中，雄性最小性成熟个体的年龄为 5 龄，体长为 220mm，雌性最小性成熟个体的年龄为 7 龄，体长为 317mm。

50%个体初次性成熟的体长和年龄的回归方程如下。

年龄：

雌性 $P = 1/[1 + e^{-0.472(A-9.5)}]$　$(n = 493，R^2 = 0.935)$

雄性 $P = 1/[1 + e^{-0.261(A-7.2)}]$　$(n = 416，R^2 = 0.816)$

体长：

雌性 $P = 1/[1 + e^{-0.047(SL\text{mid}-386)}]$　$(n = 512，R^2 = 0.989)$

雄性 $P = 1/[1 + e^{-0.022(SL\text{mid}-299)}]$　$(n = 428，R^2 = 0.972)$

估算的雌鱼初次性成熟年龄和初次性成熟体长分别为 9.5 龄和 386mm，雄鱼初次性成熟年龄和初次性成熟体长分别为 7.2 龄和 299mm（图 6-6）。

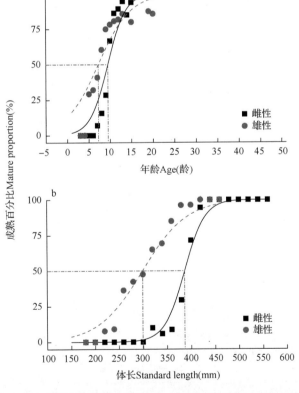

图 6-6　异齿裂腹鱼年龄组(a)和 20mm 体长组(b)内性成熟个体比例

Fig. 6-6　Logistic functions fitted to percent mature by one year intervals (a) and 20mm standard length (b) of *S. (S.) o'connori*

(二)拉萨裂腹鱼

渔获物中，雄性最小性成熟个体的年龄为 5 龄，体长为 223mm；雌性最小性成熟个体的年龄为 6 龄，体长为 243mm。

50%个体初次性成熟的体长和年龄的回归方程如下。

年龄：

雌性 $P = 1/[1 + \mathrm{e}^{-0.559(A-11.1)}]$ （$n = 431$，$R^2 = 0.968$）

雄性 $P = 1/[1 + \mathrm{e}^{-0.433(A-8.4)}]$ （$n = 363$，$R^2 = 0.962$）

体长：

雌性：$P = 1/[1 + \mathrm{e}^{-0.054(SL\mathrm{mid}-408)}]$ （$n = 448$，$R^2 = 0.993$）

雄性：$P = 1/[1 + \mathrm{e}^{-0.024(SL\mathrm{mid}-303)}]$ （$n = 377$，$R^2 = 0.964$）

估算的雌鱼初次性成熟年龄和初次性成熟体长分别为 11.1 龄和 408mm，雄鱼初次性成熟年龄和初次性成熟体长分别为 8.4 龄和 302mm（图 6-7）。

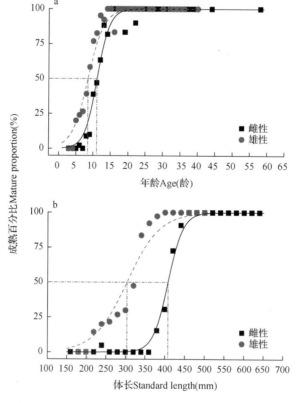

图 6-7　拉萨裂腹鱼年龄组（a）和 20mm 体长组（b）内性成熟个体比例

Fig. 6-7　Logistic functions fitted to percent mature by one year intervals（a）and 20mm standard length（b）of S.（R.）*waltoni*

(三)尖裸鲤

渔获物中,雄性最小性成熟个体的年龄为 4 龄,体长为 237mm,雌性最小性成熟个体的年龄为 5 龄,体长为 261mm。

50%个体初次性成熟的体长和年龄的回归方程如下。

年龄:

雌性 $P = 1/[1 + e^{-1.376(A-7.3)}]$ $(n = 369,R^2 = 0.99)$

雄性 $P = 1/[1 + e^{-1.5456(A-5.1)}]$ $(n = 369,R^2 = 0.99)$

体长:

雌性 $P = 1/[1 + e^{-0.043(SL_{mid}-357)}]$ $(n = 373,R^2 = 0.99)$

雄性 $P = 1/[1 + e^{-0.064(SL_{mid}-273)}]$ $(n = 207,R^2 = 0.87)$

估算的雌鱼初次性成熟年龄和初次性成熟体长分别为 7.3 龄和 357mm,雄鱼初次性成熟年龄和初次性成熟体长分别为 5.1 龄和 273mm(图 6-8)。

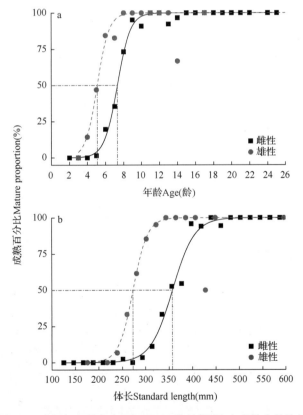

图 6-8 尖裸鲤年龄组(a)和 20mm 体长组(b)内成熟个体比例

Fig. 6-8 Logistic functions fitted to percent mature by one year intervals (a) and 20mm standard length (b) of *O. stewartii*

（四）拉萨裸裂尻鱼

渔获物中，雄性最小性成熟个体的年龄为 3 龄，体长为 165mm，雌性最小性成熟个体的年龄为 5 龄，体长为 182mm。

50%个体初次性成熟的体长和年龄的回归方程如下。

年龄：

雌性 $P = 1/[1 + e^{-0.702(A-7.0)}]$ （$n = 526$，$R^2 = 0.992$）

雄性 $P = 1/[1 + e^{-0.567(A-4.4)}]$ （$n = 183$，$R^2 = 0.895$）

体长：

雌性 $P = 1/[1 + e^{-0.041(SL_{mid}-308)}]$ （$n = 516$，$R^2 = 0.947$）

雄性 $P = 1/[1 + e^{-0.029(SL_{mid}-222)}]$ （$n = 181$，$R^2 = 0.894$）

估算的雌鱼初次性成熟年龄和初次性成熟体长分别为 7.0 龄和 308mm，雄鱼初次性成熟年龄和初次性成熟体长分别为 4.4 龄和 222mm（图 6-9）。

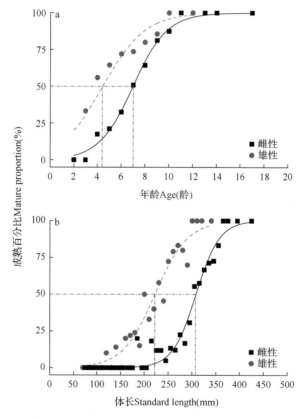

图 6-9　拉萨裸裂尻鱼年龄组（a）和 10mm 体长组（b）内性成熟个体比例

Fig. 6-9　Logistic functions fitted to percent mature by one year intervals（a）

and 10mm standard length（b）of *S. younghusbandi*

（五）巨须裂腹鱼

渔获物中，雄性最小性成熟个体的年龄为 4 龄，体长为 221mm，雌性最小性成熟个体的年龄为 6 龄，体长为 283mm。

50%个体初次性成熟的体长和年龄的回归方程如下。

年龄：

雌性 $P = 1/[1 + e^{-0.549(A-8.9)}]$　（$n = 321$，$R^2 = 0.976$）

雄性 $P = 1/[1 + e^{-0.932(A-5.9)}]$　（$n = 359$，$R^2 = 0.984$）

体长：

雌性 $P = 1/[1 + e^{-0.044(SL_{mid}-354)}]$　（$n = 321$，$R^2 = 0.980$）

雄性 $P = 1/[1 + e^{-0.029(SL_{mid}-295)}]$　（$n = 359$，$R^2 = 0.962$）

估算的雌鱼初次性成熟年龄和初次性成熟体长分别为 8.9 龄和 354mm，雄鱼初次性成熟年龄和初次性成熟体长分别为 5.9 龄和 295mm（图 6-10）。

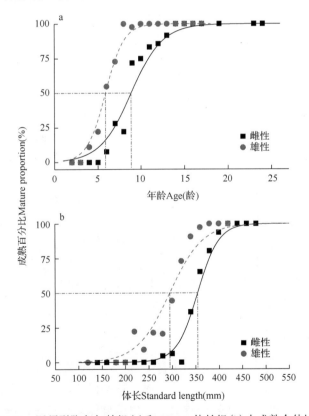

图 6-10　巨须裂腹鱼年龄组（a）和 20mm 体长组（b）内成熟个体比例

Fig. 6-10　Logistic functions fitted to percent mature by one year intervals（a）and 20mm standard length（b）of *S.*（*R.*）*macropogon*

为了便于比较，将几种鱼 50%初次性成熟年龄及渔获物中观察到的最小性成熟个体的年龄和体长列入表 6-1。

表 6-1 裂腹鱼类 50%初次性成熟年龄和最小性成熟年龄

Table 6-1　Age at 50% maturity and minimum mature age of five Schizothorax fishes

物种 Species	性别 Sex	50%性成熟规格 Age and length at 50% maturity		渔获物中的最小成熟规格 Minimum age and length of catch	
		年龄 Age	体长 Standard length (mm)	年龄 Age	体长 Standard length (mm)
异齿裂腹鱼	雌	9.5	386	7	317
S. (S.) o'connori	雄	7.2	299	5	220
拉萨裂腹鱼	雌	11.1	408	6	243
S. (R.) waltoni	雄	8.4	302	5	223
尖裸鲤	雌	7.3	261	5	261
O. stewartii	雄	5.1	237	4	237
拉萨裸裂尻鱼	雌	7.0	308	5	182
S. younghusbandi	雄	4.4	222	3	165
巨须裂腹鱼	雌	8.9	354	6	283
S. (R.) macropogon	雄	5.9	295	4	221

从表 6-1 可以看到雌雄两性初次性成熟年龄不同，雄鱼初次性成熟年龄一般比雌鱼小 2~3 龄，其体长和体重相应地也比雌鱼小。我国中东部平原地区的很多鱼类，雌性初次性成熟年龄通常较雄性要晚 1~2 龄，一些寿命长的鱼类两性初次性成熟年龄差异更为显著，如中华鲟初次性成熟年龄，雄鱼为 9~18 龄，雌鱼为 14~26 龄(殷名称，1995)。

初次性成熟时间通过影响鱼类繁殖持续的时间和繁殖群体的数量而决定其种群的繁殖潜力(Sinovcic et al.，2008)。环境因素通过改变鱼类的生长率和死亡率间接影响其初次性成熟时间，鱼类的生长率通常与其初次性成熟时间呈负相关关系(Wootton，1990)。估算的裂腹鱼类雌鱼和雄鱼初次性成熟年龄分别为 7.0~11.1 龄和 4.4~8.4 龄，表明裂腹鱼类是性成熟较晚的鱼类。严峻的高原水域环境(低温、摄食期短、越冬期长)使得生活于此的裂腹鱼类的生长缓慢，从而导致其初次性成熟较晚。

二、产卵群体类型

鱼类产卵群体中初次性成熟产卵的所有个体，称为补充群体，重复产卵的所有个体称为剩余群体，种群中未达性成熟的个体，属于预备群体。根据鱼类生殖群体组成结构等特征，可将其分为 3 种类型：第一种类型，生殖群体只有补充群体，没有剩余群体；第二种类型，剩余群体少于或接近补充群体，仍以补充群体为主；第三种类型，剩余群体数量超过补充群体，群体的年龄组成较复杂。裂腹鱼类的生殖群体年龄组成较复杂，剩余群体数量超过补充群体，属于第三种类型。这类鱼的资源遭到破坏后，由于群体补充能力差，资源不易恢复。对这类鱼的资源保护要特别重视。

第三节　繁　殖　习　性

一、繁殖季节

（一）异齿裂腹鱼

雌鱼成熟系数（GSI）均值在 3 月达到峰值，4 月和 5 月急剧下降，并在 5 月达到低谷，此后缓慢上升至 8 月达到一个较高水平并一直维持到次年 1 月。3 月的 GSI 显著大于 5 月和 6 月的 GSI（ANOVA，$P<0.05$）。雄鱼各月的 GSI 在 2%～4%，周年变化趋势与雌鱼相似，唯波动幅度小于雌鱼（图 6-11）。

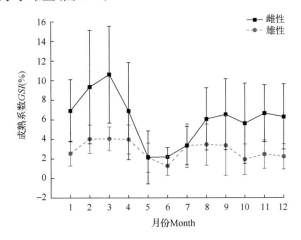

图 6-11　异齿裂腹鱼成熟系数（GSI）均值月变化

Fig. 6-11　Monthly variation of mean gonadosomatic index of *S.* (*S.*) *o'connori*

7～12 月主要有III期和IV期卵巢，各月的IV期卵巢比例大体上在 10%～50%。1 月和 2 月IV期卵巢比例持续上升，3 月开始出现V期卵巢和VI期卵巢，4 月IV期卵巢约占 30%，V期和VI期卵巢比例达到 50%，5 月VI期卵巢约占 22%，有少量IV期卵巢，但以II期和III期卵巢为主，6 月完全为II期和III期卵巢，分别约占 38%和 62%（图 6-12）。

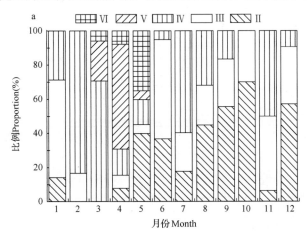

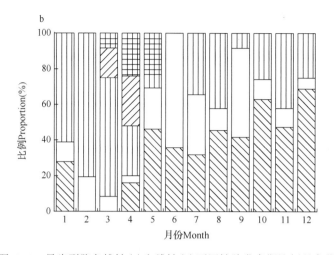

图 6-12 异齿裂腹鱼雄性（a）和雌性（b）不同性腺发育期比例月变化

Fig. 6-12 Percentage frequency distribution of macroscopic gonad maturity stages of male（a）and female（b）*S.*（*S.*）*o'connori*

3～5 月，性腺 *GSI* 由峰值急速降至低谷，Ⅴ期和Ⅵ期卵巢仅在此期间出现，Ⅴ期和Ⅵ期精巢也只出现在 3～5 月。这种变化是由产卵活动引起的，表明 3～5 月为异齿裂腹鱼的产卵季节。

（二）拉萨裂腹鱼

雌鱼 *GSI* 均值在 3 月达到全年峰值后，4 月急剧下降，5 月达到全年最低值，6 月和 7 月缓慢上升，3 月的 *GSI* 显著大于 4～6 月的成熟系数（ANOVA，$P < 0.05$）。8 月至次年 12 月维持在 5%～6%，尽管 *GSI* 有波动，但整体上呈上升趋势，1 月和 2 月较快上升。各月均有Ⅲ期卵巢。雄鱼周年变化趋势与雌鱼相似，唯波动幅度小于雌鱼（图 6-13）。

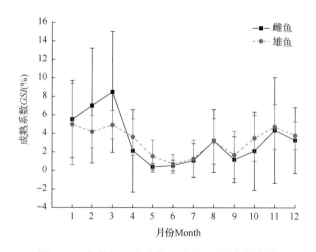

图 6-13 拉萨裂腹鱼成熟系数（*GSI*）均值月变化

Fig. 6-13 Monthly mean gonadosomatic index of *S.*（*R.*）*waltoni*

5～6 月，大部分鱼类性腺处于 II 期和 III 期，VI 期性腺仅出现在 3～5 月，其中，3月有超过 30%的雌性个体其性腺处于VI期发育时相，5 月有超过 20%的雄性个体其性腺处于VI期发育时相(图 6-14)。综上所述，3～5 月为拉萨裂腹鱼的繁殖季节。

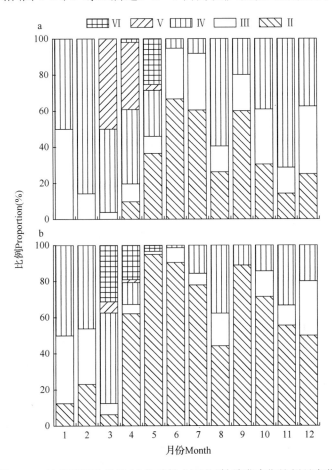

图 6-14　拉萨裂腹鱼雄性(a)和雌性(b)不同性腺发育期比例月变化

Fig. 6-14　Percentage frequency distribution of macroscopic gonad maturity stages of male (a) and female (b) *S. (R.) waltoni*

(三)尖裸鲤

3 月，雌鱼 *GSI* 达到最大值，4 月 *GSI* 迅速下降至次低点，显著小于 2 月和 3 月的成熟系数值(ANOVA，$P < 0.001$)，5～12 月雌鱼的成熟系数，尽管在 10 月产生波动，但整体呈上升趋势；雄鱼周年变化趋势与雌鱼相似，唯波动幅度小于雌鱼(图 6-15)。

VI 期性腺仅出现在 4 月和 5 月，其中，4 月有超过 60%的雌性个体和超过 30%的雄性个体其性腺处于VI期。除 1 月外，其他各月均有雌性个体的性腺处于III期，雄性则只在 4～8 月出现III期个体(图 6-16)。综上所述，3～5 月为尖裸鲤的繁殖季节。

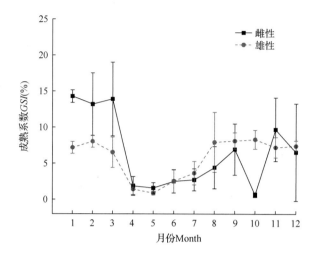

图 6-15　尖裸鲤成熟系数（GSI）均值月变化

Fig. 6-15　Monthly mean gonadosomatic index of *O. stewartii*

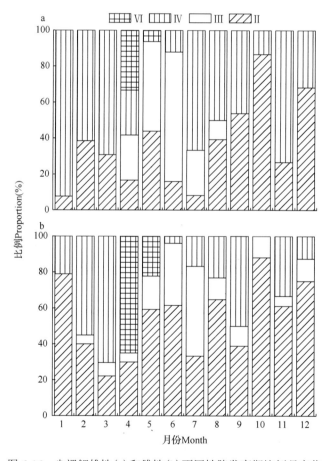

图 6-16　尖裸鲤雄性（a）和雌性（b）不同性腺发育期比例月变化

Fig. 6-16　Percentage frequency distribution of macroscopic gonad maturity

stages of male（a）and female（b）*O. stewartii*

（四）拉萨裸裂尻鱼

拉萨裸裂尻鱼，1～3 月雌性 GSI 达到峰值，2～3 月的 GSI 显著大于 4～6 月的 GSI（ANOVA，$P<0.05$）。3 月开始迅速下降，5 月达到最小值，此后缓慢上升，雌鱼 10 月开始迅速上升。雄鱼周年变化趋势与雌鱼相似，唯波动幅度小于雌鱼（图 6-17）。

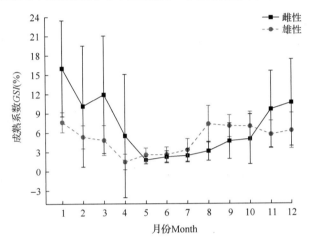

图 6-17　拉萨裸裂尻鱼成熟系数（GSI）均值月变化
Fig. 6-17　Monthly mean gonadosomatic index of *S. younghusbandi*

Ⅵ期性腺仅出现在 3～4 月，5～6 月大部分个体性腺处于Ⅱ期和Ⅲ期阶段，其中，4 月有超过 20%的雌性个体和超过 15%的雄性个体性腺处于Ⅵ期发育时相（图 6-18）。

（五）巨须裂腹鱼

雌鱼的 GSI 在 3 月迅速下降，至 5 月降到最小值，1 月的 GSI 显著大于 4～6 月的 GSI（ANOVA，$P<0.05$）。尽管 GSI 在秋季有些波动，但其在 5～12 月整体呈上升趋势（图 6-19）。

Ⅵ期性腺仅出现在 2～5 月，其中，3 月和 4 月有超过 40%的雌性个体处于Ⅵ发育时相，而 4 月有超过 30%的雄性个体其性腺处于Ⅵ期发育时相，4～6 月大部分鱼类性腺处于Ⅱ期和Ⅲ期发育时相（图 6-20）。综上所述，巨须裂腹鱼在 2～3 月产卵。

5 种裂腹鱼类雌鱼和雄鱼的卵径均值和 GSI 在 5～12 月呈现逐渐上升的趋势，在产前（1～3 月）达到最大值，在产后（巨须裂腹鱼 3 月，其他 4 种裂腹鱼 4 月）急剧下降，在 5 月达到全年最低值；雌鱼卵巢发育至Ⅳ期比例亦在产前达到最大值，而Ⅵ期性腺出现的时间，巨须裂腹鱼为 2～5 月，其他 4 种裂腹鱼类为 3～5 月。根据多年人工繁殖经验，雅鲁藏布江中游几种裂腹鱼类的繁殖期较为集中，异齿裂腹鱼、拉萨裂腹鱼、尖裸鲤和拉萨裸裂尻鱼的繁殖期为 3～4 月；而春节前后（2 月）为巨须裂腹鱼的最佳繁殖期，较上述 4 种鱼类早约 1 个月，均为典型的春季产卵鱼类。至于裂腹鱼类雌鱼成熟系数在秋季突然下降，可能与样本中含有较多未成熟个体有关。

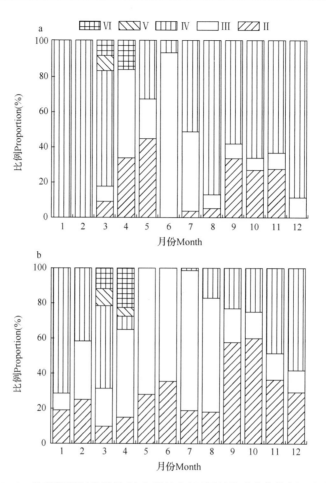

图 6-18　拉萨裸裂尻鱼雄性（a）和雌性（b）不同性腺发育期比例月变化

Fig. 6-18　Percentage frequency distribution of macroscopic gonad maturity stages of male（a）and female（b）*S. younghusbandi*

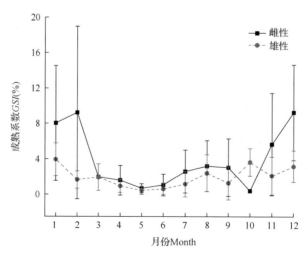

图 6-19　巨须裂腹鱼成熟系数（*GSI*）均值月变化

Fig. 6-19　Monthly mean gonadosomatic index of *S.（R.）macropogon*

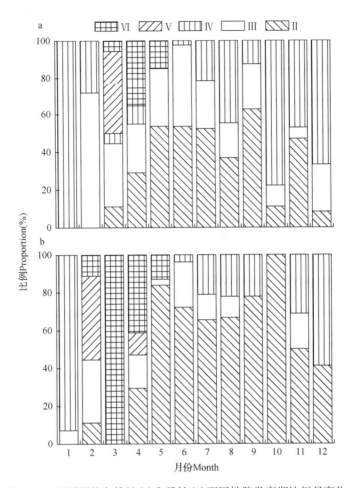

图 6-20　巨须裂腹鱼雄性（a）和雌性（b）不同性腺发育期比例月变化

Fig. 6-20　Percentage frequency distribution of macroscopic gonad maturity

stages of male（a）and female（b）*S.（R.）macropogon*

　　许多春季繁殖的淡水鱼类其性腺主要在秋季至次年的春季发育，夏季通常为性腺的静息期（Peter and Crim，1979；Hellawell，1972；Glenn and Williams，1976；Pankhurst et al.，1986；Malison et al.，1994；Rinchard and Kestemont，1996），裂腹鱼类性腺处于静息期的时间较短，发育期时间较长符合春季繁殖鱼类性腺的发育规律。Malison 等（1994）认为性腺早发育策略可能对栖息于食物匮乏和水温较低的水域环境中的早春产卵鱼类有利。在食物匮乏和低温环境中，早春繁殖可延长仔稚鱼的摄食和生长期，在寒冬到来前尽可能达到最大规格和肥满度，以利于度过食物极为匮乏和低温的漫长冬季。

二、产卵场和产卵条件

　　根据实地调查和访问渔民，裂腹鱼类的产卵场通常位于河流岸边浅水带，水深 0.3～1.0m，水质清澈。底质多是石块和鹅卵石，淤泥较少（图版Ⅵ-5），由于石块和鹅卵石的阻隔作用，流速较低，流态紊乱。总体来讲，裂腹鱼类对产卵条件的要求不像"四大家鱼"那样严格，产卵场较为分散，只要满足上述条件均可能产卵。但也有一些相对集中的产卵场，如尖裸鲤和拉萨裸裂尻鱼在拉孜县至昂仁县河段(图版Ⅵ-5d)，巨须裂腹鱼在朗县江段就有规模较大的产卵场。裂腹鱼类的卵具有无黏性、卵径和卵黄囊均较大、吸水后卵周隙较小等特征(见第三章)，有利于在沿岸水流较缓的石缝隙中孵化；较为分散的产卵场，则有利于仔稚鱼分散摄食，是裂腹鱼类对食物贫乏的生态环境的适应。

雅鲁藏布江多数河段在崇山峻岭中穿行，人迹罕至，给产卵场的全面调查带来了困难，今后有必要进一步加强裂腹鱼类产卵场的调查。

三、栖息空间与产卵洄游

异齿裂腹鱼和拉萨裂腹鱼主要分布于河流敞水区的中下层，尤其喜欢栖居在多岩石的区域附近。异齿裂腹鱼和拉萨裂腹鱼喜生活在流水中，每年 5 月开始大量出现，随着降水量的加大，雅鲁藏布江水位上涨，这两种鱼类由深水层转移到浅水层生活，根据渔民经验，在水流较急、底质多石块的河道处容易捕捞到个体很大且量多的异齿裂腹鱼和拉萨裂腹鱼，而在江面开阔、流速较慢、底质多泥沙的地段则捕捞到个体较小且量少的异齿裂腹鱼和拉萨裂腹鱼，到了中秋节前后这两种鱼开始转入深水层，越冬场所多在 3～4m 的水深处，且底质多为石块(图版Ⅵ-5a)。

每年 9 月随着雨季结束，雅鲁藏布江水质变得清澈，水位下降，此时尖裸鲤和拉萨裸裂尻鱼开始大量出现。根据野外观察，大型个体的尖裸鲤和拉萨裸裂尻鱼喜欢栖息于水质清澈、水流较急且底质多为石块的水域环境中；而小型个体的尖裸鲤和拉萨裸裂尻鱼喜欢栖息于水面开阔、水流缓慢及底质多为泥沙的水域环境。然而，尖裸鲤和拉萨裸裂尻鱼的栖息空间也有一定的差异，尖裸鲤主要栖息于海拔 3600～4300m 的雅鲁藏布江中游水域，喜水质清澈的生境；而拉萨裸裂尻鱼则栖息于整个雅鲁藏布江中游水域，对水质浑浊度的要求则没有尖裸鲤那么严苛。尖裸鲤和拉萨裸裂尻鱼的越冬场可能为与主河道相连接的深水潭，水潭通常在寒冷的冬季被冰封，水流缓慢，水深为 4～5m，底质是鹅卵石夹杂着泥沙(图版Ⅵ-5c)。巨须裂腹鱼一年四季喜生活于水流较为紊乱的"泡旋水"中，且生活水层较深，冬季可能躲藏到石块下越冬(图版Ⅵ-5e)。

裂腹鱼类具有短距离产卵洄游行为，每年的产卵季节前(巨须裂腹鱼 1 月，其他裂腹鱼 2～3 月)，从越冬场向产卵场聚集，准备繁殖活动。这个时期渔民在产卵场及其附近捕捞到的个体较大，雌性个体一旦离水后腹部受到轻微的挤压，就会有大量成熟的卵粒流出。

结果表明，雅鲁藏布江中游裂腹鱼类的越冬场、产卵场和肥育场具有显著的种间差异性，在食物资源极其匮乏的高原水域环境中，这种差异性能够降低裂腹鱼类的种间竞争，是裂腹鱼类对严酷的高原水域环境的一种适应性表现。

第四节 繁 殖 力

繁殖力体现了物种或种群对环境变动的适应特征。掌握鱼类繁殖力的变动及其调节规律，是阐明鱼类种群补充过程的重要基础。鱼类繁殖力一般应根据它们的成熟年龄、性周期、怀卵量、有效产卵量和鱼苗成活率等因素来综合评价，但是上述确切的数据较难获取，因此，大多采用雌鱼的怀卵量表示繁殖力。

一、怀卵量

(一)异齿裂腹鱼

表 6-2 计数了 107 尾IV期雌鱼的怀卵量，体长为 390～562mm，体重为 870.1～2982.6g。绝对繁殖力(F)为 8228～38 754 粒/ind，均值为 (21 190±6990) 粒/ind，相对繁殖力(RF)为 6.2～21.6 粒/g 体重，均值为 (16.8±3.9) 粒/g 体重。

表 6-2 异齿裂腹鱼不同年龄组的个体繁殖力

Table 6-2 Fecundity for different age classes of _S._ (_S._) _o'connori_

年龄 Age	样本数 n	体重 Body weight (g)		绝对繁殖力 Fecundity (粒/ind)		相对繁殖力 Relative fecundity (粒/g 体重)	
		范围 Range	均值±标准差 Mean±S.D.	范围 Range	均值±标准差 Mean±S.D.	范围 Range	均值±标准差 Mean±S.D.
10	2	1 188.2～1 289.8	1 239.0±71.8	8 299～20 088	14 200±8 336	6.4～16.9	11.7±7.4
11	3	1 036.1～1 472.4	1 200.5±237.2	14 533～24 842	20 100±5 202	14.0～19.1	16.7±2.6
12	4	1 172～1 550.9	1 291.0±175.0	17 066～24 684	20 500±3 360	13.9～18.4	15.9±1.9
13	14	1 047.3～1 777.3	1 368.7±244.7	10 916～33 037	19 500±5 626	8.5～21.6	14.3±3.6
14	8	1 326.9～1 873.5	1 564.5±212.5	8 228～35 986	22 700±9 029	6.2～20.5	14.2±4.7
15	6	870.1～1 379.7	1 136.2±188.5	9 212～18 168	15 400±3 401	9.7～19.9	13.8±3.6
16	4	1 495～2 621.7	1 954.9±480.8	21 571～38 754	29 900±7 273	12.2～20	15.5±3.3
17	4	1 242.6～1 606.6	1 437.2±170.1	11 323～24 510	18 900±6 165	9.1～17.3	13.1±3.8
18	3	1 452～1 945.1	1 642.6±264.9	15 028～31 411	25 200±8 856	10.3～19	15.1±4.4
19	2	1 245.8～1 440.4	1 343.1±137.6	13 981～17 489	15 700±2 480	11.2～12.1	11.7±0.6
20	7	1 478.6～1 927.9	1 659.4±178.1	11 430～37 913	20 900±8 575	7.5～19.7	12.4±4.1
21	6	1 223.6～2 040.4	1 583.4±371.4	14 166～38 071	26 700±8 620	11.6～18.9	16.6±2.7
22	6	1 140.8～1 652.8	1 405.3±221.9	16 020～25 811	21 300±3 654	12.1～19.6	15.3±2.5
23	5	1 206.6～1 456.7	1 262.9±108.7	12 549～25 973	18 500±4 798	10.4～17.8	14.5±2.6
24	1	1 263.1		12 403		9.8	
25	6	1 100.1～1 604.4	1 399.9±182.4	12 187～26 324	19 700±4 780	10.9～16.8	14±2.6
26	4	1 168.8～1 582.9	1 419.3±192.0	18 322～25 893	21 000±3 385	12.9～16.6	14.8±1.6
27	3	1 302.5～2 475.4	1 746.5±636.2	18 496～37 952	25 000±11 230	12.7～15.3	14.1±1.3
28	7	1 256.8～2 982.6	1 721.1±595.3	15 237～26 953	20 500±4 708	9.0～16.2	12.3±2.2
29	3	1 041.5～1 409.5	1 246.0±187.4	15 199～20 394	18 600±2 987	14.5～15.8	15±0.7
30	2	1 398.1～1 442.9	1 420.5±31.7	22 873～23 182	23 000±218	16.1～16.4	16.3±0.2
31	3	1 395.6～2 329.4	1 795.7±481.0	12 877～35 115	23 000±11 240	9.2～15.1	12.3±3
32	1	1 294.4		16 600		12.8	
34	1	1 383.6		17 868		12.9	
37	1	1 551.3		21 712		14.0	
49	1	1 516.4		23 805		15.7	

(二)拉萨裂腹鱼

表 6-3 计数了 59 尾Ⅳ期雌鱼的怀卵量，体长为 444~595mm，体重为 1057.7~2824.5g。绝对繁殖力(F)为 8338~50 021 粒/ind，均值为(21 693±9870)粒/ind，相对繁殖力(RF)为 5.1~21.8 粒/g 体重，均值为(13.4±4.0)粒/g 体重。

表 6-3   拉萨裂腹鱼不同年龄组的个体繁殖力

Table 6-3   Fecundity for different age classes of *S.* (*R.*) *waltoni*

年龄 Age	样本数 n	体重 Body Weight(g)		绝对繁殖力 Fecundity(粒/ind)		相对繁殖力 Relative fecundity(粒/g 体重)	
		范围 Range	均值±标准差 Mean±S.D.	范围 Range	均值±标准差 Mean±S.D.	范围 Range	均值±标准差 Mean±S.D.
10	1	1 643.5		13 800.2		9.8	
12	2	1 213.8~1 473.8	1 343.8±183.8	10 571~14 898	12 733.9±3 059.4	10.1~11.3	10.7±0.9
13	6	1 083.7~2 177.9	1 759.1±447.1	9 953~35 911	17 696.4±9 211.4	5.4~21.2	12.0±5.4
14	2	1 248.1~1 896.9	1 572.5±458.8	8 730~29 864	19 296.9±14 943.9	7.8~17.6	12.7±7.0
15	6	1 171.4~2 250.7	1 598.6±463.8	8 789~38 487	18 094.9±10 910.8	8.3~21.8	12.7±4.7
16	6	1 057.7~2 668.3	1 657.1±543.1	9 702~32 225	18 345.4±8 228.9	8.3~16.3	12.6±2.8
17	7	1 121.2~2 461.3	1 776.4±476.8	9 729~37 246	20 733.7±11 144.2	5.1~21.3	13.5±5.4
18	2	1 727.6~2 183.4	1 955.5±322.3	14 976~32 821	23 898.6±12 618.0	9.6~18.7	14.1±6.4
19	1	2 198.5		31 145		16.3	
20	3	1 460~2 398.6	1 889.5±474.3	16 478~27 110	21 735.0±5 317.3	12.6~13.2	12.9±0.3
21	4	1 308.2~2 739.9	1 933.1±598.6	11 642~29 625	18 722.5±7 745.7	9.9~13.9	11.2±1.9
22	5	1 420.2~2 730.6	2 083.2±520.1	8 338~50 021	25 377.2±15 248.6	6.7~20.9	13.2±5.1
23	3	1 415.6~2 267.7	1 862.8±427.6	16 121~33 094	26 376.7±9 022.9	12.9~18.5	16.1±2.9
24	1	2 182.7		22 200		11.3	
25	2	1 428.8~2 303.4	1 866.1±618.4	12 018~30 989	21 503.9±13 414.5	10.0~15.3	12.6±3.8
27	1	1 792.7		21 738		13.9	
29	3	1 657.9~2 480.7	1 782.7±644.7	12 182~31 468	19 030.1±10 789.5	9.0~14.5	11.8±2.7
30	2	1 799.8~1 395.7	1 597.8±285.7	18 575~21 186	19 880.3±1 846.6	11.7~17.7	14.7±4.2
38	1	2 824.5		33 913		14.0	
39	1	2 722.9		34 766		16.0	

(三)尖裸鲤

表 6-4 计数了 58 尾Ⅳ期雌鱼的怀卵量，其体长为 334~562mm，体重为 555.2~2968.1g。绝对繁殖力(F)为 11 017~56 907 粒/ind，其均值为(34 211±11 506)粒/ind。相对繁殖力(RF)为 15.8~40.2 粒/g 体重，其均值为(25.4±5.3)粒/g 体重。

表 6-4 尖裸鲤不同年龄组的个体繁殖力

Table 6-4　Fecundity for different age classes of *O. stewartii*

年龄 Age	样本 数 n	体重 Body Weight (g)		绝对繁殖力 Fecundity (粒/ind)		相对繁殖力 Relative fecundity (粒/g 体重)	
		范围 Range	均值±标准差 Mean±S.D.	范围 Range	均值±标准差 Mean±S.D.	范围 Range	均值±标准差 Mean±S.D.
6	2	866.9～962.6	914.8±67.7	24 743～31 106	27 924.0±4 498.7	28.5～32.3	30.4±2.7
7	2	555.2～1 093.4	824.3±380.6	11 017～43 920	27 469.0±23 266.2	19.8～40.2	30.0±14.4
8	2	1 467.0～1 503.0	1 485.0±25.5	36 406～45 322	40 864.0±6 304.6	24.8～30.2	27.5±3.8
9	7	908.0～1 336.0	1 098.0±168.4	19 176～38 686	28 099.0±7 047.9	17.4～33.4	25.6±5.1
10	3	933.3～1 512.6	1 262.6±297.7	29 363～49 648	37 070.0±10 984.7	24.4～32.8	29.4±4.8
11	3	855.2～1 590.3	1 149.4±388.9	15 498～51 115	28 688.0±1 952.3	18.1～32.1	23.2±7.8
12	6	1 024.9～1 971.0	1 326.8±404.2	24 831～47 106	34 415.0±9 208.4	23.6～30.4	26.2±2.5
13	10	874.1～2 155.1	1 339.2±370.8	19 019～51 584	36 405.0±1 085.1	19.2～37.7	27.5±6.2
14	11	797.6～1 835.4	1 253.4±323.7	17 470～47 482	29 609.0±8 430.7	17.4～30.7	23.7±3.6
15	3	1 117.7～2 108.3	1 754.9±552.9	21 525～51 778	41 290.0±17 128.0	19.3～24.8	22.9±3.1
16	2	1 562.5～2 057.1	1 809.8±349.7	27 264～47 060	37 162.0±13 997.5	17.4～22.9	20.2±3.8
17	2	1 751.0～2 490.9	2 121.0±523.2	39 342～47 905	43 623.0±6 054.7	15.8～27.4	21.6±8.2
18	1	1 601.3		47 153		29.4	
19	1	1 798.5		51 673		28.7	
20	2	1 925.8～1 967.5	1 946.7±29.5	35 717～51 189	43 453.0±10 929.9	18.5～26.0	22.3±5.3
22	1	2 968.1		56 907		19.2	

(四)拉萨裸裂尻鱼

表 6-5 对 70 尾Ⅳ期雌鱼进行繁殖力统计，其体长为 182～393mm，体重为 122.5～918.5g。估算的绝对繁殖力(*F*)为 5712～51 037 粒/ind，均值为(18 682±9038)粒/ind，相对繁殖力(*RF*)为 29.5～113.6 粒/g 体重，均值为(57.8±15.2)粒/g 体重。

表 6-5 拉萨裸裂尻鱼不同年龄组的个体繁殖力

Table 6-5　Fecundity for different age classes of *S. younghusbandi*

年龄 Age	样本数 n	体重 Body Weight (g)		绝对繁殖力 Fecundity (粒/ind)		相对繁殖力 Relative fecundity (粒/g 体重)	
		范围 Range	均值±标准差 Mean±S.D.	范围 Range	均值±标准差 Mean±S.D.	范围 Range	均值±标准差 Mean±S.D.
4	5	149.7～366.9	259.8±101.9	5 712～19 190	13 453.7±5 083.8	49.4～82.8	66.1±12.2
5	9	122.5～323.0	242.6±68.9	6 577～20 375	13 424.8±4 676.7	45.8～79.5	66.1±11.1
6	11	205.9～425.1	326.1±68.7	8 224～28 693	14 930.7±5 518.3	30.5～83.7	57.5±16.1
7	13	310.8～603.8	416.8±91.6	9 207～30 504	16 984.5±6 313.7	29.5～75.4	49.3±12.6
8	14	278.2～606.9	444.4±87.7	11 076～46 764	20 186.7±8 734.3	37.6～113.6	58.2±18.2
9	9	295.2～730.8	511.5±135.5	12 907～34 244	22 064.8±8 873.2	32.4～72.8	53.0±14.6
10	4	386.3～839.4	523.7±211.7	19 110～44 411	26 070.5±12 243.6	59.6～72.0	65.9±5.1
11	2	503.4～918.5	710.0±293.5	14 896～51 037	32 966.4±25 556.1	38.1～78.0	58.1±28.2
12	1	627.2		40 339.2		77.7	
13	1	507.6		20 400.4		53.3	
17	1	589		22 446.0		46	

二、繁殖力与生物学指标的关系

(一)异齿裂腹鱼

异齿裂腹鱼绝对繁殖力随着体长的增长呈增加趋势；随着体重的增加先上升，进入衰老期后稍有下降；与年龄和卵巢重无显著相关性($P>0.05$)(图6-21)。绝对繁殖力与体长(SL)、体重(BW)的最适拟合方程分别为

$$F = 158.5SL - 5.226 \times 10^4 \quad (n = 109，R^2 = 0.425)$$

$$F = -1.637 \times 10^{-5}BW^3 + 0.086BW^2 - 126.5BW + 7.283 \times 10^4 \quad (n = 109，R^2 = 0.580)$$

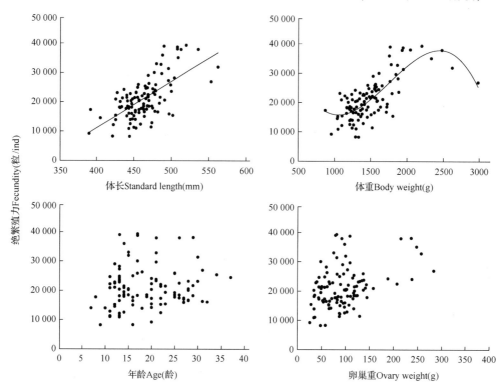

图6-21　异齿裂腹鱼绝对繁殖力与体长、体重、年龄和卵巢重的关系

Fig. 6-21　The relationships between standard length, body weight, age, ovary weight and fecundity of *S.* (*S.*) *o'connori*

(二)拉萨裂腹鱼

拉萨裂腹鱼的绝对繁殖力随着体长、体重和卵巢重的增长而增加，但是增加的速度不一样。随着体长、体重的增加，绝对繁殖力的增长速度加快，但是随着卵巢重量的增加，绝对繁殖力的增长速度下降。拉萨裂腹鱼绝对繁殖力与年龄无显著相关性($P>0.05$)(图6-22)。拉萨裂腹鱼绝对繁殖力同体长、体重和卵巢重的最适拟合方程分别为

$$F = 221.5e^{0.009SL} \quad (n = 60，R^2 = 0.634)$$

$$F = 0.002BW^2 + 9.7BW - 2646 \quad (n = 60，R^2 = 0.640)$$

$$F = 1471.7W_0^{0.540} \quad (n = 60, \quad R^2 = 0.527)$$

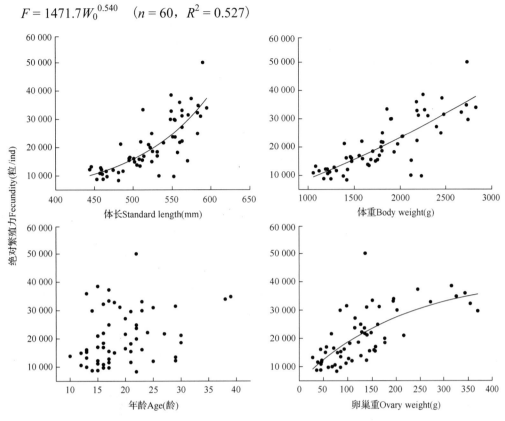

图 6-22　拉萨裂腹鱼绝对繁殖力与体长、体重、年龄和卵巢重的关系

Fig. 6-22　The relationships between standard length, body weight, age, ovary weight and fecundity of *S.* (*R.*) *waltoni*

(三) 尖裸鲤

尖裸鲤绝对繁殖力与体长和体重均呈显著的线性关系；与年龄和卵巢重则无显著相关性 ($P > 0.05$) (图 6-23)，绝对繁殖力与体长和体重的最适拟合方程分别为

$$F = 192.5SL - 53\ 384 \quad (n = 60, \quad R^2 = 0.627)$$

$$F = 19.64BW + 7422.6 \quad (n = 60, \quad R^2 = 0.631)$$

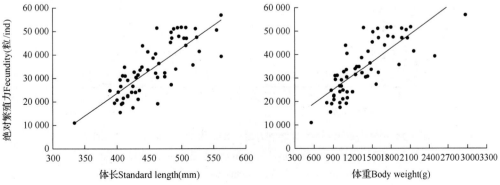

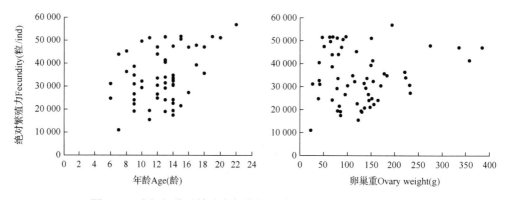

图 6-23　尖裸鲤绝对繁殖力与体长、体重、年龄和卵巢重的关系

Fig. 6-23　The relationships between standard length, body weight, age, ovary weight and fecundity of *O. stewartii*

(四)拉萨裸裂尻鱼

拉萨裸裂尻鱼绝对繁殖力随着体长和体重的增长呈增加趋势；随着年龄和卵巢重的增长而呈增长趋势，但其与年龄和卵巢重则无显著相关性($P > 0.05$)(图 6-24)。绝对繁殖力与体长和体重的最适拟合方程分别为

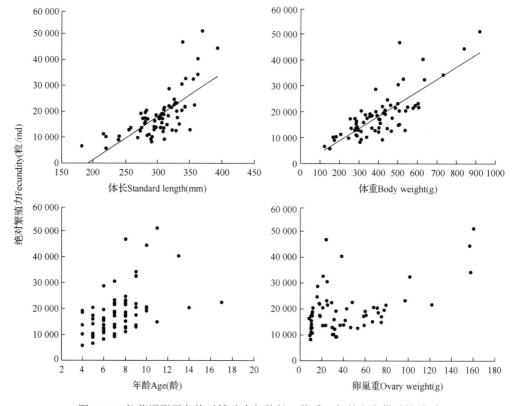

图 6-24　拉萨裸裂尻鱼绝对繁殖力与体长、体重、年龄和卵巢重的关系

Fig. 6-24　The relationships between standard length, body weight, age, ovary weight and fecundity of *S. younghusbandi*

$F = 166.4SL-31\,952.3$ 　（$n= 69$，$R^2 = 0.501$）

$F = 47.4BW-640.3$ 　（$n= 69$，$R^2 = 0.624$）

繁殖力是估算鱼类种群繁殖潜力的基础，其体现了鱼类对环境变动的适应性特征。鱼类的繁殖力通常受到种群密度、饵料丰度和自然环境等因素的影响（周翠萍，2007）。裂腹鱼类的绝对繁殖力与体长和体重显著相关，而与卵巢重和年龄的相关性则具有种间差异，栖息于饵料资源匮乏的高原水域环境中的鱼类，其个体间营养物质的摄取和能量分配的差异性可能导致其绝对繁殖力的种间差异性。此外，绝对繁殖力与鱼类个体大小或者重量显著相关，因此，应该在消除鱼类个体或者重量影响的基础上进行繁殖力对比研究（Wootton，1990）。通过与其他淡水鲤科鱼类的相对繁殖力比较发现，栖息于雅鲁藏布江中游的裂腹鱼类相对繁殖力较小，其繁殖潜力较低（表 6-6）。

表 6-6　淡水鲤科鱼类相对繁殖力对比

Table 6-6　Relative fecundity comparison of freshwater Cyprinids fishes

物种 Species	采样点 Location	平均相对繁殖力 Average relative fecundity（粒/g 体重）	文献 Literature
异齿裂腹鱼 S. (S.) o'connori	雅鲁藏布江	16.8	本研究
拉萨裂腹鱼 S. (R.) waltoni	雅鲁藏布江	13.4	本研究
尖裸鲤 O. stewartii	雅鲁藏布江	25.4	本研究
拉萨裸裂尻鱼 S. younghusbandi	雅鲁藏布江	57.8	本研究
拟鲤 Rutilus rubilio	特里霍尼扎湖	132	Daoulas 和 Kattoulas（1985）
鲤 Cyprinus carpio	澳大利亚维多利亚州	163	Sivakumaran 等（2003）
野红眼鱼 Scardinius acarnanicus	利西马西亚湖	113.4	Leonardos（2004）
	特里霍尼扎湖	124.8	
淡黄矮鲈 Nannoperca oxleyana	—	587	Knight 等（2007）
5 种脂鲤科鱼类 Five Characin species	—	79.2～400	Melo 等（2011）
草鱼 Ctenopharyngodon idellus	赣江	74.62	朱日财（2010）
	长江	102.4	李思发等（1997）
青鱼 Mylopharyngodon piceus	赣江	65.46	朱日财（2010）
	长江	31.0	李思发等（1997）
鲢 Hypophthalmichthys molitrix	赣江	125.99	朱日财（2010）
	长江	111.6	李思发等（1997）
鳙 Aristichthys nobilis	赣江	75.70	朱日财（2010）
	长江	61.3	李思发等（1997）

裂腹鱼类产卵群体的性腺静息期较短，7 月其性腺开始发育，通常在秋季或者初冬发育至Ⅳ期，并以Ⅳ期性腺越冬，待翌年水温高于 2℃的 2～5 月产卵。裂腹鱼类繁殖力较小（绝对繁殖力为 5712～56 907 粒/ind），成熟卵径较大（平均卵径 2.20～2.43mm），卵黄较多。人工繁殖实践发现，在水温 9.0～12.0℃时裂腹鱼类受精卵卵黄通常在授精后30～34d 消耗殆尽（许静，2011），裂腹鱼类较大的卵黄保证了其受精卵和仔稚鱼在低温

与饵料资源匮乏的水体环境中长时间发育所需的内源营养。5 月之后随着水温的升高和雨季的来临，雅鲁藏布江中游水体中饵料生物逐渐增多，为裂腹鱼类仔稚鱼生长发育提供了充足的外源营养物质，保证了其仔稚鱼的成活率。综上所述，在长期的演化过程中，裂腹鱼类形成了繁殖力小、卵径大、性腺发育时间长、春季产卵等与严酷高原水域环境相适应的繁殖策略。

本 章 小 结

(1) 尖裸鲤、拉萨裂腹鱼和拉萨裸裂尻鱼各期卵巢中卵母细胞的组成、性成熟个体成熟系数和卵径频数的周年变化表明，雅鲁藏布江中游裂腹鱼类一年繁殖一次，繁殖季节为 3～4 月(巨须裂腹鱼约早 1 个月)，为典型早春产卵鱼类；部分性成熟个体存在隔年产卵的繁殖习性。

(2) 尖裸鲤等 6 种裂腹鱼类的性成熟晚，渔获物中最小性成熟年龄雄鱼为 3～5 龄，雌鱼通常较雄鱼晚 1～2 龄成熟；种群 50%性成熟年龄通常较最小性成熟年龄大 2 龄左右。

(3) 尖裸鲤等裂腹鱼类的繁殖力均较小，依个体大小的不同，绝对繁殖力在数千至几万粒，绝对繁殖力与体长和体重具有显著相关性；平均相对繁殖力依种类的不同，为 13～58 粒/g 体重。

(4) 尖裸鲤等裂腹鱼类对摄食、越冬和产卵等关键栖息地的利用具有空间和时间的差异性，这种差异性能够降低裂腹鱼类的种间竞争；产卵场通常位于河流岸边浅水带，水深 0.3～1.0m，水质清澈，底质多是石块和鹅卵石；产卵前具有短距离产卵洄游行为；较为分散的产卵场，有利于仔稚鱼分散摄食，是裂腹鱼类对食物贫乏的适应。

(5) 雅鲁藏布江中游裂腹鱼类的上述繁殖策略是对食物匮乏和低温的高原水域环境长期适应的结果。

主要参考文献

方静, 何敏, 杜仲君, 等. 2007. 齐口裂腹鱼卵巢发育的组织学研究. 四川农业大学学报, 25(1): 88-93.

何德奎, 陈毅峰, 蔡斌. 2001a. 纳木错裸鲤性腺发育的组织学研究. 水生生物学报, 25(1): 1-13.

何德奎, 陈毅峰, 陈自明, 等. 2001b. 色林错裸鲤性腺发育的组织学研究. 水生生物学报, 25(2): 97-102.

胡安, 唐诗声, 龚生兴. 1975. 青海湖裸鲤的繁殖生物学研究//青海省生物研究所. 青海湖地区的鱼类区系和青海湖裸鲤的生物学. 北京: 科学出版社: 49-62.

李思发, 周碧云, 吕国庆, 等. 1997. 长江鲢、鳙、草鱼和青鱼原种亲鱼标准与检测的研究. 水产学报, 21: 143-151.

魏杰, 聂竹兰, 李杰, 等. 2011. 塔里木裂腹鱼性腺形态学与组织学的研究. 大连海洋学院学报, 26(3): 227-231.

许静. 2011. 雅鲁藏布江四种特有裂腹鱼类早期发育的研究. 武汉: 华中农业大学硕士学位论文.

殷名称. 1995. 鱼类生态学. 北京: 中国农业出版社.

周翠萍. 2007. 宝兴裸裂尻鱼的繁殖生物学研究. 成都: 四川农业大学硕士学位论文.

朱日财. 2010. 赣江赣州江段四大家鱼生物学特性及其遗传多样性研究. 南昌: 南昌大学硕士学位论文.

Daoulas C, Kattoulas M. 1985. Reproductive biology of *Rutilus rubilio* (Bonaparte, 1837) in Lake Trichonis. Hydrobiologia, 124: 49-55.

Glenn C L, Williams R R G. 1976. Fecundity of mooneye, *Hiodon tergisus*, in the Assiniboine River. Canadian Journal of Zoology, 54: 156-161.

Hellawell J M. 1972. The growth, reproduction and food of the roach *Rutilus rutilus* (L.), of the River Lugg, Herefordshire. Journal of Fish Biology, 4: 469-486.

Knight J T, Butler G L, Smith P S, et al. 2007. Reproductive biology of the endangered Oxleyan pygmy perch *Nannoperca oxleyana* Whitley. Journal of Fish Biology, 71: 1494-1511.

Leonardos I D. 2004. Life history traits of *Scardinius acarnanicus* (Economidis, 1991) (Pisces: Cyprinidae) in two Greek Lakes (Lysimachia and Trichonis). Journal of Applied Ichthyology, 20: 258-264.

Malison J A, Procarione L S, Barry T P, et al. 1994. Endocrine and gonadal changes during the annual reproductive cycle of the freshwater teleost, *Stizostedion vitreum*. Fish Physiology and Biochemistry, 13: 473-484.

Melo R M C, Ferreira C M, Luz R K, et al. 2011. Comparative oocyte morphology and fecundity of five characid species from São Francisco River Basin, Brazil. Journal of Applied Ichthyology, 27: 1332-1336.

Pankhurst N W, Stacey N E, van der Kraak G. 1986. Reproductive development and plasma levels of reproductive hormones of goldeye, *Hiodon alosoides* (Rafinesque), taken from the North Saskatchewan River during the open-water season. Canadian Journal of Zoology, 64: 2843-2849.

Peter R E, Crim L W. 1979. Reproductive endocrinology of fishes: gonadal cycles and gonadotropin in teleosts. Annual Review of Physiology, 41: 323-335.

Rinchard J, Kestemont P. 1996. Comparative study of reproductive biology in single-and multiple-spawner cyprinid fish. I. Morphological and histological features. Journal of Fish Biology, 49: 883-894.

Sinovcic G, Kec V C, Zorica B. 2008. Population structure, size at maturity and condition of sardine, *Sardina pilchardus* (Walb., 1792), in the nursery ground of the eastern Adriatic Sea (Krka River Estuary, Croatia). Estuar Coast Mar Sci, 76: 739-744.

Sivakumaran K P, Brown P, Stoessel D, et al. 2003. Maturation and reproductive biology of female wild carp, *Cyprinus carpio*, in Victoria, Aust. Environmental Biology of Fishes, 68: 321-332.

Wootton R J. 1990. Ecology of Teleost Fishes. London, New York: Chapman and Hall: 1-404.

第七章　种群动态与多种群渔业养护措施

裂腹鱼类是特产于青藏高原及其周边地区的一群鲤科冷水性鱼类，许多种类是其分布区重要特色鱼类，对研究生物地理学和鱼类演化等具有极为重要的科学参考价值。受当地特殊而严酷的高原水域环境的影响，裂腹鱼类资源较为独特且脆弱，表现为种群的高度单一性和一致性、寿命长、生长缓慢、性成熟晚、繁殖力低及地理隔离等特点，这些特点使其对外界环境的扰动极其敏感，鱼类资源一旦遭到破坏，将很难恢复(曹文宣等，1981；武云飞和吴翠珍，1992；Chen et al.，2009；Li et al.，2009)。近十几年来，随着当地社会经济的发展和人们消费观念的改变，人们对水产品，尤其是本地特色水产品的需求日益增长。为了满足水产品市场的需求，过度捕捞和大量外地经济水产品的输入已经造成雅鲁藏布江流域裂腹鱼类资源量急剧下降，亟待对裂腹鱼类资源开展科学合理的养护工作。本章在掌握了雅鲁藏布江中游6种裂腹鱼类生活史参数的基础上，采用模糊聚类法定量研究了4种裂腹鱼类的生活史类型，用单位补充量亲鱼产量模型(SSBR)和单位补充量渔获量模型(YPR)评估雅鲁藏布江中游6种裂腹鱼类种群资源的开发状况，同时模拟不同养护措施对6种裂腹鱼类资源养护的可行性，并以此为依据提出合理的渔业养护措施和建议。

第一节　单种群资源动态

一、异齿裂腹鱼

(一)死亡参数

估算的雌性和雄性异齿裂腹鱼年总瞬时死亡率(Z)分别为0.11/a和0.16/a。采用极限年龄法估算的雌性和雄性异齿裂腹鱼的自然死亡率(M)分别为0.08/a和0.10/a；而采用生长方程参数法估算的雌性和雄性异齿裂腹鱼的自然死亡率(M)分别为0.09/a和0.12/a。因此，雌鱼种群自然死亡率(M)假设为0.08~0.09/a，而雄鱼种群自然死亡率(M)假设为0.10~0.12/a。对应的雌鱼捕捞死亡率(F_{cur})为0.02~0.03/a，而雄鱼捕捞死亡率(F_{cur})为0.04~0.06/a。

(二)资源现状

在现有的渔业养护措施下，采用单位补充量模型来分析异齿裂腹鱼雌性和雄性种群的资源现状对自然死亡率的敏感性。用于单位补充量模型分析的参数见表7-1。在估算的自然死亡率范围内，雌鱼种群的繁殖潜力比为61.7%~73.1%，全部显著高于40%，雌鱼种群的当前捕捞死亡率为0.02~0.03/a，全部显著性低于目标参考点($F_{40\%}$)；雄鱼种群的繁殖潜力比为48.5%~63.3%，全部显著性高于40%，雄鱼种群的当前捕捞死亡率为0.04~

表 7-1　6种裂腹鱼类单位补充量输型输入参数

Table 7-1　The input parameters for per recruit analysis of six Schizothoracinae fishes

物种 Species	性别 Sex	k (/month)	t_0 (months)	L_∞ (mm)	a	b	Z (/month)	M (/month)	F_{cur} (/month)	t_r (months)	t_c (months)	k_m (/month)	A_{50} (months)	w_i
异齿裂腹鱼 S. (S.) o'connori	雌性 Female	0.006 8	−11.35	576.9	0.000 008 9	3.080	0.009 2	0.006 7~0.007 5	0.001 7~0.002 5	12	84	0.039	114.0	0.201 5
	雄性 Male	0.007 9	−10.75	499.7	0.000 008 3	3.090	0.013 0	0.008 3~0.010 0	0.003 0~0.004 7	12	72	0.022	86.4	0.235 3
拉萨裂腹鱼 S. (R.) waltoni	雌性 Female	0.006 3	5.77	668.1	0.000 014 0	2.984	0.012 0	0.005 8~0.010 0	0.002 0~0.006 2	12	60	0.047	133.2	0.175 7
	雄性 Male	0.006 9	1.93	560.4	0.000 012 0	2.999	0.016 0	0.006 7~0.010 0	0.006 0~0.009 3	12	84	0.036	100.8	0.205 3
尖裸鲤 O. stewartii	雌性 Female	0.008 8	3.78	618.2	0.000 006 1	3.126	0.017 0	0.008 3~0.013 0	0.004 0~0.008 7	12	60	0.110	87.6	0.150 8
	雄性 Male	0.012 0	5.89	526.8	0.000 009 9	3.052	0.050 0	0.010 0~0.018 0	0.032 0~0.040 0	12	60	0.130	61.2	0.114 3
拉萨裸裂尻鱼 S. younghusbandi	雌性 Female	0.016 0	4.76	433.9	0.000 021 0	2.923	0.068 0	0.014 0~0.023 0	0.045 0~0.054 0	12	60	0.059	84.0	0.177 0
	雄性 Male	0.019 0	4.84	338.4	0.000 012 0	3.023	0.065 0	0.018 0~0.028 0	0.037 0~0.047 0	12	60	0.047	52.8	0.092 2
双须叶须鱼 P. dipogon	雌性 Female	0.009 5	−1.96	606.9	0.000 025 0	2.877	0.043 0	0.008 3~0.014 0	0.029 0~0.035 0	12	60	0.170	108.0	0.164 7
	雄性 Male	0.014 0	0.22	493.6	0.000 028 0	2.856	0.058 0	0.012 0~0.020 0	0.038 0~0.046 0	12	60	0.120	73.2	0.150 4
巨须裂腹鱼 S. (R.) macropogon	雌性 Female	0.009 4	−7.69	512.5	0.000 013 0	3.050	0.019 0	0.009 2~0.015 0	0.004 0~0.009 8	12	84	0.046	106.8	0.130 4
	雄性 Male	0.014 0	−3.38	430.3	0.000 022 0	2.951	0.034 0	0.013 0~0.022 0	0.012 0~0.021 0	12	72	0.078	70.8	0.202 5

注 Note：数据来自本书第四章和第六章 Data refer to the chapter 4 and 6 of this book

表 7-2 渔业养护措施对异齿裂腹鱼雌鱼种群的生物学参考点、单位补充渔获量和繁殖潜力比的影响

Table 7-2 Biological reference points, yield per recruit and spawning potential ratio of female S. (S.) o'connori for different conservation policies

养护措施 Conservation policy	M/(a)	F/(a)	$F_{25\%}$/(a)	$F_{40\%}$/(a)	F_{max}/(a)	YPR(g)	$YPR_{25\%}$(g)	$YPR_{40\%}$(g)	YPR_{max}(g)	SPR(%)	$P_{25\%}$(%)	$P_{40\%}$(%)
当前措施 Current policy	0.08~0.09	0.02~0.03	0.105~0.113	0.062~0.067	0.138~0.159	109.6~174.6	237.9~272.0	211.6~244.3	242.6~275.6	61.7~73.1	100.0	100.0
措施 1 Policy 1	0.08~0.09	0.00~2.00	0.068~0.071	0.043~0.045	0.066~0.071	0.0~191.2	165.2~191.2	154.3~179.8	165.2~191.2	0.002~100.0	5.0	5.0
措施 2 Policy 2	0.08~0.09	0.00~2.00	0.076~0.080	0.047~0.050	0.081~0.089	0.0~217.7	189.1~217.4	173.1~200.7	189.7~217.7	0.04~100.0	5.0	5.0
措施 3 Policy 3	0.08~0.09	0.00~2.00	0.088~0.093	0.054~0.057	0.104~0.116	0.0~246.8	214.2~245.2	192.8~222.7	216.5~246.8	0.3~100.0	5.0	5.0
措施 4 Policy 4	0.08~0.09	0.00~2.00	0.105~0.113	0.062~0.067	0.138~0.159	0.0~275.6	237.9~272.0	211.6~244.3	242.6~275.6	1.1~100.0	9.5	5.0
措施 5 Policy 5	0.08~0.09	0.00~2.00	0.131~0.144	0.074~0.081	0.192~0.231	0.0~301.4	258.8~296.1	228.9~264.4	265.3~301.4	3.2~100.0	10.0	5.0
措施 6 Policy 6	0.08~0.09	0.00~2.00	0.178~0.203	0.092~0.102	0.286~0.369	0.0~322.3	276.2~316.6	244.4~282.6	282.8~322.3	7.3~100.0	10.0	5.0
措施 7 Policy 7	0.08~0.09	0.00~2.00	0.278~0.356	0.120~0.139	0.488~0.731	0.0~337.0	289.6~332.9	257.7~298.6	293.9~337.0	13.4~100.0	17.0	10.0
措施 8 Policy 8	0.08~0.09	0.00~2.00	0.633~1.126	0.171~0.209	1.211~	0.0~345.2	297.4~343.9	268.4~311.8	299.5~345.2	20.7~100.0	43.0	10.0
措施 9 Policy 9	0.08~0.09	0.00~2.00	—	0.284~0.399	—	0.0~345.6	—	276.1~321.8	296.5~346.6	28.7~100	100.0	18.0
措施 10 Policy 10	0.08~0.09	0.00~2.00	0.086~0.090	0.050~0.052	0.066~0.071	0.0~175.3	148.5~171.0	147.1~171.0	151.4~175.3	8.4~100.0	5.0	5.0
措施 11 Policy 11	0.08~0.09	0.00~2.00	0.124~0.130	0.061~0.064	0.066~0.071	0.0~159.3	121.4~138.6	137.2~159.1	137.6~159.3	16.7~100.0	10.0	5.0
措施 12 Policy 12	0.08~0.09	0.00~2.00	—	0.080~0.084	0.066~0.071	0.0~143.4	—	122.6~141.5	123.9~143.4	25.0~100.0	100.0	5.0
措施 13 Policy 13	0.08~0.09	0.00~2.00	—	0.124~0.130	0.066~0.071	0.0~127.5	—	97.2~110.9	110.1~127.5	33.3~100.0	100.0	10.0
措施 14 Policy 14	0.08~0.09	0.00~2.00	—	—	0.066~0.071	0.0~111.5	—	—	96.3~111.5	41.7~100.0	100.0	100.0

注 Note: $P_{25\%}$ 和 $P_{40\%}$ 指在自然死亡率和捕捞死亡率范围内，繁殖潜力比不小于 25% 和 40% 所占的百分比 $P_{25\%}$ and $P_{40\%}$ represent that SPR is not less than 25% and 40% in the range of estimated natural mortality and fishing mortality, respectively; "—" 代表数据不存在 "—" represents no data

表7-3 渔业养护措施对异齿裂腹鱼雄鱼种群的生物学参考点、单位补充量渔获量和繁殖潜力比的影响

Table 7-3 Biological reference points, yield per recruit and spawning potential ratio of male S. (S.) o'connori for different conservation policies

养护措施 Conservation policy	M (/a)	F (/a)	$F_{25\%}$ (/a)	$F_{40\%}$ (/a)	F_{max} (/a)	YPR (g)	$YPR_{25\%}$ (g)	$YPR_{40\%}$ (g)	YPR_{max} (g)	SPR (%)	$P_{25\%}$ (%)	$P_{40\%}$ (%)
当前措施 Current policy	0.10~0.12	0.04~0.06	0.137~0.159	0.080~0.090	0.178~0.228	81.6~135.2	135.8~167.1	120.3~150.0	138.4~169.0	48.5~63.3	100.0	100.0
措施1 Policy 1	0.10~0.12	0.00~2.00	0.085~0.093	0.053~0.058	0.083~0.094	0.0~117.1	93.3~117.1	86.9~110.0	93.3~117.1	0.03~100.0	5.0	5.0
措施2 Policy 2	0.10~0.12	0.00~2.00	0.100~0.111	0.061~0.067	0.108~0.127	0.0~137.2	110.6~137.0	100.4~125.9	111.1~137.2	0.4~100.0	7.5	5.0
措施3 Policy 3	0.10~0.12	0.00~2.00	0.122~0.138	0.072~0.081	0.149~0.184	0.0~158.7	127.9~157.4	114.0~142.2	129.8~158.7	1.7~100.0	10.0	5.0
措施4 Policy 4	0.10~0.12	0.00~2.00	0.158~0.188	0.089~0.102	0.217~0.290	0.0~178.5	143.0~176.1	126.2~157.5	146.1~178.5	4.7~100.0	10.0	5.0
措施5 Policy 5	0.10~0.12	0.00~2.00	0.227~0.296	0.114~0.138	0.350~0.536	0.0~194.2	154.9~191.4	136.5~170.8	157.9~194.2	9.6~100.0	15.0	10.0
措施6 Policy 6	0.10~0.12	0.00~2.00	0.406~0.694	0.158~0.207	0.693~1.639	0.0~204.5	162.7~202.7	144.5~181.8	164.1~204.5	16.6~100.0	28.0	10.0
措施7 Policy 7	0.10~0.12	0.00~2.00	1.937~—	0.251~0.389	—	0.0~208.8	~208.8	150.2~190.2	164.9~208.9	24.9~100.0	99.5	17.0
措施8 Policy 8	0.10~0.12	0.00~2.00	—	0.550~2.099	—	0.0~204.4	—	153.1~195.8	156.7~207.3	34.1~100.0	100.0	52.5
措施9 Policy 9	0.10~0.12	0.00~2.00	—	—	—	0.0~192.6	—	—	142.9~196.8	43.4~100	100.0	100.0
措施10 Policy 10	0.10~0.12	0.00~2.00	0.109~0.119	0.063~0.068	0.083~0.094	0.0~107.3	83.9~104.6	82.9~104.7	85.5~107.3	8.4~100.0	10.0	5.0
措施11 Policy 11	0.10~0.12	0.00~2.00	0.160~0.175	0.077~0.084	0.083~0.094	0.0~97.6	68.3~84.3	77.5~97.4	77.8~97.6	16.7~100.0	10.0	5.0
措施12 Policy 12	0.10~0.12	0.00~2.00	—	0.102~0.111	0.083~0.094	0.0~87.8	—	69.3~86.6	70.0~87.8	25.1~100.0	100.0	8.0
措施13 Policy 13	0.10~0.12	0.00~2.00	—	0.159~0.144	0.083~0.094	0.0~78.1	—	54.7~67.5	62.2~78.1	33.4~100.0	100.0	10.0
措施14 Policy 14	0.10~0.12	0.00~2.00	—	—	0.083~0.094	0.0~68.3	—	—	54.4~68.3	41.7~100.0	100.0	100.0

注 Note: $P_{25\%}$和$P_{40\%}$指在自然死亡率和捕捞死亡率范围内,繁殖潜力比不小于25%和40%所占的百分比;"—"代表数据不存在 $P_{25\%}$ and $P_{40\%}$ represent that SPR is not less than 25% and 40% in the range of estimated natural mortality and fishing mortality, respectively; "—" represents no data

0.06/a，全部显著低于目标参考点（$F_{40\%}$）。单位补充量渔获量分析表明，雌鱼种群在捕捞死亡率为 0.138～0.159/a 时，其单位补充量渔获量达到最大值，而雄鱼种群在捕捞死亡率为 0.178～0.228/a 时，其单位补充量渔获量达到最大值（表 7-2，表 7-3）。上述结果表明，在现有的渔业养护措施下，异齿裂腹鱼种群的利用基本合理，但要防止长期持续利用对种群的不利影响。

（三）渔业养护措施对资源量的影响

1. 起捕年龄

在设定的自然死亡率和捕捞死亡率值域内，利用单位补充量模型评估了起捕年龄（t_c）对异齿裂腹鱼种群资源的影响（表 7-2，表 7-3）。随着起捕年龄的逐渐增大，异齿裂腹鱼雌鱼种群的 YPR、YPR_{max}、SPR、$P_{25\%}$和$P_{40\%}$表现为逐渐增大的趋势，而异齿裂腹鱼雄鱼种群的 YPR 和 YPR_{max} 表现为先增大后减小的趋势，SPR、$P_{25\%}$和$P_{40\%}$表现为逐渐增大的趋势，这说明对于异齿裂腹鱼种群来说，提高起捕年龄是一种有效的资源养护策略。因此，我们期望利用 YPR 和 SPR 等值线图来确定最优的起捕年龄。

对于起捕年龄的大部分值域，单位补充量渔获量增加的速度是随着捕捞压力的增大而逐渐减缓的（图 7-1）。在设定的自然死亡率值域内，与当前单位补充量渔获量相比，将异齿裂腹鱼雌鱼和雄鱼种群的起捕年龄分别设置为 8～17 龄和 6～13 龄，其单位补充量渔获量在捕捞死亡率大部分值域上波动幅度相对较小（图 7-1）。此外，在设定的自然死亡率和捕捞死亡率值域内，将异齿裂腹鱼雌鱼和雄鱼种群的起捕年龄分别提高至不小于 17

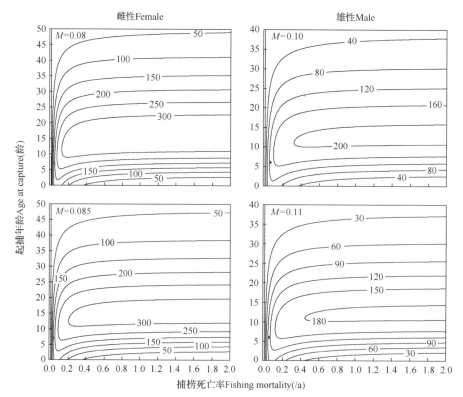

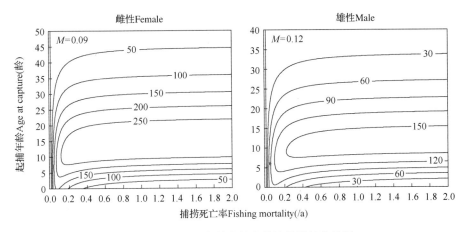

图 7-1 异齿裂腹鱼单位补充量渔获量等值线图

Fig. 7-1 Isopleths of yield per recruit for *S.* (*S.*) *o'connori* in the Yarlung Zangbo River

圆点代表估算的当前单位补充量渔获量, The points represent the current estimated yield per recruit

齢和 14 齢，能够保证其繁殖潜力比始终高于下限参考点(25%)；而将雌鱼和雄鱼种群的起捕年龄分别提高至不小于 19 齢和 17 齢，能够保证其繁殖潜力比始终高于目标参考点(40%；图 7-2)。结合当前异齿裂腹鱼资源利用基本合理的现状，在牺牲单位补充量渔获量的基础上，建议将异齿裂腹鱼的起捕年龄设置为不小于 17 齢，以防止长期持续利用对其资源造成的不利影响。

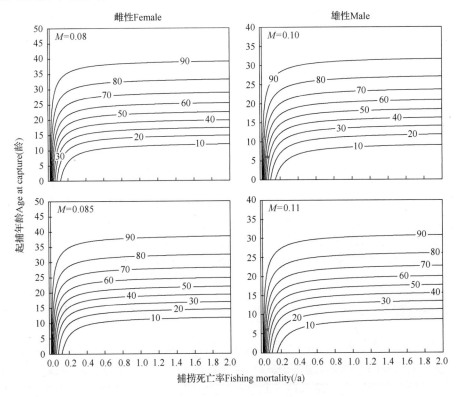

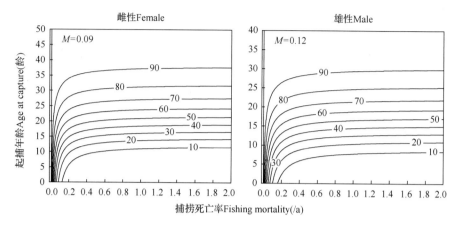

图 7-2　异齿裂腹鱼繁殖潜力比等值线图

Fig. 7-2　Isopleths of spawning potential ratio for *S.* (*S.*) *o'connori* in the Yarlung Zangbo River

圆点代表估算的当前繁殖潜力比, The points represent the current estimated spawning potential ratio

2. 禁渔期

在设定的自然死亡率和捕捞死亡率值域内，禁渔期导致单位补充量渔获量降低，但能够对异齿裂腹鱼种群资源形成有效的保护(表 7-2，表 7-3)。随着禁渔期的增加，异齿裂腹鱼雌鱼和雄鱼种群的单位补充量渔获量呈现持续下降趋势，其繁殖潜力比却呈现持续上升趋势。在设定的自然死亡率和捕捞死亡率值域内，将禁渔时间设置为 2~4 月，异齿裂腹鱼雌性和雄性种群的繁殖潜力比范围分别为 25.0%~100.0% 和 25.1%~100.0%，将禁渔时间设置为 2~5 月，其繁殖潜力比范围分别 33.3%~100.0% 和 33.4%~100.0%，将禁渔时间设置为 2~6 月，其繁殖潜力比范围都为 41.7%~100.0%。因此，建议将禁渔期设置为至少 2~5 月，以防止长期持续利用对异齿裂腹鱼种群资源造成的不利影响。

二、拉萨裂腹鱼

(一)死亡参数

估算的雌性和雄性拉萨裂腹鱼年总瞬时死亡率 (Z) 分别为 0.14/a 和 0.19/a。采用极限年龄法估算的雌性和雄性拉萨裂腹鱼的自然死亡率 (M) 分别为 0.07/a 和 0.08/a；而采用生长方程参数法估算的雌性和雄性拉萨裂腹鱼的自然死亡率 (M) 分别为 0.12/a 和 0.12/a。因此，估算的雌鱼种群自然死亡率 (M) 为 0.07~0.12/a，而雄鱼种群自然死亡率 (M) 为 0.08~0.12/a。对应的雌鱼当前捕捞死亡率 (F_{cur}) 为 0.02~0.07/a，而雄鱼当前捕捞死亡率 (F_{cur}) 为 0.07~0.11/a。

(二)资源现状

在现有的渔业养护措施下，采用单位补充量模型来分析拉萨裂腹鱼雌鱼和雄鱼种群的资源现状对估算的自然死亡率的敏感性。用于单位补充量模型分析的参数见表 7-1。在估算的自然死亡率范围内，雌鱼种群的繁殖潜力比为 30.0%~72.9%，全部不低于 25%，

68.6%的比例不低于 40%，雌鱼种群的当前捕捞死亡率为 0.02～0.07/a，全部低于下限参考点($F_{25\%}$)，包含目标参考点($F_{40\%}$)值域；雄鱼种群的繁殖潜力比为 27.6%～47.4%，全部不低于 25%，34.2%的比例不低于 40%，雄鱼种群的当前捕捞死亡率为 0.07～0.11/a，全部低于下限参考点($F_{25\%}$)，包含目标参考点($F_{40\%}$)值域。单位补充量渔获量分析表明，雌鱼种群在捕捞死亡率为 0.083～0.127/a 时，其单位补充量渔获量达到最大值，而雄鱼种群在捕捞死亡率为 0.131～0.207/a 时，其单位补充量渔获量达到最大值(表 7-4，表 7-5)。上述结果表明，在现有的渔业养护措施下，拉萨裂腹鱼种群趋近于过度利用状态。

(三)渔业养护措施对资源量的影响

1. 起捕年龄

在设定的自然死亡率和捕捞死亡率值域内，利用单位补充量模型评估了起捕年龄对拉萨裂腹鱼种群资源的影响(表 7-4，表 7-5)。随着起捕年龄的逐渐增大，拉萨裂腹鱼雌鱼和雄鱼种群的 YPR、YPR_{max}、SPR、$P_{25\%}$和$P_{40\%}$表现为逐渐增大的趋势，这说明对于拉萨裂腹鱼种群来说，提高起捕年龄是一种有效的资源养护策略。因此，我们期望利用 YPR和 SPR 等值线图来确定最优的起捕年龄。

对于起捕年龄的大部分值域，单位补充量渔获量增加的速度是随着捕捞压力的增大而逐渐减缓的(图 7-3)。在设定的自然死亡率值域内，与当前单位补充量渔获量相比，将拉萨裂腹鱼雌鱼和雄鱼种群的起捕年龄分别提高至 8～17 龄和 7～16 龄，其单位补充量渔获量在捕捞死亡率大部分值域上波动幅度相对较小(图 7-3)。此外，在设定的自然死亡率和捕捞死亡率值域内，将拉萨裂腹鱼雌鱼和雄鱼种群的起捕年龄分别提高至不小于 18 龄和 16 龄，能够保证其繁殖潜力比始终高于下限参考点(25%)，而将起捕年龄分别提高至不小于 21 龄和 18 龄，能够保证其繁殖潜力比始终高于目标参考点(40%；图 7-4)。结合当前拉萨裂腹鱼资源趋于过度利用状态，在牺牲单位补充量渔获量的基础上，建议将拉萨裂腹鱼的起捕年龄设置为不小于 21 龄，以期对其资源进行有效的养护。

2. 禁渔期

在设定的自然死亡率和捕捞死亡率值域内，禁渔期导致单位补充量渔获量降低，但能够对拉萨裂腹鱼种群资源形成有效的保护(表 7-4，表 7-5)。随着禁渔期的增加，拉萨裂腹鱼雌鱼和雄鱼种群的单位补充量渔获量呈现持续下降趋势，其繁殖潜力比却呈现持续上升趋势。在设定的自然死亡率和捕捞死亡率值域内，将禁渔期设置为 2～4 月，拉萨裂腹鱼雌鱼和雄鱼种群的繁殖潜力比始终不低于下限参考点(25%)，而将禁渔期设置为 2～6 月，其繁殖潜力比则始终不低于目标参考点(40%)。因此，结合当前拉萨裂腹鱼资源趋于过度利用状态，建议将禁渔期至少设置为 2～6 月。

表 7-4 渔业养护措施对拉萨裂腹鱼种群的生物学参考点、单位补充渔获量和繁殖潜力比的影响

Table 7-4 Biological reference points, yield per recruit and spawning potential ratio of female *S. (R.) waltoni* for different conservation policies

养护措施 Conservation policy	M (/a)	F (/a)	$F_{25\%}$ (/a)	$F_{40\%}$ (/a)	F_{max} (/a)	YPR (g)	$YPR_{25\%}$ (g)	$YPR_{40\%}$ (g)	YPR_{max} (g)	SPR (%)	$P_{25\%}$	$P_{40\%}$
当前措施 Current policy	0.07~0.12	0.02~0.07	0.082~0.099	0.052~0.062	0.083~0.127	65.6~280.4	139.8~282.9	125.1~264.4	141.8~283.0	30.0~72.9	100.0	68.6
措施 1 Policy 1	0.07~0.12	0.00~2.00	0.065~0.075	0.042~0.048	0.058~0.074	0.0~220.1	102.8~219.0	96.2~211.5	102.8~220.1	0.0001~100.0	5.0	5.0
措施 2 Policy 2	0.07~0.12	0.00~2.00	0.072~0.085	0.046~0.054	0.069~0.095	0.0~248.6	120.2~248.6	109.9~236.1	120.6~248.9	0.003~100.0	5.0	5.0
措施 3 Policy 3	0.07~0.12	0.00~2.00	0.082~0.099	0.052~0.062	0.083~0.127	0.0~283.0	139.8~282.9	125.1~264.4	141.8~283.0	0.4~100.0	5.0	5.0
措施 4 Policy 4	0.07~0.12	0.00~2.00	0.095~0.120	0.059~0.073	0.104~0.181	0.0~319.5	158.5~318.9	139.7~294.2	163.3~319.5	0.2~100.0	8.0	5.0
措施 5 Policy 5	0.07~0.12	0.00~2.00	0.115~0.154	0.069~0.090	0.133~0.277	0.0~355.2	174.7~353.6	152.9~324.1	181.9~355.2	1.1~100.0	10.0	5.0
措施 6 Policy 6	0.07~0.12	0.00~2.00	0.146~0.220	0.084~0.117	0.177~0.487	0.0~387.1	187.8~385.2	164.5~363.0	195.6~387.1	3.5~100.0	10.5	6.5
措施 7 Policy 7	0.07~0.12	0.00~2.00	0.204~0.392	0.106~0.167	0.245~1.271	0.0~413.1	197.5~411.9	174.4~380.4	203.2~413.1	8.2~100.0	16.0	10.0
措施 8 Policy 8	0.07~0.12	0.00~2.00	0.340~1.796	0.143~0.282	0.377~——	0.0~432.0	202.9~432.0	182.2~404.9	205.4~432.2	15.0~100.0	40.0	12.0
措施 9 Policy 9	0.07~0.12	0.00~2.00	1.033~——	0.215~0.751	0.727~——	0.0~444.1	——~443.6	187.1~424.7	197.7~444.1	23.0~100.0	92.5	22.0
措施 10 Policy 10	0.07~0.12	0.00~2.00	0.082~0.095	0.049~0.056	0.058~0.075	0.0~201.7	92.3~192.3	91.6~199.5	94.2~201.7	8.4~100.0	5.0	5.0
措施 11 Policy 11	0.07~0.12	0.00~2.00	0.116~0.134	0.059~0.069	0.058~0.075	0.0~183.4	75.1~149.8	85.4~183.3	85.7~183.4	16.7~100.0	10.0	5.0
措施 12 Policy 12	0.07~0.12	0.00~2.00	—	0.077~0.089	0.058~0.075	0.0~165.1	—	76.3~159.9	77.1~165.1	25.0~100.0	100.0	5.0
措施 13 Policy 13	0.07~0.12	0.00~2.00	0.115~0.133	0.115~0.133	0.058~0.075	0.0~146.8	—	60.1~120.5	68.5~146.8	33.3~100.0	100.0	10.0
措施 14 Policy 14	0.07~0.12	0.00~2.00	—	—	0.058~0.075	0.0~128.4	—	—	60.0~128.4	41.6~100.0	100.0	100.0

注 Note: $P_{25\%}$ 和 $P_{40\%}$ 指在自然死亡率和捕捞死亡率范围内, 繁殖潜力比不小于 25% 和 40% 所占的百分比 $P_{25\%}$ and $P_{40\%}$ represent that SPR is not less than 25% and 40% in the range of estimated fishing mortality and natural mortality, respectively; "—" 代表数据不存在 "—" represents no data

表 7-5　渔业养护措施对萨拉裂腹鱼雄鱼种群的生物学参考点、单位补充量渔获量和繁殖潜力比的影响

Table 7-5　Biological reference points, yield per recruit and spawning potential ratio of male *S. (R.) waltoni* for different conservation policies

养护措施 Conservation policy	M (/a)	F (/a)	$F_{25\%}$ (/a)	$F_{40\%}$ (/a)	F_{max} (/a)	YPR (g)	$YPR_{25\%}$ (g)	$YPR_{40\%}$ (g)	YPR_{max} (g)	SPR (%)	$P_{25\%}$	$P_{40\%}$
当前措施 Current policy	0.08~0.12	0.07~0.11	0.121~0.153	0.073~0.089	0.131~0.207	96.2~192.2	117.3~193.3	105.2~178.8	119.0~193.5	27.6~47.4	100.0	34.2
措施 1 Policy 1	0.08~0.12	0.00~2.00	0.075~0.085	0.048~0.054	0.066~0.080	0.0~129.1	74.3~128.3	70.5~124.4	74.4~129.1	0.002~100.0	5.0	5.0
措施 2 Policy 2	0.08~0.12	0.00~2.00	0.085~0.099	0.054~0.062	0.080~0.103	0.0~148.2	87.9~148.0	81.5~140.8	88.0~148.2	0.05~100.0	5.0	5.0
措施 3 Policy 3	0.08~0.12	0.00~2.00	0.100~0.120	0.062~0.073	0.100~0.142	0.0~170.5	103.0~170.5	93.5~159.5	103.7~170.5	0.3~100.0	8.5	5.0
措施 4 Policy 4	0.08~0.12	0.00~2.00	0.121~0.153	0.073~0.089	0.131~0.207	0.0~193.5	117.3~193.3	105.2~178.8	119.0~193.5	1.5~100.0	10.0	5.0
措施 5 Policy 5	0.08~0.12	0.00~2.00	0.156~0.217	0.089~0.116	0.177~0.331	0.0~214.8	129.5~214.3	115.7~197.7	131.6~214.8	4.3~100.0	10.5	7.0
措施 6 Policy 6	0.08~0.12	0.00~2.00	0.223~0.379	0.114~0.164	0.251~0.643	0.0~232.4	138.7~232.1	124.7~215.2	140.2~232.4	9.3~100.0	16.5	10.0
措施 7 Policy 7	0.08~0.12	0.00~2.00	0.394~1.478	0.158~0.268	0.399~—	0.0~246.3	143.9~245.3	131.7~230.7	144.1~246.3	16.3~100.0	39.0	12.0
措施 8 Policy 8	0.08~0.12	0.00~2.00	1.706~—	0.246~0.652	0.824~—	0.0~253.2	—~252.4	136.2~242.8	143.4~253.2	24.6~100.0	98.5	22.0
措施 9 Policy 9	0.08~0.12	0.00~2.00	—	0.519~—	—	0.0~255.8	—	—~250.5	135.5~256.9	33.6~100.0	100.0	71.1
措施 10 Policy 10	0.08~0.12	0.00~2.00	0.095~0.108	0.056~0.063	0.066~0.080	0.0~118.3	66.0~112.2	66.9~117.2	68.2~118.3	8.4~100.0	6.0	5.0
措施 11 Policy 11	0.08~0.12	0.00~2.00	0.136~0.155	0.068~0.078	0.066~0.080	0.0~107.5	52.5~86.8	62.0~107.5	62.0~107.5	17.7~100.0	10.0	5.0
措施 12 Policy 12	0.08~0.12	0.00~2.00	—	0.089~0.101	0.066~0.080	0.0~96.8	—	54.7~93.5	55.8~96.8	25.0~100.0	100.0	5.0
措施 13 Policy 13	0.08~0.12	0.00~2.00	—	0.135~0.154	0.066~0.080	0.0~86.1	—	42.1~69.8	49.6~86.1	33.3~100.0	100.0	10.0
措施 14 Policy 14	0.08~0.12	0.00~2.00	—	—	0.066~0.080	0.0~75.3	—	—	43.4~75.3	41.6~75.3	100.0	100.0

注 Note：$P_{25\%}$和$P_{40\%}$指在自然死亡率和捕捞死亡率范围内，繁殖潜力比不小于25%和40%所占的百分比；$P_{25\%}$ and $P_{40\%}$ represent that SPR is not less than 25% and 40% in the range of estimated fishing mortality and natural mortality, respectively；"—" 代表数据不存在 "—" represents no data

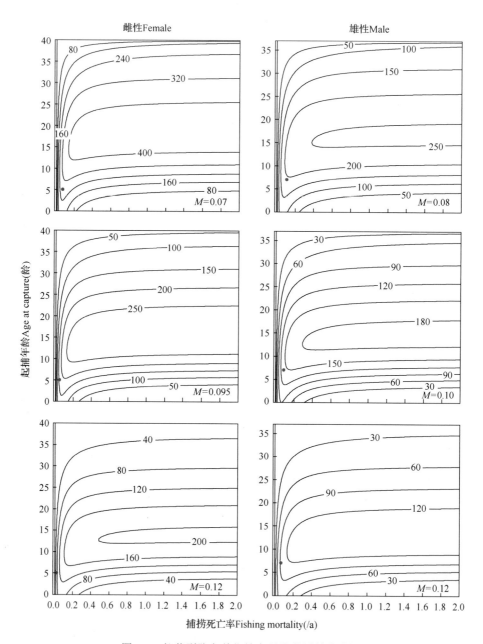

图 7-3　拉萨裂腹鱼单位补充量渔获量等值线图

Fig. 7-3　Isopleths of yield per recruit for *S. (R.) waltoni* in the Yarlung Zangbo River

圆点代表估算的当前单位补充量渔获量, The points represent the current estimated yield per recruit

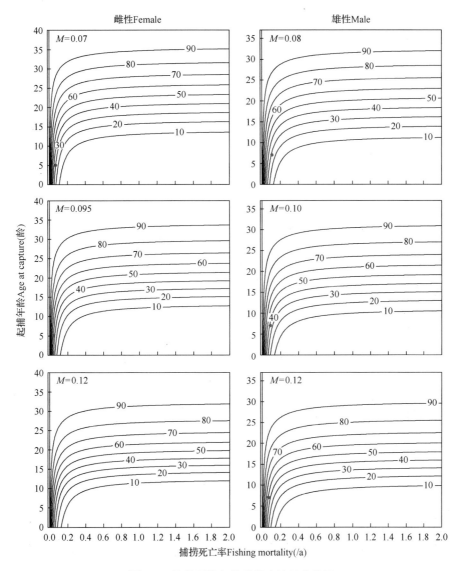

图 7-4　拉萨裂腹鱼繁殖潜力比等值线图

Fig. 7-4　Isopleths of spawning potential ratio for *S.* (*R.*) *waltoni* in the Yarlung Zangbo River

圆点代表估算的当前繁殖潜力比, The points represent the current estimated spawning potential ratio

三、尖裸鲤

(一)死亡参数

估算的雌性和雄性尖裸鲤年总瞬时死亡率(Z)分别为 0.20/a 和 0.60/a。采用极限年龄法估算的雌性和雄性尖裸鲤的自然死亡率(M)分别为 0.10/a 和 0.12/a；而采用生长方程参数法估算的雌性和雄性尖裸鲤的自然死亡率(M)分别为 0.16/a 和 0.21/a。因此，估算的雌鱼种群自然死亡率(M)为 0.10～0.16/a，而雄鱼种群自然死亡率(M)为 0.12～0.21/a。对应的雌鱼当前捕捞死亡率(F_{cur})为 0.04～0.10/a，而雄鱼当前捕捞死亡率(F_{cur})为 0.39～0.48/a。

表 7-6　渔业养护措施对尖裸鲤雌鱼种群的生物学参考点、单位补充量渔获量和繁殖潜力比的影响

Table 7-6　Biological reference points, yield per recruit and spawning potential ratio of female *O. stewartii* for different conservation policies

养护措施 Conservation policy	M (/a)	F (/a)	$F_{25\%}$ (/a)	$F_{40\%}$ (/a)	F_{max} (/a)	YPR (g)	$YPR_{25\%}$ (g)	$YPR_{40\%}$ (g)	YPR_{max} (g)	SPR (%)	$P_{25\%}$	$P_{40\%}$
当前措施 Current policy	0.10~0.16	0.04~0.10	0.136~0.167	0.084~0.102	0.141~0.222	81.6~259.2	146.8~267.1	131.6~249.0	149.1~267.2	34.3~67.6	100.0	78.7
措施 1 Policy 1	0.10~0.16	0.00~2.00	0.094~0.107	0.060~0.068	0.082~0.102	0.0~188.9	98.0~187.6	92.7~182.3	98.1~188.9	0.0001~100.0	6.0	5.0
措施 2 Policy 2	0.10~0.16	0.00~2.00	0.110~0.130	0.070~0.081	0.104~0.144	0.0~224.8	121.5~224.6	111.4~213.3	121.8~224.8	0.006~100.0	10.0	5.0
措施 3 Policy 3	0.10~0.16	0.00~2.00	0.136~0.167	0.084~0.102	0.141~0.222	0.0~267.2	146.8~267.1	131.6~249.0	149.1~267.2	0.2~100.0	10.0	5.0
措施 4 Policy 4	0.10~0.16	0.00~2.00	0.181~0.245	0.106~0.138	0.200~0.390	0.0~309.2	168.9~308.4	150.4~285.7	172.9~309.2	2.0~100.0	12.5	10.0
措施 5 Policy 5	0.10~0.16	0.00~2.00	0.283~0.497	0.146~0.218	0.305~0.918	0.0~344.0	185.6~343.9	166.8~320.9	188.1~344.0	8.9~100.0	20.5	10.5
措施 6 Policy 6	0.10~0.16	0.00~2.00	0.652~	0.228~0.462	0.545~	0.0~368.0	~357.7	178.8~350.9	194.1~368.0	19.1~100.0	71.5	18.0
措施 7 Policy 7	0.10~0.16	0.00~2.00	—	0.460~	1.676~	0.0~380.2	—	—371.4	185.0~380.2	30.5~100.0	100.0	59.0
措施 8 Policy 8	0.10~0.16	0.00~2.00	—	8.896~	—	0.0~377.0	—	—379.7	164.7~381.5	42.2~100.0	100.0	100.0
措施 9 Policy 9	0.10~0.16	0.00~2.00	—	—	—	0.0~357.6	—	—	139.7~364.9	53.5~100.0	100.0	100.0
措施 10 Policy 10	0.10~0.16	0.00~2.00	0.118~0.135	0.070~0.080	0.082~0.102	0.0~173.1	87.4~163.9	88.0~171.6	89.9~173.1	8.4~100.0	10.0	5.0
措施 11 Policy 11	0.10~0.16	0.00~2.00	0.169~0.192	0.086~0.098	0.082~0.102	0.0~17.3	70.3~126.6	81.6~157.2	81.7~157.3	16.7~100.0	10.0	5.0
措施 12 Policy 12	0.10~0.16	0.00~2.00	—	0.111~0.127	0.082~0.102	0.0~141.7	—	72.3~132.5	73.6~141.7	25.0~100.0	100.0	10.0
措施 13 Policy 13	0.10~0.16	0.00~2.00	—	0.167~0.191	0.082~0.102	0.0~126.0	—	56.4~102.0	65.4~126.0	33.3~100.0	100.0	10.0
措施 14 Policy 14	0.10~0.16	0.00~2.00	—	—	0.082~0.102	0.0~110.2	—	—	57.2~110.2	41.6~100.0	100.0	100.0

注 Notes：$P_{25\%}$和$P_{40\%}$指在自然死亡率和捕捞死亡率范围内，繁殖力比不小于25%和40%所占的百分比 $P_{25\%}$ and $P_{40\%}$ represent that *SPR* is not less than 25% and 40% in the range of estimated fishing mortality and natural mortality, respectively；"—"代表数据不存在 "—" represents no data

表 7-7 渔业养护措施对尖裸鲤雄鱼种群的生物学参考点、单位补充量渔获量和繁殖潜力比的影响

Table 7-7 Biological reference points, yield per recruit and spawning potential ratio of male *O. stewartii* for different conservation policies

养护措施 Conservation policy	M (/a)	F (/a)	$F_{25\%}$ (/a)	$F_{40\%}$ (/a)	F_{max} (/a)	YPR (g)	$YPR_{25\%}$ (g)	$YPR_{40\%}$ (g)	YPR_{max} (g)	SPR (%)	$P_{25\%}$	$P_{40\%}$
当前措施 Current policy	0.12~0.21	0.39~0.48	0.221~0.311	0.131~0.176	0.221~0.426	107.5~189.4	106.1~208.4	95.6~195.8	107.5~208.4	10.3~20.2	0.0	0.0
措施 1 Policy 1	0.12~0.21	0.00~2.00	0.125~0.148	0.080~0.094	0.106~0.137	0.0~134.8	63.7~133.3	60.7~130.9	63.8~134.8	0.003~100.0	10.0	5.0
措施 2 Policy 2	0.12~0.21	0.00~2.00	0.158~0.197	0.099~0.121	0.147~0.220	0.0~169.0	84.8~168.7	77.8~161.0	85.1~169.0	0.1~100.0	10.0	8.5
措施 3 Policy 3	0.12~0.21	0.00~2.00	0.221~0.311	0.131~0.176	0.221~0.426	0.0~208.4	106.1~208.4	95.6~195.8	107.5~208.4	2.3~100.0	15.0	10.0
措施 4 Policy 4	0.12~0.21	0.00~2.00	0.387~0.856	0.195~0.325	0.362~0.1242	0.0~242.6	121.2~242.4	110.5~229.5	121.7~242.6	11.0~100.0	30.0	14.5
措施 5 Policy 5	0.12~0.21	0.00~2.00	1.605~	0.360~1.269	0.743~	0.0~264.5	—~262.0	119.4~257.5	124.8~264.5	24.1~100.0	98.0	34.5
措施 6 Policy 6	0.12~0.21	0.00~2.00	—	1.491~	—	0.0~272.4	—	—~271.7	111.5~274.2	38.8~100.0	100.0	97.5
措施 7 Policy 7	0.12~0.21	0.00~2.00	—	—	—	0.0~261.0	—	—	90.6~266.9	53.3~100.0	100.0	100.0
措施 8 Policy 8	0.12~0.21	0.00~2.00	—	—	—	0.0~236.4	—	—	69.3~244.2	66.9~100.0	100.0	100.0
措施 9 Policy 9	0.12~0.21	0.00~2.00	—	—	—	0.0~206.0	—	—	50.8~214.3	78.9~100.0	100.0	100.0
措施 10 Policy 10	0.12~0.21	0.00~2.00	0.159~0.188	0.094~0.111	0.106~0.137	0.0~123.5	56.5~115.5	57.5~122.8	58.5~123.5	8.4~100.0	10.0	6.5
措施 11 Policy 11	0.12~0.21	0.00~2.00	0.229~0.269	0.115~0.135	0.106~0.137	0.0~112.2	44.7~87.6	53.2~111.9	53.2~112.2	16.8~100.0	15.0	10.0
措施 12 Policy 12	0.12~0.21	0.00~2.00	—	0.149~0.176	0.106~0.137	0.0~101.0	—	46.8~96.4	47.8~101.0	25.0~100.0	100.0	10.0
措施 13 Policy 13	0.12~0.21	0.00~2.00	—	0.225~0.267	0.106~0.137	0.0~89.9	—	35.9~70.8	42.5~89.9	33.3~100.0	100.0	15.0
措施 14 Policy 14	0.10~0.16	0.00~2.00	—	—	0.106~0.137	0.0~78.7	—	—	37.2~78.7	41.6~100.0	100.0	100.0

注 Notes: $P_{25\%}$和$P_{40\%}$指在自然死亡率和捕捞死亡率范围内，繁殖潜力比不小于25%和40%所占的百分比 $P_{25\%}$ and $P_{40\%}$ represent that SPR is not less than 25% and 40% in the range of estimated fishing mortality and natural mortality, respectively; "—" 代表数据不存在 "—" represents no data

(二)资源现状

在现有的渔业养护措施下,采用单位补充量模型来分析尖裸鲤雌鱼和雄鱼种群的资源现状对估算的自然死亡率的敏感性。用于单位补充量模型分析的参数见表 7-1。在估算的自然死亡率范围内,雌鱼种群的繁殖潜力比为 34.3%~67.6%,全部不低于 25%,78.7% 的比例不低于 40%,雌鱼种群的当前捕捞死亡率为 0.04~0.10/a,全部低于下限参考点($F_{25\%}$),与目标参考点($F_{40\%}$)值域重叠;雄鱼种群的繁殖潜力比为 10.3%~20.2%,全部低于 25%,雄鱼种群的当前捕捞死亡率为 0.39~0.48/a,全部显著性高于下限参考点($F_{25\%}$)和目标参考点($F_{40\%}$)。单位补充量渔获量分析表明,雌鱼种群在捕捞死亡率为 0.141~0.222/a 时,其单位补充量渔获量达到最大值,而雄鱼种群在捕捞死亡率为 0.221~0.426/a 时,其单位补充量渔获量达到最大值(表 7-6,表 7-7)。上述结果表明,在现有的渔业养护措施下,尖裸鲤种群处于过度利用状态。

(三)渔业养护措施对资源量的影响

1. 起捕年龄

在设定的自然死亡率和捕捞死亡率值域内,利用单位补充量模型评估了起捕年龄对尖裸鲤种群资源的影响(表 7-6,表 7-7)。随着起捕年龄的逐渐增大,尖裸鲤雌鱼和雄鱼种群的 YPR 和 YPR_{max} 表现为先增大后减小的趋势,而 SPR、$P_{25\%}$ 和 $P_{40\%}$ 则表现为逐渐增大的趋势,这说明对于尖裸鲤种群来说,提高起捕年龄是一种有效的资源养护策略。因此,我们期望利用 YPR 和 SPR 等值线图来确定最优的起捕年龄。

对于起捕年龄的大部分值域,单位补充量渔获量增加的速度是随着捕捞压力的增大而逐渐减缓的(图 7-5)。在设定的自然死亡率值域内,与当前单位补充量渔获量相比,将尖裸鲤雌鱼和雄鱼种群的起捕年龄分别提高至 7~14 龄和 6~11 龄,其单位补充量渔获量在捕捞死亡率大部分值域上波动幅度相对较小(图 7-5)。此外,在设定的自然死亡率和捕捞死亡率值域内,将尖裸鲤雌鱼和雄鱼种群的起捕年龄分别提高至不小于 12 龄和 10 龄,能够保证其繁殖潜力比始终不低于下限参考点(25%),而将起捕年龄分别提高至不小于 15 龄和 12 龄,能够保证其繁殖潜力比始终不低于目标参考点(40%;图 7-6)。结合当前尖裸鲤资源处于过度利用状态,在牺牲单位补充量渔获量的基础上,建议将尖裸鲤的起捕年龄设置为不小于 15 龄,以期对其资源进行有效的养护。

2. 禁渔期

在设定的自然死亡率和捕捞死亡率值域内,禁渔期导致单位补充量渔获量降低,但能够对尖裸鲤种群资源形成有效的保护(表 7-6,表 7-7)。随着禁渔期的增加,尖裸鲤雌鱼和雄鱼种群的单位补充量渔获量呈现持续下降趋势,其繁殖潜力比却呈现持续上升趋势。在设定的自然死亡率和捕捞死亡率值域内,将禁渔期设置为 2~4 月,尖裸鲤雌鱼和雄鱼种群的繁殖潜力比始终不低于 25%,而将禁渔期设置为 2~6 月,其繁殖潜力比则始终不低于目标参考点(40%)。因此，结合尖裸鲤当前处于过度利用状态，建议将禁渔期至少设置为 2～6 月。

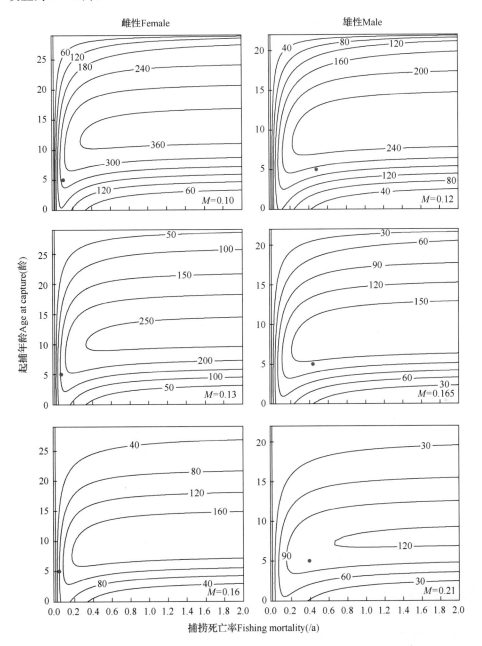

图 7-5　尖裸鲤单位补充量渔获量等值线图

Fig.7-5　Isopleths of yield per recruit for *O. stewartii* in the Yarlung Zangbo River

圆点代表估算的当前单位补充量渔获量，The points represent the current estimated yield per recruit

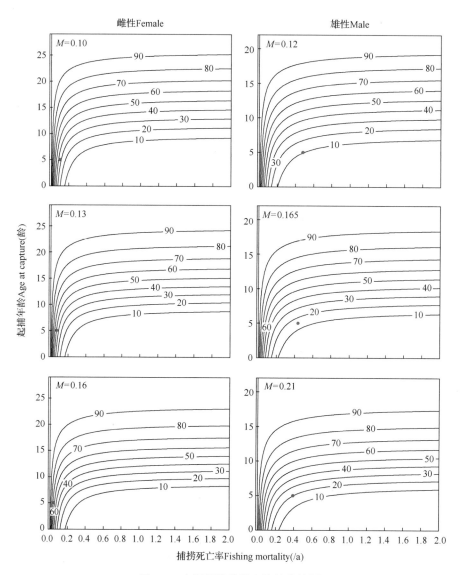

图 7-6　尖裸鲤繁殖潜力比等值线图

Fig.7-6　Isopleths of spawning potential ratio for *O. stewartii* in the Yarlung Zangbo River

圆点代表估算的当前繁殖潜力比, The points represent the current estimated spawning potential ratio

四、拉萨裸裂尻鱼

(一)死亡参数

估算的雌性和雄性拉萨裸裂尻鱼年总瞬时死亡率(Z)分别为 0.81/a 和 0.78/a。采用极限年龄法估算的雌性和雄性拉萨裸裂尻鱼的自然死亡率(M)分别为 0.17/a 和 0.21/a;而采用生长方程参数法估算的雌性和雄性拉萨裸裂尻鱼的自然死亡率(M)分别为 0.27/a 和 0.33/a。因此,估算的雌鱼种群自然死亡率(M)为 0.17~0.27/a,而雄鱼种群自然死亡率(M)为 0.21~0.33/a。对应的雌鱼当前捕捞死亡率(F_{cur})为 0.54~0.64/a,而雄鱼当前捕捞死亡率(F_{cur})为 0.45~0.57/a。

(二)资源现状

在现有的渔业养护措施下，采用单位补充量模型来分析拉萨裸裂尻鱼雌鱼和雄鱼种群的资源现状对估算的自然死亡率的敏感性。用于单位补充量模型分析的参数见表 7-1。在估算的自然死亡率范围内，雌鱼种群的繁殖潜力比为 10.1%～17.9%，全部显著低于 25%，雌鱼种群的当前捕捞死亡率为 0.54～0.64/a，全部高于下限参考点($F_{25\%}$)；雄鱼种群的繁殖潜力比为 28.3%～43.6%，全部高于 25%，22.3%的比例不低于 40%，雄鱼种群的当前捕捞死亡率为 0.45～0.57/a，全部低于下限参考点($F_{25\%}$)，与目标参考点($F_{40\%}$)值域产生重叠。单位补充量渔获量分析表明，雌鱼种群在捕捞死亡率为 0.511～1.373/a 时，其单位补充量渔获量达到最大值，而雄鱼种群在捕捞死亡率为 0.943～—/a 时("—"表示该值不存在)，其单位补充量渔获量达到最大值(表 7-8，表 7-9)。上述结果表明，在现有的渔业养护措施下，拉萨裸裂尻鱼资源处于过度利用状态。

(三)渔业养护措施对资源量的影响

1. 起捕年龄

在设定的自然死亡率和捕捞死亡率值域内，利用单位补充量模型评估了起捕年龄对拉萨裸裂尻鱼种群资源的影响(表 7-8，表 7-9)。随着起捕年龄的逐渐增大，拉萨裸裂尻鱼雌鱼和雄鱼种群的 YPR 和 YPR_{max} 表现为先增大后减小的趋势，而 SPR、$P_{25\%}$ 和 $P_{40\%}$ 表现为逐渐增大的趋势，这说明对于拉萨裸裂尻鱼种群来说，提高起捕年龄是一种有效的资源养护策略。因此，我们期望利用 YPR 和 SPR 等值线图来确定最优的起捕年龄。

对于起捕年龄的大部分值域，单位补充量渔获量增加的速度是随着捕捞压力的增大而逐渐减缓的(图 7-7)。在设定的自然死亡率值域内，与当前单位补充量渔获量相比，将拉萨裸裂尻鱼雌鱼和雄鱼种群的起捕年龄分别设置为 5～8 龄和 4～7 龄，其单位补充量渔获量在捕捞死亡率大部分值域上波动幅度相对较小(图 7-7)。此外，在设定的自然死亡率和捕捞死亡率值域内，将拉萨裸裂尻鱼雌鱼和雄鱼种群的起捕年龄分别提高至不小于 8 龄和 6 龄，能够保证其繁殖潜力比始终高于下限参考点(25%)，而将起捕年龄分别提高至不小于 10 龄和 8 龄，能够保证其繁殖潜力比始终高于目标参考点(40%；图 7-8)。结合拉萨裸裂尻鱼当前处于过度利用的现状，在牺牲单位补充量渔获量的基础上，建议将拉萨裸裂尻鱼的起捕年龄设置为不小于 10 龄，以期对其资源进行有效的养护。

2. 禁渔期

在设定的自然死亡率和捕捞死亡率值域内，禁渔期导致单位补充量渔获量降低，但能够对拉萨裸裂尻鱼种群资源形成有效的保护(表 7-8，表 7-9)。随着禁渔期的增加，拉萨裸裂尻鱼雌鱼和雄鱼种群的单位补充量渔获量呈现持续下降趋势，其繁殖潜力比却呈现持续上升趋势。在设定的自然死亡率和捕捞死亡率值域内，将禁渔期设置为 2～4 月，拉萨裸裂尻鱼雌鱼和雄鱼种群的繁殖潜力比始终不低于下限参考点(25%)，而将禁渔期设置为 2～6 月，其繁殖潜力比则始终不低于目标参考点(40%)。因此，结合拉萨裸裂尻鱼当前处于过度利用的现状，建议将禁渔期至少设置为 2～6 月。

表 7-8　渔业养护措施对拉萨裸裂尻鱼雌鱼种群的生物学参考点、单位补充量渔获量和繁殖潜力比的影响

Table 7-8　Biological reference points, yield per recruit and spawning potential ratio of female *S. younghusbandi* for different conservation policies

养护措施 Conservation policy	M (/a)	F (/a)	$F_{25\%}$ (/a)	$F_{40\%}$ (/a)	F_{max} (/a)	YPR (g)	$YPR_{25\%}$ (g)	$YPR_{40\%}$ (g)	YPR_{max} (g)	SPR (%)	$P_{25\%}$	$P_{40\%}$
当前措施 Current policy	0.17~0.27	0.54~0.64	0.291~0.381	0.174~0.218	0.511~1.373	74.8~132.3	70.5~127.7	59.4~112.0	78.4~132.9	10.1~17.9	0.0	0.0
措施 1 Policy 1	0.17~0.27	0.00~2.00	0.148~0.167	0.095~0.107	0.154~0.196	0.0~78.3	43.6~78.3	39.1~72.5	44.0~78.3	0.02~100.0	10.0	6.0
措施 2 Policy 2	0.17~0.27	0.00~2.00	0.194~0.228	0.123~0.142	0.256~0.405	0.0~106.5	59.8~104.5	51.2~93.0	63.7~106.5	0.4~100.0	12.5	10.0
措施 3 Policy 3	0.17~0.27	0.00~2.00	0.291~0.381	0.174~0.218	0.511~1.373	0.0~132.9	70.5~127.7	59.4~112.0	78.4~132.9	3.5~100.0	18.5	11.0
措施 4 Policy 4	0.17~0.27	0.00~2.00	0.615~1.298	0.300~0.458	1.857~—	0.0~146.8	74.7~142.4	63.6~123.9	79.3~146.8	14.2~100.0	45.0	20.0
措施 5 Policy 5	0.17~0.27	0.00~2.00	—	0.900~36.299	—	0.0~142.0	—	65.3~136.1	65.8~146.4	33.4~100.0	100.0	80.0
措施 6 Policy 6	0.17~0.27	0.00~2.00	—	—	—	0.0~122.4	—	—	47.3~128.6	55.3~100.0	100.0	100.0
措施 7 Policy 7	0.17~0.27	0.00~2.00	—	—	—	0.0~98.6	—	—	31.5~104.7	74.8~100.0	100.0	100.0
措施 8 Policy 8	0.17~0.27	0.00~2.00	—	—	—	0.0~75.2	—	—	20.1~80.4	90.4~100.0	100.0	100.0
措施 9 Policy 9	0.17~0.27	0.00~2.00	—	—	—	0.0~9.4	—	—	12.4~61.4	100.0	100.0	100.0
措施 10 Policy 10	0.17~0.27	0.00~2.00	0.187~0.210	0.112~0.125	0.154~0.196	0.0~71.8	40.3~70.8	37.8~69.3	40.4~71.8	8.5~100.0	10.0	10.0
措施 11 Policy 11	0.17~0.27	0.00~2.00	0.267~0.299	0.137~0.153	0.154~0.196	0.0~65.2	34.5~58.2	35.9~64.9	36.7~65.2	16.9~100.0	15.0	10.0
措施 12 Policy 12	0.17~0.27	0.00~2.00	—	0.176~0.197	0.154~0.196	0.0~58.7	—	33.0~58.4	33.0~58.7	25.1~100.0	100.0	10.0
措施 13 Policy 13	0.17~0.27	0.00~2.00	—	0.261~0.295	0.154~0.196	0.0~52.2	—	27.7~47.0	29.4~52.2	33.3~100.0	100.0	15.0
措施 14 Policy 14	0.17~0.27	0.00~2.00	—	—	0.154~0.196	0.0~45.7	—	—	25.7~45.7	41.5~100.0	100.0	100.0

注 Notes: $P_{25\%}$ 和 $P_{40\%}$ 指在自然死亡率和捕捞死亡率范围内，繁殖潜力比不小于 25% 和 40% 所占的百分比 $P_{25\%}$ and $P_{40\%}$ represent that SPR is not less than 25% and 40% in the range of estimated fishing mortality and natural mortality, respectively; "—" 代表数据不存在 "—" represents no data

表 7-9 渔业养护措施对拉萨裸裂尻鱼雄鱼种群的生物学参考点、单位补充量渔获量和繁殖潜力比的影响

Table 7-9 Biological reference points, yield per recruit and spawning potential ratio of male *S. younghusbandi* for different conservation policies

养护措施 Conservation policy	M (/a)	F (/a)	$F_{25\%}$ (/a)	$F_{40\%}$ (/a)	F_{max} (/a)	YPR (g)	$YPR_{25\%}$ (g)	$YPR_{40\%}$ (g)	YPR_{max} (g)	SPR (%)	$P_{25\%}$	$P_{40\%}$
当前措施 Current policy	0.21~0.33	0.45~0.57	0.692~1.640	0.335~0.536	0.943~—	32.5~66.4	38.5~67.2	33.9~61.3	39.5~67.6	28.3~43.6	100.0	22.3
措施 1 Policy 1	0.21~0.33	0.00~2.00	0.202~0.236	0.128~0.148	0.189~0.240	0.0~37.7	21.4~37.6	19.9~35.8	21.4~37.7	0.1~100.0	13.5	10.0
措施 2 Policy 2	0.21~0.33	0.00~2.00	0.306~0.401	0.185~0.233	0.358~0.612	0.0~54.2	32.0~53.9	28.1~49.1	32.8~54.2	3.0~100.0	19.0	12.0
措施 3 Policy 3	0.21~0.33	0.00~2.00	0.692~1.640	0.335~0.536	0.943~—	0.0~67.6	38.5~67.2	33.9~61.3	39.5~67.6	14.9~100.0	52.5	23.0
措施 4 Policy 4	0.21~0.33	0.00~2.00	—	1.255~—	—	0.0~69.8	—	—68.5	34.9~71.8	36.5~100.0	100.0	92.5
措施 5 Policy 5	0.21~0.33	0.00~2.00	—	—	—	0.0~59.6	—	—	24.2~63.2	60.3~100.0	100.0	100.0
措施 6 Policy 6	0.21~0.33	0.00~2.00	—	—	—	0.0~45.6	—	—	14.8~49.3	89.9~100.0	100.0	100.0
措施 7 Policy 7	0.21~0.33	0.00~2.00	—	—	—	0.0~29.8	—	—	8.5~35.9	96.1~100.0	100.0	100.0
措施 8 Policy 8	0.21~0.33	0.00~2.00	—	—	—	—	—	—	—	100.0	100.0	100.0
措施 9 Policy 9	0.21~0.33	0.00~2.00	—	—	—	—	—	—	—	100.0	100.0	100.0
措施 10 Policy 10	0.21~0.33	0.00~2.00	0.258~0.302	0.151~0.175	0.189~0.240	0.0~34.5	19.3~33.3	19.0~33.9	19.6~34.5	8.7~100.0	15.0	10.0
措施 11 Policy 11	0.21~0.33	0.00~2.00	0.376~0.441	0.186~0.215	0.189~0.240	0.0~31.4	15.7~26.2	17.8~31.4	17.9~31.4	17.1~100.0	21.5	11.0
措施 12 Policy 12	0.21~0.33	0.00~2.00	—	0.241~0.281	0.189~0.240	0.0~28.3	—	15.9~27.7	16.1~28.3	25.3~100.0	100.0	15.0
措施 13 Policy 13	0.21~0.33	0.00~2.00	—	0.366~0.435	0.189~0.240	0.0~25.1	—	12.6~21.3	14.3~25.1	33.4~100.0	100.0	21.0
措施 14 Policy 14	0.21~0.33	0.00~2.00	—	—	0.189~0.240	0.0~22.0	—	—	12.5~22.0	41.6~100.0	100.0	100.0

注 Notes: $P_{25\%}$ 和 $P_{40\%}$ 指在自然死亡率和捕捞死亡率范围内，繁殖潜力比不小于 25% 和 40% 所占的百分比；"—"代表数据不存在。$P_{25\%}$ and $P_{40\%}$ represent that SPR is not less than 25% and 40% in the range of estimated fishing mortality and natural mortality, respectively; "—" represents no data

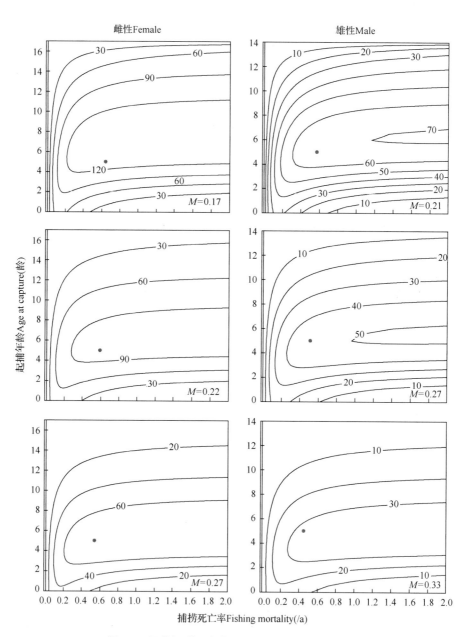

图 7-7　拉萨裸裂尻鱼单位补充量渔获量等值线图

Fig.7-7　Isopleths of yield per recruit for *S. younghusbandi* in the Yarlung Zangbo River

圆点代表估算的当前单位补充量渔获量, The points represent the current estimated yield per recruit

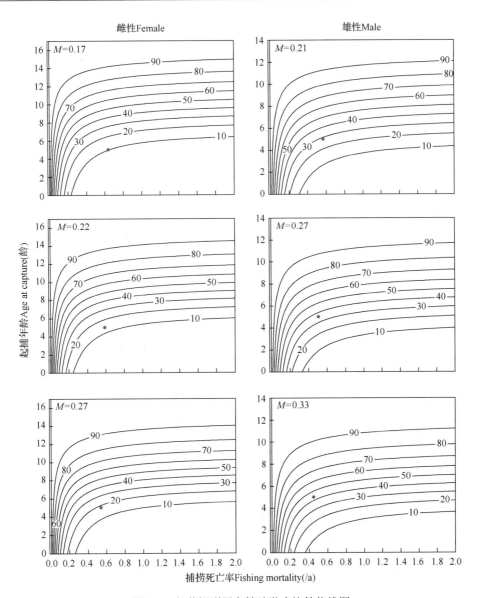

图 7-8　拉萨裸裂尻鱼繁殖潜力比等值线图

Fig.7-8　Isopleths of spawning potential ratio for *S. younghusbandi* in the Yarlung Zangbo River

圆点代表估算的当前繁殖潜力比, The points represent the current estimated spawning potential ratio

五、双须叶须鱼

(一)死亡参数

估算的雌性和雄性双须叶须鱼年总瞬时死亡率(Z)分别为 0.52/a 和 0.70/a。采用极限年龄法估算的雌性和雄性双须叶须鱼的自然死亡率(M)分别为 0.10/a 和 0.14/a；而采用生长方程参数法估算的雌性和雄性双须叶须鱼的自然死亡率(M)分别为 0.17/a 和 0.24/a。因此,估算的雌鱼种群自然死亡率(M)为 0.10～0.17/a,而雄鱼种群自然死亡率(M)为 0.14～0.24/a。对应的雌鱼当前捕捞死亡率(F_{cur})为 0.35～0.42/a,而雄鱼当前捕捞死亡率(F_{cur})为 0.46～0.56/a。

(二)资源现状

在现有的渔业养护措施下,采用单位补充量模型来分析双须叶须鱼雌鱼和雄鱼种群的资源现状对估算的自然死亡率的敏感性。用于单位补充量模型分析的参数见表 7-1。在估算的自然死亡率范围内,雌鱼种群的繁殖潜力比为 3.1%～6.7%,全部显著性低于 25%,雌鱼种群的当前捕捞死亡率为 0.35～0.42/a,全部显著性大于下限参考点($F_{25\%}$)(表 7-10);雄鱼种群的繁殖潜力比为 9.8%～18.2%,全部显著性低于 25%,雄鱼种群的当前捕捞死亡率为 0.46～0.56/a,全部显著性大于下限参考点($F_{25\%}$)(表 7-11)。单位补充量渔获量分析表明,雌鱼种群在捕捞死亡率为 0.178～0.335/a 时,其单位补充量渔获量达到最大值,而雄鱼种群在捕捞死亡率为 0.369～1.003/a 时,其单位补充量渔获量达到最大值(表 7-10,表 7-11)。上述结果表明,在现有的渔业养护措施下,双须叶须鱼种群资源处于过度利用状态。

(三)渔业养护措施对资源量的影响

1. 起捕年龄

在设定的自然死亡率和捕捞死亡率值域内,利用单位补充量模型评估了起捕年龄对双须叶须鱼种群资源的影响(表 7-10,表 7-11)。随着起捕年龄的逐渐增大,双须叶须鱼雌鱼和雄鱼种群的 YPR 和 YPR_{max} 表现为先增大后减小的趋势;SPR、$P_{25\%}$ 和 $P_{40\%}$ 表现为逐渐增大的趋势,这说明对于双须叶须鱼种群来说,提高起捕年龄是一种有效的资源养护策略。因此,我们期望利用 YPR 和 SPR 等值线图来确定最优的起捕年龄。

对于起捕年龄的大部分值域,单位补充量渔获量增加的速度是随着捕捞压力的增大而逐渐减缓的(图 7-9)。在设定的自然死亡率值域内,与当前单位补充量渔获量相比,将双须叶须鱼雌鱼和雄鱼种群的起捕年龄分别设置为 5～13 龄和 5～8 龄,其单位补充量渔获量在捕捞死亡率的大部分值域上波动幅度相对较小(图 7-9)。此外,在设定的自然死亡率和捕捞死亡率值域内,将双须叶须鱼雌鱼和雄鱼种群的起捕年龄分别提高至不小于 13 龄和 9 龄,能够保证其繁殖潜力比始终不低于下限参考点(25%),而将起捕年龄分别提高至不小于 15 龄和 10 龄,能够保证其繁殖潜力比始终不低于目标参考点(40%;图 7-10)。结合双须叶须鱼当前处于过度利用的现状,在牺牲单位补充量渔获量的基础上,建议将双须叶须鱼的起捕年龄设置为不小于 15 龄,以期对其资源进行有效的养护。

表 7-10　渔业养护措施对双须叶须鱼雌鱼种群的生物学参考点、单位补充量渔获量和繁殖潜力比的影响

Table 7-10　Biological reference points, yield per recruit and spawning potential ratio of female *P. dipogon* for different conservation policies

养护措施 Conservation policy	M (/a)	F (/a)	$F_{25\%}$ (/a)	$F_{40\%}$ (/a)	F_{max} (/a)	YPR (g)	$YPR_{25\%}$ (g)	$YPR_{40\%}$ (g)	YPR_{max} (g)	SPR (%)	$P_{25\%}$	$P_{40\%}$
当前措施 Current policy	0.10~0.17	0.35~0.42	0.133~0.156	0.084~0.098	0.178~0.335	158.8~252.2	154.6~276.8	124.3~248.0	158.9~281.9	3.1~6.7	0.0	0.0
措施 1 Policy 1	0.10~0.17	0.00~2.00	0.094~0.104	0.060~0.067	0.095~0.126	0.0~196.5	102.6~197.3	91.9~184.2	103.8~197.3	0.0~100.0	5.0	5.0
措施 2 Policy 2	0.10~0.17	0.00~2.00	0.110~0.125	0.070~0.080	0.126~0.193	0.0~238.0	125.8~236.6	109.2~215.6	131.6~238.0	0.0001~100.0	10.0	5.0
措施 3 Policy 3	0.10~0.17	0.00~2.00	0.133~0.156	0.084~0.098	0.178~0.335	0.0~281.9	154.6~276.8	124.3~278.0	158.9~281.9	0.006~100.0	10.0	5.0
措施 4 Policy 4	0.10~0.17	0.00~2.00	0.173~0.214	0.106~0.129	0.267~0.740	0.0~320.7	158.8~312.1	135.2~278.2	178~320.7	0.2~100.0	10.5	10.0
措施 5 Policy 5	0.10~0.17	0.00~2.00	0.260~0.374	0.145~0.198	0.456~—	0.0~348.8	167.9~341.1	144.4~307.0	186.9~348.8	4.2~100.0	17.5	10.0
措施 6 Policy 6	0.10~0.17	0.00~2.00	0.568~1.919	0.233~0.416	1.133~—	0.0~364.5	174.3~361.6	152.8~333.2	179.9~364.5	16.4~100.0	52.0	17.0
措施 7 Policy 7	0.10~0.17	0.00~2.00	—	0.503~5.724	—	0.0~365.9	—	156.7~350.5	159.5~369.4	30.3~100.0	100.0	59.5
措施 8 Policy 8	0.10~0.17	0.00~2.00	—	—	—	0.0~349.4	—	—	133.7~356.2	43.9~100.0	100.0	100.0
措施 9 Policy 9	0.10~0.17	0.00~2.00	—	—	—	0.0~321.5	—	—	107.7~330.1	56.6~100.0	100.0	100.0
措施 10 Policy 10	0.10~0.17	0.00~2.00	0.118~0.131	0.071~0.079	0.095~0.126	0.0~180.8	95.1~177.7	88.7~175.5	95.1~180.8	8.4~100.0	10.0	5.0
措施 11 Policy 11	0.10~0.17	0.00~2.00	0.165~0.183	0.086~0.096	0.095~0.126	0.0~164.3	82.7~146.3	84.4~163.8	86.5~164.3	16.8~100.0	10.0	5.0
措施 12 Policy 12	0.10~0.17	0.00~2.00	—	0.110~0.123	0.095~0.126	0.0~147.9	—	77.8~146.7	77.9~147.9	25.0~100.0	100.0	10.0
措施 13 Policy 13	0.10~0.17	0.00~2.00	—	0.163~0.181	0.095~0.126	0.0~131.5	—	66.2~117.6	69.2~131.5	33.3~100.0	100.0	10.0
措施 14 Policy 14	0.10~0.17	0.00~2.00	—	—	0.095~0.126	0.0~115.1	—	—	60.5~115.1	41.6~100.0	100.0	100.0

注 Notes：$P_{40\%}$ 和 $P_{25\%}$ 指在自然死亡率和捕捞死亡率范围内，繁殖潜力比不小于 25% 和 40% 所占的百分比 $P_{25\%}$ and $P_{40\%}$ represent that SPR is not less than 25% and 40% in the range of estimated fishing mortality and natural mortality, respectively；"—" 代表数据不存在 "—" represents no data

表 7-11　渔业养护措施对双须叶须鱼雄鱼种群的生物学参考点、单位补充量渔获量和繁殖潜力比的影响

Table 7-11　Biological reference points, yield per recruit and spawning potential ratio of male *P. dipogon* for different conservation policies

养护措施 Conservation policy	M (/a)	F (/a)	$F_{25\%}$ (/a)	$F_{40\%}$ (/a)	F_{max} (/a)	YPR (g)	$YPR_{25\%}$ (g)	$YPR_{40\%}$ (g)	YPR_{max} (g)	SPR (%)	$P_{25\%}$	$P_{40\%}$
当前措施 Current policy	0.14~0.24	0.46~0.56	0.260~0.341	0.156~0.199	0.369~1.003	97.7~177.4	93.2~177.4	80.0~159.4	101.5~180.5	9.8~18.2	0.0	0.0
措施 1 Policy 1	0.14~0.24	0.00~2.00	0.139~0.158	0.089~0.101	0.138~0.187	0.0~114.0	60.6~114.0	54.5~106.9	61.1~114.0	0.003~100.0	10.0	5.0
措施 2 Policy 2	0.14~0.24	0.00~2.00	0.179~0.212	0.123~0.133	0.213~0.361	0.0~148.0	79.7~146.9	69.1~133.4	84.0~148.0	0.1~100.0	10.5	10.0
措施 3 Policy 3	0.14~0.24	0.00~2.00	0.260~0.341	0.156~0.199	0.369~1.003	0.0~180.5	93.2~177.4	80.0~159.4	101.5~180.5	1.9~100.0	16.5	10.0
措施 4 Policy 4	0.14~0.24	0.00~2.00	0.526~1.074	0.258~0.411	0.830~—	0.0~201.6	100.9~199.7	88.1~182.9	107.0~201.6	12.5~100.0	38.5	17.5
措施 5 Policy 5	0.14~0.24	0.00~2.00	—	0.653~—	—	0.0~207.5	—	—~199.4	94.3~209.8	30.7~100.0	100.0	68.0
措施 6 Policy 6	0.14~0.24	0.00~2.00	—	—	—	0.0~193.8	—	—	73.5~199.8	49.4~100.0	100.0	100.0
措施 7 Policy 7	0.14~0.24	0.00~2.00	—	—	—	0.0~169.2	—	—	53.2~176.5	66.2~100.0	100.0	100.0
措施 8 Policy 8	0.14~0.24	0.00~2.00	—	—	—	0.0~141.3	—	—	36.6~148.6	80.6~100.0	100.0	100.0
措施 9 Policy 9	0.14~0.24	0.00~2.00	—	—	—	0.0~113.2	—	—	24.5~121.1	92.4~100.0	100.0	100.0
措施 10 Policy 10	0.14~0.24	0.00~2.00	0.176~0.199	0.105~0.119	0.138~0.187	0.0~104.5	55.9~102.3	52.5~101.8	56.0~104.5	8.4~100.0	10.0	9.5
措施 11 Policy 11	0.14~0.24	0.00~2.00	0.250~0.281	0.128~0.145	0.138~0.187	0.0~95.0	48.3~83.6	49.9~94.8	50.9~95.0	16.8~100.0	15.0	10.0
措施 12 Policy 12	0.14~0.24	0.00~2.00	—	0.165~0.187	0.138~0.187	0.0~85.5	—	45.8~84.6	45.8~85.5	25.1~100.0	100.0	10.0
措施 13 Policy 13	0.14~0.24	0.00~2.00	—	0.245~0.279	0.138~0.187	0.0~76.0	—	38.6~67.4	40.7~76.0	33.3~100.0	100.0	15.0
措施 14 Policy 14	0.14~0.24	0.00~2.00	—	—	0.138~0.187	0.0~66.5	—	—	35.6~66.5	41.6~100.0	100.0	100.0

注 Notes：$P_{25\%}$ 和 $P_{40\%}$ 指在自然死亡率和捕捞死亡率范围内，繁殖潜力比不小于 25% 和 40% 所占的百分比；"—" 代表数据不存在 $P_{25\%}$ and $P_{40\%}$ represent that SPR is not less than 25% and 40% in the range of estimated fishing mortality and natural mortality, respectively; "—" represents no data

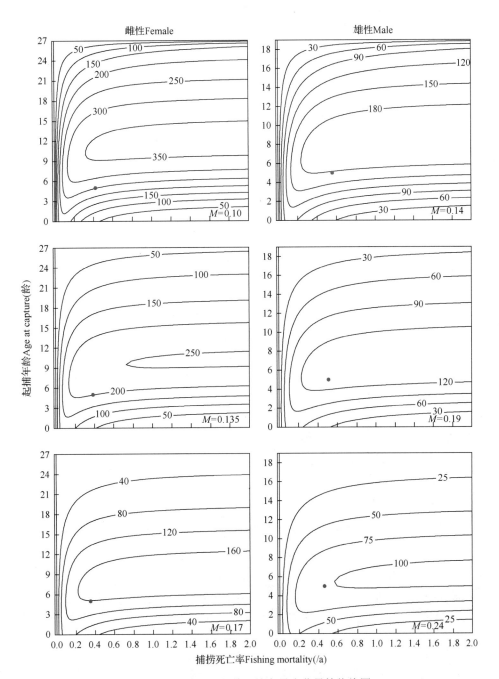

图 7-9　双须叶须鱼单位补充量渔获量等值线图

Fig.7-9　Isopleths of yield per recruit for *P. dipogon* in the Yarlung Zangbo River

圆点代表估算的当前单位补充量渔获量, The points represent the current estimated yield per recruit

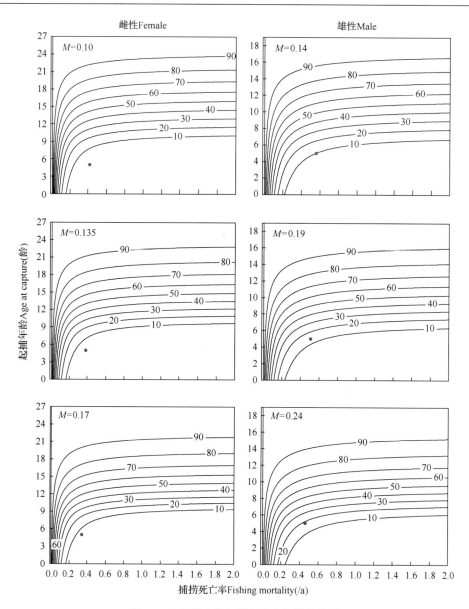

图 7-10　双须叶须鱼繁殖潜力比等值线图

Fig.7-10　Isopleths of spawning potential ratio for *P. dipogon* in the Yarlung Zangbo River

圆点代表估算的当前繁殖潜力比, The points represent the current estimated spawning potential ratio

2. 禁渔期

在设定的自然死亡率和捕捞死亡率值域内，禁渔期导致单位补充量渔获量降低，但能够对双须叶须鱼种群资源形成有效的保护（表 7-10，表 7-11）。随着禁渔期的增加，双须叶须鱼雌鱼和雄鱼种群的单位补充量渔获量呈现持续下降趋势，其繁殖潜力比却呈现持续上升趋势。在设定的自然死亡率和捕捞死亡率值域内，将禁渔期设置为 2～4 月，双须叶须鱼雌鱼和雄鱼种群的繁殖潜力比始终不低于下限参考点(25%)，而将禁渔期设置为 2～6 月，其繁殖潜力比则始终不低于目标参考点(40%)。因此，结合双须叶须鱼当前处于过度利用的现状，建议将禁渔期至少设置为 2～6 月。

六、巨须裂腹鱼

(一) 死亡参数

估算的雌性和雄性巨须裂腹鱼年总瞬时死亡率(Z)分别为 0.23/a 和 0.41/a。采用极限年龄法估算的雌性和雄性巨须裂腹鱼的自然死亡率(M)分别为 0.11/a 和 0.15/a；而采用生长方程参数法估算的雌性和雄性巨须裂腹鱼的自然死亡率(M)分别为 0.18/a 和 0.26/a。因此，估算的雌鱼种群自然死亡率(M)为 0.11～0.18/a，而雄鱼种群自然死亡率(M)为 0.15～0.26/a。对应的雌鱼当前捕捞死亡率(F_{cur})为 0.05～0.12/a，而雄鱼当前捕捞死亡率(F_{cur})为 0.15～0.26/a。

(二) 资源现状

在现有的渔业养护措施下，采用单位补充量模型来分析巨须裂腹鱼雌鱼和雄鱼种群的资源现状对估算的自然死亡率的敏感性。用于单位补充量模型分析的参数见表 7-1。在估算的自然死亡率范围内，雌鱼种群的繁殖潜力比为 39.1%～70.5%，全部不低于 25%，95.8%的比例不低于 40%，雌鱼种群的当前捕捞死亡率为 0.05～0.12/a，全部低于下限参考点($F_{25\%}$)，绝大部分低于目标参考点($F_{40\%}$)；雄鱼种群的繁殖潜力比为 36.3%～60.7%，全部不低于 25%，82.9%的比例不低于 40%，雄鱼种群的当前捕捞死亡率为 0.15～0.26/a，全部低于下限参考点($F_{25\%}$)，与目标参考点($F_{40\%}$)值域有些许重叠。单位补充量渔获量分析表明，雌鱼种群在捕捞死亡率为 0.311～0.946/a 时，其单位补充量渔获量达到最大值，而雄鱼种群在捕捞死亡率为 0.716～—/a 时（"—"表示该数据不存在），其单位补充量渔获量达到最大值（表 7-12，表 7-13）。上述结果表明，在现有的渔业养护措施下，巨须裂腹鱼种群利用基本合理，但要防止长期持续利用对种群的不利影响。

(三) 渔业养护措施对资源量的影响

1. 起捕年龄

在设定的自然死亡率和捕捞死亡率值域内，利用单位补充量模型评估了起捕年龄对巨须裂腹鱼种群资源的影响（表 7-12，表 7-13）。随着起捕年龄的逐渐增大，巨须裂腹鱼雌鱼和雄鱼种群的 YPR 和 YPR_{max} 表现为先增大后减小的趋势，SPR、$P_{25\%}$ 和 $P_{40\%}$ 表现为逐渐增大的趋势，这说明对于巨须裂腹鱼种群来说，提高起捕年龄是一种有效的资源养护策略。因此，我们期望利用 YPR 和 SPR 等值线图来确定最优的起捕年龄。

对于起捕年龄的大部分值域，单位补充量渔获量增加的速度是随着捕捞压力的增大而逐渐减缓的（图 7-11）。在设定的自然死亡率值域内，与当前单位补充量渔获量相比，将巨须裂腹鱼雌鱼和雄鱼种群的起捕年龄分别提高至 7～12 龄和 6～9 龄，其单位补充量渔获量在捕捞死亡率绝大部分值域上波动幅度相对较小（图 7-11）。此外，在设定的自然死亡率和捕捞死亡率值域内，将巨须裂腹鱼雌鱼和雄鱼种群的起捕年龄分别提高至不小于 12 龄和 8 龄，能够保证其繁殖潜力比始终高于下限参考点（25%），而将起捕年龄分别

表 7-12 渔业养护措施对巨须裂腹鱼种群的生物学参考点、单位补充量渔获量和繁殖潜力比的影响

Table 7-12 Biological reference points, yield per recruit and spawning potential ratio of female S. (R.) macropogon for different conservation policies

养护措施 Conservation policy	M (/a)	F (/a)	$F_{25\%}$ (/a)	$F_{40\%}$ (/a)	F_{max} (/a)	YPR (g)	$YPR_{25\%}$ (g)	$YPR_{40\%}$ (g)	YPR_{max} (g)	SPR (%)	$P_{25\%}$	$P_{40\%}$
当前措施 Current policy	0.11~0.18	0.05~0.12	0.197~0.272	0.117~0.152	0.311~0.946	63.1~230.5	137.6~256.8	117.1~228.4	150.5~263.5	39.1~70.5	100.0	95.8
措施 1 Policy 1	0.11~0.18	0.00~2.00	0.099~0.113	0.064~0.072	0.102~0.137	0.0~162.4	88.6~162.4	79.3~150.9	89.6~162.4	0.006~100.0	7.5	5.0
措施 2 Policy 2	0.11~0.18	0.00~2.00	0.118~0.139	0.075~0.087	0.138~0.215	0.0~196.8	108.8~195.4	94.5~177.1	113.5~196.8	0.1~100.0	10.0	5.0
措施 3 Policy 3	0.11~0.18	0.00~2.00	0.147~0.182	0.091~0.111	0.200~0.387	0.0~232.8	125.9~228.4	107.5~203.8	135.9~232.8	0.7~100.0	10.0	6.5
措施 4 Policy 4	0.11~0.18	0.00~2.00	0.197~0.272	0.117~0.152	0.311~0.946	0.0~263.5	137.6~256.8	117.1~228.4	150.5~263.5	3.2~100.0	14.0	10.0
措施 5 Policy 5	0.11~0.18	0.00~2.00	0.311~0.560	0.164~0.244	0.577~	0.0~284.6	144.4~278.7	123.9~250.3	155.9~284.6	9.2~100.0	22.0	12.0
措施 6 Policy 6	0.11~0.18	0.00~2.00	0.764~	0.268~0.562	—	0.0~294.8	—~292.3	123.3~268.5	146.5~295.1	19.7~100.0	78.0	20.5
措施 7 Policy 7	0.11~0.18	0.00~2.00	—	0.645~	—	0.0~290.3	—	—~279.7	127.2~294.6	32.9~100.0	100.0	75.0
措施 8 Policy 8	0.11~0.18	0.00~2.00	—	—	—	0.0~271.8	—	—	104.5~278.4	46.7~100.0	100.0	100.0
措施 9 Policy 9	0.11~0.18	0.00~2.00	—	—	—	0.0~245.3	—	—	82.6~253.0	59.8~100.0	100.0	100.0
措施 10 Policy 10	0.11~0.18	0.00~2.00	0.125~0.143	0.075~0.085	0.102~0.137	0.0~148.8	82.1~146.6	76.6~144.0	82.1~148.8	8.4~100.0	10.0	5.0
措施 11 Policy 11	0.11~0.18	0.00~2.00	0.178~0.203	0.091~0.104	0.102~0.137	0.0~135.3	71.1~121.0	72.9~134.7	74.7~135.3	16.8~100.0	10.0	5.0
措施 12 Policy 12	0.11~0.18	0.00~2.00	—	0.117~0.134	0.102~0.137	0.0~121.8	—	67.2~120.9	67.2~121.8	25.1~100.0	100.0	10.0
措施 13 Policy 13	0.11~0.18	0.00~2.00	—	0.175~0.202	0.102~0.137	0.0~108.2	—	56.9~97.3	59.7~108.2	33.3~100.0	100.0	10.0
措施 14 Policy 14	0.11~0.18	0.00~2.00	—	—	0.102~0.137	0.0~94.7	—	—	52.2~94.7	41.6~100.0	100.0	100.0

注 Notes: $P_{25\%}$ 和 $P_{40\%}$ 指在自然死亡率和捕捞死亡率范围内，繁殖潜力比小于 25% 和 40% 所占的百分比 $P_{25\%}$ and $P_{40\%}$ represent that SPR is not less than 25% and 40% in the range of estimated fishing mortality and natural mortality, respectively；"—"代表数据不存在 "—" represents no data

表 7-13　渔业养护措施对巨须裂腹鱼雄鱼种群的生物学参考点、单位补充渔获量和繁殖潜力比的影响

Table 7-13　Biological reference points, yield per recruit and spawning potential ratio of male *S.* (*R.*) *macropogon* for different conservation policies

养护措施 Conservation policy	M (/a)	F (/a)	$F_{25\%}$ (/a)	$F_{40\%}$ (/a)	F_{max} (/a)	YPR (g)	$YPR_{25\%}$ (g)	$YPR_{40\%}$ (g)	YPR_{max} (g)	SPR (%)	$P_{25\%}$	$P_{40\%}$
当前措施 Current policy	0.15~0.26	0.15~0.26	0.422~0.748	0.226~0.342	0.716~—	58.5~175.7	96.4~188.5	82.7~169.8	103.9~191.9	36.3~60.7	100.0	82.9
措施 1 Policy 1	0.15~0.26	0.00~2.00	0.149~0.173	0.095~0.110	0.155~0.218	0.0~114.9	61.9~114.9	55.1~106.6	62.9~114.9	0.02~100.0	10.0	6.5
措施 2 Policy 2	0.15~0.26	0.00~2.00	0.197~0.243	0.123~0.150	0.250~0.464	0.0~150.2	81.0~148.3	69.5~133.5	86.6~150.2	0.5~100.0	13.5	10.0
措施 3 Policy 3	0.15~0.26	0.00~2.00	0.302~0.435	0.176~0.239	0.466~1.752	0.0~181.3	93.0~177.4	79.3~158.6	101.8~181.3	4.2~100.0	19.5	12.0
措施 4 Policy 4	0.15~0.26	0.00~2.00	0.710~2.758	0.313~0.581	1.367~—	0.0~198.7	98.3~196.6	85.3~179.8	101.7~198.7	16.5~100.0	64.5	23.0
措施 5 Policy 5	0.15~0.26	0.00~2.00	—	1.037~—	—	0.0~197.1	—	—~192.6	83.5~201.4	35.5~100.0	100.0	89.5
措施 6 Policy 6	0.15~0.26	0.00~2.00	—	—	—	0.0~176.9	—	—	61.2~183.9	54.9~100.0	100.0	100.0
措施 7 Policy 7	0.15~0.26	0.00~2.00	—	—	—	0.0~149.0	—	—	41.8~156.7	72.0~100.0	100.0	100.0
措施 8 Policy 8	0.15~0.26	0.00~2.00	—	—	—	0.0~120.4	—	—	27.4~127.6	86.1~100.0	100.0	100.0
措施 9 Policy 9	0.15~0.26	0.00~2.00	—	—	—	0.0~85.4	—	—	17.4~100.9	97.1~100.0	100.0	100.0
措施 10 Policy 10	0.15~0.26	0.00~2.00	0.189~0.219	0.112~0.130	0.155~0.217	0.0~105.2	57.6~103.8	53.3~101.8	57.6~105.2	8.5~100.0	11.5	10.0
措施 11 Policy 11	0.15~0.26	0.00~2.00	0.271~0.313	0.137~0.158	0.155~0.217	0.0~95.7	50.5~86.0	50.9~95.3	52.4~95.7	16.8~100.0	15.0	10.0
措施 12 Policy 12	0.15~0.26	0.00~2.00	—	0.177~0.205	0.155~0.217	0.0~86.1	—	47.1~85.6	47.2~86.1	25.1~100.0	100.0	10.0
措施 13 Policy 13	0.15~0.26	0.00~2.00	—	0.265~0.310	0.155~0.217	0.0~76.6	—	40.3~69.2	41.9~76.6	33.3~100.0	100.0	15.0
措施 14 Policy 14	0.15~0.26	0.00~2.00	—	—	0.155~0.217	0.0~67.0	—	—	36.6~67.0	41.6~100.0	100.0	100.0

注 Notes: $P_{25\%}$ 和 $P_{40\%}$ 指在自然死亡率和捕捞死亡率范围内，繁殖潜力比不小于 25% 和 40% 所占的百分比 $P_{25\%}$ and $P_{40\%}$ represent that SPR is not less than 25% and 40% in the range of estimated fishing mortality and natural mortality, respectively; "—" 代表数据不存在 "—" represents no data

提高至不小于14龄和10龄,能够保证其繁殖潜力比始终高于目标参考点(40%;图7-12)。建议在牺牲单位补充量渔获量的基础上,将巨须裂腹鱼的起捕年龄设置为不小于14龄,以期对其资源进行可持续的开发利用。

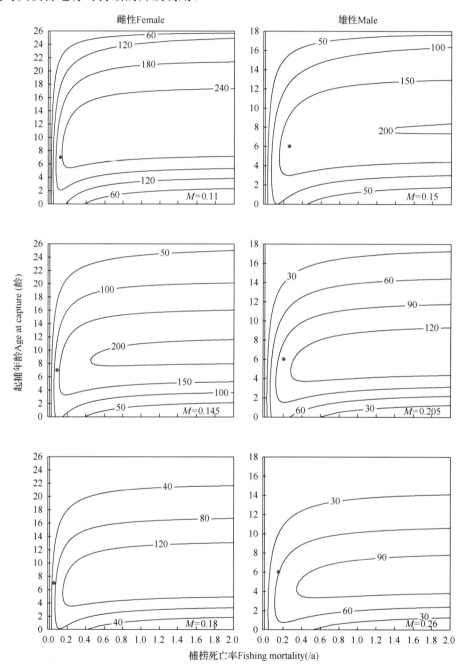

图 7-11　巨须裂腹鱼单位补充量渔获量等值线图

Fig.7-11　Isopleths of yield per recruit for *S.*（*R.*）*macropogon* in the Yarlung Zangbo River

圆点代表估算的当前单位补充量渔获量, The points represent the current estimated yield per recruit

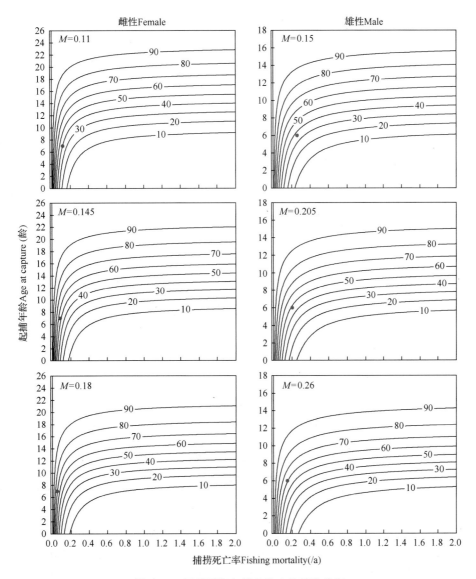

图 7-12 巨须裂腹鱼繁殖潜力比等值线图

Fig.7-12 Isopleths of spawning potential ratio for *S.*（*R.*）*macropogon* in the Yarlung Zangbo River

圆点代表估算的当前繁殖潜力比，The points represent the current estimated spawning potential ratio

2. 禁渔期

在设定的自然死亡率和捕捞死亡率值域内，禁渔期导致单位补充量渔获量降低，但能够对巨须裂腹鱼种群资源形成有效的保护（表 7-12，表 7-13）。随着禁渔期的增加，巨须裂腹鱼雌鱼和雄鱼种群的单位补充量渔获量呈现持续下降趋势，其繁殖潜力比却呈现持续上升趋势。在设定的自然死亡率和捕捞死亡率值域内，将禁渔时间设置为 2～4 月，巨须裂腹鱼雌性和雄性种群的繁殖潜力比范围都为 25.1%～100.0%，将禁渔时间设置为 2～5 月，其繁殖潜力比范围都为 33.3%～100.0%，将禁渔时间设置为 2～6 月，其繁殖潜力比范围都为 41.6%～100.0%。因此，建议将禁渔期设置为至少 2～5 月，以防止长期持续利用对巨须裂腹鱼种群资源造成的不利影响。

第二节　多种群资源动态

上一节中将单种群作为管理对象，分别评估了 6 种裂腹鱼类的资源现状及其对不同渔业养护措施的响应。由于不同鱼类个体大小存在较为明显的种间差异，目前的捕捞网具只具有个体大小的选择，而无种类选择功能，对生活在同一水域中的多种鱼类采用单一种群管理通常是极难操作的，因此，本节在分析各种群的资源开发状况，模拟不同养护措施对 6 种裂腹鱼类资源养护的可行性的基础上，将多种群作为管理对象，评估了 6 种裂腹鱼类群落的资源现状及其对不同渔业养护措施的响应。

一、生活史类型

以异齿裂腹鱼、拉萨裂腹鱼、尖裸鲤和拉萨裸裂尻鱼为代表，研究雅鲁藏布江中游裂腹鱼类的生活史类型。计算相似系数(λ)所用的相关生态学参数见表 7-14，估算的上述 4 种裂腹鱼类与参照鱼类之间的相似系数见表 7-15。异齿裂腹鱼、拉萨裂腹鱼、尖裸鲤和拉萨裸裂尻鱼与达氏鳇的相似系数分别为 0.7323、0.7367、0.6754 和 0.3459，而异齿裂腹鱼、拉萨裂腹鱼、尖裸鲤和拉萨裸裂尻鱼与尖头塘鳢的相似系数分别为 0.1249、0.1036、0.3166 和 0.5911。此外，异齿裂腹鱼、拉萨裂腹鱼和尖裸鲤之间的相似系数不低于 0.9324，而拉萨裸裂尻鱼与其他 3 种裂腹鱼类的相似系数不高于 0.8387。因此，异齿裂腹鱼、拉萨裂腹鱼和尖裸鲤偏于 k-选择性，而拉萨裸裂尻鱼偏向于 r-选择性。

表 7-14　6 种鱼类生态学参数

Table 7-14　Ecological parameters of six fishes

物种 Species	L_∞ (cm)	W_∞ (kg)	k (/a)	t_m (龄)	t_{max} (龄)	M (/a)	FP
达氏鳇 H. dauricus	477.0	756.800	0.040	16.0	73.8	0.07	1.24
尖头塘鳢 E. oxycephala	26.0	0.387	0.280	1.0	10.7	0.71	49 300
异齿裂腹鱼 S. (S.) o'connori	57.7	2.666	0.081	9.5	50.0	0.08	4.22
拉萨裂腹鱼 S. (R.) waltoni	66.8	3.668	0.076	11.1	40.0	0.07	3.34
尖裸鲤 O. stewartii	61.8	3.066	0.106	7.3	29.0	0.10	6.41
拉萨裸裂尻鱼 S. younghusbandi	43.4	1.050	0.194	7.0	17.0	0.17	5.74

表 7-15　6 种鱼类之间的相似系数(λ)

Table 7-15　The index of similarity (λ) among six fishes

物种 Species	达氏鳇 H. dauricus	尖头塘鳢 E. oxycephala	异齿裂腹鱼 S. (S.) o'connori	拉萨裂腹鱼 S. (R.) waltoni	尖裸鲤 O. stewartii	拉萨裸裂尻鱼 S. younghusbandi
达氏鳇 H. dauricus	1.0000	0.0000	0.7323	0.7367	0.6754	0.3459
尖头塘鳢 E. oxycephala		1.0000	0.1249	0.1036	0.3166	0.5911
异齿裂腹鱼 S. (S.) o'connori			1.0000	0.9744	0.9324	0.6006
拉萨裂腹鱼 S. (R.) waltoni				1.0000	0.9488	0.6371
尖裸鲤 O. stewartii					1.0000	0.8387
拉萨裸裂尻鱼 S. younghusbandi						1.0000

二、资源现状

在现有的渔业养护措施下，采用单位补充量模型来分析 6 种裂腹鱼类雌鱼和雄鱼群落对估算的自然死亡率的敏感性。用于单位补充量模型分析的参数见表 7-1。对于估算的 6 种裂腹鱼类自然死亡率的各种组合，雌鱼群落的繁殖潜力比为 35.8%～63.8%，全部不低于 25%，97.1% 的比例不低于 40%，雌鱼群落的单位补充量渔获量为 93.5～218.5g；雄鱼群落的繁殖潜力比为 30.6%～50.2%，全部不低于 25%，37.0% 的比例不低于 40%，雄鱼群落的单位补充量渔获量为 80.8～161.3g（表 7-16）。上述结果表明，在现有的渔业养护措施下，6 种裂腹鱼类趋近于过度利用状态。

三、渔业养护措施对资源量的影响

(一)起捕年龄

针对 6 种裂腹鱼类自然死亡率和捕捞死亡率不同的组合方式，利用单位补充量模型评估了起捕年龄对 6 种裂腹鱼类群落资源的影响（表 7-16）。随着起捕年龄由 1 龄逐渐提高至 17 龄，6 种裂腹鱼类雌鱼群落的 YPR 由 0.0～114.3g 逐渐增大至 0.0～313.3g 后又减小至 0.0～288.2g，SPR 由 0.002%～100.0% 逐渐增大至 35.7%～100.0%，$P_{25\%}$ 由 17.3% 逐渐增大至 100.0%，$P_{40\%}$ 由 6.5% 逐渐增大至 94.4%；雄性群落的 YPR 由 0.0～87.9g 逐渐增大至 0.0～196.2g 后又减小至 0.0～155.7g，SPR 由 0.02%～100.0% 逐渐增大至 47.6%～100.0%，$P_{25\%}$ 由 18.0% 逐渐增大至 100.0%，$P_{40\%}$ 由 8.3% 逐渐增大至 100%（表 7-16）。这说明对于 6 种裂腹鱼类群落来说，提高起捕年龄是一种有效的资源养护策略。因此，将 6 种裂腹鱼类雌鱼和雄鱼群落的起捕年龄分别提高至不小于 15 龄和 12 龄，能够保证其繁殖潜力比始终不低于下限参考点（25%），而将起捕年龄分别提高至不小于 18 龄和 16 龄，能够保证其繁殖潜力比始终不低于目标参考点（40%）。结合 6 种裂腹鱼类群落当前利用程度趋于过度的现状，建议将 6 种裂腹鱼类群落的起捕年龄设置为不小于 18 龄，以期对其资源进行可持续的开发利用。

(二)禁渔期

针对 6 种裂腹鱼类自然死亡率和捕捞死亡率不同的组合方式，禁渔期能够导致群落单位补充量渔获量降低，但能够对其资源形成有效的保护（表 7-16）。随着禁渔期的逐渐增加，6 种裂腹鱼类雌鱼群落的 YPR 由 0.0～114.3g 逐渐下降至 0.0～46.8g，SPR 由 0.002%～100.0% 逐渐升高至 41.6%～100.0%，$P_{25\%}$ 由 17.3% 增大至 100.0%，$P_{40\%}$ 由 6.5% 增大至 100.0%；雄鱼群落的 YPR 由 0.0～87.9g 逐渐下降至 0.0～39.2g，SPR 由 0.02%～100.0% 逐渐升高至 41.6%～100.0%，$P_{25\%}$ 由 18.0% 增大至 100.0%，$P_{40\%}$ 由 8.3% 增大至 100.0%，这说明对于 6 种裂腹鱼类群落来说，设置禁渔期也是一种有效的资源养护策略。将禁渔期设置为 2～4 月，6 种裂腹鱼类雌鱼和雄鱼群落的繁殖潜力比始终不低于下限参考点（25%），而将禁渔期设置为 2～6 月，其繁殖潜力比则始终不低于目标参考点（40%）。因此，结合 6 种裂腹鱼类群落当前利用程度趋于过度的现状，建议将禁渔期至少设置为 2～6 月。

养护措施 Conservation policy / 表 7-16 渔业养护措施对 6 种裂腹鱼类群落的单位补充量渔获量和繁殖潜力比的影响

Table 7-16　Yield per recruit and spawning potential ratio of six Schizothoracinae fishes community for different conservation policies

养护措施 Conservation policy	雌性 Female				雄性 Male			
	YPR (g)	SPR (%)	$P_{25\%}$ (%)	$P_{40\%}$ (%)	YPR (g)	SPR (%)	$P_{25\%}$ (%)	$P_{40\%}$ (%)
当前措施 Current policy	93.5~218.5	35.8~63.8	100.0	97.1	80.8~161.3	30.6~50.2	100.0	37.0
措施 1 Policy 1	0.0~114.3	0.002~100.0	17.3	6.5	0.0~87.9	0.02~100.0	18.0	8.3
措施 2 Policy 2	0.0~167.7	0.03~100.0	17.5	6.7	0.0~126.0	0.3~100.0	17.5	6.7
措施 3 Policy 3	0.0~221.0	0.3~100.0	18.0	7.2	0.0~161.2	1.7~100.0	20.7	10.4
措施 4 Policy 4	0.0~262.8	1.3~100.0	19.6	8.6	0.0~184.4	6.4~100.0	25.1	14.0
措施 5 Policy 5	0.0~291.6	4.6~100.0	23.8	11.7	0.0~196.2	13.2~100.0	46.1	19.3
措施 6 Policy 6	0.0~307.8	10.8~100.0	33.5	15.8	0.0~196.1	21.3~100.0	96.7	29.1
措施 7 Policy 7	0.0~313.3	18.5~100.0	78.8	23.1	0.0~187.7	30.0~100.0	100.0	74.9
措施 8 Policy 8	0.0~308.6	27.0~100.0	100.0	46.9	0.0~172.7	38.9~100.0	100.0	99.8
措施 9 Policy 9	0.0~288.2	35.7~100.0	100.0	94.4	0.0~155.7	47.6~100.0	100.0	100.0
措施 10 Policy 10	0.0~73.7	8.4~100.0	32.3	16.5	0.0~61.7	8.4~100.0	31.2	17.9
措施 11 Policy 11	0.0~67.0	16.7~100.0	45.1	22.2	0.0~56.1	16.8~100.0	43.1	24.3
措施 12 Policy 12	0.0~60.3	25.0~100.0	100.0	30.2	0.0~50.5	25.1~100.0	100.0	29.6
措施 13 Policy 13	0.0~53.6	33.3~100.0	100.0	44.9	0.0~44.8	33.3~100.0	100.0	42.8
措施 14 Policy 14	0.0~46.8	41.6~100.0	100.0	100.0	0.0~39.2	41.6~100.0	100.0	100.0

注 Notes: $P_{25\%}$ 和 $P_{40\%}$ 指针对 6 种裂腹鱼类自然死亡率和捕捞死亡率不同组合方式，繁殖潜力比不小于 25% 和 40% 所占的百分比 $P_{25\%}$ and $P_{40\%}$ represent that SPR is not less than 25% and 40% in the range of estimated fishing mortality and natural mortality respectively；"—" 表示没有数据 "—" represents no data

通过与达氏鲤和尖头塘鳢生活史类型对比分析发现，除了拉萨裸裂尻鱼外，异齿裂腹鱼、拉萨裂腹鱼和尖裸鲤都偏向于 k-选择性，与其他裂腹鱼类的生活史类型相似（刘军，2005，2006）。这说明栖息于雅鲁藏布江中游的裂腹鱼类种群结构通常较为稳定，抗干扰能力较强，但是一旦外界干扰因素超越其种群本身的自我调节能力，其种群资源量将迅速衰竭。此外，本书第六章结果表明，裂腹鱼类产卵群体属于第三类型，这种类型群体由补充群体和剩余群体组成，但剩余群体数量超过补充群体，群体的年龄组成较为复杂，该类型群体补充能力较差，资源遭到破坏后较难恢复，因此，对裂腹鱼类的资源保护要特别重视。

自然死亡率是开展种群动态评估的重要参数之一，对于已开发的自然种群，自然死亡率通常与捕捞死亡率交织在一起，因此，准确地估算自然死亡率是极其困难的（Then et al.，2015）。估算自然死亡率通常采用直接估算法和经验公式法（间接估算法）。直接估算法常常需要大数据的支持，其仅能应用于研究数据相对较为丰富的种群；为了解决研究数据相对匮乏种群自然死亡率估算问题，在过去的 70 多年中，学者利用鱼类的生活史信息构建了许多经验公式来估算自然死亡率（Beverton and Holt，1959；Hoenig，1983；Pauly，1980；Jensen，1996；Then et al.，2015）。与直接估算法相比，由于经验公式法所利用的数据较少，其估算结果的可靠性必然相对较低，因此，在种群动态研究过程中，学者通常采用至少两种经验公式来评估自然死亡率的不确定性。本章结果表明，在估算的自然死亡率范围内，裂腹鱼类单种群和多种群的资源现状都对自然死亡率具有显著的敏感性，即自然死亡率的变化能够引起单种群和多种群资源开发现状的改变。然而，Then 等（2015）通过对比分析多种经验公式发现，生长参数法估算的自然死亡率可靠性较高，即本章中较高死亡率值对应的资源现状较为可靠。此外，Smith 等（2012）报道，采用 Chapman-Robson 法估算的总死亡率常常产生负偏差，这暗示本章估算的当前捕捞死亡率偏低。综上所述，在评估栖息于雅鲁藏布江中游的裂腹鱼类单种群和多种群资源开发利用现状时需保持保守且偏悲观的结果。

本章结果表明，以单种群作为管理对象，6 种裂腹鱼类资源现状、起捕年龄大小和禁渔期设置对相同捕捞作业方式的响应具有种间差异性。以多种群作为管理对象，6 种裂腹鱼类群落资源现状、起捕年龄大小和禁渔期设置则与单种群情况也具有差异性。因此，对于栖息于同一水域的鱼类资源，仅依据单种群的资源评估结果来制定渔业养护措施存在缺陷，建议综合多种群和单种群资源评估结果来制定渔业养护措施，即提高起捕年龄至 21 龄或禁渔期设置为 2～6 月。

繁殖期实施禁渔通常在三种情况下能够对目标种群产生有效的保护：①捕捞对鱼类的繁殖活动产生了干扰；②目标种群在产卵场集群从而使其更容易被捕获；③禁渔期能够减少周年的捕捞努力量（Arendse et al.，2007）。本章结果表明，在繁殖期实施禁渔能够有效地保护裂腹鱼类种群资源，其保护效果随着禁渔期的延长而增加。本书第六章结果表明，裂腹鱼类是典型的春季产卵鱼类，具有集群产卵的繁殖特性。此外，野外调查发现，在繁殖季节渔获物中大型个体的比例显著增加暗示鱼类集群产卵的习性可能增大了裂腹鱼类被捕的概率。因此，在繁殖季节实施禁渔是一种行之有效的保护策略。

尽管提高起捕年龄和实施禁渔期都能够有效地保护裂腹鱼类资源，但相对于提高起捕年龄而言，禁渔期更容易实施和监管，这种情况在地广人稀的地区表现得尤为突出，故推荐在雅鲁藏布江中游实施禁渔来保护裂腹鱼类资源。

本 章 小 结

(1)通过与达氏鲌和尖头塘鳢生活史类型对比分析发现，异齿裂腹鱼、拉萨裂腹鱼和尖裸鲤都偏向于 k-选择性，而拉萨裸裂尻鱼偏向于 r-选择性。这说明栖息于雅鲁藏布江中游的裂腹鱼类种群结构通常较为稳定，抗干扰能力较强，但是一旦外界干扰因素超越其种群本身的自我调节能力，其种群资源将迅速衰竭且较难恢复。

(2)以单种群作为管理对象，6 种裂腹鱼类资源现状、起捕年龄大小和禁渔期设置对相同渔业养护措施的响应具有种间差异性。以多种群作为管理对象，6 种裂腹鱼类群落资源现状、起捕年龄大小和禁渔期设置则与单种群情况也具有差异性。因此，对于栖息于同一水域的鱼类资源，仅依据单种群的资源评估结果来制定渔业养护措施是存在缺陷的，建议综合多种群和单种群资源评估结果来制定渔业养护措施，即提高起捕年龄至 21 龄，禁渔期设置为 2～6 月。

(3)提高起捕年龄或实施禁渔的养护措施都能在牺牲部分单位补充量渔获量的基础上对栖息于雅鲁藏布江中游的 6 种裂腹鱼类资源进行有效的保护，然而，考虑上述渔业养护措施实施和监管的难易程度，推荐在雅鲁藏布江中游实施禁渔来保护裂腹鱼类资源。

主要参考文献

曹文宣, 陈宜瑜, 武云飞, 等. 1981. 裂腹鱼类的起源和演化及其与青藏高原隆起的关系//中国科学院青藏高原综合科学考察队. 青藏高原隆起的时代、幅度和形式问题. 北京: 科学出版社: 118-130.

刘军. 2005. 青海湖裸鲤生活史类型的研究. 四川动物, 24: 455-458.

刘军. 2006. 色林错裸裂尻鱼生活史类型的模糊聚类分析. 水利渔业, 26: 17-18.

武云飞, 吴翠珍. 1992. 青藏高原鱼类. 成都: 四川科学技术出版社.

Arendse C J, Govender A, Branch G M. 2007. Are closed fishing seasons an effective means of increasing reproductive output? A per-recruit simulation using the limpet *Cymbula granatina* as a case history. Fish Res, 85: 93-100.

Beverton R J H, Holt S J. 1959. A review of the lifespans and mortality rates of fish in nature, and their relation to growth and other physiological characteristics//Wolstenholme G E W, O'Conner M. Ciba Foundation Symposium the Lifespan of Animals (Colloquia on Ageing). Chichester: John Wiley & Sons, Ltd. 5: 142-180.

Chen F, Chen Y F, He D K. 2009. Age and growth of *Schizopygopsis younghusbandi younghusbandi* in the Yarlung Zangbo River in Tibet, China. Environ Biol Fish, 86: 155-162.

Hoenig J M. 1983. Empirical use of longevity data to estimate mortality rates. Fish Bull, 82: 898-903.

Jensen A L. 1996. Beverton and Holt life history invariants result from optimal trade-off of reproduction and survival. Can J Fish Aquat Sci, 53: 820-822.

Li X Q, Chen Y F, He D K, et al. 2009. Otolith characteristics and age determination of an endemic *Ptychobarbus dipogon*（Regan, 1905）（Cyprinidae: Schizothoracinae）in the Yarlung Tsangpo River, Tibet. Environ Biol Fish, 86: 53-61.

Pauly D. 1980. On the interrelationships between natural mortality, growth parameters, and mean environmental temperature in 175 fish stocks. J Cons Int Explor Mer, 39: 175-192.

Smith M W, Then A Y, Wor C, et al. 2012. Recommendations for catch-curve analysis. N Am J Fish Manag, 32: 956-967.

Then A Y, Hoenig J M, Hall N G, et al. 2015. Evaluating the predictive performance of empirical estimators of natural mortality rate using information on over 200 fish species. ICES J Mar Sci, 72: 82-92.

第八章　种群的遗传学特性

遗传多样性(genetic diversity)是生物多样性的重要组成部分。广义的遗传多样性是指地球上所有的生物所携带的遗传信息的总和。遗传信息存储在生物个体的基因之中，因此，遗传多样性也就是生物的遗传基因的多样性。狭义的遗传多样性，即通常所说的遗传多样性主要是指生物种内基因的变化，称为种内遗传多样性或遗传变异(genetic variation)，是生物体内遗传物质发生变化而产生的一种可以遗传给后代的变异，正是这种变异使得生物在种群、个体、组织、细胞和分子水平上形成遗传多样性。物种是构成生物群落进而组成生态系统的基本单元，因此，物种的遗传多样性是生态系统多样性的基础。遗传多样性是生物长期生存适应和发展进化的产物，一个物种遗传多样性越高或遗传变异越丰富，对环境变化的适应能力就越强。对遗传多样性的研究可以揭示物种的进化历史，为生物多样性保护和种质资源的可持续利用提供科学依据。

本章主要研究雅鲁藏布江中游裂腹鱼类的细胞遗传学、生化遗传学和分子遗传学特性，并对其种质遗传多样性现状、群体遗传结构和遗传分化等进行评估，期望为裂腹鱼类种质的分子鉴定、自然群体的保护和管理等提供遗传学依据。

第一节　染　色　体

染色体是遗传物质的主要载体，染色体的形态和结构具有种的特异性，反映了生物进化的历史。研究染色体的形态和结构，有助于了解生物的遗传组成、遗传变异规律和发育机制，是鱼类种质鉴定的重要依据。

一、核型分析

(一)雅鲁藏布江中游主要裂腹鱼类的核型

雅鲁藏布江中游的裂腹鱼类主要包括尖裸鲤、拉萨裸裂尻鱼、异齿裂腹鱼、巨须裂腹鱼、拉萨裂腹鱼和双须叶须鱼等，关于其染色体数目和核型，不同研究者报道的结果存在一定的差异。本研究采用 GB/T 18654.12—2008《养殖鱼类种质检验 第 12 部分 染色体组型分析》的方法，对雅鲁藏布江中游的 6 种主要裂腹鱼类进行了染色体标本制备和核型分析(图版Ⅷ-1)。结果如下。

尖裸鲤的染色体数为 $2n=92$，核型公式为 26m + 30sm + 10st + 26t，臂数 NF 为 148，$NF/2n$ 为 1.61。其中，m 组中有 3 对染色体明显较同组其他染色体大，sm 组中有 1 对染色体明显较同组其他染色体大，st 组有 1 对略大的染色体。t 组和 st 组染色体大小差别不明显。

异齿裂腹鱼的染色体数为 $2n=92$，核型公式为 30m + 26sm + 20st + 16t，臂数 NF 为 148，$NF/2n$ 为 1.61。m 组中有 3 对染色体明显较同组其他染色体大，sm 组中有 1 对染色体较同组其他染色体大。

拉萨裸裂尻鱼的染色体数为 $2n=90$，核型公式为 $26m+30sm+12st+22t$，臂数 NF 为 146，$NF/2n$ 为 1.62。m 组中有 3 对染色体明显较同组其他染色体大。st 和 t 组中均有 1 对染色体较同组其他染色体大。

巨须裂腹鱼的染色体数为 $2n=98$，核型公式为 $20m+28sm+22st+28t$，臂数 NF 为 146，$NF/2n$ 为 1.49。m、sm、st 和 t 组中各有 1 对染色体较同组其他染色体大。

拉萨裂腹鱼的染色体数为 $2n=92$，核型公式为 $26m+28sm+22st+16t$，臂数 NF 为 146，$NF/2n$ 为 1.59。m、sm、st 和 t 组中各有 1 对染色体明显比同组其他染色体大。

双须叶须鱼的染色体数 $2n$ 超过 400，由于染色体小，数目极多，给核型分析带来了一定的困难，我们对其中一个分裂相($2n=444$)进行了核型分析，结果显示，其核型公式为 $120m+132sm+126st+66t$，臂数 NF 为 696，$NF/2n$ 为 1.57。

(二)裂腹鱼类的核型特征

为了分析裂腹鱼类的核型特征，我们将目前已经报道的 24 种裂腹鱼类核型数据进行了列表比较(表 8-1)。表 8-1 中，部分 $NF/2n$ 数据是文献原有数据，其他则是我们根据文献中的 NF 和 $2n$ 数值计算得来的。分析表 8-1 中的数据可以看出，裂腹鱼类的核型具有以下特征。

表 8-1　裂腹鱼类核型的比较

Table 8-1　The karyotype comparison of Schizothoracinae fishes

鱼名 Fishes	样本数 n	采集地 Location	$2n$	核型公式 karyotype	臂数 NF	$NF/2n$	文献来源 Literature
1 裂腹鱼属 *Schizothorax*							
裂腹鱼亚属 *Schizothorax*							
裂腹鱼一种 *Schizothorax* sp.	5	云南洱源县	148	50m+28sm+70st-t	226	1.53	昝瑞光等，1985
前准裂腹鱼 *S. progastus*			98	16m+20sm+62st-t	134	1.37	Rishi et al，1983
S. niger			98	22m+26sm+50st-t	146	1.49	Khuda-Bukhsh and Nayak，1982
昆明裂腹鱼 *S. (S.) grahami*	12	云南禄劝彝族苗族自治县	148	52m+30sm+66st-t	230	1.55	昝瑞光等，1985
大理裂腹鱼 *S. (S.) taliensis*	1	云南洱海	148	48m+30sm+70st-t	226	1.53	昝瑞光等，1985
齐口裂腹鱼 *S. (S.) prenanti*	3～5	乐山和雅安	148	28m+40sm+36st+44t	216	1.46	李渝成等，1987
异齿裂腹鱼 *S. (S.) o'connori*	1	西藏	106	24m+26sm+30st+25t	156	1.47	武云飞等，1999
		拉萨河曲水	92	30m+26sm+20st+16t	148	1.61	余先觉等，1989
	10	雅鲁藏布江	92	30m+26sm+20st+16t	148	1.61	内部资料，2014
裂尻鱼亚属 *Rocoma*							
重口裂腹鱼 *S. (R.) davidi*	3～5	乐山和雅安	98	20m+34sm+24st+20t	152	1.55	李渝成等，1987
巨须裂腹鱼 *S. (R.) macropogon*	1	西藏	102	20m+28sm+22st+16t	162	1.59	武云飞等，1999
		西藏	90～98				余先觉等，1989
	10	雅鲁藏布江	98	20m+28sm+22st+28t	146	1.49	内部资料，2014

续表

鱼名 Fishes	样本数 n	采集地 Location	2n	核型公式 karyotype	臂数 NF	NF/2n	文献来源 Literature
拉萨裂腹鱼 S.（R.）waltoni	3	拉萨河	92	26m+28sm+22st+16t	146	1.59	余先觉等，1989
		拉萨河	92	26m+28sm+22st+16t	146	1.59	余祥勇等，1990
	1	西藏	112	26m+24sm+28st+34t	162	1.45	武云飞等，1999
	10	雅鲁藏布江	92	26m+28sm+22st+16t	146	1.59	内部资料，2015
四川裂腹鱼 S.（R.）kozlovi	12	乌江	128	26m+22sm+24st+56t	176	1.38	邹习俊，2009
	10	乌江上游	96	36m+16sm+10st +34t	148	1.54	陈永祥，2013
3 重唇鱼属 Diptychus							
重唇鱼 D. sp.	3	抚仙湖	98	28m+32sm+38st-t	158	1.61	昝瑞光等，1985
4 叶须鱼属 Ptychobarbus							
双须叶须鱼 P. dipogon	10	雅鲁藏布江	421~432				武云飞等，1999
		雅鲁藏布江	444	120m+132sm+126st+66t	696	1.57	内部资料，2016
5 裸重唇鱼属 Gymnodiptychus							
新疆裸重唇鱼 G. dybowskii		新疆玛纳斯河	98	28m+30sm+12st+28t	156	1.59	孔磊，2010
6 裸鲤属 Gymnocypris							
青海湖裸鲤 G. p. przewalskii	8	人工放流站	92	18m+18sm 16st+40t	128	1.39	祁得林，2003
	6	青海湖	92	32m+22sm+24st+14t	146	1.59	闫学春等，2007
佩枯湖裸鲤 G. dobula	4	西藏	66	32m+10sm+4st+20t	108	1.64	Wu et al.，1996
高原裸鲤 G. waddellii	1	西藏	94	24m+14sm+22st+34t	132	1.40	武云飞等，1999
花斑裸鲤 G. eckloni	5	黑河	94	26m+28sm+22st+18t	150	1.60	余祥勇等，1990
7 尖裸鲤属 Oxygymnocypris							
尖裸鲤 O. stewartii	4	拉萨河曲水	92	26m+30sm+22st+14t	148	1.61	余祥勇等，1990
			92	26m+30sm+22st+14t	148	1.61	余先觉等，1989
	1	西藏	86	24m+12sm+12st+18t	132	1.54	武云飞等，1999
		西藏	92	26m+30sm+10st+26t	148	1.61	内部资料，2016
8 裸裂尻鱼属 Schizopygopsis							
黄河裸裂尻鱼 S. pylzovi	16	青海互助县	92	24m+24sm+22st+22t	130	1.41	陈燕琴等，2006
	5	黑河	92	32m+26sm 20st+14t	150	1.63	余祥勇等，1990
拉萨裸裂尻鱼 S. y. younghusbandi	5	拉萨河	90	26m+28sm +20st+16t	142	1.58	余祥勇等，1990
	5	西藏	94	24m+8sm+46st+18t	126	1.34	武云飞等，1999
		西藏	90	26m+30sm+20st+16t	142?[1]	1.58	余先觉等，1989
	1	西藏	90	40m+16sm+12st+22t	146	1.62	Wu et al.，1996
	10	雅鲁藏布江	90	36m+20sm+16st+22t	146	1.62	内部资料，2014
拉萨裸裂尻鱼喜山亚种 S. y. himalayaensis	1	西藏	88	40m+16m+12st+20t	144	1.64	Wu et al.，1996
9 黄河鱼属 Chuanchia							
骨唇黄河鱼 C. labiosa	5	黑河	92	32m+26sm+18st+16t	150	1.63	余祥勇等，1990
10 扁咽齿鱼属 Platypharodon							
扁咽齿鱼 P. extremus	3	黑河	90	24m+30sm+20st+16t	142	1.58	余祥勇等，1990

1)：所引原文如此 It was corresponding with the cited reference

(1)在 10 属 23 种裂腹鱼类中，只有双须叶须鱼的染色体数超过 400。由于其染色体数目极多，给核型分析带来了困难，因此，其核型特征有待进一步确认。其他 22 种裂腹鱼类的染色体数为 66~148，分别为 66、86、88、90、92、94、96、98、102、106、112、128 和 148。

(2)染色体数为 98 左右的鱼类通常被认为是四倍体，四倍体裂腹鱼类都有 3 对明显大的中着丝粒染色体。而染色体数为 148 左右的鱼类一般被认为是六倍体，六倍体裂腹鱼类都有 4 对明显大的中着丝粒染色体。这些大的中着丝粒染色体是裂腹鱼类核型的共同特征，具有重要的标志意义(余祥勇等，1990)，为裂腹鱼类共同起源和亲缘关系提供了细胞遗传学证据。

(3)一般认为，鲤科鱼类二倍体的基本染色体数是 48 或 50(Arai，1982；桂建芳等，1985；周暾，1984)，裂腹鱼类的染色体数据结果表明，其进化具有整倍化和非整倍化两种类型。

不同学者对同一种裂腹鱼类的染色体数目、核型及臂数等的分析结果均存在差异。与余先觉等(1989)的研究结果相比，武云飞等(1999)报道的拉萨裸裂尻鱼核型的中部和亚中部着丝粒染色体数目及臂数较少，而亚端部着丝粒染色体数目较多；异齿裂腹鱼的中着丝粒染色体数目较少，而端部和亚端部着丝粒染色体较多。武云飞等(1999)认为，鱼类丰富的染色体多样性不仅表现在类群、属和种之间的明显差异上，而且表现为种内不同居群之间、甚至同一个体不同组织之间的变异。有学者指出，采用不同方法处理组织或细胞，其染色体的形态差异较大，如有时会出现点状、哑铃状或 X 状的染色体，即使采用同一种方法处理同一批组织，由于不同细胞所处的分裂期不同，同一张制片上的染色体形状和大小也会有一定差异。影响染色体形态的因素较多，如细胞生长的状态、秋水仙碱处理时间的长短等；此外，不同时期的分裂相，染色体的长短各不相同，加上不同细胞所处的"微环境"也各有差异，玻片不同点的光滑、洁净程度不一，细胞之间的距离及染色体本身在铺展过程中的位置和角度等的不同，都会造成观察到的染色体形态有所不同(闫学春等，2007)。如此看来，染色体形态差异主要是由物种本身的差异和染色体制片过程中的人为因素所引起。因此，在染色体标本制备过程中，尽可能采集不同居群样本，通过增加样本量和尽可能地排除人为因素，来获得准确真实的数据结果。

二、核型的演化

(一)鲤科鱼类的核型演化

Arai(1982)总结分析了欧亚大陆 141 种鲤科鱼类的核型，指出 $2n=50$ 是鲤科鱼类最原始的染色体数目。北美洲 90%以上鲤科鱼类的染色体为 $2n=50$(Gold et al.，1981)。在我国已经进行过染色体研究的 117 种(包括亚种、品种或类型)鲤科鱼类中，$2n=50$ 的有 49 种，约占 42%(桂建芳等，1985)。周暾(1984)对我国 98 种鲤科鱼类核型资料统计分析发现，染色体数为 $2n=48$ 或 $2n=50$ 的有 75 种，约占鲤科鱼类数的 76.5%。因此，鲤科鱼类二倍体的基本染色体数为 48 或 50，该结果已经得到大多数鱼类核型研究者的公认(Arai，1982；周暾，1984)。

Arai(1982)认为，鲤科鱼类的核型，由 $2n=50$ 这个基本数目朝以下几个方向演化：①通过非整倍性增加或着丝点断裂，$2n=50\rightarrow2n=52$；②通过着丝点断裂，$2n=50$ 或 $2n=48\rightarrow2n=78$；③通过多倍化增加，$2n=50\rightarrow2n=100$ 或 $2n=98$；④通过罗伯逊易位，$2n=50\rightarrow2n=48$，$2n=48\rightarrow2n=44$；⑤通过缺失而减少，$2n=48\rightarrow2n=46$。

雅罗鱼系鱼类中，除鮈亚科(Gobioninae)中 *Aulopyge huegeli* 的染色体数为 $2n=100$，是四倍体类型外，其他种类基本都是染色体数为 $2n=50$ 的二倍体。余祥勇等(1990)通过对雅罗鱼类在鲤科鱼类核型演化系统中的地位分析后认为，雅罗鱼系鱼类核型进化的主要方式是着丝点的断裂和融合，只涉及染色体数目的非整倍性变化。鲃系鱼类的核型进化，则以多倍化为主要特点，涉及四倍体、六倍体和八倍体等多倍体类型的形成(余祥勇等，1990)。鲃系鱼类中鲃亚科(Barbinae)较原始，它既有二倍体类型，也有四倍体类型。鲤亚科(Cyprininae)和裂腹鱼亚科目前只发现有多倍体类型，因此，研究人员认为，鲤科多倍体鱼类可能起源于鲃亚科中的某些原始类群(昝瑞光等，1984；昝瑞光等，1985；桂建芳等，1985；余祥勇等，1990)。陈湘粦等(1984)基于 25 个形态学特征，研究了鲤科(Cyprinidae)鱼类中科下的类群及其宗系发生，将鲤科鱼类分为雅罗鱼系和鲃系，并认为雅罗鱼系以原始的雅罗鱼类为进化基点演化，包括现存的雅罗鱼亚科(包括担尼鱼亚科)、鳤鲅亚科、鮈亚科(包括鰍鮀亚科)、鲌亚科、鲴亚科(包括鲢亚科)；鲃系则以原始鲃类为进化基点演化，包括现存的野鲮亚科、鲃亚科(包括裂腹鱼亚科)、鲤亚科。Yu 等(1987)通过对我国鲤科鱼类核型比较研究发现，除鮈亚科(包括鰍鮀亚科)应属于鲃系外，其余类群的归属与传统的分类研究十分吻合。

(二)裂腹鱼类的核型演化

1. 多倍化演化

Arai(1982)通过对欧亚大陆各种鲤科鱼类的核型进行分析后认为，$2n=50$ 是鲤科鱼类最原始的核型，其他染色体数目可能由这个原始核型演变而来。鉴于鲤科鱼类中凡具有 100 或 100±个染色体的鱼类都已被证明或推断为四倍体起源，Khuda-Bukhsh 和 Nayak(1982)及 Rishi 等(1983)认为 $2n=98$ 的前准裂腹鱼和 *S. niger* 也为四倍体起源。

细胞核 DNA 含量的检测结果进一步证实了对裂腹鱼类染色体倍性的判定。昝瑞光等(1985)检测了鲃亚科中的湖四须鲃(*Barbodes lacustris*)($2n=50$)，裂腹鱼亚科中的重唇鱼($2n=98$)、裂腹鱼一种、昆明裂腹鱼和大理裂腹鱼($2n=148$)等种类的核 DNA 值发现，湖四须鲃的核 DNA 值为 33.30，重唇鱼的核 DNA 值为 69.49，约为前者的 2 倍，而裂腹鱼一种、昆明裂腹鱼和大理裂腹鱼的核 DNA 值分别为 99.84、92.43 和 98.10，约为湖四须鲃的 3 倍。由此推测，$2n=98$ 的重唇鱼和 $2n=148$ 的三种裂腹鱼分别为四倍体类型和六倍体类型。

余祥勇等(1990)报道，鲈鲤 *Percocypris pingy pingy*($2n=98$)和 3 种金线鲃属(*Sinocyclocheilus*)鱼类($2n=96$)，不论是染色体核型，还是 *NF* 值，都与已报道的几种四倍体裂腹鱼非常相似，都是 st 组和 t 组染色体相对较多，$NF=150$ 左右。尤其是鲈鲤，其核型中的 m 组也有 3 对明显大的染色体，而这正好与四倍体裂腹鱼的核型特征相吻合。因此，可以初步推断，这几种鱼的核型，很可能代表着鲃亚科和裂腹鱼亚科之间的过渡类型。从地理分布上看，金线鲃属和鲈鲤属是极少数与裂腹鱼混居的鱼类，分布在青藏高原的边缘地区，这似乎从另一方面增加了这种推测的合理性。

根据化石及考古地质学研究，青藏高原隆起前，该地区气候温暖，生活着种类丰富的鲃类。随着高原隆起，气候变得十分寒冷，喜暖的鲃类大部分被淘汰，少数则因适应寒冷的环境而得以生存下来。这种适应过程，在核型演化上，很可能就表现为多倍化。多倍化的过程为广泛的适应性提供了遗传基础。通过核型演化和自然选择，某些原始的鲃类，逐渐演化成适于高原生态环境的特殊类群，即目前在该地区广泛存在的裂腹鱼亚科鱼类。这种适应高原环境的裂腹鱼祖先类型，在形态结构上，一般被认为是同时具有原始鲃类特征和原始裂腹鱼类特征的过渡类型。化石种类大头近裂腹鱼(*Plesioschizothorax macrocephalus*)(武云飞和陈宜瑜，1980)的形态结构就是这种过渡类型的代表(余祥勇等，1990)。

2. 非整倍性演化

前已述及，多倍化是裂腹鱼亚科核型演化最主要的特征，但四倍体裂腹鱼类的染色体数目呈现 98、94、92 和 90 等 $2n$ 类型，其染色体数目的非整倍性演化趋势十分明显，表明该亚科鱼类的核型演化方式并非单纯的多倍化。鲤科鱼类中的鲭鲅鱼类和四倍体鲃类中，也存在这种染色体数目近乎连续变化的现象。例如，鲭鲅亚科鱼类有 $2n=48$、44 和 42 等类型(洪云汉，1983)，鲃亚科四倍体鱼类中则有 $2n=100$、98 和 96 等 3 种类型。通常认为，这种染色体数目非整倍性变化的现象是通过罗伯逊易位演化形成的(桂建芳等，1985)。鉴于裂腹鱼亚科核型的演化特点，有学者认为可能与着丝粒的多次融合有关，但比较染色体数目的减少与 st 组及 t 组染色体数目变化的关系，又看不出明显的罗伯逊易位的特征。因此，染色体数目的减少，可能不仅仅是 st 组或 t 组染色体着丝粒融合的结果。裂腹鱼亚科核型的演化，可能涉及比较复杂的过程，如罗伯逊易位、臂间倒位、易位及缺失等大的染色体重排或许都起过作用(余祥勇等，1990)。桂建芳等(1985)认为，染色体数为 $2n=96$ 或 $2n=98$ 的鲃亚科鱼类和裂腹鱼亚科鱼类到底是 $2n=50\to$(多倍化)$\to$ $2n=100\to$(着丝粒融合等)$\to 2n=98\to 2n=96$，还是 $2n=48\to$(多倍化)$\to 2n=96\to$着丝粒断裂$\to 2n=98$，还有待进一步研究。

3. 核型演化与等级关系

曹文宣等(1981)对裂腹鱼类的起源、演化及其与青藏高原隆起的关系进行了深入研究，系统地论证了裂腹鱼类体鳞和触须趋于退化、下咽齿行数趋于减少等性状变化与高原隆起的自然环境条件改变的相关性。他们将裂腹鱼亚科鱼类划分为适应高原不同环境的原始等级、特化等级和高度特化等级 3 个等级类群，每个等级类群分别代表了青藏高原隆起过程的特定历史阶段。原始等级类群，鱼体鳞被覆于全身或局部退化、须 2 对，此类群聚居于海拔 1250～2500m，包括裂腹鱼属和扁吻鱼属；特化等级类群，体鳞局部退化或全部退化、须 1 对，聚居于海拔 2750～3750m，包括重唇鱼属、叶须鱼属和裸重唇鱼属；高度特化等级类群，体鳞全部退化、下咽齿 1～2 行、触须消失，包括裸鲤属、尖裸鲤属、裸裂尻属、扁咽齿鱼属、黄河鱼属和高原鱼属，计 6 属 26 种和亚种(陈毅峰和曹文宣，2000)，分布于海拔 1500～5000m 的青藏高原及其邻近地区各主要水系的中上游。

余祥勇等(1990)指出，随着物种特化程度的升高，染色体核型呈现出双臂染色体数比例增加的趋势。在特定的分类阶元中，NF 值一般随着特化程度的上升而增加。由于已报道的 16 种裂腹鱼的染色体数目存在差别，为了使 NF 值具有可比性，余祥勇等(1990)提出了一个新的参数 $NF/2n$，以消除 $2n$ 值的不同对 NF 值造成的影响。根据余祥勇等(1990)对 12 种四倍体和 4 种六倍体鱼类的 $NF/2n$ 值的计算结果，除异齿裂腹鱼外，裂腹鱼属鱼类的 $NF/2n$ 值都低于 1.60，而其他属鱼类的 $NF/2n$ 值则为 1.60～1.63，并且随着特化程度的升高，$NF/2n$ 值也表现出上升的趋势。此外，分析整个鲤科鱼类 $NF/2n$ 值的变化，也能发现 $NF/2n$ 值与特化程度相一致的变化趋势。这些结果可能暗示着在鱼类进化中核型演化和形态演化的密切相关性(余祥勇等，1990)。

根据表 8-1 中的数据，按照类群统计了 23 种鱼类(双须叶须鱼除外)的 NF 和 $NF/2n$ 值(表 8-2)。NF 均值的变化趋势为特化等级类群(157)＞原始等级类群四倍体鱼类(150)＞高度特化等级类群(140)；$NF/2n$ 均值为特化等级类群(1.60)＞高度特化等级类群(1.56)＞原始等级类群四倍体鱼类(1.51)。NF 和 $NF/2n$ 均未遵循随着特化程度的上升，核型进化表现出双臂染色体比例增加的趋势。如果考虑到特化等级类群鱼类仅有 2 个种，代表性较差，在排除特化等级类群后，$NF/2n$ 的变化则反映了这种变化趋势。似乎印证了余祥勇等(1990)"可能正暗示着在鱼类进化中核型演化和形态演化的密切相关性"的结论。鉴于 3 个类群 $NF/2n$ 的范围在类群内和类群间均存在较大的重叠；对同一种鱼类，不同学者的研究结果存在较大差异；所研究的种类较少等原因，后续的研究还需：①尽可能采集不同居群样本，增加样本量，查明鱼类染色体种内变异；②扩大研究对象，查明染色体种间差异；③尽可能统一染色体研究技术，消除人为因素造成的误差，获得准确数据后才能得出裂腹鱼类进化与 $NF/2n$ 的相关性。

表 8-2　裂腹鱼亚科不同等级类群的 NF 和 $NF/2n$ 值

Table 8-2　NF and $NF/2n$ values of different level groups in Schizothoracinae

	原始等级 Original			特化等级 Specialized	高度特化等级 Highly specialized
	整体 Total	四倍体 Tetraploid	六倍体 Hexaploid		
	11(18)	7(14)	4(4)	2	10(22)
$2n$	110.3(92～148)	99.6(92～128)	148	98	89.9(66～94)
NF	166.6(130～230)	150(130～176)	224.5(216～230)	157(156～158)	140(108～150)
$NF/2n$	1.51(1.34～1.61)	1.51(1.34～1.61)	1.52(1.46～1.55)	1.60(1.61～1.59)	1.56(1.34～1.64)

注 Note：括号内数据代表对该等级的研究文献数　The date in parentheses are the number of references

第二节　同　工　酶

同工酶作为一种生化指标，已经广泛应用于鱼类的物种及杂种鉴定、物种亲缘关系比较、胚胎发育的组织学和基因的组织特异性表达等方面的研究(朱蓝菲，1982；刘鸿艳和谢从新，2006）。同工酶是我国鱼类种质标准的重要指标，常用的同工酶有乳酸脱氢酶（LDH）、苹果酸脱氢酶（MDH）和酯酶（EST）等。本节对 6 种裂腹鱼类的 LDH、MDH 和 EST 等 3 种同工酶进行比较，旨在了解它们的生化遗传学特性，为其种质鉴定提供依据。

一、乳酸脱氢酶

（一）乳酸脱氢酶的表达

1. 异齿裂腹鱼

对异齿裂腹鱼进行的 LDH 电泳研究结果显示，其晶状体、肝脏、肾脏和心脏组织的电泳图谱中，均出现 A4、A3B、A2B2、AB3 和 B4 共 5 条酶带；而在肌肉组织中只出现 A4、A3B、A2B2 和显带极弱的 $A^1 4$ 共 4 条酶带。此外，在晶状体中，A4 的表达活性比在其他组织中弱，在心脏组织中的表达活性存在个体差异（图版Ⅷ-2.1，图版Ⅷ-2.2）。

2. 双须叶须鱼

对双须叶须鱼进行的 LDH 电泳研究结果显示，除 A4 和 A3B 主带间没有副带表达外，各组织在每两条主带之间均有显色深度弱于主带的副带。晶状体的电泳图谱中出现主带 A4、A3B、A2B2、AB3 和副带 $B^1 2B2$、$B^1 B3$ 共 6 条酶带；肝脏、心脏和肾脏组织中均出现 A4、A3B、$B^1 2B2$、A2B2、$B^1 3B$、AB3、$B^1 4$ 和 B4 共 8 条酶带，且酶带显色深浅在不同组织中存在差异；肌肉组织中只出现 A4、A3B 和 $A^1 4$ 共 3 条酶带（图版Ⅷ-2.3～图版Ⅷ-2.5）。

3. 拉萨裸裂尻鱼

拉萨裸裂尻鱼各组织的 LDH 电泳条带均较纤细。肝脏、心脏和肾脏组织的电泳图谱中均出现 A4、A3B、A2B2、$A3B^1$、AB3、B4、$B^1 2A2$、$B^1 B3$、$B^1 2B2$、$B^1 3A$、$B^1 3B$ 和 $B^1 4$ 共 12 条酶带，晶状体中出现 A4、A3B、A2B2、$A3B^1$、AB3、B4、$B^1 2A2$、$B^1 B3$ 和 $B^1 2B2$ 共 9 条酶带，而肌肉组织中则只出现 4 条酶带，分别为 A4、A3B、A2B2 和 $A^1 4$（图版Ⅷ-2.6～图版Ⅷ-2.8）。

4. 拉萨裂腹鱼

拉萨裂腹鱼肌肉组织的 LDH 电泳图谱中，出现 A4 及 A 基因位点与它的等位基因组合的 A4、$A3A^1$、$A2A^1 2$、$AA^1 3$ 和 $A^1 4$ 共 5 条酶带；心脏和肾脏中出现 A4、A3B、A2B2、AB3、$A3A^1$、$A2A^1 2$、$AA^1 3$、$A^1 4$ 和 B4 共 9 条酶带；晶状体中出现 C 基因表达的 2 条酶带，且都靠近正极；肝脏中有 C 基因表达的 3 条酶带，且都靠近负极（图版Ⅷ-2.9，图版Ⅷ-2.10）。上述结果表明，肌肉、心脏和肾脏组织中，A 基因位点呈现多态性。

5. 巨须裂腹鱼

巨须裂腹鱼心脏和肾脏组织的 LDH 电泳图谱中，均出现 A4、A3B、A2B2、AB3 和 B4 共 5 条酶带，但在心肌中，B4 条带的着色强度存在个体间差异。肌肉组织的电泳图谱中，出现 A4 和 $A^1 4$ 共 2 条酶带。晶状体中，出现 A3B、A2B2、AB3 和 B4 共 4 条酶带，各酶带的着色强度也存在个体间差异，尤其是 A3B 和 A2B2，在晶状体中没有检测到 A4 酶带和 C 基因酶带。肝脏组织的电泳图谱中，检测到很弱的 A4 和 A3B 酶带，以及 C 基因位点所编码的 3 种同工酶共 5 条酶带(图版Ⅷ-2.11～图版Ⅷ-2.14)。上述各组织中没有发现多态现象，但同工酶的表达水平存在个体间差异。

6. 尖裸鲤

在尖裸鲤的 5 种组织中，共检测到 16 种 LDH 同工酶。晶状体、肝脏、心脏和肾脏组织的电泳图谱中出现 A4、A3B、A2B2、A3B^1、AB3、B4、B^{1}2A2、B^{1}B3、B^{1}2B2、B^{1}3A、B^{1}3B 和 B$^1_4$ 共 12 条酶带。其中，心脏组织的电泳图谱中呈现多态现象，除上述酶带外，还检测到 A^{1}4、AA^{1}3、A2A^{1}2 和 A3A^1 酶带。肌肉组织主要存在 A4、A3B 和 A2B2，以及微弱的 B4、AB3 和 A^{1}4 共 6 条酶带。此外，肌肉组织的 A3B、AB3 和 A3B^1，肾脏组织的 AB3 和 B4，晶状体的 A3B 和 B^{1}2B2，以及心肌组织的 A3B1 和 B^{1}3B 的表达水平存在个体间差异(图版Ⅷ-2.15～图版Ⅷ-2.17)。

LDH 在 6 种鱼类不同组织中的表达及其相对活性见表 8-3。

(二)特异性分析

在尖裸鲤、拉萨裸裂尻鱼、巨须裂腹鱼、拉萨裂腹鱼、异齿裂腹鱼和双须叶须鱼 6 种裂腹鱼类的 5 种组织中分别检测到了 16 条、13 条、7 条、10 条、6 条和 9 条酶带，表明乳酸脱氢酶的表达具有明显的种属特异性和组织特异性(表 8-3)。

(1)由 A、B 基因编码的 A、B 亚基构成的 5 条谱带(A4、A3B、A2B2、AB3 和 B4)在 6 种裂腹鱼类的心脏和肾脏组织中均有表达；而在晶状体组织中，仅巨须裂腹鱼无 A4 表达；肝脏组织中，仅巨须裂腹鱼无 A2B2、A3B 和 B4 表达；肌肉组织中，A4 在 6 种鱼类中均有表达，B4 均未见表达，此外，AB3 仅在尖裸鲤中表达，A3B 在巨须裂腹鱼和拉萨裂腹鱼无表达，A2B2 则在巨须裂腹鱼、拉萨裂腹鱼和双须叶须鱼无表达。

(2)重复基因 B^1 在尖裸鲤和拉萨裸裂尻鱼的心脏、晶状体、肝脏和肾脏均有表达，双须叶须鱼的心脏和肝脏表达 B^{1}2B2、B^{1}3B 和 B^{1}4，而晶状体中表达 B^{1}2B2 和 B^{1}3B。

(3)LDH 在 6 种裂腹鱼类部分组织中的表达存在多态性，如 A^{1}4 仅在 6 种鱼的肌肉、拉萨裂腹鱼的心脏和肾脏、尖裸鲤的心脏中表达；AA^{1}3、A2A^{1}2 和 A3A^1 仅在尖裸鲤的心脏，以及拉萨裂腹鱼的心脏、肌肉和肾脏中表达。

(4)C 基因在巨须裂腹鱼和拉萨裂腹鱼肝脏组织中表达 3 条酶带，均靠近阴极。

上述分析表明，6 种裂腹鱼类的 5 种组织中，LDH 同工酶的表达均较丰富，且存在明显的种属特异性和组织特异性。这种特异性不仅表现在酶带的组成和数量上，还表现在酶活性的水平上，如尖裸鲤 A4 在心肌和晶状体中的谱带显色较浅，而在肾脏、肌肉和肝脏组织中的谱带显色较深。LDH 是催化乳酸脱氢生成丙酮酸的酶，在有氧氧化和无氧酵解之间起着重要作用，是几乎存在于所有组织中的一种糖酵解酶。A 基因表达的酶类在厌氧组织(如骨骼肌)中优势表达，其功能是将丙酮酸还原为乳酸；而 B 基因表达的同工酶在含氧组织中优势表达，其功能是将乳酸氧化为丙酮酸。裂腹鱼类 LDH 同工酶的组织特异性，源于机体在特定环境下适应高原气候寒冷多变的生态环境，以及组织分化并特异性执行各自功能的结果。

表 8-3　LDH 同工酶在 6 种裂腹鱼 5 种组织中的分布和活性比较

Table 8-3　Distribution and activity of LDH isozyme in five tissues of six Schizothoracinae fishes

酶类 Enzyme	心脏 Heart (H)						肌肉 Muscle (M)						肝脏 Liver (L)						肾脏 Kidney (K)						晶状体 Lens (E)					
	尖	尻	巨	拉	异	双	尖	尻	巨	拉	异	双	尖	尻	巨	拉	异	双	尖	尻	巨	拉	异	双	尖	尻	巨	拉	异	双
C 类	*	—	—	—	—	—	—	—	—	—	—	—	—	—	**	**	—	—	—	—	—	—	—	—	—	—	—	*	—	—
A^14	*	—	—	*	*	—	*	—	*	*	*	*	—	—	**	**	—	—	—	—	*	—	—	—	—	—	—	—	—	—
AA^13	*	—	—	—	*	—	*	—	*	*	*	*	—	—	—	—	—	—	—	—	—	—	—	—	—	—	—	—	—	—
$A2A^12$	*	—	—	*	*	—	*	—	*	*	—	—	—	—	—	*	—	—	—	—	—	*	—	—	—	—	—	—	—	—
$A3A^1$	*	—	—	—	*	—	*	—	—	*	—	—	—	—	—	*	—	—	—	—	—	*	—	—	—	—	—	—	—	—
A4	**	*	**	**	**	**	***	**	*	**	**	*	**	**	*	**	**	**	**	*	*	*	**	**	**	*	*	*	*	*
A3B	*	*	**	**	**	**	**	*	—	**	*	—	**	*	—	*	**	**	**	—	**	**	**	**	**	—	—	*	*	*
A2B2	*	*	**	**	**	**	**	*	—	*	*	*	**	*	—	*	**	**	**	—	**	*	**	**	**	—	—	*	*	*
AB3	*	*	**	**	**	**	**	—	—	*	—	—	**	*	—	*	**	**	**	—	**	*	**	**	**	—	—	*	*	*
B4	*	*	**	**	**	**	**	—	—	*	—	—	**	**	—	*	**	*	**	—	**	*	**	**	**	*	—	*	*	*
$A3B^1$	*	*	*	*	*	—	*	—	—	*	—	—	**	**	—	—	**	—	**	*	—	—	—	—	—	—	—	—	—	—
B^12A2	*	—	*	*	—	—	—	—	—	—	—	—	*	*	—	—	—	—	—	—	—	—	—	—	—	—	—	—	—	—
B^1B3	*	—	*	*	*	—	*	—	—	—	—	—	—	*	—	—	—	—	—	—	—	—	—	—	—	—	—	—	—	—
B^12B2	*	—	*	—	*	*	*	—	—	*	—	—	—	—	—	*	—	*	—	—	—	—	—	—	—	—	—	—	—	*
B^13A	*	—	*	*	*	*	*	—	—	—	—	—	—	—	—	—	—	—	—	—	—	—	—	—	—	—	—	—	—	—
B^13B	*	—	*	—	*	*	*	—	—	*	—	—	—	—	—	—	—	—	—	—	—	—	—	**	—	—	—	—	—	*
B^14	*	—	*	*	*	—	*	—	—	*	—	—	—	—	—	—	—	—	—	—	—	—	—	—	—	—	—	—	—	—
酶带数	16	12	5	9	5	8	6	4	2	5	4	3	12	12	3	6	5	8	12	12	5	9	5	8	12	9	4	6	5	7

注 Notes：　"*" 表示活性。星号越多表示活性越强　"**" Indicates that the activity, the more the stronger activity.　"—" 表示无 indicates not be detective

异. 异齿裂腹鱼 S. (S.) o'connori，拉. 拉萨裂腹鱼 S. (R.) waltoni，巨. 巨须裂腹鱼 S. (R.) macropogon，双. 双须叶须鱼 P. dipogon，尖. 尖裸鲤 O. stewartii，尻. 拉萨裸裂尻鱼 S. younghusbandi

　　本研究的 6 种裂腹鱼类的酶带数目均多于 5 条，相同的结果在其他裂腹鱼类中也有报道。李晓莉等(2010)在贵州毕节齐口裂腹鱼的 6 种组织中共检测出 10 条酶带，晁珊珊等(2013)在四川省雅安市庐山养殖场齐口裂腹鱼的 5 种组织中也检测出了 10 条酶带。胡思玉等(2010)在昆明裂腹鱼的 9 种组织中共检测出 15 条酶带。Chen 等(2001)对藏北高原纳木错湖的色林错裸鲤(*G. selincuoensis*)、错鄂裸鲤(*G. cuoensis*)和纳木错裸鲤(*G. namensis*)进行了 LDH 同工酶分析，分别检出了 17 条、13 条和 13 条酶带。唐文家等(2008)在黄河裸裂尻鱼的 9 种组织中共检出了 10 条酶带。安苗等(2010)在昆明裂腹鱼和四川裂腹鱼中也检测出了 10 条 LDH 酶带。李太平等(2001)、祁得林(2003)和张武学等(1994)采用聚丙烯酰胺凝胶电泳法(PAGE)，在青海湖裸鲤各组织中共检测出 17 条和 15 条 LDH 酶带。孟鹏等(2008)采用水平淀粉凝胶电泳法，在青海湖裸鲤的 4 种组织中检测出了 5 条酶带。上述结果表明，青海湖裸鲤不同群体间存在广泛的基因表达差异(孟鹏等，2007)。

　　一般认为，脊椎动物 LDH 同工酶是由 A、B 和 C 3 个基因座位编码的四聚体酶类，A、B 基因座位能随机自由组合成 A4、A3B、A2B2、AB3 和 B4，因此，在酶谱上会显示出 5 条酶带。C 基因一般不与 A、B 组合，而且只在晶状体和肝脏中表达，具有组织特异性(薛国雄，1994)。在多数二倍体鱼类中，LDH 同工酶表现为 A、B 基因编码的 A、B 亚基构成的 5 条谱带(罗莉中和王春元，1987)。但在下列情况中，会多于 5 条带：①多倍体中重复基因(duplicate gene)的存在和表达；②某些位点存在共显性的等位基因(allele gene)；③翻译后化学修饰变异。上述三种情况的共同点是出现多条亚带(Chen et al.，2001)。此外，若存在共显性的等位基因，则在群体中会检测出多态性(薛国雄，1994)。6 种鱼类中，除双须叶须鱼染色体数 $2n=400\sim440$，为十六倍体外，其他 5 种鱼类都是四倍体(见本章第一节)。在尖裸鲤、拉萨裸裂尻鱼和双须叶须鱼的多种组织中均检测出了 B[1] 重复基因的表达，并且双须叶须鱼的 LDH 酶谱出现了亚带，因此，认为裂腹鱼类的 LDH 同工酶多于 5 条酶带是上述三种情况共同作用的结果。

　　基因加倍事件发生后，重复基因的演化一般包括以下 3 种方式：①假基因化，即重复基因演化成失去功能的重复拷贝；②亚功能化，即重复基因通过功能分化，使每个拷贝仅保留部分祖先基因的功能，只有在两个拷贝都存在的情况下才能很好地履行祖先基因的功能；③新功能化，即获得适应环境的正向选择作用，演化成与祖先基因功能不同的新基因，起初都是以多态的形式在个体中出现，随后通过繁殖过程沉积于整个群体(韦若勋和吴莉莉，2012)。通过对 6 种裂腹鱼的 LDH 酶谱比较发现，拉萨裸裂尻鱼、尖裸鲤和双须叶须鱼的 B 基因位点均存在重复基因 B[1]，不同的是，双须叶须鱼以 2 条主带间出现 1 条副带的形式出现。此外，双须叶须鱼、拉萨裸裂尻鱼和尖裸鲤的重复基因可能正处于亚功能化的过程中，并且，双须叶须鱼的特化程度低于拉萨裸裂尻鱼和尖裸鲤；在异齿裂腹鱼、拉萨裂腹鱼和巨须裂腹鱼中没有检测到重复基因的表达，因此，可能处于假基因化的过程中。

曹文宣等(1981)认为，在裂腹鱼亚科鱼类中，裂腹鱼属为较原始的类群，叶须鱼属为特化等级较高的类群，而尖裸鲤属和裸裂尻鱼属为高度特化的类群，6 种裂腹鱼类的 LDH 同工酶酶谱特点与根据形态学特征所划分的 3 个类群极为相似(代应贵和肖海，2011)。通常情况下，染色体倍数越大，酶谱越复杂(熊全沫，1992)，但双须叶须鱼的倍数最大，而其 LDH 酶谱较其他 5 种四倍体鱼类的酶谱简单，这种差异表明，需要考察整个同工酶系统才能够作出准确的判断。

二、苹果酸脱氢酶

(一)苹果酸脱氢酶的表达

1. 异齿裂腹鱼

异齿裂腹鱼的 MDH 电泳结果显示，在晶状体组织中检测到 S-B2 和 S-AB 共 2 条酶带，在肝脏、心肌和肌肉组织中均检测到 S-A2、S-AB、S-B2、M-C2、M-CD 和 M-D2 共 6 条酶带，而在肾脏组织中检测到 S-AB、S-B2、M-C2、M-CD 和 M-D2 共 5 条酶带。此外，MDH 在肾脏组织中的酶带数目和酶活性存在个体间差异。在肝脏等其他组织中酶带数目一致，但表达活性存在个体间差异(图版Ⅷ-3.1，图版Ⅷ-3.2)。

2. 双须叶须鱼

双须叶须鱼的 MDH 电泳研究结果显示，在晶状体组织中检测到 S-A2、S-AB 和 S-B2 共 3 条酶带；在肝脏、心肌、肾脏和肌肉组织中均检测到 S-A2、S-AB、S-B2、M-C2、M-CD 和 M-D2 共 6 条酶带。此外，MDH 在肌肉组织中的酶带数目和表达活性均存在个体间差异；在其他组织中酶带数目一致，而表达活性存在个体间差异(图版Ⅷ-3.3，Ⅷ-3.4)。

3. 拉萨裸裂尻鱼

拉萨裸裂尻鱼的 MDH 电泳研究结果显示，在晶状体组织中仅检测到 S-B2 酶带；在肝脏组织中检测到 S-A2、S-AB、S-B2 和 M-C2 共 4 条酶带；在心肌组织中检测到 S-A2、S-AB、S-B2、M-C2 和 M-CD 共 5 条酶带；在肾脏组织中检测到 S-AB、S-B2 和 M-C2 共 3 条酶带；而在肌肉组织中只检测到 S-AB 和 S-B2 共 2 条酶带。上述结果表明，MDH 在心肌组织中表达的酶带数目和酶活性均存在个体间差异；在其他组织中酶带数目相同，而酶的表达活性存在个体间差异(图版Ⅷ-3.5，图版Ⅷ-3.6)。

4. 拉萨裂腹鱼

拉萨裂腹鱼的 MDH 电泳研究结果显示，在晶状体组织中仅检测到 S-AB 和 S-B2 共 2 条酶带；在肝脏组织中检测到 S-A2、S-AB、S-B2 和 M-D2 共 4 条酶带；在肾脏组织中检测到 S-A2、S-AB、S-B2、M-CD 和 M-D2 共 5 条酶带；而在心肌和肌肉组织中均检测到 S-A2、S-AB、S-B2、M-C2、M-CD 和 M-D2 共 6 条酶带。此外，MDH 在各组织中的表达活性均存在个体间差异(图版Ⅷ-3.7，图版Ⅷ-3.8)。

5. 巨须裂腹鱼

巨须裂腹鱼的 MDH 电泳研究结果显示，在晶状体组织中仅检测到 S-AB 和 S-B2 共 2 条酶带；在肝脏组织中检测到 S-AB、S-B2、M-CD 和 M-D2 共 4 条酶带；在心肌和肌肉组织中均检测到 S-A2、S-AB、S-B2、M-C2、M-CD 和 M-D2 共 6 条酶带；在肾脏组织中检测到 S-AB、S-B2、M-CD 和 M-D2 共 4 条酶带。此外，MDH 在心肌、肝脏和肾脏组织中表达的酶带数目和酶活性均存在个体间差异；而在其他组织中酶带数目一致，但酶活性存在个体间差异(图版Ⅷ-3.9，图版Ⅷ-3.10)。

6. 尖裸鲤

尖裸鲤的 MDH 电泳研究结果显示，在晶状体组织中检测到 S-AB 和 S-B2 共 2 条酶带；在肝脏和肾脏组织中检测到 S-A2、S-AB、S-B2、M-C2 和 M-CD 共 5 条酶带；在心肌组织中检测到 S-A2、S-AB、S-B2 和 M-C2 共 4 条酶带；在肌肉组织中检测到 S-AB、S-B2 和 M-C2 共 3 条酶带。此外，MDH 在肾脏组织中表达的酶带数目和酶活性均存在个体间差异，而在其他组织中酶带数目一致，酶活性存在个体间差异(图版Ⅷ-3.11，图版Ⅷ-3.12)。

MDH 在 6 种裂腹鱼类不同组织中表达的酶带数目及其相对酶活性见表 8-4。

(二)特异性分析

苹果酸脱氢酶是糖代谢三羧酸循环过程中的重要酶，在细胞中的主要功能是使苹果酸脱氢，参与糖酵解后的有氧代谢(安苗等，2010)。硬骨鱼类的 MDH 为二聚体，存在上清液型(S-MDH)和线粒体型(M-MDH)两种类型，S-MDH 型的 MDH 之间相互不形成异聚体，且多趋向于阳极一侧，而 M-MDH 型的 MDH 多趋向于阴极一侧。两种类型的 MDH 均由两个基因(S-A、S-B 和 M-C、M-D)编码，且最多可形成 6 条酶带。对 6 种裂腹鱼 5 种组织的 MDH 同工酶酶谱比较分析发现，MDH 同工酶存在明显的组织特异性和种属特异性(表 8-4)。

(1)由 A、B 基因编码的 A、B 亚基构成的 3 种上清液型同工酶(S-A2、S-AB 和 S-B2)，在 6 种裂腹鱼的心肌组织中全部表达；在晶状体组织中，拉萨裸裂尻鱼只有 S-B2 表达，而异齿裂腹鱼、拉萨裸裂尻鱼、拉萨裂腹鱼、巨须裂腹鱼和尖裸鲤均无 S-A2 表达；在肝脏组织中仅巨须裂腹鱼无 S-A2 表达；在肾脏组织中仅异齿裂腹鱼、拉萨裸裂尻鱼、巨须裂腹鱼无 S-A2 表达；在肌肉组织中仅拉萨裸裂尻鱼和尖裸鲤无 S-A2 表达。

(2)由 C、D 基因编码的 C、D 亚基构成的 3 种线粒体型同工酶(M-C2、M-CD 和 M-D2)在 6 种裂腹鱼的晶状体组织中均未见表达；在肝脏组织中，异齿裂腹鱼和双须叶须鱼均表达全部 3 条酶带，而拉萨裸裂尻鱼只有 M-C2 表达，拉萨裂腹鱼只有 M-D2 表达，巨须裂腹鱼则无 M-C2 表达；在心肌组织中，异齿裂腹鱼、双须叶须鱼、拉萨裂腹鱼和巨须裂腹鱼均表达全部的 3 条酶带，而拉萨裸裂尻鱼无 M-D2 表达，尖裸鲤则只有 M-C2 表达；在肾脏组织中，异齿裂腹鱼和双须叶须鱼均表达全部的 3 条酶带，而拉萨裸裂尻鱼只有 M-C2 表达，拉萨裂腹鱼和巨须裂腹鱼无 M-C2 表达，尖裸鲤则无 M-D2 表达；在肌肉组织中，3 种线粒体型 MDH 在拉萨裸裂尻鱼中均未见没有表达，而尖裸鲤中只有 M-C2 表达，其他几种裂腹鱼均表达全部的 3 条酶带。

表 8-4 MDH 和 EST 同工酶在 6 种裂腹鱼 5 种组织中的分布和活性比较

Table 8-4 Distribution and activity of MDH and EST isozyme in five tissues of six Schizothoracinae fishes

酶类 Enzyme	晶状体 Lens (E)						肝脏 Liver (L)						心肌 Heart (H)						肾脏 Kidney (K)						肌肉 Muscle (M)					
	异	双	尻	拉	巨	尖	异	双	尻	拉	巨	尖	异	双	尻	拉	巨	尖	异	双	尻	拉	巨	尖	异	双	尻	拉	巨	尖
MDH 同工酶																														
M-D2	—	—	—	—	—	—	***	**	—	*	*	—	***	*	—	***	***	—	**	**	—	*	**	—	—	—	—	*	**	—
M-CD	—	—	—	—	—	—	***	**	—	*	*	*	***	**	—	***	***	*	*	**	—	*	*	*	—	*	—	*	*	*
M-C2	—	—	—	—	—	—	***	*	—	**	**	—	***	**	—	***	***	*	—	**	—	***	***	***	—	—	—	*	*	***
S-B2	*	*	*	*	*	—	***	**	***	***	**	**	***	**	***	***	**	**	***	**	***	***	**	***	*	*	**	*	*	*
S-AB	*	*	—	*	*	—	***	**	***	***	***	*	***	**	***	***	***	**	**	**	—	***	**	**	**	***	**	**	**	*
S-A2	—	*	—	—	—	—	*	*	—	—	*	*	*	*	*	*	*	*	*	**	—	*	*	*	**	***	—	**	*	—
酶带数	2	3	1	2	2	0	6	6	4	4	4	4	6	6	5	5	6	5	5	6	3	5	4	5	6	6	2	6	6	3
EST 同工酶																														
EST1a	—	—	—	—	—	—	—	*	—	—	—	—	—	*	—	—	*	—	—	—	—	—	—	—	—	—	—	—	—	—
EST1b	—	—	—	—	—	—	—	*	—	*	—	*	—	*	—	—	*	—	—	*	—	—	*	*	—	*	—	—	*	*
EST1c	—	—	—	—	—	—	—	*	—	*	—	—	—	—	—	*	—	—	—	—	—	—	—	—	—	—	—	—	—	—
EST1d	—	—	—	—	—	—	—	*	—	—	—	—	—	—	—	—	—	—	—	—	—	*	—	—	—	—	—	—	—	—
EST2a	—	—	—	—	—	—	—	*	—	*	—	—	—	*	—	*	—	—	—	—	—	—	—	*	—	—	—	—	—	—
EST2b	—	—	—	—	—	—	—	*	—	*	*	*	—	*	—	*	*	*	—	*	—	*	*	*	—	*	—	*	*	*
EST2c	—	—	—	—	—	—	—	*	—	*	—	*	—	*	—	*	—	*	—	*	—	*	—	*	—	—	*	*	—	—
EST2d	—	—	—	—	—	—	—	—	—	—	—	—	—	—	—	—	—	—	—	—	—	—	—	—	—	—	—	—	—	—
酶带数	0	0	0	0	0	0	4	7	6	3	4	4	6	4	5	5	5	4	5	5	6	3	3	5	2	2	2	3	2	2

注 Notes: "*" 表示活性，星号越多表示活性越强 "*" Indicates that the activity, the more the stronger activity, "—" 表示无 indicates not be detective

异. 异齿裂腹鱼 S. (S.) o'connori, 拉. 拉萨裂腹鱼 S. (R.) waltoni, 巨. 巨须裂腹鱼 S. (R.)macropogon, 双. 双须叶须鱼 P. dipogon, 尖. 尖裸鲤 O. stewartii, 尻. 拉萨裸裂尻鱼 S. younghusbandi

上述分析表明，6 种裂腹鱼类 5 种组织中的 MDH 同工酶的表达均较丰富，且均存在明显的种属特异性和组织特异性。这种特异性不仅表现在酶带的数量上，还表现在酶活性的强弱上，如异齿裂腹鱼的肝脏、心肌和肌肉组织均表达 6 条酶带，但各个酶带在不同组织中的表达活性不同。因此，MDH 同工酶可作为鉴定 6 种裂腹鱼的遗传标记。S-MDH 和 M-MDH 在电泳性质及酶化学性质上均不相同，S-MDH 同工酶趋向阳极一侧，不受草酰乙酸抑制，其主要功能是将草酰乙酸还原为苹果酸，而 M-MDH 趋向阴极一侧，且受草酰乙酸抑制，其主要功能是使苹果酸脱氢(杨兴棋等，1984；刘文彬等，2003)。这两类同工酶相互协调作用，有效地保证了机体代谢的高效进行，并促进能量的不断产生，是机体在特定环境下适应生存条件及组织分化并特异性执行各自功能的结果。

三、酯酶

(一)酯酶的表达

1. 异齿裂腹鱼

在异齿裂腹鱼的肝脏组织中检测到 EST1a、EST1b、EST2b 和 EST2c 共 4 条酶带，在心肌组织中检测到 EST1a、EST1b、EST2a、EST2b、EST2c 和 EST2d 共 6 条酶带，在肾脏组织中检测到 EST1b、EST1d、EST2b、EST2c 和 EST2d 共 5 条酶带，而在肌肉组织中只检测到 EST1b 和 EST2b 共 2 条酶带。表明 EST 在异齿裂腹鱼各组织中表达的酶带数目和酶活性水平均存在个体间差异(图版Ⅷ-4.1～图版Ⅷ-4.3)。

2. 双须叶须鱼

在双须叶须鱼的肝脏组织中检测到 EST1a、EST1b、EST1c、EST1d、EST2a、EST2b 和 EST2c 共 7 条酶带，在心肌组织中检测到 EST1b、EST2b、EST2c 和 EST2d 共 4 条酶带，在肾脏组织中检测到 EST1b、EST1c、EST2a、EST2b 和 EST2c 共 5 条酶带，而在肌肉组织中只检测到 EST1b 和 EST2b 共 2 条酶带。表明 EST 在双须叶须鱼各组织中表达的酶带数目和酶活性水平均存在个体间差异(图版Ⅷ-4.4，图版Ⅷ-4.5)。

3. 拉萨裸裂尻鱼

在拉萨裸裂尻鱼的肝脏和肾脏组织中均检测到 EST1a、EST1b、EST1c、EST2a、EST2b 和 EST2c 共 6 条酶带，在心肌组织中检测到 EST1b、EST1c、EST2a、EST2b 和 EST2c 共 5 条酶带，而在肌肉组织中则只检测到 EST1b 和 EST2b 共 2 条酶带。表明 EST 在拉萨裸裂尻鱼各组织中表达的酶带数目和活性水平均存在个体间差异(图版Ⅷ-4.6～图版Ⅷ-4.9)。

4. 拉萨裂腹鱼

在拉萨裂腹鱼肝脏和肾脏组织中均检测到 EST1b、EST2b 和 EST2c 共 3 条酶带，在心肌组织中检测到 EST1a、EST1b、EST2a、EST2b 和 EST2c 共 5 条酶带，在肌肉组织中检测到 EST1b、EST2b 和 EST2c 共 3 条酶带。表明 EST 在拉萨裂腹鱼各组织中表达的酶带数目和酶活性水平均存在个体间差异(图版Ⅷ-4.10，图版Ⅷ-4.11)。

5. 巨须裂腹鱼

在巨须裂腹鱼的肝脏组织中检测到 EST1b、EST2b、EST2c 和 EST2d 共 4 条酶带，在心肌组织中检测到 EST1b、EST2a、EST2b 和 EST2c 共 4 条酶带，在肾脏组织中检测到 EST1b、EST2b 和 EST2c 共 3 条酶带，而在肌肉组织中则只检测到 EST1b 和 EST2b 共 2 条酶带。表明 EST 在巨须裂腹鱼各组织中表达的酶带数目和酶活性水平存在个体间差异(图版Ⅷ-4.12，图版Ⅷ-4.13)。

6. 尖裸鲤

在尖裸鲤的肝脏组织中检测到 EST1a、EST1b、EST2a 和 EST2b 共 4 条酶带，在心肌组织中检测到 EST1b、EST2a、EST2b、EST2c 和 EST2d 共 5 条酶带，在肾脏组织中检测到 EST1b、EST1c、EST2a、EST2b 和 EST2c 共 5 条酶带，在肌肉组织中，则只检测到 EST1b 和 EST2b 共 2 条酶带。表明 EST 在尖裸鲤各组织中表达的酶带数目和酶活性水平存在个体间差异(图版Ⅷ-4.14，图版Ⅷ-4.15)。

EST 在 6 种裂腹鱼类各组织中表达的酶带数目及其相对活性见表 8-4。

(二)酶谱相似度指数

选取同工酶表达量最多，且清晰、稳定、重复性好的肝脏、肾脏和心肌组织用于 EST 酶谱相似度分析。6 种裂腹鱼类 3 种组织的 EST 酶谱相似度分析结果表明，不同物种和不同组织间酶谱的相似度指数均存在差异(表 8-5)。

表 8-5　6 种裂腹鱼肝脏、肾脏和心肌组织 EST 谱带相似度指数
Table 8-5　Similarity indexes of EST isozymes in liver, kidney and heart muscle of six Schizothoracinae fishes

鱼类 Fishes	异齿裂腹鱼 S. (S.) o' connori	双须叶须鱼 P. dipogon	拉萨裸裂尻鱼 S. younghusbandi	拉萨裂腹鱼 S. (R.) waltoni	巨须裂腹鱼 S. (R.) macropogon	尖裸鲤 O. stewartii
肝脏 Liver						
异齿裂腹鱼 S. (S.) o'connori	1	0.728	0.800	0.857	0.750	0.750
双须叶须鱼 P. dipogon		1	0.923	0.600	0.546	0.546
拉萨裸裂尻鱼 S. younghusbandi			1	0.667	0.600	0.800
拉萨裂腹鱼 S. (R.) waltoni				1	0.857	0.571
巨须裂腹鱼 S. (R.) macropogon					1	0.500
尖裸鲤 O. stewartii						1
肾脏 Kidney						
异齿裂腹鱼 S. (S.) o'connori	1	0.600	0.546	0.750	0.750	0.600
双须叶须鱼 P. dipogon		1	0.909	0.750	0.750	1.000
拉萨裸裂尻鱼 S. younghusbandi			1	0.667	0.667	0.909
拉萨裂腹鱼 S. (R.) waltoni				1	0.858	0.750
巨须裂腹鱼 S. (R.) macropogon					1	0.750
尖裸鲤 O. stewartii						1

鱼类 Fishes	异齿裂腹鱼 S. (S.) o' connori	双须叶须鱼 P. dipogon	拉萨裸裂尻鱼 S. younghusbandi	拉萨裂腹鱼 S. (R.) waltoni	巨须裂腹鱼 S. (R.) macropogon	尖裸鲤 O. stewartii
心肌 Heart muscle						
异齿裂腹鱼 S. (S.) o'connori	1	0.800	0.727	0.909	0.800	0.727
双须叶须鱼 P. dipogon		1	0.667	0.667	0.750	0.889
拉萨裸裂尻鱼 S. younghusbandi			1	0.800	0.889	0.800
拉萨裂腹鱼 S. (R.) waltoni				1	0.600	0.667
巨须裂腹鱼 S. (R.) macropogon					1	0.889
尖裸鲤 O. stewartii						1
总体 Total						
异齿裂腹鱼 S. (S.) o'connori	1	0.709	0.691	0.839	0.767	0.692
双须叶须鱼 P. dipogon		1	0.833	0.672	0.682	0.812
拉萨裸裂尻鱼 S. younghusbandi			1	0.711	0.719	0.837
拉萨裂腹鱼 S. (R.) waltoni				1	0.772	0.663
巨须裂腹鱼 S. (R.) macropogon					1	0.713
尖裸鲤 O. stewartii						1

(三)特异性分析

1. 同工酶表达的差异性分析

对异齿裂腹鱼、双须叶须鱼、拉萨裸裂尻鱼、拉萨裂腹鱼、巨须裂腹鱼和尖裸鲤 6 种裂腹鱼 5 种组织的 EST 同工酶酶谱进行了酶谱分析。6 种裂腹鱼类的 5 种组织中分别检测出了 6、5、7、6、4 和 5 条酶带(表 8-4)。并且,EST 同工酶的表达在不同种类间及同一物种的不同组织间均存在明显的组织特异性和种属特异性。

(1)6 种裂腹鱼的晶状体组织中均没有检测到 EST 同工酶的表达。

(2)在肝脏、心肌、肾脏和肌肉 4 种组织中,均检测到 EST1b 和 EST2b 这 2 条酶带,其出现频率在检测到的所有酶带中最高,推测其可能是 6 种裂腹鱼 EST 同工酶的基本酶带。

(3)除尖裸鲤肌肉组织外,6 种裂腹鱼类的心肌、肝脏和肾脏组织均检测到 EST2c 酶带。

(4)与其他组织相比,肌肉组织中表达的同工酶种类最少,除拉萨裂腹鱼中检测到 EST1b、EST2b 和 EST2c 共 3 条酶带外,其他 5 种裂腹鱼的肌肉中均只检测到 EST1b 和 EST2b 这 2 条酶带。

(5)EST1a 仅在拉萨裸裂尻鱼的肾脏和肝脏、异齿裂腹鱼的心肌和肝脏、拉萨裂腹鱼的心肌以及双须叶须鱼和尖裸鲤的肝脏组织中表达;EST1c 仅在双须叶须鱼的肾脏和肝脏,拉萨裸裂尻鱼的肾脏、心肌和肝脏,尖裸鲤的肾脏组织中表达;EST1d 仅在异齿裂腹鱼肾脏和双须叶须鱼的肝脏组织中表达;EST2a 在异齿裂腹鱼、拉萨裂腹鱼和巨须裂腹鱼的肾脏和肝脏，双须叶须鱼的心肌组织无表达；EST2d 仅在异齿裂腹鱼的肾脏和心肌，双须叶须鱼和尖裸鲤的心肌，巨须裂腹鱼的肝脏组织中表达。因此，EST1a、EST1c、EST1d、EST2a 和 EST2d 可作为区分这 6 种裂腹鱼的生化标记。

上述结果表明，6 种裂腹鱼的 5 种组织中，EST 同工酶的表达较为丰富，且存在明显的种属特异性和组织特异性，这种特异性不仅表现在酶带的数量上，还表现在酶活性的强弱上，在肝脏、肾脏和心肌组织中，表达的酶带数目和酶活性水平都是较高的。

EST 同工酶是催化羧酸酯类酯键水解或合成的酶类，能够水解大量非生理性存在的化合物，在酶代谢和维持生物膜结构方面发挥着重要作用(李敏和杨晓芬，2008)。裂腹鱼类 EST 同工酶的组织特异性，是机体在特定环境下适应高原气候寒冷多变的生态环境及组织分化并特异性执行各自功能的结果。

2. 酶谱相似度指数与亲缘关系的探讨

同工酶是指生物体内催化相同的化学反应，而分子结构和理化性质不同的酶。生物个体同工酶酶谱的差异大多是由它们的基因决定的，同工酶酶谱的不同反映了个体基因型的不同。生物在长期的进化过程中，基因不断发生突变，导致酶亚基中氨基酸变化，最终使其结构发生变化，在电泳中出现相对迁移率不同的酶带，从而形成不同的酶带(朱新平等，1992)。Vaughan 和 Denford(1968)提出以酶谱相似度指数预测种间亲缘关系，相似度指数越大，说明物种间亲缘关系越密切。对 6 种裂腹鱼的肝脏、肾脏和心肌 3 种组织的 EST 同工酶酶谱的比较可以看出，不同物种在不同组织间酶谱的相似度指数存在一定的差异，相关数据如下。

(1)肝脏组织中，双须叶须鱼与拉萨裸裂尻鱼的相似度指数最大，为 0.923；异齿裂腹鱼与拉萨裂腹鱼和巨须裂腹鱼与拉萨裂腹鱼均为 0.857；其次是异齿裂腹鱼与拉萨裸裂尻鱼和拉萨裸裂尻鱼与尖裸鲤，均为 0.800；尖裸鲤与巨须裂腹鱼的相似度指数最小，为 0.500。

(2)肾脏组织中，双须叶须鱼与尖裸鲤的相似度指数最大，为 1；双须叶须鱼与拉萨裸裂尻鱼和尖裸鲤与拉萨裸裂尻鱼均为 0.909；其次是拉萨裂腹鱼与巨须裂腹鱼，为 0.858；异齿裂腹鱼与拉萨裸裂尻鱼相似度指数最小，为 0.546。

(3)心肌组织中，异齿裂腹鱼与拉萨裂腹鱼的相似度指数最大，为 0.909；双须叶须鱼与尖裸鲤、巨须裂腹鱼与拉萨裸裂尻鱼和巨须裂腹鱼与尖裸鲤均为 0.889；其次是异齿裂腹鱼与双须叶须鱼、异齿裂腹鱼与巨须裂腹鱼、拉萨裸裂尻鱼与拉萨裂腹鱼和拉萨裸裂尻鱼与尖裸鲤，均为 0.800；拉萨裂腹鱼与巨须裂腹鱼的相似度指数最小，为 0.600。

综合分析这 6 种裂腹鱼肝脏、肾脏和心肌组织的酶谱相似度指数可以得出，尖裸鲤、拉萨裸裂尻鱼和双须叶须鱼间的亲缘关系较近，而异齿裂腹鱼、拉萨裂腹鱼和巨须裂腹鱼间的亲缘关系较近。这 6 种裂腹鱼的亲缘关系结果与武云飞等(1999)从核型分析以及曹文宣等(1981)从形态学特征分析得到的结果极其相似。因此，酯酶酶谱特征在一定程度上能够反映物种间的亲缘关系，可作为裂腹鱼类分类的一个生化指标。此外，对 3 种组织的比较分析发现，最适合做亲缘关系分析的组织为肝脏和肾脏。

第三节　分子群体遗传学

遗传多样性是物种生存和进化的基础。随着遗传学和分子生物学的发展，遗传多样性的研究层次逐渐提高，遗传多样性的检测方法也从传统的形态学、细胞学和生理生化水平逐步发展到如今的 DNA 分子水平。DNA 分子标记是以基因组 DNA 的丰富多态性为基础，可直接反映生物个体和群体在 DNA 水平遗传变异的一种新型遗传标记技术，广泛应用于生物的遗传多样性评估、进化起源分析、物种亲缘关系鉴别、遗传育种和基因组研究等诸多方面。

作者在国内首次分离并开发了尖裸鲤、异齿裂腹鱼、拉萨裂腹鱼、巨须裂腹鱼和拉萨裸裂尻鱼 5 种西藏裂腹鱼类的多态性微卫星分子标记，测定了尖裸鲤、双须叶须鱼 2 种裂腹鱼类的线粒体全基因组序列，采用线粒体 DNA Cyt b 基因和 D-loop 控制区序列对雅鲁藏布江中上游 6 个拉萨裸裂尻鱼群体和 7 个异齿裂腹鱼群体的遗传多样性、遗传结构和种群历史动态进行了研究。同时，基于 12 个多态性微卫星位点，对 7 个异齿裂腹鱼群体的遗传多样性和遗传结构进行了分析，旨在为裂腹鱼类种质的分子鉴定、人工繁育与放流、自然群体的科学保护和管理等提供重要的分子群体遗传学依据。

一、微卫星分子标记的分离及特征

微卫星 DNA（microsatellite DNA），又称短串联重复序列（short tandem repeat，STR）或简单重复序列（simple sequence repeat，SSR），是以 1～6 个核苷酸首尾相连构成的串联重复序列，重复次数 5～50 次。微卫星序列广泛地分布于真核生物基因组中，在 DNA 序列中平均每隔 10～50kb 就可能出现一个（Chistiakov et al.，2006）。微卫星标记为共显性标记，因其具有多态性丰富、引物通用性好、高效和稳定等优点，而被广泛应用于鱼类遗传多样性分析、种群分化和进化研究等方面（鲁双庆等，2005；姬伟等，2007；董秋芬等，2007；Guo et al.，2010）。

本节采用磁珠富集法（FIASCO）开发了拉萨裸裂尻鱼、拉萨裂腹鱼、异齿裂腹鱼、巨须裂腹鱼和尖裸鲤等 5 种西藏裂腹鱼类的多态性微卫星分子标记，并对微卫星位点的基本特征作了分析，为裂腹鱼类遗传多样性评估、种质资源保护和利用提供依据。

（一）拉萨裸裂尻鱼微卫星分子标记的开发

通过构建(AGAT)$_n$微卫星富集文库和阳性克隆的 PCR 检测，挑选 100 个阳性克隆测序，其中 69 个序列含有微卫星重复单元。设计 25 对微卫星引物进行 PCR 扩增和多态性检测，成功分离出拉萨裸裂尻鱼 15 个四核苷酸重复微卫星位点(位点 LLK19～LLK33 的 GenBank 登录号为 KC907351～KC907365)。利用 45 个拉萨裸裂尻鱼个体分析了这 15 个微卫星位点的基本特征，位点名称、重复单元、引物序列、退火温度、产物大小及遗传多样性参数见表 8-6。结果显示：拉萨裸裂尻鱼个体在一个微卫星位点最多可以检测到 4 个等位基因，证实拉萨裸裂尻鱼为四倍体；每个微卫星位点的等位基因数(N_A)为 6～32，平均值为 17.87；期望杂合度(H_E)为 0.454～0.951，平均值为 0.857；香农-维纳多样性指数（H'）为 0.931～3.201，平均值为 2.427。上述结果表明，这些四核苷酸重复微卫星位点具有高度多态性，适用于拉萨裸裂尻鱼的群体遗传多样性和遗传结构评估。

表 8-6 拉萨裸裂尻鱼 15 个四核苷酸重复微卫星位点的特征

Table 8-6 Characterization of 15 tetranucleotide microsatellite loci for *S. younghusbandi*

位点 Locus	重复单元 Repeat motif	引物序列 Primer sequence（5'-3'）	T_a（℃）	产物大小 Allele size range（bp）	N_A	H_E	H'
LLK19	(TAGA)$_{11}$	F: GATCTCTCCATTCTGTGTAAG R: AGTTTGTGGTTATGCTCCT	55	137～194	13	0.882	2.302
LLK20	(TCTA)$_8$	F: ATCCACAGAGATGCCAAAG R: CATTCAAAGGTCACTCGTAG	56	135～235	17	0.895	2.474
LLK21	(ATCT)$_{14}$	F: TCCGCTTCACGATTGACTAA R: ACCCCCATCTCTGCCATT	51	198～342	18	0.910	2.583
LLK22	(TCAT)$_8$	F: TTTTAATCCACAGAGATGCC R: ATCATTCAAAGGTCACTCGT	56	139～231	18	0.925	2.707
LLK23	(TCTG)$_4$…(TCTA)$_3$	F: TCTGTAATGTAAACGCACCT R: TTCACGCCAATAAAGCAA	56	146～170	7	0.775	1.668
LLK24	(TATC)$_{19}$	F: CTATGGTCAGACGAGTTCAA R: CATGTCACAAAGCTCAAATC	56	178～287	19	0.918	2.685
LLK25	(ATAG)$_{10}$	F: TGTCTCAACACCTTTTCAGT R: CAGTTCTTTATTACACCAGTCAC	58	142～191	9	0.648	1.501
LLK26	(AGAT)$_8$	F: AGGTTCCTCTTTGTGTTTG R: CTTCTGCCTCGTTCTGTT	59	118～208	20	0.917	2.703
LLK27	(TAGA)$_8$	F: ATCATTCAAAGGTCACTCGT R: TCCACAGAGATGCCAAAG	58	134～245	26	0.932	2.882
LLK28	(ATAG)$_{21}$	F: GAACGAGAAAGTTAAAGGTC R: AGGAGTGGTCAGTGCTTC	55	189～335	32	0.951	3.201
LLK29	(AATA)$_8$	F: AGGGACAGGTCACGGTTA R: GACTTACTATCTTCTGCCACAC	58	210～260	6	0.454	0.931
LLK30	(GATA)$_8$	F: CCAAAGCAAATTCTGTTCTT R: CTCCCTTGTCTGACCTCC	51	293～392	24	0.934	2.895
LLK31	(GATA)$_{18}$	F: ATGGACGGACATAGGGACA R: TGGAAATCACGGATGCTG	59	85～192	30	0.946	3.110
LLK32	(TAGA)$_6$	F: ATTTTGGATGAAACAAGACG R: GGAACCGAGGTTACGATAGT	55	124～171	13	0.852	2.170
LLK33	(ATCT)$_9$	F: GTCTCAAAATATGCCTACCTC R: TCCCAATGGATGAAATCT	49	158～220	16	0.914	2.592

注 Notes：T_a. 退火温度 annealing temperature；N_A. 等位基因数 number of alleles；H_E. 期望杂合度 expected heterozygosity；H'. 香农-维纳多样性指数 Shannon-Wiener diversity index

通过构建 (AC)$_{10}$-微卫星富集文库和阳性克隆的 PCR 检测，挑选 57 个阳性克隆测序，其中 51 个序列含有微卫星重复单元。设计 25 对微卫星引物进行 PCR 扩增和多态性检测，成功分离出拉萨裸裂尻鱼 18 个二核苷酸重复微卫星位点（位点 LLK01～LLK18 的 GenBank 登录号为 KC431889～KC431906）。利用 46 个拉萨裸裂尻鱼个体分析了这 18 个微卫星位点的基本特征，位点名称、重复单元、引物序列、退火温度、产物大小及遗传多样性参数见表 8-7。结果显示：每个微卫星位点的平均等位基因数（N_A）为 8.33（2～14），平均期望杂合度（H_E）为 0.746（0.022～0.879），平均香农-维纳多样性指数（H'）为

1.740（0.059～2.313），平均多态信息含量（PIC）为 0.705（0.011～0.867）。此外，在拉萨裂腹鱼、巨须裂腹鱼和尖裸鲤 3 种裂腹鱼类中对 18 个微卫星位点进行了通用性检测，发现 6 个位点（LLK01、LLK05、LLK07、LLK10、LLK14 和 LLK18）可以在另外 3 种裂腹鱼类中成功扩增，17 个位点（LLK06 除外）可以在尖裸鲤中成功扩增。上述结果表明，这些二核苷酸重复微卫星位点具有高度多态性，适用于拉萨裸裂尻鱼及近缘裂腹鱼类的群体遗传学分析。

表 8-7　拉萨裸裂尻鱼 18 个二核苷酸重复微卫星位点的特征

Table 8-7　Characterization of 18 dinucleotide microsatellite loci for *S. younghusbandi*

位点 Locus	重复单元 Repeat motif	引物序列 Primer sequence (5′-3′)	T_a (℃)	产物大小 Allele size range (bp)	N_A	H_E	H'	PIC
LLK01	$(TG)_8$	F: AAAGCGAGTGGGAACATTGGAT R: AGCACAGGTGAGAGAGGGGC	56	190～240	5	0.740	1.429	0.677
LLK02	$(CA)_{46}$	F: ACAGATGAGATTCACTGACACA R: CCACCAAGTTTTCACCCT	55	200～298	10	0.870	2.141	0.863
LLK03	$(GT)_{10}…(TG)_{15}$	F: ATATACAGCAAGGTTTGGCTCA R: AAAGGTCTGGAAAGTTTGGAAG	58	193～284	11	0.864	2.142	0.828
LLK04	$(CT)_5(TG)_{13}$	F: CAGATGGAGGAAGACGAGA R: TTAGCATGACACAAGGAACT	50	168～179	3	0.283	0.537	0.146
LLK05	$(CA)_{32}$	F: GTGTCGGACGGAGGTCAGATA R: AGAGATGCAAGCAACAAACGC	54	235～324	10	0.733	1.699	0.695
LLK06	$(TG)_{16}$	F: GTCTATTGCTTTCATTGCCCT R: TGTTCTTGTTCAGCCCATTAC	50	142～148	2	0.022	0.059	0.011
LLK07	$(AC)_{10}$	F: ATGTCATTTGGGGGCAAGTTA R: CGATGTGTATTCCCGTGAGACT	54	104～150	9	0.866	2.085	0.843
LLK08	$(GA)_7…(TG)_{24}$	F: GACAGCAGACATAATAACGCA R: CCATAAATCACCTTCTCCTTG	55	252～340	10	0.846	2.085	0.785
LLK09	$(CA)_9CG(CA)_5$	F: AGCCTGAAAGAGGGAACGGAGT R: ACAACAGAACAGCAACGCATT	61	277～343	9	0.841	1.951	0.816
LLK10	$(TG)_{37}$	F: CCAGTTTAGGCCAGGAATGG R: GGAAGGGCAGCGATGATGT	61	173～263	11	0.854	2.044	0.832
LLK11	$(AC)_{13}$	F: AGGGAGAATAAGATGGTG R: TGTAAACAGCTCGACTGA	54	157～191	7	0.816	1.784	0.776
LLK12	$(CA)_9$	F: AGGGTGATGAGATGTGGT R: AGTCAACTATGATGGACGA	54	129～186	10	0.867	2.117	0.848
LLK13	$(GT)_{20}$	F: CTTTTATTAGCCATCTGACCTG R: AGACACGCCATTATGTGACTAT	49	165～236	10	0.869	2.119	0.853
LLK14	$(AC)_{22}$	F: CACTTATCGCATTTATCCA R: GCTCTTAATCCAGGGCTAT	52	211～345	14	0.879	2.313	0.867
LLK15	$(GT)_{22}$	F: GCCATTAGAATCAGAGCG R: ATTGGAGAATACAAACAGGTG	54	107～159	10	0.859	2.093	0.840
LLK16	$(AC)_{11}$	F: AGTGTATGTTTTTATGGCGGC R: CCTCTCTGTGGCTTCTGGACT	58	100～126	6	0.725	1.509	0.629
LLK17	$(GT)_{13}$	F: GTAAAGTTTTGCGTGAGTGC R: AGTCATGGACAAGTGTGCCT	58	255～300	7	0.819	1.825	0.784
LLK18	$(TG)_{12}$	F: GCAAGAGGATACTTTTCA R: ATCTGATAGAAGGGCTGT	52	179～212	6	0.670	1.386	0.598

注 Notes：T_a. 退火温度 annealing temperature；N_A. 等位基因数 number of alleles；H_E. 期望杂合度 expected heterozygosity；H'. 香农–维纳多样性指数 Shannon-Wiener diversity index；PIC. 多态信息含量 polymorphism information content

(二)拉萨裂腹鱼微卫星分子标记的开发

通过构建$(AGAT)_n$-微卫星富集文库和阳性克隆的 PCR 检测，挑选 150 个阳性克隆测序，设计 36 对微卫星引物进行 PCR 扩增和多态性检测，成功分离出拉萨裂腹鱼 20 个多态性微卫星位点，其中 19 个为四核苷酸重复位点，1 个为二核苷酸重复位点(位点 Schw01～Schw20 的 GenBank 登录号为 KF857558～KF857574)。利用 42 个拉萨裂腹鱼个体样本，分析了这 20 个微卫星位点的基本特征，位点名称、重复单元、引物序列、退火温度、产物大小及遗传多样性参数见表 8-8。结果显示：拉萨裂腹鱼个体在一个微卫星位点最多可以检测到 4 个等位基因，证实拉萨裂腹鱼为四倍体；每个微卫星位点的平均等位基因数(N_A)为 18.45(9～28)；平均期望杂合度(H_E)为 0.892(0.716～0.942)；平均香农-维纳多样性指数(H')为 2.532(1.675～3.038)。上述结果表明，这些微卫星位点具有高度多态性，适用于拉萨裂腹鱼的群体遗传多样性和遗传结构评估。

表 8-8　拉萨裂腹鱼 20 个微卫星位点的特征

Table 8-8　Characterization of 20 microsatellite loci for *S. (R.) waltoni*

位点 Locus	重复单元 Repeat motif	引物序列 Primer sequence (5'-3')	T_a (℃)	产物大小 Allele size range (bp)	N_A	H_E	H'
Schw01	$(ATCT)_6\dots(TCTG)_6\dots$ $(TCTA)_6$	F: ATTGACCGAATGTTCAGATG R: CTAGCATGTCTTAGGCTGTTG	56	203～287	21	0.928	2.824
Schw02	$(ATCT)_{10}$	F: CTTGTTCACTGTTTGCCCTTGT R: GAATCTTGGGATGGCTTGGT	56	146～191	15	0.872	2.235
Schw03	$(TATC)_{19}$	F: GCGTGATCTTTCAGGCATAT R: GTTACGGCGACTCAGAAGG	56	122～194	23	0.935	2.871
Schw04	$(ATCT)_{14}\dots(TCCA)_4$	F: TATTTCCCCCATCAACACT R: GCAACATTTATCAAGACCAAC	56	164～199	12	0.849	2.123
Schw05	$(TCTA)_{12}$	F: GGCTCTGGACGCTTTGAC R: GGTTGCCGCTTCCTTATT	56	170～285	25	0.936	2.904
Schw06	$(ATCT)_{13}$	F: CCGTTGTTGGTTCTTTCG R: GATTTGGCTTGATGTCTGC	56	150～202	13	0.858	2.166
Schw07	$(ATAG)_5\dots(AGAT)_{11}$	F: GCTTTCCTTACTTTTACGGTCT R: GGGAGCCCTGTTTCTTGAT	56	253～381	28	0.942	3.038
Schw08	$(AC)_{13}$	F: GCTGAAACATTCGGTCTG R: TAGTCTGAAAAGTAAACGGC	56	90～118	11	0.850	2.072
Schw09	$(CTAT)_{15}$	F: TTACCAGATGGCAGCAGAG R: CACGATGTGTGACAATAAAGAG	58	86～149	18	0.900	2.533
Schw10	$(ATCT)_8$	F: TCACACACACCTGCTCAAG R: GACGGATGGATAAATGGA	56	158～247	22	0.931	2.823
Schw11	$(ATCT)_{12}$	F: ATCTGCTTACGCCCCAT R: TTGTCTATTGCTGCTCATCA	58	115～195	17	0.844	2.186
Schw12	$(CTAT)_{15}\dots(TA)_4$	F: ATTAGTCCTTGACATCTGC R: CTTCGCTACTTGACACCT	56	183～310	25	0.937	2.931
Schw13	$(CTAT)_{14}\dots(ATCT)_{10}$ $\dots(ATCT)_6$	F: GATGGCAGCAGAGTGAATA R: AAGACAGTCCAGAACTTTGG	48	317～391	13	0.845	2.110
Schw14	$(ATCT)_{25}$	F: ACACACACAAGGACAGAATC R: GATGAGCCTGAAGTTTGAA	56	193～280	20	0.931	2.806
Schw15	$(GTCT)_4(TCTA)_4$	F: GGCAAAATCACGGCGACT R: GACTTGGACTTCTCACCCCTTC	56	136～195	9	0.716	1.675

续表

位点 Locus	重复单元 Repeat motif	引物序列 Primer sequence (5′-3′)	T_a (℃)	产物大小 Allele size range (bp)	N_A	H_E	H'
Schw16	$(TCTA)_{15}$	F: GTAACCTCCTGTCTGCTG R: GCTGGACTATGACTCACTGT	56	142~211	18	0.910	2.642
Schw17	$(ATCT)_8$	F: CATTTAGGTTTGAGAGGAC R: GATAGAACGATAGACAGACTG	56	92~178	23	0.939	2.941
Schw18	$(TCTA)_{14}$	F: CTGTATGTTTGTCCGTCC R: CTGAAAGAGTTGAATAGAGG	56	104~176	17	0.906	2.514
Schw19	$(TATC)_{11}$	F: TCCGTCCATAAGTAGCAAGA R: GGAGGGAGGCAAGGTAAT	56	142~186	14	0.896	2.409
Schw20	$(CTAT)_{15}$	F: TTGGGAGGAAATAAGGAG R: ACAGTTTTTATGGACAGTGC	56	313~132	25	0.924	2.832

注 Notes：T_a. 退火温度 annealing temperature；N_A. 等位基因数 number of alleles；H_E. 期望杂合度 expected heterozygosity；H'. 香农–维纳多样性指数 Shannon-Wiener diversity index

(三)异齿裂腹鱼微卫星分子标记的开发

通过构建 $(AC)_{10}$-微卫星富集文库和阳性克隆的 PCR 检测，挑选阳性克隆进行测序，设计 24 对微卫星引物进行 PCR 扩增和多态性检测，成功分离出异齿裂腹鱼 21 个二核苷酸重复微卫星位点(位点 Scho01~Scho21 的 GenBank 登录号为 KC247930~KC247950)。利用 46 个异齿裂腹鱼个体分析了这 21 个微卫星位点的基本特征，位点名称、重复单元、引物序列、退火温度、产物大小及遗传多样性参数见表 8-9。结果显示：每个微卫星位点的等位基因数 (N_A) 为 5~21，平均值为 10.14；平均观测杂合度 (H_O) 为 0.810(0.422~1.000)；平均期望杂合度 (H_E) 为 0.748(0.462~0.936)；多态信息含量 (PIC) 为 0.400~0.920，平均值为 0.707。此外，在拉萨裂腹鱼、巨须裂腹鱼、拉萨裸裂尻鱼、双须叶须鱼和尖裸鲤 5 种裂腹鱼类中对 21 个微卫星位点进行了通用性检测，发现 21 个多态性微卫星位点在裂腹鱼属鱼类中的通用性高于在裸裂尻鱼属、叶须鱼属和尖裸鲤属鱼类中的通用性。上述结果表明，这些二核苷酸重复微卫星位点具有高度多态性，适用于异齿裂腹鱼及近缘裂腹鱼类的群体遗传学分析。

通过构建 $(AGAT)_n$-微卫星富集文库和阳性克隆的 PCR 检测，挑选 116 个阳性克隆测序，其中 77 个序列含有微卫星重复单元。设计 28 对微卫星引物进行 PCR 扩增和多态性检测，成功分离出异齿裂腹鱼 21 个四核苷酸重复微卫星位点(位点 Scho22~Scho42 的 GenBank 登录号为 KC902765~KC902785)。利用 42 个异齿裂腹鱼个体分析了这 21 个微卫星位点的基本特征，位点名称、重复单元、引物序列、退火温度、产物大小及遗传多样性参数见表 8-10。结果显示：异齿裂腹鱼个体在一个微卫星位点最多可以检测到 4 个等位基因，证实异齿裂腹鱼为四倍体；每个位点的平均等位基因数 (N_A) 为 17.76(4~29)；平均期望杂合度 (H_E) 为 0.851(0.114~0.951)；平均香农–维纳多样性指数 (H') 为 2.338(0.280~3.131)。此外，在近缘种拉萨裂腹鱼和巨须裂腹鱼中对 21 个微卫星位点进行了通用性检测，发现 20 个位点(Scho36 除外)在拉萨裂腹鱼中成功扩增并表现出多态性，其中 18 个位点(Scho35 和 Scho42 除外)可以在巨须裂腹鱼中成功扩增并呈现多态性。

上述结果表明，这些四核苷酸重复微卫星位点具有高度多态性，适用于异齿裂腹鱼及近缘裂腹鱼类的群体遗传学分析。

表 8-9　异齿裂腹鱼 21 个二核苷酸重复微卫星位点的特征

Table 8-9　Characterization of 21 dinucleotide microsatellite loci isolated from *S.* (*S.*) *o'connori*

位点 Locus	重复单元 Repeat motif	引物序列 Primer sequence (5'-3')	T_a (℃)	产物大小 Allele size range（bp）	N_A	H_O	H_E	PIC
Scho01	$(TG)_{12}$	F:TAATGATAATGCCGTGTCGTA R:GAAACAGAAAACAGCCCAGAT	57	237～286	7	0.587	0.479	0.447
Scho02	$(AC)_{21}$	F:CCGTGTGGGTAGAGGTGACTG R:CTGGCATCTGTGAGGGGCA	55	140～180	7	0.935	0.701	0.656
Scho03	$(AC)_9CG(CA)_{18}$	F: TCCTCATAAGTCACCTTCTCC R: TTGTGTGTTTTCTTGCTACG	52	145～170	6	0.422	0.758	0.712
Scho04	$(TG)_{12}$	F: TAACCGAGTCTTGCTTTCTAT R: AGGCTGCTGTGGTATTGG	55	185～220	5	0.957	0.626	0.548
Scho05	$(TG)_5TA$ $(TG)_{10}$	F: ATGTTGGCACCCATAGCA R: CCTGAGTCTCCCGTCTTGT	56	205～222	5	0.543	0.462	0.400
Scho06	$(TG)_{17}$	F: CGGTGACTGTATCTGTATCCA R: CAAAGAGCCGTTGTGTGC	55	163～194	6	0.870	0.654	0.617
Scho07	$(TG)_{33}(AG)_5$	F: CAGAGCAATAGATGTGTAACG R: GGGAGACCATAAGCAAAG	50	191～271	19	0.689	0.906	0.887
Scho08	$(CA)_{18}$	F: ATTGGACAGGCAGTGGAGATG R: AGCGAGAATGAGAGAGGGGA	60	200～264	15	1.000	0.846	0.820
Scho09	$(AC)_{14}$	F: TAAGTATTCCCTCCCTGTCCT R:CAAACCCCAGAAGTGAAAGTG	58	205～243	12	0.587	0.883	0.860
Scho10	$(AC)_{31}$	F: GGTGGAGCAGAGGAAACTAC R: ATCTCTCACGCACGAACAG	55	150～207	18	0.957	0.925	0.909
Scho11	$(AC)_{33}$	F: GATGTTGTGATTGGACAGAGG R: GTAGGATGGAGAAGGCGTG	57	181～233	13	0.935	0.892	0.871
Scho12	$(TG)_{21}$	F: ATTTCCTCCCTCTTCGTC R: CTTCAGGCATACTCATTAGC	52	190～234	7	0.978	0.798	0.762
Scho13	$(TG)_{23}$	F: TTCTTGTTTACAGGTTGCTCA R: CGGAATAATAATCAGTGGCTC	52	206～240	7	0.711	0.543	0.497
Scho14	$(AC)_{17}$	F: GTGAAAGATGCGACTGAGC R: ATGTGGCGTTATGATGTGAT	55	177～219	14	0.913	0.870	0.846
Scho15	$(CT)_{12}...(CA)_{13}$	F: CGAAGGCGTGAACGAGAGT R: GTGCGTCAATGAGTCCAGATG	59	210～280	14	0.674	0.799	0.766
Scho16	$(TG)_{11}$	F: GATGAGATGGGGTCCAGATGA R:GTCCTCCGAGAAAACAGCAGA	62	140～170	6	0.630	0.793	0.750
Scho17	$(AC)_{19}$	F: CAGTAGGGTTTGAGATGACA R: GAACAGTTAATGCGAGGAG	58	191～250	10	0.750	0.846	0.818
Scho18	$(TG)_{25}$	F: AGGAATAGACCCTTGTTGT R: AATACCTCTGTCATACCCAT	59	202～271	21	0.951	0.936	0.920
Scho19	$(TA)_5(TG)_{14}$	F: TGGAGGTGTAAGTGTTGTCAT R: GAGGTGGTGTTGGAAGGT	59	138～172	6	0.913	0.641	0.564
Scho20	$(TG)_{10}$	F: GCTGACCTTCACGCCACA R: GGGTTGACACCATCCACACT	59	119～142	5	1.000	0.557	0.450
Scho21	$(GT)_8$	F: ATTACCACCAATCATACGCC R: CTCCTGTTTGCCACCATCT	60	193～242	10	1.000	0.786	0.745
Mean	—	—	—	—	10.14	0.810	0.748	0.707

注 Notes: T_a. 退火温度 annealing temperature；N_A. 等位基因数 number of alleles；H_O. 观测杂合度 observed heterozygosity；H_E. 期望杂合度 expected heterozygosity；PIC. 多态信息含量 polymorphism information content

表 8-10　异齿裂腹鱼 21 个四核苷酸重复微卫星位点的特征

Table 8-10　Characterization of 21 tetranucleotide microsatellite loci for *S.* (*S.*) *o'connori*

位点 Locus	重复单元 Repeat motif	引物序列 Primer sequence（5'-3'）	T_a （℃）	产物大小 Allele size range (bp)	N_A	H_E	H'
Scho22	$(AGAC)_6…(TAGA)_6$	F: TACATTCACTCCCCCCACCT R: GCAATCCAAAATCACCAGCA	60	250～310	16	0.916	2.585
Scho23	$(AGAC)_6…(TG)_6$	F: CACACAATCAGTAGGTCAGG R: ACTAGCAGTTTATCTTCTCAGC	60	234～254	7	0.628	1.365
Scho24	$(CTAT)_{17}…(GTCT)_8…$ $(GTCT)_9$	F: ATTTTTCCTCTGCCCATTGA R: TTGTGAACCGTTACACCCCT	56	172～256	20	0.925	2.728
Scho25	$(AGAC)_9…(AGAT)_{19}$	F: CCACTTACTAGAAAAGGGAT R: TGGGAACCAGAGACTTATT	58	170～288	20	0.929	2.777
Scho26	$(TCTG)_4…(TCTA)_7$	F: GCAAAGCACAAAGGATCT R: CTGAACCATTACACCCCTA	58	106～146	11	0.838	2.010
Scho27	$(ATAG)_{14}$	F: CGTCTATTGTCTGCTCATCA R: ATCTGCTTACGCCCCAT	56	142～188	12	0.872	2.186
Scho28	$(ATCC)_{10}$	F: CAGAGAACTGACCACCGC R: AAGGGACTCCCGTATTGTA	56	154～187	10	0.872	2.157
Scho29	$(GATA)_{11}…(GACA)_5…$ $(AGAT)_7$	F: GGGGTATATATGACTGTAGGA R: AGTAGCAAGTTAGACAATGG	56	386～520	29	0.949	3.131
Scho30	$(AGAC)_9$	F: TCTTGAGCACTTGGAAATG R: GTCTACAGCCAGCAGAAAAT	56	181～287	27	0.951	3.117
Scho31	$(CTAT)_9$	F: TGCTGGTGTCATCTGCTC R: GAAAAACTGCAATTCACAAG	56	202～300	20	0.897	2.592
Scho32	$(AGAT)_5…(AGAT)_5$	F: TGAGCAAAACCACTAACACA R: GACGGCACACATTTCTGA	56	278～386	20	0.896	2.548
Scho33	$(ATCT)_6…(ATCT)_5$	F: ATCAAGTCAGGTTCTATGTT R: GTACTTCAATACAAGCTGC	56	183～237	15	0.792	2.095
Scho34	$(GATA)_8$	F: GAGCCTTTGGGAGGTGAG R: GGGCATTGATGCAGAAGAT	56	223～267	16	0.899	2.496
Scho35	$(GGAT)_9$	F: GAACCCATGTGAATTGACTG R: TCTAAAGGGGCAAACGAC	56	145～168	10	0.834	1.989
Scho36	$(AGAC)_5$	F: CTGAGACTGAAACGAAATGAA R: ATGGCTGAATGTTGGGAG	56	232～248	4	0.114	0.280
Scho37	$(AGAT)_6(AT)_4(AGAT)_{13}$	F: GGAGGGAGAAAGATGGGATG R: TGATGGTCTGTGAGAAATGCC	60	176～250	22	0.938	2.904
Scho38	$(ATCT)_{17}$	F: AGTTTTCTCTCTTTGCTCTTCT R: ATCAGGGTAGTGCGTCATT	60	128～215	25	0.927	0.932
Scho39	$(ATCT)_{15}$	F: AACTCTCTGGATTTGGATTG R: CAGCACAACATCAACACTCT	54	234～310	22	0.942	2.942
Scho40	$(TCTA)_9$	F: TAGAGGAGGATGGGTGAGAA R: CCAACACTGCGAACGATAG	54	198～291	21	0.898	2.607
Scho41	$(AGAC)_5…(AGAC)_5…$ $(AGAC)_5$	F: TGTCTCTAATTGATTTCGGGT R: CATAGGTGCCAGTGACTTGA	60	220～300	24	0.938	2.936
Scho42	$(GATA)_{17}$	F：ATAAGAGGAAAACAATGCC R: AGACCAATGTGTAACAGTAATG	56	143～220	22	0.921	2.721
Mean	—	—	—	—	17.76	0.851	2.338

注 Notes：T_a. 退火温度 annealing temperature；N_A. 等位基因数 number of alleles；H_E. 期望杂合度 expected heterozygosity；H'. 香农–维纳多样性指数 Shannon-Wiener diversity index

（四）巨须裂腹鱼微卫星分子标记的开发

通过构建（AGAT）$_n$-微卫星富集文库和阳性克隆的 PCR 检测，挑选 150 个阳性克隆测序，设计 52 对微卫星引物进行 PCR 扩增和多态性检测，成功分离出巨须裂腹鱼 23 个多态性微卫星位点，其中 19 个为四核苷酸重复位点，4 个为二核苷酸重复位点（位点 Schm01～Schm23 的 GenBank 登录号为 KF744409～KF744431）。利用 42 个巨须裂腹鱼个体样本，分析了这 23 个微卫星位点的基本特征，位点名称、重复单元、引物序列、退火温度、产物大小及遗传多样性参数见表 8-11。结果显示：每个微卫星位点的平均等位基因数（N_A）为 20.17（5～32）；平均期望杂合度（H_E）为 0.883（0.709～0.951）；平均香农–维纳多样性指数（H'）为 2.503（1.421～3.183）。上述结果表明，这些微卫星位点具有高度多态性，适用于巨须裂腹鱼的群体遗传多样性和遗传结构评估。

表 8-11　巨须裂腹鱼 23 个微卫星位点的特征
Table 8-11　Characterization of 23 microsatellite loci for *S.* (*R.*) *macropogon*

位点 Locus	重复单元 Repeat motif	引物序列 Primer sequence (5'-3')	T_a (℃)	产物大小 Allele size range（bp）	N_A	H_E	H'
Schm01	(GT)$_9$	F: CCCAAATCACTTCCTCAATG R: CCACTCCACCACCTGCTC	56	77～101	12	0.837	2.120
Schm02	(AC)$_5$(AT)(AC)$_{16}$	F: ATTACCCTCTTGGTCCTC R: GTATTGTATTGAATGTCCCA	56	100～153	18	0.887	2.472
Schm03	(AC)$_9$	F: TATTTCCCAGAGTGGTGCTA R: TGAGAAGACATCCCTTGTGA	56	102～148	16	0.872	2.332
Schm04	(ATCT)$_{13}$(TCTG)$_{10}$… (TCTG)$_{12}$	F: TGTCTGAGGAGAAAAGCAAG R: TCAAAATGGATGGATGTACG	56	145～350	22	0.930	2.798
Schm05	(AGAT)$_7$…(AGAT)$_8$… (CATA)$_{20}$	F: TGATCCACTGCTGATTAGA R: GATGTTTGTTCTGTTCTTCA	56	200～424	32	0.951	3.183
Schm06	(AC)$_3$…(GT)$_3$…(TA)$_3$	F: TCAGCAAACTTCCCAAAC R: CATCTGTCTCAACAATAGCG	56	136～244	25	0.843	2.357
Schm07	(ATCT)$_5$	F: GAACAGCAGAACTGTAGCAG R: ACAAGCAAGAAGATGAAATG	56	124～160	8	0.709	1.466
Schm08	(TCTA)$_7$	F: TATCTGTCCGTCCGTCTG R: TCTGTCCTGTAATGGCAAT	56	86～135	15	0.892	2.387
Schm09	(TCTA)$_9$(TATC)$_6$	F: GGTTGAACTCTAAGTCCTACAG R: CACATAAAGGCTGATGACTC	58	174～274	27	0.918	2.790
Schm10	(AGAT)$_5$…(GATA)$_6$	F: GAGGTAGGTCTTCACATAACT R: ATGATTGAACAGTGCCAG	58	117～236	19	0.867	2.269
Schm11	(CTAT)$_{11}$…(TC)$_5$	F: CTCAGCAAATAAACCAGCACA R: ACAGGCAGACGGACAGACA	56	72～138	16	0.854	2.248
Schm12	(TCTG)$_{11}$(TCTA)$_5$	F: TTTAGGGAGCATCTTCAC R: ACAGATTTGGATTGGTTG	56	100～127	11	0.823	1.966
Schm13	(CTAT)$_{14}$	F: TGCCATTTTTGTTCACTTG R: ACTGCTTGTCCAGACCGAT	56	143～271	20	0.931	2.777

位点 Locus	重复单元 Repeat motif	引物序列 Primer sequence (5'-3')	T_a (℃)	产物大小 Allele size range (bp)	N_A	H_E	H'
Schm14	$(ATCT)_{12}\ldots(TC)_{13}$	F: TGTCTTGTCTCGTCAGTTATG R: TTGTTCTGAGAGTGTGTGGA	56	204～345	25	0.887	2.649
Schm15	$(ATCT)_{18}$	F: AGAAGTAGGGGAGAAACG R: GCAGATGAAAGACAGACAGT	56	130～210	26	0.930	2.874
Schm16	$(TCTG)_5$	F: AGCCCAAGGTAACTGAGGT R: CGCTTTCCAACAAAACACT	56	126～134	5	0.727	1.421
Schm17	$(TAGA)_8$	F: GAGTGACTTTTACATCGCAG R: TACATCATCCTGTCCGCC	56	110～196	22	0.922	2.751
Schm18	$(AGAT)_{24}$	F: TTCAAATCAGGGGGCTAA R: TGACAAGGCTTCCAAGTG	52	101～195	23	0.937	2.904
Schm19	$(GATA)_7(AG)_7\ldots(AGAT)_4$	F: CAGAGGTGGTGATTTTCC R: AGTTTGAAGTGTGCTAATGC	56	102～207	24	0.920	2.772
Schm20	$(TAGA)_{21}$	F: CATTTTCTGCCTGTTTTGC R: ATTGTGGCTGTGTTGTGTCA	56	170～342	27	0.914	2.748
Schm21	$(GATA)_{19}\ldots(TAGA)_{13}$	F: TACTGCTGCCTGATGTTGTT R: TTGTCTCCTCCCTTTTTCTTA	52	104～219	24	0.930	2.890
Schm22	$(ATAG)_{13}$	F: TCACAATGAAACAGAAGCAG R: GCACAGCACAAGCCTACTA	56	136～355	24	0.894	2.589
Schm23	$(AGAT)_7(GATA)_{10}$	F: TGAGAGATGAGCCTTTCG R: TACACTGGAGAGTTAGGATTG	56	170～231	23	0.929	2.810

注 Notes：T_a. 退火温度 annealing temperature；N_A. 等位基因数 number of alleles；H_E. 期望杂合度 expected heterozygosity；H'. 香农–维纳多样性指数 Shannon-Wiener diversity index

(五)尖裸鲤微卫星分子标记的开发

通过构建(AC)$_{10}$-和(AGAT)$_n$-微卫星富集文库和阳性克隆的 PCR 检测,挑选 97 个阳性克隆测序,其中 67 个序列含有微卫星重复单元。设计 30 对微卫星引物进行 PCR 扩增和多态性检测,成功分离出尖裸鲤 24 个多态性微卫星位点,其中 19 个为四核苷酸重复位点,5 个为二核苷酸重复位点(位点 JLL01~JLL24 的 GenBank 登录号为 KC880056~KC880079)。利用日喀则采集的 42 个尖裸鲤个体样本,分析了这 24 个微卫星位点的基本特征,位点名称、重复单元、引物序列、退火温度、产物大小及遗传多样性参数见表 8-12。结果显示:尖裸鲤个体在一个微卫星位点最多可以检测到 4 个等位基因,证实尖裸鲤为四倍体;每个微卫星位点的平均等位基因数(N_A)为 12.54(4~24);平均期望杂合度(H_E)为 0.846(0.731~0.932);平均香农–维纳多样性指数(H')为 2.131(1.342~2.887)。上述结果表明,这些微卫星位点具有高度多态性,适用于尖裸鲤的群体遗传多样性评估。

表 8-12　尖裸鲤 24 个微卫星位点的特征

Table 8-12　Characterization of 24 microsatellite loci for *O. stewartii*

位点 Locus	重复单元 Repeat motif	引物序列 Primer sequence (5′-3′)	T_a (℃)	产物大小 Allele size range (bp)	N_A	H_E	H'
JLL01	$(AC)_4…(TCCTC)_4$	F: TCATTTACACAGTAGGGAGC R: CAGTTAGAGGTGACGGAAG	54	225～330	8	0.755	1.663
JLL02	$(AC)_{32}$	F: TTGTTGTCAGTGTCACGAGG R: AGGCTGCCAGTTGAGATGT	60	161～212	9	0.791	1.760
JLL03	$(CA)_{13}$	F: GCTGTTCCTTATCGTGCTC R: GCCAACCCTTAGTGTATTATG	54	163～192	4	0.731	1.342
JLL04	$(TCTG)_4…(TGTCTG)_6…$ $(TGTC)_5$	F: ACAGAACGAAGGATGAGGAG R: TTAGCGAGCCAGGTTAGC	60	252～286	6	0.751	1.497
JLL05	$(AC)_{17}…(CA)_4…(AC)_{13}$	F: GGCGAAAAAAATCTTTGTCT R: ACTCTGAACTGGACTAATGGAA	54	202～245	6	0.741	1.530
JLL06	$(AC)_{28}(GC)_2(AC)_{10}$	F: AGAAACGGCATTTGGCACA R: GGTAGATCGGAAGGGCTTTTA	60	200～260	9	0.860	2.081
JLL07	$(AC)_{12}$	F: GATGGAGGACTTCATACGAGAG R: CCCAACTTGACCTGGACTG	56	142～198	8	0.748	1.599
JLL08	$(GCACAC)_4$	F: GCAGCAGACAGACCAGTTTAGA R: CGGGCTACTGTATTCACCATTA	56	119～164	8	0.841	1.926
JLL09	$(TG)_{10}$	F: AATGAGAGGACACATGACCG R: GCAATCCAACCCTAAAACAC	56	111～138	4	0.743	1.371
JLL10	$(ATCT)_{18}(GTCT)_8$	F: TCCCTGTGTTTTACTGTTTC R: TTCACTCTACTAGCGGTTTG	56	324～412	13	0.882	2.265
JLL11	$(TATC)_{14}(ATCT)_{16}$	F: TGATTGTGTGAATGGGATGAAC R:ATACCAAGGAACATAGATTGAAACA	56	194～288	17	0.915	2.585
JLL12	$(GAAA)_{12}$	F: CTCCCTCATTATCTGTTACCTC R: GAGTATTCAAACAAGAAGGCA	50	107～201	21	0.927	2.808
JLL13	$(ATCC)_6(ATCT)_{41}$	F:GAGAATCGGCAAGTTACTATTGA R: AGGTGACGGAAGGACGGAC	60	213～311	14	0.876	2.277
JLL14	$(ATCT)_{31}(TCTA)_5$	F: ATGGGTCCAAGATAAACGC R: CAAAATCCTTCATAAGCACAGT	56	266～333	12	0.885	2.279
JLL15	$(ATAG)_9(ATAC)$ $(ATAG)_5$	F: ACTACCCTCATCACTGACCTG R: GGCTAAGTAACAATGCCATATC	56	148～202	11	0.844	2.041
JLL16	$(TCTA)_5(CTAT)_8$	F: ATCGGTATTTTTGAAGAGGTCC R: TGGATGGAAGGGCTGATAATA	56	212～320	20	0.912	2.620
JLL17	$(CA)_{15}$	F: GACAGACACAGTGATGAAGCTC R: ATGGACGACGGTTTTATGAT	56	240～317	8	0.781	1.685
JLL18	$(AGAT)_{15}$	F: GTGTGTTTTGTCTGATTCCA R: CCATTGTTTATTGTGCCTAT	56	163～199	9	0.856	2.042
JLL19	$(AGAT)_{30}$	F: GACCAATAGACAGACGGAC R: GAAACAAACATCTTCAGCAT	60	149～215	17	0.925	2.672
JLL20	$(AGAT)_{10}…(GATA)_{13}$	F: CAGGATGTTGTGTCATTGTG R: CTATTTCTGTCTTTCCGTCC	60	178～300	24	0.932	2.887
JLL21	$(AGAT)_{12}$	F: GACAGACAGAAAGACCAGAGA R: GGTAAACTATCCCAAAATCAT	56	143～288	23	0.916	2.752
JLL22	$(TCTA)_{26}$	F: TCGGTATTTTTGAAGAGGTC R: GGATGGAAGGGCTGATAA	56	212～328	21	0.926	2.745
JLL23	$(ATCT)_{34}…(CGTC)_6$	F: ATGTTTGTGACGGAGGTGTT R: ATTGGTTCATTCAGTCGGAC	56	289～354	11	0.868	2.176
JLL24	$(GATA)_{14}$	F: GGATGGAAGGGCTGATAAT R: TCGGTATTTTTGAAGAGGTC	56	219～321	18	0.904	2.548

注 Notes：T_a. 退火温度 annealing temperature；N_A. 等位基因数 number of alleles；H_E. 期望杂合度 expected heterozygosity；H'. 香农–维纳多样性指数 Shannon-Wiener diversity index

二、两种裂腹鱼类线粒体基因组序列测定

鱼类线粒体基因组(mtDNA)呈共价闭合环状结构，长度为 15～20kb，通常由 13 个编码参与氧化呼吸链蛋白质的基因、22 个编码转运 RNA(tRNA)的基因、2 个编码核糖体 RNA(12S rRNA 和 16S rRNA)的基因和一段控制区(CR 或 D-loop)组成。其中，编码的蛋白质包括细胞色素 b(Cyt b)、2 个 ATP 合成酶亚基(ATPase8 和 ATPase6)、3 个细胞色素 c(Cyt c)氧化酶亚基(CO$_x$ I、CO$_x$ II 和 CO$_x$III)和 7 个氢化辅酶 I(NADH)脱氢酶亚基(ND1～ND6 和 ND4L)。22 个 tRNA 包括 Pro、Thr、Glu、Leu(CNY)、Ser(AGY)、His、Arg、Gly、Lys、Asp、Ser(UCN)、Tyr、Cys、Asn、Ala、Trp、Met、Gln、Ile、Leu(UUR)、Val 和 Phe。大部分基因由重链编码，一般只有 8 个 tRNA(Glu、Ala、Asn、Cys、Tyr、Ser、Gln、Pro)基因和 ND6 基因由轻链编码。鱼类线粒体基因组(mtDNA)具有脊椎动物 mtDNA 的共同特征：①分子结构简单；②几乎不发生重组；③严格的母系遗传；④进化速度快；⑤不同基因区域进化速率存在差异(肖武汉和张亚平，2000)。基于上述优点，mtDNA 已成为鱼类群体遗传学和分子系统发育研究中的重要分子标记。

近年来，随着测序技术的飞速发展，对裂腹鱼类线粒体全基因组的研究日益增多。Saitoh 等(2006)首次报道了青海湖裸鲤的线粒体全基因组序列，该鱼成为第一个完成线粒体全基因组测序的裂腹鱼类。迄今为止，GenBank 中已公布了 42 种裂腹鱼类线粒体全基因组序列，其中 22 条线粒体全基因组序列来自裂腹鱼属鱼类。除双须叶须鱼和尖裸鲤外，其他 4 种西藏裂腹鱼类的线粒体全基因组序列已完成测定。为了探究西藏裂腹鱼类的遗传多样性现状、成因及保护策略，本节采用长 PCR 技术和 30 组鱼类通用引物扩增并测定了双须叶须鱼和尖裸鲤的线粒体全基因组序列，为西藏裂腹鱼类的种质管理及裂腹鱼亚科鱼类线粒体全基因组的系统研究提供了基础资料。

(一)双须叶须鱼线粒体基因组序列测定

双须叶须鱼的线粒体基因组(mtDNA)全长为 16 787 bp(GenBank 登录号为 KF597526)，包括 22 个 tRNA 基因、2 个 rRNA 基因、13 个蛋白质编码基因，以及控制区(control region，CR)和轻链复制起始区(O$_L$)2 个非编码区。基因结构组成、排列和转录方向也与大多数脊椎动物一致(Miya et al.，2001)，详细信息见表 8-13 和图 8-1。线粒体基因组全序列的核苷酸组成为 A(27.66%)、C(27.11%)、G(19.12%)和 T(26.10%)。如表 8-13 所示，ND6 基因和 8 个 tRNA 基因(tRNA^{Gln}、tRNA^{Ala}、tRNA^{Asn}、tRNA^{Cys}、tRNA^{Tyr}、tRNA^{Ser}、tRNA^{Glu} 和 tRNA^{Pro})由轻链(L)编码，其他基因由重链(H)编码。与大多数脊椎动物相似，双须叶须鱼 12 个蛋白质编码基因的起始密码子均为 ATG，只有 COX I 基因的起始密码子为 GTG。各个蛋白质编码基因的终止密码子不尽相同，其中 4 个基因(COX II、COXIII、ND4 和 Cyt b)的终止密码子为单独的 T，其余 9 个基因的终止密码子为 TAA 或 TAG。基因组中存在相似的重叠区域，在蛋白蛋编码基因之间发现 4 个重叠区(ATP8-ATP6、ATP6-COXIII、ND4L-ND4 和 ND5-ND6)，tRNA 基因之间发现 2 个重叠区(tRNA^{Ile}-tRNA^{Gln} 和 tRNA^{Cys}-tRNA^{Tyr})，蛋白质编码基因与 tRNA 基因之间发现 2 个重叠区(ND2-tRNA^{Trp} 和 ND3-tRNA^{Arg})。其中，ATP 酶基因之间的重叠区在大部分脊椎动物线粒体基因组中普遍存在，这一重叠区在鱼类中一般只有 7～10bp，而在哺乳动物中该重叠区较大，为 40～

46bp（Broughton et al.，2001）。轻链复制起始区（O~L~）位于 *tRNA^Asn^* 和 *tRNA^Cys^* 之间，大小为 33bp。控制区位于 *tRNA^Pro^* 和 *tRNA^Phe^* 之间，大小为 939bp。值得注意的是，在 *tRNA^Thr^* 和 *tRNA^Pro^* 之间存在一个大小为 197bp 的非编码区。这一非编码区在其他裂腹鱼类中也有报道（Saitoh et al.，2006；Qiao et al.，2013，2014a，2014b，2014c），但在鲤形目其他非裂腹鱼类中没有发现此同源性区域，推测这一区域可能是裂腹鱼类线粒体基因组中的第三个非编码区。

表 8-13　双须叶须鱼线粒体基因组结构特征

Table 8-13　Characteristics of the mitochondrial genome of *P. dipogon*

基因或位点 Gene or locus	编码链 Strand	位置 Position 从 From	至 To	大小 Size (bp)	密码子 Codon 起始 Start	终止 Stop	氨基酸 Amino acid	反密码子 Anti-codon	间隔核苷酸 Intergenic nucleotide
*tRNA^Phe^*	H	1	69	69				GAA	0
12S rRNA	H	70	1 025	956					0
*tRNA^Val^*	H	1 026	1 097	72				TAC	0
16S rRNA	H	1 098	2 777	1 680					0
*tRNA^Leu^*	H	2 778	2 853	76				TAA	1
ND1	H	2 855	3 829	975	ATG	TAG	324		4
*tRNA^Ile^*	H	3 834	3 905	72				GAT	−2
*tRNA^Gln^*	L	3 904	3 974	71				TTG	2
*tRNA^Met^*	H	3 977	4 045	69				CAT	0
ND2	H	4 046	5 092	1 047	ATG	TAG	348		−2
*tRNA^Trp^*	H	5 091	5 161	71				TCA	1
*tRNA^Ala^*	L	5 163	5 231	69				TGC	1
*tRNA^Asn^*	L	5 233	5 305	73				GTT	0
Rep origin		5 306	5 338	33					0
*tRNA^Cys^*	L	5 339	5 404	66				GCA	−1
*tRNA^Tyr^*	L	5 404	5 474	71				GTA	1
COX I	H	5 476	7 026	1 551	GTG	TAA	516		0
*tRNA^Ser^*	L	7 027	7 097	71				TGA	3
*tRNA^Asp^*	H	7 101	7 172	72				GTC	13
COX II	H	7 186	7 876	691	ATG	T−	230		0
*tRNA^Lys^*	H	7 877	7 952	76				TTT	1
ATP8	H	7 954	8 118	165	ATG	TAG	54		−7
ATP6	H	8 112	8 795	684	ATG	TAA	227		−1
COXIII	H	8 795	9 578	784	ATG	T−	261		0
*tRNA^Gly^*	H	9 579	9 649	71				TCC	0
ND3	H	9 650	10 000	351	ATG	TAG	116		−2
*tRNA^Arg^*	H	9 999	10 068	70				TCG	0
ND4L	H	10 069	10 365	297	ATG	TAA	98		−7

续表

基因或位点 Gene or locus	编码链 Strand	位置 Position		大小 Size (bp)	密码子 Codon		氨基酸 Amino acid	反密码子 Anti-codon	间隔核苷酸 Intergenic nucleotide
		从 From	至 To		起始 Start	终止 Stop			
ND4	H	10 359	11 739	1 381	ATG	T–	460		0
tRNA^His	H	11 740	11 808	69				GTG	0
tRNA^Ser	H	11 809	11 877	69				GCT	1
tRNA^Leu	H	11 879	11 951	73				TAG	2
ND5	H	11 954	13 777	1 824	ATG	TAA	607		–4
ND6	L	13 774	14 295	522	ATG	TAA	173		0
tRNA^Glu	L	14 296	14 364	69				TTC	4
Cyt b	H	14 369	15 509	1 141	ATG	T–	380		0
tRNA^Thr	H	15 510	15 581	72				TGT	197
tRNA^Pro	L	15 779	15 848	70				TGG	0
Control region	—	15 849	16 787	939					—

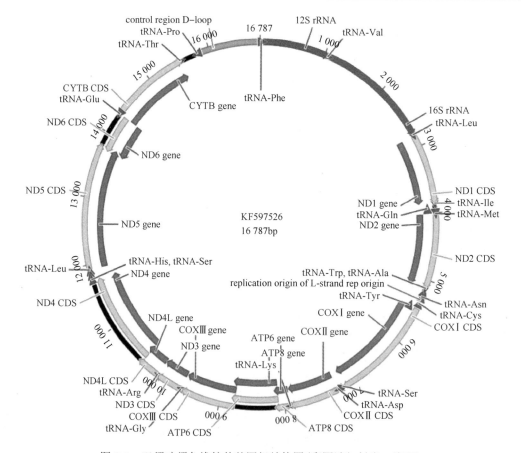

图 8-1　双须叶须鱼线粒体基因组结构图（彩图请扫封底二维码）

Fig. 8-1　Structure diagram of mitochondrial genome of *P. dipogon*

(二)尖裸鲤线粒体基因组序列测定

尖裸鲤线粒体基因组(mtDNA)全长为 16 646bp(GenBank 登录号为 KF528985)，包括 22 个 tRNA 基因、2 个 rRNA 基因、13 个蛋白质编码基因，以及控制区(control region，CR)和轻链复制起始区(O_L)2 个非编码区。基因结构组成、排列和转录方向也与大多数脊椎动物一致(Miya et al.，2001)，详细信息见表 8-14 和图 8-2。线粒体基因组全序列的核苷酸组成为 A(28.63%)、C(26.56%)、G(18.14%)、T(26.67%)。如表 8-14 所示，*ND6* 基因和 8 个 tRNA 基因(*tRNA^Gln*、*tRNA^Ala*、*tRNA^Asn*、*tRNA^Cys*、*tRNA^Tyr*、*tRNA^Ser*、*tRNA^Glu* 和 *tRNA^Pro*)由轻链(L)编码，其他基因由重链(H)编码。与大多数脊椎动物相似，尖裸鲤 12 个蛋白质编码基因的起始密码子均为 ATG，只有 *COX I* 基因的起始密码子为 GTG。各个蛋白质编码基因的终止密码子不尽相同，其中 3 个基因(*COX II*、*ND4* 和 *Cyt b*)的终止密码子为单独的 T，其余 10 个基因的终止密码子为 TAA 或 TAG。基因组中存在相似的重叠区域，在蛋白质编码基因之间发现 4 个重叠区(*ATP8-ATP6*、*ATP6-COXIII*、*ND4L-ND4* 和 *ND5-ND6*)，tRNA 基因之间发现 2 个重叠区(*tRNA^Ile-tRNA^Gln*、*tRNA^Cys-tRNA^Tyr*)，蛋白质编码基因与 tRNA 基因之间发现 3 个重叠区(*ND2-tRNA^Trp*、*COX III-tRNA^Gly* 和 *ND3-tRNA^Arg*)。其中，ATP 酶基因之间的重叠区在大部分脊椎动物线粒体基因组中普遍存在，在鱼类中该重叠区一般只有 7～10bp，在哺乳动物中该重叠区较大，为 40～46bp(Broughton et al.，2001)。轻链复制起始区(O_L)位于 *tRNA^Asn* 和 *tRNA^Cys* 之间，大小为 33bp。控制区位于 *tRNA^Pro* 和 *tRNA^Phe* 之间，大小为 935bp。此外，在 *tRNA^Thr* 和 *tRNA^Pro* 之间存在一个大小为 53bp 的非编码区。这一非编码区在其他裂腹鱼类中也有报道(Saitoh et al.，2006；Qiao et al.，2013，2014a，2014b，2014c)，但在鲤形目其他非裂腹鱼类中没有发现此同源性区域，推测这一区域可能是裂腹鱼类线粒体基因组中的第三个非编码区。

表 8-14　尖裸鲤线粒体基因组结构特征

Table 8-14　Characteristics of the mitochondrial genome of *O. stewartii*

| 基因或位点
Gene or locus | 编码链
Strand | 位置 Position | | 大小
Size(bp) | 密码子 Codon | | 氨基酸
Amino acid | 反密码子
Anti-codon | 间隔核苷酸
Intergenic nucleotide |
		从 From	至 To		起始 Start	终止 Stop			
tRNA^Phe	H	1	69	69				GAA	0
12S rRNA	H	70	1 027	958					0
tRNA^Val	H	1 028	1 099	72				TAC	0
16S rRNA	H	1 100	2 782	1 683					0
tRNA^Leu	H	2 783	2 858	76				TAA	1
ND1	H	2 860	3 834	975	ATG	TAA	324		3
tRNA^Ile	H	3 838	3 909	72				GAT	−2
tRNA^Gln	L	3 908	3 978	71				TTG	2

续表

基因或位点 Gene or locus	编码链 Strand	位置 Position		大小 Size (bp)	密码子 Codon		氨基酸 Amino acid	反密码子 Anti-codon	间隔核苷酸 Intergenic nucleotide
		从 From	至 To		起始 Start	终止 Stop			
tRNA^{Met}	H	3 981	4 049	69				CAT	0
ND2	H	4 050	5 096	1 047	ATG	TAG	348		−2
tRNA^{Trp}	H	5 095	5 165	71				TCA	1
tRNA^{Ala}	L	5 167	5 235	69				TGC	1
tRNA^{Asn}	L	5 237	5 309	73				GTT	0
Rep origin		5 310	5 342	33					0
tRNA^{Cys}	L	5 343	5 408	66				GCA	−1
tRNA^{Tyr}	L	5 408	5 478	71				GTA	1
COX I	H	5 480	7 030	1 551	GTG	TAA	516		0
tRNA^{Ser}	L	7 031	7 101	71				TGA	3
tRNA^{Asp}	H	7 105	7 176	72				GTC	13
COX II	H	7 190	7 880	691	ATG	T−	230		0
tRNA^{Lys}	H	7 881	7 956	76				TTT	1
ATP8	H	7 958	8 122	165	ATG	TAG	54		−7
ATP6	H	8 116	8 799	684	ATG	TAA	227		−1
COX III	H	8 799	9 584	786	ATG	TAA	261		−1
tRNA^{Gly}	H	9 584	9 655	72				TCC	0
ND3	H	9 656	10 006	351	ATG	TAG	116		−2
tRNA^{Arg}	H	10 005	10 074	70				TCG	0
ND4L	H	10 075	10 371	297	ATG	TAA	98		−7
ND4	H	10 365	11 745	1 381	ATG	T−	460		0
tRNA^{His}	H	11 746	11 814	69				GTG	0
tRNA^{Ser}	H	11 815	11 883	69				GCT	1
tRNA^{Leu}	H	11 885	11 957	73				TAG	3
ND5	H	11 961	13 784	1 824	ATG	TAA	607		−4
ND6	L	13 781	14 302	522	ATG	TAA	173		0
tRNA^{Glu}	L	14 303	14 371	69				TTC	4
Cyt b	H	14 376	15 516	1 141	ATG	T−	380		0
tRNA^{Thr}	H	15 517	15 588	72				TGT	53
tRNA^{Pro}	L	15 642	15 711	70				TGG	0
Control region	—	15 712	16 646	935					—

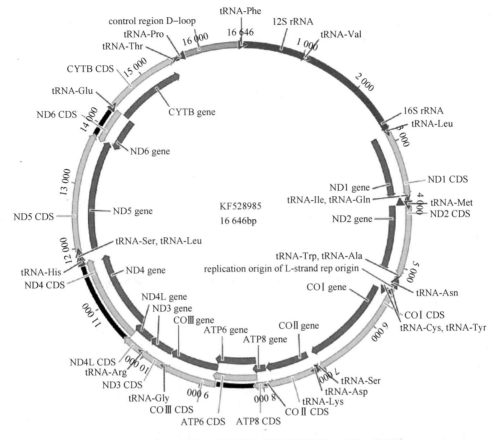

图 8-2　尖裸鲤线粒体基因组结构图（彩图请扫封底二维码）

Fig. 8-2　Structure diagram of mitochondrial genome of *O. stewartii*

三、种质遗传多样性评价

遗传多样性是物种多样性、生态系统多样性和景观多样性等的基础，是生物多样性的核心组成部分。保护遗传学（conservation genetics）是以物种遗传多样性研究和保护为核心的新兴学科（Meffe and Viederman，1995）。遗传多样性的高低对于制定保护的优先顺序起着重要作用。保护遗传学主要关注 3 个方面的研究：①探讨物种各个种群的遗传多样性和种群结构；②了解物种（种群）的进化历史；③根据物种（种群）遗传变异和进化历史确定保护单元，为物种保护和管理策略的制定提供理论依据。

西藏裂腹鱼类属于典型的 *k*-选择类型鱼类，具有生长缓慢、性成熟晚和繁殖力低等生物学特性，其种群资源极易受到人类活动的影响。近年来，受过度捕捞和外来鱼类入侵等的影响，西藏裂腹鱼类自然种群数量急剧减少，个体小型化和种质资源退化现象明显，亟待加强其现存种群的保护和管理，对西藏裂腹鱼类种质遗传多样性的评估与保护尤为重要。但目前对西藏裂腹鱼类保护遗传学的研究报道极少。本节通过线粒体DNA（mtDNA）*Cyt b* 基因和 D-loop 控制区序列的测定与分析，对在西藏雅鲁藏布江流域采集的 6 个拉萨裸裂尻鱼群体和 7 个异齿裂腹鱼群体（采样地址见第二章）的种质遗传多样性、遗传结构、种群历史动态等进行了研究。同时，基于 12 个多态性微卫星位点，对 7 个异齿裂腹鱼群体的遗传多样性和遗传结构进行了分析。本研究旨在为西藏裂腹鱼类种质资源的保护及合理利用提供遗传学依据。

(一)拉萨裸裂尻鱼群体遗传多样性

1. 群体遗传多样性

1)基于 mtDNA Cyt b 基因序列的群体遗传多样性

对所有个体的序列比对结果显示，拉萨裸裂尻鱼 mtDNA Cyt b 基因序列全长 1141bp，A、T、C 和 G 的平均含量分别为 26.0%、30.6%、26.6%和 16.8%，A+T 含量(56.6%)明显高于 C+G 含量(43.4%)，显示出 AT 偏好和明显的反 G 偏倚，符合鱼类线粒体 DNA 的基本碱基组成规律。在所有个体的 Cyt b 序列中，共发现 43 个变异位点，占所分析位点总数的 3.77%，其中 27 个为简约信息位点，16 个为单一突变位点。Cyt b 序列中没有发现插入或缺失突变，所有变异均为转换，这些特点均符合 mtDNA 的进化规律，表明 Cyt b 序列未达到突变饱和，可用于遗传多样性研究。

在 153 个个体中共定义了 36 种 Cyt b 单倍型，已提交至 GenBank(登录号 KF745794~ KF745829)。单倍型变异位点及单倍型在各群体中的次数分布见图 8-3。有 17 个单倍型为两个群体或更多群体共享，每个群体均有自己特有的单倍型。其中 Hap1 分布最广，所有群体均有出现，频率也最高，可能为较原始的单倍型，其次为 Hap4 和 Hap13。

各群体的单倍型多样性(Hd)平均值均较高(表 8-15)，为 0.814±0.071(NC)~0.957± 0.020(SG)，整体水平为 0.947±0.006。各群体的核苷酸多样性(π)平均值都较低，为 0.0029±0.0004(NC)~0.0041±0.0003(ZX)，整体水平为 0.0035±0.0001。各群体的平均核苷酸差异数(K)为 3.260~4.641，整体水平为 3.989。

2)基于 mtDNA D-loop 控制区序列的群体遗传多样性

对所有个体的序列比对结果显示，拉萨裸裂尻鱼 mtDNA D-loop 控制区部分序列长 737bp，A、T、C 和 G 的平均含量分别为 30.5%、31.8%、22.5%和 15.2%，A+T 含量(62.3%)明显高于 C+G 含量(37.7%)，显示出 AT 偏好和明显的反 G 偏倚，符合鱼类 mtDNA 的基本碱基组成规律。在所有个体的 D-loop 序列中，共发现 22 个变异位点，占所有分析位点总数的 2.99%，其中 16 个为简约信息位点，6 个为单一突变位点。未见插入或缺失突变，有两处变异为颠换，其余均为转换，因此，转换的频率明显高于颠换，符合 mtDNA 进化规律，表明 D-loop 序列未达到突变饱和，可用于遗传多样性研究。

在 153 个个体中共检测到 29 种 D-loop 单倍型，已提交至 GenBank(登录号 KF745830~KF745858)。单倍型变异位点及单倍型在各群体中的次数分布如图 8-4 所示。有 17 个单倍型为两个群体或更多群体共享，但每个群体均有自己特有的单倍型。其中，Hap10 分布最广，在所有群体均有出现，频率也最高，可能为较原始的单倍型，其次为 Hap9 和 Hap21。

	000000000000000000000000000000000000000000011 00111112223333444444445555555667777788899999900 171289224035012467812388959015584781236 7958 8214055809215131820921581495239660081908373	Total	SG	ZX	QX	SN	ML	NC
Hap1	GAGGGACCCCAGAAATAGAAAAACCCAACAAAATCGCACGCGA	17	3	1	1	4	5	3
Hap2	................C......G....G....G..........	7	2	3	2			
Hap3	...............C......G....................	7	2	1	2	1		1
Hap4	A..............C......G....................	16	1				6	9
Hap5	...............C.A...G...............A.....	1	1					
Hap6	A....GT........C..G...G...................G	2	2					
Hap7	........G....C......G.........G......	1	1					
Hap8	...............C......G.........G.........	5	3		1			1
Hap9	...GT.........C......GT..................G	3	2				1	
Hap10	...............C......GG..T...............	1	1					
Hap11	AG.....T......C...........................	2	2					
Hap12	...........A...C......G...................	5	1	2	1			
Hap13	.....GT........C......G...................G	16	2	2	3	7	2	
Hap14	A....GT........C......G...................G	4	1			3		
Hap15	........T......C...G.G.............AT..	8		5			1	2
Hap16	.....GT........C.........................G	12					9	3
Hap17	..........................T...............	2					1	1
Hap18	.....GT........C........G................G	1						1
Hap19	.......................G..................	7			3	3		1
Hap20	...........CG...G.........................	3					2	1
Hap21	........................G.................	1		1				
Hap22	.....C......G...G.............AT..	1	1					
Hap23	.....GT....G..C......G...................G	8		2	2	4		
Hap24	.........T.....C......G.T....C..T.....	1	1					
Hap25	................................AT..	1	1					
Hap26	........................G.................	1	1					
Hap27	...............C.......................A.	1	1					
Hap28	.....GT........C...G...G.................G	6				4	2	
Hap29	.........G......G.........................	1				1		
Hap30	....AGT......G.C......G...................G	5				1	4	
Hap31	A....GT........C......G...G...............G	1		1				
Hap32	.....GT........C......G...................G	1						1
Hap33	...A..........CG......G...................	1						1
Hap34	.....GT........C......G.........G.........G	2					2	
Hap35	..A...........C...G..G.....TG....T..T.....	1				1		
Hap36	.....GT.......GC......G...................G	1				1		

次数分布Frequency distribution

图 8-3　拉萨裸裂尻鱼 mtDNA *Cyt b* 单倍型变异位点和次数分布

Fig. 8-3　Segregating sites and frequency distribution of mtDNA *Cyt b* haplotypes in *S. younghusbandi*

表 8-15　基于 mtDNA *Cyt b* 基因序列的拉萨裸裂尻鱼 6 个群体遗传多样性

Table 8-15　Genetic diversity indexes for six populations of *S. younghusbandi* based on mtDNA *Cyt b* sequences

群体 Population	样本数 Sample size	*h*	*S*	*Hd*	*π*	*K*
日喀则 SG	24	14	19	0.957 ± 0.020	0.0034 ± 0.0003	3.888
扎雪 ZX	22	13	21	0.931 ± 0.036	0.0041 ± 0.0003	4.641
曲水 QX	22	12	16	0.935 ± 0.029	0.0031 ± 0.0003	3.498
山南 SN	33	12	19	0.911 ± 0.024	0.0030 ± 0.0004	3.473
米林 ML	30	11	15	0.855 ± 0.041	0.0030 ± 0.0002	3.411
林芝 NC	22	9	13	0.814 ± 0.071	0.0029 ± 0.0004	3.260
整体上 Overall	153	36	43	0.947 ± 0.006	0.0035 ± 0.0001	3.989

注 Notes：*h*.单倍型数目 number of haplotypes；*S*.变异位点数目 number of segregating sites；*Hd*.单倍型多样性 haplotype diversity；*π*.核苷酸多样性 nucleotide diversity；*K*.平均核苷酸差异数 average number of nucleotide differences

	1111111222222334555677 0114568023344014788122 7580900405704644135023	次数分布Frequency distribution						
		Total	SG	ZX	QX	SN	ML	NC
Hap1	AACATCTCACCCGTGGTACCTA	6	3		1	2		
Hap2	.....................T	9					5	4
Hap3	...............AA........	8	2	3	2			1
Hap4	G................A......	1	1					
Hap5	.................A......	12	3		3	3	1	2
Hap6	........G........A......	6		5				1
Hap7	.................A..G....	5	2	3				
Hap8	................GA..G....	1	1					
Hap9	.................A..G..T...	15	1		1	1	9	3
Hap10	.................A....T...	30	6	2	4	12	2	4
Hap11	.GT..............A.....T...	1				1		
Hap12	........T......A....T...	2			1			1
Hap13	.......T.......A....T...	1						1
Hap14	.................A....TA.	1		1				
Hap15	..........T....A.C..T...	6				6		
Hap16	..........T....A....T...	1	1					
Hap17	.................A.C..T...	12		1	5	4	2	
Hap18	G................A.C..T...	1			1			
Hap19	...............A.A.C..T...	2				2		
Hap20	...............A.A....T...	1		1				
Hap21	.................TT...A...	14		2		2	6	4
Hap22	..............T....A...	2		1		1		
Hap23	......CTC..........A...	5	3		1		1	
Hap24	....GCTC..........A...	2		2				
Hap25	......CTC..............	1			1			
Hap26	......CTC....T......A...	1	1					
Hap27	......CT..........A...T....	3					2	1
Hap28	......CT........A.A...T....	1				1		
Hap29	......CT..........A......	3		3				

图 8-4 拉萨裸裂尻鱼 mtDNA D-loop 控制区单倍型变异位点和次数分布

Fig. 8-4 Segregating sites and frequency distribution of mtDNA D-loop haplotypes in *S. younghusbandi*

各群体的单倍型多样性(Hd)平均值都较高（表 8-16），为 0.824±0.048（SN）~ 0.909±0.034（ZX），整体水平为 0.922±0.010。各群体的核苷酸多样性（π）平均值均较低，为 0.0023±0.0003（SN）~0.0044±0.0004（ML），整体水平为 0.0036±0.0002。各群体的平均核苷酸差异数（K）为 1.678~3.246，整体水平为 2.622。

表 8-16 基于 mtDNA D-loop 控制区序列的拉萨裸裂尻鱼 6 个群体遗传多样性

Table 8-16 Genetic diversity indexes for six populations of *S. younghusbandi* based on mtDNA D-loop sequences

群体 Population	样本数 Sample size	h	S	Hd	π	K
日喀则 SG	24	11	10	0.906 ± 0.036	0.0032 ± 0.0004	2.337
扎雪 ZX	22	10	13	0.909 ± 0.034	0.0036 ± 0.0004	2.654
曲水 QX	22	11	12	0.909 ± 0.037	0.0034 ± 0.0005	2.476
山南 SN	33	9	7	0.824 ± 0.048	0.0023 ± 0.0003	1.678
米林 ML	30	10	14	0.853 ± 0.040	0.0044 ± 0.0004	3.246
林芝 NC	22	10	13	0.905 ± 0.033	0.0036 ± 0.0004	2.636
整体上 Overall	153	29	22	0.922 ± 0.010	0.0036 ± 0.0002	2.622

注 Notes：h. 单倍型数目 number of haplotypes；S. 变异位点数目 number of segregating sites；Hd. 单倍型多样性 haplotype diversity；π. 核苷酸多样性 nucleotide diversity；K. 平均核苷酸差异数 average number of nucleotide differences

遗传变异能增强物种适应环境变化的能力，对物种的生存至关重要。群体的遗传多样性高低与其环境适应能力、种群维持力和进化潜力密切相关(季维智和宿兵，1999)。单倍型多样性和核苷酸多样性是度量线粒体 DNA 变异和群体遗传多样性的重要指标。本研究中，拉萨裸裂尻鱼群体在整体上单倍型多样性(Hd)水平较高($Cyt\ b$ 为 0.947，D-loop 区为 0.922)，而核苷酸多样性(π)水平均较低($Cyt\ b$ 为 0.0035，D-loop 区为 0.0036)，揭示拉萨裸裂尻鱼的遗传多样性与同属的黄河裸裂尻鱼(Hd=0.83～0.98，π=0.0018～0.0045)(Qi et al.，2007)相近，却低于同一亚科的青海湖裸鲤(Hd= 0.992，π=0.0082)和齐口裂腹鱼(Hd=0.96，π=0.016)(陈大庆等，2006；Liang et al.，2011)。因此，拉萨裸裂尻鱼群体的遗传多样性水平较低。高单倍型多样性及低核苷酸多样性的分布模式在其他鲤科鱼类中也有报道(Qi et al.，2007；Zhao et al.，2013)，这种分布模式说明种群由一个较小的有效种群经历瓶颈效应或建群者效应后快速增长(Grant and Bowen，1998)。因此，拉萨裸裂尻鱼种群可能经历过扩张事件或进化时间较短，随着群体数量的增加，单倍型多样性得到快速积累，却没有足够的时间积累核苷酸产生的变异。

2. 群体遗传结构

1) mtDNA 序列的单倍型邻接树和中介网络图

采用 MEGA 5.0 分别构建了拉萨裸裂尻鱼 mtDNA $Cyt\ b$ 基因和 D-loop 控制区序列的单倍型邻接(NJ)树(图 8-5)。从图 8-5 中可以看出，两个 mtDNA 序列单倍型 NJ 树的大部分节点分支的支持率较低(<50%)，没有明显的以地理群体为单位的聚类分支或亚群，群体间单倍型交叉分布较普遍，提示各单倍型之间关系较近，没有明显的地理结构，这与经历过遗传瓶颈的种群较为一致(Slatkin and Hudson，1991)。采用 NETWORK 软件构建了 mtDNA $Cyt\ b$ 和 D-loop 的单倍型中介网络图(图 8-6)，其中 $Cyt\ b$ 单倍型的星状网络图中包含 2 个彼此相连的组群，一个组群中 SN 群体的单倍型出现频率较高，另一组群中 SG、ZX 和 NC 群体的单倍型出现频率较高，提示拉萨裸裂尻鱼群体 mtDNA $Cyt\ b$ 的一些特有单倍型存在一定的地理分化。而 mtDNA D-loop 的单倍型中介网络图呈现星状的分布态势，没有表现出明显的地理遗传谱系，表明拉萨裸裂尻鱼曾经历过种群扩张。

2) 群体间遗传距离和遗传分化

基于 mtDNA $Cyt\ b$ 序列的群体内个体间平均 K2P 遗传距离为 0.0029～0.0041，群体间 K2P 遗传距离为 0.0030～0.0045(表 8-17)。群体之间的遗传分化指数(固定指数 Φ_{ST})为 0.0108(SN/QX)～0.2145(SN/NC)，SN 群体与除 QX 群体外的其余 4 个群体分化显著。AMOVA 分析结果显示，群体内的遗传变异为 90.44%，只有 9.56%的变异来自群体间，说明遗传变异主要来自群体内部。

基于 mtDNA D-loop 控制区序列的群体内个体间平均 K2P 遗传距离为 0.0023～0.0044，群体间 K2P 遗传距离为 0.0030～0.0042(表 8-18)。群体之间的遗传分化指数(Φ_{ST})为-0.0174(ML/NC)～0.1920(SN/ZX)，SN 群体与除 QX 群体外的其余 4 个群体分化显著。AMOVA 分析结果显示，群体内的遗传变异为 93.63%，只有 6.37%的变异来自群体间，说明遗传变异主要来自群体内部。

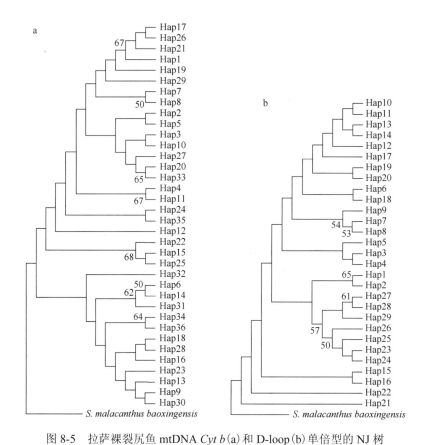

图 8-5　拉萨裸裂尻鱼 mtDNA *Cyt b*（a）和 D-loop（b）单倍型的 NJ 树

Fig. 8-5　NJ trees for mtDNA *Cyt b*（a）and D-loop（b）haplotypes of *S. younghusbandi*

图中节点处数字代表支持率，且只显示大于 50 %的值 Numbers above the nodes indicate the bootstrap values, and only values higher than 50 % are shown

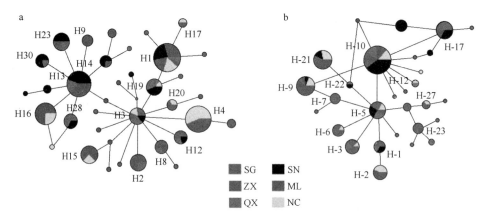

图 8-6　拉萨裸裂尻鱼 6 个群体 mtDNA *Cyt b*（a）和 D-loop（b）单倍型中介网络图（彩图请扫封底二维码）

Fig. 8-6　Median-joining networks of mtDNA *Cyt b*（a）and D-loop（b）haplotypes from six populations of *S. younghusbandi*

每个圆圈代表一个单倍型，其面积大小与观测到的个体数目成正比，不同颜色代表不同的地理群体 Each circle represents a haplotype and its size denotes the number of observed individuals. Different colors indicate different geographic locations

表 8-17 基于 mtDNA *Cyt b* 序列的拉萨裸裂尻鱼群体内 K2P 遗传距离(对角线)、群体间 K2P 遗传距离(对角线下)和群体间固定指数(对角线上)

Table 8-17 Kimura 2-parameter(K2P) genetic distance within population(shown in bold along diagonal) and among populations(below diagonal), and pairwise fixation index(Φ_{ST})(above diagonal) among populations of *S. younghusbandi* based on mtDNA *Cyt b* sequences

群体 Population	日喀则 SG	扎雪 ZX	曲水 QX	山南 SN	米林 ML	林芝 NC
日喀则 SG	**0.0034**	0.0694	0.0326	0.1248[*]	0.0390	0.0249
扎雪 ZX	0.0040	**0.0041**	0.1080	0.2090[*]	0.1165	0.0619
曲水 QX	0.0034	0.0040	**0.0031**	0.0108	0.0549	0.1236
山南 SN	0.0037	0.0045	0.0031	**0.0031**	0.0935[*]	0.2145[*]
米林 ML	0.0033	0.0040	0.0032	0.0033	**0.0030**	0.0366
林芝 NC	0.0032	0.0037	0.0034	0.0038	0.0030	**0.0029**

＊ 经过 Bonferroni 校正后显著(α= 0.05)Significant at α= 0.05 after Bonferroni correction

表 8-18 基于 mtDNA D-loop 序列的拉萨裸裂尻鱼群体内 K2P 遗传距离(对角线)、群体间 K2P 遗传距离(对角线下)和群体间固定指数(对角线上)

Table 8-18 Kimura 2-parameter (K2P) genetic distance within population (shown in bold along diagonal) and among populations (below diagonal), and pairwise fixation index (Φ_{ST}) (above diagonal) among populations of *S. younghusbandi* based on mtDNA D-loop sequences

群体 Population	日喀则 SG	扎雪 ZX	曲水 QX	山南 SN	米林 ML	林芝 NC
日喀则 SG	**0.0032**	−0.0009	0.0227	0.1705[*]	0.0207	0.0190
扎雪 ZX	0.0034	**0.0036**	0.0436	0.1920[*]	0.0392	0.0272
曲水 QX	0.0034	0.0037	**0.0034**	0.0539	0.0486	0.0512
山南 SN	0.0033	0.0036	0.0030	**0.0023**	0.1042[*]	0.1182[*]
米林 ML	0.0039	0.0042	0.0041	0.0037	**0.0044**	−0.0174
林芝 NC	0.0035	0.0037	0.0037	0.0033	0.0039	**0.0036**

＊ 经过 Bonferroni 校正后显著(α = 0.05) Significant at α = 0.05 after Bonferroni correction

拉萨裸裂尻鱼群体内与群体间遗传距离处于同一水平,说明群体间分化较小; AMOVA 结果显示大部分遗传变异来自群体内部,这表明拉萨裸裂尻鱼存在一个大的随机交配群体。拉萨裸裂尻鱼群体间的 Φ_{ST} 值均小于 0.25,表明其群体间的遗传分化处于低度或中度水平(Wright,1965),这与群体间的基因流有关。种群扩张可能会促进群体间的基因交流,较强迁移扩散能力可能是拉萨裸裂尻鱼缺乏明显遗传结构的原因。ZX 群体和 NC 群体分别位于拉萨河和尼洋河两条支流上,这两个群体之间或它们与雅鲁藏布江干流上除 SN 群体外的其他群体之间无显著遗传分化,显示这些群体间基因流的存在。SN 群体与除 QX 群体(地理距离较近)外的其他 4 个群体均分化显著,具体原因有待进一步的研究。

3. 种群历史动态

采用 Tajima's *D* 和 Fu's *Fs* 两种方法对拉萨裸裂尻鱼 6 个群体进行中性检验。基于 *Cyt b* 基因和 D-loop 控制区序列的 Tajima's *D* 和 Fu's *Fs* 值均为负值(表 8-19),但全部

Tajima's D 值偏离中性检验均不显著($P>0.1$)。SG 和 QX 群体的 Fu's Fs 值显著偏离中性检验($P<0.05$),其余群体的 Fu's Fs 值偏离中性检验不显著。将所有个体作为一个整体进行分析,Fu's Fs 为绝对值很大的负值且显著偏离中性检验($P<0.05$),说明拉萨裸裂尻鱼可能经历过快速的种群扩张(Tajima,1989;Fu,1997)。

表 8-19　基于 mtDNA $Cyt\ b$ 和 D-loop 序列的拉萨裸裂尻鱼 6 个群体的中性检验值 Tajima's D 和 Fu's Fs

Table 8-19 Tajima's D and Fu's Fs values of neutrality tests for six populations of *S. younghusbandi* based on mtDNA $Cyt\ b$ and D-loop sequences

群体 Population	$Cyt\ b$		D-loop	
	Tajima's D	Fu's Fs	Tajima's D	Fu's Fs
日喀则 SG	−0.856	−5.138[*]	−0.425	−4.308[*]
扎雪 ZX	−0.726	−3.525	−0.906	−2.904
曲水 QX	−0.738	−3.827[*]	−0.868	−4.397[*]
山南 SN	−0.878	−2.175	−0.078	−2.669
米林 ML	−0.333	−1.746	−0.272	−1.158
林芝 NC	−0.304	−1.180	−0.923	−2.933
整体上 Overall	−1.445	−17.257[*]	−0.928	−15.986[*]

* 显著偏离中性期望值($\alpha=0.05$) Significant deviation from the expectation of neutrality at $\alpha=0.05$

拉萨裸裂尻鱼群体 mtDNA $Cyt\ b$ 和 D-loop 序列的歧点分布图呈现单峰(图 8-7),表明拉萨裸裂尻鱼曾经历过种群扩张(Rogers and Harpending,1992;Rogers,1995),这与拉萨裸裂尻鱼群体的高单倍型多样性、低核苷酸多样性的分布模式及星状中介网络图所揭示的结果一致。拉萨裸裂尻鱼 $Cyt\ b$ 基因和 D-loop 控制区的 τ 值分别为 5.9945 和 3.7474(95%置信度),根据 τ 值推算出其种群扩张年代为 0.25 百万～0.46 百万年前,属于第四纪更新世中期。

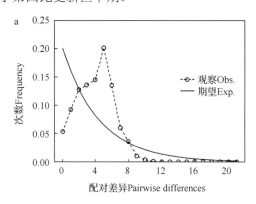 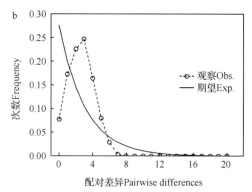

图 8-7　拉萨裸裂尻鱼群体的观测和期望歧点分布图

Fig. 8-7　Observed and expected mismatch distributions for *S. younghusbandi*

a. $Cyt\ b$ 基因 $Cyt\ b$ gene;b. D-loop 区 D-loop region。虚线代表观测分布,实线代表恒定群体模型下的理论期望分布 dashed line, observed distribution; solid line, theoretical expected distribution under a constant population size model

青藏高原的隆升以及冰期-间冰期的旋回对环境和气候产生了极大的影响。本节推算的拉萨裸裂尻鱼种群扩张时间为 0.25 百万～0.46 百万年前,属于第四纪更新世中期,发生在青藏高原隆升中期的"昆仑黄河运动"之后(He and Chen，2007)。因此，拉萨裸裂尻鱼的种群扩张可能与青藏高原剧烈隆起引起的环境和气候变化有关。此外，更新世(0.01 百万～1.9 百万年前)以大的冰期与间冰期的旋回变化为基本特征，由此引起的水平面升降可能会对水生生物的分布和数量产生影响(Dynesius and Jansson，2000)。冰期时，很多水生生物会死亡或迁移到更适合生存的环境；冰期过后，幸存者可能会占据原来的栖息地并快速扩张(Hewitt，2000)。因此，更新世的这一系列冰期间冰期变化也会在生物的遗传信息上留下印迹，这可能也是拉萨裸裂尻鱼种群扩张的另一个原因。

(二)异齿裂腹鱼群体遗传多样性

1. 群体遗传多样性

1)基于 mtDNA *Cyt b* 基因的异齿裂腹鱼群体遗传多样性

对异齿裂腹鱼 7 个群体 168 个个体的 mtDNA *Cyt b* 序列比对结果显示，其 mtDNA *Cyt b* 基因序列全长为 1141bp。在所有 *Cyt b* 序列中共检测到 84 个变异位点，其中 59 个为简约信息位点，25 个为单一突变位点。无插入或缺失，只有一处变异为颠换，其他变异均为转换，转换的频率明显高于颠换，符合 mtDNA 进化规律，表明 *Cyt b* 序列未达到突变饱和，可用于遗传多样性研究。在异齿裂腹鱼 168 个个体的 *Cyt b* 序列中共定义了 59 个单倍型，所有单倍型序列已提交至 GenBank(登录号：KT188614～KT188672)。这些单倍型在各个群体中的分布情况见表 8-20，每个群体都有自己的特有单倍型。除了雅鲁藏布江支流帕隆藏布江的 BM 群体外，雅鲁藏布江中游其他 6 个群体的单倍型数目较多，其中 Hap02、Hap05 和 Hap17 等 3 个单倍型在这 6 个群体中均被检测到，分布范围较广，出现频率较高，推测其可能为这 6 个群体共享的较为原始的单倍型。帕隆藏布江 BM 群体单倍型数目最少，只有 4 个单倍型，其中 Hap56 出现的频率最高，推测其可能是 BM 群体较为原始的单倍型。

表 8-20　异齿裂腹鱼 7 个群体 mtDNA *Cyt b* 单倍型的分布

Table 8-20　Haplotype distributions of mtDNA *Cyt b* in seven populations of *S.* (*S.*) *o'connori*

群体 Population	单倍型(个体数目) Haplotype (individual numbers)
日喀则 SG	Hap01(1)，**Hap02(3)**，Hap03(1)，Hap04(3)，**Hap05(3)**，Hap06(2)，Hap07(1)，Hap08(1)，Hap09(1)，Hap10(1)，Hap11(1)，Hap12(1)，Hap13(1)，Hap14(1)，Hap15(1)，Hap16(1)，**Hap17(1)**
扎雪 ZX	**Hap02(2)**，Hap04(1)，**Hap05(3)**，Hap09(1)，Hap10(2)，Hap16(2)，**Hap17(3)**，Hap18(1)，Hap19(1)，Hap20(1)，Hap21(2)，Hap22(1)，Hap23(3)，Hap24(1)，Hap25(1)
曲水 QX	**Hap02(3)**，Hap04(4)，**Hap05(3)**，Hap15(3)，**Hap17(2)**，Hap21(1)，Hap23(1)，Hap25(1)，Hap26(1)，Hap27(1)，Hap28(1)，Hap29(1)，Hap30(1)，Hap31(1)
山南 SN	**Hap02(3)**，Hap04(1)，**Hap05(6)**，Hap13(1)，**Hap17(3)**，Hap21(1)，Hap32(1)，Hap33(1)，Hap34(1)，Hap35(1)，Hap36(1)，Hap37(1)，Hap38(1)，Hap39(1)，Hap40(1)
米林 ML	**Hap02(4)**，**Hap05(3)**，**Hap17(2)**，Hap19(1)，Hap25(1)，Hap26(1)，Hap29(1)，Hap32(1)，Hap36(1)，Hap40(1)，Hap41(1)，Hap42(1)，Hap43(1)，Hap44(1)，Hap45(2)，Hap46(1)，Hap47(1)
派镇 PZ	**Hap02(2)**，**Hap05(2)**，**Hap17(3)**，Hap29(1)，Hap32(2)，Hap36(1)，Hap40(1)，Hap46(1)，Hap47(3)，Hap48(1)，Hap49(1)，Hap50(1)，Hap51(1)，Hap52(1)，Hap53(1)，Hap54(1)，Hap55(1)
波密 BM	Hap56(17)，Hap57(5)，Hap58(1)，Hap59(1)

注 Note：黑体表示此单倍型为除了 BM 群体外的其余 6 个群体共享单倍型 Bold indicates haplotypes that are shared by the six populations (except BM population)

在异齿裂腹鱼 7 个群体中，帕隆藏布江 BM 群体 *Cyt b* 单倍型多样性(Hd)最低
(0.471)，雅鲁藏布江中游其余 6 个群体的单倍型多样性均较高，为 0.924(SN)～
0.967(PZ)，整体水平上单倍型多样性为 0.954(表 8-21)。BM 群体的核苷酸多样性(π)最
低(0.0017)，其余 6 个群体的核苷酸多样性为 0.0028(SN)～0.0041(ZX)，整体水平上核
苷酸多样性为 0.0082。BM 群体平均核苷酸差异数(K)最低(1.902)，其余 6 个群体的平
均核苷酸差异数为 3.239(SN)～4.714(ZX)，整体水平为 9.360。

表 8-21　基于 mtDNA *Cyt b* 基因序列的异齿裂腹鱼 7 个群体的遗传多样性

Table 8-21　Genetic diversity indexes for seven populations of *S. (S.) o'connori* based on mtDNA
Cyt b sequences

群体 Population	样本数 Sample size	h	S	Hd	π	K
日喀则 SG	24	17	28	0.964	0.0038	4.355
扎雪 ZX	24	15	28	0.960	0.0041	4.714
曲水 QX	24	14	21	0.942	0.0031	3.496
山南 SN	24	15	22	0.924	0.0028	3.239
米林 ML	24	17	23	0.960	0.0036	4.112
派镇 PZ	24	17	24	0.967	0.0036	4.123
波密 BM	24	4	16	0.471	0.0017	1.902
整体 Total	168	59	84	0.954	0.0082	9.360

注 Notes：h. 单倍型数目 number of haplotypes；S. 变异位点数目 number of segregating sites；Hd. 单倍型多样性 haplotype
diversity；π. 核苷酸多样性 nucleotide diversity；K. 平均核苷酸差异数 average number of nucleotide differences

2) 基于 mtDNA D-loop 序列的异齿裂腹鱼群体遗传多样性

对异齿裂腹鱼 7 个群体 168 个个体的 mtDNA D-loop 序列比对结果显示，测定的
mtDNA D-loop 部分序列长度为 714bp。在 D-loop 序列共检测到 67 个变异位点，其中 47
个为简约信息位点，20 个为单一突变位点。一处变异为插入或缺失，两处变异为颠换，
其他变异均为转换，转换的频率明显高于颠换，符合 mtDNA 进化规律，表明 D-loop 序
列未达到突变饱和，可用于遗传多样性研究。在异齿裂腹鱼 168 个个体的 D-loop 序列中
共定义了 80 个单倍型，所有单倍型序列已提交至 GenBank(登录号：KT188673～
KT188752)。这些单倍型在各个群体中的分布情况见表 8-22，每个群体都有自己的特有
单倍型。除 BM 群体外，其他 6 个群体单倍型数目较多，其中单倍型 Hap17 在这 6 个群
体中均被检测到，分布范围较广，出现频率较高，推测其可能为这 6 个群体共享的较为
原始的单倍型。BM 群体单倍型数目最少，只有 4 个单倍型，其中 Hap77 出现的频率最
高，推测其可能是 BM 群体较为原始的单倍型。

在异齿裂腹鱼 7 个群体中，帕隆藏布江 BM 群体 D-loop 单倍型多样性(Hd)最低
(0.471)，雅鲁藏布江中游其余 6 个群体单倍型多样性均较高，为 0.935(SN)～0.982(ML)，
整体水平上单倍型多样性为 0.975(表 8-23)。BM 群体的核苷酸多样性(π)最低(0.0036)，
其余 6 个群体核苷酸多样性为 0.0060(PZ)～0.0077(QX)，整体水平上核苷酸多样性为 0.0121。
BM 群体平均核苷酸差异数(K)最低(2.565)，其他 6 个群体的平均核苷酸差异数为

4.286（PZ）～5.378（QX），整体水平为 8.649。

表 8-22　异齿裂腹鱼 7 个群体 mtDNA D-loop 单倍型的分布

Table 8-22　Haplotype distributions of mtDNA D-loop in seven populations of *S.*(*S.*) *o'connori*

群体 Population	单倍型（个体数目） Haplotype（individual numbers）
日喀则 SG	Hap01（1），Hap02（1），Hap03（1），Hap04（1），Hap05（1），Hap06（4），Hap07（2），Hap08（1），Hap09（2），Hap10（1），Hap11（1），Hap12（1），Hap13（1），Hap14（1），Hap15（1），Hap16（2），**Hap17（2）**
扎雪 ZX	Hap09（1），Hap12（1），**Hap17（3）**，Hap18（1），Hap19（2），Hap20（1），Hap21（2），Hap22（1），Hap23（2），Hap24（2），Hap25（1），Hap26（1），Hap27（1），Hap28（1），Hap29（1），Hap30（1），Hap31（1），Hap32（1）
曲水 QX	Hap14（1），Hap16（2），**Hap17（2）**，Hap21（1），Hap24（1），Hap33（1），Hap34（1），Hap35（2），Hap36（1），Hap37（3），Hap38（1），Hap39（1），Hap40（1），Hap41（1），Hap42（1），Hap43（1），Hap44（1），Hap45（1），Hap46（1）
山南 SN	Hap09（1），**Hap17（2）**，Hap21（1），Hap30（1），Hap40（1），Hap45（2），Hap47（1），Hap48（1），Hap49（6），Hap50（1），Hap51（2），Hap52（1），Hap53（1），Hap54（1），Hap55（1），Hap56（1）
米林 ML	Hap13（1），**Hap17（2）**，Hap19（1），Hap30（3），Hap33（1），Hap45（1），Hap50（1），Hap51（1），Hap57（1），Hap58（1），Hap59（1），Hap60（1），Hap61（1），Hap62（1），Hap63（1），Hap64（2），Hap65（1），Hap66（1），Hap67（1），Hap68（1）
派镇 PZ	Hap13（1），**Hap17（4）**，Hap23（1），Hap45（1），Hap50（1），Hap51（2），Hap54（1），Hap66（4），Hap69（1），Hap70（2），Hap71（1），Hap72（1），Hap73（1），Hap74（1），Hap75（1），Hap76（1），
波密 BM	Hap77（15），Hap78（5），Hap79（1），Hap80（1）

注 Note: 黑体表示此单倍型为除 BM 群体外的其余 6 个群体共享单倍型 Bold indicates haplotypes that are shared by the six populations（except BM population）

表 8-23　基于 mtDNA D-loop 序列的异齿裂腹鱼 7 个群体的遗传多样性

Table 8-23　Genetic diversity indexes for seven populations of *S.*（*S.*）*o'connori* based on mtDNA D-loop sequences

群体 Population	样本数 Sample size	h	S	Hd	π	K
日喀则 SG	24	17	22	0.964	0.0071	5.051
扎雪 ZX	24	18	29	0.975	0.0070	4.841
曲水 QX	24	19	26	0.978	0.0077	5.378
山南 SN	24	16	22	0.935	0.0062	4.348
米林 ML	24	20	28	0.982	0.0071	5.033
派镇 PZ	24	16	23	0.949	0.0060	4.286
波密 BM	24	4	16	0.471	0.0036	2.565
整体 Total	168	80	67	0.975	0.0121	8.649

注 Notes: h. 单倍型数目 number of haplotypes；S. 变异位点数目 number of segregating sites；Hd. 单倍型多样性 haplotype diversity；π. 核苷酸多样性 nucleotide diversity；K. 平均核苷酸差异数 average number of nucleotide differences

3）基于 SSR 标记的异齿裂腹鱼群体遗传多样性分析

利用 12 对多态性微卫星引物对异齿裂腹鱼 7 个群体 322 个个体进行了 PCR 扩增和基因分型。结果显示，每个微卫星位点在单个异齿裂腹鱼个体中最多可以扩增出 4 条 SSR 条带，从核基因组水平上证明了异齿裂腹鱼是四倍体鱼类这一遗传特性。基于异齿裂腹鱼全部样本的基因分型和人工校正，最终共检测到 359 个 SSR 条带，单个 SSR 位点的扩增条带数为 7(Scho23)～52(Scho42)，基于 SSR 标记的异齿裂腹鱼群体遗传多样性指标详见表 8-24。12 个 SSR 位点在 7 个群体中扩增得到的条带数为 145(BM)～231(ZX)，平均值为 210。各群体的特有条带数为 4(QX)～18(BM)，平均值为 10。各群体的多态位点比例(*PPL*)为 40.11%(BM)～64.07%(ZX)，平均值为 58.33%。各群体的 Nei's 基因多样性指数(*H*)为 0.062(BM)～0.073(ZX)，平均值为 0.069。各群体的 Shannon's 信息指数(*I*)为 0.107(BM)～0.132(ZX)，平均值为 0.125。整体上，帕隆藏布江 BM 群体的遗传多样性最低，雅鲁藏布江中游 ZX 群体的遗传多样性最高。BM 群体的特有条带数(等位基因)最多，QX 群体特有条带数(等位基因)最少。

表 8-24　基于 12 个 SSR 标记的异齿裂腹鱼 7 个群体遗传多样性

Table 8-24　Genetic diversity indexes for seven populations of S. (S.) o'connori based on 12 SSR markers

群体 Population	总条带数 Total bands	特有条带数 Private bands	*PPL*	*H*	*I*
日喀则 SG	220	5	61.28%	0.071	0.128
扎雪 ZX	231	7	64.07%	0.073	0.132
曲水 QX	213	4	59.33%	0.069	0.124
山南 SN	211	13	58.77%	0.071	0.128
米林 ML	228	13	63.51%	0.071	0.128
派镇 PZ	221	11	61.28%	0.069	0.125
波密 BM	145	18	40.11%	0.062	0.107
平均 Mean	210	10	58.33%	0.069	0.125
整体 Total	359	71	—	—	—

注 Notes：PPL.多态位点比例 percentage of polymorphic loci；H.Nei's 基因多样性指数 Nei's gene diversity index；I.Shannon's 信息指数 Shannon's information index

2. 群体遗传结构

1) 基于 mtDNA 序列单倍型的系统发育树和中介网络图

基于异齿裂腹鱼 mtDNA *Cyt b* 序列单倍型，构建了结果相似的 NJ 系统发育树和 ML 系统发育树(图 8-8)，节点支持率较高。从 NJ 和 ML 系统发育树可以看出，异齿裂腹鱼 7 个群体的 mtDNA *Cyt b* 序列单倍型分化为 2 个遗传分支：帕隆藏布江的 BM 群体的所有单倍型(H56、H57、H58、H59)聚为一支(蓝色)，雅鲁藏布江中游 6 个群体的单倍型聚为另一支(红色)。雅鲁藏布江中游 6 个群体的 *Cyt b* 单倍型交叉分布，没有表现出明显的地理分布结构，这与经历过遗传瓶颈的种群较为一致(Slatkin and Hudson，1991)。其中，采用 ML 法构建的系统发育树与 NJ 系统发育树存在微小差异：ML 系统发育树显示帕隆藏布江 BM 群体首先与外类群(拉萨裂腹鱼和巨须裂腹鱼)聚为一支，然后与雅鲁藏布江中游 6 个群体聚为一支，提示 BM 群体遗传上的特殊性。同样地，基于 D-loop 序列单倍型，构建了结果相似的 NJ 系统发育树和 ML 系统发育树(图 8-9)，异齿裂腹鱼 7 个群体的 D-loop 序列单倍型分化为 2 个遗传谱系：雅鲁藏布江中游 6 个群体单倍型(红

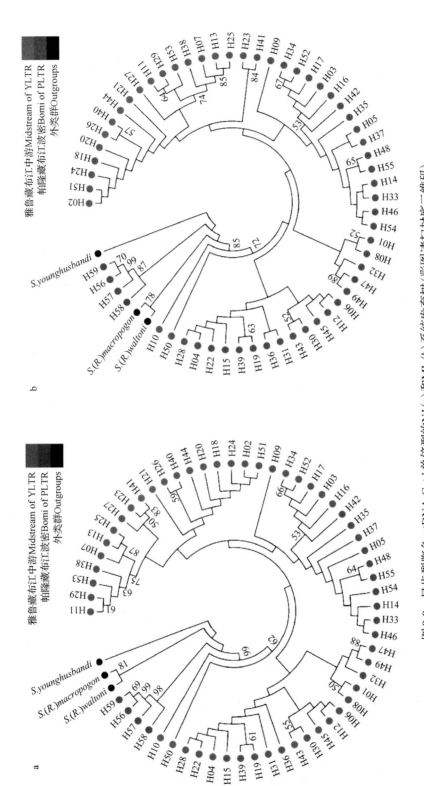

图 8-8 异齿裂腹鱼mtDNA *Cyt b*单倍型的NJ (a) 和ML (b) 系统发育树（彩图请扫封底二维码）

Fig. 8-8 NJ (a) and ML (b) phylogenetic trees of *S.* (*S.*) *o'connori* based on mtDNA *Cyt b* haplotypes

图中节点处数字代表支持率，且只显示大于50%的值，单倍型的地理分布见表8-20 The numbers above the branches correspond to bootstrap support values > 50% obtained in the NJ and ML analyses, respectively. Refer to Table 8-20 for the geographic locations of the haplotypes

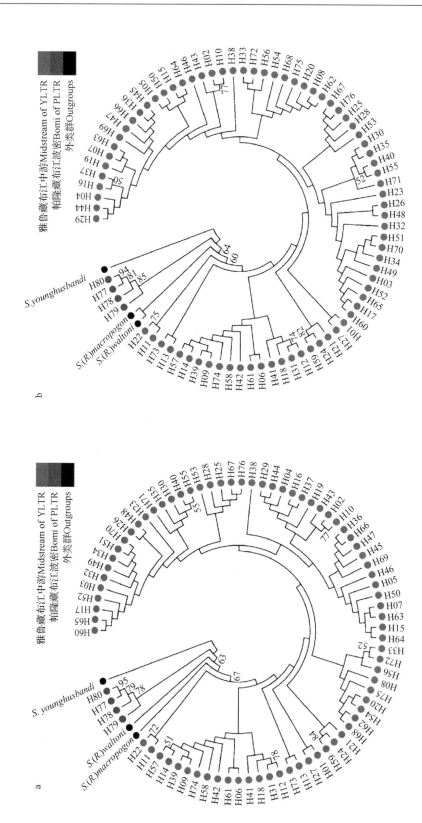

图 8-9　异齿裂腹鱼 mtDNA D-loop 单倍型的 NJ (a) 和 ML (b) 系统发育树 (彩图请扫封底二维码)

Fig. 8-9　NJ (a) and ML (b) phylogenetic trees of *S. (S.) o'connori* based on mtDNA D-loop haplotypes

图中节点处数字代表支持率, 且只显示大于 50% 的值. 单倍型的地理分布见表 8-22 The numbers above the branches correspond to bootstrap support values >50% obtained in the NJ and ML analyses, respectively. Refer to Table 8-22 for the geographic locations of the haplotypes

色)和帕隆藏布江 BM 群体单倍型(H77、H78、H79、H80)(蓝色)。D-loop 序列单倍型的 NJ 系统发育树和 ML 系统发育树与 *Cyt b* 序列单倍型 ML 系统发育树相似。因此,2 个 mtDNA 序列单倍型系统发育分析表明,雅鲁藏布江中游 6 个群体间的遗传关系较近,这 6 个群体与帕隆藏布江 BM 群体间的遗传关系较远,显示出与地理位置相关的系统进化关系。

采用 NETWORK 软件构建了异齿裂腹鱼 mtDNA *Cyt b* 和 D-loop 序列的单倍型中介网络图(图 8-10,图 8-11)。结果表明,两个 mtDNA 序列的单倍型分化为帕隆藏布江 BM 群体和雅鲁藏布江中游 6 个群体两个不同的遗传谱系,没有共享的单倍型。*Cyt b* 和 D-loop 序列单倍型中介网络图与 NJ 和 ML 系统发育分析结果一致。雅鲁藏布江中游 6 个群体的单倍型呈现星状分布,表明雅鲁藏布江中游的异齿裂腹鱼群体曾经历过种群扩张。

2)基于 mtDNA 序列的群体间遗传距离和遗传分化分析

基于 mtDNA *Cyt b* 序列计算出异齿裂腹鱼群体间遗传距离和遗传分化指数,见表8-25。群体内个体间的 K2P 遗传距离为 0.0017(BM)~0.0042(ZX),群体间的 K2P 遗传距离为 0.0031(QX/SN)~0.0239(PZ/BM),帕隆藏布江 BM 群体内个体之间的 K2P 遗传距离明显小于雅鲁藏布江中游 6 个群体内个体之间的遗传距离,且帕隆藏布江 BM 群体与雅

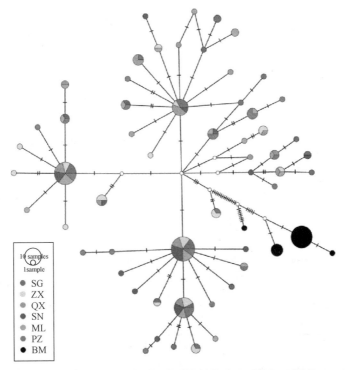

图 8-10　异齿裂腹鱼 7 个群体 mtDNA *Cyt b* 单倍型的中介网络图(彩图请扫封底二维码)

Fig. 8-10　Median-joining network of mtDNA *Cyt b* haplotypes from seven populations of *S.* (*S.*) *o'connori*

每个圆圈代表 1 个单倍型,其面积大小与观察到的个体数目成正比,不同颜色代表不同的地理群体,白色圆圈代表没有检测到的中间单倍型 Each circle represents a haplotype and its size denotes the number of observed individuals. Colors correspond to different regions. White circles represent intermediate haplotypes not observed

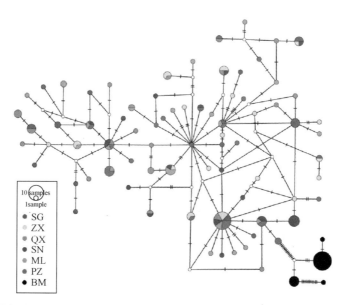

图 8-11 异齿裂腹鱼 7 个群体 mtDNA D-loop 单倍型的中介网络图（彩图请扫封底二维码）

Fig. 8-11 Median-joining network of mtDNA D-loop haplotypes from seven populations of *S.* (*S.*) *o'connori*

每个圆圈代表 1 个单倍型，其面积大小与观察到的个体数目成正比，不同的颜色代表不同的地理群体，白色圆圈代表没有检测到的中间单倍型 Each circle represents a haplotype and its size denotes the number of observed individuals. Colors correspond to different regions. White circles represent intermediate haplotypes not observed

表 8-25 基于 mtDNA *Cyt b* 序列的异齿裂腹鱼群体间固定指数（对角线下）、群体内 K2P 遗传距离（对角线）和群体间 K2P 遗传距离（对角线上）

Table 8-25 Pairwise Φ_{ST} (below diagonal), Kimura 2-parameter (K2P) genetic distances within *S.* (*S.*) *o'connori* populations (shown in bold along diagonal) and among populations (above diagonal) based on mtDNA *Cyt b* sequences

群体 Population	日喀则 SG	扎雪 ZX	曲水 QX	山南 SN	米林 ML	派镇 PZ	波密 BM
日喀则 SG	**0.0039**	0.0041	0.0034	0.0034	0.0037	0.0039	0.0235
扎雪 ZX	0.0092	**0.0042**	0.0037	0.0035	0.0039	0.0040	0.0238
曲水 QX	−0.0131	0.0164	**0.0031**	0.0031	0.0034	0.0036	0.0233
山南 SN	0.0059	−0.0046	0.0340	**0.0029**	0.0032	0.0033	0.0236
米林 ML	−0.0052	−0.0023	−0.0015	−0.0025	**0.0036**	0.0037	0.0236
派镇 PZ	0.0249	0.0226	0.0525*	0.0017	0.0051	**0.0036**	0.0239
波密 BM	0.8784*	0.8727*	0.8940*	0.9003*	0.8835*	0.8845*	**0.0017**

* 经过 Bonferroni 校正后显著（$\alpha = 0.05$）Significant after Bonferroni correction（$\alpha = 0.05$）

鲁藏布江中游 6 个群体之间的 K2P 遗传距离明显大于雅鲁藏布江中游 6 个群体之间的 K2P 遗传距离。7 个群体之间的遗传分化指数（固定指数 Φ_{ST}）为−0.0131（QX/SG）～0.9003（SN/BM）。帕隆藏布江 BM 群体与雅鲁藏布江中游 6 个群体间的遗传分化指数远大于雅鲁藏布江中游 6 个群体间的遗传分化指数，帕隆藏布江 BM 群体与雅鲁藏布江中游 6 个群体间的遗传分化均达到显著水平（$P<0.05$），而雅鲁藏布江中游 6 个群体间只有

PZ 群体和 QX 群体存在显著遗传分化。分子变异分析（AMOVA）显示（表 8-26），异齿裂腹鱼 7 个群体间存在极显著的遗传分化（$\Phi_{ST}=0.639$，$P<0.001$）。若将 7 个群体划分为帕隆藏布江 BM 群体和雅鲁藏布江中游 6 个群体 2 个组群进行 AMOVA 分析，则有 13.97% 的遗传变异来源于群体内，0.19% 的变异来源于组群内群体间，85.84% 的变异来自组群间。AMOVA 结果表明，异齿裂腹鱼整体上群体间遗传分化显著，遗传变异主要来自雅鲁藏布江中游 6 个群体、帕隆藏布江 BM 群体两个遗传谱系。

表 8-26　基于 mtDNA *Cyt b* 序列的异齿裂腹鱼群体分子变异分析（AMOVA）
Table 8-26　Hierarchical analysis of molecular variance（AMOVA）of *S.（S.) o'connori* population genetic variation based on mtDNA *Cyt b* sequences

变异来源 Source of variation	自由度 df	变异组分 Variance component	变异百分比 Percentage of variation	固定指数 Fixation index
群体间 Among populations	6	3.279	63.89	$\Phi_{ST}=0.639^{***}$
群体内 Within populations	161	1.853	36.11	
组群间（BM 群体/雅鲁藏布江中游 6 个群体） Between groups（BM/midstream 6 populations）	1	11.385	85.84	$\Phi_{CT}=0.858$
组群内群体间 Among populations within groups	5	0.026	0.19	$\Phi_{SC}=0.014$
群体内 Within populations	161	1.853	13.97	$\Phi_{ST}=0.860^{***}$

***$P<0.001$

基于 mtDNA D-loop 序列计算出异齿裂腹鱼群体间遗传距离和遗传分化指数（表 8-27）。群体内个体间的 K2P 遗传距离为 0.0037（BM）～0.0077（QX），群体间的 K2P 遗传距离为 0.0062（SN/PZ）～0.0308（QX/BM），帕隆藏布江 BM 群体内个体之间的 K2P 遗传距离明显小于雅鲁藏布江中游 6 个群体内个体之间的遗传距离，且帕隆藏布江 BM 群体与雅鲁藏布江中游 6 个群体之间的 K2P 遗传距离明显大于雅鲁藏布江中游 6 个群体之间的 K2P 遗传距离。7 个群体之间的遗传分化指数（固定指数 Φ_{ST}）为 -0.0143（PZ/ML）～0.8252（PZ/BM）。帕隆藏布江 BM 群体与雅鲁藏布江中游 6 个群体间的遗传分化指数远大于雅鲁藏布江中游 6 个群体间的遗传分化指数，BM 群体与雅鲁藏布江中游 6 个群体间的遗传分化均达到显著水平（$P<0.05$），而雅鲁藏布江中游 6 个群体间遗传分化不显著。分子变异分析（AMOVA）显示（表 8-28），异齿裂腹鱼 7 个群体间存在极显著的遗传分化（$\Phi_{ST}=0.514$，$P<0.001$）。若将 7 个群体划分为帕隆藏布江 BM 群体和雅鲁藏布江中游 6 个群体 2 个组群进行 AMOVA 分析，则有 21.68% 的遗传变异来源于群体内，0.79% 的变异来源于组群内群体间，77.53% 的变异来自组群间。AMOVA 结果表明，异齿裂腹鱼整体上群体间遗传分化显著，遗传变异主要来自雅鲁藏布江中游 6 个群体、帕隆藏布江 BM 群体两个遗传谱系。

表 8-27　基于 mtDNA D-loop 序列的异齿裂腹鱼群体间固定指数(对角线下)、群体内 K2P 遗传距离(对角线)和群体间 K2P 遗传距离(对角线上)

Table 8-27　Pairwise Φ_{ST} (below diagonal), Kimura 2-parameter (K2P) genetic distance within population (shown in bold along diagonal) and among populations of *S.* (*S.*) *o'connori* (above diagonal) based on mtDNA D-loop sequences

群体 Population	日喀则 SG	扎雪 ZX	曲水 QX	山南 SN	米林 ML	派镇 PZ	波密 BM
日喀则 SG	**0.0072**	0.0073	0.0074	0.0071	0.0073	0.0070	0.0303
扎雪 ZX	0.0319	**0.0069**	0.0077	0.0068	0.0072	0.0068	0.0299
曲水 QX	−0.0017	0.0479	**0.0077**	0.0074	0.0076	0.0073	0.0308
山南 SN	0.0571	0.0361	0.0660	**0.0062**	0.0068	0.0062	0.0287
米林 ML	0.0176	0.0172	0.0201	0.0096	**0.0072**	0.0065	0.0299
派镇 PZ	0.0512[*]	0.0469[*]	0.0568	0.0029	−0.0143	**0.0061**	0.0289
波密 BM	0.8143[*]	0.8140[*]	0.8080[*]	0.8207[*]	0.8122[*]	0.8252[*]	**0.0037**

* 经过 Bonferroni 校正后显著($\alpha = 0.05$) Significant after Bonferroni correction ($\alpha = 0.05$)

表 8-28　基于 mtDNA D-loop 序列的异齿裂腹鱼群体分子变异分析(AMOVA)

Table 8-28　Hierarchical analysis of molecular variance (AMOVA) of *S.* (*S.*) *o'connori* population genetic variation based on mtDNA D-loop sequences

变异来源 Source of variation	自由度 df	变异组分 Variance component	变异百分比 Percentage of variation	固定指数 Fixation index
群体间 Among populations	6	2.406	51.42	$\Phi_{ST} = 0.514^{***}$
群体内 Within populations	161	2.273	48.58	
组群间 (BM 群体/雅鲁藏布江中游 6 个群体) Between groups (BM/midstream 6 populations)	1	8.130	77.53	$\Phi_{CT} = 0.775$
组群内群体间 Among populations within groups	5	0.083	0.79	$\Phi_{SC} = 0.035^{**}$
群体内 Within populations	161	2.273	21.68	$\Phi_{ST} = 0.783^{***}$

** $P < 0.01$, *** $P < 0.001$

3)基于 SSR 标记的群体间遗传距离和遗传分化分析

基于 12 个 SSR 标记的全部扩增条带计算异齿裂腹鱼 7 个群体间的 Nei's 无偏遗传距离和固定指数(F_{ST})(表 8-29)。结果显示,群体间 Nei's 无偏遗传距离为 0(SG/PZ)~ 0.009(BM/SG、BM/SN、BM/ML),且帕隆藏布江 BM 群体与雅鲁藏布江中游 6 个群体之间的平均遗传距离(0.008)明显大于雅鲁藏布江中游 6 个群体间的平均遗传距离(0.003)。反映群体间遗传分化的固定指数(F_{ST})为 0.003(SG/PZ)~0.165(BM/SG)。AMOVA 分析结果显示(表 8-30),异齿裂腹鱼 7 个群体间存在极显著的遗传分化($F_{ST} = 0.084$,$P<0.001$)。若将 7 个群体划分为帕隆藏布江 BM 群体和雅鲁藏布江中游 6 个群体 2 个组群进行 AMOVA 分析,则源于群体内的遗传变异为 85.54%,组群内群体间的遗传变异为 5.16%,组群间的遗传变异为 9.30%,说明遗传变异主要来自群体内部。

表 8-29　基于 12 个 SSR 标记的异齿裂腹鱼群体间 Nei's 无偏遗传距离（对角线上）和固定指数（对角线下）

Table 8-29　Pairwise unbiased Nei's genetic distance（above diagonal）and fixation index（F_{ST}）（below diagonal）between populations of *S.*（*S.*）*o'connori* based on 12 SSR markers

群体 Population	日喀则 SG	扎雪 ZX	曲水 QX	山南 SN	米林 ML	派镇 PZ	波密 BM
日喀则 SG	—	0.002	0.006	0.007	0.005	0.000	0.009
扎雪 ZX	**0.035**	—	0.002	0.002	0.002	0.002	0.006
曲水 QX	**0.101**	**0.045**	—	0.001	0.001	0.006	0.008
山南 SN	**0.104**	**0.038**	0.007	—	0.001	0.007	0.009
米林 ML	**0.085**	**0.032**	**0.014**	**0.015**	—	0.005	0.009
派镇 PZ	**0.003**	**0.034**	**0.102**	**0.106**	**0.082**	—	0.008
波密 BM	**0.165**	**0.131**	**0.164**	**0.161**	**0.152**	**0.144**	—

注 Note: 黑体表示 F_{ST} 值经过 Bonferroni 校正后显著（$\alpha = 0.05$）Significant F_{ST} values after Bonferroni correction for multiple testing are in bold（$\alpha = 0.05$）

表 8-30　基于 12 个 SSR 标记的异齿裂腹鱼群体分子变异分析（AMOVA）

Table 8-30　Hierarchical analysis of molecular variance（AMOVA）of *S.*（*S.*）*o'connori* population genetic variation based on 12 SSR markers

变异来源 Source of variation	自由度 df	变异组分 Variance component	变异百分比 Percentage of variation	固定指数 Fixation index
群体间 Among populations	6	1.694	8.37	$F_{ST} = 0.084^{***}$
群体内 Within populations	315	18.545	91.63	
组群间（BM 群体/雅鲁藏布江中游 6 个群体） Between groups（BM/midstream 6 populations）	1	2.016	9.30	$F_{CT} = 0.093$
组群内群体间 Among populations within groups	5	1.118	5.16	$F_{SC} = 0.057^{***}$
群体内 Within populations	315	18.545	85.54	$F_{ST} = 0.145^{***}$

***$P < 0.001$

SSR 分析结果与基于 *Cyt b* 和 D-loop 序列的分析结果相似，帕隆藏布江 BM 群体与雅鲁藏布江中游 6 个群体之间的平均遗传距离明显大于雅鲁藏布江中游 6 个群体之间的平均遗传距离。帕隆藏布江 BM 群体与雅鲁藏布江中游 6 个群体之间的遗传分化均达到显著水平（$P < 0.05$）。不同于 mtDNA（*Cyt b* 和 D-loop）序列的分析结果，SSR 分析结果显示雅鲁藏布江中游 6 个群体之间除了 SG/PZ、QX/SN 的遗传分化不显著外（$P > 0.05$），其余群体间的遗传分化达到显著水平（$P < 0.05$）。此外，将帕隆藏布江 BM 群体与雅鲁藏布江中游 6 个群体划分为 2 个组群进行 AMOVA 分析时，基于 SSR 的 AMOVA 分析显示群体遗传变异主要来自各个群体内部，而 mtDNA（*Cyt b* 和 D-loop）序列分析结果显示群体的遗传变异主要来自雅鲁藏布江中游 6 个群体、帕隆藏布江 BM 群体 2 个组群间。mtDNA 分析结果与 SSR 分析结果存在一定差异，这可能是因为不同的分子标记揭示遗传变异的时间尺度和遗传特性有所不同。

基于 7 个群体 SSR 数据的主坐标分析（PCoA）结果（图 8-12）显示，异齿裂腹鱼群体主要分为帕隆藏布江 BM 群体和雅鲁藏布江中游 6 个群体 2 个遗传组群，雅鲁藏布江中游 6 个群体又可分为 2 个分支：SG 与 PZ 群体为一支，ZX、QX、SN 和 ML 群体聚为另一个分支。

基于 SSR 数据的 STRUCTURE 聚类分析结果（图 8-13）与 PCoA 结果相似。异齿裂

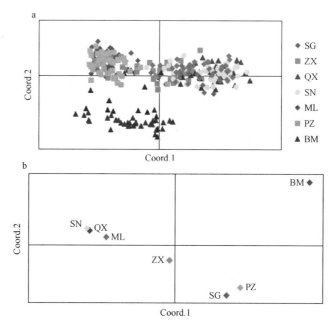

图 8-12　基于 12 个 SSR 标记的异齿裂腹鱼群体主坐标分析（PCoA）（彩图请扫封底二维码）
Fig. 8-12　Principal coordinate analysis（PCoA）of *S.*（*S.*）*o'connori* populations based on 12 SSR markers
a. 个体 individuals；b. 群体 populations

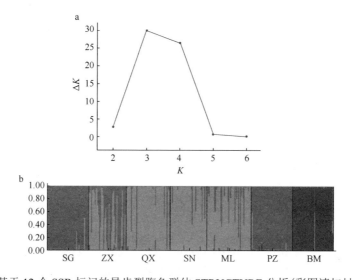

图 8-13　基于 12 个 SSR 标记的异齿裂腹鱼群体 STRUCTURE 分析（彩图请扫封底二维码）
Fig. 8-13　STRUCTURE analysis of *S.*（*S.*）*o'connori* populations based on 12 SSR markers
a. 最佳 *K* 值推断 Inference of best *K*；b. STRUCTURE 聚类图（*K* = 3）Histogram of the assignment test using STRUCTURE analysis
（*K* = 3），每种颜色代表一个遗传组群 Each color corresponds to a genetic cluster

腹鱼 7 个地理群体的最佳遗传分组数为 $K=3$（图 8-13a）。STRUCTURE 聚类图（图 8-13b）显示，帕隆藏布江 BM 群体单独为一支；雅鲁藏布江中游 6 个群体分为 2 个分支：SG、PZ 群体及部分 ZX 个体来源于一个遗传组群，QX、SN、ML 群体及部分 ZX 个体来源于另外一个遗传组群。

3. 种群历史动态

基于 mtDNA $Cyt\ b$ 和 D-loop 序列，采用 Fu's Fs 法对异齿裂腹鱼 7 个群体进行中性检验（表 8-31）。结果显示，雅鲁藏布江中游 6 个群体 $Cyt\ b$ 和 D-loop 序列的 Fu's Fs 值均为显著的负值，帕隆藏布江 BM 群体的 Fu's Fs 值均为不显著的正值，表明雅鲁藏布江中游 6 个群体可能经历过快速的种群扩张，而帕隆藏布江 BM 群体相对稳定（Fu，1997）。基于 mtDNA $Cyt\ b$ 和 D-loop 序列的歧点分布显示，帕隆藏布江 BM 群体的歧点分布形状为多峰分布，而雅鲁藏布江中游 6 个群体的歧点分布形状为单峰分布（表 8-31）。歧点分布拟合度检验结果显示，除了 BM 群体的 SSD 统计结果显著（$P<0.05$）外，雅鲁藏布江中游 6 个群体的 SSD 和 r 结果均不显著（$P>0.05$），表明雅鲁藏布江中游 6 个群体符合群体扩张模型，而帕隆藏布江 BM 群体没有经历过群体扩张事件。

表 8-31　基于 mtDNA $Cyt\ b$ 和 D-loop 序列的异齿裂腹鱼 7 个群体的中性检验和歧点分布

Table 8-31　Results of neutrality test and mismatch distribution for seven populations of $S.$ ($S.$) $o'connori$ based on mtDNA $Cyt\ b$ and D-loop sequences

序列 Sequences	群体 Populations	SSD	r	歧点分布形状 Shape of mismatch distribution	Fs
$Cyt\ b$	日喀则 SG	0.003	0.015	unimodal	**−8.809**
	扎雪 ZX	0.003	0.015	unimodal	**−5.204**
	曲水 QX	0.009	0.034	unimodal	**−5.821**
	山南 SN	0.007	0.027	unimodal	**−7.879**
	米林 ML	0.018	0.046	unimodal	**−9.308**
	派镇 PZ	0.019	0.044	unimodal	**−9.285**
	波密 BM	**0.327**	0.376	multimodal	1.924
	整体 Total	0.055	0.079	multimodal	−6.340
D-loop	日喀则 SG	0.003	0.018	unimodal	**−7.584**
	扎雪 ZX	0.016	0.039	unimodal	**−9.376**
	曲水 QX	0.004	0.019	unimodal	**−10.456**
	山南 SN	0.019	0.032	unimodal	**−7.039**
	米林 ML	0.007	0.027	unimodal	**−13.422**
	派镇 PZ	0.002	0.014	unimodal	**−7.292**
	波密 BM	**0.325**	0.409	multimodal	2.975
	整体 Total	0.054	0.080	multimodal	−7.456

注 Notes：SSD. 扩张模型下的误差平方和 sum of the squared differences under expansion model；r. 粗糙性指数 raggedness index；Fs. Fu's 指数，黑体表示统计上达到显著水平（$P<0.05$）. Fu's Fs test statistic；numbers in bold indicate statistically significant results（$P<0.05$）；unimodal. 歧点分布形状为单峰分布 the shape of mismatch distribution is unimodal；multimodal. 歧点分布形状为多峰分布 the shape of mismatch distribution is multimodal

　　基于 mtDNA *Cyt b* 序列、D-loop 序列、*Cyt b*+D-loop 序列，将雅鲁藏布江中游 6 个异齿裂腹鱼群体作为一个遗传谱系进行歧点分布分析时，也同样表现为单峰分布(图 8-14a，b，c)，表明雅鲁藏布江中游异齿裂腹鱼 6 个群体经历过种群扩张(Rogers and Harpending，1992；Rogers，1995)，这与其高单倍型多样性、低核苷酸多样性的分布模式及星状中介网络图所揭示的结果一致。帕隆藏布江 BM 群体 mtDNA 序列的歧点分布图呈现多峰分布(图 8-14d，e，f)，表明 BM 群体相对稳定，没有经历过群体扩张事件。

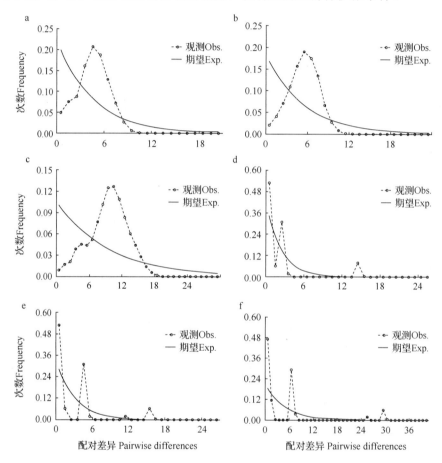

图 8-14　异齿裂腹鱼群体的观测和期望歧点分布图

Fig. 8-14　Observed and expected mismatch distributions for *S.* (*S.*) *o'connori* population

雅鲁藏布江中游 6 个群体 midstream 6 populations：(a) *Cyt b*，(b) D-loop，(c) *Cyt b* + D-loop；BM 群体 BM population：(d) *Cyt b*，(e) D-loop，(f) *Cyt b* + D-loop。虚线代表观测分布，实线代表恒定群体模型下的理论期望分布 Dashed line, observed distribution; solid line, theoretical expected distribution under a constant population size model

本 章 小 结

1. 染色体

　　雅鲁藏布江中游的 6 种裂腹鱼类中，除双须叶须鱼染色体数多达 400 以上外，尖裸鲤、异齿裂腹鱼、巨须裂腹鱼、拉萨裂腹鱼和拉萨裸裂尻鱼的染色体数在 90~98，均为四倍体类型；核型特征分析结果显示，具有 3 对明显大的中着丝粒染色体是四倍体裂腹鱼类的共同特征。裂腹鱼类为鲃亚科的原始类群，核型演化的主要方式为多倍化，同时伴随有罗伯逊易位、着丝点断裂和融合等。

2. 同工酶

(1)LDH：在尖裸鲤、拉萨裸裂尻鱼、巨须裂腹鱼、拉萨裂腹鱼、异齿裂腹鱼和双须叶须鱼的 5 种组织中分别检出 16 条、13 条、7 条、10 条、6 条和 9 条 LDH 酶带。A、B 基因编码的 5 种同工酶，在 6 种裂腹鱼的心脏和肾脏组织中全部表达，但在其他组织中的表达存在差异；重复基因 B^1 在尖裸鲤和拉萨裸裂尻鱼的心脏、肝脏和肾脏中全部表达，在其他组织中的表达存在差异；在 6 种裂腹鱼的肌肉、拉萨裂腹鱼的心脏和肾脏、尖裸鲤的心脏组织中，A 基因的检测位点呈多态性；C 基因在巨须裂腹鱼的肝脏组织、拉萨裂腹鱼的肝脏和晶状体中均有表达，其中，在肝脏组织中表达 3 条酶带，均靠近阴极，而在晶状体中表达 2 条酶带，且均靠近阳极。因此，LDH 的表达具有明显的种属特异性和组织特异性，依据这种差异性表达特征可将 6 种裂腹鱼分为 3 类，结果与根据形态学特征所划分的 3 个类群极为吻合。

(2)MDH：6 种裂腹鱼类的 MDH 表达也表现出明显的种属特异性和组织特异性。MDH 存在 3 种上清液型同工酶，分别为 S-B2、S-AB 和 S-A2。其中，S-B2 在 6 种裂腹鱼的 5 种组织中均有表达；S-AB 在除拉萨裸裂尻鱼的晶状体外，在 6 种裂腹鱼的其他组织中也均有表达；S-A2 在 6 种裂腹鱼的心肌组织均有表达，但在巨须裂腹鱼的晶状体、肝脏和肾脏，拉萨裸裂尻鱼肾脏、肌肉和晶状体，尖裸鲤的晶状体和肌肉，拉萨裂腹鱼的晶状体，异齿裂腹鱼的肾脏和晶状体等组织中均未检测到表达。MDH 还存在 3 种线粒体型同工酶，分别为 M-C2、M-CD 和 M-D2，其在 6 种裂腹鱼的晶状体组织中均未检测到表达；在肝脏组织中，异齿裂腹鱼和双须叶须鱼均表达 3 条酶带，而拉萨裸裂尻鱼只有 M-C2 表达，拉萨裂腹鱼只有 M-D2 表达，巨须裂腹鱼则无 M-C2 表达；在心肌组织中，异齿裂腹鱼、双须叶须鱼、拉萨裂腹鱼和巨须裂腹鱼均表达 3 条酶带，而拉萨裸裂尻鱼无 M-D2 表达，尖裸鲤只有 M-C2 表达；在肾脏组织中，异齿裂腹鱼和双须叶须鱼均表达 3 条酶带，拉萨裸裂尻鱼只有 M-C2 表达，而拉萨裂腹鱼和巨须裂腹鱼无 M-C2 表达，尖裸鲤则无 M-D2 表达；在肌肉组织中，拉萨裸裂尻鱼没有检测到 M-C2、M-CD 或 M-D2 表达，而尖裸鲤只有 M-C2 表达，其他几种裂腹鱼中则均表达 3 条酶带。

(3)EST：在 6 种裂腹鱼类的晶状体组织中均没有检测到 EST 同工酶的表达；但在心肌、肌肉、肝脏和肾脏组织则均检测到 EST1b 和 EST2b；除尖裸鲤肝脏组织外，6 种裂腹鱼的心肌、肝脏和肾脏组织均有 EST2c 的表达；除拉萨裂腹鱼的肌肉组织表达 EST1b、EST2b 和 EST2c 共 3 条酶带外，其他 5 种裂腹鱼类的肌肉组织均表达 EST1b 和 EST2b 共 2 条酶带。此外，EST1a、EST1c、EST1d、EST2a 和 EST2d 的表达具有明显的种属特异性和组织特异性，因此，可作为区分这几种裂腹鱼的生化遗传标记。

对 6 种裂腹鱼类的肝脏、肾脏和心肌组织的 EST 酶谱相似度指数分析结果显示，异齿裂腹鱼、拉萨裂腹鱼和巨须裂腹鱼这 3 种较为原始的裂腹鱼类间亲缘关系较近，而尖裸鲤、拉萨裸裂尻鱼和双须叶须鱼这 3 种高度特化的类群间亲缘关系较近，这个结果与武云飞等(1999)从核型角度分析及曹文宣等(1981)从形态学特征角度分析的结果非常相似，因此，酯酶酶谱特征在一定程度上也能反映物种间的亲缘关系。其中，肝脏和肾脏组织更适于分析它们的亲缘关系。

3. 分子群体遗传学

(1)通过构建(AGAT)$_n$-和(AC)$_{10}$-微卫星富集文库，采用磁珠富集法分离出 5 种西藏裂腹鱼类的多态性微卫星标记，并在 SG 群体样本中分析了上述微卫星位点的特征。在拉萨裸裂尻鱼中，分离出 15 个四核苷酸重复微卫星位点，每个位点的等位基因数为 6～32(平均 17.87)；分离出 18 个二核苷酸重复微卫星位点，每个位点的等位基因数为 2～14(平均 8.33)。在拉萨裂腹鱼中，分离出 19 个四核苷酸重复微卫星位点，1 个二核苷酸重复位点，每个位点的等位基因数为 9～28(平均 18.45)。在异齿裂腹鱼中，分离出 21 个二核苷酸重复微卫星位点，每个位点的等位基因数为 5～21(平均 10.14)；分离出 21 个四核苷酸重复微卫星位点，每个位点的等位基因数为 4～29(平均 17.76)。在巨须裂腹鱼中，分离出 19 个四核苷酸重复微卫星位点，4 个二核苷酸重复微卫星位点，每个位点的等位基因数为 5～32(平均 20.17)。在尖裸鲤中，分离出 19 个四核苷酸重复微卫星位点，5 个二核苷酸重复微卫星位点，每个位点的等位基因数为 4～24(平均 12.54)。上述微卫星位点具有高度多态性，适用于 5 种裂腹鱼类及近缘种类的群体遗传多样性和遗传结构分析。

(2)测定了双须叶须鱼和尖裸鲤的线粒体全基因组序列，均包括 22 个 tRNA 基因、2 个 rRNA 基因、13 个蛋白质编码基因，以及控制区(CR)和轻链复制起始区(O$_L$)2 个非编码区。双须叶须鱼的线粒体基因组全长 16 787bp，核苷酸组成为 A(27.66%)、C(27.11%)、G(19.12%)和 T(26.10%)，控制区大小为 939bp，在 tRNA^{Thr} 和 tRNA^{Pro} 之间存在一个 197bp 非编码区。尖裸鲤线粒体基因组全长 16 646bp，核苷酸组成为 A(28.63%)、C(26.56%)、G(18.14%)和 T(26.67%)，控制区大小为 935bp，在 tRNA^{Thr} 和 tRNA^{Pro} 之间存在一个 53bp 非编码区。

(3)测定获得了雅鲁藏布江拉萨裸裂尻鱼 6 个群体(SG、ZX、QX、SN、ML 和 NC)153 个个体的 mtDNA Cyt b 基因全序列和 D-loop 控制区部分序列，对其群体遗传多样性、遗传结构和种群历史动态进行了分析。拉萨裸裂尻鱼 6 个群体 Cyt b 基因全长 1141bp，共有 36 个单倍型，各群体的平均单倍型多样性为 0.814(NC)～0.957(SG)，平均核苷酸多样性为 0.0029(NC)～0.0041(ZX)。拉萨裸裂尻鱼 6 个群体 D-loop 部分序列长为 737bp，共有 29 个单倍型，各群体的平均单倍型多样性为 0.824(SN)～0.909(ZX)，平均核苷酸多样性为 0.0023(SN)～0.0044(ML)。Cyt b 基因和 D-loop 控制区序列分析结果表明，拉萨裸裂尻鱼 6 个群体间的遗传分化处于低度至中度水平，群体内与群体间遗传距离处于同一水平，群体间不存在明显的遗传结构，推测拉萨裸裂尻鱼曾经历过种群扩张。鉴于 SN 群体与除 QX 群体外的其余 4 个群体间的遗传分化较大，建议将 SN 群体作为一个管理单元进行资源管理和保护。

(4)测定获得了雅鲁藏布江异齿裂腹鱼 7 个群体(SG、ZX、QX、SN、ML、PZ 和 BM)168 个个体的 mtDNA Cyt b 基因全序列和 D-loop 控制区部分序列，对其群体遗传多样性、遗传结构和种群历史动态进行了分析。异齿裂腹鱼 7 个群体 $Cyt\ b$ 基因全长 1141bp，共有 59 个单倍型，帕隆藏布江 BM 群体 $Cyt\ b$ 单倍型多样性最低(0.471)，雅鲁藏布江中游 6 个群体单倍型多样性均较高，为 0.924(SN)～0.967(PZ)，整体水平上 $Cyt\ b$ 单倍型多样性为 0.954；帕隆藏布江 BM 群体 $Cyt\ b$ 核苷酸多样性最低(0.0017)，雅鲁藏布江中游 6 个群体核苷酸多样性为 0.0028(SN)～0.0041(ZX)，整体水平上 $Cyt\ b$ 核苷酸多样性为 0.0082。异齿裂腹鱼 7 个群体 D-loop 部分序列长 714bp，共 80 个单倍型，帕隆藏布江 BM 群体 D-loop 单倍型多样性最低(0.471)，雅鲁藏布江中游 6 个群体单倍型多样性均较高，为 0.935(SN)～0.982(ML)，整体水平上 D-loop 单倍型多样性为 0.975；帕隆藏布江 BM 群体 D-loop 核苷酸多样性最低(0.0036)，雅鲁藏布江中游 6 个群体核苷酸多样性为 0.0060(PZ)～0.0077(QX)，整体水平上核苷酸多样性为 0.0121。$Cyt\ b$ 基因和 D-loop 序列分析结果表明，雅鲁藏布江中游 6 个群体与帕隆藏布江 BM 群体的异齿裂腹鱼遗传分化明显，揭示 7 个群体间存在明显的遗传结构；而雅鲁藏布江中游 6 个群体间遗传分化不明显，不存在明显的遗传结构，推测雅鲁藏布江中游异齿裂腹鱼群体经历过种群扩张。因雅鲁藏布江中游与帕隆藏布江的异齿裂腹鱼群体遗传分化较大，建议将雅鲁藏布江中游群体和帕隆藏布江群体分别作为两个管理单元进行资源管理和保护。

(5)基于 12 个多态性微卫星(SSR)标记对雅鲁藏布江异齿裂腹鱼 7 个群体(SG、ZX、QX、SN、ML、PZ 和 BM)共 322 个个体的遗传多样性和遗传结构进行了分析。12 个 SSR 位点在 7 个群体中的扩增条带数为 145(BM)～231(ZX)，平均值为 210。各群体的 Nei's 基因多样性指数为 0.062(BM)～0.073(ZX)，平均值为 0.069。各群体的 Shannon's 信息指数为 0.107(BM)～0.132(ZX)，平均值为 0.125。整体上，帕隆藏布江 BM 群体的遗传多样性最低，雅鲁藏布江中游 ZX 群体遗传多样性最高。主坐标分析和 STRUCTURE 聚类分析表明，帕隆藏布江 BM 群体和雅鲁藏布江中游 6 个群体遗传分化明显且存在明显的遗传结构。同时，雅鲁藏布江中游 6 个异齿裂腹鱼群体间也存在一定的遗传结构，推测雅鲁藏布江中游群体在核基因组水平上也发生了一定程度的分化。鉴于雅鲁藏布江中游与帕隆藏布江的异齿裂腹鱼群体的遗传分化较大，建议将雅鲁藏布江中游群体、帕隆藏布江群体分别作为两个管理单元进行资源管理和保护。同时，应继续加强雅鲁藏布江中游异齿裂腹鱼群体之间遗传关系的研究，注意分区保护。

主要参考文献

安苗, 范家佑, 黄保信, 等. 2010. 乌江上游四川裂腹鱼和昆明裂腹鱼 5 种同工酶的比较. 贵州农业科学, 38(1): 111-115.

曹文宣, 陈宜瑜, 武云飞, 等. 1981. 裂腹鱼类的起源和演化及其与青藏高原的隆起关系//中国科学院青藏高原综合科学考察队. 青藏高原隆起的时代、幅度和形式问题. 北京: 科学出版社: 118-130.

晁珊珊, 宫佳琦, 刀筱芳, 等, 2013. 齐口裂腹鱼及草鱼乳酸脱氢酶和苹果酸脱氢酶同工酶的比较研究. 水产科学, 23(8): 467-470.

陈大庆, 张春霖, 鲁成, 等. 2006. 青海湖裸鲤繁殖群体线粒体基因组 D-loop 区序列多态性. 中国水产科学, 13(5): 800-806.

陈湘粦, 乐佩琦, 林人端.1984. 鲤科的科下类群及其宗系发生关系. 动物分类学报, 9(4): 424-428.

陈燕琴, 杨成, 赵娟, 等. 2006. 黄河裸裂尻鱼染色体核型的初步研究. 水产科学, 25(11): 577-580.

陈毅峰, 曹文宣. 2000. 裂腹鱼亚科//乐佩琦. 中国动物志:硬骨鱼纲鲤形目(下卷). 北京: 科学出版社: 273-339.

陈永祥. 2013. 四川裂腹鱼(Schizothorax kozlovi Nikolsky)种质特征及其遗传多样性研究. 成都: 四川农业大学博士学位论文.

代应贵, 肖海. 2011. 裂腹鱼类种质多样性研究综述. 中国农学通报, 27(32): 38-46.

董秋芬, 刘楚吾, 郭昱嵩, 等. 2007. 9 种石斑鱼遗传多样性和系统发生关系的微卫星分析. 遗传, 29(7): 837-843.

桂建芳, 李渝成, 李康, 等. 1985. 中国鲤科鱼类染色体组型的研究VI. 鲃亚科 3 种四倍体鱼和鲤亚科 1 种四倍体鱼的核型. 遗传学报, 12(4): 302-308.

桂建芳, 李渝成, 李康, 等. 1986. 中国鲤科鱼类染色体组型的研究VII. 鲃亚科 15 种鱼的核型及其系统演化//中国鱼类学会. 鱼类学论文集(第五辑). 北京: 科学出版社: 119-127.

洪云汉. 1983. 中国鲤科鱼类染色体组型的研究III. 鳑鲏亚科七种鱼的染色体的比较分析. 武汉大学学报(自然科学版), (2): 96-116.

胡思玉, 陈永祥, 赵海涛, 等. 2010. 昆明裂腹鱼不同组织乳酸脱氢酶同工酶研究. 贵州农业科学, 38(2): 140-141.

姬伟, 魏开建, 张桂蓉, 等. 2007. 江西青岚湖五种淡水蚌遗传多样性的微卫星 DNA 分析. 农业生物技术学报, 15(3): 429-433.

季维智, 宿兵. 1999. 遗传多样性研究的原理与方法. 杭州: 浙江科学技术出版社.

孔磊. 2010. 新疆裸重唇鱼染色体的核型及带型研究. 石河子: 石河子大学硕士学位论文.

李敏, 杨晓芬. 2008. 5 种贵州野生鱼类酯酶同工酶的多态性研究. 江苏农业科学, 5(93): 68-70.

李太平, 赫广春, 赵凯, 等. 2001. 青海湖裸鲤乳酸脱氢酶的研究. 黑龙江畜牧兽医, (10): 7-8.

李晓莉, 许映芳, 方耀林, 等. 2010. 齐口裂腹鱼染色体核型和同工酶初步研究. 淡水渔业, 40(1): 34-39.

李渝成, 李康, 桂建芳, 等. 1987. 中国鲤科鱼类染色体组型的研究XI: 裂腹鱼亚科二种鱼和鳅鮀亚科三种鱼的染色体组型. 水生生物学报, 11(2): 184-186.

刘鸿艳, 谢从新. 2006. 鱼类同工酶应用及研究进展. 水利渔业, 26(5): 1-3.

刘文彬, 陈合格, 张轩杰. 2003. 黄颡鱼不同组织中同工酶的表达模式. 激光生物学报, 4(12): 274-278.

鲁双庆, 刘臻, 刘红玉, 等. 2005. 鲫鱼 4 群体基因组 DNA 遗传多样性及亲缘关系的微卫星分析. 中国水产科学, 12(4): 371-376.

罗莉中, 王春元. 1987. 金鱼同工酶的发生遗传学研究III. 金鱼同工酶基因座位的加倍与多倍性. 遗传学报, 14(1): 56-62.

孟鹏, 史建全, 祁洪芳, 等. 2008. 青海湖裸鲤同工酶表达的组织特异性分析. 海洋水产研究, 29(5): 112-118.

孟鹏, 王伟继, 孔杰, 等. 2007. 五条河流青海湖裸鲤的同工酶变异. 动物学报, 53(5): 892-898.

祁得林, 2003. 青海湖裸鲤和鲤鱼组织乳酸脱氢酶同工酶比较研究. 青海大学学报(自然科学版), 21(6): 1-3.

唐文家, 祁得林, 杨成, 等. 2008. 黄河裸裂尻鱼乳酸脱氢酶同工酶研究. 水产科学, 27(1): 39-41.

韦若勋, 吴莉莉. 2012. 重复基因和蛋白相互作用的进化. 黔南民族师范学院学报, 6(5): 70-74.

武云飞, 陈宜瑜. 1980. 西藏北部新第三纪的鲤科鱼类化石. 古脊椎动物及古人类, 18(1): 15-20.

武云飞, 康斌, 门强, 等. 1999. 西藏鱼类染色体多样性研究. 动物学研究, 20(4): 258-264.

武云飞, 吴翠珍. 1992. 青藏高原鱼类. 成都: 四川科学技术出版社: 149-235, 302-542.

肖武汉, 张亚平. 2000. 鱼类线粒体DNA的遗传与进化. 水生生物学报, 24(4): 384-391.

熊全沫. 1992. 鱼类同工酶谱分析(下). 遗传, 14(3): 47-48.

薛国雄. 1994. 黄鳝性逆转过程中同工酶的分析研究. 遗传学报, 21(2): 104-111.

闫学春, 史建全, 孙效文, 等. 2007. 青海湖裸鲤的核型研究. 东北农业大学学报, 38(5): 645-648.

杨兴棋, 邓初夏, 陈宏溪. 1984. 几种罗非鱼乳酸脱氢酶和苹果酸脱氢酶同工酶的电泳研究. 遗传学报, 11(2): 132-140.

余先觉, 李渝成, 李康, 等. 1989. 中国淡水鱼类染色体. 北京: 科学出版社.

余祥勇, 李渝成, 周暾. 1990. 中国鲤科鱼类染色体核型研究-8 种裂腹鱼亚科鱼类核型研究. 武汉大学学报, 66(2): 97-104.

昝瑞光, 刘万国, 宋峥. 1985. 裂腹鱼亚科中的四倍体——六倍体相互关系. 遗传学报, 12(2): 137-142.

昝瑞光, 宋峥, 刘万国. 1984. 七种鲃亚科鱼类的染色体组型研究, 兼论鱼类多倍体的判定问题. 动物学研究, 5(S1): 82-90.

张武学, 张才骏, 李军祥. 1994. 青海湖裸鲤乳酸脱氢酶同工酶的研究. 青海畜牧兽医杂志, 24(3): 9-12.

周暾. 1984. 鱼类染色体研究. 动物学研究, 5(1期增刊): 38-55.

朱蓝菲. 1982. 几种鲤科鱼类及杂种的乳酸脱氢酶同工酶的比较. 水生生物学集刊, 7(4): 539-545.

朱新平, 林礼堂, 夏仕玲. 1992. 鲮鱼、麦瑞加拉鲮鱼及露斯塔野鲮酯酶同工酶的电泳研究. 淡水渔业, 5: 30-31.

邹习俊. 2009. 四川裂腹鱼核型及遗传多样性研究. 贵州: 贵州大学硕士学位论文.

Arai R. 1982. A chromosome study on two cyprinid fishes, *Acrossocheilus labiatus* and *Pseudorasbora pumila pumila*, with notes on Eurasian cyprinids and their karyotypes. Bulletin of the National Science Museum Series A, Zoology, 8(3): 131-152.

Broughton R E, Milam J E, Roe B A. 2001. The complete sequence of the zebrafish (*Danio rerio*) mitochondrial genome and evolutionary patterns in vertebrate mitochondrial DNA. Genome Research, 11(11): 1958-1967.

Chen Y F, He D K, Chen Y Y. 2001. Electrophoretic analysis of isozymes and discussion about species differentiation in three species of Genus *Gymnocypris*. Zoological Research, 22(1): 9-19.

Chistiakov D A, Hellemans B, Volckaert F A M. 2006. Microsatellites and their genomic distribution, evolution, function and applications: A review with special reference to fish genetics. Aquaculture, 255(1): 1-29.

Dynesius M, Jansson R. 2000. Evolutionary consequences of changes in species' geographical distributions driven by Milankovitch climate oscillations. Proceedings of the National Academy of Sciences of the United States of America, 97(16): 9115-9120.

Fu Y X. 1997. Statistical tests of neutrality of mutations against population growth, hitch hiking and background selection. Genetics, 147(2): 915-925.

GB/T 18654.12—2008. 养殖鱼类种质检验 第12部分 染色体组型分析. 北京: 标准出版社.

Gold J R, Womac W D, Deal F H, et al. 1981. Cytogenetic studies in North American minnows (Cyprinidae). Ⅶ. Karyotypes of thirteen species from southern United States. Cytologia, 46:105-115.

Grant W A, Bowen B W. 1998. Shallow population histories in deep evolutionary lineages of marine fishes: insights from sardines and anchovies and lessons for conservation. Journal of Heredity, 89(5): 415-426.

Guo B Y, Xie C X, Qi L L, et al. 2010. Assessment of the genetic diversity among *Glyptosternum maculatum*, an endemic fish of Yarlung Zangbo River, Tibet, China using SSR markers. Biochemical Systematics and Ecology, 38(6): 1116-1121.

He D K, Chen Y F. 2007. Molecular phylogeny and biogeography of the highly specialized grade Schizothoracinae fishes (Teleostei: Cyprinidae) inferred from cytochrome b sequences. Chinese Science Bulletin, 52(6): 777-788.

Hewitt G. 2000. The genetic legacy of the Quaternary ice ages. Nature, 405(6789): 907-913.

Khuda-Bukhsh A R, Nayak K. 1982. Karyomorphological studies in two species of hill stream fishes from Kashmir, India: Occurrence of a high number of chromosomes. Chromosome Information Services, (33): 12-14.

Liang J J, Liu Y, Zhang X F, et al. 2011. An observation of the loss of genetic variability in prenant's schizothoracin, *Schizothorax prenanti*, inhabiting a plateau lake. Biochemical Systematics and Ecology, 39(4): 361-370.

Meffe G K, Viederman S. 1995. Combining science and policy in conservation biology. Wildlife Society Bulletin, 23(3): 327-332.

Miya M, Kawaguchi A, Nishida M. 2001. Mitogenomic exploration of higher teleostean phylogenies: a case study for moderate-scale evolutionary genomics with 38 newly determined complete mitochondrial DNA sequences. Molecular Biology and Evolution, 18(11): 1993-2009.

Qi D L, Guo S C, Zhao X Q, et al. 2007. Genetic diversity and historical population structure of *Schizopygopsis pylzovi* (Teleostei: Cyprinidae) in the Qinghai-Tibetan Plateau. Freshwater Biology, 52(6): 1090-1104.

Qiao H Y, Cheng Q Q, Chen Y, et al. 2013. The complete mitochondrial genome sequence of *Schizopygopsis younghusbandi* (Cypriniformes: Cyprinidae). Mitochondrial DNA, 24(4): 388-390.

Qiao H Y, Cheng Q Q, Chen Y. 2014a. Characterization of the complete mitochondrial genome of *Gymnocypris namensis* (Cypriniformes: Cyprinidae). Mitochondrial DNA, 25(1): 17-18.

Qiao H Y, Cheng Q Q, Chen Y. 2014b. Complete mitochondrial genome sequence of *Gymnocypris dobula* (Cypriniformes: Cyprinidae). Mitochondrial DNA, 25(1), 21-22.

Qiao H Y, Cheng Q Q, Chen Y. 2014c. Sequence and organization of the complete mitochondrial genome of *Schizopygopsis thermalis* (Cypriniformes: Cyprinidae). Mitochondrial DNA, 25(1), 23-24.

Rishi K K, Singh J, Kaul M M. 1983. Chromosomal analysis of *Schizothoraichthys progastus*, (McClelland) (Cyprinids: Cyprinif ormes). Chromosome Information Services, (34): 12-13.

Rogers A R, Harpending H. 1992. Population growth makes waves in the distribution of pairwise genetic differences. Molecular Biology and Evolution, 9(3): 552-569.

Rogers A. 1995. Genetic evidence for a Pleistocene population explosion. Evolution, 49 (4) : 608-615.

Saitoh K, Sado T, Mayden R L, et al. 2006. Mitogenomic evolution and interrelationships of the Cypriniformes (Actinopterygii: Ostariophysi) : The first evidence toward resolution of higher-level relationships of the world's largest freshwater fish clade based on 59 whole mitogenome sequences. Journal of Molecular Evolution, 63 (6) : 826-841.

Slatkin M, Hudson R H. 1991. Pairwise comparisons of mitochondrial DNA sequences in stable and exponentially growing populations. Genetics, 129 (2) : 555-562.

Tajima F. 1989. Statistical method for testing the neutral mutation hypothesis by DNA polymorphism. Genetics, 123 (3) : 585-595.

Vaughan J G, Denford K E. 1968. An acrylamide gel electrophoretic study of the seed proteins of *Brassica*, *Sinapsis* species with special reference to their taxonomic value. Journal of Experimental Botany, 19: 724-732.

Wright S. 1965. The interpretation of population structure by F-statistics with special regard to systems of mating. Evolution, 19 (3) : 395-420.

Wu C Z, Wu Y F, Lei Y L. 1996. Studies on the karyotypes of four species of fishes from the Mount Qomulangma Region in China. *In*: Li D S. Proceedings of the International Symposium on Aquaculture. Qingdao: Qingdao Ocean University Press: 95-103.

Yu X, Zhou T, Li K, et al. 1987. On the karyosystematics of cyprinid fishes and a summary of fish chromosome studies in China. Genetica, (72) : 225-236.

Zhao L J, Zhou X Y, Liu Q G, et al. 2013. Genetic variation and phylogeography of *Sinibrama macrops* (Teleostei: Cyprinidae) in Qiantang River, China. Biochemical Systematics and Ecology, 49: 10-20.

第九章　茶巴朗湿地入侵鱼类生物学及防治对策

外来种入侵(the invasion of alien species)是指外来种经自然或人为途径由原产地侵入另一新的栖息地,在侵入地通过定殖、潜伏、扩散、暴发等过程而逐渐占领该侵入地的现象。生物入侵导致了地区特有物种衰竭,生物多样性丧失,生态环境变化和经济损失(万方浩等,2002)。外来鱼类入侵已成为导致雅鲁藏布江等高原水体土著鱼类种群下降、资源衰退的重要原因之一(西藏自治区水产局,1995)。本章在研究茶巴朗湿地入侵鱼类种群生物学特性的基础上,分析了雅鲁藏布江流域入侵鱼类现状、入侵途径和机制,旨在为控制入侵鱼类种群和保护土著鱼类资源提供基础资料。

第一节　茶巴朗湿地的入侵鱼类

一、湿地概况

茶巴朗湿地($29°22'30''$N～$29°22'59''$N,$90°49'20''$E～$90°50'30''$E)是拉萨河中下游地区的主要湿地之一,其湖沼学特征和渔业现状在雅鲁藏布江沿岸湿地中具有一定的代表性。茶巴朗湿地位于西藏自治区拉萨市曲水县茶巴朗村,沿雅鲁藏布江主要支流拉萨河北岸呈带状分布(摆万奇等,2012)。湿地海拔约 3600m,总面积 20hm²,属于高原温带半干旱季风气候区,太阳辐射强烈,光照充足,空气干燥,蒸发大;温度偏低,多年平均气温为 7.18℃,年降水量 441.9mm。湿地上下游两端有水渠与拉萨河相通,分为东、中、西三部分,彼此间有水道贯通,虽设有拦鱼设施,但小鱼可以自由通过。东部已改造为鱼池,1997～2007 年,每年向其中投放大量草鱼和鲤鱼种。中部和西部基本维持原始状态,中、西部近岸浅水部分主要为芦苇(*Phragmites australis*),其次为香蒲(*Typha orientalis*)、酸模叶蓼(*Polygonum lapathifolium*)、杉叶藻(*Hippuris vulgaris*)和水葱(*Scirpus validus*)等挺水植物;中间为敞水区,分布有篦齿眼子菜(*Potamogeton pectinatus*)等沉水植物。中部和西部只有少数垂钓活动,没有其他渔业活动。

二、水生生物种类组成、密度与生物量

(一)浮游植物

茶巴朗湿地共检出浮游植物 8 门 70 属(表 9-1),其中蓝藻门 12 属,占总属数的17.14%;硅藻门 19 属,占 27.14%;绿藻门 29 属,占 41.43%;甲藻门 4 属,占 5.71%;裸藻门 3 属,占 4.29%;隐藻门、金藻门和黄藻门各 1 属,各占 1.43%。绿藻门种类最多,是茶巴朗湿地的优势类群,其次为硅藻门和蓝藻门。优势藻类为硅藻门的菱形藻、针杆藻、舟形藻,绿藻门的顶棘藻、集星藻、纤维藻及金藻门的锥囊藻。

表 9-1 茶巴朗湿地浮游植物的种类组成
Table 9-1 Composition of phytoplankton in Chabalang Wetland

类别 Phyla	浅水区 Littoral zone	敞水区 Limnetic zone	类别 Phyla	浅水区 Littoral zone	敞水区 Limnetic zone
蓝藻门 Cyanophyta			集星藻属 *Actinastrum*	++	+++
颤藻属 *Oscillatoria*	++	++	角星鼓藻属 *Staurastrum*	+	+
管链藻属 *Aulosira*	+	+	空星藻属 *Coelastrum*	+	+
尖头藻属 *Raphidiopsis*	—	+	绿球藻属 *Chlorococcum*	++	++
节球藻属 *Nodularia*	+	+	卵囊藻属 *Oocystis*	+	+
螺旋藻属 *Spirulina*	+	—	盘星藻属 *Pediastrum*	++	++
念珠藻属 *Nostoc*	+	+	鞘藻属 *Oedogonium*	+	+
平裂藻属 *Merismopedia*	++	++	双星藻属 *Zygnema*	+	—
腔球藻属 *Coelosphaerium*	+	+	水绵属 *Spirogyra*	+	+
鞘丝藻属 *Lyngbya*	+	+	四刺藻属 *Treubaria*	+	+
色球藻属 *Chroococcus*	+	+	四角藻属 *Tetraedron*	++	++
席藻属 *Phormidium*	+	—	四星藻属 *Tetrastrum*	++	++
鱼腥藻属 *Anabeana*	++	+	蹄形藻属 *Kirchneriella*	++	++
硅藻门 Bacillariophyta			胶网藻属 *Dictyosphaerium*	++	++
棒杆藻属 *Rhopalodia*	+	+	微孢藻属 *Microspora*	+	+
波缘藻属 *Cymatopleura*	+	+	尾丝藻属 *Uronema*	+	+
长篦藻属 *Neidium*	+	+	纤维藻属 *Ankistrodesmus*	+++	+++
窗纹藻属 *Epithemia*	+	+	小球藻属 *Chlorella*	++	++
脆杆藻属 *Fragilaria*	++	++	新月藻属 *Closterium*	—	+
等片藻属 *Diatoma*	++	++	衣藻属 *Chlamydomonas*	+	+
辐节藻属 *Stauroneis*	—	+	月牙藻属 *Selenastrum*	+	+
菱板藻属 *Hantzschia*	+	+	栅藻属 *Scenedesmus*	++	++
菱形藻属 *Nitzschia*	+++	+++	针丝藻属 *Raphidonema*	+	—
桥弯藻属 *Cymbella*	+	+	转板藻属 *Mougeotia*	+	+
曲壳藻属 *Achnanthes*	+	+	**甲藻门 Pyrrophyta**		
双壁藻属 *Diploneis*	++	++	薄甲藻属 *Glenodinium*	+	+
双眉藻属 *Amphora*	+	+	多甲藻属 *Peridinium*	+	+
小环藻属 *Cyclotella*	++	++	角藻属 *Ceratium*	+	+
星杆藻属 *Asterionella*	+	+	裸甲藻属 *Gymnodinium*	+	+
异极藻属 *Gomphonema*		+	**裸藻门 Euglenophyta**		
羽纹藻属 *Pinnularia*	+	+	扁裸藻属 *Phacus*	+	+
针杆藻属 *Synedra*	+++	+++	裸藻属 *Euglena*	+	+
舟形藻属 *Navicula*	+++	++	囊裸藻属 *Trachelomonas*	++	++
绿藻门 Chlorophyta			**隐藻门 Cryptophyta**		
棒形鼓藻属 *Gonatozygon*	+	—	隐藻属 *Cryptomonas*	++	++
顶棘藻属 *Chodatella*	+++	++	**金藻门 Chrysophyta**		
鼓藻属 *Cosmarium*	+	+	锥囊藻属 *Dinobryon*	+++	+++
弓形藻属 *Schroederia*	+	+	**黄藻门 Xanthophyta**		
棘球藻属 *Echinosphaerella*	+	+	黄丝藻属 *Tribonema*		+

注 Notes: "+++" 表示很多 indicates many, "++" 表示较多 indicates some, "+" 表示出现 indicates occurred, "—" 表示未发现 indicates undiscovered

　　浮游植物的密度和生物量见表 9-2。浮游植物的平均密度为 565.44×10⁴cells/L，平均生物量为 14.60mg/L。敞水区的密度和生物量均高于浅水区。从密度来看，浅水区以绿藻门为优势类群，其密度为 2.307×10⁶cells/L，占总量的 47.91%，其次为硅藻门，占27.99%；敞水区则以硅藻门为优势类群，密度为 2.572×10⁶cells/L，占总量的 39.62%，绿藻门次之，所占比例为 39.17%；从生物量来看，无论是浅水区还是敞水区，均以硅藻门为优势类群，硅藻门在浅水区和敞水区的生物量分别为 7.5mg/L 和 14.022mg/L，所占比例分别为 68.46%和 76.84%，绿藻门仅占 21.97%和 6.30%。此外，浅水区蓝藻门在密度上占有一定比例，为 12.12%，但生物量仅占 0.81%；金藻门的锥囊藻属在湿地浅水区和敞水区藻类总密度中分别占 7.45%和 7.16%。茶巴朗湿地浮游植物种类数和密度均以绿藻门为优势，其次为硅藻门和蓝藻门，优势种类以在有机质丰富的水体中广泛存在的纤维藻、顶棘藻、菱形藻和针杆藻等居多。这与西藏河流水体以硅藻门为优势类群(马宝珊，2010)的情况有所不同。

　　多样性分析表明，茶巴朗湿地浅水区和敞水区浮游植物的物种组成、物种分布的均一性及优势度都较为相似，没有明显差异(表 9-3)。

表 9-2　茶巴朗湿地浮游植物的密度和生物量

Table 9-2　Density and biomass of phytoplankton in Chabalang Wetland

类别 Phyla	密度 Density (cells/L)		生物量 Biomass (×10⁻⁴mg/L)	
	浅水区 Littoral zone	敞水区 Limnetic zone	浅水区 Littoral zone	敞水区 Limnetic zone
蓝藻门 Cyanophyta	583 470.94	400 513.75	887.00	479.65
硅藻门 Bacillariophyta	1 347 802.15	2 572 409.64	74 999.40	140 223.70
绿藻门 Chlorophyta	2 307 147.91	2 543 576.84	24 066.16	11 493.66
裸藻门 Euglenophyta	56 617.13	191 344.92	3 142.95	10 568.91
甲藻门 Pyrrophyta	9 436.19	35 647.82	644.96	9 903.94
隐藻门 Cryptophyta	152 551.70	284 658.33	4 014.85	7 491.63
金藻门 Chrysophyta	358 575.14	464 994.36	1 794.79	2 327.45
合计 Total	4 815 601.16	6 493 145.66	109 550.11	182 488.94
平均 Mean	5 654 373		146 020	

表 9-3　茶巴朗湿地浮游植物的群落多样性

Table 9-3　Community diversity of phytoplankton in Chabalang Wetland

多样性指数 Diversity index	Shannon-Wiener 多样性指数 (H')	Simpson 优势度指数 (D)	Pielou 均一度指数 (J)
浅水区 Littoral zone	3.14	0.94	0.80
敞水区 Limnetic zone	3.13	0.94	0.80

(二)浮游动物

在茶巴朗湿地共检出浮游动物 3 门 30 属(目),其中原生动物门肉足虫纲 3 属,占总属数的 10%,纤毛纲 7 属,占 23.33%,轮虫动物门蛭态目 2 属,占 6.67%,单巢目 10 属,占 33.33%,节肢动物门枝角类 7 属,占 23.33%,桡足类 1 目(表 9-4)。单巢目种类最多,其次为纤毛纲和枝角类,优势种类为拟铃壳虫属、龟甲轮虫属和叶轮虫属。此外,无节幼体在浮游动物中也占有很大比例。

表 9-4　茶巴朗湿地浮游动物的种类组成

Table 9-4　Composition of zooplankton in Chabalang Wetland

类别 Phyla	浅水区 Littoral zone	敞水区 Limnetic zone	类别 Phyla	浅水区 Littoral zone	敞水区 Limnetic zone
原生动物门 Protozoa			单趾轮虫属 Monostyla	++	+
肉足虫纲 Sarcodina			多肢轮虫属 Polyarthra	+	++
表壳虫属 Arcella	—	+	龟甲轮虫属 Keratella	+++	+++
砂壳虫属 Difflugia	+	++	鬼轮虫属 Trichotria	+	+
匣壳虫属 Centropyxis	—	+	三肢轮虫属 Filinia	—	+
纤毛纲 Ciliata			须足轮虫属 Euchlanis	+	+
板壳虫属 Coleps	+	+	叶轮虫属 Notholca	+++	+++
草履虫属 Paramecium	+	—	异尾轮虫属 Trichocerca	+	+
拟铃壳虫属 Tintinnopsis	+++	+++	**节肢动物门 Arthropoda**		
四膜虫 Tetrahymena	—	++	**枝角类 Cladocera**		
侠盗虫属 Strobilidium	+	—	笔纹溞属 Graptoleberis	+	+
急游虫属 Strombidium	+	++	尖额溞属 Alona	+	+
钟虫属 Vorticella	—	++	盘肠溞属 Chydorus	+	+
轮虫动物门 Rotifera			锐额溞属 Alonella	+	+
蛭态目 Bdelloidea			溞属 Daphnia	+	+
旋轮虫属 Philodina	—	+	网纹溞属 Ceriodaphnia	—	+
轮虫属 Rotaria	++	+++	未定溞 Unidentified Cladocera	—	+
单巢目 Monogononta			**桡足类 Copepods**		
鞍甲轮虫属 Lepadella	++	++	剑水蚤目 Cyclopoida	+	+
臂尾轮虫属 Brachionus	+	+	无节幼体 Copepodid	+++	+++

注 Notes:"+++"表示很多 indicates many,"++"表示较多 indicates some,"+"表示出现 indicates occurred,"—"表示未发现 indicates undiscovered

浮游动物的平均密度和平均生物量分别为 1942.06ind/L 和 1.11mg/L(表 9-5)。敞水区的密度和生物量均高于浅水区。从密度来看,纤毛纲为优势类群,浅水区和敞水区的密度分别为 750.00ind/L 和 1625.00ind/L,分别占总密度的 64.92%和 59.55%,其次为单巢目,浅水区和敞水区所占比例分别为 22.72%和 18.48%,桡足类在湿地浅水区和敞水区的密度分别为 91.43ind/L 和 194.21ind/L，所占比例分别为 7.91%和 7.12%；而从生物量来看，桡足类在浅水区和敞水区的生物量分别为 0.592mg/L 和 1.398mg/L，分别占浅水区和敞水区总生物量的 88.62%和 89.78%，为绝对优势类群，其次为单巢目，其比例分别为 5.22%和 4.13%，纤毛纲的比例仅分别为 4.14%和 3.33%。

表 9-5　茶巴朗湿地浮游动物的密度和生物量

Table 9-5　Density and biomass of zooplankton in Chabalang Wetland

类别 Phyla	密度 Density（ind/L）		生物量 Biomass（$\times10^{-4}$mg/L）	
	浅水区 Littoral zone	敞水区 Limnetic zone	浅水区 Littoral zone	敞水区 Limnetic zone
肉足虫纲 Sarcodina	—	250.00	—	96.93
纤毛纲 Ciliata	750.00	1 625.00	276.51	518.09
蛭态目 Bdelloidea	50.00	154.17	71.49	220.43
单巢目 Monogononta	262.50	504.17	348.84	642.65
枝角类 Cladocera	1.31	1.32	63.37	112.15
桡足类 Copepods	91.43	194.21	5 919.28	13 977.01
合计 Total	1 155.24	2 728.87	6 679.49	15 567.26

种类主要由轮虫和原生动物构成，但生物量则以桡足类占绝对优势（85%以上）。桡足类在湖泊、池塘等富营养静水水体的数量多在 1～100ind/L，有时可达 1000ind/L 以上（郑丙辉等，2007；赵文，2005），茶巴朗湿地桡足类的密度较高，其在浅水区和敞水区的密度分别为 91.43ind/L 和 194.21ind/L，按此看来，虽然茶巴朗湿地浅水区和敞水区桡足类密度存在差异，但整个湿地应属富营养水体。

多样性分析表明，茶巴朗湿地敞水区的物种组成较浅水区丰富，物种间的数量分布也较浅水区均匀，其优势度高于浅水区（表 9-6）。

表 9-6　茶巴朗湿地浮游动物的群落多样性

Table 9-6　Community diversity of zooplankton in Chabalang Wetland

多样性指数 Diversity index	Shannon-Wiener 多样性指数（H'）	Simpson 优势度指数（D）	Pielou 均一度指数（J）
浅水区 Littoral zone	1.26	0.56	0.42
敞水区 Limnetic zone	2.15	0.84	0.71

（三）周丛生物

茶巴朗湿地共检出周丛生物 12 门（类）86 属，其中藻类 75 属，原生动物 7 属，轮虫 2 属，枝角类 1 属，此外还有线虫。藻类中绿藻门 29 属，占总属数的 33.72%，其次为硅藻门（20 属）和蓝藻门（17 属），分别占总属数的 23.26%和 19.77%，原生动物纤毛纲有 4 属（4.65%），肉足虫纲 3 属（3.49%）。周丛生物的种类组成见表 9-7。

表 9-7　茶巴朗湿地周丛生物的种类组成

Table 9-7　Composition of periphyton in Chabalang Wetland

藻类 Algae

蓝藻门 Cyanophyta

颤藻属 *Oscillatoria*

单歧藻属 *Tolypothrix*

管链藻属 *Aulosira*

尖头藻属 *Raphidiopsis*

聚球藻属 *Synechococcus*

眉藻属 *Calothrix*

念珠藻属 *Nostoc*

平裂藻属 *Merismopedia*

鞘丝藻属 *Lyngbya*

色球藻属 *Chroococcus*

束球藻属 *Gomphosphaeria*

双须藻属 *Dichothrix*

席藻属 *Phormidium*

隐杆藻属 *Aphanothece*

隐球藻属 *Aphanocapsa*

鱼腥藻属 *Anabeana*

集胞藻属 *Synechocystis*

硅藻门 Bacillariophyta

棒杆藻属 *Rhopalodia*

波缘藻属 *Cymatopleura*

长篦藻属 *Neidium*

窗纹藻属 *Epithemia*

脆杆藻属 *Fragilaria*

等片藻属 *Diatoma*

辐节藻属 *Stauroneis*

菱形藻属 *Nitzschia*

卵形藻属 *Cocconeis*

桥弯藻属 *Cymbella*

曲壳藻属 *Achnanthes*

双壁藻属 *Diploneis*

双眉藻属 *Amphora*

小环藻属 *Cyclotella*

星杆藻属 *Asterionella*

异极藻属 *Gomphonema*

羽纹藻属 *Pinnularia*

针杆藻属 *Synedra*

直链藻属 *Melosira*

舟形藻属 *Navicula*

绿藻门 Chlorophyta

顶棘藻属 *Chodatella*

鼓藻属 *Cosmarium*

集星藻属 *Actinastrum*

胶丝藻属 *Gloeotila*

胶网藻属 *Dictyosphaerium*

角星鼓藻属 *Staurastrum*

空星藻属 *Coelastrum*

绿球藻属 *Chlorococcum*

卵囊藻属 *Oocystis*

毛枝藻属 *Stigeoclonium*

盘星藻属 *Pediastrum*

骈胞藻属 *Binuclearia*

鞘藻属 *Oedogonium*

球囊藻属 *Sphaerocystis*

肾形藻属 *Nephrocytium*

丝藻属 *Ulothrix*

四角藻属 *Tetraedron*

筒藻属 *Cylindrocapsa*

微胞藻属 *Microspora*

韦斯藻属 *Westella*

纤维藻属 *Ankistrodesmus*

小椿藻属 *Characium*

小球藻属 *Chlorella*

新月藻属 *Closterium*

衣藻属 *Chlamydomonas*

异丝藻 *Papenfussiella*

月牙藻属 *Selenastrum*

栅藻属 *Scenedesmus*

转板藻属 *Mougeotia*

甲藻门 Pyrrophyta

多甲藻属 *Peridinium*

裸甲藻属 *Gymnodinium*

裸藻门 Euglenophyta

扁裸藻属 *Phacus*

内管藻属 *Entosiphon*

囊裸藻属 *Trachelomonas*

裸藻属 *Euglena*

黄藻门 Xanthophyta

黄丝藻属 *Tribonema*

金藻门 Chrysophyta

锥囊藻属 *Dinobryon*

隐藻门 Cryptophyta

隐藻属 *Cryptomonas*

蓝隐藻属 *Chroomonas*

续表

动物 Animal	
原生动物门 Protozoa	轮虫动物门 Rotifera
肉足虫纲 Sarcodina	蛭态目 Bdelloidea
变形虫属 Amoeba	旋轮虫属 Philodina
砂壳虫属 Difflugia	单巢目 Monogononta
匣壳虫属 Centropyxis	鞍甲轮虫属 Lepadella
纤毛虫纲 Ciliata	节肢动物门 Arthropoda
刺胞虫属 Acanthocystis	枝角类 Cladocera
尖毛虫属 Oxytricha	尖额溞属 Alona
拟铃壳虫属 Tintinnopsis	线虫动物门 Nematomorpha
钟虫属 Vorticella	未定种 Undefined species

（四）底栖动物

共检出底栖动物 5 种，分别为环节动物门寡毛纲的水丝蚓属（Limnodrilus）1 种、节肢动物门的摇蚊幼虫（Chironomidae larvae）、软体动物门双壳类的球蚬属（Sphaerium）1 种、缓步动物门的水熊虫（Water bear）及线虫动物门 1 种。其中，水蚯蚓的密度和生物量分别为 144ind/m^2 和 0.168g/m^2，摇蚊幼虫的密度和生物量较高，分别为 400ind/m^2 和 2.358g/m^2。湿地底栖动物的种类较少，以水生寡毛类和摇蚊幼虫为主，这可能与湿地淤泥多及有机碎屑的底质有关。由此可见，目前茶巴朗湿地水体呈现出富营养化特征。

茶巴朗湿地地处拉萨河下游，河谷开阔，日照时间长，辐射强，年平均气温相对于流域北部较高（吕勇平和穆晓涛，1986），湿地为缓流水体，水深 1m 左右，底质为淤泥和大量植物腐败后的有机碎屑，周围为农耕区，农田废水和生活污水等排入湿地，使得水体营养盐增加。

茶巴朗湿地的静/微流水环境、丰富的饵料资源、多年反复大量引种、缺少鱼食性鱼类的胁迫等，为外来鱼类成功建立繁殖种群，并成为优势种群创造了优越的环境条件。富营养化水体并不适宜喜欢流水环境的裂腹鱼类，以及种群占据优势地位的外来鱼类在空间和食物资源上的竞争成为土著鱼类从茶巴朗湿地消失的主要原因。

三、主要鱼类的渔获物组成

分别于 2009 年 4 月和 2013 年 4 月在近岸浅水区和中央敞水区不同位置设置采样点，使用地笼（网目 1.5cm）和定置刺网（网目 7.5cm）多次采集样本。

（一）渔获物组成

2009 年 4 月共采集鱼类 14 种，渔获物总数 4116 尾，渔获物总重 15 805g。其中外来鱼类 9 种，4098 尾，15 697.5g，占渔获物总种类数的 64.3%，总尾数的 99.56%，总重量的 99.32%。9 种入侵鱼类分别为鲤、鲫、草鱼、鲇（Silurus asotus）、麦穗鱼、小黄黝鱼（Hypseleotris swinhonis）、棒花鱼（Abbottina rivularis）、泥鳅和大鳞副泥鳅，其中麦穗鱼、鲫、小黄黝鱼和鳅类（泥鳅和大鳞副泥鳅），分别占渔获物总尾数的 53.79%、21.26%、

17.13%和 6.61%，麦穗鱼占渔获物的一半以上，是茶巴朗湿地的绝对优势种。土著鱼类共 5 种 18 尾，为拉萨裸裂尻鱼和尖裸鲤的幼鱼及 3 种高原鳅属鱼类(表 9-8)，土著鱼类占渔获物总种类数的 35.7%，但仅占渔获物总尾数的 0.44%，总重量的 0.68%。

表 9-8　不同年份茶巴朗湿地的渔获物组成
Table 9-8　Fish resources of Chabalang Wetland in different years

鱼类 Fishes	2009 年		2013 年		与 2009 年比 (%)
	样本数 n	%	样本数 n	%	
(1)尖裸鲤 O. stewartii	6	0.15			
(2)拉萨裸裂尻鱼 S. younghusbandi	5	0.12			
(3)★草鱼 C. idellus	1	0.02			
(4)★鲫 C. auratus	875	21.26	51	2.41	−18.85
(5)★鲤 C. carpio	1	0.02			
(6)★麦穗鱼 P. parva	2214	53.79	915	43.24	−10.55
(7)★棒花鱼 A. rivularis	29	0.70	292	13.80	13.10
(8)西藏高原鳅 T. tibetana	1	0.02			
(9)东方高原鳅 T. orientalis	4	0.10			
(10)细尾高原鳅 T. stenura	2	0.05			
(11)★泥鳅 M. anguillicaudatus (12)★大鳞副泥鳅 P. dabryanus	272	6.61	45	2.13	4.48
(13)★鲇 S. asotus	1	0.02			
(14)★小黄黝鱼 H. swinhonis	705	17.13	813	38.42	21.29
合计 Total	4116	100	2116	100	

注 Note：★表示外来鱼类 indicates exotic species

2013 年 4 月共采集鱼类 6 种，渔获物总数 2116 尾，渔获物总重 4597g，6 种鱼类分别为鲫、麦穗鱼、小黄黝鱼、棒花鱼、泥鳅和大鳞副泥鳅，均为外来鱼类，5 种土著鱼类和外来鱼类中的鲤、草鱼和鲇均未采到。2009 年渔获物中出现的，在 2013 年渔获物中继续出现的麦穗鱼、小黄黝鱼、棒花鱼、鲫、泥鳅和大鳞副泥鳅，在渔获物中的比例与 2009 年相比发生了较大变化：麦穗鱼仍占绝对优势，占渔获物总数的 43.24%，但所占比例下降了 10.55%；鲫的比例由 2009 年的 21.26%下降到仅占 2.41%；小黄黝鱼的比例由 2009 年的 17.13%上升到 38.42%，棒花鱼的比例由 0.70%增至 13.80%。说明只有那些适应性强、能够在入侵地形成有效繁殖群体的外来鱼类，才能成为入侵种类。

鱼类群落多样性指数分析表明(表 9-9)，无论是 2009 年还是 2013 年，茶巴朗湿地的鱼类生物多样性都远低于拉萨河上游未有外来鱼类入侵的甲玛湿地(地笼渔获物：H'=1.718，D=0.191，J=0.959)(范丽卿等，2011)。2009 年鱼类种类较多，但种类之间的数量分布极不均匀。2013 年鱼类群落结构更加简单，鱼类丰富度有所下降，均一性上升，以对环境具有较强适应能力、具有较大入侵潜力的麦穗鱼、小黄黝鱼和棒花鱼等小型野杂鱼为主。

表 9-9 茶巴朗湿地鱼类的群落多样性

Table 9-9 Diversity of fishes in Chabalang Wetland

年份 Year	Shannon-Wiener 多样性指数(H')	Simpson 优势度指数(D)	Pielou 均一度指数(J)
2009	1.22	0.63	0.09
2013	1.17	0.65	0.23

(二)年龄组成

对样本量较大的麦穗鱼、小黄黝鱼、鲫和泥鳅进行了渔获物年龄组成、全长和体重分布分析。茶巴朗湿地主要入侵鱼类的年龄分布见图 9-1。

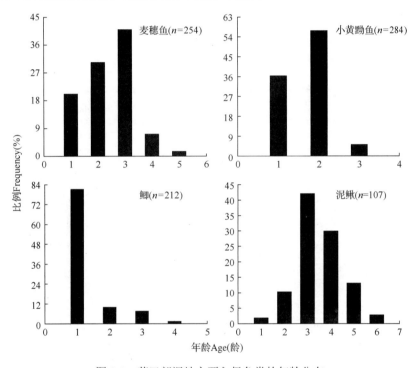

图 9-1 茶巴朗湿地主要入侵鱼类的年龄分布

Fig. 9-1 Distributions of age frequency of the main exotic fishes in Chabalang Wetland

茶巴朗湿地麦穗鱼渔获物由 1~5 龄组成，其中 3 龄鱼个体最多，占总体的 40.94%，其次为 2 龄鱼，占 30.31%，5 龄个体仅占 1.57%。麦穗鱼为小型鱼类，年龄结构通常较为简单，记录的最大年龄为 5 龄(Gozlan et al.，2010；Záhorská et al.，2010)，多数种群的最大年龄为 3~4 龄(杨竹舫和李明德，1989；Rosecchi et al.，1993；韩希福和李书宏，1995；严云志，2005；Britton et al.，2007，2008a，2008b；Gozlan et al.，2010)。在一些捕捞强度大的湖北保安湖和牛山湖，年龄组成更为简单，仅 1 个年龄组(张堂林等，2000；冯广朋，2003)，日本牛津川麦穗鱼最大年龄为 2 龄(Onikura and Nakajima，2013)。

小黄黝鱼的渔获物由 1～3 龄组成，其中 2 龄鱼占总数的 57.75%，1 龄鱼次之，占 36.97%，3 龄鱼仅占 5.28%。我国中部平原地区小黄黝鱼属于一年生类型，年龄结构简单，在子代没有出现前，种群仅由 1 个年龄组(0^+～1^+)构成；在子代出现后，种群在一定的时间内由双亲世代和子代组成，双亲世代在繁殖结束后逐渐死亡(张堂林，2005)。年龄结构虽然只有 1 龄之差，却显示了对高原低温环境的适应。

鲫的渔获物由 1～4 龄组成，其中 1 龄鱼个体数最多，占总体的 81.13%，4 龄鱼仅 3 尾。我国其他地区鲫的优势龄组大多集中在 1～3 龄，最大年龄为 2～18 龄(表 9-10)。内蒙古达里湖鲫的最大年龄达 18 龄，优势龄组为 3～5 龄，明显高于其他水域，姜志强和秦克静(1996)认为这可能与达里湖为盐碱性水质，且地处高寒地带、鱼类生长缓慢有关。

表 9-10 不同地理种群鲫的年龄组成

Table 9-10 Age composition of *C. auratus* of different geographical populations

种群 Population	样本数 n	体长范围 SL range (mm)	年龄材料 Age materials	优势年龄(龄)(比例, %)Dominant age(percent)	最大年龄 Max age	文献 References
梁子湖	252	32～315	鳞片	2 (73.81)	7	陈佩薰，1959
白洋淀	917	21～299	鳞片	2～3 (81.55)	5	戴定远，1964
汈汊湖	112	—	鳞片	1 (69.64)	4	龚珞军等，1993
太湖	298	33～245	鳞片	2～3 (80.87)	5	殷名称，1993
网湖	258	56～243	鳞片	1～2 (71.71)	6	段中华等，1994
达里湖	478	67～292	鳞片、鳍条	3～5 (59.00)	18	姜志强和秦克静,1996
宁夏黄河	1089	40～217	鳞片	1～2 (92.37)	6	张显理等，1997
青弋江河口	185	—	鳞片	1 (93.00)	2	郭丽丽等，2008
雅鲁藏布江	224	24.6～221.6	鳞片、耳石	2 (52.70)	6	陈锋，2009
岗更湖	803	—	鳞片	2～4(90)	7	安晓萍，2009
鄱阳湖	130	—	鳞片	2～3(82.31)	5	朱其广等，2010
牛山湖	713	63～271*	鳞片	2～4(80)	6	程琳等，2012
月湖	641	72～191*	鳞片	1(89)	3	程琳等，2012
草海	792	52～240	鳞片	2(57.57)	5	王金娜等，2014
茶巴朗湿地	212	35～181*	鳞片	1 (81.13)	4	本研究

* 测量全长 Total lengths were measured

泥鳅渔获物由 1～6 龄组成，其中 3 龄鱼最多，占 42.06%，4 龄鱼次之，占 29.91%。其最大年龄与其他地区的种群基本相似，优势年龄与美国芝加哥地区种群相似，但明显大于国内其他地区种群(表 9-11)，这种异同应与捕捞对种群的影响有关。

通过以上不同地区这几种鱼类年龄结构的比较分析可以看出，这些鱼类在入侵到高原水体后，种群年龄结构或与原产地基本一致，或较原产地更为复杂，究其原因：一方面可能与高海拔或高纬度地区气候寒冷、水体温度较低、鱼体快速生长期较短，其生长速度变慢有关（Jonassen et al.，2000）；另一方面可能与其在当地面临的捕捞压力小、死亡率低、寿命延长有关。

表 9-11　不同地理种群泥鳅的年龄组成

Table 9-11　Age composition of *M. anguillicaudatus* of different geographical populations

地区 Region	样本数 *n*	体长范围 *SL* range（mm）	年龄材料 Age materials	优势年龄（龄）（比例，%） Dominant age（percent）	最大年龄 Max age	来源 References
武汉郊区	147	—	鳞片	1～2（61.22）	5	袁九惕和袁凤霞， 1988
湖南地区	295	41～238	鳞片	2（42.37）	6	雷逢玉和王宾贤， 1990
梁子湖	139	51～241.2	鳞片	1～2（56.83）	6	王敏等，2001
苏州地区	256	—	鳞片	2（59.38）	4	王坤等，2009
河南地区	177	89～165.1	鳞片、耳石	2～3（72.88）	5	黄松钱等，2014
芝加哥地区	133	62.5～200*	耳石	3（60.47）	4	Norris，2015
茶巴朗湿地	107	78.97～190.54*	脊椎骨	3～4（71.97）	6	本研究

* 测量全长 Total lengths were measured

（三）渔获物的全长和体重分布

茶巴朗湿地主要入侵鱼类渔获物的全长和体重分布见表 9-12、图 9-2 和图 9-3。

表 9-12　茶巴朗湿地主要入侵鱼类的全长与体重

Table 9-12　Total length and body weight of main exotic fishes in Chabalang Wetland

种 Species	年份 Year	样本数 *n*	全长 Total length（mm）		体重 Body weight（g）	
			均值 Mean±S.D.	范围 Range	均值 Mean±S.D.	范围 Range
麦穗鱼 *P. parva*	2009	686	48.16±12.73	24.36～96.64	1.46±1.27	0.11～11.26
	2013	915	49.59±9.38	28.00～92.00	1.61±0.97	0.22～10.59
鲫 *C. auratus*	2009	301	77.40±27.17	35.42～181.40	10.20±12.23	0.40～106.00
	2013	51	95.31±45.67	31.00～179.00	24.98±27.58	0.46～117.12
小黄黝鱼 *H. swinhonis*	2009	291	41.76±5.91	30.95～59.46	0.95±0.45	0.34～2.59
	2013	813	37.46±4.55	27.21～58.45	0.76±0.30	0.25～2.54
泥鳅 *M. anguillicaudatus*	2009	197	127.66±21.05	61.24～190.54	12.20±6.92	1.31～43.01
大鳞副泥鳅 *P. dabryanus*	2013	45	131.69±29.18	72.00～193.00	19.25±13.15	2.17～60.67
棒花鱼 *A. rivularis*	2013	292	47.08±8.84	35.35～80.94	1.24±0.90	0.35～7.01

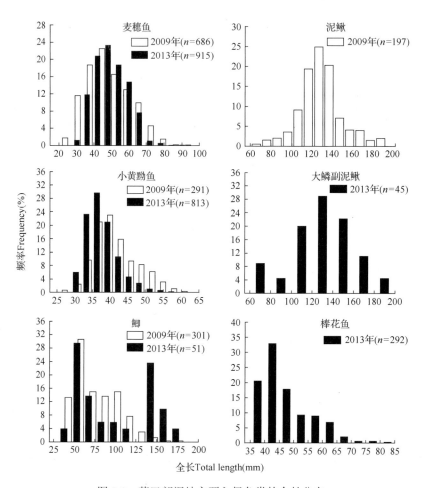

图 9-2　茶巴朗湿地主要入侵鱼类的全长分布

Fig. 9-2　Distributions of the total length frequency of main exotic fishes in Chabalang Wetland

　　2009 年渔获物中麦穗鱼全长 35～55mm 的个体占 58%，体重＜1.7g 的个体占 70%；小黄黝鱼全长 35～45mm 的个体占 60%，体重为 0.5～1.0g 的个体占 64%；鲫全长 50～60mm 的个体占 31%，体重 10g 以下的个体占 59%；泥鳅全长为 110～140mm 的个体占样本数的 64%，体重 5～15g 的个体占 81%。

　　2013 年渔获物中麦穗鱼全长 40～55mm 的个体占 63%，体重＜1.8g 的个体占 65%；小黄黝鱼全长 32～40mm 的个体占 74%，体重为 0.5～1.0g 的个体占 80%；鲫全长 50～60mm 和 140～160mm 的个体共占 53%，体重 20g 以下的个体占 59%；大鳞副泥鳅中全长 100～160mm 的个体占样本数的 71%，体重＜25g 的个体占 69%；棒花鱼样本中全长 35～50mm 的个体占 71%，体重为 0.5～1.5g 的个体占 48%。

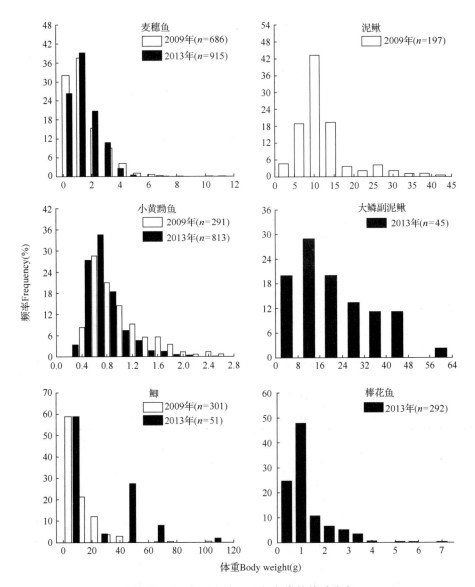

图 9-3　茶巴朗湿地主要入侵鱼类的体重分布

Fig. 9-3　Distributions of the body weight frequency of main exotic fishes in Chabalang Wetland

Kolmogorov-Smirnov 检验结果显示，2009 年和 2013 年麦穗鱼、小黄黝鱼和鲫的全长、体重分布均存在显著差异（$P<0.001$）。

茶巴朗湿地东部鱼池于 1997~2007 年每年放养来自内地的草鱼、鲤和鲫等鱼种，2007 年以来停止了鱼种放养。通过以上研究发现，茶巴朗湿地外来鱼类种群由多个年龄组成，其最大年龄小于停止放养鱼种的年数，表明茶巴朗湿地中部和西部水体中的外来鱼类并非东部放养鱼类的逃逸个体，其来源可能有两个方面：一是经由水渠来自拉萨河，另一方面则可能是早年东部池塘逃逸至此或来自拉萨河的外来鱼类在湿地自然繁殖的种群。渔获物年龄结构分析显示（图 9-1），这些鱼类的年龄分布呈锥形，即各年龄的个体数随着年龄的增长而逐年下降，这与个体小、寿命短、生长迅速、年龄结构简单的鱼类，在没有捕捞压力下的种群数量结构特征相符合。此外，调查发现，鲫、麦穗鱼、泥鳅和小黄黝鱼等卵巢发育已进入Ⅳ期，水体中存在一定数量的幼鱼。表明这些外来鱼类已在茶巴朗湿地成功建立了繁殖种群，且发展成为绝对优势种群。

第二节　入侵鱼类生物学特性

鱼类入侵会破坏入侵地的生态环境，并造成入侵水域生态类型单一及本地物种濒危等负面影响（郦珊等，2016）。研究入侵鱼类的生物学特性，有助于了解它们对土著鱼类的危害，探讨入侵机制和控制对策。为此，对样本较多的麦穗鱼、小黄黝鱼、鲫和泥鳅的生物学特点进行了初步研究。

一、生长特性

（一）生长速度

1. 实测值

麦穗鱼、鲫、小黄黝鱼和泥鳅的各龄全长和体重实测平均值见表9-13～表9-16。

表 9-13　麦穗鱼各龄实测全长和体重范围及平均值

Table 9-13　Total length and body weight of *P. parva* at ages

年龄 Age	样本数 n	全长 Total length (mm)		体重 Body weight (g)	
		范围 Range	均值 Mean ±S.D.	范围 Range	均值 Mean ±S.D.
1	51	26.65～51.19	34.81±7.87	0.15～1.4	0.51±0.38
2	77	39.1～63.94	49.14±6.35	0.53～3.83	1.41±0.65
3	104	42.81～81.15	60.51±7.51	0.82～6.69	2.70±1.10
4	18	61.45～82.66	70.98±5.52	2.37～7.15	4.23±1.20
5	4	63.12～96.64	81.60±14.04	3.08～11.26	7.05±3.42
总计 Total	254	26.65～96.64	52.96±13.49	0.15～11.26	2.05±1.55

表 9-14　鲫各龄实测全长和体重范围及平均值

Table 9-14　Total length and body weight of *C. auratus* at ages

年龄 Age	样本数 n	全长 Total length (mm)		体重 Body weight (g)	
		范围 Range	均值 Mean ±S.D.	范围 Range	均值 Mean ±S.D.
1	172	35.42～102.25	60.29±12.21	0.69～17.8	3.81±3.06
2	21	63.66～128.50	94.56±14.93	4.03～39.01	14.06±7.67
3	16	96.34～141.24	114.18±13.86	13.36～42.59	24.64±9.25
4	3	114.66～181.40	148.59±33.38	20.36～106.00	64.72±42.90
总计 Total	212	35.42～181.40	69.00±23.19	0.69～106.00	7.26±10.99

表 9-15 小黄黝鱼各龄实测全长和体重范围及平均值
Table 9-15 Total length and body weight of *H. swinhonis* at ages

年龄 Age	样本数 n	全长 Total length（mm）		体重 Body weight（g）	
		范围 Range	均值 Mean ±S.D.	范围 Range	均值 Mean ±S.D.
1	105	30.45～49.66	39.81±4.23	0.34～1.69	0.79±0.29
2	165	31.80～58.98	41.80±6.03	0.40～2.59	1.00±0.47
3	14	43.04～59.05	50.91±4.10	1.09～2.56	1.75±0.46
总计 Total	284	30.45～59.05	41.51±5.82	0.34～2.59	0.95±0.46

表 9-16 泥鳅各龄实测全长和体重范围及平均值
Table 9-16 Total length and body weight of *M. anguillicaudatus* at ages

年龄 Age	样本数 n	全长 Total length（mm）		体重 Body weight（g）	
		范围 Range	均值 Mean ±S.D.	范围 Range	均值 Mean ±S.D.
1	2	78.97～87.74	83.36±6.20	2.67～3.58	3.13±0.64
2	11	95.01～124.03	109.26±10.10	4.01～11.89	7.29±2.45
3	45	99.85～145.48	122.65±9.19	5.64～16.01	9.82±2.19
4	32	117.48～155.25	137.26±9.08	7.72～24.59	13.64±3.63
5	14	148.26～185.67	165.74±10.12	15.53～40.13	26.67±6.84
6	3	187.19～190.54	188.44±1.83	33.36～43.01	38.37±4.84
总计 Total	107	78.97～190.54	132.39±21.58	2.67～43.01	13.58±8.05

2. 退算全长

采用退算全长和体重分析鱼类年间生长速度。本研究使用线性、对数、指数及幂函数模型对这几种入侵鱼类的全长（mm）与鳞片或脊椎骨半径（R_t，mm）作回归分析，确定直线相关式为最佳相关式，分别如下。

麦穗鱼：$TL_t=26.029R_t+15.172$（$R^2=0.943$，$n=254$）

小黄黝鱼：$TL_t=37.025R_t+9.470$（$R^2=0.734$，$n=284$）

鲫：$TL_t=38.184R_t+10.279$（$R^2=0.954$，$n=212$）

泥鳅：$TL_t=122.207R_t+33.035$（$R^2=0.813$，$n=107$）

将测得的轮径（R_t）代入退算关系式，求得各龄的加权平均全长，根据退算全长求得这几种鱼各龄的生长比速、生长常数和生长指标，见表9-17～表9-20。

表 9-17 茶巴朗湿地麦穗鱼各龄的退算全长和生长指标
Table 9-17 Back-calculated total length and growth indexes of *P. parva* in Chabalang Wetland

年龄 Age	样本数 n	实测全长 Observed mean *TL*（mm）	退算全长 Back-calculated *TL*（mm）				差值 Difference（mm）
			TL_1	TL_2	TL_3	TL_4	
1	51	34.81					−5.96
2	77	49.14	42.29				−5.65
3	104	60.51	40.18	55.18			−3.91
4	18	70.98	37.85	52.71	64.20		−2.90
5	4	81.60	39.57	54.04	65.41	73.88	
加权平均全长 Weighted mean *TL*（mm）			40.76	54.79	64.42	73.88	
生长指标 C_{lt}			12.058	8.872	8.823		

表 9-18　茶巴朗湿地小黄黝鱼各龄的退算全长和生长指标

Table 9-18　Back-calculated total length and growth indexes of *H. swinhonis* in Chabalang Wetland

年龄 Age	样本数 n	实测平均全长 Observed mean TL (mm)	退算全长 Back-calculated TL (mm)		差值 Difference (mm)
			TL_1	TL_2	
1	105	39.81			5.29
2	164	41.69	34.64		−3.22
3	15	51.45	33.20	44.91	
加权平均全长 Weighted mean TL (mm)			34.52	44.91	
生长指标 C_{lt}			9.0839		

表 9-19　茶巴朗湿地鲫各龄的退算全长和生长指标

Table 9-19　Back-calculated total length and growth indexes of *C. auratus* in Chabalang Wetland

年龄 Age	样本数 n	实测平均全长 Observed mean TL (mm)	退算全长 Back-calculated TL (mm)			差值 Difference (mm)
			TL_1	TL_2	TL_3	
1	172	60.29				−0.05
2	21	94.56	58.55			−2.82
3	16	114.19	61.13	95.93		−19.87
4	3	148.59	68.68	105.12	134.06	
加权平均全长 Weighted mean TL (mm)			60.34	97.38	134.06	
生长指标 C_{lt}			28.8785	31.1309		

表 9-20　茶巴朗湿地泥鳅各龄的退算全长和生长指标

Table 9-20　Back-calculated total length and growth indexes of *M. anguillicaudatus* in Chabalang Wetland

年龄 Age	样本数 n	实测平均全长 Observed mean TL (mm)	退算全长 Back-calculated TL (mm)					差值 Difference (mm)
			TL_1	TL_2	TL_3	TL_4	TL_5	
1	2	83.36						−5.66
2	11	109.26	89.03					−1.51
3	45	122.65	87.94	108.94				−7.44
4	32	137.26	90.25	112.45	129.46			−9.47
5	14	165.74	89.54	111.70	130.06	145.15		−1.66
6	3	188.44	89.50	116.07	137.02	154.10	167.41	
加权平均全长 Weighted mean TL (mm)			89.02	110.77	130.09	146.73	167.41	
生长指标 C_{lt}			19.4639	17.8109	15.6543	19.3426		

(二)全长-体重关系

以实测全长和体重数据作散点图(图 9-4),拟合得到这几种入侵鱼类的全长与体重关系,分别如下。

麦穗鱼:$BW=6.160×10^{-6}TL^{3.151}$($n=256$,$R^2=0.986$)

小黄黝鱼：$BW=9.178\times10^{-6}TL^{3.082}$（$n=289$，$R^2=0.923$）

鲫：$BW=7.346\times10^{-6}TL^{3.169}$（$n=212$，$R^2=0.990$）

泥鳅：$BW=3.329\times10^{-6}TL^{3.095}$（$n=108$，$R^2=0.943$）

詹秉义（1995）认为幂指数模型用来判断鱼类的生长型式。如果为等速生长，则$b=3$，或接近3。Pauly-t检验发现，麦穗鱼和鲫的b值与3之间存在显著性差异，而小黄黝鱼和泥鳅的b值与3之间无显著性差异，表明外来麦穗鱼和鲫为异速生长，而小黄黝鱼和泥鳅则为等速生长。

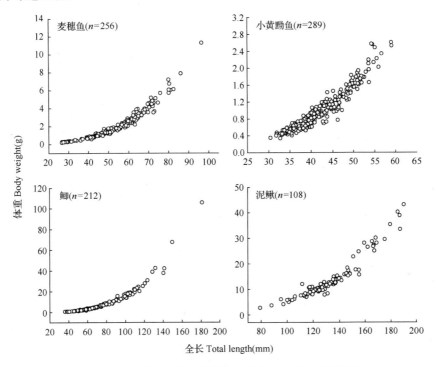

图9-4　茶巴朗湿地几种入侵鱼类的全长-体重关系图

Fig.9-4　Length-weight relationships of the main exotic fishes in Chabalang Wetland

（三）生长指标

茶巴朗湿地麦穗鱼、鲫和泥鳅生长指标见表9-21～表9-23。

表 9-21　不同地区麦穗鱼种群生长指标的比较

Table 9-21　Comparison of growth index of *P. parva* in different areas

地区 Areas	生长指标 Growth index			文献 References
	1～2 龄	2～3 龄	3～4 龄	
巢湖	18.9976	16.3749		严云志，2005
洞庭湖	17.0889			严云志，2005
抚仙湖	12.6454	18.2935		严云志，2005
茶巴朗湿地	12.0581	8.8721	8.8227	本研究

表 9-22　不同地区鲫种群生长指标的比较

Table 9-22　Comparison of growth index of *C. auratus* in different areas

地区 Areas	生长指标 Growth index						文献 References
	1～2 龄	2～3 龄	3～4 龄	4～5 龄	5～6 龄	6～7 龄	
江苏太湖♀	37.19	20.33	18.64				殷名称，1993
江苏太湖♂	32.69	17.77	19.24				殷名称，1993
湖北网湖	39.54	30.24	25.01	22.43	18.77		段中华等，1994
湖北洪湖♀	15.34	11.54	13.15	10.94	13.94	9.97	沈建忠，2000
湖北洪湖♂	12.95	8.65	11.33	10.50	19.82	18.95	沈建忠，2000
内蒙古岗更湖	40.54	20.09	24.80	31.01	12.92	16.88	安晓萍等，2009
雅鲁藏布江	25.77	29.18	23.87	23.36			陈锋，2009
江西鄱阳湖	26.79	24.55	25.97				朱其广等，2010
贵州草海	19.15	21.86	11.76				王金娜等，2014
茶巴朗湿地	28.88	31.13					本研究

表 9-23　不同地区泥鳅的生长指标与 *v-B* 生长方程参数

Table 9-23　Growth index and parameters of *v-B* growth function of *M. anguillicaudatus* in different areas

地区 Areas	生长指标 Growth index					*v-B* 生长方程参数 Parameters of *v-B* function					文献 References
	1～2 龄	2～3 龄	3～4 龄	4～5 龄	5～6 龄	b	k	t_0	L_∞	t_i	
武汉郊区	24.07	25.84	16.11	28.16		2.6534	0.217	−0.8583	236.4	3.6	袁九惕和袁凤霞，1988
湖南地区	27.68	26.63	27.25	22.48	26.19	2.4561					雷逢玉和王宾贤，1990
梁子湖	23.66	29.92	17.95	29.29	28.64	3.253	0.1599	−0.9968	286.5	6.4	王敏等，2001
苏州地区	25.08	27.07	18.13			2.8644	0.191	−0.806	259	5.0	王坤等，2009
河南地区	13.94	15.55	12.65	11.15		2.992	0.097	−3.521	280.2	7.8	黄松钱等，2014
芝加哥地区*	31.47	32.71	39.45			2.8733					Norris，2015
茶巴朗湿地*	22.55	12.63	13.80	25.88	21.27	3.095	0.1328	−2.086	264.6	6.4	本研究

*测量全长 Total lengths were measured

　　表 9-21 显示，洞庭湖的麦穗鱼种群仅 2 个龄组，难以评价其生长指标阶段性变化。巢湖和抚仙湖种群生长指标在 1～3 龄维持在较高水平，茶巴朗湿地种群的生长指标出现明显的阶段性，与茶巴朗湿地气温偏低、鱼类生长缓慢有关。至于抚仙湖种群 2～3 龄的生长指标不降反升，则与抚仙湖一年四季水温变化不大、适宜鱼生长有关。

表 9-22 显示，鄱阳湖鲫种群生长指标阶段性不明显，我国中东部湖泊和内蒙古岗更湖鲫种群的生长指标具有阶段性，1～2 龄为快速生长阶段，此后为稳定生长阶段；贵州草海和雅鲁藏布江及其附属水体茶巴朗湿地鲫种群的生长指标均为 1～2 龄低于 2～3 龄，生长的阶段性并不明显。

表 9-23 显示，茶巴朗湿地泥鳅种群生长指标波动较大，武汉郊区和苏州地区泥鳅种群生长指标阶段性变化较为明显，3 龄前为快速生长阶段，生长指标较高。其他种群的生长指标在一定范围变动。不同种群第一和第二阶段生长指标变化幅度均较大。

生长指标不仅表示生长的快慢，还可用于将鱼类整个生命周期划分为性成熟前快速生长阶段、性成熟后稳定生长阶段和衰老阶段。一般用第一阶段的生长指标比较同种鱼的不同种群生长；用第二生长阶段的指标比较不同种鱼的生长，因为性成熟前，鱼类生长速度快，体长的变动幅度也大，容易受外界因子，特别是食物因子的影响；性成熟后，生长受遗传因素制约，同种鱼往往接近，而不同种鱼之间往往差异较大（谢从新，2010）。鱼类的生长通常受到性别、发育状态、食物资源、个体行为及环境条件等因素的影响（Beamish and McFarlane，1983）。几种鱼类不同种群第一阶段生长指标变化较大，显然与它们生活的环境条件密切相关。

（四）生长方程

根据退算全长建立的麦穗鱼和泥鳅的全长与体重生长方程，分别进行一阶求导和二阶求导，获得全长和体重生长的速度（dL/dt 和 dW/dt）与加速度（d^2L/dt^2 和 d^2W/dt^2）方程。

麦穗鱼：

$$L_t = 107.96[1-e^{-0.2258\,(t+1.1150)}]$$

$$W_t = 15.72[1-e^{-0.2258\,(t+1.1150)}]^{3.151}$$

$$dL/dt = 24.37e^{-0.2258\,(t+1.1150)}$$

$$dW/dt = 11.18e^{-0.2258\,(t+1.1150)}[1-e^{-0.2258\,(t+1.1150)}]^{2.151}$$

$$d^2L/dt^2 = -5.50e^{-0.2258\,(t+1.1150)}$$

$$d^2W/dt^2 = 2.52e^{-0.2258\,(t+1.1150)}[1-e^{-0.2258\,(t+1.1150)}]^{1.151}[3.151e^{-0.2258\,(t+1.1150)}-1]$$

拐点年龄（t_i）为 3.97 龄。

泥鳅：

$$L_t = 264.60[1-e^{-0.1328(t+2.0860)}]$$

$$W_t = 104.77[1-e^{-0.1328(t+2.0860)}]^{3.095}$$

$$dL/dt = 35.15\,e^{-0.1328(t+2.0860)}$$

$$dW/dt = 43.08e^{-0.1328(t+2.0860)}[1-e^{-0.1328(t+2.0860)}]^{2.095}$$

$$d^2L/dt^2 = -4.67e^{-0.1328(t+2.0860)}$$

$$d^2W/dt^2 = 5.72e^{-0.1328(t+2.0860)}[1-e^{-0.1328(t+2.0860)}]^{1.095}[3.095e^{-0.1328(t+2.0860)}-1]$$

拐点年龄（t_i）为 6.41 龄。

从图 9-5 和图 9-6 中可以看出，麦穗鱼与泥鳅的全长和体重的生长曲线的变化趋势基本相似。全长生长曲线为一条逐渐趋向 L_∞ 的抛物线，上升速度随着年龄增加逐渐减缓；体重生长曲线是一条不对称的 S 形曲线，具有拐点，经生长拐点后生长转变为缓慢。

全长生长速度曲线随着时间的增大，dL/dt 不断递减。体重生长速度曲线和加速度曲线显示，当 $t < t_i$ 时，dW/dt 上升，d^2W/dt^2 下降，表明 t_i 前是体重生长递增阶段，但其递增速度逐渐下降；当 $t = t_i$ 时，dW/dt 达最大值，$d^2W/dt^2 = 0$；当 $t > t_i$ 时，dW/dt 和 d^2W/dt^2 均下降，表明体重生长进入缓慢期。

麦穗鱼和泥鳅的体重生长拐点年龄分别为 3.97 龄和 6.41 龄。显然落后于它们的全长生长指标显著下降的年龄。茶巴朗湿地的环境特点是水温低，生态系统脆弱，鱼类群落结构简单、缺乏天敌，捕捞强度极低。说明它们在入侵到高原水体后虽然全长生长速度有所减慢，但仍具有较高的体重生长潜能，这种生长特性可能与它们有较强的表型可塑性和生活史策略可塑性相关（Záhorská et al.，2009；Gozlan et al.，2010），这也正是其能够成功入侵世界上许多水体的重要原因之一（Ghalambor et al.，2007）。

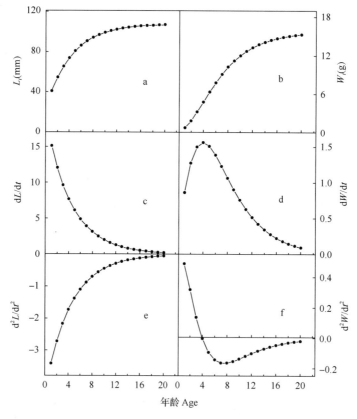

图 9-5　茶巴朗湿地麦穗鱼的生长曲线

Fig. 9-5　Growth curves of *P. parva* in Chabalang Wetland

a、b. 全长和体重生长曲线 Growth curves of total length and body weight；c、e. 全长生长速度和加速度曲线 Curves of growth rate and its acceleration of total length；d、f. 体重生长速度和加速度曲线 Curves of growth rate and its acceleration of body weigth

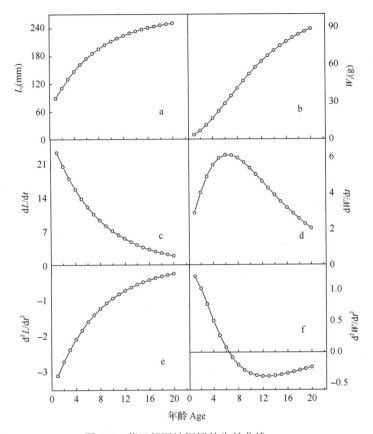

图 9-6　茶巴朗湿地泥鳅的生长曲线

Fig. 9-6　Growth curves of *M. anguillicaudatus* in Chabalang Wetland

a、b. 全长和体重生长曲线 Growth curves of total length and body weight；c、e. 全长生长速度和加速度曲线 Curves of growth rate and its acceleration of total length；d、f. 体重生长速度和加速度曲线 Curves of growth rate and its acceleration of body weigth

二、食物组成

(一)食谱

1. 麦穗鱼

选取肠充塞度较高的样本进行分析，从麦穗鱼的肠道中检出藻类 7 门 57 属，其中蓝藻门 7 属，硅藻门 19 属，绿藻门 24 属，裸藻门 3 属，甲藻门 2 属，金藻门和隐藻门各 1 属；原生动物门 7 属；轮虫动物门 11 属；枝角类 5 属；桡足类 1 目；水生昆虫 2 科；还有线虫、缓步动物门的水熊虫，以及较多的植物碎屑，此外还在 2 尾鱼中发现了少量鳞片(表 9-24)。

表 9-24　茶巴朗湿地麦穗鱼的食物组成

Table 9-24　Diet composition of *P. parva* in Chabalang Wetland（*n*=38）

食物 Food items	*O*%	*N*%	*W*%	*IRI*%	*IP*%
藻类 Algae	**100.00**	**99.99**	**54.19**	**76.07**	**53.78**
硅藻门 Bacillariophyta	**100.00**	**30.17**	**45.53**	**41.18**	**47.88**
棒杆藻属 *Rhopalodia*	78.95	0.18	0.83	0.45	0.70
波缘藻属 *Cymatopleura*	34.21	0.05	0.33	0.07	0.12
长篦藻属 *Neidium*	52.63	0.09	0.31	0.12	0.18
窗纹藻属 *Epithemia*	86.84	0.26	0.57	0.40	0.54
脆杆藻属 *Fragilaria*	100.00	3.21	0.45	2.04	0.49
等片藻属 *Diatoma*	97.37	0.81	0.22	0.56	0.23
辐节藻属 *Stauroneis*	7.89	+	+	+	+
菱形藻属 *Nitzschia*	100.00	8.26	20.54	16.06	22.13
美壁藻属 *Caloneis*	60.53	0.07	0.04	0.04	0.02
桥弯藻属 *Cymbella*	94.74	0.46	1.32	0.94	1.35
曲壳藻属 *Achnanthes*	71.05	0.96	0.02	0.39	0.02
双壁藻属 *Diploneis*	94.74	0.48	0.20	0.36	0.21
双菱藻属 *Surirella*	5.26	+	0.01	+	+
双眉藻属 *Amphora*	47.37	0.05	0.03	0.02	0.01
小环藻属 *Cyclotella*	97.37	4.43	12.82	9.37	13.45
异极藻属 *Gomphonema*	60.53	0.15	+	0.05	+
羽纹藻属 *Pinnularia*	71.05	0.14	0.06	0.08	0.04
针杆藻属 *Synedra*	100.00	9.05	6.37	8.60	6.86
舟形藻属 *Navicula*	100.00	1.51	1.41	1.63	1.52
蓝藻门 Cyanophyta	**89.47**	**28.61**	**2.03**	**11.88**	**1.65**
颤藻属 *Oscillatoria*	76.32	23.11	1.99	10.68	1.63
管链藻属 *Aulosira*	2.63	0.06	0.01	+	+
尖头藻属 *Raphidiopsis*	2.63	0.01	+	+	+
蓝纤维藻属 *Dactylococcopsis*	2.63	+	+	+	+
平裂藻属 *Merismopedia*	50.00	1.83	0.01	0.51	0.01
鞘丝藻属 *Lyngbya*	34.21	3.57	0.02	0.68	0.01
色球藻属 *Chroococcus*	15.79	0.03	+	+	+
绿藻门 Chlorophyta	**100.00**	**40.60**	**6.19**	**22.78**	**4.09**
顶棘藻属 *Chodatella*	71.05	1.74	0.03	0.70	0.02
多芒藻属 *Golenkinia*	26.32	0.07	0.01	0.01	+
刚毛藻属 *Cladophora*	5.26	0.02	0.01	+	+
鼓藻属 *Cosmarium*	73.68	0.13	0.39	0.21	0.31
集星藻属 *Actinastrum*	21.05	0.05	+	0.01	+

续表

食物 Food items	O%	N%	W%	IRI%	IP%
胶网藻属 *Dictyosphaerium*	76.32	0.13	0.11	0.10	0.09
角星鼓藻属 *Staurastrum*	13.16	0.09	+	0.01	+
空星藻属 *Coelastrum*	18.42	0.14	0.01	0.01	+
绿球藻属 *Chlorococcum*	34.21	0.07	0.03	0.02	0.01
盘星藻属 *Pediastrum*	57.89	0.84	0.06	0.29	0.04
鞘藻属 *Oedogonium*	65.79	0.83	0.83	0.61	0.59
水绵属 *Spirogyra*	5.26	0.03	0.58	0.02	0.03
双星藻属 *Zygnema*	5.26	0.03	0.25	0.01	0.01
四刺藻属 *Treubaria*	28.95	0.06	+	0.01	+
四角藻属 *Tetraedron*	86.84	0.19	0.06	0.12	0.05
四星藻属 *Tetrastrum*	55.26	2.90	0.02	0.90	0.01
丝藻属 *Ulothrix*	47.37	0.23	0.53	0.20	0.27
蹄形藻属 *Kirchneriella*	7.89	0.09	0.00	+	+
微孢藻属 *Microspora*	7.89	0.04	0.64	0.03	0.05
纤维藻属 *Ankistrodesmus*	97.37	5.78	0.35	3.33	0.37
小球藻属 *Chlorella*	63.16	0.27	0.03	0.11	0.02
新月藻属 *Closterium*	2.63	+	0.10	+	+
栅藻属 *Scenedesmus*	100.00	26.10	1.06	15.15	1.14
转板藻属 *Mougeotia*	89.47	0.77	1.09	0.93	1.05
裸藻门 Euglenophyta	**50.00**	**0.16**	**0.29**	**0.08**	**0.10**
扁裸藻 *Phacus*	13.16	0.02	0.02	+	+
裸藻属 *Euglena*	23.68	0.03	0.10	0.02	0.03
囊裸藻属 *Trachelomonas*	39.47	0.12	0.17	0.06	0.07
甲藻门 Pyrrophyta	**34.21**	**0.05**	**0.10**	**0.02**	**0.03**
薄甲藻属 *Glenodinium*	13.16	0.01	0.03	+	+
多甲藻属 *Peridinium*	28.95	0.04	0.07	0.02	0.02
金藻门 Chrysophyta	**52.63**	**0.40**	**0.05**	**0.13**	**0.03**
锥囊藻属 *Dinobryon*	52.63	0.40	0.05	0.13	0.03
隐藻门 Cryptophyta	**2.63**	**+**	**+**	**+**	**+**
隐藻属 *Cryptomonas*	2.63	+	+	+	+
原生动物门 Protozoa	**68.42**	**+**	**+**	**+**	**+**
砂壳虫属 *Difflugia*	23.68	+	+	+	+
表壳虫属 *Arcella*	26.32	+	+	+	+
草履虫属 *Paramecium*	2.63	+	+	+	+
拟铃虫属 *Tintinnopsis*	60.53	+	+	+	+
匣壳虫属 *Centropyxis*	2.63	+	+	+	+

食物 Food items	O%	N%	W%	IRI%	IP%
圆壳虫属 Cyclopyxis	13.16	+	+	+	+
钟虫属 Vorticella	2.63	+	+	+	+
轮虫动物门 Rotifera	**100.00**	**+**	**0.11**	**0.05**	**0.10**
旋轮虫属 Philodina	23.68	+	+	+	+
轮虫属 Rotaria	68.42	+	0.01	+	0.01
鞍甲轮虫属 Lepadella	76.32	+	0.01	+	0.01
臂尾轮虫属 Brachionus	86.84	+	0.07	0.04	0.07
单趾轮虫属 Monostyla	78.95	+	+	+	+
龟甲轮虫属 Keratella	50.00	+	+	+	+
狭甲轮虫属 Colurella	65.79	+	+	+	+
腔轮虫属 Lecane	10.53	+	+	+	+
无柄轮虫属 Ascomorpha	5.26	+	+	+	+
叶轮虫属 Notholca	36.84	+	+	+	+
异尾轮虫属 Trichocerca	7.89	+	+	+	+
未辨蛭态目 Unidentified Bdelloidea	18.42	+	+	+	+
轮虫卵 Rotifer eggs	100.00	+	0.01	0.01	0.02
枝角类 Cladocera	**100.00**	**+**	**1.68**	**0.82**	**1.58**
笔纹溞属 Graptoleberis	26.32	+	0.07	0.01	0.02
船卵溞属 Scapholeberis	2.63	+	+	+	+
尖额溞属 Alona	92.11	+	1.09	0.56	1.08
盘肠溞属 Chydorus	86.84	+	0.51	0.25	0.48
网纹溞属 Ceriodaphnia	7.89	+	+	+	+
桡足类 Copepods	**100.00**	**+**	**8.44**	**4.45**	**8.60**
剑水蚤目 Cyclopoida	94.74	+	6.56	3.47	6.70
无节幼体 Nauplius	100.00	+	0.44	0.25	0.48
动物残体 Unidentified arthropod	92.11	+	1.44	0.74	1.43
摇蚊类 Chironomidae	**100.00**	**+**	**35.01**	**18.44**	**35.63**
摇蚊幼虫 Chironomidae larvae	100.00	+	28.29	15.78	30.49
摇蚊蛹 Chironomidae pupae	71.05	+	6.71	2.66	5.14
线虫纲 Nematode	**89.47**	**+**	**0.03**	**0.01**	**0.02**
水熊虫 Water bear	**39.47**	**+**	**0.03**	**0.01**	**0.01**
水蜘蛛 Araneae	**47.37**	**+**	**0.41**	**0.11**	**0.21**
植物碎屑 Plant debris	**57.89**	**+**	**0.09**	**0.03**	**0.06**
鱼鳞 Fish scales	**5.26**	**+**	**0.01**	**+**	**+**

注 Note："+"表示所占百分比<0.01%，indicates<0.01%

　　藻类、轮虫、枝角类、桡足类和摇蚊类的出现率(*O*%)均为100%。藻类的个数百分比(*N*%)最高，为99.99%，具有绝对优势，其他食物类群的个数百分比均小于0.01%。藻类重量百分比(*W*%)占肠含物总量的54.19%，其中硅藻门占45.53%，硅藻门中又以菱形藻属和小环藻属所占比例较大，分别为20.54%和12.82%；其次为摇蚊类，所占比例为35.01%，其中摇蚊幼虫占28.29%，摇蚊蛹占6.71%。从相对重要指数(*IRI*%)来看，较高的分类阶元上藻类最高(76.07%)，其次为摇蚊类(18.44%)，较低的分类阶元上，以硅藻门的菱形藻属、蓝藻门的颤藻属、绿藻门的栅藻属和摇蚊幼虫较高，所占比例分别为16.06%、10.68%、15.15%和15.78%。从优势度指数(*IP*%)来看，较高分类阶元上以藻类较高(53.78%)，其中硅藻门最高(47.88%)，其次为摇蚊类(35.63%)，然而在较低的分类阶元上，摇蚊幼虫的比例最高，为30.49%，其次为硅藻门中的菱形藻属(22.13%)。可以认为麦穗鱼是以藻类和摇蚊幼虫为主要食物的杂食性鱼类。

　　2. 小黄黝鱼

　　小黄黝鱼的肠道中检出藻类7门47属(表9-25)，其中硅藻门19属，蓝藻门4属，绿藻门18属，裸藻门3属，甲藻门、金藻门和隐藻门各1属；原生动物门3属；轮虫动物门3属；枝角类4属；桡足类1目；水生昆虫1科；还有线虫、寡毛类、缓步动物门的水熊虫及一定量的鱼鳞；此外，还在2尾鱼中检出2粒鱼卵。

表 9-25　茶巴朗湿地小黄黝鱼的食物组成

Table 9-25　Diet composition of *H. swinhonis* in Chabalang Wetland (*n*=32)

食物 Food items	*O*%	*N*%	*W*%	*IRI*%	*IP*%
藻类 Algae	**100.00**	**99.97**	**5.61**	**52.34**	**5.08**
硅藻门 Bacillariophyta	**100.00**	**22.43**	**3.95**	**13.40**	**3.95**
棒杆藻属 *Rhopalodia*	93.55	0.34	0.20	0.26	0.19
波缘藻属 *Cymatopleura*	80.65	0.15	0.13	0.12	0.11
长篦藻属 *Neidium*	70.97	0.08	0.04	0.04	0.03
窗纹藻属 *Epithemia*	96.77	0.58	0.17	0.37	0.17
脆杆藻属 *Fragilaria*	100.00	3.79	0.07	2.02	0.07
等片藻属 *Diatoma*	93.55	0.51	0.02	0.26	0.02
菱形藻属 *Nitzschia*	100.00	6.56	2.11	4.52	2.19
卵形藻属 *Cocconeis*	9.68	0.02	0.07	0.00	0.01
美壁藻属 *Caloneis*	67.74	0.16	0.01	0.06	0.01
桥弯藻属 *Cymbella*	96.77	0.56	0.21	0.39	0.21
曲壳藻属 *Achnanthes*	96.77	0.45	+	0.23	+
双壁藻属 *Diploneis*	100.00	0.59	0.03	0.32	0.03
双菱藻属 *Surirella*	9.68	0.03	+	+	+
双眉藻属 *Amphora*	83.87	0.13	0.01	0.06	0.01
小环藻属 *Cyclotella*	87.10	0.54	0.20	0.34	0.18
异极藻属 *Gomphonema*	70.97	0.63	+	0.23	+
羽纹藻属 *Pinnularia*	93.55	0.47	0.03	0.24	0.02

续表

食物 Food items	*O*%	*N*%	*W*%	*IRI*%	*IP*%
针杆藻属 *Synedra*	100.00	5.15	0.47	2.93	0.49
舟形藻属 *Navicula*	100.00	1.70	0.20	0.99	0.21
蓝藻门 Cyanophyta	**100.00**	**70.62**	**0.71**	**35.81**	**0.73**
颤藻属 *Oscillatoria*	100.00	63.15	0.70	33.34	0.73
平裂藻属 *Merismopedia*	80.65	2.46	+	1.04	+
鞘丝藻属 *Lyngbya*	54.84	5.00	+	1.43	+
色球藻属 *Chroococcus*	3.23	0.01	+	+	+
绿藻门 Chlorophyta	**100.00**	**6.70**	**0.92**	**3.07**	**0.38**
顶棘藻属 *Chodatella*	22.58	0.03	+	+	+
顶接鼓藻属 *Spondylosium*	3.23	0.01	+	+	+
多芒藻属 *Golenkinia*	3.23	+	+	+	+
刚毛藻属 *Cladophora*	3.23	0.01	+	+	+
鼓藻属 *Cosmarium*	87.10	0.14	0.05	0.09	0.05
集星藻属 *Actinastrum*	9.68	0.04	+	+	+
胶网藻属 *Dictyosphaerium*	3.23	0.04	+	+	+
角星鼓藻属 *Staurastrum*	90.32	0.16	0.02	0.08	0.02
盘星藻属 *Pediastrum*	51.61	0.72	0.01	0.20	0.00
鞘藻属 *Oedogonium*	45.16	0.39	0.05	0.11	0.02
水绵属 *Spirogyra*	32.26	0.29	0.64	0.16	0.21
双星藻属 *Zygnema*	3.23	0.03	0.04	+	+
四角藻属 *Tetraedron*	64.52	0.11	+	0.04	+
丝藻属 *Ulothrix*	12.90	0.08	0.03	0.01	+
纤维藻属 *Ankistrodesmus*	83.87	0.25	+	0.11	+
小球藻属 *Chlorella*	3.23	+	+	+	+
栅藻属 *Scenedesmus*	100.00	4.06	0.02	2.13	0.02
转板藻属 *Mougeotia*	70.97	0.33	0.06	0.14	0.04
甲藻门 Pyrrophyta	**6.45**	**0.01**	**+**	**+**	**+**
多甲藻属 *Peridinium*	6.45	0.01	+	+	+
裸藻门 Euglenophyta	**77.42**	**0.18**	**0.04**	**0.07**	**0.02**
扁裸藻属 *Phacus*	22.58	0.02	+	+	+
裸藻属 *Euglena*	9.68	0.01	+	+	+
囊裸藻属 *Trachelomonas*	64.52	0.16	0.03	0.06	0.02
金藻门 Chrysophyta	**12.90**	**0.02**	**+**	**+**	**+**
锥囊藻属 *Dinobryon*	12.90	0.02	+	+	+
隐藻门 Cryptophyta	**3.23**	**0.01**	**+**	**+**	**+**
隐藻属 *Cryptomonas*	3.23	0.01	+	+	+
原生动物门 Protozoa	**25.00**	**+**	**+**	**+**	**+**
砂壳虫属 *Difflugia*	15.63	+	+	+	+
表壳虫属 *Arcella*	6.25	+	+	+	+

续表

食物 Food items	O%	N%	W%	IRI%	IP%
拟铃壳虫属 *Tintinnopsis*	12.50	+	+	+	+
轮虫动物门 Rotifera	**12.50**	+	+	+	+
轮虫属 *Rotaria*	3.13	+	+	+	+
鞍甲轮虫属 *Lepadella*	6.25	+	+	+	+
单趾轮虫属 *Monostyla*	6.25	+	+	+	+
枝角类 Cladocera	**37.50**	+	**0.02**	+	+
笔纹溞属 *Graptoleberis*	9.38	+	+	+	+
尖额溞属 *Alona*	12.50	+	+	+	+
盘肠溞属 *Chydorus*	12.50	+	+	+	+
溞属 *Daphnia*	9.38	+	0.01	+	+
桡足类 Copepods	**100.00**	**0.03**	**34.39**	**17.90**	**35.63**
剑水蚤目 Cyclopoida	100.00	0.01	33.94	17.72	35.30
无节幼体 Nauplius	21.88	+	0.10	0.01	0.02
桡足类卵 Copepod eggs	84.38	0.02	0.35	0.16	0.31
摇蚊类 Chironomidae	**100.00**	+	**58.50**	**29.57**	**58.92**
摇蚊幼虫 Chironomidae larvae	100.00	+	52.56	27.44	54.67
摇蚊蛹 Chironomidae pupae	68.75	+	5.94	2.13	4.25
线虫 Nematode	**31.25**	+	+	+	+
水熊虫 Water bear	**3.13**	+	+	+	+
寡毛类 Oligochaeta	**21.88**	+	**0.67**	**0.08**	**0.15**
鱼卵 Fish eggs	**6.25**	+	**0.09**	+	**0.01**
鱼鳞 Fish scales	**28.13**	+	**0.72**	**0.11**	**0.21**

注 Note："+"表示所占百分比＜0.01%，indicates＜0.01%

小黄黝鱼的肠道中藻类、桡足类和摇蚊类的出现率(O%)均为100%。藻类个数百分比(N%)具有绝对优势，为99.97%，其中蓝藻门占70.62%，这与其摄食的蓝藻门种类多为丝状蓝藻，换算为细胞数时个数增加有关，其次为硅藻门(22.43%)，摇蚊类的个数百分比均不到0.01%。摇蚊类占肠含物总重量的58.50%，其中摇蚊幼虫占52.56%；桡足类占总重量的34.39%，其中剑水蚤目占33.94%；藻类仅占肠含物总重量的5.61%。藻类的相对重要指数最高，为52.34%，其次为摇蚊类(29.57%)，藻类中以蓝藻门较高(35.81%)，摇蚊类中以摇蚊幼虫较高(27.44%)，桡足类中剑水蚤目的相对重要指数为17.72%。摇蚊类的优势度指数最高(58.92%)，其次为桡足类(35.63%)，其中摇蚊幼虫和剑水蚤目的优势度指数分别为54.67%和35.30%，藻类的优势度指数为5.08%，其中蓝藻门仅0.73%。可以认为小黄黝鱼是以摇蚊幼虫和桡足类为主要食物的杂食性鱼类。

(二)摄食策略

采用 Amundsen 图示法描述麦穗鱼和小黄黝鱼的摄食策略。麦穗鱼和小黄黝鱼的食物组成如图9-7所示，2种鱼的大部分饵料都分布在图的下半部分，并沿整个 x 轴分布，说明2种鱼均为广食性鱼类，不同个体间差异较小，食物重叠程度较高。麦穗鱼的食物中摇蚊幼虫的出现率为 100%，特定饵料丰度为 28.45%，为其主要食物，其次为菱形藻和小环藻，说明麦穗鱼为杂食性鱼类，主要摄食摇蚊幼虫，兼食大量硅藻。

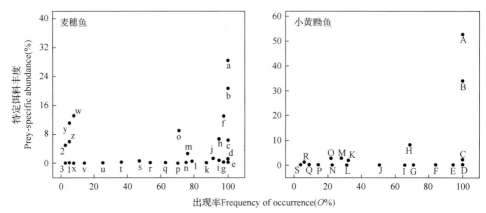

图 9-7　麦穗鱼和小黄黝鱼的摄食策略图

Fig. 9-7　The feeding strategy plots of *P. parva* and *H. swinhonis*

a.摇蚊幼虫 Chironomidae larvae；b.菱形藻属 *Nitzschia*；c.针杆藻属 *Synedra*；d.舟形藻属 *Navicula*，栅藻属 *Scenedesmus*；e.脆杆藻属 *Fragilaria*，无节幼体 Nauplius，轮虫卵 Rotifer eggs；f.小环藻属 *Cyclotella*；g.纤维藻属 *Ankistrodesmus*，等片藻属 *Diatoma*；h.剑水蚤目 Cyclopoida；i.桥弯藻属 *Cymbella*，双壁藻属 *Diploneis*；j.节肢动物残体 Unidentified arthropod，尖额溞属 *Alona*，转板藻属 *Mougeotia*；k.线虫 Nematode，盘肠溞属 *Chydorus*，臂尾轮虫属 *Brachionus*，四角藻属 *Tetraedron*，窗纹藻属 *Epithemia*；l.棒杆藻属 *Rhopalodia*，单趾轮虫属 *Monostyla*；m.颤藻属 *Oscillatoria*；n.胶网藻属 *Dictyosphaerium*，鞍甲轮虫属 *Lepadella*，鼓藻属 *Cosmarium*；o.摇蚊蛹 Chironomidae pupae；p.羽纹藻属 *Pinnularia*，顶棘藻属 *Chodatella*，曲壳藻属 *Achnanthes*，轮虫属 *Rotaria*；q.鞘藻属 *Oedogonium*，狭甲轮虫属 *Colurella*，小球藻属 *Chlorella*，美壁藻属 *Caloneis*，异极藻属 *Gomphonema*，拟铃壳虫属 *Tintinnopsis*；r.植物碎屑 Plant debris，盘星藻属 *Pediastrum*，四星藻属 *Tetrastrum*，长篦藻属 *Neidium*，锥囊藻属 *Dinobryon*，平裂藻属 *Merismopedia*，龟甲轮虫属 *Keratella*；s.丝藻属 *Ulothrix*，水蜘蛛 Araneae，双眉藻属 *Amphora*；t.囊裸藻属 *Trachelomonas*，水熊虫 Water bear，叶轮虫属 *Notholca*，波缘藻属 *Cymatopleura*，绿球藻属 *Chlorococcum*，鞘丝藻属 *Lyngbya*；u.多甲藻属 *Peridinium*，四刺藻属 *Treubaria*，笔纹溞属 *Graptoleberis*，多芒藻属 *Golenkinia*，表壳虫属 *Arcella*，裸藻属 *Euglena*，旋轮虫属 *Philodina*，砂壳虫属 *Difflugia*，集星藻属 *Actinastrum*；v.空星藻属 *Coelastrum*，未辨蛭态目 Unidentified Bdelloidea，色球藻属 *Chroococcus*，薄甲藻属 *Glenodinium*，扁裸藻属 *Phacus*，角星鼓藻属 *Staurastrum*，圆壳虫属 *Cyclopyxis*，腔轮虫属 *Lecane*；w.微孢藻属 *Microspora*；x.网纹溞属 *Ceriodaphnia*，蹄形藻属 *Kirchneriella*，辐节藻属 *Stauroneis*，异尾轮虫属 *Trichocerca*；y.水绵属 *Spirogyra*；z.双星藻属 *Zygnema*；1.鱼鳞 Fish scales，刚毛藻属 *Cladophora*，双菱藻属 *Surirella*，无柄轮虫属 *Ascomorpha*；2.新月藻属 *Closterium*；3.其他饵料 Other preys；A.摇蚊幼虫 Chironomidae larvae；B.剑水蚤目 Cyclopoida；C.菱形藻属 *Nitzschia*；D.颤藻属 *Oscillatoria*，针杆藻属 *Synedra*，舟形藻属 *Navicula*，脆杆藻属 *Fragilaria*，双壁藻属 *Diploneis*，栅藻属 *Scenedesmus*；E.桥弯藻属 *Cymbella*，窗纹藻属 *Epithemia*，曲壳藻属 *Achnanthes*，棒杆藻属 *Rhopalodia*，羽纹藻属 *Pinnularia*，等片藻属 *Diatoma*，角星鼓藻属 *Staurastrum*；F.小环藻 *Cyclotella*，鼓藻属 *Cosmarium*，桡足类卵 Copepod eggs，双眉藻属 *Amphora*，纤维藻属 *Ankistrodesmus*，波缘藻属 *Cymatopleura*，平裂藻属 *Merismopedia*；G.转板藻属 *Mougeotia*，长篦藻属 *Neidium*，异极藻属 *Gomphonema*；H.摇蚊蛹 Chironomidae pupae；I.美壁藻属 *Caloneis*，囊裸藻属 *Trachelomonas*，四角藻属 *Tetraedron*；J.鞘丝藻属 *Lyngbya*，盘星藻属 *Pediastrum*，鞘藻属 *Oedogonium*；K.水绵属 *Spirogyra*；L.线虫 Nematode；M.鱼鳞 Fish scales；N.扁裸藻属 *Phacus*，顶棘藻属 *Chodatella*；O.水蚯蚓 Water angleworm；P.无节幼体 Nauplius，砂壳虫属 *Difflugia*，丝藻属 *Ulothrix*，锥囊藻属 *Dinobryon*，盘肠溞属 *Chydorus*，尖额溞属 *Alona*，拟铃壳虫属 *Tintinnopsis*；Q.卵形藻属 *Cocconeis*，裸藻属 *Euglena*，双菱藻属 *Surirella*，集星藻属 *Actinastrum*，笔纹溞属 *Graptoleberis*，溞属 *Daphnia*，多甲藻属 *Peridinium*；R.鱼卵 Fish eggs；S.其他饵料 Other preys

　　小黄黝鱼对摇蚊幼虫和剑水蚤表现出较强的偏好性（2 种饵料的出现率均为 100%，特定饵料丰度分别为 52.56%和 33.94%），2 种饵料共占整体饵料丰度的 86.50%，说明小黄黝鱼主要摄食无脊椎动物。2 种鱼均主要摄食摇蚊幼虫，它们之间存在一定的食物竞争，但除了摇蚊幼虫，麦穗鱼还摄食大量硅藻，小黄黝鱼还摄食部分桡足类，这种摄食分化降低了二者之间的食物竞争。

(三)入侵鱼类和土著鱼类的食物关系

入侵鱼类对土著鱼类的主要危害之一是争夺土著鱼类的生活空间和食物资源。入侵鱼类中的优势种群与雅鲁藏布江中游主要土著裂腹鱼类都是杂食性鱼类，二者在分布区上至少存在部分重叠。它们的食物竞争程度如何是值得关注的问题。为此，将第五章关于土著鱼类的食物资料及本章麦穗鱼和小黄黝鱼食物分析结果归纳于表 9-26，以便比较分析入侵鱼类和土著鱼类的食物组成多样性、主要食物类群、生态位宽度与营养级等指标，以探讨它们之间的食物关系。

表 9-26　雅鲁藏布江中游鱼类食物重量组成(%)

Table 9-26　Weight percentage of diet items of fishes in the middle reaches of Yarlung Zangbo River (%)

食物类群 Dietary items	鱼类 Fishes							
	1	2	3	4	5	6	7	8
藻类 Algae	54.19	5.61	81.26	66.53	—	0.31	0.36	1.59
原生动物门 Protozoa	+	+	0.02	0.71	—	0.04	+	—
轮虫动物门 Rotifera	0.11	+	0.03	+	—	+	+	—
枝角类 Cladocera	1.68	0.02	+	+	—	+	+	—
桡足类 Copepods	8.44	34.39	0.04	+	—	+	+	0.25
水生昆虫幼虫 Aquatic insects larvae	35.42	58.50	18.60	20.70	14.82	99.12	93.59	45.95
摇蚊幼虫 Chironomidae larvae	35.01	58.50	16.76	9.69	13.19	32.20	79.50	25.54
纹石蛾幼虫 Hydropsychidae larvae	—	—	0.30	9.97	1.23	41.25	11.68	12.62
其他水生昆虫 Other aquatic insects	0.41	—	1.54	1.03	0.39	25.67	2.41	7.79
鱼类　Fish	0.01	0.82	—	—	84.95	0.10	—	5.57
鳅科 Cobitidae	—	—	—	—	18.74	—	—	—
鲤科 Cyprinidae	—	—	—	—	61.54	0.06	—	—
鮡科 Sisoridae	—	—	—	—	0.06	—	—	—
塘鳢科 Eleotridae	—	—	—	—	0.52	0.03	—	—
其他鱼类 Other fish	—	—	—	—	4.09	0.01	—	5.56
鱼鳞和鱼卵 Fish scales and eggs	0.01	0.82	—	+	—	—	—	0.01
端足类 Amphipoda	—	—	—	0.01	0.09	—	—	—
钩虾科 Gammaridae	—	—	—	0.01	0.09	—	—	—
寡毛类 Oligochaeta	—	0.67	—	—	—	0.02	—	—
软体动物门 Mollusca	—	—	+	—	—	0.13	—	—
壳顶幼虫 Lamellibranch umbo-veliger larvae	—	—	+	—	—	—	—	—
腹足纲 Gastropoda	—	—	—	—	—	0.13	—	—
其他 Others	0.05	0.00	—	—	—	0.00	—	—
线虫 Nematode	0.03	0.00	—	—	—	0.00	—	—
水熊虫 Water bear	0.03	0.00	—	—	—	0.00	—	—
有机碎屑 Organic detritus	0.09	-	0.05	12.06	0.14	0.28	6.05	46.64

注 Notes: "+" 表示比例<0.01%Indicates<0.01%, "—" 表示无 Indicates none

1.麦穗鱼 *P. parva*, 2.小黄黝鱼 *H. swinhonis*, 3.异齿裂腹鱼 *S. (S.) o'connori*, 4.拉萨裸裂尻鱼 *S. younghusbandi*, 5.尖裸鲤 *O. stewartii*, 6.拉萨裂腹鱼 *S. (R.) waltoni*, 7.双须叶须鱼 *P. dipogon*, 8.巨须裂腹鱼 *S. (R.) macropogon*

1. 食物组成及其多样性

尖裸鲤是 6 种裂腹鱼类中唯一的食鱼性鱼类，鱼类在其食物中的重量百分比达84.89%（见第五章）。拉萨裂腹鱼和双须叶须鱼的食物组成以水生昆虫幼虫占绝对优势，比例分别为 99.12%和 93.59%。异齿裂腹鱼和拉萨裸裂尻鱼的食物以藻类为主，分别占81.26%和66.53%，它们所摄食的藻类绝大多数为硅藻；此外，异齿裂腹鱼还摄食较多的摇蚊幼虫(16.76%)，拉萨裸裂尻鱼还摄食一定的纹石蛾幼虫和摇蚊幼虫，比例分别为9.97%和9.69%。巨须裂腹鱼的食物以有机碎屑为主，占46.64%；其次为水生昆虫幼虫，占45.95%，其中以摇蚊幼虫和纹石蛾幼虫的比例较高，分别为25.54%和12.62%。可以看出，几种裂腹鱼类的食物类群较广，但不同鱼类的主要食物存在较大差异，体现了不同鱼类在面对食物匮乏时的食物分配策略。

麦穗鱼的食物组成中藻类的比例最大，为54.19%，其中以硅藻最多。动物性饵料约占45.72%，其中以摇蚊幼虫的比例最大，为35.01%，桡足类占8.44%，其他动物性饵料占 2.27%。有机碎屑的比例较少，仅 0.09%。小黄黝鱼的食物组成以摇蚊幼虫和桡足类为主，其比例分别为58.50%和34.39%；其他动物性饵料的比例约为1.51%，藻类的比例为 5.61%。两种入侵鱼类与裂腹鱼类的食物组成具有较大重叠，两者之间存在较为激烈的食物竞争。

入侵鱼类和主要土著经济鱼类食物组成的多样性指数、生态位宽度、营养级及杂食性指数见表 9-27，从表 9-27 可以看出，入侵鱼类和土著鱼类食物组成的多样性差别较大，其中 Shannon-Wiener 多样性指数 (H') 为 0.56～1.41，平均 0.99；食物组成均一性指数(J)为 0.05～0.18，平均 0.10；优势度指数(D)为 0.31～0.69，平均 0.53，3 种指数均以土著鱼类巨须裂腹鱼最高，异齿裂腹鱼最低，入侵鱼类居于中间。各种鱼类的食物类群数 (N_0)为 8～16，平均 10.8；较重要的食物类群数(N_1)为 1.75～4.08，平均 2.78；非常重要的食物类群数(N_2)为 1.45～3.25，平均 2.26，尽管食物类群数较多，但重要的食物类群数特别少，硅藻、摇蚊幼虫是入侵鱼类和土著鱼类共同的重要食物类群。此外，各种鱼类的生态位宽度指数(B_a)为 0.04～0.28，平均 0.12，麦穗鱼和小黄黝鱼的生态位宽度指数均为 0.12。从摄食的主要食物类群和生态位宽度指数来看，这些鱼类的食性范围较窄，它们摄食的饵料主要为藻类、水生昆虫幼虫、鱼类和有机碎屑，这与高原水体饵料资源匮乏、提供的饵料种类较少有关。通过前面的分析可知，两种入侵鱼类之间及它们与土著裂腹鱼类之间均出现了一定的摄食分化，各种鱼类主要饵料生物中的优势饵料不同，这种饵料资源利用的种间差异降低了它们之间的食物竞争，是其应对高原水体饵料资源匮乏的一种重要策略。然而作为外来种，麦穗鱼和小黄黝鱼对藻类和水生昆虫幼虫的大量摄食则与土著裂腹鱼类之间形成了食物竞争，加剧了水体饵料资源的紧张度，对土著鱼类产生了不利影响。

表 9-27　雅鲁藏布江中游鱼类食物组成多样性

Table 9-27　Biodiversity indexes of food items of fishes in the middle reaches of Yarlung Zangbo River

鱼类 Fishes species	H'	J	D	N_0	N_1	N_2	B_a	T
麦穗鱼 P. parva	1.02	0.09	0.58	11	2.77	2.36	0.12	2.5
小黄黝鱼 H. swinhonis	0.92	0.09	0.54	10	2.50	2.16	0.12	3.0
异齿裂腹鱼 S. (S.) o'connori	0.56	0.05	0.31	11	1.75	1.45	0.04	2.2
拉萨裸裂尻鱼 S. younghusbandi	1.07	0.10	0.52	11	2.90	2.10	0.10	2.2
尖裸鲤 O. stewartii	1.13	0.11	0.57	10	3.11	2.31	0.13	3.5
拉萨裂腹鱼 S. (R.) waltoni	1.13	0.07	0.66	16	3.11	2.94	0.12	3.0
双须叶须鱼 P. dipogon	0.71	0.08	0.35	9	2.04	1.54	0.06	2.9
巨须裂腹鱼 S. (R.) macropogon	1.41	0.18	0.69	8	4.08	3.25	0.28	2.6

注 Notes：H'.Shannon-Wiener 多样性指数 Shannon-Wiener diversity index，J.均一性指数 Pielou evenness index，D.优势度指数 Simpson' diversity index，N_0.食物类群数 Number of food item，N_1.较重要的食物类群数 Number of important food items，N_2.非常重要的食物类群数 Number of very important food items，B_a.生态位宽度指数 niche breadths index，T.营养级 trophic level

2. 食物重叠与营养级

通过前面的分析可知，入侵鱼类和土著鱼类之间存在一定程度的食物重叠，表 9-28 和图 9-8 反映了入侵鱼类和土著鱼类之间的食物重叠情况。麦穗鱼的食物组成以硅藻和

表 9-28　入侵鱼类和土著鱼类的食物重叠指数（Morista 指数）

Table 9-28　Food overlap coefficients（Morista's index）among exotic fishes and native fishes

鱼类 Fishes	异齿裂腹鱼 S. (S.) o'connori	拉萨裸裂尻鱼 S. younghusbandi	尖裸鲤 O. stewartii	拉萨裂腹鱼 S. (R.) waltoni	双须叶须鱼 P. dipogon	巨须裂腹鱼 S. (R.) macropogon
麦穗鱼 P. parva	0.90	0.88	0.11	0.30	0.52	0.27
小黄黝鱼 H. swinhonis	0.25	0.20	0.17	0.47	0.84	0.39

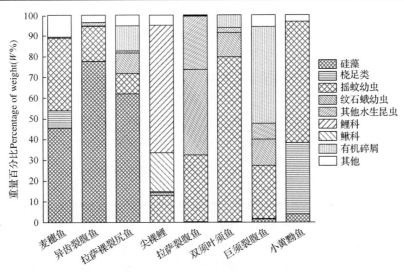

图 9-8　雅鲁藏布江入侵鱼类和土著鱼类的食物组成比较

Fig. 9-8　Diet composition between exotic fishes and native fishes in the middle reaches of Yarlung Zangbo River

摇蚊幼虫为主，与土著鱼类异齿裂腹鱼和拉萨裸裂尻鱼相似，它们之间的食物重叠达到显著($C>0.8$)；与其他几种裂腹鱼的食物重叠主要发生在对摇蚊幼虫的摄食上，重叠指数为 0.11～0.52，其中与双须叶须鱼的重叠指数最高，与尖裸鲤的最低。小黄黝鱼的食物组成以摇蚊幼虫和桡足类为主，它与土著鱼类的食物重叠主要是对摇蚊幼虫的摄食，重叠指数为 0.17～0.84，其中与双须叶须鱼的食物重叠最大，达到显著($C=0.84$)，与尖裸鲤的重叠指数最低。

入侵鱼类和土著鱼类的营养级(T)为 2.2～3.5（表 9-27），异齿裂腹鱼和拉萨裸裂尻鱼的营养级最低，尖裸鲤的营养级最高。根据营养级的分布特征，这几种鱼类可划分为 4 组：第一组，异齿裂腹鱼和拉萨裸裂尻鱼，以硅藻为主要食物；第二组，包括土著鱼类巨须裂腹鱼和入侵鱼类麦穗鱼，为杂食性；第三组，包括土著鱼类双须叶须鱼、拉萨裂腹鱼和入侵鱼类小黄黝鱼，以水生无脊椎动物为主要食物，其种间营养生态位重叠指数为 0.47～0.84；第四组，尖裸鲤，为鱼食性鱼类，是该食物网中的顶级消费者。

第三节　入侵途径及入侵机制

一、入侵现状

近年来，青藏高原水体的鱼类入侵问题已引起普遍关注。陈锋（2009）报道雅鲁藏布江中游干支流共有鱼类 24 种，其中土著鱼类 16 种（包括裸鲤属一个未定种，外来鱼类 8 种。杨汉运等（2010）及杨汉运和黄道明（2011）于 2006～2007 年在雅鲁藏布江中上游共采集到鱼类 25 种，隶属于 3 目 5 科 17 属，其中高原鱼类 16 种，占鱼类种数的 64%，外来种 9 种，包括鲤、鲫、鲢、鳙、草鱼、麦穗鱼、棒花鱼、鲇及小黄黝鱼，占鱼类种数的 36%，其中米林宽谷江段外来鱼类种类和种群数量最大，个别情况下占渔获量的比例高达 20%～30%，并发现有这些鱼类繁育的幼鱼。雅鲁藏布江谢通门至仁布江段共有鱼类 20 种，其中外来鱼类 8 种，出现率最高的是 6 种裂腹鱼和外来种鲫、麦穗鱼（马宝珊，2010）。林芝江段干支流有鱼类 18 种，其中外来鱼类 3 种（周剑等，2010）。

雅鲁藏布江支流拉萨河共有鱼类 24 种，其中土著鱼类 16 种（包括 1 个自然杂交种和 2 个未定种），外来鱼类 8 种。外来鱼类在拉萨河及附近静水河汊地笼渔获物中的比例总计达到 42.5%，其中麦穗鱼、鲫、泥鳅和小黄黝鱼所占比例分别为 15.8%、15.6%、5.0% 和 4.5%（陈锋和陈毅峰，2010）。而在尼洋河共采集到鲫、麦穗鱼、泥鳅、大鳞副泥鳅和小黄黝鱼等 5 种外来鱼（沈红保和郭丽，2008；李芳，2009）。

拉萨河流域拉鲁湿地，2001～2003 年发现鱼类 7 种，其中土著鱼类 5 种，外来鱼类 2 种（普布等，2010）；2010～2011 年在该湿地发现鱼类 12 种，其中土著鱼类 5 种，外来鱼类 7 种，外来鱼类麦穗鱼和鲫占绝对优势，其分布几乎遍布整个湿地，而 5 种土著鱼类的数量极少，几近灭绝（范丽卿等，2011）。

拉萨河流域茶巴朗湿地 2009 年共采集鱼类 14 种 4116 尾，其中外来鱼类 9 种 4098 尾，土著鱼类仅 5 种 18 尾。2013 年共采集鱼类 6 种 2116 尾，均为外来鱼类，外来鱼类占绝对优势，土著鱼类几近灭绝。

根据上述文献记录和我们的调查，雅鲁藏布江中游共发现外来鱼类 13 种，隶属于 4 目 4 科 12 属（参见表 9-8），这些外来鱼类广泛分布于雅鲁藏布江干流、支流及其附属水体，其中鲫、麦穗鱼、泥鳅、大鳞副泥鳅、棒花鱼和小黄黝鱼等已在一些水域成为优势种群。多数外来鱼类种群具有不同的年龄结构，已在雅鲁藏布江流域形成自然种群。

二、入侵途径

生物入侵的途径是多种多样的，鱼类由于生活在水中，迁移受到一定限制，故鱼类的入侵一般都与人类的活动直接或间接相关。外来鱼类入侵西藏的历史由来已久，已知最早的记录是英国人在 1866 年将原产于欧洲的河鲑（*Salmo trutta fario*）引入喜马拉雅山南侧亚东河，目前已归化为一个地方性特有种——亚东鲑，并被列为当地的珍稀保护鱼类（西藏自治区水产局，1995；张春光和贺大为，1997）。而雅鲁藏布江水系外来鱼类入侵主要通过养殖鱼类逃逸、随养殖鱼类无意带入和放生等途径。

(一)养殖鱼类逃逸

据调查，雅鲁藏布江水系外来鱼类入侵至少应不晚于 20 世纪 70 年代。当时，有人将内地的鲫引入拉萨近郊达孜县(现为达孜区)巴嘎雪湿地，现已形成自然种群。目前，在林芝、山南、拉萨和日喀则等地均有鱼类养殖，养殖对象为从内地引进的经济鱼种。1994 年 6 月，西藏自治区从成都引进建鲤和虹鳟进行试养，取得成功(西藏自治区水产局，1995)；1995 年 5 月，拉萨市达孜县引进建鲤鱼苗，经过 5 个多月的养殖，获得鱼种培育试验的成功(赵志强等，2001)；2003 年 3 月，西藏自治区首次引进原产于尼罗河的罗非鱼，在羊八井利用地热发电冷却机器用水养殖，获得成功(周建设等，2013)。在养殖过程中由于疏于管理等，外来鱼类逃逸进入自然水体的事件屡见不鲜，这些逃逸个体在自然水体中经过定殖、潜伏、扩散等过程逐渐发展成为入侵种。例如，在日喀则曾发生洪水淹没养殖池塘，造成池塘中养殖的多种内地引进鱼种大量进入雅鲁藏布江。

(二)随养殖鱼类无意带入

内地通常在池塘中培育鱼种，虽然培育前有严格的清塘消毒措施，但培育过程中注水等措施可能将内地无处不在的麦穗鱼、棒花鱼和小黄黝鱼等"野杂鱼"混入待销鱼种中，在鱼种销售中，很难做到严格剔除这些"野杂鱼"。这些"野杂鱼"显然是随引种经济鱼类而无意被带入高原水体的。这些"野杂鱼"对环境的适应能力较强、世代更新快，极易形成入侵。

(三)放生

藏族人民有放生的习俗，每年藏历 4 月萨嘎达瓦节，他们从市场购买鱼将其放生到江河湖泊，这个习俗体现了藏族人民保护自然、崇尚生命的信仰。如果放生的鱼种是当地土著鱼类，那么这将是对鱼类资源的一种有益养护措施。然而市场中一些商人从内地大量运入泥鳅等小型鱼类并廉价销售，因此藏族人民所购买的多数为内地鱼种，这样的放生客观上助长了外来鱼类入侵。

三、入侵机制

(一)入侵鱼类自身的入侵性

1. 适应性、可塑性强

雅鲁藏布江水系的 13 种外来鱼类,除草鱼的繁殖需要一定的水温和水文条件,难以在雅鲁藏布江形成自然种群外,其他 12 种鱼类的生态类型均属偏 r-选择类型,该类型鱼类对环境具有很强的适应能力,具有很高的种群重建能力(殷名称,1995),种群增长率大、个体小、成熟快,通过把可获得的食物资源或能量尽量用于生殖机能,产生大量后代,以接受残酷的环境变化,在较高死亡率条件下,仍可保存种族(叶富良,1988)。

麦穗鱼被认为是目前世界上最具入侵潜力的鱼类之一,已成功入侵到欧洲和中东地区的绝大多数国家(Gozlan et al.,2010)。例如,麦穗鱼在引入法国南部 3~5 年后,种群数量增长快速,成为绝对优势种(Rosecchi et al.,2001),引入英国的 District 湖 3 年后,就成为该湖小型鱼类的主体(Britton et al.,2007)。在我国,这些鱼类的入侵是导致云南抚仙湖和洱海等湖泊大多数土著鱼类种群下降甚至灭绝的主要原因之一(陈锋,2009;袁刚等,2010;陈锋和陈毅峰,2010;潘勇等,2005,2007)。麦穗鱼即使在冰封的水体中也能较好地生活,夏天水温达 38℃时,也不影响其生存,能全年正常摄食和生长,其对水体 pH 和低溶氧等理化因子都具有很强的忍受力(秦玉丽等,2005)。鲫能耐受的 pH 为 4.5~10.5(Szczerbowski,2001),在盐度高达 17 的水中也能存活,成鱼能存活的温度为 0~41℃(Nico and Schofield,2006),其对水污染也有高度的耐受性(Abramenko et al.,1997),能在低氧环境下长时间存活(Walker and Johansen,1977;van den Thillart et al.,1983)。雅鲁藏布江外来鲫生长速度快,渐近体长、拐点年龄、寿命、生长指标等均较大(陈锋,2009)。泥鳅和大鳞副泥鳅不仅能用鳃呼吸,还能利用皮肤和肠进行呼吸。大鳞副泥鳅在缺水的环境中,只要泥土稍湿润就可生存,其生长水温为 15~30℃,当温度超过其适应范围时,便进入"越夏"或冬眠状态(王玉新,2012),因此这些鱼类都能适应高原环境而存活。

生物通过调整生存和繁殖的能量分配策略来响应外界环境的改变,这种调整可能表现在时间上(Bilbrough and Caldwell,1997),也可能表现在空间上(Wijesinghe and Hutchings,1997)。入侵鱼类麦穗鱼、小黄黝鱼、泥鳅表现出寿命延长、优势年龄增大、快速生长期延长和生长潜力增大等现象,增强了种群对环境的适应性和种群迅速增长的能力,这种表型可塑性被认为是外来种入侵力增强的直接原因。

2. 特殊的繁殖对策

麦穗鱼、鲫、棒花鱼、小黄黝鱼等为分批产卵鱼类,分批产卵可以避免后代在短暂严峻的环境条件下一次性死亡,有利于增加幼鱼获得有效资源的概率。一些种类还具有筑巢产卵、雄体护巢和孵化行为,可以提高后代的成活率(严云志,2005;Akihisa et al.,2001)。雅鲁藏布江外来鲫具有较高的雌雄比、繁殖时期相对较晚但较集中、初次繁殖年龄较大、相对繁殖力较小而绝对繁殖力较大和卵径较小等繁殖特征(陈锋,2009),高的雌性比例不仅有利于提高后代的成活率，而且能保证生产更多的后代，较迟的但很集中的繁殖时期既是对环境的适应性反应，也是为了保证后代的早期发育获得最佳环境条件，从而提高后代的成活率，而性成熟较晚、相对繁殖力低、卵径小则是生长与繁殖之间能量合理分配的结果。

(二)入侵地的可入侵性

外来种入侵成功在群落层面上的原因主要包括入侵地缺乏有效的天敌制约、鱼类群落的抵抗力较低和环境扰动等(高增祥等，2003)。

在雅鲁藏布江流域，外来鱼类主要入侵水域为湖泊、池沼、河流近岸处和浅水河汊等。雅鲁藏布江中裂腹鱼类和鳅科鱼类的成鱼适应急流环境，而高原鳅属鱼类主要生活在湖泊、池沼、河流近岸处和浅水河汊处，河流近岸处和浅水河汊也是裂腹鱼类和鳅科鱼类幼鱼的栖息地。像茶巴朗湿地和拉鲁湿地这类湿地，水体较浅、水流平缓、植被茂盛，饵料资源丰富，但并不适于适应急流环境的裂腹鱼类和鳅科鱼类的成鱼生活，导致这些水体中鱼类群落结构简单。经典的多样性阻抗假说认为，群落对外来物种入侵的抵抗性与群落中物种数量成正比(Elton，1972；MacArthur and Levins，1967)，结构简单的群落比结构复杂的群落更易遭到入侵(Elton，1972)。

1. 生物多样性低

按照食物网理论和协同进化理论，物种丰富的生态系统能够形成复杂的生态系统网络，对外来物种入侵的抵抗力强，物种数量少的生态系统则由于种间相互作用格局相对简单，对外来物种入侵的抵抗力相对较弱，因而易被入侵(Pimm，1984)。青藏高原由于高海拔、强辐射、低氧和寒冷等环境条件，生态系统极为脆弱，鱼类组成特化程度高，结构简单，多样性低，土著鱼类在面对入侵鱼类的入侵时处于劣势，难以对入侵鱼类构成较强的竞争压力。

2. 空生态位与天敌缺失

高原水生态系统生物多样性水平低，结构简单，存在一定的空生态位，为入侵种提供了可乘之机。而近年来，西藏土著鱼类资源面临着过度捕捞的影响，资源出现小型化或衰退，这为入侵鱼类提供了更多的空生态位，有利于入侵鱼类的生存和扩散。例如，土著鱼类裂腹鱼类主要生活在雅鲁藏布江干支流的流水环境中，而与河道相连的静水河汊、沼泽地等较少被利用，从而为入侵鱼类提供了生境，这些生境多为静水缓流环境，丰富的水生植被和泥沼底质等为入侵鱼类提供了良好的摄食和繁殖条件。另外，高原水生态系统捕食性鱼类较少，仅尖裸鲤一种，但其种群数量很少，1998年即被列入《中国濒危动物红皮书·鱼类》(乐佩琦和陈宜瑜，1998)，加上生境的不同，对入侵鱼类基本不构成威胁。因此，这些入侵鱼类在入侵高原水体后几乎不存在天敌，这对其种群的建立及迅速扩张十分有利。

3. 自然变化和人为干扰

人类活动也影响着生物入侵的发生与发展。人类引种是外来生物入侵的主要途径之一，而反复多次引种和放生更是为外来鱼类的成功入侵创造了机会，没有外来鱼类入侵的甲玛湿地生活着拉萨裸裂尻鱼和 5 种高原鳅属鱼类(范丽卿等,2010),而被反复多次引种外来鱼类的茶巴朗湿地和拉鲁湿地土著鱼类几乎绝迹很好地说明了人为干扰对外来鱼类入侵的影响。土著鱼类遭受过度捕捞及毒鱼、电鱼等灭绝性非法渔业,使土著鱼类的种群数量急剧下降,造成生态系统存在一定的空生态位,为入侵种提供了可乘之机。

雅鲁藏布江具有丰富的水能资源,目前,水电开发主要在尼洋河和拉萨河等支流,大部分水能资源处于未开发状态,随着西藏经济的快速发展,将会迎来水电工程建设高潮。水电站建设将改变河道原有的流速、流量、水温、断面面积和天然径流量等要素;使河流的连续性遭到破坏,上下游、水陆间动植物的物质和能量交换条件发生变化;特别是河流梯级开发,将流水生态环境完全变成了"静水"生态环境,将为入侵鱼类提供更为广阔、适宜的生活环境,从而进一步加剧外来鱼类的入侵,应引起足够重视。

综上所述,外来鱼类自身对环境具有很强适应性的生物学特性,反复大量的引种,几乎没有捕捞压力,入侵地生态系统生物多样性低、群落结构简单、具有空生态位和缺乏天敌,土著鱼类捕捞压力较大导致种群数量下降等,是外来鱼类在雅鲁藏布江流域成功建立种群、迅速成为优势种群的原因,未来大规模的水电开发将使外来鱼类进一步扩张,应引起重视。

第四节　入侵鱼类的危害及控制措施

一、入侵鱼类的危害

(一)对土著鱼类的危害

1. 空间竞争

入侵鱼类主要分布在湖泊、池沼、河流近岸处和浅水河汊等(武云飞和吴翠珍,1992)。这些水域,特别是河流近岸处和浅水河汊是高原鳅属鱼类和裂腹鱼类幼鱼的重要摄食肥育场所(陈锋,2009),在有限的生境条件下,入侵鱼类的大量繁殖,将与裂腹鱼类幼鱼产生生存空间的竞争。而分布于主河道岸边水体的少量入侵鱼类,尽管数量较少,但也会挤占土著鱼类的生活空间。

2. 食物竞争

入侵雅鲁藏布江水系的外来鱼类均为杂食性鱼类,能根据环境中食物的易得性摄取食物,本研究所确定的麦穗鱼和小黄黝鱼的食物组成中以硅藻和摇蚊幼虫为主,与绝大多数土著鱼类的食物组成相似,由于生境不同,入侵鱼类与土著鱼类之间的直接食物竞争较弱;但分布于主河道岸边水体的外来鱼类对水域饵料生物的大量摄食势必增加水体饵料生物的紧张度,从而对土著鱼类产生影响。此外,入侵鱼类与生活于相同生境中的高原鳅属鱼类在食物、栖息地及产卵场等方面也会产生激烈竞争,导致其种群数量下降,从而造成鱼食性土著鱼类饵料资源的匮乏。

外来鱼类生活的水体是土著鱼类重要的摄食育肥场所,因此入侵鱼类与裂腹鱼类的仔鱼和稚鱼可能产生食物竞争,由于裂腹鱼类仔鱼的早期发育过程缓慢,且破膜后开口捕食和消化活饵料滞后(邵俭等，2013)，因而在竞争中处于劣势，其仔鱼和稚鱼的死亡率将会增高，从而对裂腹鱼类的补充群体造成影响。

关于鲫与土著鱼类的竞争也有许多报道(Moyle，1986；Scheffer et al.，1993；陈锋，2009)。20世纪60年代早期，鲫的引入是导致美国偏嘴裸腹鳉(*Empetrichthys latos*)种群下降的主要原因(Deacon et al.，1964)；同时稀齿亚口鱼(*Catostomus occidentalis*)也遭受到鲫的排斥(Moyle，1986)。在欧洲，也有关于鲫影响土著鱼类生存的报道(Halacka et al.，2003)。

3. 捕食

入侵鱼类可能会捕食裂腹鱼类的卵，有研究指出小型鱼类如麦穗鱼、棒花鱼和鲫等普遍具有吞食鱼卵和仔稚鱼的习性(Scott and Crossman，1973；金克伟等，1996)。在小黄黝鱼的消化道中也发现了鱼卵和鱼鳞，虽然数量少，也未确定是否为土著鱼类的鳞片和卵，但说明它们有摄食土著鱼类幼鱼和卵的可能。

4. 传播寄生虫和病原体

据报道，麦穗鱼是华枝睾吸虫、车轮虫等的中间宿主(杨竹舫和李明德，1989；魏凤华，1999；李文会，2011)，小黄黝鱼体内携带有车轮虫、鸮形吸虫等寄生虫(潘金培，1983；李文会，2011)，鲫的体内携带有寄生虫和病原体(陈锋，2009)，因此大量入侵鱼类的入侵有可能为土著鱼类带来新的寄生虫和病原体，对土著鱼类构成潜在威胁。

(二)对高原水生态系统的危害

鱼类作为水生态系统的顶级群落，往往通过上行效应和下行效应对水生态系统产生决定性的影响(刘恩生，2007)。入侵鱼类的影响可能是本地水生态系统从未有过的而且是巨大的(陈锋，2009)。入侵鱼类可能通过捕食、扰动等改变或破坏脆弱的高原水生态系统，如鲫会增加水体的浊度(Cowx，1997)。而入侵鱼类对水体中浮游动植物、水生无脊椎动物、大型水生植物等的大量摄食，也可能导致相应物种资源的灭绝，如鲫可以通过直接食用或连根拔除导致水生植物的死亡(Richardson et al.，1995)；鲫的定居还会使无脊椎动物的数量减少(Richardson and Whoriskey，1992)。

二、控制措施

外来物种入侵是导致生物多样性丧失的重要因素，高原鱼类普遍生长缓慢、性成熟晚、繁殖力低，其种群一旦遭到破坏将很难恢复，因此应该高度关注高原水域外来鱼类的入侵情况。大量研究表明，目前入侵鱼类已在雅鲁藏布江干支流及其附属水体建立了自然种群，成为高原土著鱼类资源衰退的重要原因之一(陈锋，2009；杨汉运等，2010)，因此，迫切需要采取积极有效的措施对入侵鱼类进行防治。防治入侵鱼类可以考虑采取以下措施。

(1)加强有关入侵鱼类鉴别和危害的宣传教育，普及藏族人民对入侵鱼类的识别及其危害的认知，提高生态安全意识，鼓励藏族人民放生土著鱼类；办好土著鱼类繁育场，一方面用于增殖放流，另一方面满足藏族人民对放生鱼种的需求。

(2)建立完善的养殖许可制度。近十几年来，西藏的水产养殖业开始发展，鱼类引种时有发生，增加了外来鱼类入侵的概率。对养殖外来鱼类的单位应建立养殖许可制度，取得养殖许可证的单位应建立科学的、可操作性强的外来鱼类入侵风险防范措施。

(3)有关管理单位应建立和健全外来鱼类入侵风险评估体系，加强对外来鱼类，包括养殖、观赏及其他目的引种的审批和监管。严格控制适应性强、能在高原水域自然繁殖形成自然种群鱼类的引种。

(4)提倡和鼓励养殖土著鱼类。西藏已经有多个土著鱼类繁殖场，具备繁育黑斑原鮡、异齿裂腹鱼、拉萨裂腹鱼、尖裸鲤、双须叶须鱼、拉萨裸裂尻鱼和巨须裂腹鱼等经济鱼类的基础设施和技术，在此基础上，加强上述土著鱼类食用鱼人工养殖技术研究，逐步取代外来鱼类养殖，既可增加经济收入，满足市场需求，减少捕捞压力，又可降低养殖外来鱼类带来的入侵风险。

(5)加强科学研究。全面了解引进品种的生活史特征、资源利用特征等，对其入侵过程、机制开展相关研究，掌握入侵鱼类成功入侵高原水体的机制，为入侵鱼类的防治提供科学依据。

(6)加强养殖管理和养殖动态监测。养殖户在养殖过程中要加强管理，特别是在与河、湖相通的水道等地方建立拦网等，防止养殖品种的逃逸；渔政部门也应加强对养殖户的监管，聘请相关专家对养殖户进行技术指导和培训。

(7)控制或降低已形成入侵鱼类的种群密度。在入侵鱼类大量分布的水域设置地笼、网箔等，对入侵鱼类进行长期高强度捕捞，最大限度地清除入侵鱼类，降低其种群密度，以降低其对土著鱼类的威胁。

(8)加强土著鱼类的增殖放流，在土著鱼类消失水体，实现土著鱼类种群重建。在入侵鱼类栖息水域放流大量大规格土著鱼类，对入侵鱼类造成空间和食物竞争优势，达到排挤入侵鱼类的目的；放流尖裸鲤等土著凶猛鱼类，对入侵鱼类进行捕食消灭。

本 章 小 结

(1)根据实地调查和文献报道，雅鲁藏布江流域现有外来鱼类13种，其中麦穗鱼、棒花鱼、鲫、小黄黝鱼、泥鳅和大鳞副泥鳅等已在雅鲁藏布江干支流及其附属水体建立了自然种群，成为高原土著鱼类资源衰退的重要原因之一。

(2)养殖鱼类引种、逃逸和放生是外来鱼类的主要入侵途径。入侵鱼类适应性强，反复多次引种，高原水生态系统生物多样性水平低、群落结构简单及存在一定的空生态位和缺少天敌，没有捕捞压力等是外来鱼类入侵成功的主要原因。

(3)水利工程建设将形成大面积的静水和微流水生态环境，为入侵鱼类提供了更为广阔、适宜的生活环境，将进一步加剧外来鱼类的入侵，应引起足够重视。

(4)入侵鱼类与土著鱼类竞争生活空间和食物、捕食土著鱼类的鱼卵和幼鱼，对土著鱼类造成危害，还通过摄食、改变群落结构、带入病害等，对高原水生态系统产生影响。

(5)严格控制外来鱼类来源，在重点水域实施捕捞外来鱼类、放养土著鱼食性鱼类，通过养殖和放生土著鱼类等措施可以有效抑制入侵鱼类种群的扩大。

主要参考文献

安晓萍, 齐景伟, 乌兰, 等. 2009. 岗更湖鲫的生长和生活史对策研究. 水生态学杂志, 2(4): 71-74.

摆万奇, 尚二萍, 张镱锂. 2012. 拉萨河流域湿地脆弱性评价. 资源科学, 34(9): 1761-1768.

陈锋, 陈毅峰. 2010. 拉萨河鱼类调查及保护. 水生生物学报, 34(2): 278-284.

陈锋. 2009. 雅鲁藏布江外来鲫的生活史对策研究. 武汉: 中国科学院水生生物研究所博士学位论文.

陈佩薰. 1959. 梁子湖鲫鱼的生物学研究. 水生生物学集刊, 4: 411-419.

程琳, 叶少文, 李钟杰. 2012. 长江中游典型草型湖泊与藻型湖泊鲫种群结构和生长比较. 水生生物学报(英文版), 36(5): 957-964.

戴定远. 1964. 白洋淀鲫鱼的几项生物学资料. 动物学杂志, 1: 22-24.

段中华, 孙建贻, 常剑波, 等. 1994. 网湖鲫鱼的生长与资源评估. 湖泊科学, 6(3): 257-266.

范丽卿, 刘海平, 郭其强, 等. 2010. 拉萨甲玛湿地鱼类资源及其时空分布. 资源科学, 32(9): 1657-1665.

范丽卿, 土艳丽, 李建川, 等. 2011. 拉萨市拉鲁湿地鱼类现状与保护. 资源科学, 33(9): 1742-1749.

冯广朋. 2003. 牛山湖鱼类年龄结构及群落多样性的研究. 武汉: 华中农业大学硕士学位论文.

高增祥, 季荣, 徐汝梅, 等. 2003. 外来种入侵的过程、机理和预测. 生态学报, 23(3): 559-570.

龚珞军, 温周瑞, 夏晨, 等. 1993. 汈汊湖鲤鲫鱼年龄与生长的研究. 淡水渔业, 23(4): 20-22.

郭丽丽, 严云志, 席贻龙. 2008. 青弋江河口鲫鱼年龄、生长和繁殖特征的初步研究. 安徽师范大学学报, 31(2): 168-171.

韩希福, 李书宏. 1995. 白洋淀麦穗鱼的生物学. 河北渔业, 2: 3-6.

黄松钱, 王也可, 赵婷, 等. 2014. 河南地区大鳞副泥鳅和泥鳅的年龄与生长. 华中农业大学学报, 33(5): 93-98.

姜志强, 秦克静. 1996. 达里湖鲫的年龄和生长. 水产学报, 20(3): 216-222.

金克伟, 史为良, 于喜洋, 等. 1996. 几种淡水小型鱼类吞食粘性鱼卵的初步观察. 大连水产学院学报, 11(3): 24-30.

乐佩琦, 陈宜瑜. 1998. 中国濒危动物红皮书·鱼类. 北京: 科学出版社: 158-159.

雷逢玉, 王宾贤. 1990. 泥鳅繁殖和生长的研究. 水生生物学报, 14(1): 60-67.

李芳. 2009. 西藏尼洋河流域水生生物研究及水电工程对其影响的预测评价. 西安: 西北大学硕士学位论文.

李文会. 2011. 白洋淀水生动物寄生虫调查及车轮虫分类、药物治疗研究. 保定: 河北大学硕士学位论文.

郦珊, 陈家宽, 王小明. 2016. 淡水鱼类入侵种的分布、入侵途径、机制与后果. 生物多样性, 24(6): 672-685.

刘恩生. 2007. 鱼类与水环境间相互关系的研究回顾和设想. 水产学报, 31(3): 391-399.

吕勇平, 穆晓涛. 1986. 拉萨河流域的气候特征. 气象, 7: 24-24.

马宝珊. 2010. 异齿裂腹鱼个体生物学和种群动态研究. 武汉: 华中农业大学博士学位论文.

潘金培. 1983. 两种鸮形吸虫的后期生活史及其囊蚴壁组织学和组织化学的研究. 水产学报, 7(3): 235-249.

潘勇, 曹文宣, 徐立蒲, 等. 2005. 鱼类入侵的生态效应及管理策略. 淡水渔业, 35(6): 57-60.

潘勇, 曹文宣, 徐立蒲, 等. 2007. 鱼类入侵的过程、机制及研究方法. 应用生态学报, 18(3): 687-692.

普布, 拉多, 巴桑, 等. 2010. 西藏拉萨拉鲁湿地国家级自然保护区脊椎动物种多样性研究. 西藏大学学报(自然科学版), 25(1): 1-7.

秦玉丽, 李林春, 黄荣静. 2005. 麦穗鱼的生物学特性及养殖技术. 江苏农业科学, 3: 114-116.

邵俭, 谢从新, 许静, 等. 2013. 不同饵料对3种西藏鱼类仔鱼生长及存活的影响. 淡水渔业, 42(6): 49-53.

沈红保, 郭丽. 2008. 西藏尼洋河鱼类组成调查与分析. 河北渔业, 5: 51-54, 60.

沈建忠. 2000. 洪湖和洞庭湖鲫鱼生活史特征的比较研究. 武汉: 中国科学院水生生物研究所博士学位论文.

万方浩, 郭建英, 王德辉. 2002. 中国外来入侵生物的危害与管理对策. 生物多样性, 10(1): 119-125.

王金娜, 周其椿, 安苗, 等. 2014. 草海鲫鱼的年龄和生长. 水产科学, 33(9): 578-582.

王坤, 凌去非, 李倩, 等. 2009. 苏州地区泥鳅和大鳞副泥鳅年龄与生长的初步研究. 上海海洋大学学报, 18(5): 553-558.

王敏, 王卫民, 鄢建龙. 2001. 泥鳅和大鳞副泥鳅年龄与生长的比较研究. 水利渔业, 21(1): 7-9.

王玉新, 郑玉珍, 王锡荣, 等. 2012. 大鳞副泥鳅的生物学特性及养殖技术. 河北渔业, 11: 23-25.

魏风华. 1999. 武汉近郊集贸市场淡水鱼华枝睾吸虫囊蚴感染情况调查. 动物学杂志, 34(5): 2-3.

武云飞, 吴翠珍. 1992. 青藏高原鱼类. 成都: 四川科学技术出版社.

西藏自治区水产局. 1995. 西藏鱼类及其资源. 北京: 中国农业出版社.

谢从新. 2010. 鱼类学. 北京:中国农业出版社.

严云志. 2005. 抚仙湖入侵鱼类生活史对策的适应性进化研究. 武汉: 中国科学院水生生物研究所博士学位论文.

杨汉运, 黄道明. 2011. 雅鲁藏布江中上游鱼类区系和资源状况初步调查. 华中师范大学学报(自然科学版), 45(4): 629-633.

杨汉运, 黄道明, 谢山, 等. 2010. 雅鲁藏布江中游渔业资源现状研究. 水生态学杂志, 3(6): 120-126.

杨竹舫, 李明德. 1989. 天津地区麦穗鱼的生物学. 动物学杂志, 24(1): 11-14.

叶富良. 1988. 东江七种鱼类的生活史类型研究. 水生生物学报, 12(2): 107-115.

殷名称. 1993. 太湖鲫鱼生物学调查和增殖问题. 动物学杂志, 28(4): 11-16.

殷名称. 1995. 鱼类生态学. 北京: 中国农业出版社.

袁刚, 茹辉军, 刘学勤. 2010. 2007-2008年云南高原湖泊鱼类多样性与资源现状. 湖泊科学, 22(6): 837-841.

袁九惕, 袁凤霞. 1988. 泥鳅生长特点的研究. 淡水渔业, 1: 6-13.

詹秉义. 1995. 渔业资源评估. 北京: 中国农业出版社: 18-25.

张春光, 贺大为. 1997. 西藏的鱼类资源. 生物学通报, (6): 9-10.

张堂林. 2005. 扁担塘鱼类生活史策略、营养特征及群落结构研究. 武汉: 中国科学院水生生物研究所博士学位论文.

张堂林, 崔奕波, 方榕乐, 等. 2000. 保安湖麦穗鱼种群生物学IV. 种群动态. 水生生物学报, 24(5): 537-545.

张显理, 张大冶, 陈振祥, 等. 1997. 宁夏黄河鲫鱼年龄与生长的研究. 宁夏农学院学报, 18(3): 62-66.

赵文. 2005. 水生生物学. 北京: 中国农业出版社.

赵志强, 吴青龙, 徐跑, 等. 2001. 建鲤在西藏高寒缺氧地区鱼种培育试验. 西藏科技, 6: 49-50.

郑丙辉, 田自强, 张雷, 等. 2007. 太湖西岸湖滨带水生生物分布特征及水质营养状况. 生态学报, 27(10): 4214-4223.

周建设, 李宝海, 扎西拉姆, 等. 2013. 西藏罗非鱼养殖现状及发展前景. 农学学报, 3(6): 72-74.

周剑, 赖见生, 杜军, 等. 2010. 林芝地区鱼类资源调查及保护对策. 西南农业学报, 23(3): 938-942.

朱其广, 吴志强, 刘焕章. 2010. 鄱阳湖鲫的年龄与生长特征. 江西水产科技, 4: 25-29.

Abramenko M I, Kravchenko O V, Velikoivanenko A E. 1997. Population genetic structure of the goldfish *Carassius auratus gibelio* diploid-triploid complex from the Don River Basin. Journal of Applied Ichthyology, 37: 56-65.

Akihisa I, Harumi S, Kouichi S, et al. 2001. Developmental characteristics of a freshwater goby, *Micropercops swinhonis*, from Korea. Zoologicalence,18(1): 91-97.

Beamish R J, McFarlane G A. 1983. The forgotten requirement for age validation in fisheries biology. Transactions of the American Fisheries Society, 112(6): 735-743.

Bilbrough C J,Caldwell M M. 1997. Exploitation of springtime ephemeral N pulses by six Great Basin plant species. Ecology, 78(1): 231-243 .

Britton J R, Brazier M, Davies G D, et al. 2008a. Case studies on eradicating the Asiatic cyprinid *Pseudorasbora parva* from fishing lakes in England to prevent their riverine dispersal. Aquatic Conservation: Marine and Freshwater Ecosystems,18(6): 867-876.

Britton J R, Davies G D, Brazier M, et al. 2007. A case study on the population ecology of a topmouth gudgeon (*Pseudorasbora parva*) population in the UK and the implications for native fish communities. Aquatic Conservation: Marine and Freshwater Ecosystems,17(7): 749-759.

Britton J R, Davies G D, Brazier M. 2008b. Contrasting life history traits of invasive topmouth gudgeon (*Pseudorasbora parva*) in adjacent ponds in England. Journal of Applied Ichthyology, 24(6): 694-698.

Cowx I G. 1997. Introduction of fish species into European fresh waters: economic successes or ecological disasters? Bulletin Français de la Pêche et de la Pisciculture, 70(344-345): 57-77.

Deacon J E, Hubbs C, Zahuranec B J. 1964. Some effects of introduced fishes on the native fish fauna of southern Nevada. Copeia, 1964(2): 384-388.

Elton C S. 1972. The Ecology of Invasion by Animals and Plants. London: Chapman and Hall.

Ghalambor C K, McKay J K, Carroll S P, et al. 2007. Adaptive versus non-adaptive phenotypic plasticity and the potential for contemporary adaptation in new environments. Functional Ecology, 21 (3): 394-407.

Gozlan R E, Andreou D, Asaeda T, et al. 2010. Pan-continental invasion of *Pseudorasbora parva*: towards a better understanding of freshwater fish invasions. Fish and Fisheries, 11 (4): 315-340.

Halacka K, Luskova V, Lusk S. 2003. *Carassius gibelioin* fish communities of the Czech Republic. Ecohydrology & Hydrobiology, 3 (1): 133-138.

Jonassen T M, Imsland A K, Fitzgerald R, et al. 2000. Geographic variation in growth and food conversion efficiency of juvenile Atlantic halibut related to latitude. Journal of Fish Biology, 56 (2): 279-294.

Macarthur R, Levins R. 1967. The limiting similarity, convergence, and divergence of coexisting species. American Naturalist, 101 (921): 377-385.

Moyle P B. 1986. Fish introductions into North America. *In*: Mooney H A, Drake J A. Ecology of Biological Invasions of North America and Hawaii. New York: Springer: 27-43.

Nico L, Schofield P J. 2006. *Carassius auratus*. USGS Non-indigenous Aquatic Species Database, Gainesville, FL.

Norris K. 2015. Growth, fecundity, and diet of oriental weather loach *Misgurnus anguillicaudatus* in the Chicago area waterways. Macomb: Master's thesis of Western Illinois University.

Onikura N, Nakajima J. 2013. Age, growth and habitat use of the topmouth gudgeon, *Pseudorasbora parva* in irrigation ditches on northwestern Kyushu Island, Japan. Journal of Applied Ichthyology, 29 (1): 186-192.

Pimm S L. 1984. The complexity and stability of ecosystems. Nature, 307 (5949): 321-326.

Richardson M J, Whoriskey F G. 1992. Factors influencing the production of turbidity by goldfish (*Carassius auratus*). Canadian Journal of Zoology-Revue Canadienne de Zoologie, 70 (8): 1585-1589.

Richardson M J, Whoriskey F G, Roy L H. 1995. Turbidity generation and biological impacts of an exotic *Carassius auratus*, introduced into shallow seasonally anoxic ponds. Journal of Fish Biology, 47 (4): 576-585.

Rosecchi E, Crivelli A J, Catsadorakis G. 1993. The establishment and impact of *Pseudorasbora parva*, an exotic fish species introduced into Lake Mikri Prespa (north-western Greece). Aquatic Conservation: Marine and Freshwater Ecosystems, 3 (3): 223-231.

Rosecchi E, Thomas F, Crivelli A J. 2001. Can life-history traits predict the fate of introduced species? A case study on two cyprinid fish in southern France. Freshwater Biology, 46 (6): 845-853.

Scheffer M, Hosper S H, Meijer M L, et al. 1993. Alternative equilibria in shallow lakes. Trends in Ecology & Evolution, 8 (8): 275-279.

Scott W B, Crossman E J. 1973. Freshwater fishes of Canada. Fisheries Research Board of Canada Bulletin, 184: 1-966.

Szczerbowski J A. 2001. *Carassius auratus* (Linneaus, 1758). *In*: Banarescu P M, Paepke H J. The Freshwater Fishes of Europe, vol. 5/III; Cyprinidae 2/III and Gasterosteidae. Wiebelsheim: AULA-Verlag: 5-41.

van den Thillart G, van Berge Henegounen M, Kesbete F. 1983. Anaerobic metabolism of goldfish, *Carassius auratus* (L.): ethanol and CO_2 excretion rates and anoxic tolerance at 20, 10, and 5℃. Comparative Biochemistry and Physiology A-Molecular & Integrative Physiology, 76 (2): 295-300.

Walker R, Johansen P. 1977. Anaerobic metabolism in goldfish, *Carassius auratus*. Canadian Journal of Zoology-Revue Canadienne de Zoologie, 55 (8): 304-311.

Wijesinghe D K, Hutchings M J. 1997. The effects of spatial scale of environmental heterogeneity on the growth of a clonal plant: an experimental study with *Glechoma hederacea*. Journal of Ecology, 85 (1): 17-28.

Záhorská E, Kováč V, Falka I, et al. 2009. Morphological variability of the Asiatic cyprinid, topmouth gudgeon *Pseudorasbora parva*, in its introduced European range. Journal of Fish Biology, 74 (1): 167-185.

Záhorská E, Kováč V, Katina S. 2010. Age and growth in a newly-established invasive population of topmouth gudgeon. Central European Journal of Biology, 5 (2): 256-261.

第十章　裂腹鱼类人工繁殖与苗种培育技术

受酷渔滥捕、水利工程建设和外来鱼类入侵等的影响，雅鲁藏布江中游土著鱼类资源急剧下降，种质资源遭受严重威胁，种质资源的保护与恢复工作刻不容缓。繁育土著鱼类苗种，增殖放流以补充资源量，开展土著鱼类的人工养殖以满足人们消费，从而减少对资源的索取，是资源养护的重要措施。

近年来，国内对裂腹鱼类的人工繁殖和苗种培育技术进行了研究和探索，齐口裂腹鱼(若木等，2001；董艳珍和邓思红，2011)、云南裂腹鱼(刘跃天等，2002)、小裂腹鱼(*Schizothorax parvus*)(徐伟毅等，2004；张应贤，2011)、细鳞裂腹鱼(陈礼强等，2007)、短须裂腹鱼(刘跃天等，2007)、昆明裂腹鱼(晏宏等，2010；胡思玉等，2012)、塔里木裂腹鱼(谢春刚等，2010)、异齿裂腹鱼(张良松，2011)、重口裂腹鱼(彭淇等，2013)、光唇裂腹鱼(刘跃天等，2013)等的人工繁育取得成功，青海湖裸鲤、齐口裂腹鱼、塔里木裂腹鱼和异齿裂腹鱼等鱼类苗种的批量培育取得可喜进展，但在亲鱼培育和苗种培育，特别是大规格鱼种培育技术方面尚有待进一步提高。

本章介绍雅鲁藏布江中游拉萨裂腹鱼、异齿裂腹鱼、拉萨裸裂尻鱼、双须叶须鱼、巨须裂腹鱼和尖裸鲤等6种主要经济鱼类的规模化人工繁殖和苗种培育基本技术。

第一节　亲鱼培育

亲鱼是指达到性成熟并能用来繁殖后代的雌鱼和雄鱼。用于人工繁殖的亲鱼来源，一是在鱼类繁殖季节直接从自然水体中捕获性腺发育成熟的亲鱼，二是在人工条件下将鱼培育到性成熟。前者源自天然水体的捕捞，亲鱼的数量和质量无法保证，且对资源存在一定的破坏；后者可以根据人工繁殖计划，采取一系列有利于性腺发育的饲养和管理措施，使亲鱼的性腺得到良好的发育，数量也能够得到保证。因此，通过人工培育亲鱼是鱼类人工繁殖的主要途径。

一、性腺发育特点

根据第六章的研究结果，尖裸鲤、异齿裂腹鱼、拉萨裂腹鱼、双须叶须鱼和拉萨裸裂尻鱼的繁殖季节为3月中下旬到4月中上旬。根据性腺的形态学、组织学特征和卵径、成熟系数(GSI)等指标的周年变化及人工繁殖实践的观察综合分析，5种裂腹鱼类产卵后恢复期为1~2个月，5~12月性腺逐渐发育，并以Ⅲ~Ⅳ期性腺越冬，次年2~3月性腺有一次较快速的发育，成熟系数(GSI)达到最大值，Ⅳ期性腺个体比例占绝对优势。巨须裂腹鱼性腺发育的周年变化趋势与上述5种裂腹鱼类相似，只是繁殖期较上述5种鱼类早1个月左右，其发育的节点相应地早1个月左右。了解鱼类性腺发育特点，有助于亲鱼培育期间采取有针对性的培育措施。

二、亲鱼培育设施

(一)培育池

1. 位置

尽可能选择水源良好、水量充足，周围无污染源，排水、灌水方便，进水口具有拦污设施，排水口具有防逃设施，交通方便，土质保水力强，靠近产卵池，地势开阔、向阳，环境安静不影响亲鱼摄食的地方设置培育池。

2. 面积

为了便于捕捞和调节水质，培育池面积以 1～2 亩[①]较适宜，后备亲鱼培育池面积可稍大。

3. 水深

一般水深在 1.5～2.5m，高原地区白天阳光强烈，昼夜温差变化大，面积太小或水太浅，将使水温变化太快，不利于亲鱼生长，水太浅也不利于亲鱼越冬。亲鱼培育池太大或太深，虽有利于亲鱼生长，但捕捞和管理都不方便。

4. 底质

池底要平坦，以便于捕捞。底质以沙壤土或卵石质较好。如有条件，可将培育池一半以上的面积铺上拳头大小的鹅卵石并种上水草，模拟自然栖息与繁殖场所。

5. 水质

水质应清新，溶氧不低于 5mg/L。水温宜与天然水体水温接近或略高。

(二)辅助设施

1. 增氧机

无良好流水条件的池塘，按约 3300m^2 水面配备一台功力 3000W 的增氧机。

2. 投饵机

每个池塘配备一台投饵机。

三、亲鱼收集

亲鱼从天然水体中捕捞，捕捞时间一般在每年 3～4 月。尽可能缩短捕捞和运输时间，避免亲鱼受伤或缺氧。

亲鱼质量是人工繁殖成功的基础。在收集亲鱼的过程中把住亲鱼质量关可以减少不必要的损失，达到事半功倍的效果。应从种质纯正和质量优良两个方面保证亲鱼质量。

1. 亲鱼种质

雅鲁藏布江存在鱼类自然杂交现象，在选择亲鱼时，应特别注意甄别，保证亲鱼种

---

① 1 亩≈666.67m^2

质纯正。亲鱼应来自不同群体(种群)。为避免种质退化，有较长繁殖历史的繁殖场，近亲繁殖的后代不应留作亲鱼。

2. 亲鱼质量

亲鱼除应符合其种质要求外，其质量也应符合下列要求。

1)形态

亲鱼体形、体色正常，体表光滑，体质健壮，肥满度较好，无伤残和畸形。

2)年龄

渔获物中检测到的 6 种裂腹鱼类最小成熟年龄和最大年龄见表 10-1。雅鲁藏布江 6 种裂腹鱼类，同一种鱼不同个体间首次成熟年龄程度差异较大，达到 2～3 龄，甚至更长，选择亲鱼时应考虑这个因素。此外，为节省亲鱼培育费用，提高效率，选择处于繁殖盛期的个体作为亲鱼；后备亲鱼应接近性成熟年龄，年龄上限应小于其生殖力下降年龄。

表 10-1 6 种裂腹鱼类亲鱼年龄、体长和体重参考标准

Table 10-1 The reference standard of age, body length and weight in six Schizothoracinae broodstock

鱼类 Fishes	雄鱼 Male				雌鱼 Female			
	最小年龄 Min age (a)	最大年龄 Max age (a)	最小体长 Min SL (mm)	最小体重 Min BW (g)	最小年龄 Min age (a)	最大年龄 Max age (a)	最小体长 Min SL (mm)	最小体重 Min BW (g)
异齿裂腹鱼 S. (S.) o'connori	7	40	299	372	9	50	386	824
拉萨裂腹鱼 S. (R.) waltoni	8	37	302	339	11	40	408	842
尖裸鲤 O. stewartii	5	17	273	269	7	25	357	583
巨须裂腹鱼 S. (R.) macropogon	6	17	295	417	9	24	354	726
双须叶须鱼 P. dipogon	6	13	322	406	9	24	419	873
拉萨裸裂尻鱼 S. younghusbandi	4	13	222	154	7	24	308	406

3)体重

通常鱼类的体重与其年龄存在一定的相关关系，与同龄或同一体长的鱼相比，鱼体过于消瘦或肥满均会影响性腺正常发育。几种裂腹鱼类亲鱼的适宜体重范围见表 10-1。

4)疾病

应选择体态正常，鳍条完整，无病、无伤、无寄生虫的个体。许多裂腹鱼类体内寄生有绦虫，寄生绦虫的个体通常较消瘦，腹部较大，在选择亲鱼时，应特别注意。

5)性比

亲鱼雌雄配比与选择的人工繁殖方法有关，如计划采用自然受精，通常保持雌雄比 1∶1，如采用人工授精，雌鱼可略多，雌雄比通常为 1∶0.8。几种裂腹鱼类的雄性个体通常较雌性个体小，在选择亲鱼时，如果一味选择大个体，会出现雄性个体太少，雌性

个体太多，造成人工繁殖时雄性个体缺乏，影响繁殖效果。

四、亲鱼培育

(一) 准备工作

放养前应清除池中过多的淤泥和残饵，对发生过鱼病的池塘进行消毒。若发现塘基漏水，必须及时堵塞和加固。整修进水和排水渠道，检查修理拦污、防逃设施。鱼池清理后，亲鱼放养前需对鱼池进行清塘，消灭野杂鱼和敌害生物，清塘药物与方法如下。

1. 漂白粉清塘

带水清塘，水深 1m，用漂白粉(有效氯含量 30%)14～22g/m^2，放入木桶内，加水溶解稀释后全池泼洒，再用耙子翻动一遍，1～2d 后注入新水，注水时防止野杂鱼混入，注入新水后 5～6d 即可放鱼。排水清塘，用漂白粉 5～6g/m^2，用法同带水清塘。漂白粉中的有效氯暴露在空气中易挥发，使用前应检测有效氯的实际含量，如实际含量低于标注含量，应按实际含量与标注含量的比例加大用量。

2. 二氧化氯清塘

二氧化氯是一种强氧化剂，能迅速破坏病毒衣壳上的酪氨酸，从而抑制病毒的特异性吸附，阻止其对寄主细胞的感染，对病原微生物有较好的消毒效果。此外，二氧化氯对养殖生物的生长发育没有影响，还可改善水质。在水深 1m 时，二氧化氯用量为 100～150g/亩，全池泼洒。

(二) 亲鱼放养

1. 放养密度

合理的放养密度是保证亲鱼培育成功的重要条件。亲鱼放养密度既要能充分利用水体，又要有利于性腺发育。根据池塘条件、饲料供应条件和养殖技术水平，放养密度一般为 100～120 尾/亩或 200～250kg/亩。雌雄亲鱼的比例，根据繁殖方式确定，如果自然产卵，雌雄比为 1∶1.2；如果人工授精，则雌雄比为 (1∶0.8)～(1∶1)。

2. 适当混养

为充分利用池塘空间和天然饵料，一个池塘主养一种亲鱼，可搭配少量不同食性的其他亲鱼。每个池塘混养的种类以 2～3 种较好，不宜太多，以免挑选亲鱼时对其他亲鱼造成不必要的伤害。亲鱼下池时，注意将预备当年催产的亲鱼与后备亲鱼分池放养。

3. 及时驯食

亲鱼进池后，应立即用商品饲料进行驯食。

4. 病害防治

亲鱼下池时，为防止病菌侵入，引发疾病，可注射鱼复康等抗菌药物，剂量一般为 5kg 体重注射鱼复康一支，或用 10 万国际单位青霉素肌内注射。外伤用青霉素软膏涂抹患处。

记录池塘基本情况：池塘号、面积、水深。亲鱼放养情况：放养日期，放养品种、数量和重量，检疫情况。

(三) 培育管理

饲养管理是培育性腺发育良好亲鱼的关键措施之一，也是人工繁殖成功的先决条件。亲鱼培育的关键环节是投饵和水质管理。饲养过程中要始终投喂充足的优质饲料，满足亲鱼生长和性腺发育的营养需求；此外，要保持水质清新，为亲鱼生长和性腺发育提供良好的环境，促进亲鱼的生长和性腺发育。亲鱼的性腺发育过程具有阶段性特点，据此一般将亲鱼培育分为产后护理、秋季培育、冬季培育和春季培育四个阶段。

1. 产后护理

产前捕捞和挑选亲鱼时，网目太大或网线粗糙易使亲鱼擦伤、鳍条撕裂，亲鱼在产卵池中受到惊吓，跳跃撞伤；产后亲鱼体力损耗很大，体质虚弱。尽快助其恢复体力、疗伤是产后亲鱼培育工作的重点。

产后亲鱼可腹腔注射 50%葡萄糖溶液，补充能量；受伤亲鱼治疗后，放入水质清新的池塘，并投喂优质饲料，使其恢复体质，增强对病菌的抵抗力。受伤亲鱼的治疗方法：皮肤轻度外伤，可用磺胺、青霉素或呋喃西林药膏涂抹受伤处，防止伤口溃烂和滋生水霉；受伤严重者，可注射 10%磺胺唑钠 1mL/(5～8)kg 鱼体重，或注射兽用青霉素10 000IU/kg 鱼体重。

2. 夏秋季培育

从产后至 10 月中、下旬，水温回升，是鱼类摄食生长的旺季，在此期间，亲鱼通过大量摄食获取营养，一方面完成性腺从产后 II 期迅速发育到III期，另一方面还要储存足够的脂肪以备越冬。加强营养促进性腺发育是本阶段亲鱼培育工作的重点。因此，宜加强饲料投喂。每天投喂量相当于总体重的 1%～2%，除投喂蛋白质含量较高的商品饲料外，还应适当搭配熟麦粒、青稞粒、米糠或麦麸。其间，保持微流水注入，或每隔 10d冲水一次，保持水质清新。

3. 冬季培育和越冬管理

11 月上旬至翌年 2 月，气温下降，鱼类活动减少，进入越冬管理。维持亲鱼体质、防止病害是本阶段亲鱼培育工作的重点。越冬前应对亲鱼进行分塘：一是按性腺发育和体质好坏分池，二是将雌雄鱼分池培育。前者有利于根据亲鱼的发育程度进行有针对性的培育，特别是对性腺发育较差的亲鱼，可进行强化培育，如增加小麦芽、谷芽等有助于性腺发育的饲料投喂量；后者可有效防止亲鱼流产，且有利于翌年春季繁殖工作的有序安排。

越冬期间，注意清理残饵和淤泥，以防疾病暴发。亲鱼池安排专人管理，经常巡塘，定时加注新水，增加溶氧，防止渗漏，保持一定水位，提高池塘整体水温。越冬期亲鱼基本不摄食或摄食量不大，当连续天晴水温 7℃以上时，可适量投喂饲料。

4. 产前培育

越冬后，水温逐渐上升，鱼类摄食日渐旺盛，性腺从越冬时的Ⅲ期迅速发育到Ⅳ期末。亲鱼通过摄食，除满足性腺发育需要外，还需恢复体质，蓄积能量完成繁殖活动。加强营养促进亲鱼性腺迅速发育成熟是本阶段亲鱼培育工作的重点。此期所需食物的数量和质量都超过其他季节，除适当增加商品饲料的投喂外，应投喂适量利于性腺发育的饲料，如熟麦粒、青稞粒和菜叶等青饲料。在进行人工繁殖前 1 个月左右，适当减少投饵，并每日冲注新水 4～6 次，促其性腺进一步发育。

(四)病害防治

冬天低温季节，亲鱼易发生水霉病、白皮病等病害。病害防治可从以下几个方面考虑：①捕捞亲鱼时动作轻快，避免损伤鱼体皮肤、鳞片、鳍条等；②防止将机械损伤较严重的鱼作为来年亲鱼使用；③可采用 3%～5% 的食盐水浸洗 5～10min 治疗水霉病，采用漂白粉全池泼洒，使池水成 11mg/L 浓度以治疗白皮病。

亲鱼培育过程中，应坚持每天巡塘，注意观察亲鱼活动，要特别注意水质变化，防止疾病发生，并做好培育日志，养殖日志的主要内容应包括以下几个方面。

环境情况：天气、水温、水质(pH、溶氧、氨氮)和水质调节措施。

喂食情况：饵料种类、投饵量。

病害防治情况：发病日期，病害种类、症状，危害程度，预防和治疗用药的时间、种类和用药量，预防和治疗效果。

日常管理中的突发事件及处理措施、效果等有关情况。

第二节　人工繁殖

培育优质亲鱼是人工繁殖的首要物质基础及决定性环节。虽然自然水体中的亲鱼都可以达到性成熟，但实践证明，亲鱼培育方法是否合理，直接影响到亲鱼的成熟率、怀卵量、产卵率、受精率、孵化率及仔鱼的成活率。

一般采用人工繁殖生理生态法，整个过程分亲鱼培育、催情、授精和孵化 4 个环节。

一、催产的基本原理

自然环境中性成熟亲鱼在繁殖季节受到一定的生态条件刺激，如流速、水位和水温的骤然变动等，这些刺激通过亲鱼的外感器官传入中枢神经，刺激下丘脑合成、分泌促黄体素释放激素，作用于脑垂体，促其分泌促性腺激素(GtH)；GtH 经过血液循环作用于性腺，促使性腺迅速发育成熟，开始排卵；同时，性腺也分泌一种性激素，这种性激素反过来作用于神经中枢，使亲鱼发情、产卵或排精。

人工催产即根据亲鱼在自然界繁殖的生理变化，人工注入外源性激素促进亲鱼性腺发育，并辅以适宜的生态条件刺激，从而诱导亲鱼发情、产卵、排精。

二、催产设施

（一）基础设施

1. 产卵池

1）位置

产卵池应建在水源方便、水质良好、运输便利并靠近亲鱼培育池的地方。室外产卵池应搭建遮荫棚，防止太阳直射。西藏地区紫外线强烈，容易对催产活动造成影响，通常催产过程都在室内进行。有条件的地方可建造孵化车间，集中配置培育池、暂养池、孵化池和育苗池，方便统一管理和操作。

2）面积

产卵池的面积和数量根据催产规模而定，以 $12\sim20m^2$ 较为适宜。

3）形状

产卵池形状没有严格要求，以圆形或椭圆形为宜，如限于条件，利用现有其他形状的池子，如鱼苗培育池等代替亦可，可根据实际情况自行选择。池深 $1\sim1.2m$。水泥或砖块结构，池底和池壁表面光滑，以免划伤鱼体。

4）水深

水深 $0.8\sim1m$ 较适宜。

5）排、注水口

圆形产卵池的注水口一般设置为与池壁切线成 45°角左右，使池水形成环流，排水口一般设于池底中央，既是排水口又是出卵口；方形池的进水口设于池底较高的一端，排水口设于池底较低的一端，外接一可摆动的"L"形水管，便于控制水位。

6）水源

采用自然产卵时，应有充裕的自流水源，以便亲鱼发情时冲水，刺激其发情产卵。

2. 暂养池

暂养池用于注射催产药物时亲鱼的暂养可用室内鱼苗培育池代替。

3. 蓄水池

蓄水池的作用是作为水源受污染时的备用水源。蓄水池储水量应能满足催产和孵化期间的用水要求。如采用孵化环道等用水量较大的孵化设备，则蓄水池与孵化设备之间的水位差应大于 2.5m。进、出水口应有过滤设施。

（二）辅助设施

催产还应配备必需的辅助设施和工具，如增氧设施，进、出水处的过滤设施与消毒设施。

拉网：用于捕捞亲鱼，网目较小，避免拉网时挂伤亲鱼、撕裂鳍条。

担架：用于固定亲鱼，便于检查性腺发育、注射催产药物和人工授精。

人工授精器具：包括 1mL、5mL、10mL 注射器若干，毛巾若干，水盆若干等。

称量工具：称量亲鱼的台秤、量程 2kg 左右的台式天平，规格 500mL 的量筒。

(三)环境条件

人工繁殖场地的环境应符合 NY/T 5361—2016《无公害农产品　淡水养殖产地环境条件》的规定。

水源应无污染，水量充足；排灌方便。人工繁殖用水水质除应符合 NY 5361—2010、NY 5051—2001《无公害食品　淡水养殖用水水质》的规定外，还需保证溶氧大于 5mg/L，透明度(Secchi disc)应大于 30cm。

养殖池的排放水应符合 SC/T 9101—2007《淡水池塘养殖水排放要求》的规定。

清池、消毒、疾病预防和药物治疗应符合 NY 5071—2002《无公害食品　渔用药物使用准则》的规定。

为保证养殖排放水符合 SC/T 9101—2007 的要求，应具有养殖废水净化措施。

三、人工催产

(一)亲鱼选择

1. 产前锻炼

亲鱼在催产前需进行"锻炼"。一般采用拉网"锻炼"法，即在催产前 1～2d，每天上午拉网一次，用网轻轻把亲鱼围集后(但不捕捉)，即放回池中。目的是通过拉网使亲鱼受惊，强烈活动，停止进食，排出粪便。经过 1～2 次"锻炼"，使亲鱼体质结实，增强耐劳力和适应性，提高产卵率和减少亲鱼的死亡率。

2. 性别特征

几种裂腹鱼类在繁殖季节均具有明显的副性征，成熟雄性个体的背部、尾柄和各鳍条出现珠星，以背鳍和臀鳍珠星最为发达。而成熟雌性个体一般不具珠星。

3. 发育状况

挑选性成熟度高、体质健壮、无伤病的个体。用于人工繁殖的雄鱼，当轻压下腹部，有入水即散开的乳白色精液流出时，即可用于催产；如果精液量少，呈黄白色，入水不易散开，则不应选用。性腺发育良好的雌鱼在外形上腹部膨大、下腹松软、泄殖孔红润。但在繁殖季节的不同时期，亲鱼性腺发育状态和选用亲鱼的标准有所不同。

繁殖初期，由于亲鱼的成熟度存在个体差异，因此，选择雌鱼时，必须严格挑选腹部较大、柔软而有弹性，泄殖孔红润稍凸出的个体。当把鱼体托离水面时，腹部两侧呈现出卵巢轮廓，这样的亲鱼基本符合催产条件。

繁殖盛期，由于绝大部分亲鱼的性腺已达较充分成熟的程度，因此，选择亲鱼时可以放宽条件，只要腹部较大，下腹部较柔软，就可以选用。

繁殖后期，发育成熟较迟的亲鱼，卵巢系数一般都比较小，只要亲鱼腹部稍大，特别是下腹部较柔软的就可选用。此时的亲鱼如果腹部异常膨大而又缺乏弹性，生殖孔充血红肿，往往是开始退化的迹象，催产效果一般较差。

如果肉眼难以判断，可借助挖卵器来判断雌鱼性腺发育的成熟度。挖卵检查是用挖卵器从卵巢内取出少量卵粒，放在透明液中观察、鉴别卵子成熟度。若卵粒直径 2.0mm 左右，大小整齐，有光泽，较饱满，全部或大部分卵核已偏位，即表明亲鱼成熟度较好，达到催产要求。

透明液有三种：①85%乙醇；②95%乙醇 85mL+40%甲醛 10mL+冰醋酸 5mL；③松节醇 50mL+75%乙醇 33mL+冰醋酸 17mL。第一种效果较差，后两种效果较好。

4. 雌雄比例

亲鱼的雌雄配比与授（受）精方式、雌雄鱼性腺发育状况有关，如果雄鱼性腺发育良好，精液较多，且采用人工授精，可按照雌雄比（1∶0.8）～（1∶1）配组；如果采用自然受精，则应增加雄鱼的数量，以雌雄比（1∶1）～（1.2∶1）较好。

根据孵化设备的生产能力确定一次催产亲鱼的总量。如果催产亲鱼较少，可将选择好的亲鱼逐尾编号、称重；如果批量催产，可将亲鱼按体重分组，体重大致一样的个体分为一组，分组统计尾数、称重，然后统计平均尾重和总重量，以便计算催产药物，确定注射药物量。

(二)催产药物

1. 药物种类

鱼类人工繁殖的成功，除需培育品质良好的亲鱼外，催产激素的选择和使用也十分重要。目前常用的催产激素包括鲤脑垂体(PG)、绒毛膜促性腺激素(HCG)、促黄体生成素释放激素类似物(LRH-A2)、马来酸地欧酮(DOM)。不同的药物作用机理不同，对不同鱼类的催产效果亦不相同，应根据鱼的种类、成熟度、催产水温等选择催产药物。

1) 脑垂体(PG)

一般为鲤脑垂体。其作用机理是利用性成熟鱼类脑垂体中含有的促性腺激素，主要为促黄体素(LH)和促滤泡激素(FSH)。促滤泡激素可促使精、卵进一步发育成熟，促黄体素进一步促使鱼发情产卵。脑垂体催熟作用显著，特别是在水温较低的催产早期，催产效果比绒毛膜促性腺激素好，但若使用不当，易出现难产。鲤脑垂体并非正规商品，货源较为稀缺，缺乏稳定来源。如果必须使用，可以自己挖取，其方法如下。

(1)材料鱼　选择性成熟、体重 0.5kg 以上的鲤，雌雄均可，死后尚未变质的亦可利用，繁殖前亲鲤的脑垂体质量最好。

(2)摘取　首先将鱼体头部切下，使切口向下，吻端向上，在两鼻孔间用刀沿两眼上缘将颅顶骨切除，即可见到鱼脑。用镊子将整个鱼脑翻转，即可见淡黄色的脑垂体。用尖头镊子小心撕破周围的结缔组织膜，将脑垂体取出。

(3)脱脂　如果使用新鲜垂体，可将其研碎应用。如需保存，可用纯丙酮或纯乙醇(用量为垂体体积的 15～20 倍)进行脱水和脱脂，换两次丙酮或乙醇后(每次浸泡 1～2h)备用。

(4)保存　保存方法有两种：一种是将脱水和脱脂后的脑垂体放在滤纸上阴干 15～20min，放入深色小瓶中，密封保存，注明鱼名和采摘时间；另一种是在第二次更换保存液后，将脑垂体连同保存液密封在深色小瓶中储存。两种方法效果都很好，一般保存 2 年以上仍然有效。

2) 绒毛膜促性腺激素(HCG)

HCG 商品名为鱼用(兽用)促性腺激素，是鱼类人工繁殖中主要的催产药物之一。其成品为白色、灰白色或淡黄色粉末，易溶于水，溶于水后呈无色或淡黄色澄清液。遇热易失活，应避光、低温、干燥保存，使用时现配现用，配液不宜久存。

3) 促黄体生成素释放激素类似物

促黄体生成素释放激素类似物商品名为鱼用促排卵素 2 号(LRH-A2)和鱼用促排卵素 3 号(LRH-A3)，是一种人工合成的九肽激素，白色粉末，易溶于水。该药物能较强烈地刺激垂体分泌促性腺激素。LRH-A2 对鲤科鱼类的催产效果较好，同时还具有良好的催熟作用，是一种较为理想的催产剂。但阳光直射会使其变性，需避光、低温、干燥保存。剩余药液在低温保存的条件下，仍可使用，但最好现配现用。

4) 马来酸地欧酮(DOM)

DOM 的成品为白色粉末，是一种糖蛋白，易溶于水，为多巴胺拮抗物，能阻断多巴胺对促性腺激素(GTH)释放的抑制作用，促进 GTH 释放。DOM 最好与其他药物配合使用，如与 LRH-A2 共同使用可取代鱼脑垂体。DOM 应在阴凉或低温条件下密闭储存。配液会出现沉淀现象，使用时摇匀，不影响药效。

目前，一些鱼用催产药物生产厂家，为方便用户使用，将几种催产药物混合制成合剂，如高效鱼用催产合剂 Ⅰ 号(LRH-A+DOM)、Ⅱ 号[LRH-A+RES(儿茶酚胺排除剂 Reserpine)]等，催产效果也较好，可根据药物说明书使用。

2. 药物配伍

催产剂可单一或混合使用。使用催产剂可促使性腺发育较差的亲鱼在较短时间内发育，成熟亲鱼顺利产卵和排精。

几种裂腹鱼类催产药物的基本组合及基本剂量如下。

(1) 雌鱼：(20μg LRH-A +5mg DOM)/kg 体重，雄鱼剂量减半。

(2) 雌鱼：(5mg DOM+5μg LRH-A3)/kg 体重；雄鱼：15mg DOM/kg 体重。

催产剂的种类和剂量应根据亲鱼的成熟度、催产时的水温和催产剂的特点等具体情况灵活掌握。一般在繁殖早、晚期，可适当增加剂量，中期可适当减少；在温度较低或亲鱼成熟较差时，剂量可适当增加，反之则减少。在适宜的剂量范围内，剂量宜低不宜高，剂量过高易引起亲鱼难产死亡。

3. 药物配制

药物配制的基本原则是先处理需要研磨的固体药物，再处理难以溶解于水的药物，最后加入易溶于水的药物。鲤脑垂体+DOM+LRH-A2 配方的催产药配制的基本步骤如下。

(1) 按照亲鱼的总重量(雄鱼重量减半)和设计的配方计算各类药物用量，备好待用。

(2) 按照上述配方量称取鲤脑垂体，置于研钵中研磨成粉状，再加入 0.5mL 生理盐水继续研磨至浆状。

(3) 按配方量加入马来酸地欧酮(DOM)，搅拌成匀浆状。

(4)将研钵中药液倒入洁净烧杯，用 0.5mL 生理盐水冲洗研钵，洗液倒入烧杯，反复 2～3 次，至研钵中残留药液完全冲洗干净。

(5)按配方量加入促黄体素释放激素类似物(LRH-A2)，搅拌成匀浆状。

(6)按每尾亲鱼 0.3mL 的注射量计算出本批次的总注射量，加入生理盐水至总注射量，搅拌均匀，低温避光保存，备用。

其他配方的药物配制可参照以上步骤进行。

(三)药物注射

1. 注射次数

给药方式通常分为一次注射和两次注射。具体给药方式主要依据亲鱼的成熟状况、催产季节和催产剂的种类决定。如果亲鱼成熟极好，采用一次注射即可达到较好的排卵效果。如果亲鱼成熟较差，宜采用两次注射，此时第一针实际上起催熟作用，因此，两次注射较一次注射效果好，亲鱼排卵顺利，受精率高。采用两次注射时，第一次注射药物剂量应少于总量的 1/3，若剂量过高，容易引起早产；药物应以 LRH-A2 为主，以促进亲鱼的性腺进一步发育，提高催产效果。第二针注射剩余剂量。

性腺发育较差的亲鱼通常不宜催产，如果实在需要催产，可在繁殖季节早期，给予低剂量药物注射，以促进性腺发育，待性腺发育到一定程度后再进行催产。

2. 注射方法

采用体腔注射，将鱼体侧放，注射器朝向鱼体头部，与体轴成 45°角，从胸鳍内侧基部凹陷处刺入 0.5～1cm，然后将药液徐徐注入。

3. 注射时间

注射时间的安排以使亲鱼在次日黎明后产卵为宜，此时便于观察亲鱼发情活动，有利于人工授精。可根据水温和药物效应时间等倒推注射药物的具体时间。如果某种药物在某种水温下的效应时间约为 24h，两针间隔时间 24h，计划亲鱼在某日 7 时左右产卵，则第一针应在提前 2d 的 7 时左右注射，第二针则在第一针后的 24h 左右注射。

(四)产卵与授精

1. 效应期管理

效应时间是指亲鱼经末次注射催产剂之后到开始发情产卵所需要的时间。亲鱼发情的主要现象是亲鱼在产卵池中开始追逐嬉戏，此时应立刻进行人工授精。

效应时间的长短与水温、亲鱼成熟度密切相关，此外还受催产剂种类、注射次数等影响。一般来说，一次注射的效应时间较两次注射长。性腺发育好坏和水温高低均与效应时间呈负相关关系，在适温范围(10～16℃)内，两次注射的效应时间一般为 24～72h。效应时间与水温的关系见表 10-2。

表 10-2　水温与效应时间的关系

Table 10-2　The relationship between water temperature and efficiency time

水温（℃） Water temperature	一次注射的效应时间（h） Response time for one injection	两次注射的效应时间（h） Response time for two injections
10～12	12～48	24～72
12～14	12～36	24～60
14～16	12～36	24～60

实践证明，在亲鱼效应时间内，人为控制亲鱼产卵条件或模拟亲鱼在自然环境中产卵的生态条件，满足亲鱼对水温和水流的要求，有利于提高人工催产效果。

1）控制水温

人工繁殖的适宜水温为 10～16℃。如果水温低于 10℃或高于 16℃，则亲鱼的产卵率和卵子的孵化率都较低。高原地区气温昼夜变化较大，配备较大容积的室内蓄水池，并避免白天阳光直射，是解决昼夜水温变化的有效措施。

2）及时冲水

流水不仅可以提高产卵池的溶氧量，改善水质，还可刺激亲鱼发情。在观察到亲鱼活动较为频繁、出现追逐等发情现象时，及时冲水，可以促进亲鱼产卵、排精，提高产卵率和受精率。

3）避免惊吓

经过催产的亲鱼进入产卵池后，特别是发情阶段，应保持周边环境安静，尽可能减少接近产卵池的人员，必要的操作应尽可能减少噪声，避免亲鱼受到惊吓，影响其发情产卵。

2. 人工授精

1）受（授）精方式

鱼类受精有自然产卵受精和人工授精两种方式。

自然产卵受精是指亲鱼经注射催产药物催情后，在产卵池中自行完成发情、产卵、排精和受精过程，待受精卵吸水膨胀、卵膜增厚时，开始收集受精卵。因为存在注射催产药物这一人工干预措施，所以自然产卵受精也是人工繁殖的一种方式。自然产卵受精只有在产卵群体性腺成熟度较为一致，雌雄亲鱼性腺发育较为同步的情况下，才能取得比较好的效果。产卵群体发育不同步，将会出现部分个体已经完成产卵，而部分个体还没有发情的情况，整个群体产卵时间将会延续较长，影响孵化管理，造成鱼苗规格参差不齐，进而影响苗种质量。雌雄亲鱼性腺发育不同步，则会出现以下情况：雄（雌）亲鱼已发情，雌（雄）亲鱼没有动静，从而造成一方性腺发育过度；或者多数发情的雌（雄）亲鱼与个别发情的雄（雌）亲鱼配对产卵，任何一种情况的出现都会影响繁殖效果。因此，自然产卵受精不仅要求同一批次催产的亲鱼性腺发育成熟度好，还要求成熟度一致。

人工授精是在亲鱼发情达到高潮即将产卵时，进行采卵、采精，使成熟精、卵在盛器内完成受精作用，即采取人为措施，将卵子和精子混合在一起，完成受精过程的方法。为了保证较高的受精率，必须充分了解成熟卵子和精子的生物学特性，从而采取合适的授精技术措施。

2)成熟卵子和精子的一般生物学特性

(1)成熟卵子的生命力：成熟卵子在第二次成熟分裂中期等候受精。在这短暂的时间里，卵子的寿命因环境条件不同而有所差异。绝大多数离体卵子在原卵液中 10min 内不会失去受精能力，过半数可维持 20min 以上，但遇水后 60～90s 即基本失去受精能力。

(2)精子的生命力：精子在精巢中或离体后在原精液中基本上是不活动的。当精子遇水或生理盐水后，才开始进行不同程度的活动。精子在淡水中能维持受精能力，一般 30s 内受精率高达 80%以上，精子在水中具有较高受精率的时间仅有 20～30s。

由于精、卵在原体液或生理盐水中保持有效受精能力的时间较长，而在淡水中则很短，因此，授精过程应尽快完成，以免影响受精率。

3)授精方法

人工授精的方法有湿法和干法两种，由于卵子和精子离体遇水后寿命较短，通常采用干法授精。具体做法是将卵子挤入擦干的容器内，随即加入精液(精液可从雄体直接挤入盛卵容器内)，用羽毛轻轻搅拌，使精、卵混合后，加入少量清水，再搅拌 1～2min，加清水洗卵 3～4 次，至卵子充分吸水膨胀，精液和其他杂质也完全清洗干净后，即可转入孵化。在采精和采卵过程中，要特别注意擦干亲鱼体表水分，防止水分进入盆内，否则会缩短精子和卵子保持受精活力的时间，影响受精率。

(五)受精卵计数与质量的鉴别

1. 产卵量计算

产卵量的计数通常采用重量法或容量法。重量法是将产出尚未吸水的全部卵粒称重，再从中取 2～3g 卵称重，计数并计算出单位重量的卵粒数，乘以卵的总重量，即可得出产卵总数；容量法是首先量出充分吸水的全部卵粒体积，再取 5mL 或 10mL 卵粒，计数并计算出单位体积卵粒数，乘以卵的总体积，即可得产卵总数。

2. 质量鉴别

卵的质量与亲鱼性腺发育状况直接相关。肉眼观察其外部形态，即可鉴别卵的优劣。成熟卵颜色鲜明，卵粒吸水膨胀快，卵粒浑圆饱满，静止时动物极偏位，卵裂整齐清晰，发育正常。

四、人工孵化

(一)影响胚胎发育的环境因素

影响胚胎发育的环境因素主要有水质、溶氧、水温、敌害生物、病害生物和光照等。

1. 水质

孵化用水必须水质清新，未受污染，需过滤，防止敌害生物及污物进入。在胚胎发育的整个过程中，要始终保持水体具有较高的溶氧量，使溶氧不低于 5mg/L。

2. 水温

几种裂腹鱼类胚胎发育的适宜水温为 10～16℃。在适宜水温范围内，相对稳定的水温更加有利于胚胎发育。如果发育过程中水温变化太大，特别是超出适宜温度范围的水温变化，将会对胚胎发育产生不利影响，往往会引起胚胎发育停滞、畸形甚至死亡。

3. 敌、病害生物

对胚胎及仔鱼危害较大的敌害生物主要有随水源进入的桡足类、小虾、蝌蚪和杂鱼。可在进水口用 80 目筛绢网过滤，防止有害生物进入孵化池。

胚胎及仔鱼的病害主要是水霉病。未受精卵，即"死卵"，极易感染水霉，感染后的卵，滋生"白毛"，呈灰白色绒球状。可采取以下措施防治：①及时剔除未受精卵和已经感染水霉的鱼卵，防止其传播；②在进水口用 15W 紫外灯每日照射数小时，并及时换水，抑制和消灭水霉；③全池泼洒亚甲基蓝 2～3mg/L，隔天一次，5d 后全池泼洒 0.2～0.3mg/L 海因类（溴氯海因、二溴海因等）药物。

4. 光照

实践发现，孵化过程中阳光直射可导致胚胎畸形，甚至大量死亡，故应避免阳光直接照射受精卵，因此孵化应在室内进行，便于必要时对光照和水温加以调控。

(二)孵化设施

常用的孵化工具有孵化环道、孵化桶和孵化框等。具体孵化工具的选用根据孵化场的实际情况决定。孵化环道和孵化桶是常用的鱼类人工孵化设备，关于其结构在此不作赘述。

1. 孵化环道和孵化桶

利用水源与孵化环道之间的水位差形成压力，由置于环道底部的鸭嘴形喷头或由机械推动桨叶带动环道中的水，形成不间断、具有一定流速的循环水流，受精卵依靠流水的浮力随水漂流，在水层中孵化。其优点是容卵量大、孵化率高、劳动强度低和管理方便等，然而，一旦水流停止或流速达不到要求，水流的浮力不足以托起受精卵，受精卵将沉入水底形成堆积，造成缺氧死亡。孵化环道和孵化桶与水源之间的水面落差应不低于 2.5m，这样才能保证受精卵随水漂流而不沉入水底。因此，只有水源落差不低于 2.5m 时，才推荐使用自流式孵化环道和孵化桶，若水源落差低于 2.5m，建议使用机械搅水式孵化环道。

2. 孵化框

用条状木材、金属、塑料等制成长 50～60cm、宽 40～50cm、高 10cm 的框架，在框架外侧铺上 80 目过滤筛绢，即为孵化框。将孵化框置于水泥池中，使其浮在水面即可。

(三)孵化方法

孵化是人工繁殖的最后一环。根据胚胎发育生理生态特点，创造适宜的孵化条件，是孵化成功的关键。

1. 孵化前准备

检查孵化设施是否完好，相关机械设备、进排水系统、过滤设施等运行是否正常，如有损坏及时处理，并进行试运行。调整好孵化池的喷水头角度，使整个环道的流水畅通，无死角。

检查水源水质是否符合孵化要求。水温保持在 10~16℃，溶氧≥6mg/L，pH≤9.0。溶氧<6mg/L 时，及时采取增氧措施。

对使用的孵化桶、孵化框、网具等孵化工具进行消毒。具体的方法是用 5%食盐水或 10mg/L 高锰酸钾浸泡 2h 后取出，在太阳下晒干。

如使用孵化框孵化，应提前将孵化框均匀摆放在水泥池中，让其浮在或悬挂在水面，彼此间隔 10cm。

2. 布卵

孵化环道和孵化桶：布卵密度为 10 万粒/m³ 左右。

孵化框：将受精卵均匀铺满孵化框底部，卵的厚度为一层，避免出现大面积堆积。

3. 孵化管理

1) 调节流速

孵化环道和孵化桶(器)孵化，孵化的不同阶段对水流速度的要求不同。

在孵化过程中，根据不同情况调节流速，以使受精卵能在孵化池水体中均匀分布，以缓慢翻滚为宜。当鱼卵密度偏高时，可适当增大流速，保持池水含氧充足。

胚体将出膜时，由于孵化酶的作用，卵膜逐渐变薄，应减缓流速，以免引起胚胎过早出膜。胚体孵出后，由于浮力减小，其游动力差，易下沉池底积压窒息，此时，应略加大流速。

采用孵化框孵化，应保持微流水，以保持整个孵化过程中具有充足溶氧，降低有害物质含量。如水源紧张，则每天换水量约为池水的 30%，同时在水池中架设充气泵充气，以保持水质清新，防止缺氧和水质恶化。但鱼苗集中出膜时应采取静水，促进集中顺利出膜，出膜完毕后再加大水流。

2) 洗刷滤水设备

在孵化过程中，要经常检查，防止破损漏卵和仔鱼流失，洗刷滤水设备使水流畅通，特别是出膜阶段，要防止残膜堵塞滤水筛孔。此外，还要做好预防和检查敌害工作。

3) 病害预防

孵化初期，因未受精卵解体死亡、水源不洁或水温过低等，鱼卵易感染水霉病而降低孵化率，因此，应及时剔除未受精和已感染水霉病的卵。病情严重时，可用水霉净按照 50g/m³ 的浓度浸泡 10~15min。

4) 水质管理

应保持经常性检查，观察水质变化，溶氧<6mg/L 时，应及时采取增氧措施。

5) 水温控制

孵化期间适宜水温为 12~15℃，水温过低会影响孵化进程，过高则易造成胚胎死亡。因此，要防止水温出现大的波动，控制水温在短时间变幅不超过 2℃。

6) 其他

定期检查水泵、风机、温控设备等用电器材的运行情况并作记录，及时更换异常设备。

检查鱼卵堆积、水流及过滤设施等情况，发现问题及时处理。经常排污或清除池内杂物。抽样检查时操作要轻快，减少机械损伤。

应作好生产记录，生产记录应按照中华人民共和国农业部令 2003 年第 31 号《水产养殖质量安全管理规定》的附件要求填写。

(四)"四率"测定

催产率、受精率、孵化率和出苗率是评价鱼类人工繁育效果的 4 个指标，简称"四率"。测定"四率"不仅有利于总结生产经验，进一步提高繁育技术水平，还有利于根据实际生产情况调整后续的苗种培育工作。

1. 催产率

催产雌亲鱼与顺利产卵雌亲鱼的百分比即为催产率。计算公式为：催产率(%)=(产卵雌亲鱼数/催产雌亲鱼数)×100。

2. 受精率

因未受精卵在胚胎发育早期会像受精卵一样"正常"发育，直到原肠中期后才表现出"败育"特征。故受精率通常在胚胎发育至原肠晚期测定，随机取 100～200 粒卵，计数其中受精卵的数量。计算公式为：受精率(%)=(受精卵数/随机取的卵粒数)×100。为了准确估算，应分别计算每个孵化容器的受精率，然后求出平均受精率。

3. 孵化率

孵化率为受精卵数与出苗数的百分比。计算公式为：孵化率(%)=(受精卵数/出苗数)×100。与受精率一样，也应分别计算后再求平均孵化率。生产实践中，可根据鱼类产卵数量和受精率估算出孵化率，孵化率(%)=布卵数×受精率×100。这种方法估算出的孵化率与实际孵化率存在一定差异，但有利于提前了解鱼苗生产量，及时调整后续苗种培育工作的安排。

4. 出苗率

出苗率也称为鱼苗下塘率，待鱼苗鳔充气(出现腰点)、卵黄囊基本消失、自主游动和主动摄食时统计。出苗率对指导生产最具实际意义。

第三节　苗　种　培　育

鱼苗和鱼种培育，是指将孵出后的鱼苗进行培育，达到一定规格后，供池塘等水体养殖食用鱼，或向天然水体增殖放流。根据苗种阶段的特征，特别是营养特征，一般将苗种培育分为鱼苗培育和鱼种培育两个阶段。孵出的鱼苗经 20～30d 的培育，养成 3cm 左右鱼种，称为鱼苗培育。夏花鱼种经数月培育，养成 5cm 以上鱼种的过程，称为鱼种培育。

一、苗种生物学特征

(一)早期发育特点

1. 发育分期

鱼类精卵结合,即意味着一个新生命的诞生。鱼类的生命周期是指从精卵结合直至衰老死亡的整个生命过程。根据鱼类在整个生命周期中的形态特征和生活习性,将鱼类的生命周期分为胚胎期、仔鱼期、稚鱼期、幼鱼期、成鱼期和衰老期。

(1)胚胎期从精卵结合到胚胎破膜而出为止。此期的特点是胚胎在卵膜内发育,发育所需营养完全依靠卵黄供给。与外界的联系方式主要是呼吸和被敌害掠食。雅鲁藏布江几种裂腹鱼类中,胚胎期较短的异齿裂腹鱼为190h,较长的拉萨裸裂尻鱼,达295h,尖裸鲤和拉萨裂腹鱼则为265h,较我国东部地区四大家鱼的胚胎期约30h要长得多。

(2)仔鱼期从胚胎孵化出膜直到开始出现鳞片。此期又可细分为卵黄囊期仔鱼和后期仔鱼2个阶段。卵黄囊期仔鱼从初孵仔鱼到卵黄全部或大部分被吸收。初孵仔鱼身体透明,血液常无色素,眼色素部分形成或无色素。奇鳍褶薄而透明,无鳍条,口和消化道尚未发育完全,依靠自身的卵黄提供营养,与外界环境的联系仍以呼吸和防御敌害掠食为主。与胚胎期不同的是,卵黄囊期仔鱼开始具有避敌的行为特征。卵黄囊期仔鱼继续发育至开始出现鳞片称为后期仔鱼。后期仔鱼的视觉器官眼、运动器官鳍、摄食和消化器官发育趋于完善,开始显现摄食和消化功能,仔鱼转向外界摄食,但获得食物能力较弱。与外界环境联系的方式逐步转向以营养和防御敌害为主。卵黄囊期仔鱼发育时间,在水温12℃左右,约需20d(18~23d),而后期仔鱼的发育时间,因种类不同而差异较大,尖裸鲤、异齿裂腹鱼、拉萨裸裂尻鱼和拉萨裂腹鱼后期仔鱼的发育时间分别为10d、7d、7d和12d。

(3)稚鱼期从开始出现鳞片到鳞片覆盖完毕。各种器官进一步发育完善,鳞片在此期内覆盖完毕,鳍条初步形成。早期营浮游生活,晚期开始转向自己固有的生活方式。此期与外界环境的联系方式以营养和防御敌害为主。稚鱼期至65~80日龄才完成。

(4)幼鱼期从鳞片覆盖完毕到性成熟。此期鱼类以固有的生活方式生活,与外界环境的联系方式以营养和防御敌害为主,吸收的营养主要用于生长。裂腹鱼类生长缓慢、性成熟晚,故其幼鱼期通常长达数年甚至十余年。

(5)成鱼期从性成熟到生长明显变慢直至衰老死亡,生长速度变缓甚至出现负增长。

鱼类的养殖则按养殖过程大体上分为鱼苗培育、鱼种培育和成鱼养殖三个阶段。鱼苗和小规格鱼种相当于仔鱼期和稚鱼期,而一些大规格鱼种,如2龄鱼种,自然将培育过程延续到幼鱼期。

2. 摄食特点

刚孵出的鱼苗全长8~11mm,其运动、摄食与消化等器官组织尚未发育完全,不具备从外界摄取食物的能力,以自身的卵黄为营养,称为内源性营养期。

鱼苗全长 9～13mm 时，鳔开始充气，出现"腰点"，具有一定游泳能力和吞食能力，鱼苗一方面继续靠吸收卵黄摄取营养，另一方面开始摄取外界食物，称为混合营养期。裂腹鱼类从初孵鱼苗生长到开口期所经历的时间为 6～7d，较平原地区鲤科鱼类的生长期长，如四大家鱼、鲤、鲫为 2～3d。初次摄食的鱼苗，摄食器官尚未发育完善，只能靠吞食方式获取食物，所能摄取的食物颗粒大小取决于其口裂大小，在天然水体中，鱼苗的主要食物是轮虫和桡足类的无节幼体，称为开口饵料。

鱼苗全长 13～16mm 时，卵黄消耗完毕，鱼苗完全依靠从外界摄取食物获得营养，称为外源性营养期。

随着鱼苗的生长，其游泳能力进一步增强，摄食器官逐渐发育完善，食性逐渐朝向成鱼食性转化，称为食性分化期。人工培育鱼苗时，在不同发育阶段，特别是开口期，及时提供营养丰富的适口饵料对提高成活率非常重要。

3. 鱼苗质量

鱼苗质量受鱼卵质量和孵化环境条件的影响。鱼卵质量对鱼苗质量的影响主要表现在一次催产的亲鱼数量较多，不同亲鱼之间卵的质量，如卵径、卵黄含量存在差异，孵化出的鱼苗大小和体质自然存在差异，进而影响鱼苗对环境的适应能力，特别是面对饵料缺乏时的食物竞争能力。孵化环境条件的影响主要包括光照、水质、孵化容器是否适宜等。此外，即使同一批鱼卵，不同孵化容器之间环境条件的不同也会对鱼苗质量产生影响。

优质鱼苗，群体色素相同，色泽鲜亮，无白色死苗；鱼苗集群在水层中活动，无体色发黑、离群单独在水表或在水上层无力游动的鱼苗；具有逆水游动能力，离水后具有强烈的曲体挣扎能力。劣质鱼苗，群体色素存在差异，体色暗淡，有白色死苗；有体色发黑、离群在水表或水上层无力游动的鱼苗；无逆水游动能力或逆水游动能力较差，离水后曲体挣扎能力弱。产生劣质鱼苗的主要原因如下。

畸形苗　畸形苗产生的原因有三方面：一是物理原因，孵化容器壁粗糙，或过滤纱网封口不平滑，纱布纤维外露，使鱼体受伤致畸；二是光学原因，胚胎在孵化过程中受到强烈阳光直射致畸，直射时间越长，畸形率越高，表现为脊柱弯曲隆起；三是化学原因，孵化水质较差，pH 过高或者过低、重金属离子含量过高都会造成鱼苗围心腔扩大、卵黄囊分段等。

纤细苗　鱼苗较正常鱼苗纤细、消瘦，虽然体色正常，也可正常游动，但缓慢无力。纤细苗主要发生在鱼苗培育后期。产生的原因主要是培育期间冲水时间太长或水量较大，鱼苗长时间顶水游动，体力消耗过大而成为弱苗。

黑体苗　寄生车轮虫或斜管虫的鱼苗，体色发黑，离群单独在水表或水上层，游动缓慢，黑体苗主要发生在鱼苗培育早期(发花期)。

白毛苗　体质较弱或受伤的鱼苗受水霉感染，形成白色毛绒状菌团。整个培育期间均可能发生。

在进行鱼苗培育前，认真检查鱼苗质量，通常要求鱼苗体色鲜亮；有较强的逆水游动能力；规格整齐一致，同批鱼苗中，个体差异不得大于或小于该批鱼种平均体长的 10%，畸形率小于 1%，伤残率小于 2%。

(二)饵料种类对鱼苗生长和成活的影响

饵料是仔鱼外源性营养获得的关键，是影响其生长和存活的主要因素之一(殷名称，1991)。单纯依靠天然饵料培育鱼苗的传统方法已不能满足鱼苗规模化生产的需求，特别是在西藏高寒地区，受昼夜温差大等环境因素影响，人工培育天然饵料存在产量低、成本高等诸多问题，因此，现多采用配合饲料培育鱼苗，配合饲料的营养成分包括鱼类生长所需的脂肪酸、维生素、氨基酸和微量元素，能够加快鱼苗生长，增强抗病力，提高仔鱼成活率。目前市场上商品饲料种类繁多，选择一种能够满足裂腹鱼类鱼苗营养需求、提高生长率和成活率的配合饲料是鱼苗培育成功的关键。

采用仔鱼专用料、仔鳗料和人工孵化培育的卤虫无节幼体等 3 种饵料，进行了尖裸鲤、异齿裂腹鱼和拉萨裂腹鱼鱼苗的培育实验。其中尖裸鲤和异齿裂腹鱼鱼苗培育 25d，拉萨裂腹鱼鱼苗培育 15d，结果见表 10-3。

表 10-3　不同饵料对尖裸鲤、异齿裂腹鱼、拉萨裂腹鱼仔鱼全长增长和成活率的影响

Table 10-3　Effects of different diets on the total length growth and survival rate of larvae of *O. stewartii*, *S.* (*S.*) *o'connori* and *S.* (*R.*) *waltoni*

组别 Group	饲料种类 Diet	平行组编号 Number of parallel groups	全长平均值±标准差 Mean total length±S.D. (mm)	全长范围 Total length range (mm)	全长增长倍数 Times of total length grouth (倍)	平均成活率 Mean survival rate (%)
尖裸鲤：初始全长 13.29±0.52mm						
A	仔鱼专用料	A_1	18.28±0.513[a]	17.72～18.90		
		A_2	19.59±0.571[b]	19.21～20.25	1.41	40.33
		A_3	18.54±0.449[ac]	18.04～18.91		
B	仔鳗料	B_1	15.87±0.448[d]	15.47～16.45		
		B_2	16.50±0.586[d]	15.93～17.10	1.21	39.00
		B_3	16.07±0.100[d]	15.96～16.15		
C	卤虫无节幼体	C_1	17.97±0.305[ae]	17.63～18.25		
		C_2	17.87±0.559[ae]	17.25～18.34	1.34	50.67
		C_3	17.52±0.085[ae]	17.46～17.62		
异齿裂腹鱼：初始全长 12.29±0.44mm						
A	仔鱼专用料	A_1	15.78±0.705[a]	15.21～16.57		
		A_2	16.63±0.010[a]	16.62～16.64	1.33	92.67
		A_3	16.63±0.416[a]	16.32～17.10		
B	仔鳗料	B_1	15.43±0.699[b]	14.62～15.83		
		B_2	14.93±0.572[b]	14.57～15.59	1.24	70.00
		B_3	15.35±0.750[b]	14.70～16.17		
C	卤虫无节幼体	C_1	14.50±0.219[c]	14.34～14.75		
		C_2	14.47±0.354[c]	14.07～14.73	1.18	64.67
		C_3	14.55±1.008[c]	13.42～15.35		

续表

组别 Group	饲料种类 Diet	平行组编号 Number of parallel groups	全长平均值±标准差 Mean total length±S.D. (mm)	全长范围 Total length range (mm)	全长增长倍数 Times of total length grouth（倍）	平均成活率 Mean survival rate（%）
拉萨裂腹鱼：初始全长 15.81±0.50mm						
A	仔鱼专用料	A_1	16.44±0.094[b]	16.32～16.55		
		A_2	17.20±0.455[ad]	16.79～17.69	1.07	94.33
		A_3	17.14±0.385[ac]	16.70～17.39		
B	仔鳗料	B_1	16.19±0.085[ab]	16.14～16.32		
		B_2	16.41±0.730[ab]	15.88～17.24	1.04	25.67
		B_3	16.94±0.501[ab]	16.42～17.42		
C	卤虫无节幼体	C_1	16.67±0.316[a]	16.36～17.06		
		C_2	16.20±0.191[ab]	16.08～16.42	1.02	3.33
		C_3	15.83±0.332[b]	15.46～16.10		

注 Note：表中同列数据后字母标记不同的表示差异显著（$P<0.05$）The data in the same column without the same superscript shows significant difference（$P<0.05$）

从表 10-3 可以看出，3 种饲料培育的尖裸鲤鱼苗的平均成活率，以卤虫无节幼体组成活率最高，为 50.67%，仔鱼专用料组次之，为 40.33%，仔鳗料组最低，为 39.00%；全长增长倍数以仔鱼专用料组最高，为 1.41 倍，卤虫无节幼体组次之，为 1.34 倍，仔鳗料最低，为 1.21 倍。综合成活率和增长倍数考虑，三种饲料中，卤虫无节幼体培育效果较好，仔鱼专用料次之。

异齿裂腹鱼鱼苗和拉萨裂腹鱼鱼苗的成活率，均以仔鱼专用料组最高，分别为 92.67% 和 94.33%，显著高于其余两种饲料投喂组；两种鱼苗的全长增长倍数分别为 1.33 倍和 1.07 倍，高于其他两种饲料投喂组，但各饲料组间无显著差异；综合来看，三种饲料中，仔鱼专用料的培育效果最好。

在仔鱼培育过程中，饲料的适口性、可得性和营养性是开口期仔鱼培育的关键因素（朱成德，1990）。在仔鱼后期的摄食期，投喂营养全面、适口性好、可消化性好的饲料，对仔鱼的存活和生长都起到非常重要的作用（殷名称，1995）。仔鱼专用料能均匀地悬浮于水中，且悬浮持久、不易沉降，利于仔鱼的摄食，并且对水质的污染较小。仔鳗料入水后下沉速度较快，沉积水底，若不及时清理维护，很容易变质发霉，造成水质污染，从而影响仔鱼的生长和存活。卤虫无节幼体作为活饵料生物不仅是绝大多数仔鱼开口期的良好饵料，而且是大多数仔鱼发育期的优良饵料。西藏地区的卤虫卵含有较高的二十碳五烯酸（EPA）和其他地区卤虫卵不具有的少量二十二碳六烯酸（DHA）（于秀玲和辛乃宏，2005），其无节幼体更适于作为鱼苗饵料。但西藏地区昼夜温差大，卤虫无节幼体培育周期较长，存活时间较短，产量不稳定，如能解决卤虫卵大规模孵化的问题，缩短无节幼体培育周期，提高存活时间，将对鱼苗培育起到重要作用。

混合营养期有利于鱼苗学习捕食"技巧"，建立捕食模式。许多鱼类在由内源性营养向外源性营养的过渡阶段，往往出现大量死亡（Blaxter，1974；朱成德，1986），这主要是因为环境中饵料匮乏，或未能够成功建立捕食模式。尖裸鲤、异齿裂腹鱼和拉萨裂腹鱼鱼苗卵黄消失的时间，分别为出膜后 20d、22d 和 23d，此时三种鱼苗的平均全长分别为 15.22±0.27mm、14.15±0.23mm 和 15.04±0.26mm。实验结束时 3 种仔鱼的卵黄均未完全消失，仍处于混合营养期，表明及时的饵料供应可以减缓卵黄消耗，有利于鱼苗学习捕食"技巧"，建立捕食模式，从而提高成活率和生长速度。

尖裸鲤鱼苗在投喂 8d 后开始死亡，10d 达到高峰，不同饲料组死亡率存在差异，仔鳗料组死亡率最大。异齿裂腹鱼鱼苗和拉萨裂腹鱼鱼苗，仔鱼专用料组整个实验期间一直保持较高的成活率，而仔鳗料组和卤虫无节幼体组分别从第 21 天和第 10 天起至实验结束，死亡率逐渐增加(图 10-1)。异齿裂腹鱼鱼苗开始死亡的时间与其卵黄消耗完毕时间重叠，可以解释为鱼苗尚未成功建立摄食模式。尖裸鲤和拉萨裂腹鱼鱼苗开始死亡的时间与其卵黄消耗完毕时间并不重叠，死亡原因可能与未能成功建立摄食模式，或者与饵料的适口性有关，表明不同种类的鱼苗，开口期饵料种类的选择对提高成活率较为重要。

根据饵料特点和实验结果，建议异齿裂腹鱼鱼苗和拉萨裂腹鱼鱼苗培育使用仔鱼专用料；尖裸鲤鱼苗培育，在没有找到培育效果更好的饲料之前，可以选择使用仔鱼专用料+卤虫无节幼体混合培育。

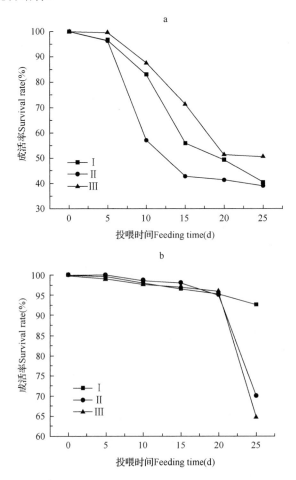

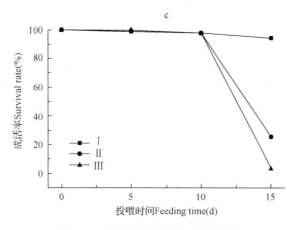

图 10-1　投喂不同饵料仔鱼的成活率

Fig.10-1　Survival rate of larvae feeding on different diets

a. 尖裸鲤 *O. stewarti*；b. 异齿裂腹鱼 *S.（S.）o'connori*；c. 拉萨裂腹鱼 *S.（R.）waltoni*；Ⅰ. 仔鱼专用料 the special diet for larvae；Ⅱ.鳗鱼仔鱼料 the diet for eel larvae；Ⅲ.卤虫无节幼体 Artemia nauplii

　　鱼苗鱼种培育是鱼类养殖的第一阶段。从鱼类孵化到培育至 3cm 左右，称为鱼苗培育；3cm 以后的培育称为鱼种培育，两个阶段合称为苗种培育。苗种阶段是鱼类器官和组织逐步发育完善的时期，鱼苗和鱼种的运动、摄食和消化器官的发育程度不同、对环境的适应能力也存在差异，在培育方法上既有相同之处，也有不同之处。

二、设施与设备

(一)培育池

1. 室内鱼苗培育池

　　室内普通培育池：形状和大小均无严格规定，但以面积 15～20m² 、池深 80～100cm 较为适宜，面积太大，不便于操作，面积太小，盛苗量有限。无论何种形状，都要尽可能做到水流无死角，且便于收集残饵、粪便。常见的室内培育池为正方形、长方形或圆形水泥池。方形培育池的四角最好砌成弧形，以免形成水流死角。

　　长方形培育池的进、出水口设在池子两端，进水端池底较出水端池底高 2～3cm。正方形和圆形培育池池底四周略高于池子中央，进水口与池壁成 45°，便于形成循环水流；出水口位于池子中央。无论何种形状，均要求池壁和池底光滑。

　　进水口用 80 目密眼网布制作成长 30～50cm 的布袋罩于进水口处，避免敌害生物进入培育池。在池底较低的一端底部设置直径 5～8cm 的排水孔，排水孔上方安置与排水孔同一直径的 PV 塑料管，连接处密封，管长 50cm，在管壁上等距离开凿 3～4 条直孔，外罩 80 目的密眼网布，防止鱼苗逃逸。排水孔下通排水沟，连接至可以调节水位的 L 形排水管。

　　室内循环水养殖系统：室内循环水养殖系统是通过水处理设备将养殖水净化处理后再循环利用的一种养殖模式。该系统的设备包括：脱氧杀菌综合处理器、全自动微滤机、生物过滤器、蛋白质分离器、臭氧机、残余臭氧去除器和增氧机等。循环水养殖系统以工业化手段主动控制水环境，水资源消耗小，占地少，对环境污染小，产品优质安全，病害少，密度高，养殖生产不受地域或气候的限制和影响，资源利用率高，并且可以实现溶氧、水温等多种水质参数的远程实时监测，通过互联网、手机短信等方式远程控制操作输氧设备或水温调节等装置。国内有单位利用此系统培育裂腹鱼类 2 龄鱼种，产量达到 400 尾/m^2。目前，国内循环水养殖系统产品繁多，质量参差不齐，一些系统的设计还存在缺陷，在选用时，应认真查看其技术参数，最好到已投入使用的单位查看其实际使用效果后再选用。

2. 室外鱼种培育池

培育池应建在交通方便、靠近水源、排水注水流畅的地方。培育池形状规整，长方形，长宽比 5∶3。面积以 667～1330m^2 为宜，池深 1.5m 左右，以便于控制水质和管理。池埂坚固，不渗漏；池底平坦，略向出水口端倾斜；少淤泥，无杂物，以便拉网操作。进水口具有拦污设备，出水口具防逃设备。

(二) 辅助设备

增氧设备：室内培育池应具有空气压缩机和气泵；室外培育池应备有增氧机和投饵机。

运输设备：室外培育池应配备运输饲料的拖(推)车等。

三、准备工作

(一) 彻底清塘

清塘是指对培育池进行清整、消毒、冲洗。通常在苗种放养前 7～10d 进行。清塘可以杀灭和清除池中大部分潜伏的病原体，消除部分氨氮、亚硝酸盐等有害有毒物，增强水体 pH 的缓冲能力。用于清塘的药物有盐水、高锰酸钾溶液、漂白粉和二氧化氯等。适于室外池塘清塘的药物有生石灰、漂白粉和二氧化氯等；适于室内水泥池消毒的有盐水、高锰酸钾溶液、漂白粉和二氧化氯等。

1. 食盐和高锰酸钾消毒

将水泥池注满水，按 5%浓度加入食盐，或按 8%浓度加入高锰酸钾，浸泡 24h 后排干池水，然后用清洁水反复冲洗 3～4 次。再次注水时应采取密网过滤措施。

2. 漂白粉清塘

漂白粉为白色至灰白色的粉末或颗粒，是次氯酸钠、氯化钙和氢氧化钙的混合物，含氯量一般为 30%左右，具有显著的氯臭，性质很不稳定，吸湿性强，易受水分、光热的作用而分解，亦能与空气中的 CO_2 反应，其水溶液呈碱性。漂白粉遇水释放次氯酸，有很强的杀菌作用，有氧化、杀菌、漂白作用。漂白粉能杀灭水生昆虫、蝌蚪、螺、野杂鱼类和部分河蚌，防病效果接近生石灰清塘。漂白粉清塘具有药力消失快、用药量少、利于池塘周转等优点，缺点是没有增加肥效的作用。

漂白粉清塘的用量为 20g/m^3(含氯量 30%)，即池塘水深 1m，漂白粉用量为 13.5kg/

苗。施用漂白粉时先将其加水溶化，然后立即全池均匀泼洒，尽量使药物在水体中均匀分布，以增强施药效果。

保存和施用漂白粉应注意以下几点。

(1)由于漂白粉有效氯含量不稳定，市场销售的漂白粉有效氯往往难以达到所标定的30%。使用前应先测定其含量，若有效成分达不到30%，应适当增加漂白粉施用量。

(2)漂白粉应装在木制或者塑料容器中，加水充分溶解后全池均匀泼洒，残渣不能倒入池塘中。漂白粉不宜使用金属容器盛装，否则会腐蚀容器和降低药效。

(3)施用漂白粉时应做好安全防护措施，操作人员应戴好口罩、橡皮手套，于池塘上风处施药，避免药物随风扑面而来，引起中毒和衣服沾染而被腐蚀。

3. 二氧化氯清塘

二氧化氯具有广谱、高效、无残留、无污染、无毒性作用、储存使用方便等特点，对池底淤泥有良好的抑菌作用，可降低水体中的亚硝酸盐、氨、氮、硫化氢等有毒物质的含量，杀灭大肠杆菌、白色念珠菌、亚硝化细菌、革兰氏阴性菌、葡萄糖阴性菌等致病菌及病毒。二氧化氯广泛用于防止肠炎、烂鳃、出血、赤皮病、打印病、疖疮、烂头烂尾等疾病，兼具增氧、除臭、降氨氮、改良底质等效用。

二氧化氯换代产品较多，不同厂家产品质量和含量也不相同，具体使用方法和用量，可参考相应产品说明书。

4. 生石灰清塘

生石灰(CaO)清塘是公认的最佳消毒方法，适用于室外池塘清塘。生石灰清塘的作用原理是通过生石灰遇水后发生的化学反应，产生氢氧化钙[$Ca(OH)_2$]，并放出大量的热。氢氧化钙是强碱，可在短时间内使水体 pH 上升到 11。生石灰清塘能够彻底清除池塘中残存的鱼、虾、贝、藻和病原体；中和淤泥中的各种有机酸，改变酸性环境，使池塘呈微碱性环境，可提高池水的碱度和硬度，增加缓冲能力，使悬浮的胶状有机物质等胶结沉淀，提高水体质量；改良底质土壤，释放能被淤泥吸附的氮、磷、钾，增加肥分，有利于浮游生物繁殖及鱼类生长；杀灭寄生虫、病毒和害虫及青苔。

生石灰清塘有两种方法：一是干池清塘，先将池水排干，或留水 5～10cm，生石灰用量为 70～80kg/亩，视塘底污泥多少而增减。如淤泥少，则生石灰用量为 50～60kg/亩。清塘时先在塘底挖几个小坑，然后把生石灰放入溶化，不待冷却立即均匀泼洒全池。第二天早晨再用耥网或铁链耥一耥或拉一次，让生石灰和淤泥混匀，充分发挥生石灰的清塘消毒作用，清塘后一般经 7～8d 药力消失，即可放养苗种。

二是带水清塘，适用于注排水不方便的鱼池，水深 1m，生石灰用量 150～200kg/亩，通常将生石灰放入水缸内或在池塘边缘挖坑，待生石灰溶化后趁热立即全池泼洒。带水清塘，不必加注新水，可防止野杂鱼和病虫害随水进入池内，因此防病效果比干池清塘更好，清塘后 7～10d，药性消失，可放养鱼苗。在苗种放养前应先试水，即放少量苗种，检查药性是否消失，做到安全生产，防止苗种发生中毒死亡事故。生石灰消塘具有多种好处，缺点是用量较大、成本高、费时费力。

生石灰清塘后，经数小时即能杀死野杂鱼类、水生昆虫、贝类、藻类和病原体及致病菌等。干池清塘后，重新加注新水时，应采取密网过滤措施，防止野杂鱼类和病虫害随水进入塘内。

(二)饲料准备

根据苗种的器官发育和营养特点，在苗种的不同发育阶段，使用营养丰富、适口性好、喜好性强的饲料对提高苗种成活率和促进其生长至关重要。营养丰富要求鱼苗饲料的蛋白质含量应达到40%左右；鱼种饲料蛋白质含量应不低于35%。适口性好要求饲料的粒径小于不同生长阶段苗种的口径；喜好性强要求饲料色、香、味俱佳，或添加诱食剂，苗种喜欢摄食。提前准备苗种培育期间所需各种饲料是非常必要的。

苗种培育期间所需饲料大体上可以分为开口饲料、转食饲料和幼鱼饲料。

1. 开口饲料

在气候温暖地区，可以通过从自然水体捞取或者人工培育浮游生物作为鱼苗阶段的食物，但在高原地区，由于气候反复无常，水温终年偏低，日夜温差大等，水体中饵料生物极为贫乏，且严峻的环境条件也不适宜人工培育大量饵料生物，因此，上述两种方法均难以保证大规模培育鱼苗时对饵料质量和数量的要求。选择适宜的人工饲料是大规模培育鱼苗和鱼种的有效途径。目前，我们采用开口饲料以仔鱼专用料为主，必要时搭配少量卤虫无节幼体的培育方法，取得了较好的培育效果。

1)仔鱼专用料

仔鱼专用料主要营养成分：粗蛋白质≥52%，粗脂肪≥10%，粗纤维≤5%，粗灰分≤12.5%，微量元素≥3.5%，钙≤3.0%，总磷≥1.5%，赖氨酸≥0.5%，水分≤9%。使用时需配制成不同粒径的微囊饲料。

2)卤虫无节幼体

卤虫又称盐水丰年虫，其无节幼体富含蛋白质、脂肪酸(富含 EPA 和少量 DHA)、胆甾醇和多种氨基酸，是水产养殖中最佳动物源鱼苗开口饵料。采用西藏地区产卤虫卵孵化，孵化方法如下。

(1)孵化设备：硬塑料桶或四壁贴白色瓷砖水泥池，面积约 $1m^2$，高约 50cm，能全面接收到光照。

(2)卤虫卵的选择：采用西藏地区产卤虫卵，肉眼观察，质量好的卵颗粒大小均匀、颜色一致，无杂质。镜检，空壳少，有凹陷的均为好卵。

(3)孵化条件：根据卤虫的孵化特性，在孵化过程中应控制好孵化水温、盐度、pH、溶氧、光照、密度，才能保证较高的孵化率和成活率。

控制水温：孵化水温应在28～30℃。水温太低卵不会孵化，太高卵会死亡。一般孵化桶孵化采用加热棒加热，温度设定为28℃即可。孵化池孵化可采用微流水孵化，注入已调节好温度的水。

控制盐度：盐度控制在 40‰左右较佳，即每升水加 0.4kg 盐。盐度太低，出苗率很低，卤虫卵不孵化。

控制 pH：pH 控制在 8～9 为好，一般淡水用 $NaHCO_3$ 来调节 pH，每升水加 5g 左右

（视水体酸碱度定）。

控制溶氧：卤虫孵化对氧的需求很低，用充气泵充气即可。

控制光照：卤虫卵孵化需要的光照为 1000～1500lx。因此，室内孵化时必须照明，每个孵化桶上方 20cm 处安装 200W 白炽灯即可。

控制密度：卤虫卵的孵化密度以 10g 卵/m³ 为宜。

（4）注意事项

无节幼体孵出的时间需与鱼苗开口时间一致。一般情况下，室内孵化 32h 基本出完。孵出的卤虫无节幼体应在孵出后 1d 内喂完，否则大部分会因没有摄食适口饵料而死亡。在鱼苗开口前 1 天半孵化最佳。

孵化过程中勤检查，应有专人看守，注意观察卵是否发生堆积，有无充氧死角，温度和 pH 是否正常。

投喂混有卵壳、未孵化卵的无节幼体，不但败坏水质，还会引起鱼苗肠梗阻，甚至死亡。

为避免孵化代谢物、细菌等污染水体，应将无节幼体置于 125μm 筛绢上充分洗涤后再投喂。

3）仔鳗料

仔鳗料于市场购买。市售仔鳗料为粉状，使用时应加水调制成稀糊团状，黏着于池底。

4）蛋黄和豆浆

将鸡蛋充分煮熟后剥出蛋黄，用纱布包裹，在盛有少量水的盆中将蛋黄揉捏成浆，将蛋黄浆水全池均匀泼洒。豆浆制作，将黄豆浸泡 24h，磨成浆，全池泼洒。混合营养期鱼苗适宜用卵黄喂养；后期鱼苗因需要的饲料量较多，可用豆浆喂养。

无论何种饲料，一定要保证新鲜，发霉、腐败变质的饲料坚决不能使用。因此，饲料应保存在通风、干燥、无阳光直射的地方。

2. 鱼种饲料

鱼种饲料的营养标准可略低于鱼苗饲料：粗蛋白质 40%～43%、粗脂肪 8%～10%、碳水化合物 18%～23%、纤维素 3%～5%。

饲料来源，可从市场购买符合营养要求的配合饲料，也可自行配制。自行配制的饵料配方：白鱼粉 23%、蚕蛹粉 8%、肉骨粉 8%、血粉 8%、酵母粉 6%、黄豆粉 17%、标准面粉 23%、植物油 3%、维生素合剂 1%、无机盐合剂 1.5%和黏合剂 1.5%、食盐 0.5%。将食盐用水溶解后，与粉料充分拌匀，和成面团状，或压制成颗粒料投喂。

（三）药物的准备

为防止鱼种培育期间发生病害，应根据鱼种培育期间发病规律，提前准备防治药物。常备药物有：生石灰、漂白粉、食盐、敌百虫、大蒜或大蒜素，以及磺胺嘧啶、磺胺噻唑和磺胺胍等磺胺类药物。

四、鱼苗培育

鱼苗培育是指将孵化后发育至具有较强水平游泳能力、"腰点"明显的鱼苗培育成全长 3cm 左右的夏花鱼种(稚鱼)的过程。此阶段是鱼苗运动、摄食和消化器官发育完善，从内源性营养转向外源性营养，适应外界环境，特别是食物环境的关键时期，如不能及时获得营养丰富、适口的饲料，鱼苗将大量死亡。因此，及时提供营养丰富、适口的饲料是鱼苗培育成功的关键。

(一)放苗

1. 鱼苗的质量要求

放养的鱼苗要求规格整齐，群体色素相同，色泽鲜亮，鱼苗集群在水层活动，具有逆水游动能力，离水后具有强烈的曲体挣扎能力；无白色死苗，畸形苗比例不超过 2%。

2. 放养密度

鱼苗通常在室内水泥池培育，单养，即每个水泥池只放养一种鱼苗。

将 3～5 日龄的卵黄苗均匀放入培育池，放养密度为 2000～2500 尾/m^2。鱼苗早期为内源性营养期，依靠自身卵黄提供营养；此阶段只需注意水质和水温变化，无需投喂饲料。

(二)喂食

当卵黄剩余 1/5 时，少数鱼苗开始出现摄食行为，表明鱼苗即将结束内源性营养，开始转向外源性营养，应及时投喂开口饲料。异齿裂腹鱼、双须叶须鱼、拉萨裂腹鱼等杂食性鱼类宜投喂仔鱼专用料，动物食性的尖裸鲤鱼苗宜投喂卤虫无节幼体，如无上述饲料，亦可用蛋黄浆全池泼洒。分别于每天 8 时、12 时、16 时和 20 时，将饲料均匀撒入培育池。每次投喂饲料前，应将上次投喂剩余的残饵和鱼苗的粪便清除干净。

当鱼苗长到 2.5～3.0cm 时，如果鱼种培育阶段的饲料与鱼苗期间的饲料不同，应开始进行转食训练，即逐渐减少原来的饲料，逐渐增加鱼种饲料分量，直至完全使用鱼种饲料。

(三)疾病防治

车轮虫病和斜管虫病是胚胎及苗种阶段的常见疾病。病鱼体表出现纯白色或淡蓝色黏液层，病鱼离群独游，或倒悬浮于水中，或侧卧于水下。显微镜检查体表、鳍、鳃丝黏液，可见车轮虫、小车轮虫或鲤斜管虫。苗种娇嫩，抵抗力弱，一旦发病，即使及时治疗也会造成损失，故应以预防为主。

1. 预防方法

①彻底清塘，清除池底过多淤泥，并进行消毒；②鱼苗入池前用浓度为 30mg/L 的高锰酸钾溶液药浴 10～20min；③加强饲养管理，培育适口天然饵料，投喂优质饲料。

2. 治疗方法

两种病害均可采取以下任意一种方法进行防治：①用 25mg/L 的福尔马林进行全池泼洒，第 2 天更换部分池水；②用鱼虫净 0.2mg/L 进行全池泼洒，每天 1 次，连用 3 次；③2mg/L 的敌百虫全池遍洒；④2%～3%食盐水浸洗鱼体 5～10min；⑤14%氰戊菊酯按 20mL/亩全池泼洒；⑥1%阿维菌素按 20mL/亩全池泼洒。

在防治这两种主要疾病的同时，要密切观察苗种活动情况，防止其他疾病的发生。

(四) 日常管理

每天多次巡视培育池，特别是清晨和傍晚及天气突然变化的情况下，更要加强巡池，以便及时发现问题，采取相应措施。巡池的主要内容包括以下 5 项。

1. 检查水温

培育期间水温应保持在 12～15℃，水温长时间超过 16℃易产生畸形苗；水温在短时间内的骤然变化也易造成鱼苗生长停滞甚至死亡。

2. 检查水质

整个培育期间要求保持水质清新，无有毒有害物质，保持溶氧 5mg/L 以上。鱼苗出现浮头，应及时充氧，或充水。如日出后 2～3h 仍浮头，则表明溶氧量小，此时应开启充气泵和加大进水量，同时适当少投饵或不投饵，清理残饵和粪便。

3. 检查水流

培育期间保持微流水，早期水深控制在 30～40cm，随着鱼苗长大，逐渐增加水深，后期水深控制在 80～100cm。检查过滤设施和出水阀门，防止堵塞引起池水泛滥，鱼苗逃逸，或阀门漏水干池。

4. 检查病害

定期检查病害，如发现鱼苗活动异常，应立即检查，判明原因，如由病害引起，应及时采取治疗措施。

5. 检查摄食

饲料投喂量一般为鱼苗体重的 3%～5%，但鱼苗摄食状况会受到水质、水温、气候等因素的影响，应根据鱼苗的活动、摄食情况调整投喂量。既要防止鱼苗摄食不足，又要避免投饵过多，饲料大量腐烂分解，造成缺氧和水质恶化。

(五) 炼苗与分塘

鱼苗在室内经过 30d 左右的培育，全长达到 3cm 左右，成为"寸片"鱼种，此时应进行分池或转入室外鱼种培育池，进入鱼种培育阶段。为减少分池和转运操作环节的伤亡，分塘时要进行一系列准备工作。分塘前一天停止投喂，鱼苗围捕在上午鱼苗没有发生浮头时进行，用密网将鱼苗围捕于网箱中；将鱼苗集中于网箱一端，用 5%盐水沐浴，以消除寄生虫及病菌；鱼苗在网箱内密集暂养锻炼至下午，过筛、过数后进行分池培育。经过锻炼的鱼苗，排清粪便，肌体结实，黏液分泌减少，这样可提高分池培育和转运成活率。

五、鱼种培育

鱼种培育就是将全长 3cm 左右的鱼种培育成适宜在成鱼塘养殖或向自然水体放流的大规格鱼种的过程。育成鱼种规格没有严格标准，根据实际需要来确定。

全长 3cm 左右的鱼种，摄食能力和逃避敌害能力还较差，必须在培育池中继续进行精心培育，才能提高成活率。随着培育的进一步进行，鱼种规格逐渐增大，摄食习性基本与成鱼相似，集群性较强，摄食量增大，对生态环境的适应性等增强。鱼种培育可在池塘、网箱中进行，但要注意池塘培育鱼种的面积不宜过大，否则不利于投喂及日常管理。鱼种培育阶段，由于鱼种食性和生活活性已确立，对外界环境的要求也有所改变，必须改变培育方式，以适应它们的要求。

(一)鱼种放养

1. 鱼种的质量要求

放养的鱼种要求规格整齐，体质健壮，游动敏捷，具有逆水游动能力，离水后具有强烈的挣扎弹跳能力；伤残率和畸形苗比例均不超过 2%。放养前应对鱼种进行严格药浴消毒。

2. 放养密度

如用于放流，宜采取单养模式；如用于池塘养殖食用鱼，可适当混养，但同池混养种类不宜超过 3 个。

放养密度为 10 万尾/亩左右。可根据池塘条件、饲料供应能力、预期产量和规格，特别是培育技术水平，对放养密度进行调整。在培育后期，如培育池中鱼种密度过大，应进行分塘。

(二)施肥和投饵

1. 施肥

鱼种下塘前，为保证鱼种的成活率和生长速度，除彻底清塘消毒外，还需施肥培水。施肥的目的在于培养浮游生物，一是保证鱼种下塘后有充足的适口饵料；二是保证池塘中具有一定数量的浮游植物，提高水体光合作用能力。此外，池塘中具有一定数量的浮游生物，可以增加水体浊度，降低强烈太阳光的直射。

1)施基肥

与清塘同步进行，在鱼种入塘前 7～10d，按 250kg/亩施粪肥，待池塘浮游生物开始大量出现时，放养鱼种。

2)施追肥

当池塘浮游生物量下降，水体透明度大于 30cm 时，选择晴天 9:00～16:00 施肥，此时光照强、气温高，浮游植物光合作用旺盛，效果好。

3）施肥量

水深 1m 的鱼池，每次按碳酸氢铵 4～5kg/亩，过磷酸钙 4kg/亩，或尿素 2～3kg/亩，过磷酸钙 4kg/亩的配方施肥。

4）施肥方法

常见的施肥方法为全池遍撒，肥效快，但作用时间短，化肥中许多尚未完全溶解的微小颗粒，易被鱼种误食，影响鱼种的成活率。此外，可采用挂袋施肥，分种类将全池泼洒的肥料分别平均装入 4～5 个塑料编织袋内(氮、磷肥不能混装于同一袋内)，挂在鱼池水下，距水面 20cm，让其自然溶解扩散。最好上午挂磷肥，下午挂氮肥，挂袋次数视水质肥瘦而定，一般 3～5d 一次，当鱼池注入新水后，要及时挂袋，并适当增加挂袋个数。

2. 投饵

3cm 左右鱼种的最好天然饵料是轮虫、桡足类、枝角类、摇蚊幼虫和水蚯蚓等。池塘中浮游动物量基本可满足鱼种放养初期对饲料的需要。随着鱼种个体的增大，池塘中天然饵料减少，必须投喂人工饲料才能满足苗种的摄食需求。投喂饲料要注意做到"四定"，即定时、定位、定量、定质。

粉状饲料通常采用人工投喂，首先在池塘中搭建一个饵料台，其材质以竹席、草席、彩条布等为好，最好可控制升降，每个池塘饵料台的面积约 3m²。将饵料台用竹桩固定在离池底 10～20cm 处。颗粒饲料建议有条件的养殖场采用投饵机投喂。

投喂次数：鱼种全长 3cm 前每天投喂 3～4 次，全长 5cm 前每天投喂 3 次，其后每天投喂 2 次即可。驯化定点定时吃食。投饵以傍晚为主，上午投 1/3。

投喂量：一般开始转化食性时投喂量为体重的 10%，以后逐渐下降到体重的 5%～8%。

粉状饲料应加一定量的水揉成团状，投放在食台上即可，忌将粉状饲料直接向池塘泼洒。

颗粒饲料可人工投喂，也可用投饵机投喂，建议有条件的养殖场采用投饵机。人工投喂时，将颗粒饲料直接撒播在食台上；用投饵机投喂时，投饵机的安放位置位于池塘长边中间，距池埂 1.5～2m。每次开机前制造固定的敲击声，使鱼形成条件反射。颗粒饲料的投饵量、每天投喂次数与粉状饲料相同。

如培育的鱼种用于增殖放流，可适当投喂底栖无脊椎动物如摇蚊幼虫、水蚯蚓等，训练鱼种捕食活饵的能力。

（三）日常管理

在整个鱼种培育过程中，池塘日常管理是一项要求细致、多方面、经常性的工作，做好日常管理是提高鱼种成活率和生长速度的关键。

(1)每天早晚各巡塘一次，观察水色和鱼的活动及摄食情况，以便及时采取措施。如遇大风、暴雪等突变天气，更要注意巡塘。

(2)每3～5d清整食场1次,每半个月用漂白粉0.3～0.5kg消毒1次。如投喂颗粒饲料,次数可适当减少。经常清除池边杂草和池中腐败污物,保持池塘环境卫生,防止有害昆虫、病菌的繁生。

(3)要特别注意鱼可能出现的浮头情况和水质变化,如发现黎明前至日出后1～2h有轻微浮头,这对鱼种生长影响不大。如果日出后2～3h仍继续浮头,就表示溶氧量较小,这时应适当少投饵或不投饵。如浮头较严重,应及时加注新水。

(4)苗种培育期间,也是各种有害水生昆虫繁衍的旺季,发现水蜈蚣、水虱等敌害时,应及时处理。水鸟较多的地区要采取有效措施进行驱赶,必要时应架设防鸟网。

(5)适时注水,改善水质。池塘中每天投饵量大,排泄物多,池塘水极易过肥。因此,经常加水可改善水质,预防缺氧泛池,促进鱼类生长。在饲养期间,一般5～7d加水1次。

(6)疾病预防与治疗:鱼种培育阶段,是鱼病最易流行的时期,预防比治疗更为重要,具体预防方法见鱼苗培育。

(四)分池与锻炼

鱼种经一段时间的培育,随着鱼体长大,活动空间也要求逐渐增大,原池的水质和营养条件已不能适应鱼体需要。因此,需对鱼种分池饲养。分池后的放养密度根据鱼种培育的预期规格、培育时间等因素确定。如拟培育5cm鱼种,以每亩池塘放养10 000尾左右鱼种为宜。

分池和鱼种出塘(出售)前需对鱼种进行拉网锻炼,以增强体质,提高出塘和运输过程中的成活率。否则,鱼种不仅会延缓生长,而且会发生鱼病,直接影响出塘率和成活率。

拉网锻炼的通常做法是:出塘前2～3d,停止投饵施肥,选择晴天上午10时左右拉网,将幼鱼围集网中,提起网衣,使鱼在半离水状态下密集10～20min,然后放回原池,第二天再次拉网,密集后将鱼移入网箱,约2h,用0.002%高锰酸钾溶液喷洒,或用3%的食盐水泼洒消毒后,再放回原池。

本 章 小 结

(1)雅鲁藏布江的6种裂腹鱼类是典型春季产卵鱼类,异齿裂腹鱼、尖裸鲤、拉萨裂腹鱼、拉萨裸裂尻鱼和双须叶须鱼的繁殖季节为3月中下旬至4月中上旬,巨须裂腹鱼为1月上中旬到2月中上旬。亲鱼种质纯正、质量优良和严禁人工杂交是避免种质混杂和提高苗种质量的前提。

(2)人工繁殖的适宜水温为10～16℃,常用催产激素鲤脑垂体(PG)、绒毛膜促性腺激素(HCG)、促黄体素释放激素类似物(LRH-A2)、马来酸地欧酮(DOM)单独或混合使用,均可取得较好催产效果,催产效果与亲鱼性腺发育状况和水温高低密切相关,采用低剂量LRH-A2和DOM,二针催产,适当延长针距,可获得较好催产效果,并提高催产率和亲鱼成活率。

　　(3)影响胚胎发育的环境因素主要有水质、水温、溶氧和敌害生物等。保持溶氧 5mg/L 以上，及时剔除未受精卵，防止水霉病的发生和传播是保证较高孵化率的重要措施。

　　(4)鱼苗具有混合营养期，及时投喂营养丰富的适口饵料是提高鱼苗成活率的关键，异齿裂腹鱼鱼苗和拉萨裂腹鱼鱼苗用仔鱼专用料作开口料，成活率分别达到 92.67%和 94.33%，显著高于仔鳗料和卤虫无节幼体；尖裸鲤用卤虫无节幼体培育效果较好，仔鱼专用料次之。

　　(5)鱼苗室内培育，放养密度为 2000～2500 尾/m²，饲料投喂量为鱼苗体重的 3%～ 5%；鱼种室外池塘培育，放养密度为 5 万～10 万尾/亩，饲料投喂量为 3%～4%鱼体重。保持水温在 12～15℃，溶氧 5mg/L 以上，以及严格的疾病防治是保证苗种培育成功的重要措施。

主要参考文献

陈礼强, 吴青, 郑曙明. 2007. 细鳞裂腹鱼人工繁殖研究. 淡水渔业, 37(5): 60-63.

董艳珍, 邓思红. 2011. 齐口裂腹鱼的人工繁殖与苗种培育. 水产养殖, 30(10): 638-640.

胡思玉, 詹会祥, 赵海涛, 等. 2012. 昆明裂腹鱼人工驯养繁殖技术. 湖北农业科学, 51(1): 136-138.

刘跃天, 冷云, 徐伟毅, 等. 2007. 短须裂腹鱼人工繁殖初探. 水利渔业, 27(5): 31-32.

刘跃天, 申安华, 吴敬东, 等. 2013. 光唇裂腹鱼人工繁殖研究. 中国水产学会学术年会.

刘跃天, 徐伟毅, 冷云, 等. 2002. 云南裂腹鱼人工繁殖初步研究. 淡水渔业, 32(5): 6-7.

彭淇, 吴彬, 陈斌, 等. 2013. 野生重口裂腹鱼[*Schizothorax (Racoma) davidi* (Sauvage)]的性腺发育观察与人工繁殖研究. 海洋与湖沼, 44(3):651-655.

若木, 王鸿泰, 梁启云, 等. 2001. 齐口裂腹鱼人工繁殖的研究. 淡水渔业, 31(6): 3-5.

谢春刚, 张人铭, 马燕武, 等. 2010. 塔里木裂腹鱼人工繁殖技术初步研究. 干旱区研究, 27(5):734-737.

徐伟毅, 冷云, 刘跃天, 等. 2004. 小裂腹鱼全人工繁殖试验. 淡水渔业, 34(5): 39-41.

晏宏, 詹会祥, 周礼敬, 等. 2010. 昆明裂腹鱼人工繁殖技术研究. 淡水渔业, 40(6):66-70.

殷名称. 1991. 鱼类早期生活史研究与其进展. 水产学报, 15(4): 348-355.

殷名称. 1995. 鱼类仔鱼期的摄食和生长. 水产学报, 19(4): 335-342.

于秀玲, 辛乃宏. 2005. 四种西藏卤虫卵的生物学特性分析. 海湖盐与化工, 35(1): 25-26.

张良松. 2011. 异齿裂腹鱼人工规模化繁殖技术研究. 淡水渔业, 41(5): 88-91, 95.

张应贤. 2011. 野生小裂腹鱼的生物学特性及人工繁殖技术. 云南农业, 3: 52.

朱成德. 1986. 仔鱼的开口摄食期及其饵料综述. 水生生物学报, 10(1): 86-95.

朱成德. 1990. 仔鱼的开口摄食期及其饵料. 水产养殖, (5): 30-33.

Blaxter J H S. 1974. The Early Life History of Fish. Berlin: Springer-Verlay: 101-124.

第十一章　雅鲁藏布江中游鱼类资源保护问题

雅鲁藏布江是世界上海拔最高、落差最大、环境多样、河床形态丰富的河流。独特的生态环境不仅孕育出了源远流长、绚丽灿烂的藏族文化，还孕育出了本地区特有的水生生物。雅鲁藏布江特有鱼类是我国重要的鱼类资源，除了在生物地理学、系统发育等方面具有重要的科研价值外，鲱科和裂腹鱼等经济鱼类在养殖、育种等方面具有潜在价值。然而，近年来雅鲁藏布江土著鱼类资源已显著衰退。随着西藏地区社会经济的发展，人类活动与资源养护之间的矛盾将会更为突出，对雅鲁藏布江水域生态和特有土著鱼类的保护已刻不容缓。查明资源减少的原因，根据水域生态和鱼类资源特点，采取相应的保护措施，是雅鲁藏布江水域生态和渔业资源保护的迫切需要。

第一节　雅鲁藏布江中游鱼类资源

一、鱼类资源现状

(一)鱼类组成

雅鲁藏布江中游土著鱼类由鲤形目鲤科裂腹鱼亚科、鳅科条鳅亚科高原鳅属和鲇形目鲱科三个类群组成，常见的经济鱼类为异齿裂腹鱼(棒棒鱼)、拉萨裂腹鱼(尖嘴鱼)、巨须裂腹鱼(胡子鱼)、双须叶须鱼(花鱼)、尖裸鲤(白鱼)、拉萨裸裂尻鱼(土鱼)等 6 种裂腹鱼类和鲱科的黑斑原鲱。这些鱼类广泛分布于雅鲁藏布江中下游干支流，个体较大，经济价值高，是中游主要捕捞对象。高原鳅属鱼类，个体小，种群数量较大，主要分布于附属湖泊、河流沿岸缓流、浅水多砂砾及水草处，渔业利用价值不高，但也有小规模捕捞，渔获物在市场出售，用来放生。

除了土著鱼类外，中游还有十余种外来鱼类，主要为鲫、银鲫(*C. auratus gibelio*)、鲤、草鱼、鳙、鲢、棒花鱼、麦穗鱼、泥鳅、大鳞副泥鳅、南方鲇、鲇、小黄黝鱼、黄鳝(*Monopterus albus*)等。

(二)裂腹鱼类分布

杨汉运等(2010)对雅鲁藏布江中游 5 个江段 2006～2007 年的渔获物调查结果表明，6 种裂腹鱼类在总渔获物中的比例达 98.47%。其中异齿裂腹鱼 37.60%、拉萨裸裂尻鱼 20.93%、巨须裂腹鱼 14.89%、双须叶须鱼 13.84%、拉萨裂腹鱼 6.38%、尖裸鲤 5.39%。

不同江段的渔获物在总渔获物中的比重差别较大，萨嘎—拉孜江段 7.88%，日喀则江段 16.75%，曲水江段 30.6%，桑日—加查江段 23.64%，米林江段 21.10%。各江段渔获物在总渔获物中的比重，基本呈从上至下逐渐下降的趋势。曲水江段所占比重较大，可能与此段河谷更为开广、河道多分叉、沙洲相间多漫滩有关。

6 种鱼类在所调查的江段均有分布，但在不同江段渔获物中的比重差别较大。异齿裂腹鱼仅在位于中游上部的萨嘎—拉孜江段种群数量相对较小，而在日喀则至米林，无论是在宽谷江段，还是峡谷江段，其种群数量均较大，各江段的渔获物重量比为 25.20%～60.31%，是 6 种鱼类中比例最大的。巨须裂腹鱼在峡谷江段比例较大，桑日—加查江段和萨嘎—拉孜江段的渔获物重量比分别为 28.61%和 14.13%，而在三个宽谷江段，其渔获物重量比为 10%左右。尖裸鲤在日喀则江段比例较大，为 19.30%，其次是萨嘎—拉孜江段，为 7.85%，日喀则以下三个江段则不超过 3.5%。拉萨裂腹鱼在各个江段的渔获物重量比均不超过 10%，比例相对较大的是桑日—加查江段，但也仅为 9.10%。拉萨裸裂尻鱼在宽谷江段的曲水和米林，渔获物重量比分别为 46.20%和 20.81%，但在峡谷江段萨嘎—拉孜，其渔获物重量比也达 18.14%。双须叶须鱼在峡谷江段萨嘎—拉孜的渔获物重量比为 38.83%，在宽谷江段米林、日喀则和曲水的比例分别为 29.28%、15.87%和 6.10%（表 11-1）。

表 11-1 不同江段裂腹鱼类的渔获物重量比

Table 11-1 Weight percentage of Schizothoracinae fishes in different sections of Yarlung Zangbo River

鱼类 Fishes	米林 Mainling	曲水 Qüxü	日喀则 Shigatse	萨嘎—拉孜 Saga-Lhaze	桑日—加查 Sangr-Gyaca	合计 Total
拉萨裸裂尻鱼 S. younghusbandi	20.81	46.20	5.36	18.14	0.30	20.93
异齿裂腹鱼 S. (S.) o'connori	35.45	25.20	42.24	13.58	60.31	37.60
巨须裂腹鱼 S. (R.) macropogon	9.54	10.60	10.46	14.13	28.61	14.89
拉萨裂腹鱼 S. (R.) waltoni	2.73	6.80	5.88	7.47	9.10	6.38
双须叶须鱼 P. dipogon	29.28	6.10	15.87	38.83	0.30	13.84
尖裸鲤 O. stewartii	1.29	3.50	19.30	7.85	0.80	5.39
其他 Other fishes	0.90	1.60	0.90	0	0.58	0.97
合计 Total	100	100	100	100	100	100

注 Note：依杨汉运等(2010)数据整理 Analyzed after Yang et al.(2010)

渔获物重量比在一定程度上反映了该鱼类种群的相对数量。从上述数据可以看出，异齿裂腹鱼和拉萨裂腹鱼在雅鲁藏布江中游分布较为均匀，不同的是异齿裂腹鱼是整个中游的优势种群，而拉萨裂腹鱼在整个中游的种群数量均较少。其他 4 种鱼类在中游分布的均匀度较差，尖裸鲤主要分布于中游的日喀则以上江段，巨须裂腹鱼主要分布在全江干流峡谷江段，拉萨裸裂尻鱼主要分布在宽谷江段，双须叶须鱼主要分布在日喀则上游的峡谷江段。

二、裂腹鱼类生物学特性简介

关于雅鲁藏布江中游几种裂腹鱼类的生物学特性在前面相关章节已有详细介绍，为了分析，将主要结论在此作一简要介绍。

雅鲁藏布江中游几种裂腹鱼年龄结构复杂，异齿裂腹鱼渔获物最大年龄达到 50 龄，年龄结构最为简单的也有十几龄；生长速度极为缓慢，雌鱼和雄鱼的表观生长指数(∅)

为 4.3～4.7，生长系数(k)处于 0.1/a 附近。这些特性表明裂腹鱼类是一种生长缓慢和寿命较长的鱼类，生活史类型属于典型的 k-选择类型。

几种裂腹鱼类的食物类型可分为三类；尖裸鲤主要捕食鱼类，兼食水生昆虫幼虫；异齿裂腹鱼和拉萨裸裂尻鱼主要摄食着生藻类，兼食水生昆虫幼虫；双须叶须鱼、拉萨裂腹鱼和巨须裂腹鱼主要摄食水生昆虫幼虫，兼食有机碎屑和高等水生植物。

几种裂腹鱼类性成熟较晚，绝对繁殖力在数千至几万粒之间，繁殖期为 3～4 月(巨须裂腹鱼约早 1 个月)，产卵场较为分散，通常位于河流岸边浅水带，水深 0.3～1.0m，水质清澈。底质多是石块和鹅卵石，这样的地方干支流都有；产卵前具有短距离产卵洄游行为。裂腹鱼类的卵较大，吸水后卵径达 2.5～3.0mm，卵黄径为 2.3～2.7mm，卵周隙小；胚胎发育时间较长，在水温 12℃左右，需 8～12d，有效积温 2400～3100h·℃；仔鱼 5～7 日龄开口摄食，混合营养期长达 18～23d。另一种重要经济鱼类黑斑原鮡的繁殖习性大体如此，不同的是繁殖期在 4～6 月(谢从新，2016)。

第二节　鱼类资源的主要影响因素分析

一、酷渔滥捕

由于宗教和生活习俗等因素的影响，藏族同胞极少食用鱼类。改革开放前，西藏的绝大部分水体都没有进行渔业开发，天然鱼类资源长期处于自生自灭的自然调节状态。自 20 世纪 90 年代初，由于西藏经济的发展，外来人员的增加，对水产品的需求量，不仅在自治区内大幅增加，同时大量销往内地。至 90 年代中后期，拉萨河鱼类资源已开始锐减(张春光和贺大为，1997)。进入 21 世纪后的十几年来，市场需求的迅速增长，市场价格的飙升，刺激了对鱼类的捕捞。根据对 2008～2009 年雅鲁藏布江谢通门—日喀则江段渔获物的分析(表 4-4)，几种裂腹鱼类的渔获物中，50%性成熟年龄以下各龄个体在渔获物中的比例均接近或超过 50%，过多未达性成熟个体被捕捞，造成种群补充群体数量下降；体重生长拐点以下各年龄组在渔获物中的比例均大于 50%，不利于发挥鱼类生长潜能；个体较大的雌鱼在渔获物中的比例往往高于雄鱼，对种群延绵产生不利影响；渔获个体越来越小，如巨须裂腹鱼渔获物平均年龄，由 2008～2009 年的 8.33 龄，下降到 2012 年的 6.55 龄，在不到 4 年的时间里渔获物的平均年龄降低了约 2 龄。由此可见，过度捕捞是导致雅鲁藏布江鱼类资源衰退的主要原因之一。此外，对渔业资源造成更为严重破坏的是毒鱼、炸鱼等违法行为，所有鱼类不分种类，不分大小无一幸免，给鱼类资源造成了毁灭性破坏。多数裂腹鱼类的生活史对策偏向于 k-对策者(k-strategy)，其种群一旦遭受过度破坏后，由于恢复能力低，就有可能灭绝。为了保护雅鲁藏布江裂腹鱼类种质资源，应加强对渔业行为的监管，尽早对捕捞政策进行调整。

二、水电开发

雅鲁藏布江蕴藏着丰富的水能资源，全流域水能蕴藏量超过 1.13×10^8kW。雅鲁藏布江水资源的合理开发利用，对于西藏地区乃至全国的国民经济可持续发展具有深远意义(徐大懋等，2002；邱志鹏和张光科，2006)。雅鲁藏布江已制定了水电开发规划，已建成和正在修建的有藏木、加查、直孔、旁多、多布、老虎嘴、雪卡等多座水电站。水资源开发对生态环境，特别是对鱼类和其他水生生物的影响应予以特别重视。水电站的修建对生态环境和渔业资源的影响主要表现在以下方面。

1. 水电站占据了鱼类产卵场位置

根据调查，雅鲁藏布江日喀则–谢通门段，尼洋河巴河支流老虎嘴段和拉萨河唐加–直孔段、旁多段是已知的黑斑原鮡产卵场。拉萨河直孔水电站和旁多水电站，巴河老虎嘴水电站建在黑斑原鮡产卵场河段，对黑斑原鮡产卵场产生了毁灭性破坏。

2. 严重影响鱼类繁殖

雅鲁藏布江上的水电站多为日调节水电站。日调节水电站的特点是每日下泄流量随用电峰谷而变化，排入坝下河道后成为非恒定流，致使河水流量、水深、流速及水面宽度等变幅较大，造成江水的陡升、陡降。例如，藏木水电站坝上库区水位变幅约为5m，11月至翌年5月，发电泄水产生的非恒定流使坝下河道水位发生较大波动，水位变化为3243.53～3248.05m，变幅为4.52m(黄颖等，2004；陈静等，2017)。水位下降将产卵场暴露在空气中，使鱼类无法产卵；即使在涨水时产卵，受精卵在长达10d左右的孵化过程中，水位的陡升、陡降也将使受精卵反复暴露在空气中。日调节水电站运行产生的非恒定流将对鱼类产卵及鱼卵的成活率产生严重影响。

3. 改变鱼类的生态环境

雅鲁藏布江的裂腹鱼类都适宜急流环境，多以着生藻类和水生昆虫等无脊椎动物为主要食物。水电站建成蓄水后，原有的急流环境消失；汛期洪水裹挟的泥沙大量沉积，使底质发生变化，河床卵石被厚厚的淤泥覆盖，加之库区水位抬升，光线往往难以到达底层，原来河道内急流河滩的砾石表面生长的周丛生物，因缺乏所需的生存条件而消失。这就意味着，原来在库区江段急流中营底栖或在底层生活，以周丛生物为食的特有鱼类，将失去它们赖以生存的基本条件。

4. 改变鱼类群落结构

水电工程建设改变了原来的水生态环境，坝上水域由原来的流水环境变为静水或缓流水环境。裂腹鱼类和黑斑原鮡等适应流水生活的土著鱼类则迁移到水库上游具有流水环境的江段；而一些适宜在静水和缓流生活的高原鳅属土著鱼类和鲤、鲫、棒花鱼、麦穗鱼等外来鱼类的种群则得到发展，将加剧外来鱼类入侵。

三、外来鱼类入侵

养殖鱼类引种带入、逃逸、放生是外来鱼类的主要入侵途径。雅鲁藏布江现有的外来鱼类中鲢、鳙、草鱼等体形较大的鱼类，主要分布在雅鲁藏布江干支流主河道；麦穗鱼、泥鳅、鲫和小黄鲴鱼等喜静水环境的小型鱼类主要分布在沼泽地、河道的静水河汊，在靠近主河道岸边的水体也有少量分布(陈锋和陈毅峰，2010)。外来鱼类不仅广泛入侵雅鲁藏布江水系，且在一些水域已形成自然种群。麦穗鱼等小型鱼类生命周期短，繁殖速度快，生活史类型属于典型的 *r*-选择者，在引入雅鲁藏布江后，种群得以快速发展，不仅与土著鱼类发生空间和食物竞争，导致那些与其空间分布和食物相似的土著鱼类数量减少甚至灭绝，进而改变原有的鱼类区系，还通过捕食、扰动等，改变或破坏脆弱的高原水生态系统。

四、水质污染

西藏的矿产资源较为丰富，沿雅鲁藏布江蕴藏有金、铜、银、钼、铅、锌、锑、铁、锡、镍、铬和铀等重金属矿，石灰石、花岗岩、钢玉、水晶和电气石等非金属矿。矿产资源的开发利用产生的工业废水和生活污水排入天然水域后必将对鱼类生活、生存环境造成影响，特别是突发性污染事故，对环境和资源更是会产生灾难性的影响。

为支撑和拉动全区经济快速发展，国家和西藏地方政府高度重视交通基础设施建设，明确提出了交通跨越式发展战略。除了已建成的拉日铁路和在建的拉林高等级公路外，还有一批重大交通建设工程和农村公路通畅工程都将相继开工建设。其中多数工程建在雅鲁藏布江沿岸，工程施工除对水质产生污染外，还将会永久性占用和破坏河道原有结构，运营期路面污染物和交通运输噪声，突发性污染事故等，对水生生物资源及水生态系统结构和功能将产生长期的负面影响。

人类活动影响的另一个方面是西藏旅游资源的开发。随着西藏旅游业的快速发展，旅游人数大幅增加，"游西藏美景、品高原佳鱼"虽然能够吸引游客，但也带来了环境污染问题，不仅加大了对环境和生态系统的压力，还加大了对本地野生鱼类资源的需求，渔业捕捞量逐年增大，这也是导致鱼类资源量显著下降的原因。

西藏经济的发展，资源的开发利用，工矿企业和人口的增加，工业废水和生活污水的排放必将对水生生物资源及水生态系统造成影响。增强环保意识，加强对工程的环境影响评估和监督监测，完善生态补偿机制是尽可能减少工程对水生生物资源及水生态系统影响的重要举措。

第三节　资源主要保护措施有效性分析

一、渔政管理

西藏自治区政府及有关渔业行政主管部门十分重视渔业资源保护，1981 年西藏成立渔业管理机构。1984 年发布了《西藏自治区人民政府关于保护水产资源的布告》，标志着西藏渔业资源管理纳入法制化建设轨道。1988 年制定了《渔业资源增殖保护费征收使用办法》等地方性法规，部分重点水域也制定了有关保护措施（蔡斌，1997；格桑达娃等，2011）。2006 年 1 月颁布实施的《西藏自治区实施〈中华人民共和国渔业法〉办法》，规定各地渔业主管部门根据渔业资源状况、繁殖特性，设置禁渔区和禁渔期；捕捞业实行捕捞限额和捕捞许可证制度；规定网目不得小于 65mm，捕捞规格和渔获物中幼鱼不得超过 10%等，为规范渔业生产、渔业资源的保护和合理开发利用提供了法律依据。

西藏成立了渔政管理机构，建立了渔政管理队伍。近年来，依照《中华人民共和国渔业法》《中华人民共和国野生动物保护法》《中华人民共和国环境保护法》等的有关规定，加强了对各类涉渔违法行为的监管整治，加大了对涉渔违法行为的查处力度，取得了一定成绩。

西藏水域面积太大，一些重要渔业水域交通不便，渔政管理人员和装备不足，手段落后，给渔政管理执法带来了较大困难，渔政监管无法全面覆盖，非法渔业行为仍时有发生。为了进一步做好渔业资源的保护工作，除需要进一步完善渔业养护措施外，还需加强渔政执法队伍和装备建设，提高渔政执法能力。

二、水产种质资源保护区

西藏建设了一批国家级和区级自然保护区，如西藏色林错黑颈鹤国家级自然保护区和西藏雅鲁藏布江中游河谷黑颈鹤国家级自然保护区，主要保护世界珍稀鸟类黑颈鹤的主要越冬夜宿地和觅食地。这些涉水自然保护区的功能主要是保护陆生珍稀动植物及其生态系统，虽然实际上也起到保护鱼类及其生境的作用，但不能替代水产种质资源保护区的功能。水产种质资源保护区的主要功能是保护水产种质资源及其生存环境(中华人民共和国农业部令 2011 年第 1 号)。因此，在建好自然保护区的同时，建好水产种质资源保护区对保护鱼类种质资源具有重要意义。

2010 年农业部批准建立尼洋河特有鱼类国家级水产种质资源保护区，这是雅鲁藏布江流域的第一个水产种质资源保护区。保护区位于林芝市工布江达县错高乡境内，保护区核心区巴松错为堰塞湖，上游有扎拉曲、仲错曲、边浪曲、罗结曲等河流入湖(土登达杰，2016)，下游通尼洋河支流巴河。保护区总面积 100km^2，其中核心区面积占 37.5%，试验区面积占 62.5%(索朗和扎堆，2016)。特别保护期为每年的 3 月 1 日至 8 月 1 日。主要保护对象为尖裸鲤、拉萨裂腹鱼、巨须裂腹鱼、双须叶须鱼、异齿裂腹鱼、拉萨裸裂尻鱼、黑斑原鮡。该保护区的入湖河流具备上述鱼类的产卵条件，能够保证鱼类完成其生活史，对上述鱼类种质资源保护将起到一定作用。但该保护区鱼类的优势种群为异齿裂腹鱼，其他鱼类数量较少；此外，该保护区与雅鲁藏布江连通的尼洋河及其支流上建有多座水电站，阻隔了保护区与雅鲁藏布江之间的鱼类交流，使得该保护区对鱼类种质资源保护存在一定的局限性。

三、水电站生态保护措施

水电工程的建设改变了天然河道的形态、水文情势和水体理化性质等，对鱼类及其赖以生存的水生态系统造成影响，通常采用修建过鱼设施、建设增殖放流站和保护天然生境等综合措施保护鱼类等水生生物。已建成的藏木水电站便修建了鱼道。藏木水电站鱼道总长 3621.4m，最大水头 67.0m。鱼道的主要过鱼对象为异齿裂腹鱼、巨须裂腹鱼、拉萨裂腹鱼，兼顾过鱼对象为尖裸鲤、双须叶须鱼、拉萨裸裂尻鱼、黑斑原鮡、黄斑褶鮡。主要过鱼季节和兼顾过鱼季节分别是 3～6 月和 2～10 月(陈静等，2017)。雅鲁藏布江上修建的其他水电站过鱼设施的过鱼对象和过鱼季节大体如此。雅鲁藏布江干流桑日—加查峡谷江段规划中的梯级水电站，自上至下分别为巴玉、大古、街需、藏木和加查水电站，相邻水电站间的距离约分别为 8km、7km、11km 和 10km(http://www.wendangku.net/

doc/5a02a25fad51f01dc281f1ee.html)。建成蓄水后基本上首尾相连,如藏木水电站正常蓄水位 3310m,死水位为 3305m(陈静等,2017;曾海钊等,2017),上游街需水电站设计坝区河水面高程 3301～3317m(李文强,2013),藏木水电站正常蓄水位与街需水电站坝区河水面高程几乎在同一高程,水库之间没有流水江段,即使存在流水江段,其流程也极短,原有的急流环境消失;汛期洪水裹挟的泥沙大量沉积,使河床砾石被厚厚的淤泥覆盖;水库水位抬升,光线往往难以到达底层,原来河道内急流河滩砾石表面生长的周丛生物,因缺乏所需的生存条件而消失。这就意味着,在水库蓄水运行后,导致特有鱼类饵料缺乏,栖息生境消失,水库内已不具备它们基本的生存条件。另外,桑日—加查峡谷江段两岸多为峭壁(图版XI-1e,f),没有适宜裂腹鱼类产卵的环境条件。雅鲁藏布江中游的几种裂腹鱼类适应流水生活,克服水流的能力较强,可能适应鱼道的水文条件而上溯,但水库里的食物和水文等环境条件并不适宜它们的生长和繁殖。显然,鱼类通过鱼道进入并停留在库区生活难以达到物种保护的目的,唯有通过多座大坝到达梯级水电站上游流水江段,才具有完成其生活史的适宜生态条件,问题是裂腹鱼类能否通过鱼道等过鱼设施,翻越多座大坝到达梯级电站上游江段繁殖产卵。高坝深库建成后,水库内已经没有这些需要保护鱼类的生存条件了。水电站修建的鱼道成为一些鱼类的"生态陷阱"(曹文宣,2017)。

不同鱼类要求的产卵条件不同,产卵场所也不同。一般来说,产卵条件要求严格的鱼类,其产卵场往往有一定的范围和限制。例如,回归性极强的鲑科鱼类必须长途跋涉,克服一切阻碍回到出生地产卵;长江中的"四大家鱼"等产漂流性卵鱼类,也必须经过长距离洄游,到达上游具有特定条件的产卵场繁殖。相反,产卵条件要求不严格的鱼类,其产卵场分布往往较为广泛。雅鲁藏布江中游江段几种裂腹鱼类和黑斑原鮡的产卵场较为分散,位于河流近岸 0.3～1.0m 的浅水带,底质多是石块和卵石,流速较低,流态紊乱的地方,这样的地方干支流的上下游都有,裂腹鱼类只需从越冬场短距离洄游到就近产卵场即可产卵,顺利完成其生活史,鱼道等过鱼设施并非"救鱼"的必要措施。

四、增殖放流

苗种是人工增殖放流的物质基础。自治区黑斑原鮡良种场,2007 年成功进行了黑斑原鮡规模化人工繁殖;2007～2009 年,异齿裂腹鱼、双须叶须鱼、拉萨裂腹鱼、拉萨裸裂尻鱼、尖裸鲤和巨须裂腹鱼等裂腹鱼类的规模化人工繁育获得成功;室外池塘培育 1 龄和 2 龄鱼种(图版X-2e～f)亦获得成功,基本形成了土著鱼类苗种繁育技术体系,为增殖放流奠定了技术和物质基础。

目前,除黑斑原鮡良种场和米林土著鱼类繁育场外,还有异齿裂腹鱼良种场、高原土著鱼类增殖和放流保护基地、西藏农牧科学院水产科学研究所鱼类繁育基地等土著鱼类繁育基地;水电部门已在藏木水电站和多布水电站建立了鱼类增殖放流站。这些基础设施的苗种繁育能力能够满足土著鱼类人工增殖放流对苗种的需求。培育的苗种基本用于雅鲁藏布江人工增殖放流(图版XI-2)。

土著鱼类增殖放流的主要问题:①增殖放流的鱼类主要是异齿裂腹鱼,尖裸鲤、巨须裂腹鱼等放流数量较少,因多种原因,已经濒临灭绝的黑斑原鮡近年来没有放流;

②放流的鱼种除少数为 1 龄和 2 龄大规格鱼种外，大部分为 3～5cm 当年鱼种；③放流的鱼种都是在室内培育池中用商品饲料培育的，没有经过摄食自然饵料生物训练，放流到自然水体后的成活率究竟有多少尚待验证。

第四节　资源保护措施的建议

渔业资源管理是一个复杂系统工程，涉及相关渔业法规、水域环境、渔业资源、社会经济、宗教文化等诸多方面。首先需要树立生态和资源保护优先的观念，其次需要明确保护的对象和希望达到的目的，根据鱼类资源现状和鱼类生物学特性制定相应的资源保护措施，协调在管理过程中出现的各种各样的利害冲突和矛盾。

一、健全完善渔业资源管理体系

(一)建立渔业资源保护长效机制

树立经济建设与资源保护协调的科学发展观，遵循"尊重自然、顺应自然、保护自然"的理念，坚持水域生态和渔业资源保护优先的原则，规划水域生态和渔业资源管理；以《中华人民共和国渔业法》和《中华人民共和国野生动物保护法》等国家法律法规为准则，结合自治区水域生态和渔业资源具体情况，修改完善现有地方渔业法规，构建主动式渔业资源管理模式，形成完善的渔业法规体系；积极推进渔业资源管理改革，在雅鲁藏布江重点水域实行禁渔十五年，非重点水域，严格实行以捕捞配额制为核心内容的主动式渔业资源管理模式。

(二)加强渔业资源管理能力建设

1. 加强渔业资源管理的统筹协调

渔政管理不仅要贯彻执行各项渔业法规，还要协调在管理过程中出现的生物学、社会学和经济学等方面的各种各样的利害冲突和矛盾(唐启升，1986)。为了妥善处理这些矛盾，应有雅鲁藏布江水域生态和渔业资源管理专门领导机构，统筹和协调政府有关部门和相关企业，聚集各方面人力、财力和物力，形成合力，促进水域生态和渔业资源保护工作统一管理。统筹安排相关的水域生态、渔业资源生物学、资源量监测、捕捞量控制办法等基础调查，水产种质资源保护区建设，人工增殖放流；协调处理水域生态和渔业资源保护中的重大问题，如水电工程等各类工程建设环境影响与水域生态和渔业资源保护的矛盾，工程生态补偿项目和经费使用管理等。

2. 加强渔业资源管理队伍建设

实现渔业资源有效管理的前提：一是准确调查和评估资源总量；二是总可捕捞量的合理分配与执行方式；三是要有较强大的监督执法力量，能对捕捞数量实施有效的控制。2006 年颁布实施的《西藏自治区实施〈中华人民共和国渔业法〉办法》中明确提出实行捕捞限额制度，但过度捕捞始终未能得到有效遏制，主要原因之一是监管的人力、物力和技术能力有限，监管无法到位。建议在现有三级渔政管理机构的基础上，进一步强化渔业综合执法管理体系建设，增加渔业资源管理人员编制，对渔业资源政府管理人员进行渔业法规、渔业资源知识的培训，提高执法水平。

3. 加强渔业资源管理装备建设

针对渔业资源管理装备不足，手段落后，给渔政管理执法带来的困难，应加强渔业资源管理装备建设，为渔业资源管理配备执法交通工具，远程监控、取证装备，提高执法能力。

(三)加强渔业法规宣传

渔业资源的保护，除了要有科学合理的渔业法规和制度，贯彻执行这些法规的措施外，还要加强渔业法规和制度宣传。通过媒体宣传渔业资源、渔业法规与制度，保护渔业环境和资源的意义，对于环境和资源保护尤为重要。通过宣传使保护水域生态和渔业资源成为人们的自觉行动；宣传"高原水养高原鱼、高原水放高原鱼"理念，使广大民众明白盲目放生的危害；将渔业资源保护、渔业法规与制度的考核作为渔民从业资格审查的内容。

二、加强渔业资源监测和研究

雅鲁藏布江中游是西藏地区人类活动最为频繁的地区，特别是近十几年来，随着西藏社会经济的发展，人类活动的不断增加，准确了解水域生态和鱼类资源现状，预测其发展趋势，有利于正确判断环境现状，科学制定保护政策和规划；有利于提高环境监管和执法水平，保障水域环境安全；有利于加强和改善宏观调控，促进经济结构调整，推进资源节约型、环境友好型社会建设。建议联合水产、水利、气象、水文等相关部门和相关科研院所开展水域生态和鱼类资源监测与研究。

(1)水域非生物环境监测。对水体主要理化参数进行周年监测，分析不同水质理化因子周年变动规律及其对鱼类等生物的影响。开展工业、农业和城镇生活污染源的污染物的种类、排放量、浓度和污染治理设施及其运行情况等指标调查。

(2)水域生物环境调查。重点调查鱼类饵料生物(着生藻类和大型底栖无脊椎动物)的种类组成、优势类群、生物量的时空变化；筛选水质监测的指示生物。

(3)鱼类资源动态监测。调查重要土著鱼类时空分布、重要栖息地和资源量、生物学特征，主要经济鱼类种群结构动态；重点调查捕捞对鱼类种群结构的影响，不同渔具渔法的渔获物组成，评估不同渔具渔法对鱼类资源的影响；研究多物种捕捞管理问题，根据调查结果，确定不同江段的捕捞配额，明确捕捞种类、规格和捕捞量，为渔业主管部门调整现有渔业养护措施提供科学依据。

(4)鱼类遗传多样性研究。调查研究特有土著鱼类遗传多样性和遗传结构，为种质保存和种群管理提供科学依据。

(5)外来鱼类入侵现状调查。调查外来鱼类种类与分布状况；建立风险评估指标体系；研究入侵鱼类扩散趋势和控制技术。

(6)涉水工程建设对渔业环境和渔业资源的影响评价。研究和评估工程建设对生态环境与鱼类资源的影响，提出对渔业环境和渔业资源影响的减缓措施及生态补偿建议。

在上述调查研究的基础上，进一步进行水域物质和能量流动规律、鱼类种群关系、全球气候变暖对水域生态环境和鱼类资源的影响等方面的研究；评估和预测社会经济建设对水域生态和鱼类资源的影响。

三、渔业资源保护的主要措施

(一)实行全面禁捕

西藏自治区目前实行的禁渔制度，虽然规定了禁渔期、禁渔区、捕捞网具网目和捕捞限量，但因水域面积大，监管能力不足，难以实行有效监管。禁渔期过后，那些付费取得捕捞许可证的渔民自然就会"半年养精蓄锐、半年拼命捕鱼"，其结果是半年的禁渔努力付之东流。对渔民的调查和对渔获物的分析结果均表明，连续多年的过度捕捞，使捕捞量越来越少，渔获个体越来越小，鱼类种群结构低龄化，补充型过度捕捞是导致雅鲁藏布江鱼类资源急剧衰退的主要原因。这就说明，季节性禁渔并不能阻止对鱼类资源的过度捕捞，长此下去渔业资源难逃灭绝命运。如何有效地解决过度捕捞引起的资源衰退问题，可以借鉴长江禁渔经验。

农业部从2003年起在长江流域全面实施季节性禁渔，虽然有一定的效果，但作用有限，不能遏制长江鱼类资源衰退的趋势，也不能起到恢复长江鱼类资源的作用(刘绍平等，2005；段辛斌等，2008)，过度捕捞仍然是导致长江鱼类资源减少的主要原因之一(陈大庆，2003)。针对长江禁渔期制度难以满足修复长江水域生态环境和渔业资源的需要，中国科学院曹文宣院士早在2008年就在不同场合指出，在长江流域实施全面禁渔将是根治问题的重要途径，提出长江全面禁渔十年的建议(曹文宣，2008a，2008b，2011)。禁捕的目的是让水域生态休养生息，渔业资源得以恢复。在长江全面禁渔十年的一个重要依据是长江主要的经济鱼类"青鱼、草鱼、鲢、鳙"四大家鱼4～5年达到性成熟，连续10年禁渔，能够保证它们增殖两三个世代，有助于长江水生生物资源数量成倍恢复，这样才能逆转当前长江生态恶化的趋势。那么在雅鲁藏布江禁渔多少年才能够达到渔业资源得以恢复的目的呢？根据雅鲁藏布江中游的主要保护对象几种裂腹鱼类雌鱼50%性成熟年龄为7(拉萨裸裂尻鱼)～11龄(异齿裂腹鱼)，需要15年甚至更长时间才能够增殖两三个世代。因此，建议应有计划、有步骤地在雅鲁藏布江实行全年禁捕15年，全面禁捕范围包括现有的涉水自然保护区，水产种质资源保护区，重要经济鱼类在干支流的产卵、越冬、肥育等重要水域。林芝市行政区内所有天然水域已实行十年禁渔(林芝市人民政府令第1号，2017年10月23日)，为雅鲁藏布江全面禁渔迈出了可喜的第一步。

藏族同胞崇尚自然，敬畏生命，拥护禁渔。沿雅鲁藏布江的绝大多数藏族同胞从事农业和畜牧业，雅鲁藏布江渔民绝大多数是内地渔民，仅位于拉萨河与雅鲁藏布江交汇处的俊巴村有少数人世代从事捕捞，通过多种措施安排渔民转产转业，禁捕不会影响他们的经济收入，且有利于促进民族团结和社会和谐。

(二)提高增殖放流效果

增殖放流的目的是恢复天然水域渔业资源种群数量,使衰退自然种群得以恢复。为了提高增殖放流效果,避免盲目放流,首先需要提前制定增殖放流的计划,根据自然水域中鱼类资源状况,确定放流鱼类的种类、数量和质量,其次做好部门间的统筹协调,安排各单位的苗种生产和放流任务,严格按放流任务组织苗种生产。同时遵循以下基本原则。

(1)建立健全增殖放流制度。制订增殖放流技术规范、种质标准、亲鱼和苗种质量标准;建立健全放流鱼种种质和质量检测制度。

(2)确保苗种种质纯正。增殖放流的种类应该是雅鲁藏布江的土著鱼类,繁殖亲鱼的种质应符合种质标准,质量应符合亲鱼质量标准;严禁放流外来种,避免造成和加剧外来鱼类入侵。严禁放流杂交鱼种,避免造成种质混杂。

(3)确保放流苗种质量。提倡放流 1 龄或 2 龄、具有摄食天然饵料生物能力的大规格鱼种,提高放流鱼种成活率。严禁放流带病鱼种,防止病害传播。

(4)放生是一种民间自发的活动,实际上起到增殖放流的作用。目前放生鱼购自市场,主要为外来鱼类,造成外来鱼类入侵。应将放生纳入人工放流总体安排,可因势利导,提供土著鱼类苗种供放生,既可满足人们的放生愿望,达到增殖放流目的,又可控制外来鱼类入侵。

增殖放流的目的是增加天然水域鱼类种群数量,一旦自然水域中鱼类种群数量达到能够维持种群自然繁衍水平,即可停止增殖放流,以免造成人力、财力的浪费。

(三)水电工程影响的减缓措施

根据雅鲁藏布江梯级电站的特点和保护鱼类生物学,特别是繁殖生物学特点,没有修建鱼道等过鱼设施的必要,即使修建了也难以达到"救鱼"的目的,建议如下。

(1)尚未开工的水电站不必修建鱼道等过鱼设施。将加强保护天然生境和自然种群作为水域环境保护和"救鱼"的主要措施。

(2)保护鱼类的天然生境。在梯级电站上下游选择几处适宜江段不再规划和建设水电站,作为特有鱼类"庇护所"。例如,加查至林芝江段,峡谷急流、漫水浅滩与深水潭交替出现,水域环境多样性丰富,是裂腹鱼类和黑斑原鮡等鱼类生长的理想场所,朗县江段还是裂腹鱼类较为集中的产卵场。与其他保护措施比较,保护鱼类的天然生境,可起到事半功倍的效果。

(3)加强增殖放流管理。人工增殖放流是增加天然水域鱼类种群数量的有效措施。统筹安排在各个水电站增殖放流的种类和数量,避免放流种类的盲目性。具体措施见增殖放流相关内容。

(4)设立水域生态和鱼类资源保护专项基金。水电工程对水域环境和鱼类资源的影响是多方面的。为了减少保护措施的盲目性,提高保护效果,有必要对水域生态和鱼类资源的保护效果进行监测评估,根据监测结果对保护措施进行必要的调整;天然生境的保护需要投入大量的人力、物力,作为受益方的水电站应根据需要提供相应的生态补偿经费，用于加强保护天然生境和渔政管理。

(四)建立特有鱼类种质资源保护区

裂腹鱼类的分布存在空间变化(表11-1)，不同江段的群体存在显著的遗传分化(见第八章)，为了更好地保存鱼类的遗传多样性，需对雅鲁藏布江不同江段水域生态环境、裂腹鱼类的分布和鱼类群体遗传多样性做进一步的调查研究，根据调查结果选择适宜江段设立水产种质资源保护区。

(五)加强土著鱼类苗种培育关键技术研究

雅鲁藏布江中游主要经济鱼类的人工繁育已获成功，形成了规模繁育技术，但大规格鱼种培育技术尚待进一步完善和熟化，重点研究亲鱼培育和大规格鱼类培育技术，今后应对下面几个方面开展研究。

(1)亲鱼培育技术。目前，人工繁殖的亲鱼从天然水体捕捞，对资源产生一定的破坏。采用人工培育亲鱼，可以减少对资源的破坏，有利于提高亲鱼的繁殖力和精、卵质量。在吸收平原地区鱼类亲鱼培育技术的基础上，总结创新西藏土著鱼类亲鱼培育技术是苗种培育的一个重要途径。

(2)病害防控技术。调查研究发病规律，建立苗种病害生态防控技术和常见病的有效治疗技术。

(3)苗种期饲料技术。苗种期是鱼类运动、摄食和消化器官逐步发育完善的时期，经历开口摄食和食性转换两个重要事件，如果苗种不能获得营养丰富的适口食物，将会出现大量死亡。重点研究不同发育期的营养需求，转食饲料和转食技术，鱼种培育的最佳环境条件，提高鱼种成活率。

(六)加强土著鱼类食用鱼养殖关键技术研究

高原鱼类以"有机、健康"而闻名，从自然水体中捕捞的土著鱼类除了在当地销售外，大量鱼产品销往全国各大城市。市场需求刺激了对鱼类资源的掠夺式开发。在拉萨市场，土著鱼类特别是黑斑原鮡的销售价格远高于鲤和草鱼。建议对养殖土著鱼类进行政策性引导，用养殖土著鱼类逐步取代养殖外来鱼类，通过人工养殖满足市场需求，减少对自然种群的捕捞压力，对加强土著鱼类资源保护具有极其重要的意义，同时还可增加经济收入，减少养殖外来鱼类带来的入侵风险。

西藏自治区目前在拉萨、林芝、山南、亚东、羊八井和日喀则等地都有鱼类养殖，年产量为60~100t。除亚东河流域养殖的是土著鱼类亚东鲑外，其他地区养殖的都是外来鱼类。内地鱼类在西藏养殖成功，表明在西藏地区养殖更适应当地自然环境的土著鱼类是可行的。至于人们普遍担心的鱼类生长速度慢的问题，一些养殖试验证明，在水温等环境更为适宜、饲料充足的人工养殖条件下，裂腹鱼类的生长速度要比自然环境中快得多(孟立霞和张文华，2011；周礼敬和詹会祥，2013；马玉亮等，2014)。

商品鱼养殖虽然有内地养殖经验可以借鉴，但毕竟养殖环境和养殖对象均存在较大差异，需要组织科技力量对养殖中可能存在的问题开展专项研究，获得成功后再行推广。

本 章 小 结

雅鲁藏布江中游现有鱼类 28 种，其中土著鱼类 16 种，外来鱼类 14 种。土著鱼类由裂腹鱼亚科、鳅科条鳅亚科高原鳅属和鲱科三个类群组成，异齿裂腹鱼、拉萨裂腹鱼、巨须裂腹鱼、双须叶须鱼、尖裸鲤、拉萨裸裂尻鱼、黑斑原鲱和黄斑褶鲱为主要捕捞对象。几种裂腹鱼类在雅鲁藏布江中游的空间分布存在差异。

连续多年的过度捕捞、突发性水质污染和毒鱼、炸鱼是当前造成雅鲁藏布江中游鱼类资源衰退的主要原因，季节性禁捕不能有效遏制资源衰退。水电梯级开发形成的高坝深水水库，显著改变了河流的形态和水文情势及水体理化性质，对土著特有鱼类产生了不利影响，鱼道等过鱼设施难以达到"救鱼"的目的，加强保护未建坝河流天然生境是减缓影响的有效措施。随着流域经济的发展，水质污染将进一步加剧。养殖鱼类逃逸和无序放生是外来鱼类入侵的主要途径，水电站建设将扩大外来鱼类入侵范围。

为了保护和合理利用雅鲁藏布江的鱼类资源，建议：①健全完善渔业资源管理体系，制定渔业资源管理规划，进一步完善渔业法规；成立雅鲁藏布江渔业资源管理机构，统筹协调水域生态和渔业资源管理；加强渔政管理队伍和渔政管理装备建设，强化管理措施。②加强水生态和渔业资源调查研究，为资源养护提供科学依据。③加速水产种质资源保护区建设，为重要鱼类生息繁衍提供庇护所。④加强工程建设对生态环境与鱼类资源影响的评价。⑤推行"高原水养高原鱼、高原水放高原鱼"的理念和实践，积极开展高原特有鱼类大规格鱼种培育和食用鱼养殖关键技术的研究与推广。

主要参考文献

蔡斌.1997. 西藏鱼类资源及其合理利用. 中国渔业经济研究, (4): 38-40.

曹文宣.2008a. 如果长江能休息: 长江鱼类保护纵横谈. 中国三峡: 148-156.

曹文宣.2008b. 有关长江流域鱼类资源保护的几个问题. 长江流域资源与环境, 17(2): 163-164.

曹文宣.2011.长江鱼类资源的现状与保护对策. 江西水产科技, (2): 1-4.

曹文宣. 2017. 长江上游水电梯级开发的水域生态保护问题//张楚汉, 王光谦. 中国学科发展战略研究水利科学与工程前沿. 北京: 科学出版社: 284-301.

陈大庆.2003. 长江渔业资源现状与增殖保护对策. 中国水产, 3: 17-19.

陈锋, 陈毅峰.2010. 拉萨河鱼类调查及保护. 水生生物学报, 34(2): 278-285.

陈静, 郎建, 周小波, 等.2017. 雅鲁藏布江藏木水电站鱼道工程设计与研究. 水电站设计, 33(1): 52-58.

段辛斌, 刘绍平, 熊飞, 等. 2008. 长江上游干流春季禁渔前后三年渔获物结构和生物多样性分析. 长江流域资源与环境, 17(6): 878-885.

格桑达娃, 王慧, 陈红菊.2011. 西藏渔业资源保护及其利用的思考. 中国渔业经济, 29: 171-196.

黄颖, 李义天, 韩飞.2004. 三峡电站日调节对下游河道水面比降的影响. 水利水运工程学报, 3: 62-66.

李文强.2013. 西藏街需水电站工程区泥石流发育特征及工程影响研究. 成都: 成都理工大学硕士学位论文.

林芝市人民政府.2017. 林芝市野生鱼类保护办法. 林芝市人民政府令第 1 号, 2017 年 10 月 23 日.

刘绍平, 段辛斌, 陈大庆, 等.2005. 长江中游渔业资源现状研究. 水生生物学报, 29(6): 708-711.

马玉亮, 刘祥, 李瑾, 等.2014. 青海湖裸鲤商品鱼养殖试验. 科学养鱼, (5): 18-19.

孟立霞, 张文华.2011. 齐口裂腹鱼人工养殖技术. 中国水产, (5): 40-41.

邱志鹏, 张光科. 2006. 雅鲁藏布江水资源开发的战略思考. 水利发展研究, (2): 15-19.

索朗, 扎堆. 2016. 浅谈巴松错特有鱼类国家级水产种质资源保护区建设的意义. 西藏科技, (5): 37-38.

唐启升. 1986. 现代渔业管理与我国的对策. 渔业信息与战略, (6): 1-4.

土登达杰, 扎堆. 2016. 建设巴松错特有鱼类国家级水产种质资源保护区的自然条件及社会经济利益简析. 西藏科技, (12): 20-21.

谢从新. 2016. 雅鲁藏布江黑斑原鮡生物多样性及养护技术研究. 北京: 科学出版社.

徐大懋, 陈传友, 梁维燕. 2002. 雅鲁藏布江水能开发. 中国工程科学, 4(2): 47-52.

杨汉运, 黄道明, 谢山, 等. 2010. 雅鲁藏布江中游渔业资源现状研究. 水生态学杂志, 3(6): 120-126.

曾海钊, 周小波, 陈子海. 2017. 藏木水电站鱼道设计. 水电站设计, 33(1): 68-71.

张春光, 贺大为. 1997. 西藏的鱼类资源. 生物学通报, 6: 9-10.

周礼敬, 詹会祥. 2013. 昆明裂腹鱼人工养殖技术. 家畜生态学报, 34(6): 81-84.

图　　版

异齿裂腹鱼 *S. (S.) o'connori*

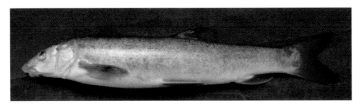

拉萨裂腹鱼 *S. (R.) waltoni*

尖裸鲤 *O. stewartii*

拉萨裸裂尻鱼 *S. younghusbandi*

双须叶须鱼 *P. dipogon*

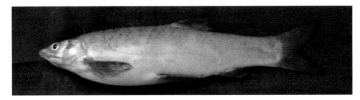

巨须裂腹鱼 *S. (R.) macropogon*

图版Ⅱ-1　6种裂腹鱼类外部形态

Plate　Ⅱ-1　Morphology of six Schizothoracinae fishes

图版 II -2　雅鲁藏布江野外调查

Plate　II -2　Field work in the Yarlung Zangbo River

a. 底栖生物采集；b. 埋置人工基质；c. 采集水文数据；d. 在日喀则江段采集鱼类生物学样本；

e. 在山南江段采集鱼类生物学样本；f. 渔获物统计

a. Benthos collection；b. Artificial substrate set；c. Hydrologic data collection；d. Sampling fish biological specimens in the Shigatse section of the

Yarlung Zangbo River；e. Sampling fish biological specimens in the Lhoka section of the Yarlung Zangbo River；f. Catch statistics

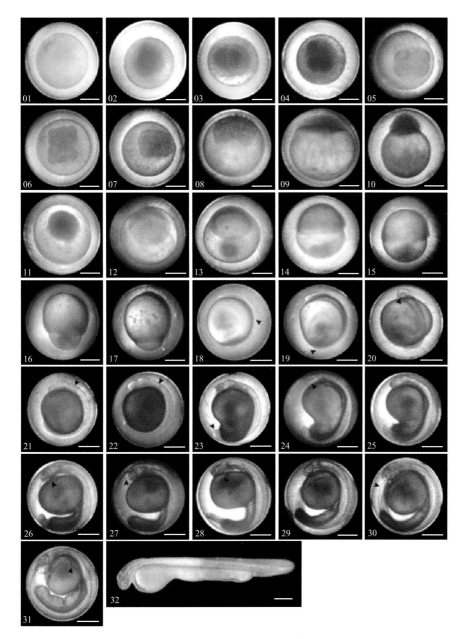

图版Ⅲ-1　尖裸鲤胚胎发育

PlateⅢ-1　Embryonic development of *O. stewartii*

01. 受精卵, Fertilized egg；02. 胚盘形成阶段, Blastodisc stage；03. 2 细胞期, 2-cell stage；04. 4 细胞期, 4-cell stage；05. 8 细胞期, 8-cell stage；06. 16 细胞期, 16-cell stage；07. 32 细胞期, 32-cell stage；08. 64 细胞期, 64-cell stage；09. 多细胞期, Multicellular stage；10. 桑葚胚期, Morula stage；11. 囊胚早期, Early blastula stage；12. 囊胚中期, Mid blastula stage；13. 囊胚晚期, Late blastula stage；14. 原肠早期, Early gastrula stage；15. 原肠中期, Mid gastrula stage；16. 原肠晚期, Late gastrula stage；17. 神经胚期, Neurula stage；18. 肌节出现, 箭头所指为肌节, Appearance of myomere stage, the arrowhead indicates the myomere；19. 胚孔封闭期, 箭头所指为胚孔封闭处, Closure of blastopore stage, the arrowhead indicates the blastopore；20. 眼囊出现期, 箭头所指为眼囊原基, Appearance of optic vesicle stage, the arrowhead shows the optic vesicle；21. 耳囊出现期, 箭头所指为耳囊, Appearance of otic capsule stage, the arrowhead shows the otic capsule；22. 耳石出现期, 箭头所指两个小黑点为耳石, Appearance of otolith stage, the arrowhead shows the otolith；23. 尾芽出现期, Appearance of tail bud stage, the arrowhead indicates the tail bud；24. 眼晶体形成期, 箭头所指为眼晶体, Formation of eye lens stage, the arrowhead indicates the eye lens；25. 肌肉效应期, Muscular effect stage；26. 心脏原基期；箭头所指为心脏原基, Heart rudiment stage, the arrowhead indicates the rudiment of heart；27. 嗅囊出现期, 箭头所指为嗅囊原基, Olfactory capsule stage, the arrowhead indicates the olfactory capsule；28. 心脏搏动期, 箭头所指为心脏, Heart pulsation stage, the arrowhead shows the rudiment of heart；29. 血液循环期, Blood circulation stage；30. 尾鳍出现期, 箭头所指为尾鳍, Caudal fin fold stage, the arrowhead indicates the caudal fin fold；31. 胸鳍原基出现期, 箭头所指为胸鳍原基, Appearance of pectoral fin rudiment stage, the arrowhead indicates pectoral fin rudiment；32. 刚出膜仔鱼, Newly hatched hatchling。标尺为 1mm, Scale bars represent 1mm

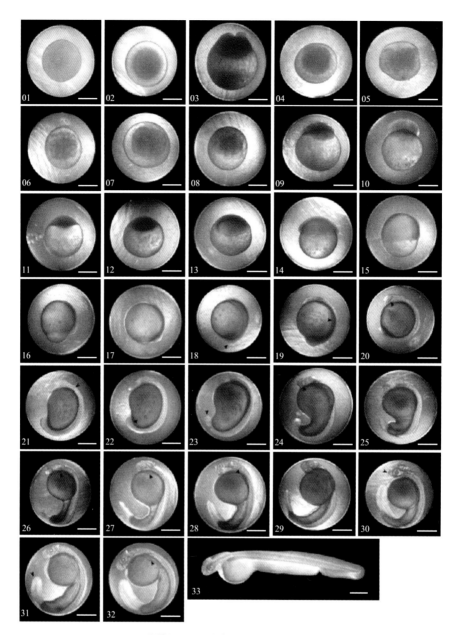

图版III-2　异齿裂腹鱼胚胎发育

Plate Ⅲ-2　Embryonic development of *S. (S.) o'connori*

01. 受精卵, Fertilized egg; 02. 胚盘形成阶段, Blastodisc stage; 03. 2 细胞期, 2-cell stage; 04. 4 细胞期, 4-cell stage; 05. 8 细胞期, 8-cell stage; 06. 16 细胞期, 16-cell stage; 07. 32 细胞期, 32-cell stage; 08. 64 细胞期, 64-cell stage; 09. 多细胞期, Multicellular stage; 10. 桑葚胚期, Morula stage; 11. 囊胚早期, Early blastula stage; 12. 囊胚中期, Mid blastula stage; 13. 囊胚晚期, Late blastula stage; 14. 原肠早期, Early gastrula stage; 15. 原肠中期, Mid gastrula stage; 16. 原肠晚期, Late gastrula stage; 17. 神经胚期, Neurula stage; 18. 胚孔封闭期, 箭头所指为胚孔封闭处, Closure of blastopore stage, the arrowhead indicates the blastopore; 19. 肌节出现期, 箭头所指为肌节, Appearance of myomere stage, the arrowhead indicates the myomere; 20. 眼囊出现期, 箭头所指为眼囊原基, Appearance of optic vesicle stage, the arrowhead shows the optic vesicle; 21. 耳囊出现期, 箭头所指为耳囊, Appearance of ear vesicle stage, the arrowhead shows the ear vesicle; 22. 尾泡出现期, 箭头所指为尾泡, Appearance of Kupffer's vesicle stage, the arrowhead shows the Kupffer's vesicle; 23. 尾芽出现期, Formation of tail bud stage, the arrowhead indicates the tail bud; 24. 眼晶体形成期, 箭头所指为眼晶体, Formation of eye lens stage, the arrowhead indicates the eye lens; 25. 肌肉效应期, Muscular effect stage; 26. 心脏原基期, 箭头所指为心脏原基, Heart rudiment stage, the arrowhead indicates the rudiment of heart; 27. 心脏搏动期, Heart pulsation stage, the arrowhead shows the rudiment of heart; 28. 耳石出现期, 箭头所指两个小黑点为耳石, Appearance of otolith stage, the arrowhead shows the otolith; 29. 血液循环期, Blood circulation stage; 30. 嗅囊出现期, 箭头所指为嗅囊原基, Olfactory capsule stage, the arrowhead indicates the olfactory capsule; 31. 尾鳍褶出现期, 箭头所指为尾鳍, Caudal fin fold stage, the arrowhead indicates the caudal fin fold; 32. 胸鳍原基出现期, 箭头所指为胸鳍原基, Appearance of pectoral fin rudiment stage, the arrowhead indicates pectoral fin rudiment; 33. 出膜仔鱼, Newly hatched hatchling。标尺为 1mm, Scale bars represent 1mm

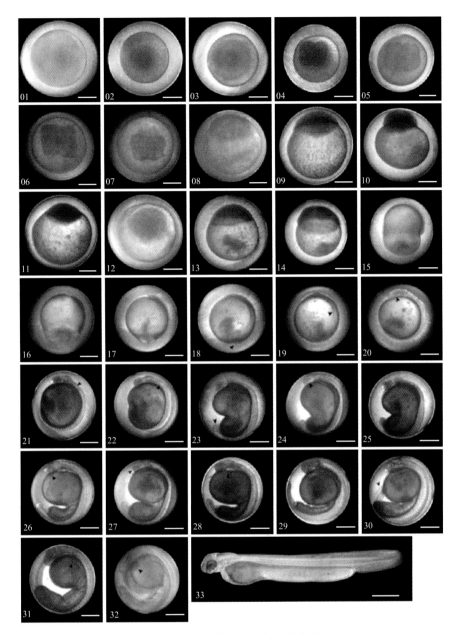

图版III-3　拉萨裸裂尻鱼胚胎发育

Plate III-3　Embryonic development of *S. younghusbandi*

01. 受精卵, Fertilized egg；02. 胚盘形成阶段, Blastodisc stage；03. 2 细胞期, 2-cell stage；04. 4 细胞期, 4-cell stage；05. 8 细胞期, 8-cell stage；06. 16 细胞期, 16-cell stage；07. 32 细胞期, 32-cell stage；08. 64 细胞期, 64-cell stage；09. 多细胞期, Multicellular stage；10. 桑葚胚期, Morula stage；11. 囊胚早期, Early blastula stage；12. 囊胚中期, Mid blastula stage；13. 囊胚晚期, Late blastula stage；14. 原肠早期, Early gastrula stage；15. 原肠中期, Mid gastrula stage；16. 原肠晚期, Late gastrula stage；17. 神经胚期, Neurula stage；18. 胚孔封闭期, 箭头所指为胚孔封闭处, Closure of blastopore stage, the arrowhead indicates the blastopore；19. 肌节出现期, 箭头所指为肌节, Appearance of myomere stage, the arrowhead indicates the myomere；20. 眼囊出现期, 箭头所指为眼囊原基, Appearance of optic vesicle stage, the arrowhead shows the optic vesicle；21. 耳囊出现期, 箭头所指为耳囊, Appearance of ear vesicle stage, the arrowhead shows the ear vesicle；22. 耳石出现期, 箭头所指两个小黑点为耳石, Appearance of otolith stage, the arrowhead shows the otolith；23. 尾芽形成期, Formation of tail bud stage, the arrowhead indicates the tail bud；24. 眼晶体形成期, 箭头所指为眼晶体, Formation of eye lens stage, the arrowhead indicates the eye lens；25. 肌肉效应期, Muscular effect stage；26. 心脏原基期, 箭头所指为心脏原基, Heart rudiment stage, the arrowhead indicates the rudiment of heart；27. 嗅囊出现期, 箭头所指为嗅囊原基, Olfactory capsule stage, the arrowhead indicates the olfactory capsule；28. 心脏搏动期, 箭头所指为心脏, Heart pulsation stage, the arrowhead shows the rudiment of heart；29. 血液循环期, Blood circulation stage；30. 尾鳍褶出现期, 箭头所指为尾鳍, Caudal fin fold stage, the arrowhead indicates the caudal fin fold；31. 胸鳍原基出现期, 箭头所指为胸鳍原基, Appearance of pectoral fin rudiment stage, the arrowhead indicates pectoral fin rudiment；32. 眼囊黑色素出现期, 箭头所指为眼囊黑色素, Appearance of eye melanin stage, the arrowhead indicates melanin in the optic vesicle；

33. 出膜仔鱼, Newly hatched hatchling。标尺为 1mm, Scale bars represent 1mm

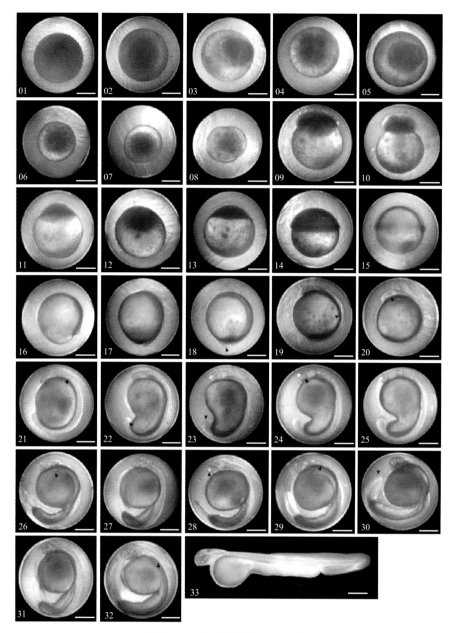

图版Ⅲ-4　拉萨裂腹鱼胚胎发育

PlateⅢ-4　Embryonic development of *S.* (*R.*) *waltoni*

01. 受精卵, Fertilized egg；02. 胚盘形成阶段, Blastodisc stage；03. 2 细胞期, 2-cell stage；04. 4 细胞期, 4-cell stage；05. 8 细胞期, 8-cell stage；06. 16 细胞期, 16-cell stage；07. 32 细胞期, 32-cell stage；08. 64 细胞期, 64-cell stage；09. 多细胞期, Multicellular stage；10. 桑葚胚期, Morula stage；11. 囊胚早期, Early blastula stage；12. 囊胚中期, Mid blastula stage；13. 囊胚晚期, Late blastula stage；14. 原肠早期, Early gastrula stage；15. 原肠中期, Mid gastrula stage；16. 原肠晚期, Late gastrula stage；17. 神经胚期, Neurula stage；18. 胚孔封闭期, 箭头所指为胚孔封闭处, Closure of blastopore stage, the arrowhead indicates the blastopore；19. 肌节出现期, 箭头所指为肌节, Appearance of myomere stage, the arrowhead indicates the myomere；20. 眼囊出现期, 箭头所指为眼囊原基, Appearance of optic vesicle stage, the arrowhead shows the optic vesicle；21. 耳囊出现期, 箭头所指为耳囊, Appearance of ear vesicle stage, the arrowhead shows the ear vesicle；22. 尾泡出现期, 箭头所指为尾泡, Appearance of Kupffer's vesicle stage, the arrowhead shows the Kupffer's vesicle；23. 尾芽出现期, 箭头所指为尾芽, Formation of tail bud stage, the arrowhead indicates the tail bud；24. 眼晶体形成期, 箭头所指为眼晶体, Formation of eye lens stage, the arrowhead indicates the eye lens；25. 肌肉效应期, Muscular effect stage；26. 心脏原基期, 箭头所指为心脏原基, Heart rudiment stage, the arrowhead indicates the rudiment of heart；27. 心脏搏动期, Heart pulsation stage, the arrowhead shows the rudiment of heart；28. 嗅囊出现期, 箭头所指为嗅囊原基, Olfactory capsule stage, the arrowhead indicates the olfactory capsule；29. 耳石形成期, 箭头所指两个小黑点为耳石, Appearance of otolith stage, the arrowhead shows the otolith；30. 尾鳍褶出现期, 箭头所指为尾鳍, Caudal fin fold stage, the arrowhead indicates the caudal fin fold；31. 血液循环期, Blood circulation stage；32. 胸鳍原基出现期, 箭头所指为胸鳍原基, Appearance of pectoral fin rudiment stage, the arrowhead indicates pectoral fin rudiment；33. 刚出膜仔鱼, Newly hatched hatchling. 标尺为 1mm, Scale bars represent 1mm

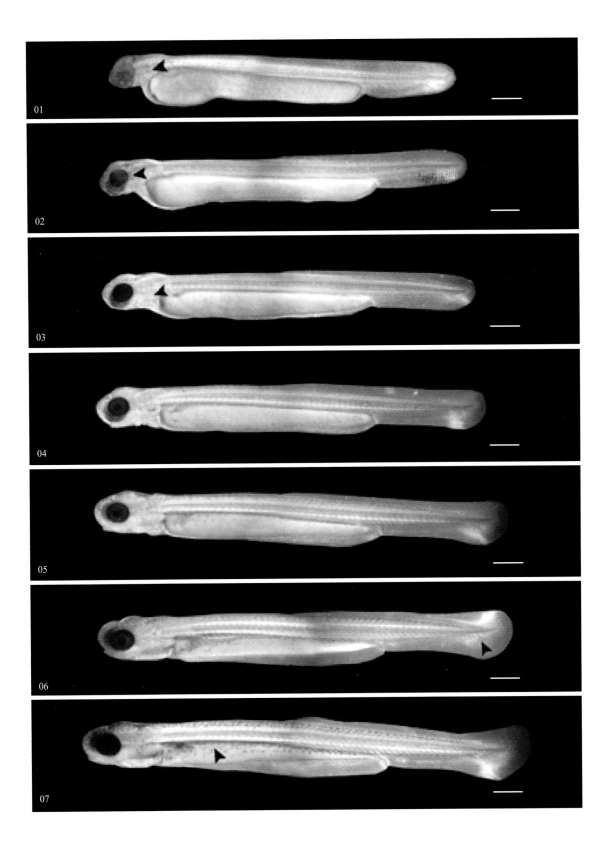

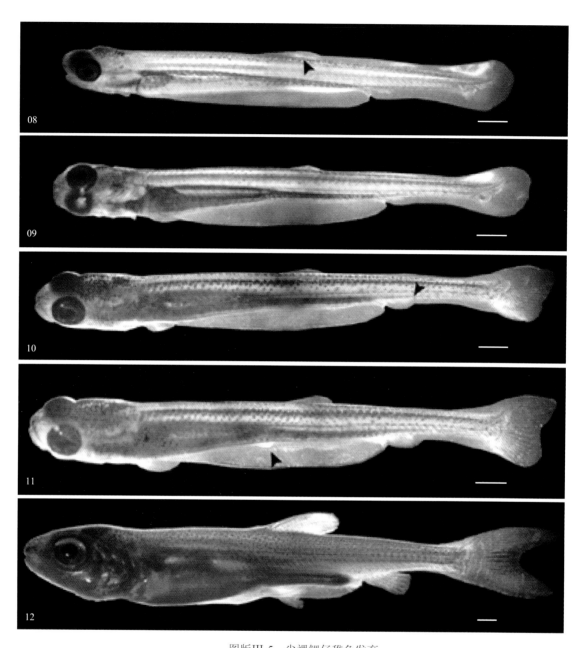

图版III-5 尖裸鲤仔稚鱼发育

Plate III-5 Larval development of *O. stewartii*

01. 2 日龄，鳃弓原基出现，箭头所指为鳃弓原基, Two days old, appearance of gill branchial arch, the arrowhead indicates the gill branchial arch；02. 3 日龄，眼黑色素出现，箭头所指为眼囊, Three days old, appearance of eye black pigment, the arrowhead indicates the pigment in the optic vesicle；03. 5 日龄，鳃丝出现, Five days old, appearance of gill filament, the arrowhead indicates the gill filament；04. 6 日龄，口裂出现, six days old, appearance of mouth cleft；05. 7 日龄，鼻凹出现, Seven days old, appearance of nostril had come into view；06. 11 日龄，尾鳍鳍条出现，箭头所指为尾鳍鳍条, Eleven days old, appearance of candal fin ray, the arrowhead shows the fin ray；07. 12 日龄，鳔室出现，箭头所指为第一鳔室, Twelve days old, appearance of air bladder, the arrowhead indicates the first air bladder；08. 14 日龄，背鳍分化，箭头所指为背鳍原基, Fourteen days old, differentiation of dorsal fin, the arrowhead indicates the rudiment of dorsal fin；09. 20 日龄，卵黄消失, Twenty days old, disappearance of yolk；10. 27 日龄，臀鳍分化，箭头所指为臀鳍原基, Twenty-seven days old, appearance of anal fin, the arrowhead indicates the rudiment of anal fin；11. 30 日龄，腹鳍出现，箭头所指为腹鳍原基, Thirty days old, differentiation of ventral fin, the arrowhead indicates the rudiment of ventral fin；12. 80 日龄，臀鳞出现，体色和体形接近成鱼, Eighty days old, appearance of anal scale, lateral line completely appeared, and the body type and color are similar to adult fish。标尺为 1mm, Scale bars represent 1mm

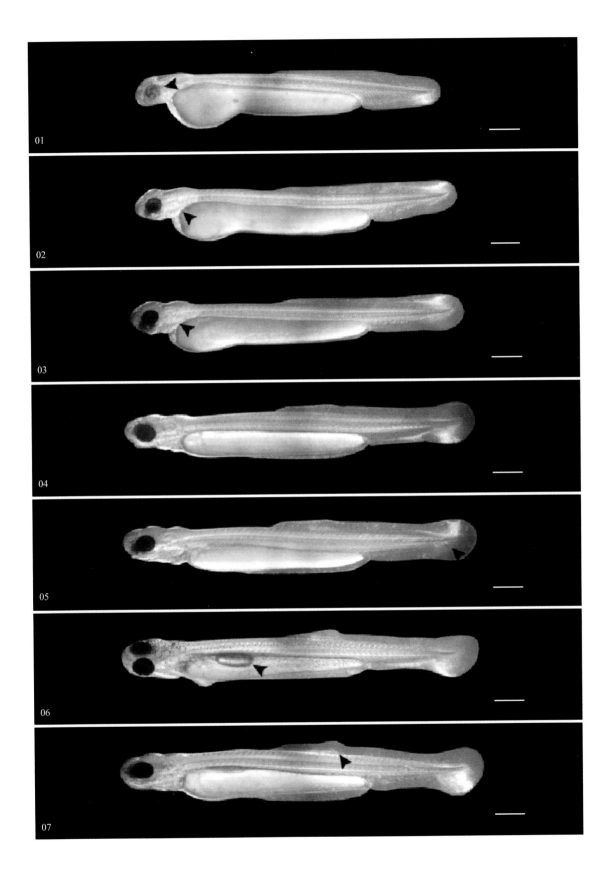

01

02

03

04

05

06

07

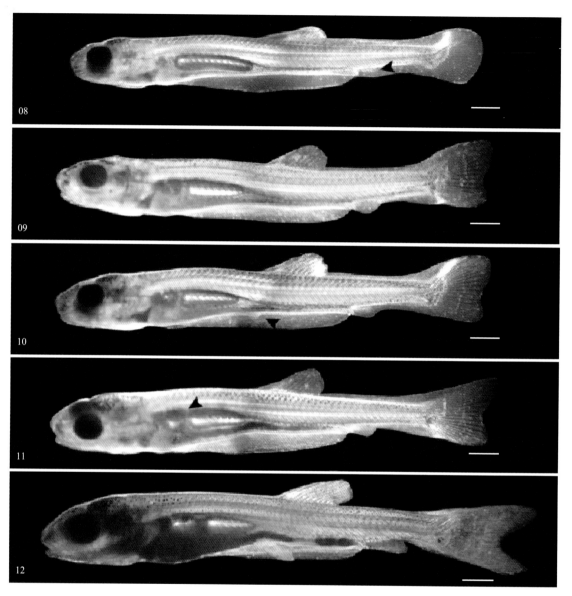

图版III-6　异齿裂腹鱼仔稚鱼发育

PlateIII-6　Larval development of *S. (S.) o'connori*

01. 1日龄, 眼囊黑色素出现, 箭头所指为眼囊, One day old, appearance of eye black pigment, the arrowhead indicates the pigment in the optic vesicle; 02. 2日龄, 鳃弓原基出现, 箭头所指为鳃弓原基, Two days old, appearance of gill branchial arch, the arrowhead indicates the gill branchial arch; 03. 4日龄, 鳃丝出现, 箭头所指为鳃丝, Four days old, appearance of gill filament, the arrowhead indicates the gill filament; 04. 5日龄, 口裂出现, Five days old, appearance of mouth cleft; 05. 7日龄, 尾鳍鳍条出现, 箭头所指为尾鳍鳍条, Seven day old, appearance of candal fin ray, the arrowhead shows the candal fin ray; 06. 8日龄, 鳔室出现, 箭头所指为第一鳔室, Eight days old, air bladder had come into view; 07. 9日龄, 背鳍分化, 箭头所指为背鳍原基, Nine days old, dorsal fin, the arrowhead indicates the rudiment of dorsal fin; 08. 18日龄, 臀鳍分化, 箭头所指为臀鳍原基, Eighteen days old, differentiation of anal fin, the arrowhead indicates the rudiment of anal fin; 09. 22日龄, 卵黄消失, Twenty-two days old, disappearance of yolk; 10. 22日龄, 腹鳍分化, 箭头所指为腹鳍原基, Twenty-two days old, differentiation of ventral fin, the arrowhead indicates the rudiment of ventral fin; 11. 25日龄, 第二鳔室出现, 箭头所指为第二鳔室, Twenty-five days old, appearance of second air bladder had come into view, the arrowhead indicates the second air bladder; 12. 65日龄, 侧线完全形成, Sixty-five days old, formation of lateral line。标尺为1mm, Scale bars represent 1mm

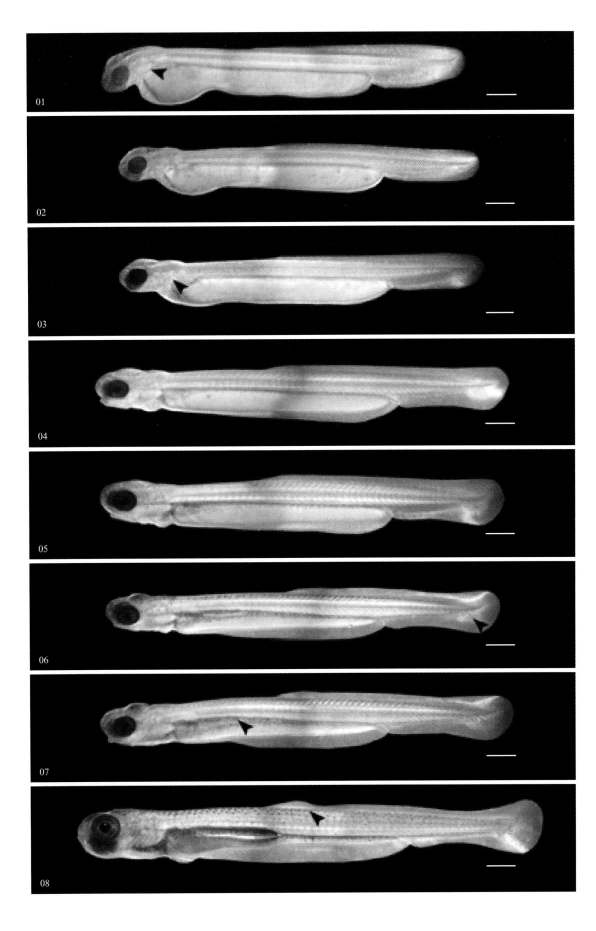

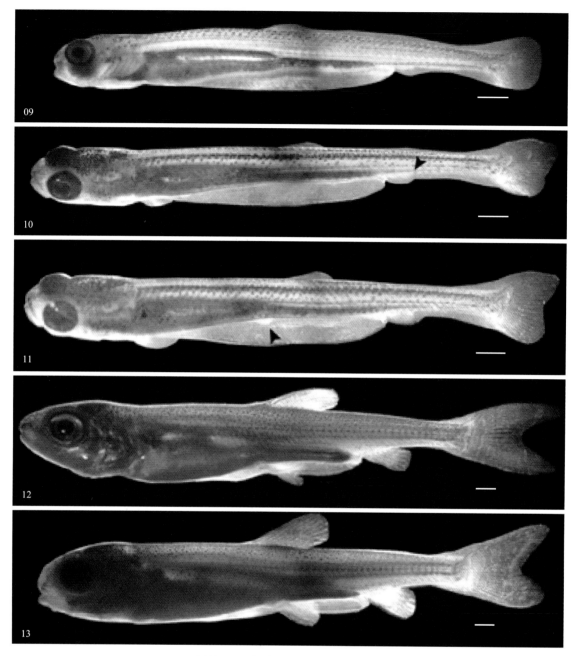

图版III-7　拉萨裸裂尻鱼仔稚鱼发育

PlateIII-7　Larval development of *S. younghusbandi*

01. 1 日龄，鳃弓原基出现，箭头所指为鳃弓原基，One day old, appearance of gill branchial arch, the arrowhead indicates the gill branchial arch；02. 2 日龄，鳃盖出现，Two days old, appearance of operculuar bone；03. 3 日龄，鳃丝出现，箭头所指为鳃丝，Three days old, appearance of gill filament, the arrowhead indicates the gill filament；04. 4 日龄，口裂出现，Four days old, appearance of mouth cleft；05. 5 日龄，鼻凹出现，Five days old, appearance of nostril；06. 9 日龄，尾鳍鳍条出现，箭头所指为尾鳍鳍条，Nine days old, appearance of candal fin ray, the arrowhead shows the candal fin ray；07. 10 日龄，鳔室出现，箭头所指为第一鳔室，Ten days old, appearance of air bladder, the arrowhead indicates the first air bladder；08. 15 日龄，背鳍分化，箭头所指为背鳍原基，Fifteen days old, differentiation of dorsal fin, the arrowhead indicates the rudiment of dorsal fin；09. 18 日龄，卵黄消失，Eighteen days old, disappearance of yolk；10. 25 日龄，臀鳍分化，箭头所指为臀鳍原基，Twenty-five days old, differentiation of anal fin, the arrowhead indicates the rudiment of anal fin；11. 28 日龄，腹鳍出现，箭头所指为腹鳍原基，Twenty-eight days old, appearance of ventral fin, the arrowhead indicates the rudiment of ventral fin；12. 35 日龄，第二鳔室出现，箭头所指为第二鳔室，Thirty-five days old, appearance of second air bladder, the arrowhead indicates the second air bladder；13. 77 日龄，臀鳞出现，体形和体色接近成鱼，Seventy-seven days old, appearance of anal scale, the body type and color are similar to adult fish。标尺为 1mm, Scale bars represent 1mm

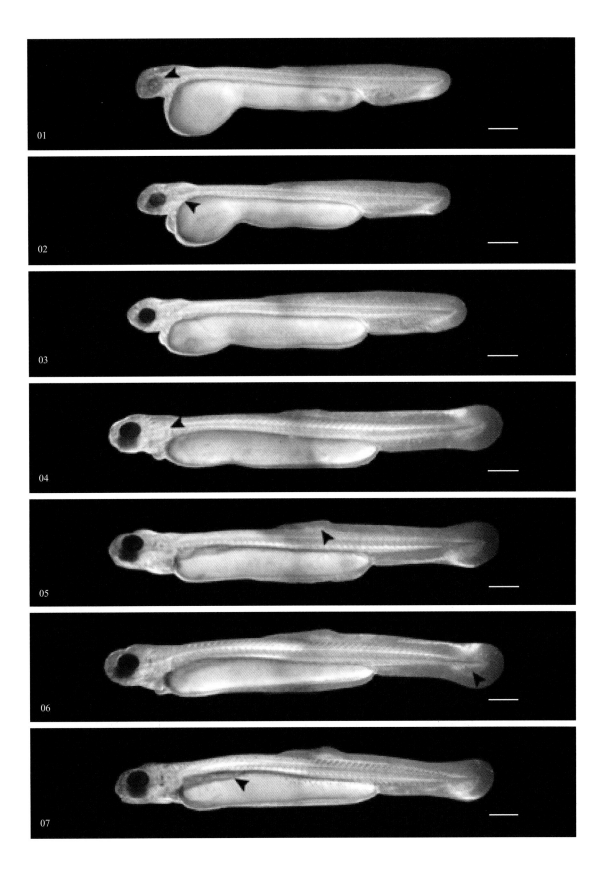

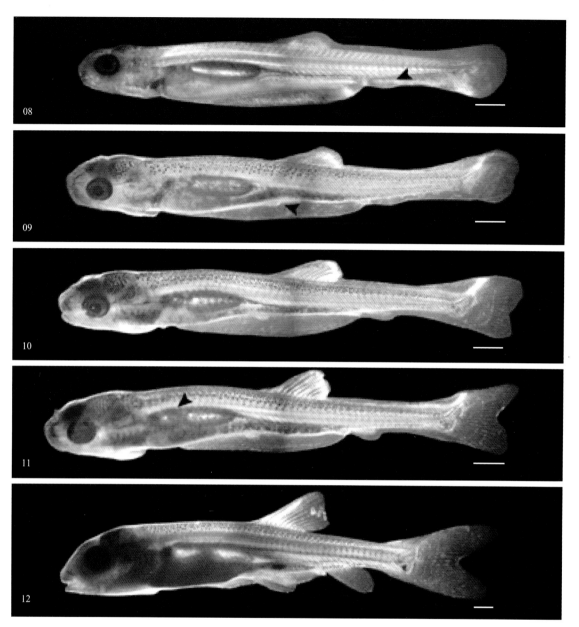

图III-8　拉萨裂腹鱼仔稚鱼发育

PlateIII-8　Larval development of *S.(R.) waltoni*

01. 1 日龄，眼黑色素出现，箭头所指为眼囊，One day old, appearance of eye black pigment, the arrowhead indicates the pigment in the optic vesicle；02. 2 日龄，鳃弓原基出现，箭头所指为鳃弓原基，Two days old, appearance of gill branchial arch, the arrowhead indicates the gill branchial arch；03. 4 日龄，鼻凹出现，Four days old, appearance of nostril；04. 5 日龄，口裂、鳃丝出现，箭头所指为鳃丝，Five days old, appearance of mouth cleft and gill filament, the arrowhead indicates the girl filament；05.8 日龄，背鳍分化，箭头所指为背鳍原基，Eight days old, appearance of dorsal fin, the arrowhead indicates the rudiment of dorsal fin；06. 9 日龄，尾鳍鳍条出现，箭头所指为尾鳍鳍条，Nine days old, appearance of candal fin ray, the arrowhead shows the candal fin ray；07. 11 日龄，鳔室出现，箭头所指为第一鳔室，Eleven days old, appearance of air bladder, the arrowhead indicates the first air bladder；08. 16 日龄，臀鳍分化，箭头所指为臀鳍原基，Sixteen days old, differentiation anal fin, the arrowhead indicates the rudiment of anal fin；09. 18 日龄，腹鳍出现，箭头所指为腹鳍原基，Eighteen days old, appearance of ventral fin, the arrowhead indicates the rudiment of ventral fin；10. 23 日龄，卵黄消失，Twenty-three days old, disappearance of yolk；11. 25 日龄，第二鳔室出现，箭头所指为第二鳔室，Twenty-five days old, appearance of second air bladder, the arrowhead indicates the second air bladder；12. 69 日龄，侧线完全形成，体形和体色与成鱼相似，Sixty-nine days old, formation of lateral line, and the body type and color are similar to adult fish。标尺为 1mm, Scale bars represent 1mm

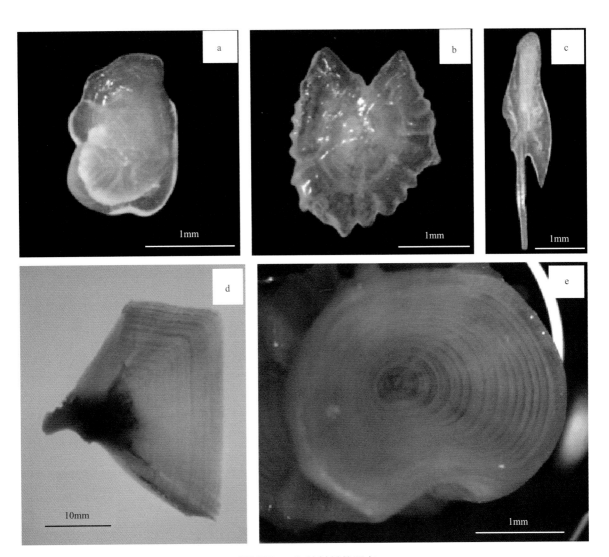

图版IV-1　年龄材料的形态

Plate Ⅳ-1　Morphological characteristics of age materials

a. 异齿裂腹鱼的微耳石 Lapillus of *S.*(*S.*) *o'connori*；b. 异齿裂腹鱼的星耳石 Asteriscus of *S.*(*S.*) *o'connori*；c. 异齿裂腹鱼的矢耳石 Sagitta of *S.*(*S.*) *o'connori*；d. 拉萨裂腹鱼的鳃盖骨 Opercular bone of *S.*(*R.*) *waltoni*；e. 拉萨裂腹鱼的脊椎骨 Vertebra of *S.*(*R.*) *waltoni*

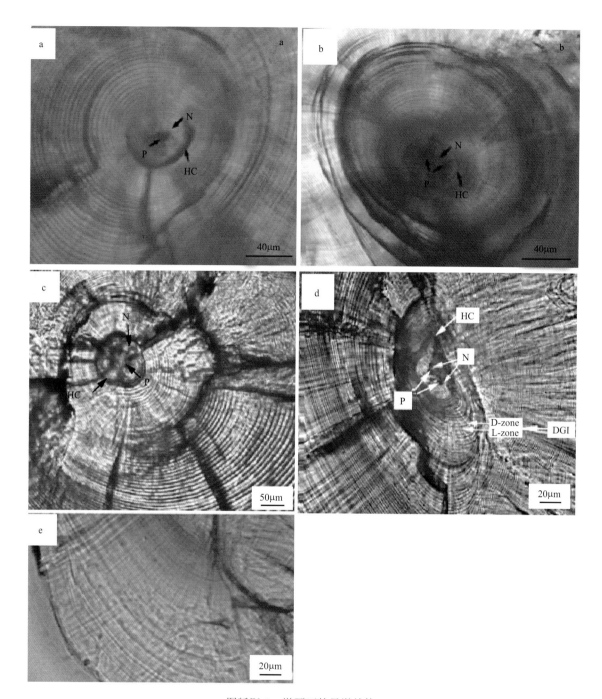

图版Ⅳ-2　微耳石的显微结构

Plate Ⅳ-2　Microstructure of lapillus

a、b. 异齿裂腹鱼 *S. (S.) o'connori*；c. 拉萨裸裂尻鱼 *S. younghusbandi*；d. 尖裸鲤微耳石的核心部位，The core of lapillus of *O. stewartii*；　e. 尖裸鲤微耳石的边缘部位，The edge of lapillus of *O. stewartii*

P. 原基 primordial；N. 中心核 nucleus；HC. 孵化标记轮 hatch check；L-zone. 明带 translucent zone；

D-zone. 暗带 opaque zone；DGI. 日轮 daily growth increment

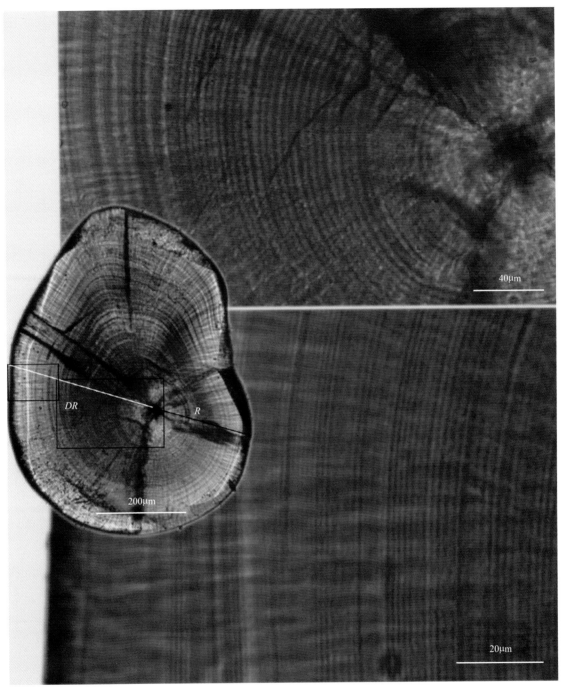

图版Ⅳ-3　异齿裂腹鱼(体长 36mm)微耳石的日轮特征

Plate Ⅳ-3　Daily growth increment(DGI)in the lapillus of *S.*(*S.*)*o'connori* with 36mm *SL*

轴 *R* 用于年轮读数和半径测量，轴 *DR* 用于日轮读数，The axis *R* was used for ageing and radius measuring, *DR* was used for DGI counting

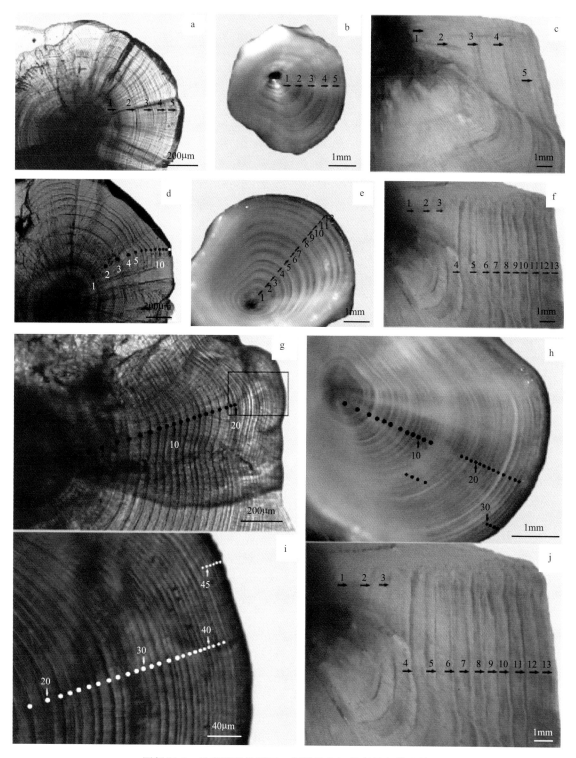

图版Ⅳ-4　异齿裂腹鱼耳石、脊椎骨和鳃盖骨的年龄比较

Plate Ⅳ-4　Characteristics of lapillus, vertebra, and opercular bone for *S. (S.) o'connori*

a～c. 体长 *SL* 244mm；d～f. 体长 *SL* 402mm；g～j. 体长 *SL* 479mm。a、d、g. 微耳石 lapillus；b、e、h. 脊椎骨 vertebra；c、f、j. 鳃盖骨 opercular bone；i. g 的局部放大 part zoom of g。三种材料在低龄鱼鉴定的年龄无差异，高龄鱼存在差异 No significant differences were observed in age estimations from the three calcified structures for the lower age classes, but done for the higher age classes

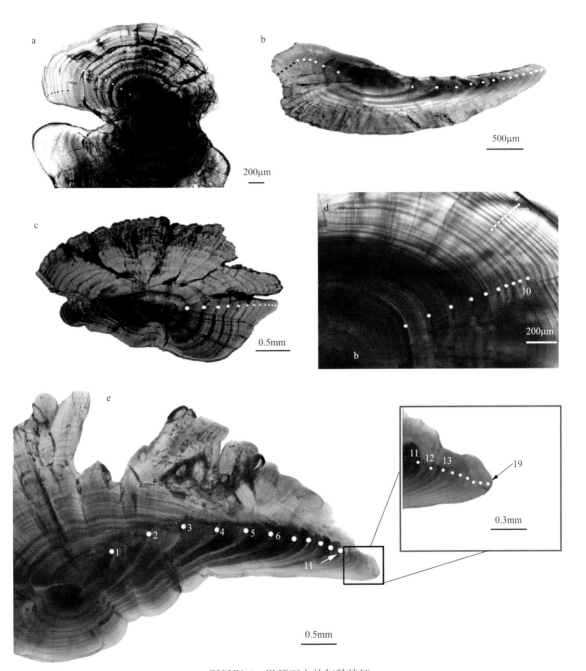

图版Ⅳ-5　微耳石上的年龄特征

Plate Ⅳ-5　Annuli characteristics of lapillus

a. 拉萨裸裂尻鱼 *S. younghusbandi*；b. 巨须裂腹鱼 *S.(R.)macropogon*；c. 双须叶须鱼 *P. dipogon*；
d. 拉萨裂腹鱼 *S.(R.)waltoni*；e. 尖裸鲤 *O. stewartii*

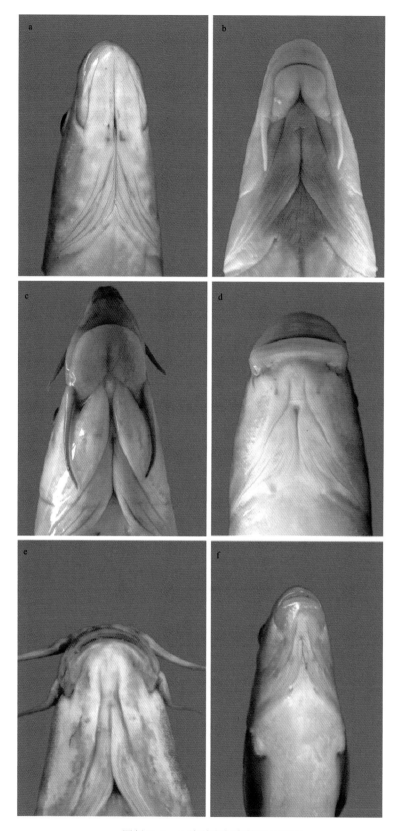

图版 V -1　6 种裂腹鱼类的下颌形态

Plate Ⅴ -1　Morphology of lower jaws of six Schizothoracinae fishes

a. 尖裸鲤 *O. stewartii*；b. 双须叶须鱼 *P. dipogon*；c. 拉萨裂腹鱼 *S.（R.）waltoni*；d. 异齿裂腹鱼 *S.（S.）o'connori*；
e. 巨须裂腹鱼 *S.（R.）macropogon*；f. 拉萨裸裂尻鱼 *S. younghusbandi*

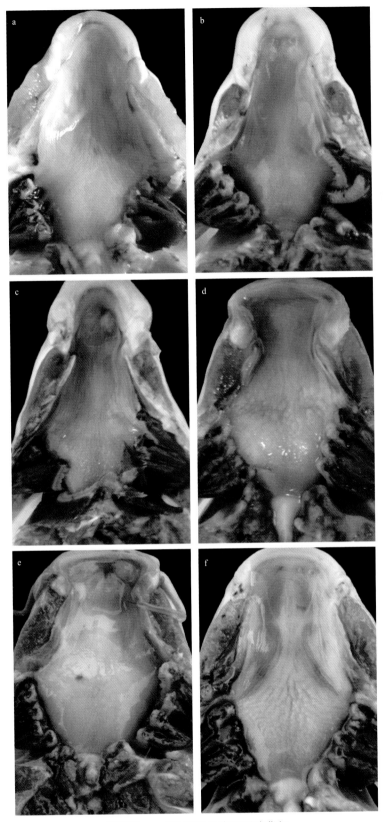

图版 Ⅴ-2　6 种裂腹鱼类口咽腔背部

Plate　Ⅴ-2　The dorsal face of oropharyngeal cavity of six Schizothoracinae fishes

a. 尖裸鲤 *O. stewartii*；b. 双须叶须鱼 *P. dipogon*；c. 拉萨裂腹鱼 *S.(R.) waltoni*；d. 异齿裂腹鱼 *S.(S.) o'connori*；
e. 巨须裂腹鱼 *S.(R.) macropogon*；f. 拉萨裸裂尻鱼 *S. younghusbandi*

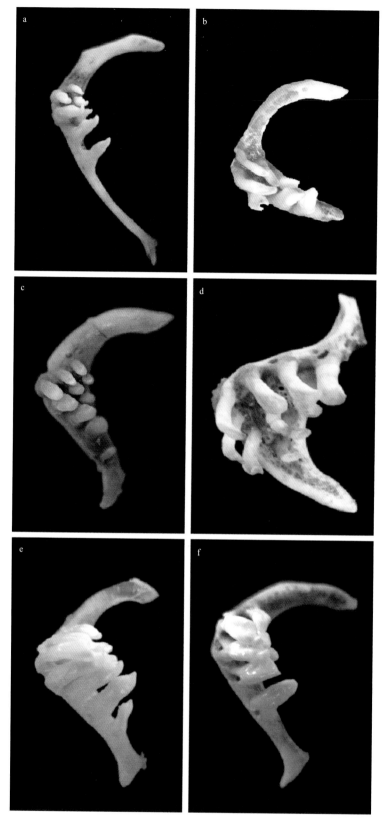

图版 V -3　6 种裂腹鱼类下咽齿

Plate　V -3　The pharyngeal teeth of six Schizothoracinae fishes

a. 尖裸鲤 *O. stewartii*；b. 双须叶须鱼 *P. dipogon*；c. 拉萨裂腹鱼 *S.(R.) waltoni*；d. 异齿裂腹鱼 *S.(S.) o'connori*；
e. 巨须裂腹鱼 *S.(R.) macropogon*；f. 拉萨裸裂尻鱼 *S. younghusbandi*

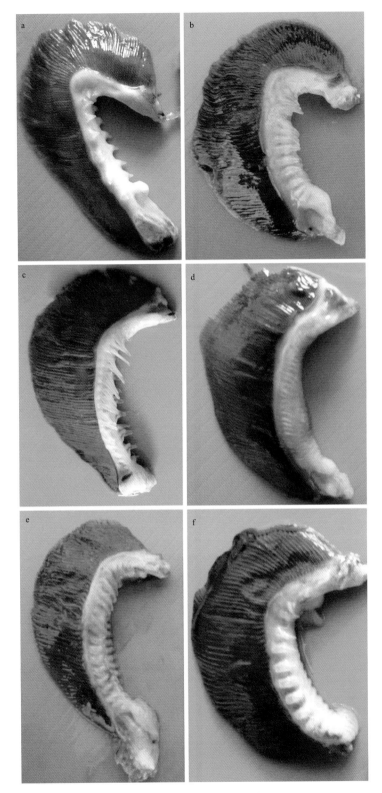

图版 Ⅴ-4　6 种裂腹鱼类鳃耙

Plate　Ⅴ-4　The gill raker of six Schizothoracinae fishes

a. 尖裸鲤 *O. stewartii*；b. 双须叶须鱼 *P. dipogon*；c. 拉萨裂腹鱼 *S.*（*R.*）*waltoni*；d. 异齿裂腹鱼 *S.*（*S.*）*o'connori*；

e. 巨须裂腹鱼 *S.*（*R.*）*macropogon*；f. 拉萨裸裂尻鱼 *S. younghusbandi*

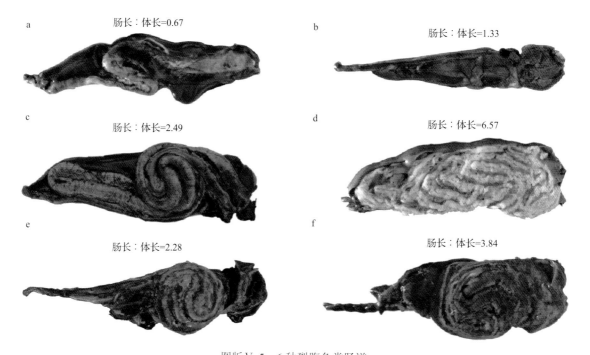

a 　肠长：体长=0.67　　　　　b 　肠长：体长=1.33

c 　肠长：体长=2.49　　　　　d 　肠长：体长=6.57

e 　肠长：体长=2.28　　　　　f 　肠长：体长=3.84

图版Ⅴ-5　6种裂腹鱼类肠道

Plate　Ⅴ-5　The gut of six Schizothoracinae fishes

a. 尖裸鲤 *O. stewartii*；b. 双须叶须鱼 *P. dipogon*；c. 拉萨裂腹鱼 *S.(R.) waltoni*；d. 异齿裂腹鱼 *S.(S.) o'connori*；

e. 巨须裂腹鱼 *S.(R.) macropogon*；f. 拉萨裸裂尻鱼 *S. younghusbandi*

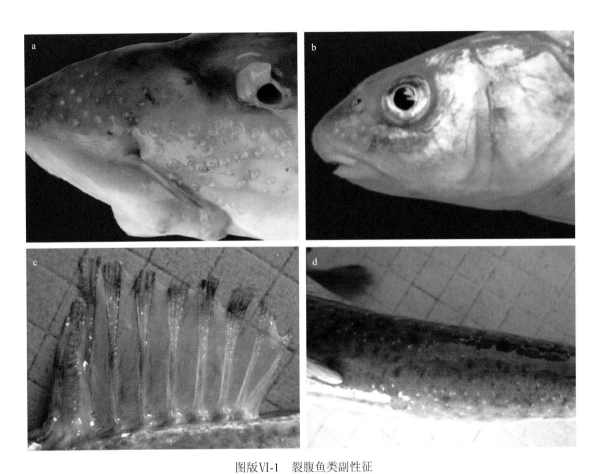

图版Ⅵ-1 裂腹鱼类副性征

Plate Ⅵ-1 Secondary sex characters of Schizothoracinae fishes

a. 拉萨裂腹鱼 *S. (R.) waltoni*；b. 拉萨裸裂尻鱼 *S. younghusbandi*；c、d. 尖裸鲤 *O. stewartii* 分别显示头部、鳍条和体侧的珠星 Show the pearl organ of head, fin rays and body side, respectively

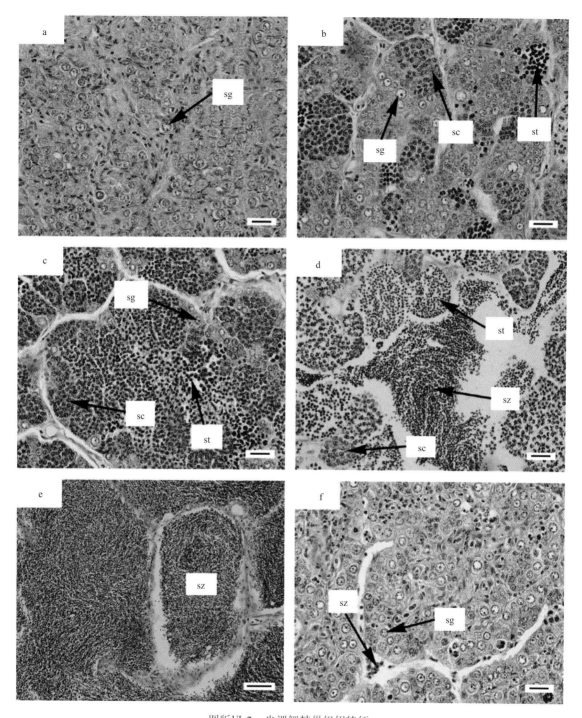

图版Ⅵ-2　尖裸鲤精巢组织特征

Plate　Ⅵ-2　The histological characteristics of the testis in *O. stiwartii*

a.　Ⅰ期精巢　Ⅰstage testis；　b.　Ⅱ期精巢　Ⅱstage testis；　c.　Ⅲ期精巢　Ⅲstage testis；　d.　Ⅳ期精巢　Ⅳstage testis；

e.　Ⅴ期精巢　Ⅴstage testis；　f.　Ⅵ期精巢　Ⅵstage testis。sg. 精原细胞 spermatogonium；　sc. 精母细胞 spermatocyte；

st. 精细胞　spermatid；　sz. 精子 spermatozoon。标尺 Scale bars：e. 50μm；a～d 和 f. 20μm

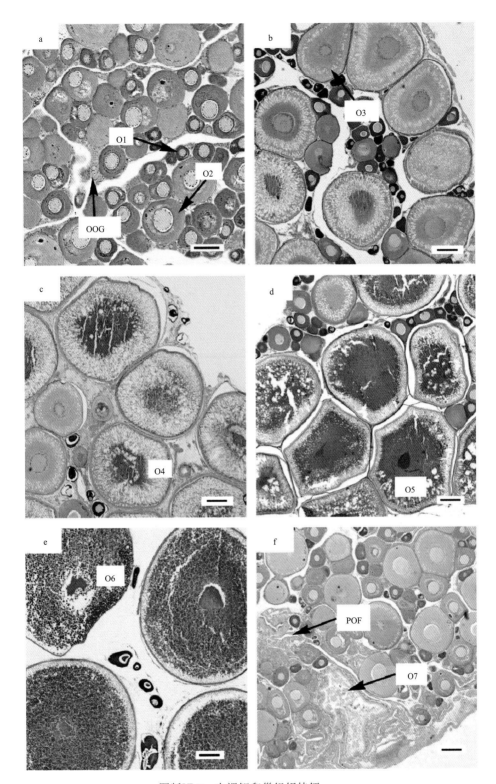

图版Ⅵ-3　尖裸鲤卵巢组织特征

Plate　Ⅵ-3　The histological characteristics of the ovary in *O. stewartii*

a. Ⅱ期卵巢　Ⅱ stage ovary；b. 早Ⅲ期卵巢　early Ⅲ stage ovary；c. 晚Ⅲ期卵巢　late Ⅲ stage ovary；d. 早Ⅳ期卵巢 early Ⅳ stage ovary；e. 晚Ⅳ期卵巢 late Ⅳ stage ovary；f. Ⅵ期卵巢Ⅵ stage ovary。O1.1 时相卵母细胞 one stage oocyte；O2. 2 时相卵母细胞 two stage oocyte；O3. 3 时相早期卵母细胞 early three stage oocyte；O4.3 时相晚期卵母细胞 late three stage oocyte；O5.4 时相早期卵母细胞 early four stage oocyte；O6. 4 时相晚期卵母细胞 late four stage oocyte；O7.6 时相卵母细胞 six stage oocyte；OOG.卵原细胞 oogonium；POF.空滤泡 postovulatory。标尺 Scale bar：a. 100μm；b～f. 200μm

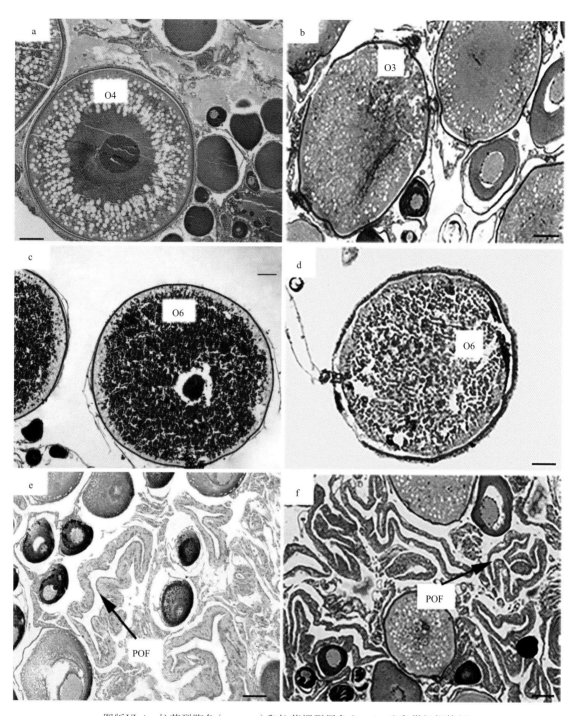

图版VI-4 拉萨裂腹鱼(a、c、e)和拉萨裸裂尻鱼(b、d、f)卵巢组织特征

Plate VI-4 The histological characteristics of the ovary in *S. (R.) waltoni* (a，c，e) and *S. younghusbandi* (b，d，f)

a. 晚Ⅲ期卵巢 late Ⅲ stage ovary；b. 早Ⅲ期卵巢 early Ⅲ stage ovary；c、d.晚Ⅳ期卵巢 late Ⅳ stage；e、f.Ⅵ期卵巢 Ⅵ stage ovary。O3.3 时相早期卵母细胞 early three stage oocyte；O4.3 时相晚期卵母细胞 late three stage oocyte；O6.4 时相晚期卵母细胞 late four stage oocyte；POF. 空滤泡 postovulatory。标尺 Scale bar：a、b、d、e、f. 100μm；c. 200μm

图版Ⅵ-5　裂腹鱼类越冬场（a、c 和 e）、产卵场（b、d 和 f）和幼鱼索饵场（h 和 g）
Plate Ⅵ-5　Overwintering site（a, c and e）, spawning site（b, d and f）and nursery ground（h and g）of Schizothoracinae fishes
a、b.异齿裂腹鱼和拉萨裂腹鱼 S. (S.) o'connori and S. (R.) waltoni；c、d.尖裸鲤和拉萨裸裂尻鱼 O. stewartii and S. younghusbandi；e、f. 巨须裂
腹鱼 S.（R.）macropogon；g.索饵场 Nursery ground；h.幼鱼 fries

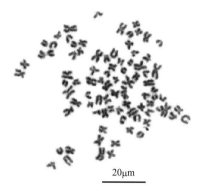

1. 尖裸鲤 *O. stewartii*（2*n*: 92; 核型公式karyotype: 26m+30sm+10st+26t; *NF*: 148）

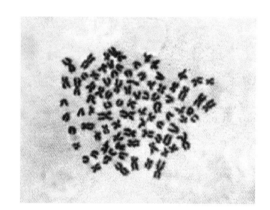

2. 拉萨裸裂尻鱼 *S. younghusbandi*（2*n*: 90; 核型公式karyotype: 26m+30sm+12st+22t; *NF*: 146）

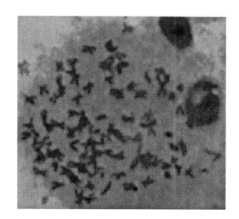

3. 异齿裂腹鱼 *S.*（*S.*）*o'connori*（2*n*: 92; 核型公式karyotype: 30m+26sm+20st+16t; *NF*: 148）

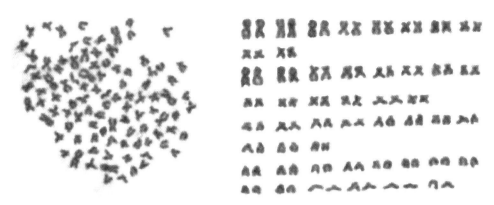

4. 巨须裂腹鱼 *S. (R.) macropogon*（2*n*: 98; 核型公式karyotype: 20m+28sm+22st+28t; *NF*: 146）

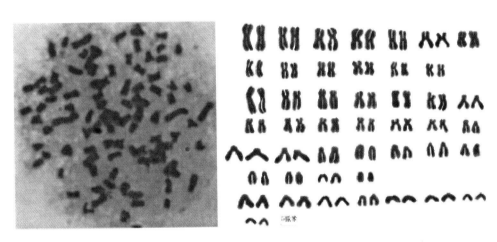

5. 拉萨裂腹鱼 *S. (R.) waltoni*（2*n*: 92; 核型公式karyotype: 26m+28sm+22st+16t; *NF*: 146）

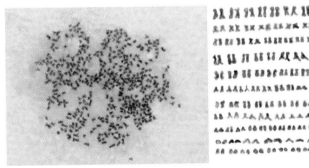

6. 双须叶须鱼 *P. dipogon*（2*n*: 444; 核型公式karyotype: 120m+132sm+126st+66t; NF: 696）

图版Ⅷ-1　雅鲁藏布江中游裂腹鱼类染色体核型

Plate　Ⅷ-1　Chromosome karyotype of Schizothoracinae fishes in the middle reach of the Yarlung Zangbo River

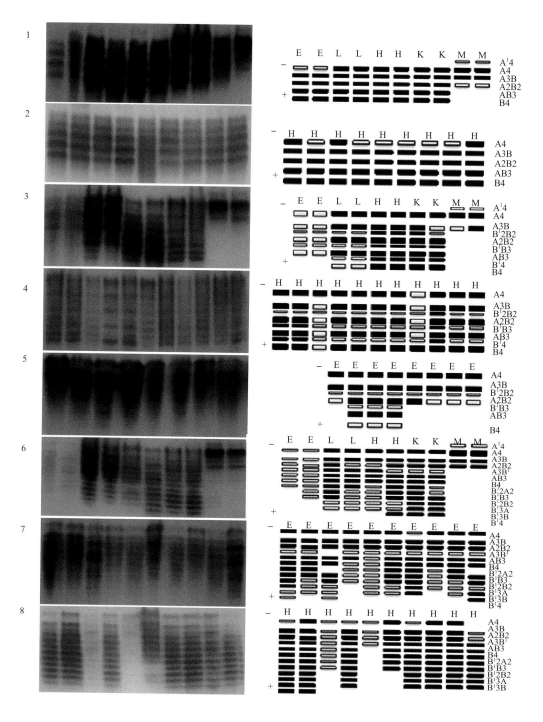

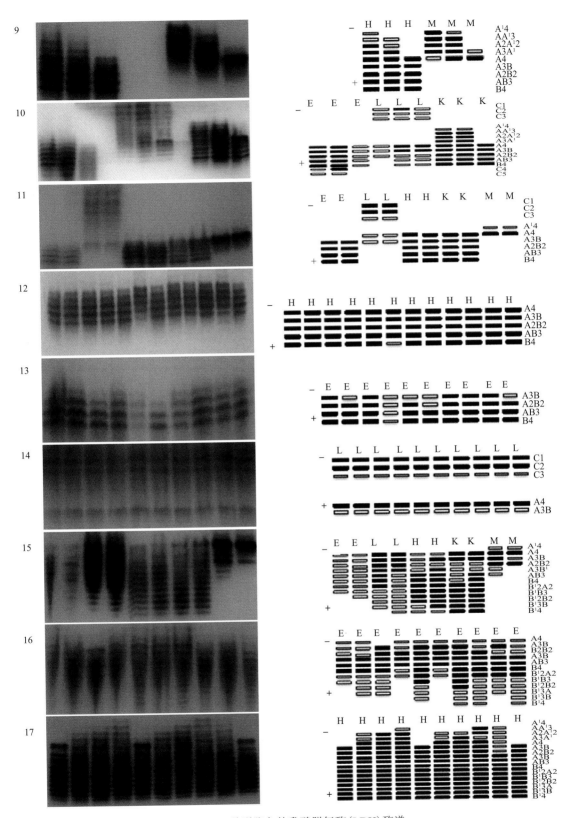

图版Ⅷ-2　6 种裂腹鱼的乳酸脱氢酶（LDH）酶谱

Plate　Ⅷ-2　Zymogram of lactic dehydrogenase for six Schizothoracinae fishes

1、2. 异齿裂腹鱼 *S.(S.)o'connori*；3～5. 双须叶须鱼 *P. dipogon*；6～8. 拉萨裸裂尻鱼 *S. younghusbandi*；9、10. 拉萨裂腹鱼 *S.(R.)waltoni*；11～

14. 巨须裂腹鱼 *S.(R.)macropogon*；15～17. 尖裸鲤 *O. stewartii*。E.晶状体 cataract；L.肝脏 liver；H.心肌 heart muscle；K.肾脏 kidney；

M.肌肉 muscle

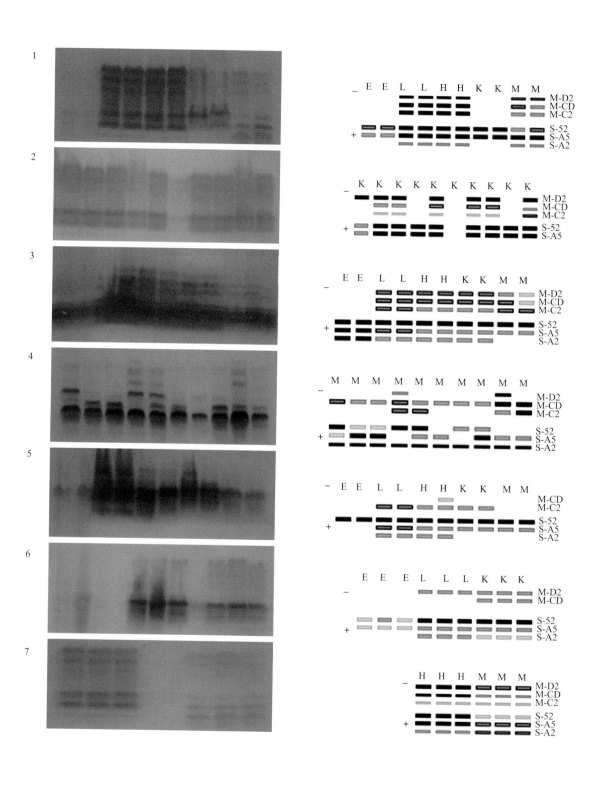

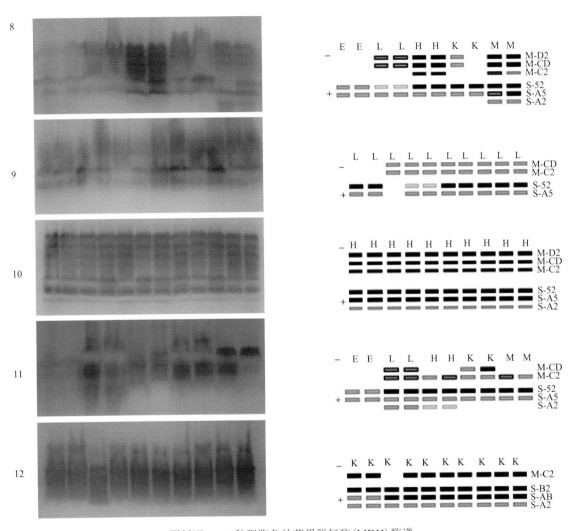

图版Ⅷ-3　6种裂腹鱼的苹果脱氢酶(MDH)酶谱

Plate　Ⅷ-3　Zymogram of malic dehydrogenase for six Schizothoracinae fishes

1、2. 异齿裂腹鱼 *S.(S.)o'connori*；3、4. 双须叶须鱼 *P. dipogon*；5、6. 拉萨裸裂尻鱼 *S. younghusbandi*；7、8. 拉萨裂腹鱼 *S.(R.)waltoni*；9、10. 巨须裂腹鱼 *S.(R.)macropogon*；11、12. 尖裸鲤 *O. stewartii*。E.晶状体 cataract；L.肝脏 liver；H.心肌 heart muscle；K.肾脏 kidney；M.肌肉 muscle

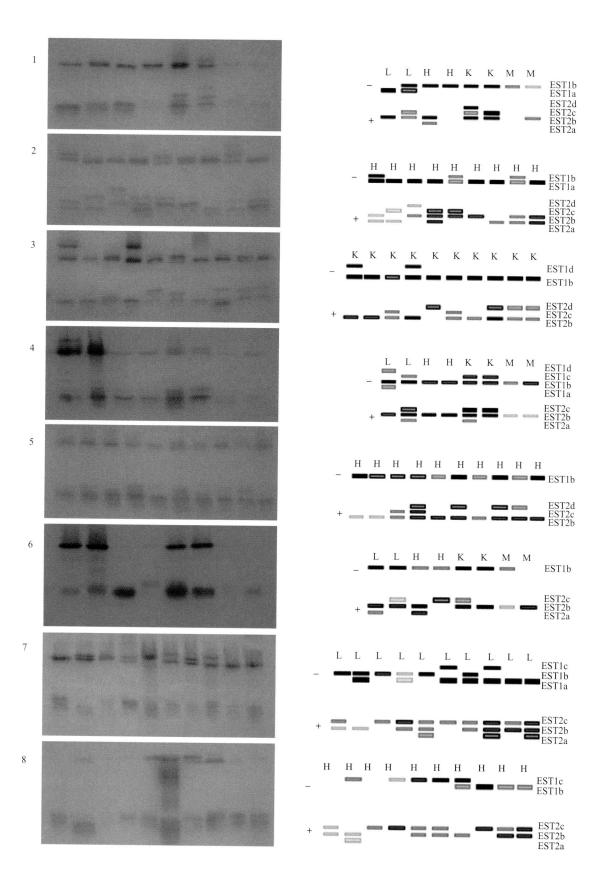

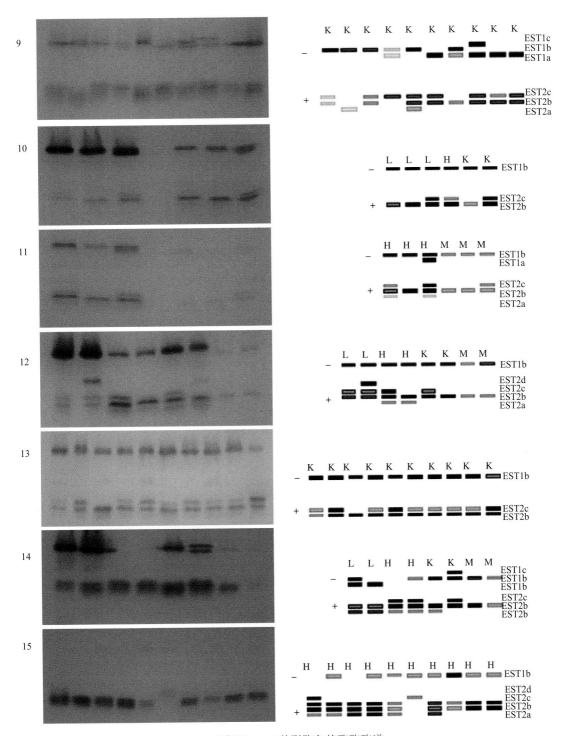

图版Ⅷ-4　6 种裂腹鱼的酯酶酶谱

Plate　Ⅷ-4　Zymogram of esterase for six Schizothoracinae fishes

1~3.异齿裂腹鱼 *S.*(*S.*) *o'connori*；4、5.双须叶须鱼 *P. dipogon*；6~9.拉萨裸裂尻鱼 *S. younghusbandi*；10、11.拉萨裂腹鱼 *S.*(*R.*) *waltoni*；

12、13.巨须裂腹鱼 *S.*(*R.*) *macropogon*；14、15.尖裸鲤 *O. stewartii*。E.晶状体 cataract；L.肝脏 liver；H. 心肌 heart muscle；K.肾脏 kidney；

M.肌肉 muscle

图版IX-1　茶巴朗湿地的外来鱼类

Plate IX-1　Exotic fishes in Chabalang Wetland

a. 地笼渔获物 catches by cage；b. 草鱼 *C. idellus*；c. 麦穗鱼 *P. parva*；d. 鲇 *S. asotus*；e. 鲫 *C. auratus*；f. 鲤 *C. carpio*；
g. 棒花鱼 *A. rivularis*；h. 小黄黝鱼 *H. swinhonis*；i. 大鳞副泥鳅 *P. dabryanus*；j. 泥鳅 *M. anguillicaudatus*

图版 X-1　土著鱼类的人工繁殖

Plate　X-1　Artificial propagation of native fishes in the Yarlung Zangbo River

a. 挑选亲鱼 parent fish choose；b. 待产亲鱼 predelivery fish；c. 人工授精 artificial fertilization；d. 受精卵孵化 fertilized eggs hatch；
e. 繁殖车间内景 indoor scene of reproductive workshop；f. 拉萨裂腹鱼开口期鱼苗 larvae for first feeding of *S. (R.) waltoni*

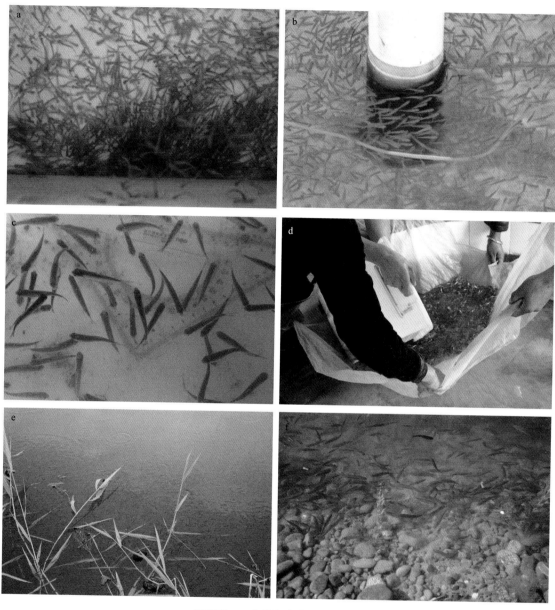

图版 X-2　土著鱼类的苗种培育

Plate　X-2　Artificial cultivation of native fish fries in the Yarlung Zangbo River

a. 双须叶须鱼鱼种 larvae of *P. dipogon*；b. 在室内培育池中准备放养的鱼种 fingerling prepared to farm in the indoor culture ponds；c. 拟转入室外池塘培养的鱼种规格达到 5cm fingerling in 5cm total length prepared to farm in the outdoor ponds；d. 转池 fingerling transfer；e. 室外池塘中培育的 1 龄鱼种 one year old fingerling cultivated in the outdoor ponds；f. 室外池塘中培育的 2 龄鱼种 two years old fingerling transfer cultivated in the outdoor ponds

图版XI-1　雅鲁藏布江流域自然景观

Plate XI-1　Natural landscape for the reach of the Yarlung Zangbo River

a. 夏季洪水期的日喀则江段 the Shigatse section for flood period in summer；b. 冬季谢通门县荣玛乡雄村江段，这里是世界珍稀鸟类黑颈鹤主要的越冬栖息地 the Xiong village section of Rongma town of Xaitongmoin in winter, where is main winter sites for the rare *Grus nigricollis* in the world；c. 洪水期的拉萨河唐加江段，在直孔水电站修建前，这里是黑斑原鮡等经济鱼类的产卵场 the Tangjia section of the Lhasa River in the flood period, where is the spawning ground for economic fish (e.g.*G. maculatum*) before the Zhikong hydropower station construction；d. 尼洋河尼西江段 the western section of the Nyang River；e. 藏木水电站库尾 the tail of the Zangmu hydropower station reservoir；f. 藏木水电站上游峡谷江段 the canyon section of the up reach of the Zangmu hydropower station

图版XI-2　西藏土著鱼类人工增殖放流

Plate　XI-2　Artificial enhancement and releasing of native fishes in Tibet

a. 2008 年人工增殖放流现场 the activies for native fish enhancement and releasing in 2008；b. 2009 年人工增殖放流现场 the activies for native fish enhancement and releasing in 2009；c. 2010 年人工增殖放流现场 the activies for native fish enhancement and releasing in 2010